AF618634

Wissenschaft und Technik stellen zentrale, aber paradoxe Antriebskräfte gesellschaftlicher Veränderung dar. Gesellschaften sind elementar auf diese angewiesen, ihr Beitrag ist zugleich oft umstritten. Die Reihe Wissenschafts- und Technikforschung eröffnet ein Forum, um diese Entwicklungen insbesondere aus der Perspektive von Soziologie, Philosophie, Sozialanthropologie und Geschichtswissenschaft auszuleuchten, und bietet wissenschaftliches Grundlagen- wie wissenspolitisches Orientierungswissen.

Schriftenreihe
„Wissenschafts- und Technikforschung“
NEUE FOLGE

herausgegeben von

Prof. Dr. Stefan Böschen, RWTH Aachen

Prof. Dr. Gabriele Gramelsberger, RWTH Aachen

Prof. Dr. Jörg Niewöhner, HU Berlin

Prof. Dr. Heike Weber, TU Berlin

Bis einschließlich Band 18 herausgegeben von:

Prof. Dr. Alfons Bora, Universität Bielefeld

Prof. Dr. Sabine Maasen, TU München

Prof. Dr. Carsten Reinhardt, Universität Bielefeld

PD Dr. Peter Wehling, Universität Frankfurt am Main

Band 23

Florian Braun

Klimaverantwortung und Energiekonflikte

Eine Argumentationsanalyse von Abwägungen zu Windkraftanlagen

Onlineversion
Nomos eLibrary

Die Deutsche Nationalbibliothek verzeichnet diese Publikation in der Deutschen Nationalbibliografie; detaillierte bibliografische Daten sind im Internet über http://dnb.d-nb.de abrufbar.

ISBN 978-3-8487-7089-2 (Print)

ISBN 978-3-7489-2479-1 (ePDF)

1. Auflage 2023

Vorwort

Die vorliegende Studie ist einer langen Beschäftigung mit einer einfachen Frage entsprungen: Warum argumentieren manche Bürger trotz des unübersehbaren Klimawandels so vehement gegen den Bau von Windkraftanlagen? Im Verlauf eines Forschungsprojektes an der Christian-Albrechts-Universität zu Kiel in Kooperation mit dem Potsdamer Institut für Klimafolgenforschung wurde mir klar, dass viele von ihnen weder Klimawandelskeptiker noch Energiewende-Gegner sind. In den meisten Fällen wurzelte die Protesthaltung in sehr spezifischen Gründen, die aus der Sicht der Opponenten gegen ein Projekt sprachen. Diesen Gründen vorausgegangen waren persönliche, ja geradezu idiosynkratische Abwägungen unter den konkreten Bedingungen des lokalen Kontextes. Manche dieser Abwägungen zeigten sich auf den ersten Blick durchaus plausibel. Die darüber begründeten Einwände schienen – in Anlehnung an Charles Ives' Komposition „The Unanswered Question" – wie hartnäckige Dissonanzen in der ansonsten immer komplexer werdenden Harmonie des Energiewende-Narrativs. Da es jedoch nicht wirklich geeignete theoretische Werkzeuge gab, um diese kontextualisierten Argumentationsphänomene systematisch nachzuvollziehen und zu beurteilen, war es mir ein wichtiges Anliegen, dieses Desiderat zu bearbeiten. Mit der Studie liegen nun die ersten Ergebnisse meiner argumentationsphilosophischen Analyse vor.

Mein besonderer Dank für inhaltliche Hinweise sowie klärende Gespräche gilt an dieser Stelle Eva Eichenauer, Konrad Ott, Fritz Reusswig, Christian Baatz, Moritz Riemann, Nadja El Kassar, Lara Huber, Viktoria Bachmann, Melanie Reichert, Jörg Bücker, Claus Beisbart, Stefan Schweiger, Katharina Jacob und vielen anderen. Jesko Vorbeck, Jonas Koch, Jasmin Schaupmann und Julie Pache danke ich für die Hilfe beim Korrekturlesen sowie Sandra Frey und Joanna Werner vom Nomos-Verlag für die Unterstützung während der Drucklegung. Zudem bedanke ich mich jeweils beim Lehrstuhl für Philosophie und Ethik der Umwelt und beim Collegium Philosophicum (beide CAU Kiel) für die gewährten Druckkostenzuschüsse. Meinen herzlichsten Dank möchte ich aber meiner Frau und unserem Sohn aussprechen, für ihre geduldige Nachsicht und noch vieles mehr.

Inhaltsverzeichnis

Kapitel 1: Einleitung

1.1 Die Energiewende als gesellschaftliche Streitfrage

Wie bei vielen politischen Themen zuvor war auch die sogenannte Energiewende im Sommer 2018 aus dem Fokus des politischen Diskurses gerückt. Seit 2016 zeichnete sich ab, dass sich die Energiewende „in den Mühlen bürokratischer Umsetzung verfangen [hatte] und [] dort ins Stocken zu geraten [drohte]“[1] Zu dieser Situation trugen nicht zuletzt die sozialen Konflikte bei, die mit fortschreitendem Verlauf der Energiewende in Deutschland entbrannt waren. Diese Energiekonflikte bildeten und bilden sich in entsprechenden Debatten des Energiewendediskurses ab, den ich folgend als Energiediskurs bezeichne.[2] Mittlerweile nimmt dieser wieder an Fahrt auf, nicht zuletzt aufgrund der nunmehr sichtbar werdenden Folgen des Klimawandels und der damit einhergehenden Verantwortung.[3] Allerdings rächt sich das Versäumnis, die offenen Konfliktdiskurse in den letzten Jahren nicht in einen breiten gesellschaftlichen Diskurs überführt zu haben. Immer noch stehen die mit der Energiewende verbundenen Infrastrukturen wie Windparks, Hochspannungstrassen, Speicher- und Reservekraftwerke in der Kritik. Auch die alten Befürchtungen vor verschandelten Landschaften, steigenden Energiepreisen, dem Verlust der hohen Versorgungssicherheit mit Energieprodukten und so weiter werden wieder diskutiert.

Es lässt sich fraglos darüber streiten, ob die starke Aufmerksamkeit auf Konfliktthemen innerhalb des Energiediskurses gerechtfertigt ist. Unbestreitbar scheint hingegen, dass die schiere Beharrlichkeit der Konfliktdiskurse ein hohes gesellschaftliches Diskussionspotenzial nahelegt. Wahrscheinlich wird dieses zukünftig noch weiter ansteigen, umso mehr Menschen die weitreichenden Konsequenzen der Energiewende bewusst werden. Denn eine konsequente Energiewende lässt sich keineswegs auf die Installation neuer Infrastrukturen beschränken. Wenn das politische Handeln wirklich stringent auf Treibhausgas-Ersparnis oder sogar -Neutralität abzielt, dann müssen viel mehr Stellschrauben neu justiert werden. Daher scheint es sinnvoller, die Energiewende als einen *Wandel* der gesamten Energiekultur zu verstehen: die Art und Weise, wie wir

1 Schippl u. a. 2017b, S. 9.

2 Der Energiediskurs ist somit lediglich ein Teil des umfassenderen Diskurses um die Energiekultur.

3 Vgl. Braun und Baatz 2017.

in alltäglichen und beruflichen Kontexten Energieversorgung und -verbrauch theoretisch konzipieren, praktisch realisieren und letztlich auch aus- sowie erleben.[4] Da die bisherige Energiekultur sehr tief in unserer modernen Gesellschaft verankert ist, wird deren umfassender Wandel zunehmend im Alltag spürbar (Abschnitt 1.3). Die entsprechenden konfliktbeladenen Debatten zu technischen, ökonomischen, rechtlichen, sozialen und ökologischen Themen werden sich – wie bisher – ihren Weg in den öffentlichen Diskurs bahnen.

Generell scheint diese Prognose zum weiteren Verlauf des Energiediskurses sehr verwunderlich. Denn seit Jahren stimmt über die Hälfte der Bevölkerung dem Vorhaben zu.[5] Erklären lässt sich diese hohe Zustimmungsrate durch folgende Annahme.

> A 01 (Energiewende als Lösung von 6 Energieproblemen): Mit der Begründung der Energiewende werden überaus positiv besetzte Zielsetzungen verbunden. Denn im deutschen Energiediskurs wird die Energiewende als die Lösung von 6 umfassenden Energieproblemen (EP1–6) thematisiert.

Gemeint sind: *EP 1) die Endlichkeit fossiler Energieressourcen* (denn erneuerbare Energien (eE) scheinen im Vergleich zu den fossilen Energieträgern unerschöpflich zu sein),[6] *EP 2) die wirtschaftliche Abhängigkeit* (von rohstoffreichen Nationen (Versorgungssicherheit durch hierzulande vorhandene eE-Quellen wie Wind, Wasser und Sonne)), *EP 3) die starke Umweltbelastung* (im Gewinnungs- und Nutzungsprozess (da die Gewinnung und Nutzung von eE im Vergleich zu den fossilen Energieträgern mit weniger Umweltbelastungen einhergeht[7]), *EP 4) die unkontrollierbaren Technikfolgen* (da im Vergleich zur Kernenergie die Folgen des Betriebs von eE-Anlagen relativ gut kontrollierbar sind), *EP 5) die intranspa-*

---

4 In Anlehnung an den Kulturbegriff in Geyer 2005, S. 112. Andere Autoren bezeichnen die Energiewende in systemtheoretischer Absicht auch als eine *Transformation des soziotechnischen (Energie-)Systems*, bspw. in Schippl u. a. 2017b, S. 13–15.

5 Vgl. dazu die Antwortdynamik von 2011–2017 auf die Frage: „Halten Sie die Energiewende – hin zu einer überwiegenden Versorgung aus erneuerbaren Energien – für richtig?" in der Naturbewusstseinsstudie (Schleer u. a. 2018, S. 30). Im Rahmen des Forschungsprojekts „Energiekonflikte" wurde diese Dynamik mit Blick auf Lebensstilfragen genauer analysiert, siehe Eichenauer, Meyer-Ohlendorf u. a. 2017.

6 Als erneuerbare Energien oder auch regenerative Energien werden die Energiequellen bezeichnet, die vor einem menschlichen Zeithorizont als technisch-praktisch unerschöpflich gelten oder relativ zeitnah regenerieren (im Gegensatz zu den fossilen Energiequellen). Die Hauptquelle ist die Sonnenenergie, die direkt (Photovoltaik- und Solaranlagen) oder indirekt (Bioenergie, Wasserkraft, Meeres- und Windenergie) genutzt wird. Ein zweite Quelle bildet die Geothermie (Nutzung von Erdwärme). Aus physikalischer Perspektive sind die nutzbaren Energiepotenziale der Sonne und der Erde (Erdwärme) in räumlicher und zeitlicher Hinsicht ebenso endlich.

7 Wobei auch hier ein Verbesserungsbedarf vor allem in den Herstellungsprozessen der eigentlichen Erzeugungstechnik und deren Rohstoffen besteht.

rente Energiepolitik (da die Form der dezentralen Energieerzeugung außer den großen Energiekonzernen auch vielen neuen Akteuren Handlungspotenziale$_I$ bietet), *EP 6) der anthropogene Klimawandel* (da neben dem Betrieb der Kernenergie lediglich der der eE ohne nennenswerten Ausstoß von Treibhausgasen (THG) einhergeht).

Diese Probleme werden in ein sie auflösendes und positiv bewertetes Narrativ eingebettet, dessen Wurzeln bis zu den Anfängen der jüngeren Umweltbewegung reichen. In einer einflussreichen Studie des Öko-Instituts aus dem Jahr 1980 setzen die Autoren darauf, dass sich das bestehende kapitalistisch geprägte Gesellschaftsbild ökologisch adaptieren lässt. Ihr neues Ideal bezeichnen sie treffend: „Energie-Wende. Wachstum und Wohlstand ohne Erdöl und Uran“.[8] Dahintersteht das bis heute ungebrochene Diktum, dass der gesellschaftliche Wohlstand eines uneingeschränkten wirtschaftlichen Wachstums bedarf. Der Plot der entsprechenden Energiewende-Erzählung (EWN$_P$) lautet: Ökologisch vernünftiges Handeln sei mit wirtschaftlichem Wachstum vereinbar. Dazu müsse man es lediglich schaffen, Energie – als den Motor unserer modernen Gesellschaft und die Basis jedes wirtschaftlichen Wachstums – umweltfreundlich zu erzeugen. Dazu sei keine Form der Mäßigung oder der sozialen Anpassung nötig, sondern „nur“ eine Umstellung der technischen Systeme. Diese normativ wirksame Überlegung prägt die kollektive Überzeugung zur Energiewende bis heute stark. Man warb und wirbt mit diesem Narrativ um die gesellschaftliche Anerkennung der Energiewende. Der hohe Zuspruch zur Energiewende erwächst insbesondere daraus, dass das bis heute wirksame Energiewende-Narrativ *ökokapitalistisch* (als ob das wirtschaftsliberale Denken mit dem ökologischen harmoniere) und *technikoptimistisch* (als ob alle Problemstellungen technisch lösbar wären) konzipiert wurde, ohne die gewohnte Versorgungssicherheit infrage zu stellen. Die politisch betrachtet wichtigsten Instrumente der Energiewende, das Erneuerbare-Energien-Gesetz (EEG) und das Erneuerbare-Energien-Wärmegesetz (EEWG), folgen diesen Leitprinzipien und waren durchaus erfolgreich.[9]

Angesichts dieser positiven Ausgangslage fragt man sich, warum es zu den erwähnten Energiekonflikten auf lokaler Ebene kommen konnte. Mehr noch: In ihrem Zuge haben sich mittlerweile überregionale Gegenbewegungen wie

8 Krause u. a. 1980. Dieser Zusammenhang wird später fortwährend von prominenten Proponenten der Energiewende wiederholt, bspw. von Hermann Scheer H. Scheer 2010, 204 ff.

9 Von wissenschaftlicher Seite herrscht der Tenor, dass das EEG sich grundsätzlich als sehr erfolgreiches Förderinstrument erwiesen hat. Allerdings wurde immer wieder und aus unterschiedlichen Gründen ein Reformbedarf angemahnt, um die Stabilisierung (Verhärtung) suboptimaler Innovationspfade zu vermeiden. Siehe bspw. Frondel, Ritter u. a. 2008, Zichy u. a. 2014, Matthes u. a. 2014 und Gawel u. a. 2017.

Vernunftkraft gebildet.[10] Auch die Partei „Alternative für Deutschland" wirbt gezielt um Kritiker, indem diesen im Parteiprogramm versprochen wird, alle mit der Energiewende einhergehenden Maßnahmen umzukehren bzw. abzuschaffen.[11] Aus einer argumentationsphilosophischen Perspektive lautet deshalb die Ausgangsfrage dieser Studie:

> F 01 (Gründe für Nicht-Akzeptanz): Welche guten Gründe$_G$ sprechen für eine Nicht-Akzeptanz der Energiewende (Windkraft)?

1.2 Forschungsrahmen und wissenschaftliche Vorannahmen

Die wissenschaftliche Bearbeitung obiger Frage wird seit etwa 14 Jahren systematisch im Rahmen des Forschungsprogramms FONA durch das BMBF gefördert. Die sogenannte *sozial-ökologische Forschung* „analysiert die dynamischen Wechselwirkungen zwischen Individuum, Gesellschaft und natürlicher Umwelt und leitet daraus gesellschaftliche Handlungsstrategien für eine nachhaltige Entwicklung" ab.[12] Auch das Forschungsprojekt „Energiekonflikte", auf dessen Basis diese Studie entstand, wurde durch das FONA-Programm finanziert.[13] In der Programmbeschreibung rückt das BMBF als Mittelgeber insbesondere den Beitrag der Energiewende zur Reduktion der THG und damit zum Klimaschutz in den Vordergrund (EP 6).[14] Im Wesentlichen sollten weiterführende gesellschaftliche

---

10 Vernunftkraft bildet eine Art von Dachverband der Gegeninitiativen gegen die eE-Politik. Es stehen das „Wohlergehen der Menschen", der Natur und „der Erhalt der wirtschaftlichen Basis" im Mittelpunkt der Initiative. Die führenden Teilnehmenden verstehen sich selbst als oppositioneller Expertenrat. Die zwei wichtigsten Ziele lauten: „Abschaffung des Erneuerbare[n] Energien Gesetzes" und „Stopp des subventionierten Ausbaus von Windkraft und Photovoltaik". Es spiegelt sich hier in Grundlinien die Haltung der „Realistengruppe" der ersten Phase der Energiewende wieder (mit Fokus auf konventionelle bzw. traditionelle Energieträger). Vgl. https://www.vernunftkraft.de/mission/ (Stand: 21.10.2021).

11 Dazu wird im Parteiprogramm gezielt gegen die zentrale Pro-Argumentation (A 01) argumentiert. Siehe AfD 2018, 156–164.

12 FONA 2009, S. 39.

13 Und zwar im Förderschwerpunkt „Soziale Dimensionen des Klimawandels und des Klimaschutzes", der die meist naturwissenschaftlichen und technischen Forschungsprojekte im Handlungsfeld „Klima und Energie" flankiert. Vgl. ebd., S. 40. Zur Einordnung in die Forschungslandschaft zur Energiewende s. Holstenkamp 2018.

14 „Das BMBF leistet einen wesentlichen Beitrag zum „IEKP" der Bundesregierung. Die geplanten Maßnahmen verfolgen das Ziel, Kräfte zu bündeln und Innovationen zu beschleunigen, um die energie- und klimapolitischen Ziele leichter und effizienter zu erreichen. Sie ergänzen das IEKP vor allem durch eine innovationspolitische Perspektive über den Zeitraum bis 2020 hinaus und verbinden technologische Ansätze mit dem Ausbau einer integrierten Forschungslandschaft zum Klimawandel und zur Energieforschung." FONA 2009, S. 23. 2007 legte die damalige

Steuerinstrumente zur Reduktion von THG gefunden werden. Jedoch bestand bereits 2004 bzw. 2009 – den Startzeiten der FONA-Programme – das politische Bewusstsein, dass die ergriffenen Maßnahmen Akzeptanzprobleme und Konflikte auslösen können.[15] Forschungsprojekte (wie „Energiekonflikte") sollten deshalb die „Handlungsspielräume von Politik, Bürgern und Konsumenten" ausloten und „soziale, ökonomische und (ordnungs-) politische Innovationen" entwickeln und erproben.[16] Letztlich ging es „um Verfahren zur Bewertung und zum Umgang mit unbeabsichtigten Folgewirkungen von Klimaschutzmaßnahmen, beispielsweise im Zusammenhang mit neuen Technologien".[17]

Auf Basis dieses Forschungsrahmens wurde das Projekt „Energiekonflikte" zunächst als ein klassisches *Akzeptanz-Projekt* konzipiert. Entsprechend lauteten die zwei wichtigsten Zielsetzungen zu Beginn des Projekts: die Charakterisierung der Nicht-Akzeptanz$_F$ und der Opponenten sowie die Ermittlung der Bedingungen für einen Wandel der Nicht-Akzeptanz$_F$ in Akzeptanzformen (Variation der Planungs- und Beteiligungsverfahren, räumliche Verlagerung, Kompensationsstrategien etc.). Diese Ziele sollten durch einen klugen Mix von Forschungsbereichen – Beteiligungsmodelle im Energiebereich, Diskursanalyse, Konfliktforschung sowie Lebensstil- und Gerechtigkeitsforschung im Energie- und Nachhaltigkeitsbereich – erreicht werden. Im Kern sollten die Erkenntnisse aus diesen Bereichen dazu dienen, die formellen und informellen Partizipationsformen im Rahmen der Energiewende derart zu verbessern, sodass die Bevölkerung die notwendigen Einzelmaßnahmen eher bzw. häufiger akzeptiert. Der damalige wissenschaftliche Kenntnisstand legte zwei Annahmen nahe.

> A 02 (Akzeptanzsteigerung durch Beteiligungsprozesse): Erfolgreich gestaltete Beteiligungspozesse stärken die Akzeptanz für politische Entscheidungen und letztlich auch die Identifikation mit konkreten Projekten (vgl. Fußnote 724).

> A 03 (Energiewende generiert neue gesellschaftliche Strukturen): Im Selbstverständnis der aktiven Proponenten ist die Energiewende eine Transformation von unten, in der bisherige Grenzen staatlicher Strukturen aufgehoben werden: zum einen zwischen Beteiligenden (Verwaltung und Politik) und Beteiligten (Bürgergesellschaft) und zum anderen zwischen Produzenten (Privatwirtschaft) und Konsumenten (Bürgergesellschaft). Denn die Bürger als aktive Prosumer initiieren öffentlich relevante

---

Bundesregierung (CDU, SPD) ein integriertes Energie- und Klimaprogramm (IEKP) vor, in dem konkrete Ziele und Maßnahmen benannt werden. Damals sah sich Deutschland als Vorreiter im internationalen Klimaschutz. Zugleich sollten die Abhängigkeit von der Entwicklung der Weltenergiemärkte, insbesondere der Öl- und Gaspreise, durch Effizienzmaßnahmen und CO_2-arme Energietechnologien verringert werden.

15 Ebd., S. 41.

16 Ebd., S. 27.

17 Ebd.

> Projekte wie (Bürger-)Windparks. Das heißt, dass die Beteiligung an Planungs- und Genehmigungsprozessen häufig von den Bürgern selbst angestoßen wird. Zudem wird das Engagement mitunter die regionale Wertschöpfung erhöhen. Von der Leistungsbeteiligung der Bürger profitieren auch die regionale Politik und Verwaltung, da sich über die Steuermehreinnahmen oder direkte finanzielle Beteiligung an der Wertschöpfung deren Gestaltungsspielräume erhöhen.[18]

Insgesamt wurde das Forschungsprojekt von einer *pro-aktiven Haltung* zur Energiewende getragen. Man wollte über die Analyse der Vorstellungen, die die Opponenten über *gerechte Beteiligungsformen* hegten, bessere Beteiligungsinstrumente entwickeln und über Planspiele auch erproben.[19] Eine wesentliche Rolle spielte die Annahme, dass man Opponenten über dialogische Diskursprozeduren von den Vorteilen der Energiewende überzeugen könne.

> A 04 (Opponenten als konstruktive Diskursteilnehmer): Opponenten werden als konstruktive Diskursteilnehmer anerkannt. Denn durch die (kritische) Teilnahme am Diskurs, zeigen sie die für jeden Diskurs wichtige Grundhaltung: Um die eigene Position auszudrücken, müssen unter den Diskursteilnehmern Argumentationen ausgetauscht werden. Daraus folgt, dass eine Analyse der Einwände$_A$ ein differenziertes Verständnis der Ablehnungsgründe und Gegenpositionen erlaubt.

In vorhergehenden Studien wurden Opponenten durchaus abgewertet: als unbelehrbare Querulanten (Anhänger der alten Energiekultur),[20] Verlierer der Transformation (Profiteure der alten Energiekultur)[21] oder schlechtinformierte Störer zukunftsweisender Kommunal- und Regionalentwicklung.[22] Eine solche Sichtweise hätte eine unvoreingenommene Analyse der Einwände$_A$ deutlich erschwert.

1.3 Thema dieser Studie. Eine Einführung

In dieser Studie wird nur ein Teil der Ergebnisse des skizzierten Forschungsprojekts „Energiekonflikte“ beleuchtet. So werden die gewonnenen Erkenntnisse zur A 02 eher eine untergeordnete Rolle spielen. Denn die detaillierte Analyse der Einwände$_A$ gegen konkrete Projekte zeigte, dass in ihnen diskursrelevante Kritik an der derzeitigen Ausgestaltung der Energiewende und der Energiekultur mitschwingt. Es kristallisierte sich also im Zuge des Projekts heraus, dass ein langfristiger Erfolg der Energiewende eine umfangreiche Auseinandersetzung mit diesen kritischen Fragen verlangt. Eine verbesserte Beteiligung an den lokalen Genehmigungs- und Planungsverfahren kann diese Auseinandersetzung nicht ersetzen, obwohl sie generell betrachtet wünschenswert ist. Nun mag die-

18 Bogumil 2001, Brinkmann u. a. 2011, S. 35 f., 67 und etwas kritischer Selle 2007, S. 64.

se Einschränkung vor allem denjenigen Lesern zu wenig sein, die möglichst schnell quantitativ messbare Erfolge der Energiewende erreichen wollen. Gefragt werden könnte: Was soll die Beschäftigung mit den Einwänden bringen, wenn diese nicht in verbesserten Beteiligungsverfahren oder ähnlichen anwendungsorientierten Ergebnissen sozialwissenschaftlichen Forschens mündet? Die Antwort lautet knapp: Die in dieser Studie vorgetragenen Überlegungen sollen einen wichtigen Beitrag liefern, um die *argumentative Form solcher Einwände$_A$* besser zu verstehen. Langfristig betrachtet kann eine bessere Orientierung$_A$ nur erfolgen, wenn die Argumentationsfigur(-en) solcher Einwände$_A$ in ihrer Komplexität auch nachvollzogen werden können. Sie sollten bei Weitem nicht nur als NIMBY-Argumentationen missverstanden werden, die mit einer immer umfangreicheren „Aufklärungsarbeit" über immer diffizilere Partizipationsformen „kuriert" werden könnten. Dass ein solches Orientierungsdefizit besteht, liegt weniger daran, dass die Vordenker und die bisherigen proaktiven Akteure zu viele Fehler gemacht hätten. Vielmehr ist es eine normale Begleiterscheinung kultureller Veränderungsprozesse, die zunehmend in eine gewohnte und geschätzte Alltagskultur hineinreichen. Es werden dadurch Abwägungen$_I$ erforderlich, für die es noch keine tradierten Lösungsschablonen gibt (und auch keine Kriterien argumentativer Schlüssigkeit). Für ein besseres Verständnis der Studie lohnt eine kurze Darlegung der Faktoren, die den Orientierungsverlust begünstigen.

1.3.1 Faktoren eines zunehmenden Orientierungsverlusts

Der *erste Faktor* bezieht sich auf eine phänomenale Charakterisierung der Energiewende. Diese stellt mit all ihren Herausforderungen ein *tückisches Problem* (Problem$_T$) dar.[23] Derartige Problemlagen lassen sich anhand von 6 Merkma-

19 Als Opponenten werden in dieser Studie alle Kritiker bezeichnet, die die Energiewende im Allgemeinen oder konkrete Maßnahmen wie einen Windpark kritisieren. Zudem vertreten sie zu konkreten Aspekten des Energiediskurses eine kritische oder ablehnende Meinung. Der Rückgriff auf das Fremdwort folgt dem Gedanken, dass das in der Literatur geläufige Synonym *Gegner* zu negativ konnotiert ist, nämlich als jemand, der gegen etwas eingestellt ist und es (rigoros) bekämpft. Diese Konnotation würde der durchaus konstruktiven Haltung vieler Opponenten nicht gerecht werden. Mehr noch: Die versteckte Abwertung im Vergleich zu den Proponenten würde die populistischen Tendenzen im konfliktgeladenen Diskurse sogar verstärken. Siehe dazu etwa Reusswig, Lass u. a. 2020.

20 Vgl. H. Scheer 2010, S. 22 oder Kemfert 2013, S. 12.

21 Vgl. H. Scheer 2010, S. 39.

22 Siehe Selle 2007, S. 64.

23 Im Anschluss an eine planungswissenschaftliche Arbeit von Horst Rittel und Melvin Weber unterscheidet Bryan Norton tückische („wicked") von harmlosen Problemen („tame" bzw. „benign

len kennzeichnen: *Erstens* erweist sich bereits die Beschreibung des Vorhabens als überaus *komplex*. Zwar wurde schon seit Ende der 1970er-Jahre an einem Narrativ gearbeitet, aber dieses beschränkte sich auf die argumentative Stützung der erwähnten technikoptimistischen Grundhaltung (siehe EWN_P): Ökologische Ziele wie eine umweltfreundliche Energiekultur lassen sich mit marktwirtschaftlichen Instrumenten wachstumsfördernd umsetzen. Im Prozess der Realisierung wurden – wie bei allen großen sozio-technischen Veränderungen – zahlreiche technische, wirtschaftliche, (umwelt-)rechtliche, ökologische wie auch normative Fragen aufgeworfen. Nicht alle diese Fragen sind bisher beantwortet. Auch wurden bestehende Antworten nicht angemessen in das Energiewende-Narrativ integriert. Es mangelt mittlerweile, so könnte man es salopp formulieren, an einer umfassenden und einheitsstiftenden Story über die Zukunft der Energiewende. *Zweitens* gehen Probleme_T mit konfliktreichen Diskursen einher. Welche Wucht solche Diskurse auf lokaler Ebene entfalten können, hat beispielsweise Juli Zeh in ihrem Roman „Unterleuten" beschrieben. Im Verlauf des Romans wird deutlich, wie viele interessengeleitete und rhetorisch konzipierte Argumentationen sich im Energiewende-Diskurs finden lassen. *Drittens* verweisen tückische Probleme auf andere tückische Probleme: So sind lokale Diskurse zu einem Windkraft-Projekt nicht selten mit dem tückischen Problem des (anthropogenen) Klimawandels oder der (sozialen) Gerechtigkeit verknüpft. *Viertens* lassen sich nicht alle offenen Fragen tückischer Problemlagen mit natur- oder technikwissenschaftlichen Erkenntnissen beantworten. Viele Fragen verlangen normative Urteile, die auch in Abhängigkeit zu individuellen Wertsetzungen getroffen werden. Man kann schlichtweg nicht berechnen, ob der Verlust von Individuen einer geschützten Art durch Vogelschlag mit Blick auf das Klimawandelproblem (EP 6) hinnehmbar ist. Alteingesessene Ornithologen lehnen dies meist ab, überzeugte Klimaaktivisten häufig nicht. *Fünftens* können wir die Energiewende im Falle des Scheiterns nicht beliebig wiederholen. Wir sind auf ein gutes Gelingen mehr oder weniger angewiesen. Denn andernfalls könnten bspw. die Folgen des Klimawandels

problems"). Siehe Norton 2005, S. 130–138, Norton 2015 Rittel u. a. 1973, S. 163. Harmlose Probleme können idealerweise – wie etwa das Zweikörperproblem der klassischen Mechanik – analytisch gelöst werden, weshalb sie im (deduktiv-hypothetischen) $\text{Superparadigma}_{HD}$ häufig als Muster_K herangezogen werden. Der Schwierigkeitsgrad tückischer Probleme geht ebenso über den vertrackter hinaus, die zwar auch nicht analytisch, aber zumindest über alternative Methoden zufriedenstellend gelöst werden können (wie etwa das Dreikörperproblem der klassischen Mechanik). Der Umgang mit tückischen Problemen wie dem Klimawandel oder der Energiewende stellen den Einzeln vor eine kaum lösbare Aufgabe. Es bedarf eines gesellschaftlichen Orientierungsdiskurses darüber, welche Handlungsoptionen gewählt werden. Dieser schlägt sich mitunter in einer Anpassung des sozial etablierten NoS nieder. Ausführlich dazu auch Braun 2017, S. 166–168.

zu immens oder die wirtschaftlichen Handlungspotenziale$_I$ ausgeschöpft sein. *Sechstens* verlangen tückische Probleme, dass man die eingeschlagenen Lösungswege fortwährend mit Blick auf die Praxiserfahrung prüft und ggf. anpasst. „Die eine Lösung" wird es aufgrund der genannten Merkmale nicht geben.

Bereits diese unübersichtliche Problemlage kann zu einer Überforderung in der Orientierung führen. Grundsätzlich ist ein Problembewusstsein vorhanden, weil eine oder mehrere Pro-Argumentationen (A 01) von vielen Bürgern nachvollzogen werden. Nicht immer kann der damit einhergehende Handlungsdruck in eindeutige Handlungsoptionen überführt werden. Daher fällt vielen eine individuell tragfähige Orientierung$_A$ schwer. Dieser Orientierungsmangel wird sich bei einer konsequenten Umsetzung der Energiewende zunächst verstärken. Denn, so der *zweite Faktor*, die klassische Energiekultur ist sehr tief in unserer Gesellschaft verankert. Der Grundplot des damit einhergehenden Narrativs (KEN) lautet:[24] Es soll möglichst überall und zu jeder Zeit ausreichend Endenergie[25] für Verbraucher preiswert verfügbar sein, um gesetzte Ziele zu erreichen. Der Großteil dieser Ziele, egal ob privat, staatlich oder privatwirtschaftlich, ist (langfristig) auf die Erleichterung des alltäglichen Lebens ausgerichtet: Energienutzung im klassischen Sinne führt zu einem (immer) bequemeren Leben.

Mit der Umstellung aller Sektoren – wie etwa industrieller Prozesse, Mobilitätsverhalten etc. – werden die Konsequenzen der Energiewende zunehmend im Alltag „spürbar". Entgegen der Hauptmaxime der klassischen Energiekultur werden wir unseren mitunter *gedankenlosen Umgang* mit Energie in alltäglichen Kontexten aufgeben müssen. Dies wird zu mehr gesellschaftlichen Reibungspunkten führen. Bereits jetzt werden Fragen kontrovers diskutiert, wie: „Ob man und wer zukünftig fliegen darf?", „Wer bezahlt die energetische Sanierung von Mietwohnungen?" oder „Sollen Großstädte autofrei sein?" „Wie viele Windräder sollen um das Dorf zusätzlich gebaut werden?". Umso verbindlicher solche Fragen geklärt werden müssen, desto häufiger bahnen sich die entsprechenden konfliktbeladenen Debatten ihren Weg in den öffentlichen Energiediskurs.

Dies führt geradezu zum *dritten, eher anthropologischen Faktor* des Orientierungsdefizits. Wird man mit derartigen Orientierungsfragen konfrontiert, ist man als einzelner Bürger, ebenso als größere Gemeinschaft (Gemeinden, Landkrei-

24 Die Annahme stellt einen wesentlichen Teil einer technisch-sozialen Erzählung über das gute Leben dar, die als eine moderne Variante des antiken Ideals der Mühe- und Sorglosigkeit gedeutet werden kann. Siehe Braun 2014, 56–62.

25 Als Endenergie bezeichnet man die Energie, die als Brenn- oder Kraftstoff, als elektrischer Strom, in Feststoffspeichern etc. bei den eigentlichen Energieverbrauchern zur weiteren Nutzung ankommt. Rebhan 2002b, S. 38. Aufgrund von Umwandlungs- und Übertragungsverlusten ist diese meist geringer als der ursprüngliche Primärenergiegehalt der Quelle.

se, Regionen etc.) meist überfordert. In solchen Situationen neigen Menschen durchaus dazu, an tradierten Orientierungsantworten festzuhalten. Dies liegt in vielen Fällen daran, dass die anstehenden Veränderungen zum Teil tiefe Einschnitte in die gewohnte Lebenspraxis bringen (könnten). Daher entscheiden sich einige rational zur Ablehnung, weil ihnen in solchen Situationen bspw. keine Form von Kompensation des mutmaßlichen Verlusts ersichtlich ist. Viele neigen jedoch schlichtweg dazu, weil sie eine lieb gewonnene und augenscheinlich funktionierende Praxis für etwas Ungewisses keinesfalls aufgeben wollen. Der Umgang mit den damit einhergehenden individuellen Ablehnungsgründen stellt die schwierigste argumentative Herausforderung für die Anpassung des Energiewende-Narrativs und dessen entsprechender Realisierung dar.[26]

1.3.2 Falsche Erwartungen an argumentationsphilosophische Forschung

Angesichts der Einschätzung, dass im aktuellen Energiediskurs ein Orientierungsdefizit besteht, fragt man sich, welchen Beitrag die Argumentationsphilosophie für eine bessere Orientierung leisten kann. Vor der eigentlichen Antwort werden zunächst zwei falsche Erwartungen ausgeschlossen, welche ich anhand der ersten beiden Annahmen des Projekts „Energiekonflikte“ besprechen werde.

Ähnlich A 02 geht man häufig davon aus, dass die sozialwissenschaftliche Auseinandersetzung mit Energiekonflikten zu einer Verbesserung von Beteiligungsprozessen führen könnte und diese letztlich zu einer höheren Akzeptanz der Energiewende. Im Verlauf des Projekts „Energiekonflikte“ wurde zweierlei deutlich: *Erstens*, wird die Energiewende im Sinn der übergeordneten, aber oft unkonkreten Energiewende-Erzählung (EWNᴘ) von den meisten Bürgern akzeptiert. Vieles bleibt „im Ungefähren“, wenig ist verbindlich, die meisten werden zu „Gewinnern“.[27] Passend dazu kritisieren viele Opponenten diese Erzählung nicht, sondern vielmehr, wie wir den darin geforderten Wandel momentan *realisieren*.[28] *Zweitens*, schlägt sich mittlerweile die *doppeltreflexive Struktur* des Energiediskurses nieder (Abschnitt 7.6): Nicht nur die Proponenten[29] professionalisieren ihre Verfahren in Reflexion auf die bisherigen Praxis-Erfahrungen,

26 Vgl. Grunwald 2014.

27 Bereits 2012 warnte Ortwin Renn davor, die Energiewende zur „eierlegenden Wollmilchsau“ hochzustilisieren. Siehe Renn 2012.

28 Vgl. auch Setton u. a. 2019, Ergebnisse: 2–8.

29 Proponenten werden in dieser Studie die Befürworter der Energiewende genannt. Darunter fallen sowohl diejenigen, die konkrete Projekte initiieren, als auch diejenigen, die sich auf einer allgemeinen Ebene für die Energiewende aussprechen, ohne weiter aktiv zu werden.

sondern auch die Opponenten ihren Widerstand. Wer nun glaubt, dass eine Akzeptanzsteigerung durch eine reine Verbesserung der Beteiligung möglich sei,[30] verkennt, dass sich Akzeptanz nicht qua Standardverfahren „konstruieren" lässt. Sicherlich hätten einige Konflikte durch kontextsensitive Beteiligungsverfahren vermieden werden können (vgl. Fußnote 724). Aber selbst gute Beteiligungsverfahren können zum Scheitern von Projekten führen, wenn die Opponenten ihre Argumentationen rhetorisch geschickt einsetzen.[31] Kurzum: Diese Studie enthält keinen optimierten Leitfaden für eine verbesserte Bürgerbeteiligung.

Daran anknüpfend bedarf es der Korrektur einer unterschwelligen Erwartung in A 03. Es ist richtig, dass im Zuge der Energiewende neue soziale Strukturen entstehen. Jedoch sind es nicht nur die technikoptimistischen und gewinnorientierten Prosumer, sondern auch zwei andere Gruppen: Zum einen die Gruppe der (kritischen) Opponenten und die weitaus größere Gruppe mit indifferenten Positionen. Der Stellenwert der beiden letzten Gruppen für die Zukunft der Energiewende darf nicht unterschätzt werden. Dass die Opponenten als wichtig für eine konstruktive Weiterentwicklung des Diskurses anerkannt werden sollten, wurde schon mit A 04 unterstrichen. Diese Gruppe zeigt interessengeleitet Schwachstellen und Schieflagen in der jetzigen Realisierung auf. Die Zunahme der zweiten Gruppe verweist darauf, dass mit Fortschreiten der Energiewende ein höherer Orientierungsbedarf entsteht und das bestehende Narrativ diesem Bedarf nicht gerecht wird.[32] Wer nun glaubt, dass die Gruppe der Indifferenten oder gar die der Opponenten mit einer übergeordneten Pro-Argumentation oder einer Kette von Wiederlegungsargumenten von der jetzigen Realisierung argumentativ überzeugt werden könnte, irrt. Die Fehleinschätzung beruht vor allem darauf, dass vor dem Hintergrund des bisherigen Narrativs von oben und durch sukzessive argumentative Aufklärungsarbeit bestehende Kritikpunkte aus dem Weg geräumt werden könnten.[33] Zwar kann man mit pädagogischen Mitteln Irrtümer beseitigen, aber nicht die grundsätzlichen Schieflagen und Leerstellen des bisherigen Narrativs. Hier macht sich vor allem der zweite (Verstärkungs-)Faktor des Orientierungsmangels bemerkbar. Umso mehr spürbare Konsequenzen die Energiewende im Alltag zeitigt und dadurch sogar KEN infrage stellt, desto mehr Orientierungslücken müsste das EWN_P füllen. Kurzum: Die Studie wird keine

30 Zum Thema siehe Bovet u. a. 2017, S. 570. Anfang 2020 wurde bspw. ein „Bürgerwindgeld" – ein Vorschlag der SPD – sehr kontrovers diskutiert.

31 Ein Fallbeispiel wird in Reusswig, Braun, Heger, Ludewig, Eichenauer u. a. 2016 ausführlich beschrieben.

32 Zu dieser Einschätzung passt auch, dass ein steigender Anteil der Bevölkerung die momentane Realisierung der Energiewende als *chaotisch* wahrnimmt. Siehe Setton u. a. 2019, S. 10 f.

33 Der vielleicht schönste Ansatz in dieser Richtung findet sich in Nestle 2011.

Argumentationskriterien hervorheben, durch die – wenn angewandt – zwischen konstruktiven und destruktiven Argumentationen entschieden werden könnte. Ein Fokus liegt auf der Differenzierung der unterschiedlichen Argumentationsphänomene (F 02). Dennoch sollte aus den bisherigen Ausführungen deutlich geworden sein, dass das Energiewende-Narrativ *umsichtig* fortgeschrieben werden muss, um auch zukünftig orientieren zu können. Die Studie leistet dazu eine Vorarbeit, indem über sie die vorgebrachten $\text{Einwände}_{\text{A}}$ besser analysiert und hoffentlich auch besser in ihrer Reichweite verstanden werden können. Der verfolgte Ansatz wird anschließend grob skizziert.

1.3.3 Zur Funktion von Narrativen im Diskurs

Es bedarf an diesem Punkt einer vorläufigen Erklärung, was mit der Rede vom Energiewende-Narrativ gemeint ist. Diese setzt auch ein ebenso vorläufiges Verständnis des Diskursbegriffs voraus, mit dessen Hilfe der Energiediskurs beschrieben wird: Diskurs wird in dieser Studie zunächst unspezifisch als Oberbegriff für eine Einheit von kommunikativen Handlungen verwendet, die in sozialen Gemeinschaften über längere Zeiträume persistieren (bspw. die in dieser Studie analysierten Konfliktdiskurse). All diesen Diskursen ist gemein, dass sie intersubjektiv und über sprachliche Argumentationen erfolgen. Ungeachtet dieser sozio-konstruktiven Genese besitzen Diskurse auch eine Eigendynamik und treten uns als kulturelle Realphänomene entgegen: Jeder und jede nimmt fortwährend an Diskursen teil oder wird von diesen vereinnahmt.

In Abschnitt 1.1 wurde erwähnt, dass der Energiediskurs eine Vielzahl an Debatten umfasst. *Erzählungen* wie das Energiewende-Narrativ bilden, so das erste Merkmal, den einheitsstiftenden Bezugspunkt von Diskursen.[34] Das heißt, wir wissen aufgrund dieser Rahmenerzählung, dass diese oder jene Debatte zum Energiediskurs gehört. Erzählungen übernehmen zudem zwei zusätzliche Funktionen: Einerseits erhalten (zusammenhängende) Sachkontexte und Akteure durch Erzählungen eine Bedeutung, etwa über die Beschreibungen, wie man die technische Infrastruktur umzubauen beabsichtigt.[35] Diese Bedeutung kann sich im Verlauf des Erzählprozesses jedoch auch ändern. Andererseits stellen die Handlungen, Bedeutungen in komplexen kulturellen Rahmenerzählungen zu

34 Siehe auch Lyotard 1979, S. 64 f.

35 Erzählungen sind kommunikative Praktiken, „mittels derer Akteure Bedeutungen konstruieren und verändern, Sinn verstehen und ihre (individuelle) Identität konstituieren [...].“ Viehöver 2011, S. 195.

kommunizieren und über diese Kommunikationspraxis auch zu verändern, eine eigenständige Orientierungsform dar.[36]

Indem Erzählungen entworfen werden, muss sich der Erzähler – ob nun als einzelne Person oder Gruppe von Personen – auch positionieren und zwar in Bezug zu historischen und zukünftigen Entwicklungen, zu aktuellen Ereignissen und Sachverhalten.[37] Im Energiewende-Narrativ kommt vor allem zum Tragen, dass es sich um eine Positionierung auf eine fiktionale Zukunft handelt, wenngleich die Erzählung selbst über ihre Inhalte und vor allem ihre Akteure eine starke Verankerung im realen und aktuellen Zeitgeschehen hat. Das enthaltene Zukunftsbild fungiert als der *focus imaginarius* der gesamten Erzählung, da alle Erzählelemente auf diesen ausgerichtet sind. Aufgrund dieser prognostisch-ausgerichteten Fiktionalität besitzen sozio-technische Erzählungen eine genuine Unabgeschlossenheit. Sie zeigen sich daher in ihrer Aussgestaltung relativ offen für alle, die „mitreden" wollen.[38]

Vor diesem Hintergrund kann das Energiewende-Narrativ durchaus als eine *öffentliche Erzählung* gekennzeichnet werden.[39] Längst wird diese Erzählung nicht mehr nur von einer kleinen Gruppe von ökologischen Technikutopisten entwickelt.[40] Vielmehr versucht eine Vielzahl an kollektiven Akteuren, diese Erzählung durch eigene, thematisch gebundene Erzählungen zu adaptieren. Das heißt, dass sich das Energiewende-Narrativ bereits lange in der „Arena der Öffentlichkeit"[41] befindet und dort einen eigenständigen öffentlichen Diskurs ausgebildet hat. Wie der Energiediskurs besitzt auch das Narrativ eine *eigene Dynamik*. Die Vielzahl der Akteure spielt geradezu mit der erwähnten Offenheit der Erzählung. Hinzu kommt die Omnipräsenz der Energiekultur, die bekanntlich alle Lebensbereiche irgendwie berührt. Fraglos wollen bei deren Wandel viele Akteure mitreden. Dabei zeigt der Energiediskurs eine Tendenz, die ich mit der folgenden und für diese Studie wichtigen These zusammenfassen möchte:

> T 01 (Meta-Erzählung): Das Energiewende-Narrativ zeigt eine Tendenz zur *Meta-Erzählung*, ohne bisher die damit verbundene Gesellschaftsfunktionalität ausfüllen zu können. Darauf weisen a) der Orientierungsmangel, b) die „Härte" des darum geführten Diskurses und c) die konfligierenden Ambitionen diskursbestimmender Akteursgruppen hin.

---

36 Ebd., S. 198.

37 Ebd., S. 199.

38 „Die Erzählung ermöglicht es, in einer Kantine oder Mensa ein Gespräch über Klimawandel oder Energiewende zu führen, ohne fundierte Kenntnisse der Klimatologie oder Methoden der policy-Forschung zu besitzen. " Schweiger und Engler 2016.

39 Viehöver 2011, S. 199 f.

40 Gemeint sind hier die Ansätze in Lovins 1977 oder in Krause u. a. 1980.

41 Viehöver 2011, S. 200.

Um Missverständnissen vorzubeugen: Das Energiewende-Narrativ zeigt nicht die Tendenz zu einer *Großen (Meta-)Erzählung* mit mythischen und häufig religiösem Charakter.[42] Vielmehr geht es darum, ob es die gesellschaftliche Stellung und Funktion einer *Basis-Erzählung* übernehmen kann. Solche Erzählungen sind die aufgeklärten Varianten der *Großen Erzählungen*. Basis-Erzählungen erfüllen die oben genannten Merkmale in einer umfassenden Weise, sodass sich thematisch gebundene Erzählungen (Subnarrative) auf jene beziehen.[43] So sollte auch das Narrativ der klassischen Energiekultur als eine solche Basis-Erzählung wahrgenommen werden.

Dass das Energiewende-Narrativ (noch) nicht als Basis-Erzählung fungiert, kann an den drei in der These genannten Gründen kurz erläutert werden. Zu a) Momentan ermöglicht es, wie weiter vorne beschrieben, keine umfassende Orientierung_{A}, sodass sich ein Großteil der Bürgerschaft darin positionieren könnte. Zu b) Die diskursiv ausgetragenen Energiekonflikte, die diesen Orientierungsmangel anzeigen, können als Indikatoren herangezogen werden. Das Ringen um die Deutungshoheit, letztlich um die Ausgestaltung der Erzählung zur Energiekultur der Zukunft, ist im vollen Gange. Zu c) Wer nun mit aller Härte miteinander ringt, lässt sich gut an zwei extremen Lagern erläutern. Während auf der einen Seite die Vorreiter – nicht zuletzt durch das Klimaargument beflügelt – möglichst schnell möglichst viele Bereiche des Lebens umstellen wollen, nimmt auf der anderen Seite die Gruppe derer zu, die allzu gerne an der Erzählung der klassischen Energiekultur (KEN) festhalten wollen.[44] Es scheint momentan sogar, als ob beide Lager weiter auseinanderdriften.[45] In vielen Belangen hat das Energiewende-Narrativ den klassischen Vorgänger noch nicht ersetzt. Mehr noch: Erst im aktuellen Energiediskurs – mit Bezug zum Mobilitäts- und Bausektor – wird deutlich werden, welche grundlegende gesellschaftliche Orientierungsfunktion und auch entsprechende Stabilität diese klassische Basis-Erzählung besitzt (siehe Kapitel 5).

---

42 Viehöver 2011, S. 200.

43 Ebd., S. 201.

44 Als Hinweis kann beispielsweise gedeutet werden, dass im Jahr 2019 trotz einer umfangreichen Klimadebatte ein neuer PS-Rekord bei den neuzugelassenen PKW aufgestellt wurde CFR/DPA 2020.

45 Dies schlägt sich bekanntlich auch in der Sprachwahl nieder, wie man schön an den Gruppentiteln nachvollziehen kann: „Fridays for Future" (https://fridaysforfuture.de/, Stand: 10.02.2020) und „Fridays for Hubraum" (https://www.sueddeutsche.de/panorama/fridays-hubraum-facebook-greta-klimakrise-1.4646132, Stand: 20.10.2019).

1.3.4 Herausforderungen von Realdiskursen

Wenn Erzählungen in Diskursen eine so zentrale Orientierungsfunktion übernehmen, könnte man fragen, welche Funktion Gründe im Diskurs erfüllen. Vielleicht schwingt in der Frage sogar der Zweifel mit, ob das begründende Argumentieren überhaupt diskursrelevant ist. Vielleicht werden Diskurse eher emotional geführt und genau deshalb eher von Erzählungen bestimmt. Dieser, im Energiediskurs durchaus zu findende Zweifel nährt sich vor allem aus einer grundlegenden Unkenntnis über die Vielzahl an Argumentationspraxen.[46] Viele Akteure des Energiediskurses reklamieren für sich, in allen Belangen *wissenschaftlich* zu argumentieren. Dahintersteht nicht zuletzt die Überlegung, dass lediglich wissenschaftliche Argumentationen (gute) Gründe$_G$ liefern und anerkennungswürdig sind. Fraglos wird das Energiewende-Narrativ in vielen Belangen durch wissenschaftliche Argumentationen geprägt und einige von diesen haben den Status guter Gründe$_G$. Zu diesen kommen jedoch dialogische und rhetorische Argumentationen hinzu, die durchaus emotionale Aspekte des Menschseins abbilden. Auch sie besitzen das Potenzial, um als (gute) Gründe$_G$ anerkannt zu werden. Es lässt sich dazu folgende Annahme festhalten.

> A 05 (Gründe und Realdiskurse): Realdiskurse zeigen die Tendenz, dass der Austausch guter Gründe$_G$ – die sich vor anderen Gründen auszeichnen – umso wichtiger wird, desto stärker das Diskursthema in den Fokus der Öffentlichkeit rückt.

Bevor eine erste Definition des Gründebegriffs gegeben wird, lohnt eine genauere Bestimmung von Realdiskursen, zu denen auch der Energiediskurs zählt. Realdiskurse lassen sich grob als eine (unabgeschlossene) Gesamtheit von thematisch zusammenhängenden Aussagen kennzeichnen.[47] Über diese kommunizieren die Diskursteilnehmenden miteinander. Realdiskurse bilden Kommunikationsräume zur kollektiven Orientierung$_A$ (Erweiterungen dieser Definition finden sich in A 18 und K 04B). Lokale Diskurse sind entsprechend Realdiskurse, die durch territorial-administrative und sozial-kulturelle Spezifika kontextualisiert

---

46 Einer spezifischen Argumentationspraxis entspricht eine konkrete Art und Weise des Argumentierens. Diese hängt vom jeweiligen Argumentationsideal ab, welches an teils kulturspezifischen, teils transkulturellen Normen und Werten der kommunikativen Praxis sowie an spezifischen Argumentationstaktiken oder Plausibilitätskriterien festgemacht werden kann. Vgl. Hannken-Illjes 2018, S. 174, Lueken 1995, S. 364 und Willard 1992, S. 438–448. Manche argumentiert rein formallogisch korrekt, mancher argumentiert rhetorisch, andere wissenschaftlich-faktisch oder emotional u. s. w. Im Verlauf der Studie werden einige für den Energiediskurs zentrale Argumentationspraxen unterschieden: Arg$_A$, Arg$_E$, Arg$_I$, Arg$_K$, Arg$_P$, Arg$_R$, Arg$_{RH}$, Arg$_S$, Arg$_W$, Arg$_{WI}$. In einer Diskursgrammatik wird meist eine spezifische Argumentationspraxis favorisiert.

47 Dies erfolgt in Anlehnung an die pragma-dialektische Rede von einer „argumentative reality", vgl. Eemeren, Garssen u. a. 2014a, S. 520.

sind (Abschnitt 6.1.3). Sie sind mit empirischen Mitteln eingefangene Bilder lokal gelebter Argumentationspraxis. Diskursive Orientierung$_A$ gelingt meistens dann, wenn die Aussagen in argumentativen Strukturen verknüpft sind. Denn Argumentationen erleichtern es, die Bedeutungen der Aussagen nachzuvollziehen und bestenfalls ihren begründenden Charakter einzusehen. Dies gilt für alle Argumentationspraxen. Nachvollziehbarkeit und Einsicht bildet wiederum die Basis aller Orientierungserkenntnis. An dieser Stelle sollte man allerdings zwei Punkte beachten, die Realdiskurse von dem Ideal unterscheiden, auf das konsensuale Orientierung hinausläuft:

Erstens sind Realdiskurse keineswegs wohlgeordnete Diskursräume, die nach festen oder gemeinschaftlich festgelegten Regeln konstruiert wurden. Die Struktur und die Diskursregeln realer Diskursräume unterliegen in weiten Teilen dem Machtpotenzial sowie den Interessen der in ihnen agierenden Akteure.[48] Jene zeigen daher eine hohe Dynamik. Insbesondere das kommunikative Machtpotenzial darf nicht unterschätzt werden, wenn es um das gezielte Durchsetzen von Interessen in Realdiskursen geht. Dies gilt vor allem in den Diskursen, deren Zugang auf den ersten Blick nicht limitiert erscheint. Vor diesem Hintergrund kippen Realdiskurse häufig in rhetorische Realdiskurse$_{Rh}$, deren paradigmatische Erscheinungsform im politischen Tagesgeschäft zu finden ist (vgl. Abschnitt 6.3). Mit Blick auf vielerlei aktuelle Realdiskurse umschreibt Rudolf Schüssler eine extreme Ausprägung des Phänomens wie folgt:

> Öffentliche Diskurse, an denen Medien mitwirken, [...], verlaufen selten grundvernünftig. Sie bilden Arenen des Meinungskampfes, in denen die mächtigsten und kommunikativ geschicktesten Gladiatoren siegen. Die Besitzer unterlegener Meinungen können sich für deren vernünftige Vertretbarkeit wenig kaufen. Ethische Meinungen genießen keinen geregelten Schutz, schon gar keinen juristischen, weil sie rechtlich nicht als Faktenbehauptungen gelten. So wird die öffentliche Arena zum Tummelplatz für Virtuosen der Entrüstung und moralische Scharfrichter, die ihren eigenen Standpunkt verabsolutieren und nichts von alternativen Vernünftigkeiten wissen.[49]

Die in A 05 mitschwingende Überlegung, dass Realdiskurse als potenziell moralische Instanzen fungieren können, darf also nicht überstrapaziert werden. Ohne ein mediatorisches Eingreifen können sie das von selbst nicht leisten. Dennoch sollte man das Verständnis von Realdiskursen genauso wenig auf die Analyse

48 Ortwin Renn beschreibt diesen Sachverhalt wie folgt: „Zum zweiten hat mich die Erfahrung mit Diskursen gelehrt, daß Diskursteilnehmer keineswegs auf strategische Verhaltensweisen verzichten, auch nicht, wenn sie die Gelegenheit haben, unter idealen Bedingungen in einem herrschaftsfreien Diskurs miteinander zu diskutieren.“ Renn 1999, S. 84.

49 Schüssler 2014, S. 17.

sozialer Machtstrukturen und Interessensysteme reduzieren. Denn Realdiskurse entwickeln mitunter eine von den einzelnen Akteursgruppen unabhängige Eigendynamik, die weder in einem Konsens aller noch mit einem rhetorischen Sieg einer (übermächtigen) Akteursgruppe enden muss. So kann die Eigendynamik durchaus zu einem durch vielfaches Unverständnis geprägten Stillstand führen.[50] Insbesondere in derartigen Situationen wird gerne auf tradierte Basis-Erzählungen zugegriffen, die die innere Textur realer Diskursräume in gewisser Weise vorprägen. Der fortwährende Rekurs auf Inhalte der klassischen Energiekultur in Situationen, in denen der aktuelle Energiediskurs stagniert, bebildert diese Rückversicherungsfunktion tradierter Basiserzählungen recht gut.[51]

1.3.5 Zur Rolle von Gründen im Realdiskurs

Die anfangs gestellte Frage, ob Argumentationen im Allgemeinen und Gründe im Speziellen diskursrelevant sind, wird nun auf Realdiskurse fokussiert. Die folgende Antwort basiert auf der Annahme, dass trotz der Tatsache, dass Realdiskurse durch Rhetorik, Interessen- und Machtgefüge geprägt sind, Gründe nur schwer umgangen werden können. Mehr noch: Die Analyse des Energiediskurses zeigt, dass alle Diskursteilnehmer für sich reklamieren, ihre jeweilige Position nicht nur argumentativ, sondern mit Gründen rechtfertigen zu können. Das alltagsbezogene Verständnis eines Grundes besagt, dass man mit diesem in einem Gespräch jemanden überzeugen kann (K 05). Ein Grund kann als Antwort auf eine implizite oder explizite Warum-Frage eine Haltung bzw. Handlung rechtfertigen oder einen (faktischen) Sachverhalt erklären. Die Handlung oder der Sachverhalt erscheinen im Zuge der Argumentation irgendwie überzeugend. Häufig werden die entsprechenden Überzeugungskriterien nicht expliziert. So könnte auch A 05 dahingehend gedeutet werden, dass vor einer breiten Öffentlichkeit kaum jemand gerne zugibt, dass die eigene Position nur durch rhetorische Überzeugungsarbeit oder aufgrund von Machtvorteilen jedweder Art haltbar ist. Das heißt, selbst wenn die Kriterien für Gründe nicht erfüllt werden, will man zumindest öffentlich den Schein davon erwecken. Allerdings spielt den Hasardeuren vor allem in rhetorischen Realdiskurse$_{Rh}$ zu, dass bei Weitem keine Einigkeit darüber herrscht, welche Kriterien gute Gründe erfüllen müssen. Diese

50 Siehe dazu auch Kreß 2000, S. 214 und die bereits benannte Konfliktanalyse in Reusswig, Braun, Heger, Ludewig, Eichenauer u. a. 2016.

51 Genannt werden meist Stichworte wie Speicherproblem, gegenwärtiger Energiebedarf (ohne Suffizienzmaßnahmen), natürliche Kapazitätsgrenze der eE oder Ökostrom-Lücke. Siehe bspw. Stratmann 2019 oder Schultz 2019.

Frage mit Fokus auf den Energiediskurs zu beantworten, wird eine zentrale Aufgabe der Studie sein. Ungeachtet dessen gebe ich zur Einführung in die Studie wenige Hinweise zum Gründebegriff.

Im bisherigen Verlauf wurde der Gründebegriff vor allem über seine Überzeugungsfunktion bestimmt. Welche Form Gründe haben, wurde hingegen noch nicht weiter expliziert. In dieser Studie wird dazu ein argumentationstheoretischer Ansatz genutzt: Über eine Argumentation kann ein Grund ausgedrückt werden. Jedoch ist nicht jede Argumentation ein (guter) Grund$_G$. Argumentationen mit dem Status guter Gründe$_G$ ermöglichen Menschen eine auf Vernunftkriterien gestützte Orientierung in der Lebenswelt (ausführlich in Abschnitt 2.2). Etwas weniger anspruchsvoll betrachtet spricht man auch davon, dass sich Menschen in ihrem Handeln in einem *Argumentationsraum$_P$ plausibler Gründe$_P$* bewegen. Aber was sagt dieses etwas offenere Verständnis eigentlich aus?

Mit Lutz Wingert kann man in erster Annäherung folgendes Bild bemühen (Grund$_W$): Gründe$_P$ sind eine Art von „Passierscheinen".[52] Man zeigt Passierscheine vor, um irgendwohin gehen zu dürfen. Entsprechend setzen Gründe$_P$ eine Anerkennungsbewegung in Gang, die sich in zweifacher Weise ausdrückt: Zum einen lässt sich diese als eine intersubjektive kommunikative Handlung zwischen Sender und Empfänger betrachten: die eigentliche Argumentation. Durch diese mehr oder weniger strukturierte Aneinanderreihung von Aussagen kommunizieren wir Rechtfertigungen für praktische Handlungen oder Begründungen für inhaltliche Überzeugungen. Darin spiegelt sich zum anderen die zweite Ausdrucksform wider, nämlich der intrasubjektive Denkakt des Abwägens und Urteilens. Denn plausible Gründe$_P$ gehen mit einem inneren Nachvollzug und der Einsicht$_A$ dessen einher, über das man argumentativ kommuniziert. Beide Ausdrucksformen hängen miteinander zusammen, weil ich nicht vernünftig abwägen und urteilen kann, ohne zu argumentieren,[53] und nicht vernünftig argumentieren kann, ohne zugleich abzuwägen und zu urteilen. Dies gilt für alle Teilnehmenden einer argumentativen Kommunikation über plausible Gründe$_P$. Es folgen dazu zwei fiktive Beispiele.

Im ersten Beispiel erheben Leonie und Jan klimawissenschaftliche Erkenntnisse zu einem Grund$_P$ für ein schnelles politisches Handeln zur THG-Reduktion, insbesondere fordern sie einen schnelleren Ausbau der eE. Nach eigener Abwägung$_I$ beurteilen sie diese Erkenntnisse als eine belastbare Begründung, um ihre gesellschaftsrelevante Zielsetzung zu rechtfertigen. Mit der Attribution *belastbar* geht die Annahme einher, dass wissenschaftliche Erkennt-

52 Wingert 2012, S. 180.

53 Dies gilt auch für ein Argumentieren im Modus stiller Rede, etwa über das Gewissen.

nisse der Regel nach zu einer Gründeart mit hohem Gewissheitsgrad führen. Derartige Begründungen werden oft mit einem umfassenden Geltungsanspruch verbunden, um die entsprechenden Anliegen zu rechtfertigen. Im obigen Bild hieße dies für den Energiediskurs, dass alle Akteure dem Anliegen unweigerlich zustimmen müssten, da dessen auf wissenschaftlicher Begründung beruhende Rechtfertigung für alle nachvollziehbar und zustimmungswürdig ist. In diesem Beispiel bezieht sich die idiosynkratische Abwägung$_I$ auf einen globalen Kontext und wissenschaftliche Begründungsmuster, deren transsubjektiver Geltungsanspruch irgendwie auf die globale Rechtfertigung übergeht. Genauer: Auf den ersten Blick scheint diese Rechtfertigung global zu gelten und eben nicht akteurs- oder kontextabhängig (siehe Klimaargument).

Im zweiten Beispiel lehnt Bernd den Bau von WKA-Anlagen ab, weil er ein erhöhtes Waldbrandrisiko befürchtet. Bernd erhebt seine Furcht zu einem Grund$_P$, um seine Ablehnung zu rechtfertigen. Bernds Begründung scheint paradigmatisch für akteurs- und kontextabhängige Gründe$_P$ zu sein. Auf den ersten Blick scheint sein Grund$_P$ deshalb nur eine individuelle Überzeugungskraft zu entfalten – er kann damit nicht „passieren". Leonie und Jan werden eine derartige Rechtfertigung *ihrer Form nach* zwar nachvollziehen können. Aber sie werden jene nicht *einsehen* oder ihr gar inhaltlich *zustimmen*, vor allem wenn Bernd seinen individuellen Grund$_P$ gegen ihren globalen aufwiegen möchte. Aber so einfach sollte die Passierschein-Metapher (Grund$_W$) im Falle akteurs- und kontextbezogener Gründe$_P$ nicht ausgelegt werden. Im folgenden Abschnitt wird anhand von Komplikationen in beiden Beispielen die zentrale Aufgabe der Studie herausgestellt.

1.3.6 Komplikationen der Beispiele und Forschungsfrage

Bisher liegt die Annahme nahe, dass v. a. plausiblen Gründen$_P$ nur eine kontext- und akteursrelative Rechtfertigungsfunkion zukommt.[54] Dies zeigt sich am deutlichsten daran, dass der Kommunikationsempfänger nicht *notwendig* der Rechtfertigung des Senders zustimmen muss. Der darin genannte Grund$_P$ muss in der Gesprächssituation nicht verfangen. Dessen Beurteilung durchläuft dabei – häufig implizit – drei Stufen (siehe Kapitel 8):[55] *erstens* den *Nachvollzug* der Argumentation nach den allgemeinen Regeln kommunikativer Grammatiken („Verstehe ich, über was X redet?"), *zweitens* die *Anerkennung der Berechtigung*

54 Ähnlich auch Wingert 2012, S. 183.

55 Zur Differenz zwischen anerkennungs- und zustimmungswürdig siehe ebd., S. 185.

der Rechtfertigung („Kann ich die Rechtfertigung im Diskurskontext und aus Sicht von X als berechtigten Grund anerkennen?"), *drittens* die *Zustimmung zur Rechtfertigung* („Kann ich die Rechtfertigung – über den spezifischen Standpunkt von X hinausgehend – als guten Grund für mich und andere und somit global anerkennen?"). Die Beurteilung von plausiblen Gründen$_P$ und deren Geltungsansprüchen zeigt also eine starke Abhängigkeit vom Diskurskontext sowie den Standpunkten des Sprechers und Empfängers. Daraus folgt eine gewisse Relativität.

Am deutlichsten scheint das zweite Beispiel diese Relativität von plausiblen Gründen$_P$ zu bebildern. Dennoch werden im Alltag auch derartige Argumentationen als kontextbezogene Rechtfertigungen *anerkannt*. Denn die Rechtfertigung der Ablehnung lässt sich als Außenstehender mindestens in zweifacher Hinsicht rekonstruieren (vgl. Abschnitt 5.2): *Erstens* kann jeder Mensch, der für Emotionen zugänglich ist, diese *Form der Rechtfertigung* nachvollziehen. Eine konkrete Furcht kann eine ablehnende Haltung hervorrufen, etwa bei sensitiven Menschen. Die *zweite mögliche Rekonstruktion* liefe auf die *Versachlichung der Begründung* hinaus. Vielleicht kann die emotional bedingte Rechtfertigung mit entsprechender Expertise gerechtfertigt erscheinen und zur Zustimmung führen. Über beide Rekonstruktionsvarianten lassen sich also derartige Einwände$_A$ argumentativ nachvollziehen und ggf. einsehen.[56]

So vollzieht Leonie die Ablehnung durch Bernd in der ersten Variante nach. Sie erkennt in der vorgebrachten Argumentation eine aus Bernds Sicht berechtigte Rechtfertigung. Aber sie beurteilt diese letztlich eher als eine „persönliche Sache". Denn der eine oder die andere hat sicherlich keine Furcht. Selbst wenn Leonie Furcht hätte, würde sie vor dem Hintergrund ihres Wissens anders abwägen: Mit Blick auf den Klimawandel würde sie die Furcht als kleineres Übel in Kauf nehmen. Die zweite Rekonstruktionsvariante nutzt Jan, indem er Bernd weitergehend befragt. Er würde Bernds Rechtfertigung anerkennen, wenn sie vor Bernds Erfahrungshorizont$_S$ als *berechtigter Grund* rekonstruierbar ist. Bernd berichtet, dass die WKA-Anlagen in einem Waldgebiet mit hoher Waldbrandgefahr gebaut werden sollen. Seiner Kenntnis nach könne man WKA-Anlagen in manchen Fällen nicht löschen. Man müsse sie kontrolliert abbrennen lassen. Ein kontrolliertes Abbrennen in einem brandgefährdeten Waldgebiet könne – ohne ausreichende Gegenmaßnahmen – das Gefahrenrisiko erhöhen. Bernds

56 Unter Einwänden werden (Contra-)Argumentationen verstanden, die im Rahmen eines kontextbezogenen Realdiskurses – im Idealfall durch plausible Gründe$_P$ untermauert – *gegen* (Pro-)Argumentationen zu einem konkreten Thema vorgebracht werden. Einwände können daher ebenso differenziert werden wie Argumentationen (bspw. als rhetorische Einwände klassifiziert werden).

vormals emotional gestützte Rechtfertigung wird so in eine andere Form von Gründen überführt. Aus Jans Sicht scheint die Furcht mit einer argumentativ nachvollziehbaren $\text{Abwägung}_{\text{I}}$ einherzugehen. Vor diesem $\text{Erfahrungshorizont}_{\text{S}}$ würden sicherlich viele wie Bernd urteilen. Dennoch muss Jan dieser und damit dem von Bernd erhobenen Geltungsanspruch nicht zustimmen. Denn vielleicht hat er andere Kenntnisse zur Abschätzung des Brandrisikos und kann dieses bspw. im Vergleich zu anderen Brandrisiken relativieren. Aus seiner Sicht ist das Risiko vergleichsweise minimal und in Kauf zu nehmen. In beiden Fällen ermöglicht Bernds Grund_{P} eine Anerkennung, die aber nicht zur Zustimmung gereicht. Bernd liefert also keine universell überzeugende Rechtfertigung.

Natürlich stellt sich nun die Frage, ob Bernd Jans und Leonies Rechtfertigung aufgrund seiner Rekonstruktion die Zustimmung verweigern könnte. Auf den ersten Blick scheint dies ausgeschlossen. Zumindest wird in jener – über Leonies und Jans persönlichen Standpunkt hinaus – ein globaler Geltungsanspruch erhoben (Klimaargument). Die Argumentation scheint ihrer Form nach sowohl Anerkennung wie auch Zustimmung zu garantieren. Dieser Blickwinkel, den Jan und Leonie sicherlich teilen, beruht vor allem auf folgender Überlegung: Wissenschaftliche Erklärungen ($\text{Erklärungen}_{\text{W}}$) bilden die Grundlage für global geltende Rechtfertigungen. Würde Bernd diese ernsthaft anzweifeln, müsste er auf eine alternative (wissenschaftliche) Erklärung verweisen können, um am Ende nicht als irrational zu gelten.

Auf den zweiten Blick lässt sich jedoch zeigen, dass Leonie und Jan auf ihre Rechtfertigung auch nur einen relativen Geltungsanspruch erheben können. Dazu muss Bernd nicht einmal die darin enthaltene wissenschaftliche Erklärung als tragfähige Begründung bezweifeln, sondern nur deren Tragfähigkeit bezüglich der praktischen Schlussfolgerung (pointiert: Energiewende jetzt) im konkreten Kontext hinterfragen. Das heißt, Bernd könnte die Rechtfertigung der beiden als „im Allgemeinen zutreffend“ anerkennen, aber deren „kontextualisierte Überzeugungskraft“ anzweifeln. Auf den zweiten Blick gibt es nicht den globalen Grund_{G}, der gesellschaftliche Orientierungsziele oder eben konkrete Maßnahmen per se, also kontextunabhängig und akteursübergreifend rechtfertigt. Denn der dazu notwendige Schritt, mithilfe einer persönlichen $\text{Abwägung}_{\text{I}}$ den spezifischen Diskurskontext zu beurteilen, könnte aus Bernds Sicht vielleicht fehlerhaft sein. Zugespitzt formuliert lautet seine Position: Die allgemeine Rechtfertigung der Energiewende als Maßnahme zum Klimaschutz lässt nicht jedes konkrete Projekt anstandslos als „plausibel passieren“. Unabhängig davon, ob der $\text{Einwand}_{\text{A}}$ im konkreten Fall berechtigt ist oder nicht, zeigt sich daran eine wichtige Eigenschaft in der Praxis des Gebens und Nehmens plausibler Gründe_{P}:

T 02 (Kontextualität von Argumentationen): Die Bewertung des Geltungsanspruchs einer rechtfertigenden bzw. begründenden Argumentation ist nur über die Analyse des Diskurskontextes und der Akteurspositionen ersichtlich, in dem diese vorgetragen wurde. Der Rückgriff auf globale Begründungsmuster stellt keinen argumentativen Persilschein für alle Diskurskontexte dar.

Verfolgt man diesen Gedanken weiter, dann ist es durchaus denkbar, dass plausible Gründe$_P$ – die auf den ersten Blick lediglich aus dem Nachvollzug der Ich-Perspektive des Sprechers berechtigt erscheinen – Potenzial für einen erweiterten Geltungsanspruch besitzen. In der Regel werden individualisierte Argumentationen aber nicht als belastbare Rechtfertigungen anerkannt. Meist lassen sie sich nur mit Bezug zur spezifischen Struktur und Dynamik lokaler Diskurse rekonstruieren und beurteilen. Dennoch wäre eine generelle Ablehnung ohne eine kontextualisierte Prüfung gemäß der drei genannten Schritte voreilig. Auf eine These zugespitzt:

T 03 (Potenzialität individualisierter Argumentationen): Im Diskurskontext können sich manche individualisierte Argumentationen als potenziell starke Rechtfertigungen erweisen. Die offensichtliche Relation zum Gründegeber und -nehmer sagt nicht per se etwas über die Güte$_A$ der vorgebrachten Rechtfertigungen in den Diskurskontexten aus. Die Argumentationen können sich in einem Diskurskontext sogar als gute Gründe$_G$ erweisen und durchaus in andere Diskurskontexte diffundieren, wo sie wiederum als Rechtfertigungsbasis herangezogen werden.

Die F 01 der Studie wurde bisher so gelesen, dass nach (guten) Gründen für eine Nicht-Akzeptanz der Energiewende (Windkraft) gesucht wird. Vor dem Hintergrund dieser Fokussierung lässt sich die Leitfrage der Studie nochmals stärker eingrenzen.

F 02 (Kontextualisierte Gründe für Nicht-Akzeptanz): Wenn sich Gründe$_P$ relativ zum Diskurskontext und dessen Akteuren bewerten lassen, dann stellt sich die Frage: Welche Güte$_A$-Kriterien müssen individualisierte Argumentationen erfüllen, damit sie in lokalen Diskursen als gute Gründe$_G$ anerkannt werden?

Das heißt, dass im Verlauf der Studie am Beispiel des Energiediskurses und an konkreten Konfliktfällen Kriterien zur Beurteilung lokaler und globaler (guter) Gründe$_G$ herausgearbeitet werden. Von besonderem Interesse sind dabei die an den Beispielen skizzierten Komplikationen: Zum einen, dass der globale Geltungsanspruch einer universellen Rechtfertigung in konkreten Fällen nicht haltbar ist (also die Berechtigung zur Passage verloren geht); zum anderen, dass manche individualisierte Argumentationen an Überzeugungskraft hinzugewinnen (und (kontextbezogen) zur Passage berechtigen).

1.4 Inhaltliches Kurzporträt und Lesehinweise

1.4.1 Forschungsbeitrag und -einbettung

In der Beantwortung der Leitfrage F 02 besitzen zwei Aspekte einen besonderen Stellenwert: *Erstens*, werden die Eigenheiten argumentativer Einwände$_A$ an realen Konfliktbeispielen (eingegrenzt auf WKA-Projekte) herausgearbeitet. Im nationalen Energiediskurs sind sie in regionalen bzw. lokalen Subdiskursen, topologisch betrachtet, „unten" lokalisiert. Insbesondere im Vergleich zu den Kriterien universeller Gründe – im Buch exemplifiziert am wissenschaftlichen Klimaargument – unterliegt die Anerkennung und Reichweite der „Einwände$_A$ von unten" einer sehr viel komplexeren Sozialdynamik, die u. a. durch ortsbezogene Interpretationen des Energiewende-Narrativs geprägt ist.

Zweitens, wird im Verlauf der Studie deutlich werden, dass sich die obige Frage nicht durch eine simple Anwendung bekannter diskurs- und argumentationsanalytischer Erklärungsansätze beantworten lässt. Bereits während des Forschungsprojekts „Energiekonflikte" stellte sich heraus, dass bspw. das im Energiediskurs überaus populäre „NIMBY-Argument" nicht wirklich trägt, wenngleich die darin mitschwingende Abwertung individualisierter Argumentationen$_S$ einer der wichtigen Ausgangspunkte dieser Studie ist.[57] Im Zuge der Analyse zeigt sich, dass in konkreten Kontexten$_L$ eine bestimmte Form Einwände$_A$, nämlich idiosynkratische Abwägungen$_I$, oft als plausible Gründe$_P$ anerkannt werden können – ungeachtet dessen, dass in ihnen assoziativ und in Verweis auf persönliche Motive argumentiert wird. Die Herausforderung besteht darin, dass Unklarheit darüber herrscht, nach welchen Kriterien derartige Argumentationen$_S$ als gute Gründe$_G$ gewertet werden können. Die Studie liefert in diesem Sinn zwei wichtige Forschungsbeiträge: *Zum einen* werden eine Reihe von Kriterien präsentiert, über die die Plausibilität$_N$ kontextspezifischer Einwände$_A$ nachvoll-

57 Das Akteursmuster „NIMBY" bezieht sich auf folgendes Basisargument: Wer die Haltung eines NIMBYs zeigt, befürwortet zwar ein den Gemeinsinn förderndes Vorhaben, lehnt aber die dadurch entstehenden Belastungen im privaten Umfeld ab. Dieses Haltungsbild wurde in Großbritannien in den 1980er-Jahren politisch instrumentalisiert (als Ad-Hominem-Argument Varainte c), um lokale Anti-AKW-Bewegungen als egoistisch und irrational zu diffamieren. Welsh 1993, S. 16. Im Energiediskurs wird das Akteursmuster den Opponenten zugeschrieben, die die potenziellen Lasten und Beeinträchtigung etwa beim Bau eines lokalen Windparks aufgrund von Individualinteressen nicht tragen wollen, obwohl sie das dahinterstehende gesellschaftliche Interesse an der Realisation der Energiewende befürworten. Siehe H. Scheer 1998, 19, 20 und 27, Wolsink 2000, S. 52 und D. Scheer u. a. 2014, S. 20, kritisch bezüglich der Reichweite der NIMBY-Erklärung siehe Feldman u. a. 2010, Haggett 2010 (inkl. weiterer Literatur), Reusswig, Braun, Heger, Ludewig, Eichenauer u. a. 2016, Reusswig, Lass u. a. 2020.

ziehbar wird. *Zum anderen* wird über die analysierten Beispiele mehr und mehr klar, dass die Reichweite einiger dieser Kriterien im bisherigen Energiediskurs kaum reflektiert wurde. Daher wird solchen Argumentationen in der Energiewende-Erzählung auch keine Beachtung als potenziell guten Gründen$_G$ geschenkt. Die Studie leistet einen Beitrag, diesem Umstand entgegenzuwirken.

Um den beiden Aspekten in der Beantwortung von F 02 nachzukommen, wird in der Studie in methodischer Hinsicht Neuland betreten. Dazu werden zwei ansonsten getrennt arbeitende Forschungsfelder explizit miteinander verbunden: die sozialempirische Analyse von Realdiskursen (Diskursanalyse) *einerseits* und die kriteriengestützte Bewertung von Argumentationen (Argumentationstheorie) *andererseits*. Damit wird zugleich auf ein dringendes Problem der angewandten Ethik eingegangen: Es fehlt eine *angewandte Argumentationsphilosophie*, insbesondere zur systematischen Bewertung kontextualisierter Einwände$_A$. Denn in den Sozialwissenschaften endet die Analyse von Realdiskursen häufig mit der inhaltlichen Kategorisierung der Argumentationen, die von den jeweiligen Akteuren als „plausibel" erachtet werden. Die klassische Argumentationstheorie und (philosophische) Logik hingegen stellt nur sehr formale und universelle Güte$_A$-Kriterien zur Verfügung. Auf deren Basis lässt sich zwar entscheiden, ob eine Argumentation gültig$_F$ ist, jedoch kaum, ob sie schlüssig ist. Dazu bedarf es weiterer Prüfkriterien und -verfahren, wie man sie bspw. in der Wissenschaftspraxis vorfindet und die in der Wissenschaftstheorie thematisiert werden. Aber weder die rein logische Prüfung der Gültigkeit noch vereinfachte inhalts- oder akteursbezogene Taxonomie und selbst systematische inhaltliche Beurteilung anhand wissenschaftlicher Schlüssigkeitskriterien reichen aus, um die Plausibilität$_N$ alltagssprachlicher Einwände$_A$ ausreichend nachvollziehen zu können. Denn diese beruhen in vielen Fällen auf sehr persönlichen Abwägungen$_I$, die in der wissenschaftsbezogenen Beurteilung von Argumentationen proaktiv ausgeblendet werden. Deshalb werden weitere Beurteilungsverfahren in der Studie Beachtung finden: das diskursethische, das rhetorische, das partizipationstheoretische und das narrationstheoretische. Dadurch können wichtige Facetten der alltagsbezogenen Plausibilität$_N$ idiosynkratischer Abwägungen$_I$ aufgezeigt werden, die am Ende der Studie als mögliche Güte$_A$-Kriterien zusammengetragen werden.

Weiterführend betrachtet stellt die Studie das erste von zwei Teilvorhaben zur Beantwortung der Leitfrage dar. In ihr werden an einem konkreten Inhalt, dem Energiediskurs, das Feld einer *angewandten Argumentationsphilosophie* untersucht und wichtige Facetten plausibler Gründe$_P$ sowie erste Beurteilungskriterien exponiert. Im zweiten, an diese Studie anschließenden Forschungsvorhaben wird es um eine systematische Grundlegung und Klassifikation der Kriterien und somit auch um die Modellierung einer angewandten Argumentationstheorie plausibler Gründe$_P$ gehen.

1.4.2 Aufbau der Studie. Ein kurzer Überblick

Die als Monografie angelegte Studie ist in acht Kapitel unterteilt. Nach dem Einleitungskapitel wechseln sich Kapitel, in denen der Energiediskurs aus einschlägigen diskurs- und argumentationstheoretischen Perspektiven analysiert wird, mit Kapiteln ab, in denen die Reichweite dieser Perspektiven kritisch reflektiert wird. Zugleich werden in den einzelnen Kapitelblöcken unterschiedliche Argumentationspraxen thematisiert. Sie werden aus der jeweiligen Theorieperspektive meist als paradigmatische Muster$_K$ herangezogen, um das jeweilige Bild *gelungenen Argumentierens* und die jeweilige Differenz zu den idiosynkratischen Abwägungen$_I$ im Energiediskurs besser zu verdeutlichen.

Mit *Kapitel 2* wird – in Form eines Propädeutikums – in die klassische Argumentationsanalyse eingeführt, die an das hypothetisch-deduktive Superparadigma$_{HD}$ des *wissenschaftlichen Argumentierens* (Arg$_W$) angelehnt ist. Dessen Argumentationskriterien sind für die meisten Argumentationen aus Alltagsdiskursen inhaltlich und formal zu anspruchsvoll. Denn diese liegen eher als Enthymeme vor und hängen im Wesentlichen von den „Mechanismen" sozialer Interaktion (inkl. deren Normen) sowie der damit verbundenen Anerkennungsdynamik ab. In *Kapitel 3* wird im Rahmen des Energiediskurses über die Herausforderungen an eine argumentative Orientierung$_A$ in praktisch-ethischer Absicht reflektiert. Dieses *ethische Argumentieren* (Arg$_E$) unterscheidet sich vom Arg$_W$, da es explizit normativ ist und auf Orientierung$_A$ abzielt. Insgesamt werden jedoch auch an diese Argumentationspraxis sehr hohe Ansprüche gestellt. Dabei steht die argumentative Tragfähigkeit ethischer Rechtfertigung und somit auch deren Funktion, die Legitimation moralischen Handelns aufzuzeigen, im Mittelpunkt.

In Anschluss an diese kritische Reflexion wird in *Kapitel 4* mit Habermas' Diskursethik ein wirkmächtiger Ansatz vorgestellt. In diesem werden die Kriterien *konsensorientierten Argumentierens* (Arg$_K$) zu den Maßstäben der Argumentationsbeurteilung erhoben. Diese lassen sich in drei Kriterienklassen einteilen, nach denen man gute Gründe$_E$ als solche auszeichnen kann. Allerdings erweist sich auch Habermas' diskursive Einwandfreiheitsprüfung für die Enthymeme aus Realdiskursen als zu schematisch und anspruchsvoll. Dass die Reichweite dieser Kriterien in der angewandten Diskursethik durchaus umstritten bleibt, wird in *Kapitel 5* beispielhaft am Energiediskurs thematisiert. Es nimmt sich diesem

Punkt insofern an, als dass mithilfe Toulmins eine anthropomorphe Erweiterung der Habermas'schen Perspektive auf kontextualisierte Argumentationen angeregt wird. Nach Toulmin steht die Interpretation der Plausibilität$_N$ alltagssprachlicher Argumentationen immer im dialogischen Spannungsverhältnis zwischen den Ausgangsargumentationen einerseits und den (stichhaltigen) Einwänden andererseits. In lokalen Realdiskursen sind es vor allem kontext- und individuenbezogene Abwägungen$_I$, die als Einwände$_A$ gegen lokale Projekte ein nachvollziehbares Plausibilitätspotenzial zeigen. Es bleibt aber offen, wie dieses *assoziative und subjektbezogene Argumentieren* (Arg$_A$) genau zu bewerten ist.

In *Kapitel 6* werden auf Basis diskurstopologischer Überlegungen zu den Phasen der Energiewende zwei weitere Ansätze zurate gezogen: die der pragmadialektischen Argumentationsrhetorik und die der diskurstheoretischen Partizipationsanalyse. In beiden werden Argumentationen hinsichtlich ihres Akteursbezugs untersucht. An konkreten Argumentationsbeispielen und Konfliktfällen stelle ich sowohl die Komplexität *rhetorischen Argumentierens* (Arg$_{RH}$) in Konfliktdiskursen als auch die besondere Rolle individueller, meist kontextbezogener Abwägungen$_I$ darin heraus. Über eine weitere Analyse partizipativer Diskursprozeduren wird anschließend herausgearbeitet, dass im dort vorherrschenden *rechtlichen* und *politischen Argumentieren* (Arg$_R$,Arg$_P$) die Anerkennung plausibler Grund$_P$ vornehmlich von öffentlichen Erzählungen und deren lokaler sowie individueller Interpretation abhängt. Plakativ formuliert: Das Orientierungswesen Mensch ist im sozialen und individuellen Bereich eher durch eine narrativ geprägte Vorstellung von Plausibilität$_N$ geleitet als von den Kriterien wissenschaftlichen Argumentierens.

Der Analyse des *narrativen Argumentierens* (Arg$_N$) widme ich mich im *7. Kapitel*. Dort wird zunächst der Begriff narrativer Plausibilität$_N$ entfaltet und zwar mit besonderer Beachtung der Plastizität$_I$ *instrumentellen Argumentierens* (Arg$_I$). Die damit einhergehende Varianz in den Interpretationsmöglichkeiten wird sich sowohl als Vorteil als auch als Nachteil des Arg$_N$ erweisen. Vor diesem Hintergrund gehe ich im *8. Kapitel (Fazit)* der Leitfrage F02 kritisch nach. Am Ende werde ich für eine stärkere Differenzierung in der kriteriengestützten Analyse und Bewertung von Argumentationen plädieren. Dazu werden die im Verlauf herausgearbeiteten Argumentationskriterien nochmals mit Fokus auf die Abwägungen$_I$ zusammengefasst, die mutmaßlich hinter vielen Einwänden der Opponenten stehen. Damit wird letztendlich der gesamte Umfang der Aufgabe offensichtlich, derartige Einwände$_A$ systematisch zu analysieren und zu beurteilen.

1.4.3 Methodische Hinweise für alle Leser

Insgesamt richtet sich die Studie an Forschende der inter- und transdisziplinären Energiewendeforschung, aber auch an all diejenigen, die mehr über kontextbezogene, teils stark individualisierte Argumentationsfiguren im Energiediskurs erfahren wollen. Bei dieser breiten Leserschaft erachte ich es als Vorteil, durch wenige Hinweise die Rezeption der Studie zu erleichtern.

Die methodische Herausforderung dieser inter- und transdisziplinären Studie besteht vornehmlich in drei Aufgaben: *Erstens* werden die Erkenntnisse unterschiedlicher Disziplinen in einen umfassenden Zusammenhang gestellt – ein Ansatz, der bspw. auch in der transdisziplinären Umweltphilosophie Standard ist.[58] In dieser Studie werden v. a. die sprach- und sozialempirische Diskursforschung und die (kritische) Argumentationstheorie miteinander verbunden. Den sich damit eröffnenden, breiten Blickwinkel bezeichne ich als „argumentationsphilosophisch“. *Zweitens* erfordert diese umfassende Perspektive, eine kommunikations- und sprachtheoretische Arbeit als eine Art „conceptual engineer“ zu erbringen:[59] Durch die kritische argumentationsphilosophische Rekonstruktion und Einordnung der Erkenntnisse aus der sprach- und sozialempirischen Konfliktforschung werden teilweise parallel laufend Forschungsfelder miteinander verbunden. Dazu ist eine gewisse Verständigung über grundlegende Ansätze und auch Begriffe notwendig. Im Verlauf der Studie werden deshalb die wesentlichen Annahmen (A X) expliziert, die in den genannten Forschungsbereichen zur Analyse von Argumentationen aus dem Energiediskurs vorausgesetzt werden. Erst über diese „Begriffsarbeit“ können die – oftmals nicht explizierten – Argumentationskriterien (K X) systematisch herausgeschält werden, die für die Analyse und Beurteilung solcher Argumentationen herangezogen werden.

Drittens werden im Zuge dieser kritisch-konstruktiven Arbeit auch Inhalte des Energiediskurses und der Energiewendeerzählung sowie der dort verhandelten Argumentationen herausgestellt. Über die kritische Rekonstruktion v. a. der konfliktfallbezogenen Argumentationen sollen die argumentationstheoretischen Werkzeuge fortentwickelt werden, die man im Energiediskurs zu deren Analyse und Beurteilung benötigt. Durch die Analyse realer Energiekonflikte ermöglicht der argumentationsphilosophische Ansatz also eine beispielbezogene Auseinandersetzung mit den Grundsätzen und -prinzipien der angewandten Argumentationstheorie. Von den in diesem Zuge angestellten Überlegungen werden diejenigen explizit zu 21 Thesen (T X) zusammengefasst, die zu einem verbes-

58 Norton 2005, S. xvii.

59 Ebd., S. 574.

Gruppe I	*Gruppe II*	*Gruppe III*	*Gruppe IV*
	Kapitel 2		
2.4 und 2.5.2 bis 2.5.4	2.4, 2.5.2 und 2.5.4	alle Abschnitte	2.1, 2.2, 2.4.1, 2.4.3 und 2.5
	Kapitel 3		
3.2, 3.3 und 3.6	3.3 und 3.6	3.1 und 3.4 bis 3.6	alle Abschnitte
	Kapitel 4		
	4.1 und 4.3.4	4.2 und 4.3	4.1, 4.3.1 und 4.3.4
	Kapitel 5		
5.1.1, 5.1.3, 5.2.1 und 5.2.2	5.1.1, 5.1.2, 5.2 und 5.3.1	5.1.1, 5.1.3, 5.1.4, 5.2.1 und 5.3.2	alle Abschnitte
	Kapitel 6		
alle Abschnitte	alle Abschnitte	6.3	6.2, 6.4.1, 6.4.2 und 6.4.4.2
	Kapitel 7		
alle Abschnitte	alle Abschnitte	Abschnitte 7.3 und 7.6	alle Abschnitte
	Kapitel 8		
	alle Abschnitte für alle Gruppen		

Tabelle 1: Übersicht: wichtige Abschnitte je Interessengruppe.

serten inhaltlichen Verständnis kontext- und akteursbezogener Argumentationen im Energiediskurs beitragen.

Vor diesem Hintergrund vermute ich unter der Leserschaft vier Interessengruppen: Zur *Gruppe I* zähle ich die, die vorzugsweise an der Aufarbeitung des Energiediskurses und dessen Inhalten mit einem Fokus auf lokale Energiekonflikte interessiert sind. Insbesondere für diese Gruppe wurden in den sieben Kapiteln mehr als 20 Argumentationsfiguren rekonstruiert (vgl. die Übersichtsliste auf S. 377) sowie die argumentative Dynamik des Energiediskurses und deren Wechselwirkung mit jenen Figuren ausführlich besprochen. *Gruppe II* umfasst alle, die vornehmlich an den partizipationstheoretischen Fragen zur Energiewende interessiert sind. Neben dem, im Verlauf der Studie aus vielen Perspektiven beleuchteten NIMBY-Argument wird vor allem die kritische Diskussion partizipativer Diskursprozeduren in Kapitel 6 von Interesse sein. In *Gruppe III* ordne ich diejenigen, die alltagssprachliche Enthymeme rekonstruieren wollen, um deren Schlüssigkeit an standardisierten Kriterien auszuloten. Diesem Ansatz wird v. a. in Kapitel 2 nachgegangen, wenngleich dieser dort nicht als Erfolg versprechend eingeschätzt wird. Dies gilt zumindest, wenn die Enthymeme vereinfacht an den Kriterien des wissenschaftlichen Argumentierens (Arg_W) gemessen werden. Diejenigen aus Gruppe III, die darüber hinaus das Vorhaben interessiert, nach alternativen Beurteilungskriterien und deren theoretischen Referenzkontexten zu suchen, zähle ich zu *Gruppe IV*. Thematisch wird hier die Frage fokussiert, in welcher Hinsicht die Grundannahmen und -sätze der klassischen Argumentationstheorie zu variieren sind, um individualisierte Argumentationen und die $\text{Plausibilität}_\text{N}$ der damit verbundenen idiosynkratischen $\text{Abwägungen}_\text{I}$ besser nachvollziehen zu können. Für eine bessere Übersichtlichkeit habe ich die Abschnitte, die in einem Kapitel für die jeweilige Gruppe von verstärktem Interesse sein könnten, tabellarisch zusammengestellt (vgl. Tabelle 1).

An dieser Stelle möchte ich noch darauf hinweisen, dass die personalen Bezeichnungen, die nicht auf konkrete Personen, sondern auf eine kontextualisierte Funktionsposition bezogen sind und sich nicht bedeutungsneutral ersetzen lassen, lediglich in der maskulinen Pluralform verwendet werden. Diese Handhabung soll vornehmlich dem vereinfachten Lesefluss dienen. Zudem soll damit sichtbar gemacht werden, dass diese Funktionspositionen unabhängig vom jeweiligen Geschlechts(-selbst)verständnis eingenommen werden können. Weibliche und andere Geschlechteridentitäten werden in diesen Fällen ausdrücklich mitgemeint.

Kapitel 2: Argumentative Orientierung. Ein Propädeutikum

In diesem Kapitel soll in aller Kürze motiviert werden, warum gesellschaftliche Orientierung$_A$ von einer Argumentationsanalyse unterstützt werden kann. Insbesondere für die Analyse der Konflikte im Energiediskurs scheint eine argumentationsphilosophische Aufklärung in dieser Hinsicht hilfreich, da in ihnen die beteiligten Akteure sich gegenseitig argumentativer Schwächen bezichtigen, weshalb man die Argumentationen der jeweils anderen Seite schlichtweg nicht als Gründe$_A$ anerkennt. Im Fokus der Skepsis gegenüber den Opponenten stehen aller Aufklärung zum Trotz nicht nur individuelle Meinungen, sondern auch Aussagen, die sich plausibel auf technisch-praktische oder faktische Erkenntnisse der Wissenschaften oder gesellschaftliche anerkannte Werte zu beziehen scheinen (bspw. über die Möglichkeiten moderner Speichertechnik, über die Windhöffigkeit an einem Standort oder über nachhaltigen Umweltschutz, vgl. AF 20.).[60] Für eine argumentative gesellschaftliche Orientierung$_A$ ist es daher notwendig nach den Kriterien zu fragen, nach denen die themen- und konfliktbezogenen Argumentationen unterschieden und bewertet werden können. Dieser Aufgabe widmet sich dieses und die beiden folgenden Kapitel.

2.1 Skepsis und Gewissheit

Das obige Anliegen hat an Brisanz gewonnen, da mittlerweile auch von Akteuren mit öffentlicher Verantwortung die Differenzen zwischen den unterschiedlichen Erkenntnisformen und zwischen unterschiedlichen Argumentationsqualitäten beliebig relativiert werden. So werden wissenschaftliche Argumentationen nicht selten mit Individualmeinungen aufgewogen.[61] Bei dieser Entwicklung handelt es sich um eine populistische Überhöhung einer einflussreichen erkenntnistheoretischen Entwicklung des 20. Jahrhunderts, die zu einer kritischen Sichtweise auf den Gewissheitsgrad wissenschaftlicher Erkenntnisse führte. Diese lässt sich an folgenden Merkmalen festmachen: a) Es gibt keine absolute Gewissheit$_A$.

60 Windhöffigkeit beschreibt das durchschnittliche Aufkommen von Wind an einem konkreten Ort. Der Bau von Windparks lohnt sich an Standorten mit einer hohen Windhöffigkeit.

61 Zum Phänomen s. den Zeitungsartikel: Piorkowski 2018. Ein Beispiel für derartige *Fake News* ist Donald J. Trumps Twitter-Tweet vom 06.11.2012: „The concept of global warming was created by and for the Chinese in order to make U.S. manufacturing non-competitive.“

Der hohe mit wissenschaftlicher Erkenntnis einhergehende Gewissheitsgrad – allgemeingültige Aussagen über die Phänomene der Welt formulieren zu können – ist immer bedingt und somit bezweifelbar.[62] b) Die historische Dynamik wissenschaftlicher Erkenntnis beschränkt sich nicht auf einen stetigen Zuwachs an Wissen, sondern umfasst ebenso deren nachträgliche Relativierung hinsichtlich der Grundannahmen, Randbedingungen und Reichweite. c) Auf wissenschaftliche Erkenntnisse kann daher nur ein relativer Geltungsanspruch erhoben werden. Dieser Kontext wird vor allem durch die fachspezifischen Prüfverfahren$_F$ bestimmt, durch die die Erkenntnisse gewonnen und zugleich abgesichert werden. Idealerweise sollten diese Prüfverfahren$_F$ zeitinvariant sein. Kritisch betrachtet unterliegen sie und die Erkenntnisse selbst einer zeitlichen Dynamik, die durch natürliche und sozio-kulturelle Entwicklungsprozesse bedingt ist.[63] Der mit wissenschaftlicher Erkenntnis verbundene hohe Gewissheitsgrad verlangt deshalb eine fortwährende Begründungsarbeit. Diese variiert von Disziplin zu Disziplin (in Abhängigkeit zur jeweiligen Erkenntnispraxis).

Manche der öffentlich agierenden Vertreter des populistischen Erkenntnisrelativismus ziehen daraus den Schluss, dass jegliche Erkenntnis gleichwertig sei. Selbst wissenschaftliche Realerkenntnis$_W$ könne, so die Handhabe, beliebig als belastbares Wissen argumentativ genutzt oder als nicht-belastbare Meinung weniger diffamiert werden. In einer solchen Gemengelage Orientierung$_A$ zu finden oder gar zu stiften, fällt den meisten Akteuren des Energiediskurses schwer.

Darüber hinaus bietet die Energiewende – und das Phänomen *Klimawandel*, als deren Lösung diese vorangetrieben wird (vgl. Klimaargument) – einen guten Nährboden für populistisch geführte Debatten. Als ein wesentlicher Faktor dafür wurde in der Einleitung hervorgehoben, dass sich beide Probleme als tückisch erweisen (Abschnitt 1.3.1). Für tückische Probleme gibt es keine einfachen Lösungen. Insbesondere im Energiediskurs lassen sich die damit verbundenen Herausforderungen gut nachzeichnen: So mag bspw. das Klimaargument im Allgemeinen überzeugen. Soll jedoch ein Windpark nahe einem Vogelschutzgebiet gebaut werden, stellen sich viele Folgefragen, die sich keineswegs wie eine triviale lineare Gleichung lösen lassen. Meist sind damit nicht nur viele Bürger,

---

62 Das besagt insbesondere, dass „es die früheren Garantien durch die angenommenen feststehenden Grundsätze der menschlichen Erkenntnis nicht mehr gibt“ Toulmin 1978, S. 68 f.

63 Am Beispiel der Klimaethik formuliert besagt dieser Gedanke soviel wie: Das klimaethische Orientierungswissen von heute ist durch viele kontextbezogene Faktoren geprägt, die sich über die Zeit ändern können. Ob bspw. der priorisierte Ausbau der Windkraft in 20 Jahren immer noch als ein angemessenes Mittel innerhalb der Lösungsstrategie des Klimawandelproblems angesehen wird, können wir aus heutiger Sicht nur bedingt abschätzen (also mit Blick auf die Annahmen $a_1, a_2, \ldots$). Vielleicht gibt es zukünftig andere technische Mittel oder gar alternative Lösungsstrategien.

sondern auch lokale Politik und Verwaltung *überfragt*. Denn hier überschneiden sich allgemeine „technische, ökologische, ethische und kulturelle Facetten“[64] und natürlich persönliche Einstellungen zu diesen Facetten auf diffuse Weise. Ungeachtet dessen mangelt es in den lokalen und regionalen Debatten, die für diese Studie untersucht wurden, nicht an argumentativen Spannungen zwischen den Haltungen und Meinungen dazu. Vor allem die häufig anzutreffende Unbeweglichkeit der darauf aufbauenden Diskussionsstandpunkte wirkt wie ein zusätzlicher Katalysator für die Entstehung von Konflikten. Diese Tendenz verschärft sich zusätzlich, wenn von wissenschaftlicher und politischer Seite keine Antworten auf strittige Fragen vorliegen.

Vor diesem Hintergrund wird in dieser Studie folgendes methodisches Kriterium als zentrales argumentationsphilosophisches Prinzip verfolgt.

> K 01M1 (Rekonstruktions- und Prüfpflicht): Die argumentationsphilosophische Analyse verlangt, die vorliegenden Argumentationen und deren Präsuppositionen mithilfe explizierter Kriterien systematisch zu rekonstruieren (also in eine Argumentationsfigur zu überführen) und diese nach inhaltsbezogenen – ggf. kontextualisierten – Kriterien zu prüfen (bspw. hinsichtlich des Gewissheitsgrads oder der Überzeugungskraft).

Hinter dem methodischen Kriterium wird ein grundsätzlich aufklärerischer Anspruch erhoben. Im folgenden Propädeutikum wird K 01M1 nachgegangen, indem F 02 in Anlehnung an die klassische Argumentationstheorie bearbeitet wird.

2.2 *Die Rede von (guten) Gründen*

2.2.1 Mensch als Orientierungswesen und argumentative Orientierung

Den Startpunkt für die methodische Voruntersuchung bildet ein wichtiges Alltagsphänomen, auf dem die klassische Argumentationstheorie aufbaut. Gemeint ist die Rede, dass sich Menschen in ihrem Denken und Handeln an Gründen orientieren. Man sagt bspw., dass er sich mit guten Gründen rechtfertigte, oder sie mit Verweis auf diese (guten) Gründe eine Sachlage erklärte. Im Rahmen dieser Studie zum Energiediskurs schwingt daher die alte philosophische Frage nach der Bedeutung guter Gründe mit. Denn es geht nicht zuletzt darum, die *Form von Gründen* in Erfahrung zu bringen, die in lokalen Diskursen gegen konkrete Projekte wie Windparks sprechen.

64 Zichy u. a. 2014, S. 3.

Anfangs erinnere ich an einen Gedanken der Einleitung, nämlich dass in stark technisierten Gesellschaften ein Orientierungsmangel bestehe (Abschnitt 1.3.1).[65] Die dahinterstehende anthropologische Bestimmung des Menschen umschreibt Harald Wohlrapp.

> A 06 (Mensch als Orientierungswesen): „Menschen wollen sich zurechtfinden. Sie haben ein grundsätzliches Bedürfnis nach Orientierung. Dieses Bedürfnis ist zunächst einmal Teil ihrer allgemeinen Lebensbedürfnisse und es ist in die gewöhnlichen Aktivitäten zur Lebens- und Weltbewältigung eingebettet."[66]

Der Begriff der Orientierung$_A$ wird also als allgemeines menschliches Bedürfnis eingeführt. Zugleich umfasst sie auch das rationale Vermögen, „sich in immer neuen Situationen immer neu zurechtzufinden".[67] Dabei muss es sich nicht um radikal neue Situationen handeln. Denkbar sind ebenso solche, in denen bestehende Orientierungen ihre genuine Funktion verlieren.[68] Dieser Orientierungsverlust eröffnet neue Räume für eine explizite Orientierungssuche. Das großartige Vermögen des Menschen besteht also weniger darin, sich in der bestehenden Lebenswelt orientieren zu können. Vielmehr zeichnet es sich dadurch aus, diese Lebenswelt und somit die Orientierungssysteme neu zu entwerfen und zu Zeiten der Orientierungsunsicherheit fortzuentwickeln.[69] Generell kann jede Orientierung$_A$ nur als *bedingt anwendbar* bezeichnet werden, da diese immer kontext- und situationsgebunden ist. Man kann sie nur mit eingeschränktem Gewissheitsgrad erkennen (siehe Abschnitt 2.1).

Es bleibt zu fragen, was unter diesem „Orientierung(-swissen)" zu verstehen ist. In einem allgemeinen, eher topologischen Sinn bedeutet Orientierung, sich „des eigenen Standpunktes zu versichern",[70] sodass man sich bspw. auf einem Schiff in unbekannten Gewässern zurechtfindet. Jürgen Mittelstraß be-

65 Mit Gesellschaft werden unterschiedliche Arten des menschlichen Zusammenlebens bezeichnet. Vgl. dazu bspw. https://www.bpb.de/kurz-knapp/lexika/politiklexikon/17556/gesellschaft/ (Stand: 10.10.2022). Das Zusammenleben unterliegt einem gesellschaftsspezifischen NoS, das sich nicht nur direkt über gemeinsame Werte$_K$ und Normen (Moral$_K$) ausdrückt, sondern auch indirekt über die Vielzahl an geteilten Praxisformen. Über die kulturelle Bildung erlangen die Bürger einer Gesellschaft mehr oder weniger Expertise$_P$ in jenen und können über diese am gesellschaftlichen Leben teilhaben. Obwohl die dadurch entstehende kulturelle Ordnung über die Zeit hinweg tradiert wird, zeigt sie eine geschichtliche Dynamik, die nicht nur, aber wesentlich durch politische Machtverhältnisse, also das politisch ambitionierte Handeln der Bürger, geprägt wird. Diese Dynamik kann sich auch in einzelnen, gesellschaftsübergreifenden Kulturbereichen niederschlagen (etwa der Energiekultur).

66 H. Wohlrapp 2008, S. 111 bzw. H. R. Wohlrapp 2014, S. 59.

67 Stegmaier 2011, S. 1703.

68 Ebd., S. 1704.

69 Ebd.

70 Ebd.

tont eher den moralischen Bedeutungsaspekt, dass Orientierung ein regulatives Wissen „um gerechtfertigte Zwecke und Ziele“ sei.[71] Werner Stegmaier erinnert daran, dass Orientierung$_A$ vor allem heißt, „sich zurechtzufinden, um Erfolg versprechende Handlungsmöglichkeiten auszumachen“.[72] Das heißt, neben den Zielen bzw. Zwecken auch die Mittel einer Handlung zu bestimmen. Bevor auf den Zusammenhang zum Handlungsbegriff genauer eingegangen wird, folgt ein weiterer Rückblick auf Kapitel 1.

Im Energiediskurs, so die Einschätzung in der Einleitung, manifestiert sich der Orientierungsmangel in zwei Phänomenen: *Erstens* trägt das Leitnarrativ der klassischen Energiekultur (KEN) nicht mehr. *Zweitens* füllt das jüngere Energiewende-Narrativ (EWN$_P$) diese zunehmend größer werdende Leerstelle nicht wirklich aus, ohne dass seitens der Politik umfangreiche Bemühungen zu dessen „konstruktiver Fortschreibung“ erkennbar wären (T 01).

Man könnte diese erste Einschätzung als den *Blick von oben* auf den jetzigen Status der Energiewende bezeichnen. In der Studie wird es jedoch darum gehen, diese Sicht durch eine weitere anthropologische Überlegung zu schärfen: Denn wie die große Erzählung über die Energiewende uns als Vernunftwesen unterstützt, eine Vorstellung des Ganzen im Sinn einer zukünftigen Lebenswelt zu entwickeln, so benötigen wir für die Orientierung$_A$ im Kleinen eine eigenständige Orientierungsform: Unsere Orientierung im Detail – das schrittweise Lösen der konkreten Fragen und Herausforderungen des Alltags – verläuft in anderer Form, als die Orientierung bei Fragen mit gesellschaftlicher Tragweite. Es bleiben dazu zwei Fragen: Wie schaut die „Orientierung im Detail“ aus? Schlägt sich diese Differenz genauso in unterschiedlichen Formen von Gründen nieder?

Zur Beantwortung der ersten Frage sollte zunächst eine weitere anthropologische Annahme expliziert werden, welche in den bisherigen Überlegungen unterschwellig mitschwingt.

> A 07 (Orientierung über Gründe): Gesteht man zu, dass der orientierungssuchende Mensch auch vernunftbestimmt ist und sich diese Vernunft sprachlich ausdrückt (zōon logon echon), liegt der Ansatz nahe, dass menschliche Orientierung$_A$ sprachlich strukturiert ist. Die sprachliche Orientierungsfindung erfolgt meist auf sozialer Ebene als intersubjektive Praxis des gegenseitigen Gebens und Nehmens von Gründen.

Die Rede von (guten) Gründen verweist also nicht nur auf die fortwährende Orientierungssuche der Menschen, sondern auch auf ihr Sprachvermögen. Beim genaueren Blick auf die entsprechenden sozialen Praxen wird schnell klar, dass nicht alle sprachlichen Äußerungen mit Gründen in Verbindung gebracht wer-

---

71 Mittelstraß 2001, S. 76.
72 Stegmaier 2011, S. 1704.

den. Meist bezieht man sich auf eine bestimmte Art und Weise intersubjektiver Kommunikation. Im Rahmen dieser Studie wird unter Kommunikation das *kommunikative Handeln von Menschen* verstanden. Als Basis dient die weite Begriffsbedeutung von Habermas. Anfangs sah er *kommunikative Handlungen* als eine einfache Kommunikationsform an, die er vom $\text{Diskurs}_{\text{H1}}$ unterschied. In kommunikativen Handlungen würde die Geltung von Begriffen und deren Sinnzusammenhänge naiv vorausgesetzt und nicht wie in diskursiven Verständigungsprozessen problematisiert werden.[73] In der weiteren Bedeutung definiert Habermas das kommunikative Handeln als eine „Interaktion von mindestens zwei sprach- und handlungsfähigen Subjekten, die (sei es mit verbalen oder extra-verbalen Mitteln) eine interpersonale Beziehung eingehen. Die Aktoren suchen eine Verständigung über die Handlungssituation, [...].“[74] In Abweichung zu Habermas wird Verständigung hier nicht auf den Sinn „eines kooperativen Deutungsprozesses“[75] eingeschränkt, in dem es um die einvernehmliche Koordination von Handlungsplänen und den eigentlichen Handlungen geht.[76] Vielmehr werden auch asymmetrische Verständigungsformen zu den kommunikative Handlungen gezählt, etwa einfache Informations- oder Mitteilungspraxen sowie Praxen der Selbstverständigung. Kommunikatives Handeln setzt also mindestens das Interesse an dieser Art der Verständigung voraus. Wo dieses Mindestinteresse fehlt, wird nicht kommunikativ gehandelt.

Auf Grundlage dieses Kommunikationsbegriffs verstehe ich in einem sehr breiten Verständnis das *Geben und Nehmen von Gründen aller Art* als *Argumentieren* – mit derartigen Argumentationen möchte man sich gegenseitig *überzeugen.*

2.2.2 Plausibilität und Begründungsfunktion

Was lässt sich aus diesem Verständnis des Argumentierens über die Form von Gründen ableiten? Klar sollte geworden sein, dass über Argumentationen kommunikative Verständigung ermöglicht wird. Die Rede von (guten) Gründen geht im Alltag jedoch über diese Verständigung hinaus. Denn die Gründe, die man in einem Gespräch vorbringt, sollten zudem „tragfähig“ oder „plausibel“ sein. Mit Konrad Ott lässt sich sagen, dass man sich nicht dauerhaft an etwas orientiert, „das er/sie für wenig plausibel oder für ganz und gar unplausibel hält“.[77] Es

73 Habermas 1971, S. 114.
74 Habermas 1981, S. 128.
75 Ebd., S. 151.
76 Siehe Abels 2020, S. 338.
77 Ott 2016, S. 119, ähnlich Stegmaier 2011, S. 1708.

fehlt jedoch eine Annahme darüber, wodurch sich plausible Gründe auszeichnen. An dieser Stelle hilft ein weiterer Hinweis von Wohlrapp. Er unterstreicht, dass Argumentationen begründete Orientierung stiften würden.[78] Diese Überlegung soll in folgender Annahme als vorläufige Definition plausibler Gründe ($Grund_P$) festgehalten werden:

> A 08 (Argumentative Form und Begründungsfunktion plausibler Gründe): Als plausible Gründe werden die Argumentationen bezeichnet, die nicht nur eine Orientierungs- und Erklärungfunktion übernehmen, sondern sich zudem als „tragfähige Begründung" erweisen. Derartige Argumentationen bilden das $Muster_K$ plausibler Gründe. Sie sind anerkennungswürdig, weil sie intersubjektiv überzeugen (später K 08) und (intersubjektiv) nachvollziehbar sind (später K 01). Dies gilt also nicht nur im Bereich der individuellen Selbstvergewisserung, sondern auch gegenüber anderen Menschen, etwa in der Erklärung von Sachverhalten oder der Rechtfertigung von Handlungen.

Die Annahmen A 07 und A 08 stellen anthropologische Idealbestimmungen in der philosophischen Interpretation von Orientierungsdiskursen dar. Nach ihnen wird über $Gründe_P$ eine Art von intersubjektiver Begründung gegeben, die bei (möglichst) vielen Vernunftwesen für ein rationales Nachvollziehen von Handlungen oder Erklärungen sorgt. Karl Mertens schreibt:

> Durch die Angabe von Gründen wird die Plausibilität, Berechtigung bzw. Geltung bestimmter Annahmen, Behauptungen, Ansprüche usw. ausgewiesen. Gründe spielen eine entscheidende Rolle, wenn wir uns einer Überzeugung versichern wollen bzw. für oder gegen etwas argumentieren. Die Begriffe ›Grund‹ und ›Begründetes‹ gehören insofern untrennbar zusammen.[79]

Mit Blick auf die Frage nach der Form von $Gründen_P$ sollte an dieser Stelle zumindest ein orientierungsbezogenes Vorverständnis erreicht sein. Es lohnt dennoch ein Blick auf den Begründungsbegriff der klassischen (philosophischen) Argumentationstheorie.

Begründung wird eine Argumentation genannt, die nicht nur ein $formalgültiges_F$ Argument enthält, sondern deren enthaltene Aussagen als inhaltlich wahr anerkannt werden können. Diese erkenntnistheoretische Anerkennung liegt vor, wenn dem Inhalt der Argumentation aufgrund geeigneter $Prüfverfahren_F$ gemäß dem Prinzip der Folgerichtigkeit zugestimmt werden kann.[80] Die Begründung liefert bestenfalls auch eine konstruktive Anleitung für das eigentliche $Prüfverfahren_F$. Diese $Einsicht_A$ kann sowohl über einen wie auch durch mehrere vernünftig Argumentierende erzeugt werden. In einem wissenschaftlichen Realdiskurs

78 „Basically, argumentation is aimed at gaining or establishing orientations. Orientation is the pragmatic function of theories of all kinds." H. R. Wohlrapp 2014, S. vi

79 Mertens 2011, S. 1115.

80 Siehe Kambartel 2005.

gilt bspw., dass das Prüfverfahren$_F$ (der Begründung) möglichst transparent und nachvollziehbar angelegt sein muss, um die autonome Einsicht$_A$ aller Diskursteilnehmenden zu ermöglichen. Eine erfolgreiche Überprüfung stellt die belastbarste Basis für ein (autonom erlangtes) Überzeugtsein von einer Argumentation und letztlich auch für eine rationale Zustimmung zu einer dargelegten Begründung dar. Im Bereich naturwissenschaftlicher Sacherkenntnis bezeichnet man Begründungen häufig als *Nachweis* (in Differenz zum mathematischen Beweis). Im Bereich ethischer Orientierungserkenntnis dienen (argumentative) Begründungen als wesentliche Elemente in der Rechtfertigung normativer Aussagen.

Dieser Begründungsbegriff ist relativ anspruchsvoll. Danach würde nämlich gelten: Plausibilität von Argumentationen bedeutet im einfachen Fall die folgerichtige Anwendung von Argumentations- und Diskursregeln (K 08). Denn Verständnis baut auf Nachvollziehbarkeit auf (K 01), nicht nur des eigentlichen Argumentationsinhalts, sondern auch der Geltungsregeln der damit verbundenen Begründung. Dazu müssen jedoch ebenso die Kriterien der Plausibilität$_N$ innerhalb des Diskurskontextes für alle Diskursteilnehmenden rational nachvollziehbar geklärt sein. Die Rede von (guten) Gründen$_P$ verweist daher auf die (transparente) Kommunikation aller Urteils- bzw. Abwägungskriterien.[81]

Weiterhin baut dieser Begründungsbegriff auf einem alten philosophischen Idealbild des *schlussfolgernden Argumentierens* (Arg$_S$) auf. Im folgenden Exkurs zu zwei zentralen Figuren des Arg$_S$ (Abschnitt 2.3) werde ich darauf eingehen, um in Abschnitt 2.4.1 auf die kontextuelle Bedingtheit dieser Schlüsse – insbesondere in sozialer Hinsicht – zurückzukommen.

2.3 Schlussfolgerndes Argumentieren

Die bisherige Analyse befindet sich an dem Punkt, dass Gründe$_A$ in den Fällen plausibel und somit orientierend erscheinen, wenn sie eine argumentative Form besitzen und überzeugend sind. Dadurch wird Verständigung möglich, da die mit diesen Gründen$_P$ verbundenen Begründungen nachvollzogen werden können. Mit dieser Überlegung wird ein philosophisches Idealbild der logischen Notwendigkeit (Notwendigkeit$_L$) verbunden, das auf einer Analyse der strukturellen Form von Argumentationen beruht. Im Folgenden sollen zwei wichtige Argumen-

81 Mit diesem Anspruch unvereinbar wären undurchsichtige Abwägungen$_I$ durch einen selbstherrlichen Souverän (bspw. einen despotischen Herrscher, eine korrupte Elite etc.). Siehe Ott 1999, 216–220 und Aubenque 2007, 72 ff.

tationsfiguren (AF) vorgestellt werden, die als $Muster_K$ des Arg_S gelten.[82] Zuvor muss jedoch eine begriffliche Vorarbeit geleistet werden, um die Reichweite der folgenden (formal-)logischen Ausführungen im Kontext der Studie einordnen zu können.

2.3.1 Grund, Argumentation und Argument

Um die notwendige Aufmerksamkeit für die Eigenheiten der folgenden formallogischen Überlegungen zu erzeugen, muss nochmals auf den Gründebegriff geschaut werden. Neben der Orientierungs- und Begründungsfunktion besitzen Gründe eine argumentative Form. Diese Art von Gründen wurde als *plausibel* bezeichnet ($Gründe_P$). Allerdings wurde noch nicht viel darüber gesagt, was die angesprochene argumentative Form auszeichnet. Auf diese Frage kann mithilfe der klassischen Argumentationstheorie eine Antwort gegeben werden.

Allgemein kann man unterstreichen, dass es ein sehr breites Bedeutungsfeld des Argumentationsbegriffs gibt. Herausgestellt wurde bereits, dass das Argumentieren eng mit dem Geben und Nehmen von $Gründen_P$ verbunden ist. Aus einer sprachpragmatischen und einer erkenntnistheoretischen Perspektive lässt sich diese Überlegung erweitern, um einen entsprechenden Argumentationsbegriff zu gewinnen (Argumentation). In der Alltagssprache stellt eine Argumentation einen mehr oder weniger regelhaften Zusammenhang von Aussagen dar, die innerhalb von kommunikativen Handlungen ausgetauscht werden. Insofern ist das Argumentieren eine funktionale Kommunikationsform. Allgemein betrachtet orientieren wir uns über Argumentationen untereinander und in Bezug zur Umwelt. Durch sie werden zudem ganze Diskursräume generiert, strukturiert und geordnet. Im Vergleich zu anderen Kommunikationsformen geht das Argumentieren mit dem Interesse einher, $Überzeugungen_S$ sich selbst oder anderen gegenüber zu versichern.[83] Das wechselseitige Geben und Nehmen von Gründen stellt im Alltag ein zentrales $Muster_K$ des Argumentierens dar.

Mit Blick auf dieses Begriffsverständnis sollte man sich als Erstes klarmachen, dass die folgende sehr formale Perspektive nur eine sehr enge Sicht auf den Überzeugungsbegriff ermöglicht. Dahintersteht das angesprochene philosophische Idealbild des Arg_S. Nach diesem findet sich ein enger Zusammenhang

82 Musterbeispiele (shared examples) beschreiben laut Thomas Kuhn modellhafte Probleme und die entsprechenden Standardlösungen, die im Rahmen des globalen Paradigmas einer Wissenschaftsdisziplin gelehrt und angewendet werden. Vgl. U. Rose 2004, S. 26 und Kornmesser u. a. 2014, 19 f.

83 Siehe dazu auch L. Kolmer u. a. 2008, S. 149–151.

zwischen der Begründungsfunktion einerseits und der logischen Notwendigkeit$_L$ andererseits, der in folgender Annahme festgehalten wird.

> A 09 (Argumentative als logische Notwendigkeit): Darunter versteht man im Allgemeinen, dass *etwas* notwendig ist, „was nicht anders sein kann, als es ist“.[84] Das heißt, dass dieses *etwas* in allen denkbaren Fällen so ist, wie es ist, und für es „keine Möglichkeit gibt, anders zu sein, als [es] ist“.[85] Im Kontext des (sprachlichen) Argumentierens wird diese metaphysisch sehr anspruchsvolle Definition auf den Umstand angepasst, dass Sprache aus Relationen von Aussagen und letztlich sprachlichen Ausdrücken aufgebaut ist.[86] Die logische Notwendigkeit findet hier ihren paradigmatischen Ausdruck in Argumentationen, die der wissenschaftlichen Beweisführung dienen. Aristoteles begründet diese Charakterisierung damit, dass „etwas, wenn es schlechthin bewiesen ist, sich nicht anders verhalten kann“.[87] Allerdings versteht er diese logische bzw. argumentiv-sprachliche Notwendigkeit nicht als *unbedingt*, sondern als *bedingt*.[88] Denn die Notwendigkeit charakterisiert den Zusammenhang zwischen Prämissen und Schlussfolgerungen innerhalb einer Argumentation. Prämissen sind ihrerseits immer subaltern, entweder willkürlich oder empirisch begründet oder als (transzendentale) Grundbedingungen (etwa der Sprache oder des Denkens an sich) gesetzt.

Welche Argumentationen gelten aber in diesem Sinn als logisch notwendige Begründungen? Häufig werden auf diese Frage hin mathematische Beweise$_M$ oder wissenschaftliche Erklärungen$_W$ angeführt. Letztere eignen sich zur Demonstration, da sie der natürlichsprachlichen Rede deutlicher ähneln als erstere. Einen sehr vereinfachenden, aber dafür intuitiv zugänglichen Ansatz, derartige Argumentationen$_W$ zu untersuchen, bietet das DN-Modell von Gustav Hempel. Nach Hempels Modell können viele naturwissenschaftliche Argumentationen als deduktiv-nomologische Erklärungen charakterisiert werden. Es geht im Wesentlichen um die Erklärung von (faktischen) Tatsachen anhand von übergeordneten Gesetzeszusammenhängen.[89] Hempel erkennt darin eine bestimmte Argumentationsfigur, welche er als eine realsprachliche Spielart eines konkreten Argumentschemas der klassischen (philosophischen) Logik$_F$ rekonstruiert. Er beschreibt die Argumentationsfigur naturwissenschaftlicher Erklärung „schlicht als [...] logische Folgerung aus anderen Fakten und übergeordneten Gesetzeshypothesen,

---

84 In Anlehnung an Aristoteles, Aristoteles 1989, 1015a34–36 (193), in Burri 2011, S. 1640.

85 Ebd., S. 1641.

86 Gil 2012, S. 10.

87 Aristoteles 1989, 1015b6–7 (193)

88 Die philosophische Logik$_F$ kennt auch eine unbedingte oder absolute Notwendigkeit. Mit deren Hilfe können bspw. ostensive Sprachpraxen interpretiert werden, durch die man etwa Eigennamen wie „durch einen Taufakt in den Sprachgebrauch“ einführt. Siehe dazu Burri 2011, S. 1646.

89 Siehe auch Stegmüller 1969, S. 75.

welche als strikt-generelle Regularitätsbehauptungen im Humeschen Sinn, d. h. als sogenannte Allsätze aufzufassen sind[.]"[90]. Weiter unten werde ich dazu ein entsprechendes Beispiel geben (Abschnitt 2.3.2).

An dieser Stelle geht es zunächst um die Differenzierung zwischen Argumentationsfigur und Argumentschema, die Hempel für sein Modell nutzt. Um die Unterscheidung besser nachvollziehen zu können, kann mit Holm Tetens daran erinnert werden, dass sich das zwar transdisziplinäre, aber insgesamt *axiomatische Paradigma$_G$*[91] sehr stark am philosophischen Ideal der Notwendigkeit$_L$ orientiert.[92] Daraus erwächst eine sehr restriktive Ansicht darüber, was im wissenschaftlichen Diskurs als eine argumentative Erklärung$_W$ und somit auch als wissenschaftlicher Grund anerkannt wird (siehe Abschnitt 2.5).[93] Das heißt letztlich, dass durch diese Idealisierung im wissenschaftlichen Diskurs Argumentationsfigur und Argumentschema argumentativen Erklärens meist aufeinander abgestimmt sind. Diese harmonische Abstimmung stellt jedoch einen Sonderfall dar, der Folge einer idealisierten Argumentationspraxis ist. In der Alltagskommunikation hingegen findet sich eine solche Abstimmung zwischen Argumentationsfigur und Argumentschema meist nicht.

Zum besseren Verständnis werden zunächst beide Begriffe näher bestimmt. Argumentationen wurden als eher lose Zusammenhänge von Aussagen eingeführt. Eine Argumentationsfigur verdeutlicht die Struktur eines argumentativen Zusammenhangs zwischen natürlichsprachlichen Aussagen. Die Figur spiegelt ein argumentationsrelevantes Muster$_K$ dieses Zusammenhangs wider.[94] Über sie lassen sich die (Teil-)Argumente und deren formale Argumentschemata erschließen. In der Regel ermittelt man Argumentationsfiguren, indem man eine

90 Schurz 2009, S. 71.

91 Nach Thomas Kuhn versteht man unter dem weiten oder globalen Paradigmenbegriff die *(Denk-)Matrix einer Disziplin.* Diese enthält „(1) symbolische Verallgemeinerungen (z. B. uninterpretierte Formeln oder auch allgemeine Grundsätze wie „actio gleich reactio"), (2) heuristische und ontologische Modelle (z. B. Atommodell), (3) gemeinsame Werte, die dann auch bei der Theoriewahl eine entscheidende Rolle spielen (z. B. Einfachheit, Tatsachenkonformität, Verträglichkeit mit anderen Theorien, Fruchtbarkeit) und (4) gemeinsame Musterbeispiele". U. Rose 2004, S. 29.

92 Tetens 2004, S. 34–38.

93 Argumentationen, die nach dem DN-Modell wissenschaftlicher Erklärung$_W$ konstruiert wurden, werden im Superparadigma$_{HD}$ häufig als Muster$_K$ für wissenschaftliches Argumentieren (Arg$_W$) herangezogen. Somit bilden sie einen wichtigen Typ wissenschaftlicher Gründe (abgekürzt: Gründe$_{DN}$). So auch in Bayer 2007, S. 47.

94 Nach Wohlrapp sind Argumentationsfiguren eine Art halbformaler Zusammenhänge, „wie sie in den traditionellen Topiken und Fallazien-Listen geführt wurden und die sich als Wenn-Dann-Sätze analysieren lassen, welche unter bestimmten, angebbaren Bedingungen geltungsrelevant sind". H. Wohlrapp 2021, S. 249. Zur systematischen Differenzierung von „argumentation schemes" vgl. Macagno u. a. 2018.

Argumentation in ihre Aussagen gliedert und diese auf Verknüpfungen jedweder Art untersucht.

Davon zu unterscheiden ist der Begriff des Arguments: Durch argumentationstheoretische Methoden lassen sich aus alltagssprachlichen Argumentationen (Teil-)Argumente rekonstruieren. Die Ausgangsannahme der Rekonstruktion lautet, dass in einem Argument eine Konklusion von einer oder mehreren Prämissen gestützt wird. Entsprechend geht man zwei Schritte: Zunächst werden über die Argumentationsfigur die Teilargumente sowie deren Prämissen und Konklusionen identifiziert. Zweitens muss ein (logischer) Operator bestimmt werden, durch welchen sich Prämissen und Konklusionen aufeinander beziehen. Damit prüft man, ob die vorgefundene Argumentation in ihren Teilargumenten einem bekannten Argumentschema und dessen Regeln richtig folgt. In solchen formal gültigen Argumenten liegt ein argumentationstheoretisch anerkanntes Stützungsverhältnis zwischen beiden Aussagenklassen vor. Die Anerkennungswürdigkeit der Konklusion hängt zudem von der Prüfung anhand inhaltlicher Argumentationsprinzipien wie „Schlüssigkeit" oder „Stimmigkeit" ab.

Im Anschluss daran lässt sich der Begriff des Argumentschemas einführen. Ein Argumentschema macht eine argumentative Struktur ersichtlich, deren strukturelle Bedeutung sich über eine verallgemeinerte Argumentationstheorie und die in ihr geltenden normativen Prinzipien erschließt. Es stellt einen Versuch dar, in schematischer Form die logische Struktur einer natürlichsprachlichen Argumentation über deren Teilargumente im Bedeutungsraum der jeweiligen Argumentationstheorie abzubilden (z. B. in der klassischen Aussagenlogik), indem sie die Teilargumente mit den paradigmatischen Grundfiguren- und schemata der Theorie vergleicht. Ein Argumentschema enthält mindestens ein formales Element, das keine kontextualisierte Bedeutung trägt und auch kein Teil einer solchen ist. Zudem gibt die jeweilige Argumentationstheorie Regeln vor, wie jedes dieser formalen Elemente durch Ausdrücke mit kontextualisierter Bedeutung ersetzt werden kann, sodass das gesamte Argumentschema eine in Bezug zum Kontext bedeutungstragende Argumentation wird. Vor dem Hintergrund dieser Überlegungen werden folgend zwei grundlegende Argumentationsfiguren und die entsprechenden Argumentschemata des Arg_S eingeführt.

2.3.2 Grundfigur des deduktiven Schließens

Das Arg_S im Alltag orientiert sich an einer Argumentationsfigur, welche bereits Aristoteles unter dem bis heute benutzten Begriff *Syllogismus* – altgri.: syllogismós, dt.: (logischer) Schluss – untersuchte.[95] Um die damit verbundene

„technische Bedeutung" besser nachvollziehen zu können, lohnt ein Blick auf das Standardschema syllogistischer Argumentationsfiguren:

1 Prämisse 1 (Obersatz)
2 Prämisse 2 (Untersatz)
3 ∴ Konklusion.

Aristoteles sammelte mithilfe weiterer struktureller Analysen alle Varianten dieser Argumentationsfigur in einer „Schlusstafel".[96] Allerdings sind die Unterscheidungen der Syllogismentafel für diese Studie nicht weiter interessant. Mit Blick auf obige Überlegungen zur Notwendigkeit_L muss vielmehr gefragt werden, welche logische (Grund-)Operation in diesen Figuren zu finden ist. Es handelt sich um ein *Implikationsverhältnis*: *Wenn* Prämisse 1 und Prämisse 2 zutreffen, *dann* gilt notwendigerweise auch die Konklusion.[97] Eine der im Alltag geläufigsten deduktiven Argumentationsfiguren bezeichnet man als *Modus (ponendo) ponens*. In Anlehnung an Bernds Überlegung aus Abschnitt 1.3.5 könnte man dazu folgendes Muster_K anschauen:[98]

AF 1 (WKA und Waldrodung)

Z 1.1 Prämisse 1: Wenn eine Windkraftanlage im Wald gebaut wird, dann müssen Bäume gerodet werden.
Z 1.2 Prämisse 2: Eine WKA wird im Wald gebaut.
Z 1.3 ∴ Konklusion: Es müssen Bäume gerodet werden.

Dem Modus ponens entsprechend kann 1 schematisiert werden:[99]

(1) Wenn A und B, dann C.
(2) A und B.
(3) ∴ C.

Das Symbol ∴ in den beiden Schemata steht für natürlichsprachliche Ausdrücke wie „deshalb", „also" etc. Diese kennzeichnen innerhalb eines Argumentschemas den Übergang von den Prämissen zur Konklusion und beziehen sich auf

95 Ausführlich dazu Smith 2020.

96 Ebd., S. 5.4.

97 H. Wohlrapp und Riel 2011, S. 1924 f. Eine Implikation entsteht durch die Anwendung der „wenn-dann"-Verknüpfung auf zwei Aussagen. Die Teilaussage nach dem „wenn" bezeichnet man ebenso als Antecedens, die nach dem „dann" als Konsequens.

98 Vgl. die Ergebnisse in Marcus u. a. 1979.

99 A = … ist WKA. / B = … wird im Wald gebaut. / C = Bäume werden gerodet.

eine Bedeutung des Begriffs Schluss$_D$. „Der Ausdruck »Schließen« steht für die entsprechende Tätigkeit des Übergehens oder des Ziehens eines Schlusses.“[100] Mit „Übergehen“ ist hier eine Denktätigkeit, aber auch eine (intersubjektive) Praxis gemeint. Die Tätigkeit läuft meist ohne weiteres willentliches Zutun ab und erscheint daher als eine (unabhängige) Operation$_L$. Als gemeinschaftliche vollzogene Praxis unterliegt sie jedoch auch Formen der Normierung. Das heißt letztlich, dass im Verlauf der kulturellen Entwicklung eine Reihe von Kriterien herausgearbeitet wurden, anhand derer der richtige Vollzug dieser Praxis beurteilt werden kann.[101] Als zentrale Muster$_K$ solcher Schlüsse$_D$ werden in der Regel deduktive Argumente vorgeführt. An solchen Minimalbeispielen wird häufig die in A 09 zum Ausdruck kommende Auffassung über Notwendigkeit$_L$ demonstriert. Solche Musterbeispiele werden auch häufig herangezogen, wenn das Ideal des schlussfolgernden Argumentierens illustriert werden soll: Sie fungieren als Paradigmen des Argumentbegriffs. Nach diesem Ansatz werden nicht alle Argumentationen als Argumente anerkannt. Die dahinterstehende Überlegung, dass in Argumenten ein notwendiger Zusammenhang zwischen den vorausgehenden Prämissen und der nachfolgenden Konklusion besteht, wird in der klassischen Argumentationstheorie mit einer (formallogischen) Idealvorstellung über das Stützungsverhältnis zwischen beiden Aussagenklassen in Verbindung gebracht: Die Verknüpfung zwischen Prämissen und Konklusion ist in einem gültigen Argument derart, dass die Wahrheit der vorauslaufenden Aussagen (Prämissen) die Wahrheit der nachfolgenden Aussage (Konklusion) stützt bzw. bedingt.[102]

Welche konkrete Form dieses Stützungsverhältnis bzw. Bedingungsgefüge besitzt, hängt von dem jeweiligen Argumentschema bzw. der Operation$_L$ ab, die der jeweiligen Argumentationsfigur unterliegt. Das obige Beispiel kann, wie erwähnt, nach dem Argumentschema des Modus (ponendo) ponens rekonstruiert werden, in welchem die Operation$_L$ der *Implikation* angewendet wird. Die Notwendigkeit$_L$ – oder auch: der Zwang im Übergang von den Prämissen zur Konklusion – beruht auf einem konkreten Phänomen des menschlichen Denkens, das sich in der (logischen) Operation$_L$ der Implikation wiederfindet.[103] Formallogische Operationen$_L$ lassen sich daher an natürlichsprachlichen Aussagen und denen aus ihnen gebildeten Argumentationen festmachen. Jede Logik$_F$ fokussiert

100 H. Wohlrapp und Riel 2011, S. 1920.

101 Siehe ebd., S. 1921 und Abschnitt 4.2.

102 S. ebd. und Burri 2011, S. 1641.

103 Vereinfacht gesagt entspricht eine logische Operation einer konkreten Art und Weise unseres (rationalen) Denkens. Die logischen Operationen werden als fundamentale (Denk-)Regeln interpretiert, die in den „Ableitungsregeln bzw. d[en] Axiome[n] und Theoreme[n] der Logik“ abgebildet sind. Ebd. Siehe dazu auch den Eintrag zur Logik$_F$.

einen spezifischen regelhaften Strukturaspekt von Argumentationen, um die in ihr ersichtlich werdenden Operationen$_L$ natürlichen Schließens herauszuarbeiten. Die Aussagenlogik untersucht bspw. die Operationen$_L$, durch die Aussagen verknüpft werden, also Verknüpfungsoperationen (alternativ: Junktoren) wie „und", „oder", „nicht", „wenn…, dann…" etc.

2.3.3 Grundfigur des praktischen Schließens

Ähnliche Überlegungen gibt es in anderen Bereichen des Argumentierens. In Abschnitt 1.3.5 wurden rechtfertigende Gründe$_R$ bereits erwähnt. Im Bereich der Handlungsorientierung dienen Argumentationen der Rechtfertigung von Handlungen gegenüber anderen Menschen in einem konkreten Kontext.[104] Entsprechend spricht man von Handlungsgründen oder von praktischen Gründen. Letztere Redeweise kann allerdings zu einer problematischen Gleichsetzung mit instrumentellen Gründen (Grund$_I$) führen. Im Bereich der technisch-praktischen Handlungsorientierung dient die Nennung einer Zweck-Mittel-Relation dazu, konkreten Zielen konkrete Mittel, also Dinge oder Handlungen, zuzuordnen. Entsprechend werden jene Dinge oder Handlungen für diese Ziele instrumentalisiert. Die damit verbundenen instrumentellen Erklärungen (Erklärung$_I$) suggerieren einen (teleologisch) notwendigen Zusammenhang zwischen dem Zweck einerseits und den Mitteln andererseits (Notwendigkeit$_I$).[105] Ich werde weiter unten darauf zurückkommen (Abschnitt 2.5.4).

An diesem Punkt ist wichtig, dass rein schematisch betrachtet keine Differenz zwischen beiden Arten von praktischen Gründen besteht. Mehr noch: Beide lassen sich auf die genannte syllogistische Grundfigur zurückführen (Abschnitt 2.3.2) und somit als regelhaftes Arg$_S$ rekonstruieren (Schluss$_P$). Ein praktischer Schluss ist in Anlehnung an Aristoteles ein Syllogismus im Fall der lebenspraktischen Orientierung$_A$.[106] In diesem Sinn argumentiert man (praktisch) schlüssig, indem man: (1) eine Zielsetzung (telos) für gut und als allgemein erstebenswert erachtet (*Prämisse 1*), (2) dieser allgemeinen Zielsetzung ein faktisches Ereignis bzw. eine Sachlage zuordnet (*Prämisse 2*) und (3) aufgrund dieser Prämissen auf ein konkretes Handlungsziel schließt (*Konklusion*), welches durch praktisches Handeln erreicht werden soll.[107] Wie andere Argumentationen liegen auch praktische Schlüsse meist in *verdichteter Form*, in verkürzter Rede,

104 Siehe auch Kietzmann 2011, S. 1.

105 Burri 2011, S. 1640 und Stegmüller 1969, S. 72–75.

106 Siehe Aristoteles 1831, 100a25–27.

107 Siehe auch Dietrich 2006, S. 179.

als Enthymeme vor.[108] Bevor ich detaillierter auf die Struktur solcher Schlüsse$_P$ eingehe, definiere ich den Aussagenbegriff etwas genauer.

Die folgende aussagenlogische Typisierung erfolgt aus einer inhaltlichen Perspektive.[109] Bedeutungstragende Äußerungen aller Diskursteilnehmer werden im Kontext der Studie als Aussagen interpretiert. Das Minimalkriterium lautet, dass diese der jeweiligen natürlichsprachlichen Syntax und Semantik entsprechen (siehe auch K 02B). Jeder und jede sollte eine Aussage mit angemessenem Zeitaufwand nachvollziehen und bestenfalls auch verstehen können. Inhaltlich betrachtet werden deskriptive (Fakten beschreibend) und präskriptive (normative Ziele vorschreibend) Aussagen unterschieden. Quantitativ betrachtet differenziert man verallgemeinernde und singuläre Aussagen, qualitativ affirmative bzw. zustimmende oder negierende.

In AF 1 wird eine deskriptive Aussage (Untersatz), die sich auf konkrete empirische Erfahrung (Faktum) bezieht, mit einer verallgemeinernden bzw. gesetzesartigen Aussage (Obersatz) zu einer konkreten Schlussfolgerung (Konklusion) verbunden. Deskriptive Aussagen erweisen sich als relativ unproblematisch. Wohlwollend wird in dieser Studie davon ausgegangen, dass es für die dort verhandelten faktischen Erfahrungen und Erkenntnisse entweder entsprechende wissenschaftliche oder zumindest anerkannte intersubjektive Prüfverfahren$_F$ gibt oder eben nicht (s. A 12). In lebenspraktischen Argumentationen$_P$ (Schlüsse$_P$), die dieser Figur entsprechen, bestehen der Obersatz und die Konklusion aus normativ gehaltvollen Aussagen. Wie erwähnt können diese Argumentationen auf deduktive Argumentschemata zurückgeführt werden, etwa den Modus ponens. Daher gilt in diesen Fällen eine Spielart Notwendigkeit$_L$. Holm Tetens schreibt dazu, „[w]er die [normativen] Prämissen akzeptiert, muss auch die normative Konklusion akzeptieren“.[110]

Wie angesprochen liegen praktische Schlüsse in der natürlichen Sprache meist in verdichteter Form vor, so etwa diese Aussage: „Weil diese Windkraftanlagen in den Wald gebaut werden, sollte man sie besser nicht bauen!“ Die obige Argumentationsfigur bildet nun eine einfache Möglichkeit, um eine derartig verdichtete

108 Enthymeme sind natürlichsprachliche Argumentationen, die „an der sprachlichen Oberfläche unvollständige“ Argumente ergeben. Bücker 2004, S. 29. Diese Begriffsbedeutung geht bis auf Aristoteles' Rhetorik zurück, siehe Sprute 1975, 71 ff. Mit Blick auf die Kriterien der jeweiligen Argumentationstheorie (Argumentationsregeln) zeigen sie sich als mangelhaft. Allerdings geht man meist davon aus, dass diese Argumentationen$_{Rh}$ lediglich sprachlich verdichtete Argumente darstellen. Diese werden aus jenen rekonstruiert, indem die fehlenden Prämissen kontextuell und in Umkehrung der ursprünglichen Reduktion erschlossen werden.

109 Eine komplexere Erweiterung einer solchen Typisierung findet sich weiter unten in Abschnitt 4.3.2 (Habermas' Sprechaktdifferenzierung).

110 Tetens 2004, S. 141, Einfügungen F. B.

Argumentation zu rekonstruieren.[111] Die Beispielargumentation enthält, so der Rekonstruktionsansatz, zwei (Teil-)Argumente: einen Schluss$_D$, der auf einer gesetzesartigen Aussage basiert (als Variante der AF 1),

AF 2 (WKA und Waldrodung II)

Z 2.1 *Prämisse 1: allgemeines Gesetz (Obersatz)*
- gesetzartige Aussage
- Wenn WKAs im Wald gebaut werden, werden Bäume abgeholzt.

Z 2.2 *Prämisse 2: konkrete (Fall-)Beschreibung (Untersatz)*
- deskriptive, faktische Aussage
- Eine WKA wird im Wald gebaut.

Z 2.3 *Konklusion: konkrete Schlussfolgerung (Konklusion).*
- fallspezifische faktische Aussage
- ∴ Im Wald werden Bäume abgeholzt.

und einen Schluss$_P$, der eine allgemeine normative Aussage (Vorschrift) enthält,

AF 3 (WKA und Waldrodung III)

Z 3.1 *Prämisse 1: allgemeine normative Vorschrift (Obersatz)*
- präskriptive Aussage
- Bäume, die im Wald stehen, sollen nicht abgeholzt werden.

Z 3.2 *Prämisse 2: (Fall-)Beschreibung (konkreter Untersatz)*
- deskriptive, faktische Aussage
- Diese Bäume stehen im Wald.

Z 3.3 *Konklusion: konkrete normative Schlussfolgerung (Konklusion).*
- fallspezifische, normativ aufgeladene Aussage
- ∴ Diese Bäume sollen nicht abgeholzt werden.

Aus beiden Teilargumenten zusammen wird geschlossen, dass die WKAs nicht gebaut werden sollten. Wie ersichtlich wird, steckt in dieser Rekonstruktion einige Interpretationsarbeit, um die Ausgangsargumentation auf zwei schlüssige Argumente zurückzuführen, die Instanzen gültiger$_F$ Argumentationsfiguren sind. Im Beispiel ähnelt der Schluss$_P$ und der Schluss$_D$ schematisch dem Modus ponens. Für die deskriptive Argumentation wurde dies bereits vorgeführt (Abschnitt 2.3.2). eine vergleichbare Schematisierung der normativen Argumentation lautet:[112]

---

111 Siehe Dietrich 2006, S. 179.

112 Ersetzungen: T = „. . . ist ein Baum“ / W = „. . . steht im Wald“ / S = „. . . soll nicht abgeholzt werden“. Vgl. dazu Tetens 2004, 140–143.

(1) Wenn T und W, dann S.
(2) T und W.
(3) S.

Nach beiden Schemata wird der logische Zusammenhang zwischen Prämissen und Konklusion durch eine Implikation hergestellt, die die Prämissen mit der Konklusion verbindet.

2.4 Herausforderungen argumentativer Orientierung (NIMBYism)

Aus der anthropologischen Perspektive der modernen Philosophie erweist sich der Mensch jedoch nicht als eine Orientierungsmaschine, die – überspitzt formuliert – stumpf Argumente ver- und abarbeitet. Der bisherige Einblick in Realdiskurse (Abschnitt 1.3.4) zeichnete bereits das Bild, dass sich Menschen weder nur auf Grund_{DN} berufen, noch alle natürlichsprachlichen Argumentationen den oben genannten paradigmatischen Argumentationsfiguren entsprechen. Eher im Gegenteil: Natürlichsprachliche Argumentationen erweisen sich auf den ersten Blick nicht immer als gültig_{F} im formalschematischen Sinn oder gar schlüssig im wissenschaftlichen Sinn (Arg_{W}). Vielmehr lassen sich vor allem rhetorische $\text{Realdiskurse}_{\text{Rh}}$ als „Meinungskämpfe" in der Arena des öffentlichen Diskurses beschreiben (s. Abschnitt 1.3.3), in deren Zentrum rhetorische Argumentationsfiguren stehen.

Dennoch wird in der Studie der Gedanke verfolgt, dass vor allem gut aufgearbeiteten $\text{Gründen}_{\text{DN}}$ eine zentrale Funktion in Realdiskursen zukommt. Dies gilt umso mehr, als der Diskurs in den öffentlichen Fokus der Gesellschaft rückt (A 05). Wie bereits in Abschnitt 1.3.6 grob skizziert, ist die Beurteilung plausibler Gründe_{P} jedoch viel komplexer. So muss die Sichtweise, dass man dazu lediglich die entsprechenden Argumentationen auf ihre Schlüssigkeit prüft, durch eine (kritische) soziale Perspektive erweitert werden: Die argumentative $\text{Orientierung}_{\text{A}}$ von Handlungen erfolgt immer im sozialen Gefüge menschlicher Gemeinschaften. Dieser Überlegung wird im Folgenden mit Fokus auf die Rekonstruktion und Bewertung von Argumentationen in einem ersten Schritt nachgegangen. Dazu werden zentrale Herausforderungen thematisiert und am Energiediskurs bebildert, um anschließend in Abschnitt 2.5 und Kapitel 3 die Grenzen (argumentativer) $\text{Orientierung}_{\text{A}}$ besser ausloten zu können.

2.4.1 Individuelle und kollektive Handlungsorientierung (NIMBY)

Grundsätzlich sollte daran erinnert werden, dass die Energiewende einen Wandel der Energiekultur angestoßen hat (Abschnitt 1.1). Es geht also nicht nur um die Neuentwicklung, Installation und Anwendung neuer Energietechnik, sondern um die Art und Weise, wie wir in alltäglichen und beruflichen Kontexten Energieversorgung und -verbrauch theoretisch konzipieren, praktisch realisieren und letztlich leben. Die Fragen der Energiewende sind entsprechend Fragen der (gemeinsamen) sozialen Orientierung$_A$ all der Handlungen, durch die sich die Energiekultur auszeichnet. Nicht nur innerhalb der Energiepolitik, sondern auch in der Begleitforschung war eine der wichtigsten Erkenntnisse seit Mitte der 2010er-Jahre, dass die Energiewende nicht wegen technischer Probleme in schwierige Fahrwasser geraten ist, sondern „wegen wirtschaftlicher, politischer und gesellschaftlicher Schwierigkeiten in ihrer Umsetzung".[113] Die damit verbundene Frage, welche Veränderungen für die zukünftige Energiewende angeschoben werden sollen, führt in westlich-demokratischen Gesellschaften zu einer Vielzahl von Antworten, die potenzielle Kandidaten der gemeinsamen Handlungsorientierung darstellen. Im Gegensatz zu autoritären Regimen wird also nicht eine Lösung „von oben" verordnet, sondern es entspinnt sich ein in Teilen hochkontroverser Diskurs. Dieser steht – das zeichnet freiheitliche Gesellschaften als solche aus – immer schon im Spannungsfeld zwischen der individuellen Handlungsorientierung des je eigenen Lebens und des gemeinschaftlichen als Ausdruck eines Gemeinsinns (s. Abschnitt 7.6.3). Argumentationen übernehmen eine zentrale Vermittlungsfunktion zwischen diesen beiden Orientierungsperspektiven. Zur Beurteilung von deren Reichweite in diesem Spannungsfeld wird zunächst eine wesentliche Schwierigkeit in der Analyse von Realdiskursen beleuchtet.

Es ist unstrittig, dass der Wandel der Energiekultur eines kollektiv abgestimmten Handelns bedarf. Diese Sichtweise wird zudem dadurch verstärkt, dass im EWN$_P$ das (historische) Bild einer *Bottom-up-Bewegung* gezeichnet wird, die von weiten Teilen der Bevölkerung getragen wird.[114] Bei genauerer Untersuchung der Phasen (Abschnitt 6.2.2) zeigt sich schnell, dass eine derartige Interpretation eine starke Idealisierung der komplexen sozialen Dynamik darstellt, die hinter dem historischen Verlauf der Energiewende steht. An dieser Stelle wird ausschließlich auf die Differenz zwischen individueller und kollektiver Handlungsorientierung

113 Schippl u. a. 2017b, S. 10. In der sozial- und kulturwissenschaftlichen Begleitforschung vgl. Ostheimer u. a. 2014, S. 8, Hoeft u. a. 2017, 10–12, Engler u. a. 2020, S. 14 f.; in kritisch-informierender Absicht Schröder 2014, 12–17 und Kleinknecht 2015, VI–IX.

114 Ausführlich dazu Mautz, Byzio und Rosenbaum 2008, v. a. 35–65 und (mit konkreten Beispielen) David u. a. 2016.

eingegangen, ohne deren Verständnis kaum nachvollzogen werden kann, welche Rolle Gründe$_P$ im Energiediskurs spielen.

Das argumentationsphilosophische Grundmodell$_A$ besagt vereinfacht Folgendes: Auf individueller Ebene lassen wir uns in unserem je eigenen Handeln von Gründen$_P$ leiten und können diese auch argumentativ ausdrücken (A 06 – A 08). Eine solche gründebasierte Orientierung$_A$ findet sich ebenso auf gemeinschaftlicher Ebene wieder, *als ob* ein „Kollektivsubjekt" – welches sich im kollektiven Bewusstsein und auch in den gemeinschaftlichen Institutionen manifestiert – handeln würde. Diese metaphorische Rede darf aber nicht den Blick darauf verstellen, dass sich dahinter ein Interagieren von autonomen Individuen und die damit verbundenen sozialen Dynamiken verbergen. Es ist, so könnte man sagen, eine der zentralen Aufgaben in den Geistes-, Sozial- und Kulturwissenschaften, diese Dynamiken zu rekonstruieren.[115] Eine erweiterte Argumentationstheorie untersucht entsprechend Teilaspekte des Kommunikationphänomens, durch das soziale Interaktionen in großen Teilen getragen werden. Argumentationen werden also als Teil der kommunikativen Handlungen betrachtet, durch die kollektives Bewusstsein und gemeinschaftliche Orientierung$_A$ überhaupt möglich werden. Argumentative Kommunikation wird somit als wesentliches Bindeglied zwischen individueller und kollektiver Handlungsorientierung angesehen.

Dieser Ansatz sollte aber nicht zur Hybris verleiten, dass sich das menschliche *Sozialverhalten* hinreichend über kommunikative Handlungen im Allgemeinen und das Argumentieren im Speziellen erklären ließe. Dazu sind noch weitere Erklärungsebenen notwendig, etwa in Bezug auf emotionale Phänomene oder die Eigendynamik von kollektiven Handlungen. Kurzum: Menschliche Praxis erschöpft sich nicht im kommunikativen Handeln. Für ein besseres Verständnis wird der Handlungsbegriff nun genauer definiert: Unter Handlung wird das rational-physische Verhalten von Menschen (bzw. autonomen Vernunftwesen) verstanden. Der physische Handlungsakt geht mit Überlegungen einher, deren (bedeutungstragender) Inhalt und logische Form sich kommunikativ ausdrücken lassen und somit auch argumentativ rekonstruiert werden können. Der physische Prozess der Handlung, die bedeutungstragende Kommunikation und deren argumentativ-logische Nachvollziehbarkeit erweisen sich wesentlich für den

---

115 Habermas umschreibt diesen Gedanken mit Blick auf die philosophiehistorische Bezeichnung solcher Kollektivphänome als „…geist" wie folgt: „Um zu vermeiden, daß die Detranszendentalisierung des Geistes mit der Einführung höherstufiger Kollektivsubjekte erkauft wird, geht es nun um eine »sprachtheoretische Grundlegung der Soziologie«, die die dezentrierende Kraft der Kommunikation zur Geltung bringt und auch die kollektiven Identitäten von Gesellschaften und Kulturen als höherstufige und verdichtete Intersubjektivitäten begreift und dem pluralistischen Grundzug des sozialen Lebens Rechnung trägt." Habermas 2009a, S. 11.

Begriff der Handlung. Der Form nach zeichnen sich Handlungen also durch drei Strukturaspekte aus:[116] Erstens werden sie meist als bewusste und willentlich-aktive Realisationen bedeutungstragender Absichten rekonstruiert und kommuniziert. Das unterscheidet sie von unbewussten Verhaltensweisen. Zweitens resultieren sie aus bedeutungstragenden Überlegungen, die sich über Argumentationen kommunizieren lassen. Über eine argumentative Kommunikation werden die Gründe$_{A}$ einer Handlung potenziell (intersubjektiv) nachvollziehbar. Drittens ist die eigentliche Argumentation (und die entsprechende Überlegung) über die in ihr verwendeten bedeutungstragenden Aussagen und den kommunikativen Akt mit anderen Argumentationen verbunden. Über diese erweiterte Vernetzung auf der argumentativ-logischen Bedeutungsebene wird der immer nur konkrete physische Prozess einer Handlung mit allgemein-ideellen Bedeutungssystemen verbunden: einerseits mit empirisch-faktischen Erklärungsmodellen und andererseits mit normativen Normensystemen. In die eigentliche handlungsbegründende argumentative Kommunikation fließen die allgemein-ideellen Zusammenhänge über die generisch-regelhaften Aussagen empirischer und normativer Art sowie die Situations- und Kontextbezogenheit über die gegenwartsgebundenen Ist-Aussagen ein.

Nach diesem Exkurs zum Handlungsbegriff geht es nochmals zurück zum Verhältnis zwischen individueller und kollektiver Orientierung$_{A}$. In A 05 wurde bereits festgehalten, dass in Realdiskursen die kommunikative Relevanz von Gründen$_{P}$ steigt, je stärker die entsprechenden Argumentationen im öffentlichen Fokus stehen. Dazu folgt eine weitere Annahme:

> A 10 (Anerkennung individueller Begründungen): Von handelnden Akteuren wird verlangt, Gründe$_{R}$ für ihre Handlungsorientierung zu geben. Welche Art von Gründen$_{R}$ als tragfähig anerkannt werden, hängt jedoch vom Anwendungsbereich ab. Insbesondere die Diskursebene spielt eine Rolle, auf der argumentiert wird. In politischen oder wissenschaftlichen Diskursen mit großer öffentlicher Reichweite findet sich selten Anerkennung für Argumentationsfiguren mit individuellen Motiven. Vielmehr werden hier Gründe verlangt, die intersubjektiv explizierbaren und regelhaften Kriterien genügen (z. B. Gründe$_{DN}$ oder Gründe$_{E}$). In Fällen individueller Abwägung, die Handlungsorientierung einzelner Bürger betreffend, werden hingegen Argumentationsfiguren anerkannt, die auf *moralische Intuitionen*, *Emotionen* etc. verweisen.

Um ein erstes vergleichendes Beispiel zu geben: Politiker, vor allem einer ökologisch ausgerichteten Partei, müssen vor dem Hintergrund des Klimawandels (EP 6) im öffentlichen Diskurs Gründe$_{R}$ geben, wenn die politischen Entschei-

116 Eine ausführliche Begriffsklärung findet sich bspw. in: Runggaldier 2011.

dungen und deren Folgen nicht zur Verringerung des THG-Ausstoßes beitragen (K 04B2). Kauft eine Person einen SUV, der pro Kilometer in der Regel einen höheren THG-Ausstoß verursacht, besteht diese Begründungspflicht (K 04B) im lokalen oder privaten Diskurs bisher nicht. Wenn im (privaten) Diskursumfeld eine gewisse Sensibilität für EP 6 besteht, könnte sie ihre Handlung durch einen Verweis auf medizinische Überlegungen (bessere Sichtposition oder Einstiegsmöglichkeit) oder das Geringfügigkeitsargument rechtfertigen.[117]

Die Spannung zwischen Argumentationen auf allgemeiner bzw. öffentlicher Diskursebene und auf der Ebene idiosynkratischer Abwägung$_{I}$ lässt sich sehr gut an einem Akteursmuster festmachen: den NIMBYs. Die NIMBYs – so die Interpretation im rhetorisch geführten politischen Diskurs – stellen ihre Individualinteressen über den Gemeinsinn.[118] Zwar befürworten sie diesen im Allgemeinen, handeln aber im konkreten Fall egoistisch oder irrational. Insbesondere auf den Vorwurf der Irrationalität lohnt ein zweiter Blick: Zunächst sollte beachtet werden, dass die Verfolgung und die Befriedigung individueller Interessen eine zentrale Funktion innerhalb der gesellschaftlichen Interaktionsprozesse übernimmt. So baut das für westliche Gesellschaften wichtige marktwirtschaftliche Handeln auf dieser egoistischen Haltung auf. Allerdings bleibt die Freiheit, individuelle Interessen egoistisch verfolgen zu können, an gewisse Regeln gebunden (Grundregeln des freien Marktes und natürlich den Rechtsrahmen). Eine wichtige Überzeugung marktwirtschlichen Denkens besagt, dass durch das egoistische Verfolgen individueller Interessen zudem Gemeinwohlinteressen gefördert werden (können). Eine egoistische Handlungsorientierung ist also nicht in allen Fällen problematisch. Der Vorwurf der Irrationalität hingegen verweist auf einen weiteren phänomenalen Aspekt: Im Akteursmuster des NIMBYs zeigt sich, dass Handlungsorientierung im Alltag nicht zwingend zu einem konsistenten argumentativen System führen muss.[119] Diese Überlegung möchte ich in eine weitere anthropologische Annahme einfließen lassen (Abschnitt 4.3.1).

117 Das Geringfügigkeitsargument bezieht sich auf den Beitrag zum Klimawandel, den das je eigene Handeln in privaten Kontexten verursacht. Eine typische Argumentation lautet: Weil der Beitrag zum Klimawandel (etwa THG-Ausstoß), der durch meine (privaten) Handlungen verursacht wird, nicht messbar oder vernachlässigbar gering ist, handle ich weiter wie bisher (unternehme bspw. Sonntagsfahrten). Prominent thematisiert wurde das Geringfügigkeitsargument von Walter Sinnott-Armstrong (Sinnott-Armstrong 2005) am Beispiel des Fahrens mit einem Spritfresser („gas-guzzling car“). Nach ihm gibt es kein moralisches Prinzip, aus dem sich eine individuelle Pflicht zur Unterlassung ableiten ließe. Mittlerweile hat sich dazu ein umfangreicher Diskurs entspannt.

118 Vgl. Eichenauer, Reusswig u. a. 2018, S. 636.

119 Das wäre vielmehr das Idealbild eines NoS, welches von am Superparadigma$_{HD}$ orientierten Ethiken$_{P}$ kolportiert wird.

A 11 (Argumentative Spannungen): Das menschliche Handeln ist häufig durch Widersprüche$_P$ gekennzeichnet. Diese handlungspraktischen Widersprüche zeichnen sich in argumentativen Spannungen ab, die zwischen unterscheidbaren Argumentationen zu einem Bezugskontext aufgezeigt werden können. Das Vorliegen argumentativer Spannungen ist allerdings nicht hinreichend, um grundsätzlich auf eine irrationale oder ethisch verwerfliche Handlungsorientierung zu schließen. Im Anschluss daran wird vielmehr angenommen, dass Gründe$_P$ eine kontextualisierte Reichweite besitzen und nur in diesem Rahmen als Gründe$_R$ anerkannt werden.

Wie erwähnt und entgegen der A 11 tendiert(e) man auch im Energiediskurs (s. o.) dazu, NIMBY-Argumentationen als irrational und egoistisch anzusehen. Im Gegensatz zum AKW-Diskurs wird im Energiediskurs von staatlicher Seite versucht, den vermuteten Mangel an sachlicher Erkenntnis und moralischer Haltung durch eine gezielte *Öffentlichkeitsarbeit* auszugleichen, die mit dem Ziel der Akzeptanzsteigerung sowohl eine sachliche Bildungs- als auch eine moralische Belehrungfunktion übernimmt.[120] Ein vergleichbares Muster lässt sich aus der kontroversen Diskussion zum Geringfügigkeitsargument herauslesen. Denn unter dem Eindruck, dass sich diese NIMBYs in Mobilitätsfragen ethisch falsch verhalten, wenn sie bspw. weiterhin alle Fahrten mit ihrem Kleinbus erledigen, werden sowohl sachliche als auch moralische Gegenargumente zum Zweck der *kollektiv-erzieherischen Handlungsorientierung* gesucht. Mit Blick auf Gründe$_E$ wird etwa gefragt, inwiefern aus der Pflicht, unsere Handlungen im Sinne des Klimaschutzes zu orientieren, eine konkrete Verantwortung im Rahmen individueller Orientierung$_I$ abgeleitet werden kann.[121] Die Details dieser Debatte interessieren

120 Es gibt natürlich Differenzen. Im Wesentlichen gehen diese auf den höheren Diskussionsbedarf einer aktiveren Bürgergesellschaft zurück. Diesen Umstand und ein konstruktiv-kritischer Umgang seitens der politikberatenden Wissenschaft werden gut in: Roßnagel u. a. 2014 oder Renn, Köck u. a. 2017 skizziert.

121 Die ethische Diskussion um den Pflichtenbegriff ist umfangreich und durchaus kontrovers. Vgl. Ricken 2011. In dieser Studie geht es vornehmlich um die ethische Argumentationsfigur, dass im Rahmen einer ethischen Moral$_E$-Lehre eine Norm – zuweilen als „Gebot" bezeichnet – begründet werden kann, auf die ein sehr weitreichender oder sogar ein unbedingter bzw. absoluter Geltungsanspruch erhoben wird. In öffentlichen Diskursen, aber auch im Zuge idiosynkratischer Abwägungen$_I$ wird mit einer Pflicht eine handlungspraktische Notwendigkeit$_P$ assoziert, „die nicht zur Disposition steht oder von kontingenten Umständen abhängt". Mieth und Bambauer 2017, S. 240. Ein sehr einflussreiches argumentatives Muster$_K$ einer unbedingten Pflicht findet sich in Kants Argumentationsfigur, nach der die praktische Notwendigkeit$_P$ der moralischen Pflichten über die Anerkennung, genauer: eine über Einsicht$_A$ motivierte Achtung, des unbedingten Wertes der Abwägungsautonomie begründet werden kann. Ricken 2011, S. 1743–1746 und Mieth und Bambauer 2017, S. 241. Die zentralen Voraussetzungen dieser (intra-)subjektiven Einsicht$_A$ sind die Vernunftfähigkeit des urteilenden Subjekts, dessen moralisches Grundbewusstsein über den Besitz von Abwägungsautonomie und die Zwanglosigkeit der argumentativ-rationalen Abwägung$_I$. In Anlehnung an diesen subjekttheoretischen Ansatz

an dieser Stelle nicht.[122] Darin wird aber die kontrovers diskutierte Frage sichtbar, ob aus argumentativen Rechtfertigungen – durch die (allgemeine) Pflichten begründet werden – ein umfassender Geltungsanspruch abgeleitet werden kann, oder ob diese nicht in allen Kontexten einen (quasi-deduktiven) Rückschluss auf eine individuelle und somit moralisch begründete Verantwortung gestatten.[123] In Abschnitt 4.1 werde ich auf diese Kontextualisierung zurückkommen (A 21).

2.4.2 Ein Superparadigma argumentativer Orientierung (NIMBY II)

Der ethische Ansatz, dass sich aus einer allgemeinen Pflicht eine konkrete Verantwortung mehr oder weniger stringend ableiten ließe, geht häufig mit einer speziellen Auffassung argumentativer Orientierung$_A$ einher, welche ich als *hypothetisch-deduktives Superparadigma* (Superparadigma$_{HD}$) kennzeichne. Dieses prägt jedoch nicht nur die ethische Wissenschaftspraxis, sondern auch die natur- und ingenieurwissenschaftliche. Daher wird es folgend in kritischer Absicht grob skizziert.

Das Superparadigma$_{HD}$ lässt sich in vielen Bereichen des wissenschaftlichen Argumentierens (Arg$_W$) nachweisen. Bereits in Abschnitt 2.3.1 war davon die Rede, dass die Idealvorstellung plausibler Gründe in vielen wissenschaftlichen Grammatiken$_W$ auf deduktive Argumentationsfiguren bezogen ist. Damit wird eine spezifische normierende Forderung an das wissenschaftliche Argumentieren (Arg$_W$) herangetragen, die das wissenschaftliche Selbstbild in diesen Grammatiken$_W$ im Sinn eines globalen Paradigmas$_G$ prägt.[124] Die dazu in Anschlag gebrachten anthropologischen Annahmen zur menschlichen Rationalität werden folgend als Kernelemente des Superparadigmas$_{HD}$ kurz erläutert.

Inhaltlich geht es im Wesentlichen um einen Gedanken, den Dietrich Böhler pointiert ausdrückt, um einen Einwand$_A$ gegen Kuhns Konversionsthese vorzu-

---

lassen sich als Pflichtenaussagen all diejenigen verstehen, die folgendes Aussagenschema erfüllen: Auf Basis von Einsicht$_A$ X in ein (moralkonstitutives) NoS Y ist es für autonom agierende Akteure a geboten, Handlung Z zu tun. Vgl. auch Quante 2017, S. 28 f. Aus dieser Pflicht – entlang der (autonomen) Einsicht$_A$ in die Gründe$_M$ (NoS Y) – ergibt sich eine auf die Spezifika der Handlung Z bezogene moralische Verantwortung. Vgl. Wolf 1990, S. 94 f.

122 Zur Rekonstruktion von Klimaverantwortung vgl. Braun und Baatz 2017.

123 So führt Sinnott-Armstrong als paradigmatische Argumentationsfigur an, dass aus staatlicher Pflicht zur Erhaltung öffentlicher Infrastruktur (etwa Brücken) nicht folgt, dass die einzelnen Bürger zu entsprechenden Handlungen moralisch verpflichtet seien (etwa zum Kauf von Material etc.). Vgl. dazu Sinnott-Armstrong 2005, S. 295 und Kingston u. a. 2018 sowie in kritischer Absicht bspw. Sandberg 2010.

124 Vgl. dazu Kornmesser u. a. 2014, S. 20.

bringen (nämlich dass der revolutionäre Wechsel zwischen Paradigmen$_G$ nicht allein durch innerwissenschaftliche Argumentationen$_W$, sondern ebenso durch wissenschaftsexterne Gründe$_P$ beeinflusst werde) :

> Wenn es aber ein *intersubjektiv verstehbares und damit rational prüfbares Regelfolgen* ist, namlich *schlußfolgerndes Denken*, das zu einem neuen Paradigma führt, dann haben wir ein erstes systematisches Argument gegen die Kuhnsche Konversionsthese zur Hand.[125]

Böhler unterstreicht, dass das Argumentieren deshalb intersubjektiv nachvollziehbar ist, weil es mit einer *überprüfbaren Regelbefolgung* einhergeht. Im Grunde zeigt sich dies darin, dass man nach Argumentationsfiguren und spezifischen Argumenten bzw. Argumentschemata in wissenschaftlichen Argumentationen sucht. Diese methodologische Überlegung lässt sich um eine normative Komponente erweitern. Rational prüfbar bedeutet in diesem Zusammenhang, dass es intersubjektive Kriterien gibt, richtige von falschen Argumentationen$_W$ zu unterscheiden.[126] Wichtig: Es geht dabei nicht darum, inwiefern diese Argumentationen$_W$ im Realdiskurs überzeugen oder nicht. Vielmehr wird damit ein normierendes Muster$_K$ vorgegeben, durch welches in wissenschaftlichen Diskursen „argumentatives Fehlverhalten" von richtiger argumentativer Regelbefolgung unterscheidbar wird.

Mit Blick auf das Argumentieren in den einzelnen Fachdisziplinen lässt sich im genannten Sinn ein übergreifendes Superparadigma$_{HD}$ konturieren. Ein Superparadigma greift eine „methodologische Komponente" von einzelwissenschaftlichen Grammatiken$_W$ auf und „bildet die höchste Abstraktionsebene" mehrerer fachkultureller Paradigmen$_G$.[127] Wissenschaftliches Argumentieren (Arg$_W$) im hypothetisch-deduktiven Sinn betont zwei Komponenten: Zum einen erfolgt die Begründung „von oben" (top down) und zwar über eine axiomatische Theoriebildung.[128] Dabei ist es nicht von Belang, ob die Inhalte der Axiome unbezweifelbar begründet werden können (Anspruch auf Gewissheit$_A$). Sie haben eher hypothetischen Charakter. Wichtig hingegen scheint, dass ein deduktiv-schlussfolgernder und somit regelschematischer Zusammenhang zwischen den anwendungsbezogenen Aussagen einer Wissenschaft und den Axiomen hergestellt werden kann. Zum anderen erfolgt eine Begründung „von unten" (top down). Die geschlussfolgerten Konsequenzen einer wissenschaftlichen Theorie sollten sich auf gegebene und zukünftige Erfahrungen beziehen können.[129]

125 Böhler 1972, S. 232 (Hervorhebungen F B.).

126 Bücker 2004, S. 29.

127 Kornmesser u. a. 2014, S. 23.

128 Elster u. a. 1988, S. 45–52.

129 Ebd., S. 70.

Damit verbindet man ein spezifisches Rekonstruktionsmodell der wissenschaftlichen Argumentationspraxen. Argumentationen$_W$ werden also nicht nur anhand der Regeln des schlussfolgernden Argumentierens (Arg$_S$) nachträglich beurteilt, sondern bereits gemäß konkreter regelhafter Kriterien konstruiert und natürlich rekonstruiert (etwa im Rahmen eines Prüfverfahrens$_F$). Daraus ergibt sich ein methodisches Kriterium, das im Prinzip ebenso für die Rekonstruktion über argumentationstheoretische Modelle$_W$ gilt, die auf andere Argumentationspraxen als das Arg$_W$ bezogen sind:

> K 02M2 (Hypothetisch-deduktive Rekonstruktion natürlichsprachlicher Argumentationen): Natürlichsprachliche Ausgangsargumentation liegen häufig verdichtet vor (Enthymem). Zur Rekonstruktion der unter der sprachlichen Oberfläche liegenden Argumente werden sowohl direkte Prämissen hinzugefügt, die relativ unproblematisch aus dem Enthymem extrahierbar sind, als auch *versteckte Prämissen* (Präsuppositionen), die spekulativ aus dem Argumentationskontext und der jeweiligen Argumentationspraxis erschlossen werden müssen. Die sogenannte Prämissenerweiterung (siehe K 02CM1) bedarf also einer Interpretation, die eine Individualisierung der Rekonstruktion darstellt und mit Blick auf Alternativen grundsätzlich kritisierbar ist. Kurzum: Das aus der Ausgangsargumentation rekonstruierte Argument stellt ein Modell gemäß der jeweiligen argumentationstheoretischen Erklärung$_W$ dar, das zugleich als Muster$_K$ zur Beurteilung jener Ausgangsargumentation anhand der Kriterien dieser Erklärung$_W$ herangezogen wird.[130]

Das Superparadigma$_{HD}$ bezieht sich jedoch auf eine spezifische Art des Arg$_W$ und kolportiert zudem ein relativ reduziertes Rationalitätsbild, das sich vornehmlich am Prinzip der Folgerichtigkeit ausrichtet. Letzteres halte ich in einem weiteren Kriterium fest:

> K 02 (Folgerichtigkeit): Rationalität zeichnet sich in ihren Ausdrucksweisen wie innerliche und expressive Rede, Handlungen etc. ab. Nach dem Prinzip der Folgerichtigkeit geht man davon aus, dass diese Ausdrucksweisen durch schematisierbare Regelfolgen strukturiert und auch überprüfbar sind. Nach diesen können bspw. begriffliche Ausdrücke, Aussagen und deren Verknüpfungen in Argumentationen folgerichtig gebildet werden. Sets derartiger Regeln werden bspw. in Argumentationstheorien festgehalten und teilweise formalisiert. Die Gesamtheit eines Regelsets – etwa die aller aussagenlogischer Regeln – limitiert die potenzielle Mannigfaltigkeit kommunikativen Handelns. Wenn man in der Funktion als Sprecher gegen Regeln

130 Pirmin Stekeler-Weithofer hebt die Schwierigkeit hervor, dass in der Beurteilung selbst zunächst erst unterschieden und geklärt werden muss, ob die jeweilige herausgestellte Eigenschaft (etwa ein formaler Widerspruch oder inhaltliche Falschheit) eine interne Eigenschaft des rekonstruierten Modellbildes oder ob dieses Modellbild in externer Hinsicht überhaupt der Ausgangsargumentation *angemessen* ist. Mit der zweiten Frage fragt man indirekt auch immer nach dem Sinn der Argumentationstheorie (bzw. dem formalen System), nach deren Kriterien die Rekonstruktion erfolgte. Siehe Stekeler-Weithofer 1986, S. 82.

> anerkannter Regelfolgen verstößt, wird dies nicht nur als Zeichen eingeschränkter Argumentationsfähigkeit, sondern zuweilen auch als eines der Irrationalität bzw. Unvernunft interpretiert. Dies gilt auch umgekehrt: Wenn man in der Funktion als Diskursteilnehmer Argumentationen, die den anerkannten Regeln (und Kritierien) entsprechen, in ihrer argumentativen Folgerichtigkeit nicht anerkennt.

Im Grunde kommt im Begriff der Folgerichtigkeit auch die Bedeutung des Begriffs Notwendigkeit$_{L}$ zum Tragen. Allerdings wird die damit verbundene Vorstellung, dass Aussagen in Argumentationen logisch notwendig (nach explizierbaren Regeln) zusammenhängen, nun innerhalb der Praxis wissenschaftlichen Argumentierens normativ wirksam. Denn mit Blick auf den Vorwurf der Irrationalität ergibt sich dort eine Art *argumentativer Zwang*, dem man sich innerhalb wissenschaftlicher Diskurse nicht entziehen kann (weiterführend behandelt in Abschnitt 5.1.1). Zunächst gilt daher folgende Festlegung: Alle Argumentationen, die dem Superparadigma$_{HD}$ entsprechen, gelten als wissenschaftliche Argumentationen$_{W}$ (Arg$_{W}$ in enger Definition).

Wie betont findet das grob nachgezeichnete Superparadigma$_{HD}$ seine besten Muster$_{K}$ im Bereich des wissenschaftlichen Argumentierens. Jedoch strahlt es auch in all die Diskurse aus, in denen eine intersubjektive Beurteilung und somit die Überprüfung von Argumentationen eine wesentliche Rolle spielt. Trotz dieser Strahlkraft muss die Reichweite des Superparadigmas mit Blick auf unterschiedliche Argumentationspraxen kritisch eingeschränkt werden. Diese Überlegung lässt sich gut über die Tragweite von Argumentationen$_{W}$ in Realdiskursen motivieren. *Erstens* können die meist regelkonformen Argumentationen$_{W}$ trotz hoher Begründungsqualität zuweilen nicht überzeugen, „weil sie den Nerv der spezifischen Argumentationssituation nicht treffen oder weil sie hölzern, steif und pedantisch wirken".[131] *Zweitens* konkurrieren Argumentationen$_{W}$ insbesondere in rhetorischen Realdiskursen$_{Rh}$ mit unterschiedlichen Typen von Argumentationen$_{Rh}$, etwa plakativen Enthymemen.[132] In solchen Diskursen liegt das Ziel vor allem auf der *Persuasion* aller Diskursteilnehmenden.[133] Argumentationen$_{Rh}$ dienen daher nicht der regelgeleiteten wissenschaftlichen Erkenntnis und deren intersubjektiver Prüfung, sondern sind Mittel zum Zweck der Überzeugung. Selbst wenn es gelänge, öffentliche Realdiskurse (bspw. um Windkraftanlagen) gemäß dem Superparadigma$_{HD}$ zu führen, müssen sich drittens die tragfähigen Argumentationen$_{W}$ *politisch* nicht zwingend durchsetzen. Dies ist zwei grundlegenden Spannungsverhältnissen geschuldet: zum einen der argumentationsphä-

131 Mertens 2011, S. 1121.

132 Ebd.

133 Siehe Lumer 2011, S. 229.

nomenalen Differenz zwischen politischen und wissenschaftlichen Diskursen (Abschnitt 6.2.4) sowie zum anderen der „Lücke" zwischen argumentativer Rede über Handlungen und den eigentlichen Handlungsvollzügen. Selbst wenn im politischen Diskurs über $\text{Argumentationen}_{\text{W}}$ bestimmte Handlungsoptionen favorisiert werden können, ist die eigentliche Entscheidung durch Abwägungsautonomie gekennzeichnet (nämlich die der politischen Repräsentanten oder im basisdemokratischen Fall die der Bürger). In Abschnitt 3.5 werde ich diese Überlegung nochmals aufgreifen.[134]

Vor dem Hintergrund der nun erweiterten Perspektive auf Argumentationsphänomene lässt sich die Analyse des Irrationalitätsvorwurfs an NIMBYs vertiefen. Dazu werden zwei Interpretationsansätze mit Blick auf das Kriterium der Folgerichtigkeit miteinander verglichen: Als *Regelverletzung* interpretiert besagt der Vorwurf, dass NIMBYs nicht folgerichtig argumentieren. Allgemein lassen sich drei Arten von „Regelverstößen" unterscheiden: nämlich die gegen argumentative Fundamentalkriterien (siehe Abschnitt 4.2), sachlich fundierte Erkenntnisse (Abschnitt 2.5.3), ethisch fundierte Grundwerte und -normen (Kapitel 3).[135]

Im Sinne einer *Regelbefolgung* kann man den Vorwurf interpretieren, wenn man die NIMBY-Haltung metaperspektivisch auf andere Weise kontextualisiert. Diese geht meistens mit einer Kritik der theoretischen Referenzkontexte einher, aufgrund derer eine Regelverletzung konstatiert wird. Aus der Perspektive einer erweiterten Argumentationstheorie ließe sich beispielsweise darauf hinweisen (s. Abschnitt 5.3.2), dass der NIMBY-Vorwurf nur gilt, wenn in sachlicher Hinsicht eine wissenschaftskonforme und in ethischer Hinsicht eine regel- und wertkonforme Argumentation verlangt wird (übergeordneter Referenzkontext: $\text{Superparadigma}_{\text{HD}}$). Mit Blick auf ein alternatives Superparadigma könnte man auch auf ein alternatives argumentationstheoretisches Modell_{W}[136] referenzieren, etwa auf das der Rhetorik. Nach deren Argumentationspraxis und Diskursgrammatik könnte man, wie oben erwähnt, den Vorwurf und den NIMBY-Begriff als

134 Vgl. dazu die Betrachtung in Braun 2018.

135 Zur Literatur vgl. Fußnote 57.

136 „Unter Modellen versteht Kuhn zum einen zu heuristischen Zwecken akzeptierte Metaphern, Analogien und Veranschaulichungen (z.B. die Darstellung des Stromkreises als eines stationären hydrodynamischen Systems) und zum anderen metaphysische Festlegungen (z.B. die Festlegung, dass die Wärme eines Körpers identisch mit der kinetischen Energie seiner Teilchen ist)." Kornmesser u. a. 2014, S. 17. Insbesondere letztere Aussagen haben einen theorieprägenden ontologischen Gehalt, nach dem das Modell oft auch bezeichnet wird (bspw. Atom- oder Diskursmodell). In Anschluss v. a. an Bas van Fraassens Überlegungen wird der Modellbegriff vermehrt in Ersetzung des metaphysisch anspruchsvolleren Theoriebegriffs gebraucht. Solche *Theoriemodelle* sind theoretische Representationen realer – oft verkürzt auf physikalischer – Systeme, deren empirisch zugängliche Strukturen und Dynamiken. Iranzo 2014, S. 64 f. Über sie können bspw. für prognostische Zwecke hilfreiche Realbilder modelliert werden.

regelkonforme rhetorische Mittel betrachten, um im Energiediskurs bestimmte Haltungen zu diffamieren. Aus einer anthropologischen Perspektive ließe sich zweitens auf weitere Facetten des Menschlichen verweisen. Mit Blick auf das Bild des *Homo oeconomicus* agieren NIMBYs bspw. regelkonform, wenn sie eine Wertminderung der Grundstücke befürchten.[137]

Damit deutet sich bereits an, dass die Folgerichtigkeit kein ausreichendes Kriterium sein wird, um eine Argumentation als Grund_{P} anzuerkennen. Denn die korrekte Befolgung von Regeln erweist sich lediglich in bestimmten Referenzkontexten, etwa dem $\text{Superparadigma}_{\text{HD}}$, als das zentrale Rekonstruktions- und Bewertungskriterium. Dieser Ansatz wirkt sich auf argumentativ-normative Attribute wie schlüssig oder stimmig aus.[138] In Realdiskursen ist daher von hoher Bedeutung, dass über die kommunikativen Handlungen für alle Teilnehmenden zudem ein Zugang zu dem Referenzkontext eröffnet wird, nach welchem eine Argumentation als schlüssig oder stimmig beurteilt wird. Erst dann kann sie ihre argumentative Funktion entfalten, eine Orientierungsaussage plausibel oder gar regelkonform begründen. Auch diese Überlegung möchte ich in ein weiteres Methodenkriterium überführen:

> K 02M3 (Explikation der Referenzkontexte): Die Beurteilung von Argumentationen hängt von den Referenzkontexten ab, nach denen diese rekonstruiert und bewertet werden. Im Regelfall der wissenschaftlichen Beurteilung folgen die Referenzkontexte – meist wissenschaftliche $\text{Paradigmen}_{\text{G}}$ und die untergeordneten $\text{Modelle}_{\text{W}}$ – dem $\text{Superparadigma}_{\text{HD}}$. In alltagsnahen Situationen dienen auch aussagekräftige Muster_{K} und deren Interpretation als Referenzkontexte. In diesem Sinn erweist sich jede Beurteilung von Argumentationen, deren Rekonstruktion und Bewertung, als *theoriebeladen*.[139] Es ist daher für jede Argumentationsanalyse von wesentlicher Bedeutung, den Referenzkontext der Beurteilung und vor allem die entsprechenden Kriterien herauszuarbeiten. Dies gilt besonders für Konfliktdiskurse, in denen die Referenzkontexte und entsprechenden Bewertungskriterien durchaus infrage gestellt werden.

Es werden in lokalen Energiekonflikten in diesem Sinn grundsätzliche Referenzkontexte, etwa wissenschaftliche $\text{Modelle}_{\text{W}}$, hinterfragt (siehe Abschnitt 6.2.3). So finden sich im Energiediskurs hin und wieder klimaskeptische Überlegungen. Manche Opponenten nutzen diese, um einen der stärksten Beweggründe für die

137 Vgl. Roßnagel u. a. 2014, S. 332. In: Frondel, Kussel u. a. 2019, S. 18 f. wird bspw. diese Überlegung in Teilen bestärkt. Insbesondere im Nahbereich von WKAs (Mindestabstand zur Wohnbebauung) sind Abwertungseffekte nachweisbar.

138 Vgl. dazu Gil 2012, 57–59, der in Rückgriff auf Toulmin zwischen kontextabhängigen und -unabhängigen Kriterien differenziert.

139 Zur kuhnschen Bedeutung des Begriffs der Theoriebeladenheit siehe Adam 2002, S. 70–98.

Realisation der Energiewende, das Klimaargument (EP 6), auf grundsätzlicher Ebene entkräften zu wollen.[140]

2.4.3 Analyse von Argumentationen aus lokalen Realdiskursen (NIMBY III)

Bisher wurden zwei Problemlagen in der Analyse von Argumentationen in lokalen Realdiskursen hervorgehoben. Häufig trifft man auf Formen des zum einen alltäglichen, eher ungeschulten und des zum anderen explizit rhetorisch geschulten Argumentierens. Beide Varianten lassen sich nicht ohne Weiteres mit den Argumentationsfiguren und Argumentschemata der wissenschaftlichen $\text{Argumentationen}_{\text{W}}$ rekonstruieren und bewerten. Zunächst lasse ich das rhetorische Vorgehen außer Acht (vgl. Abschnitt 6.3). Stattdessen werden folgend technische Probleme der angewandten Argumentationsphilosophie besprochen, die *einerseits* durch die oft verkürzten Argumentationsfiguren im Alltag (Enthymeme) – bspw. von Personen mit oder ohne geschulte Argumentationskompetenz oder auf Basis epistemischer $\text{Unsicherheit}_{\text{E}}$ – und *andererseits* durch das damit verbundene Phänomen der idiosynkratischen $\text{Abwägung}_{\text{I}}$ bedingt sind.

An dieser Stelle lohnt ein weiterer Blick auf das NIMBY-Phänomen. Diese Gruppe von Akteuren rückt oft in den Fokus des öffentlichen Diskurses und der wissenschaftlichen Begleitforschung, da man in ihren Argumentationen auffällige argumentative Spannungsverhältnisse entdeckt (A 11). Diese Einschätzung ändert sich zuweilen, wenn man die individuellen Gründe_{A} genauer betrachtet. Einige erweisen sich in den lokalen Kontexten durchaus als plausibel und somit als Gründe_{R} (T 03 und K 02M3).[141] Ungeachtet dessen werden NIMBY-Argumentation zuweilen prinzipiell abgelehnt (etwa von einem rein ethischen Standpunkt aus). Genauer: Die in ihnen referenzierten Prämissen werden zwar als nachvollziehbar betrachtet, aber der $\text{Schluss}_{\text{P}}$ auf eine Ablehnung von Handlungsoption X scheint letztlich übergeordnete Normen zu verletzen. Bspw. sind die Schallemissionen von WKAs mittlerweile als Herausforderung anerkannt, weshalb ein entsprechender technischer Entwicklungsprozess zur Reduktion der Emissionslast besteht. Ob daraus aber eine ablehnende Haltung gegenüber einem konkreten Windkraftprojekt abgeleitet werden kann, wird sowohl aus wissen-

140 Es ist nur ein sehr kleiner Teil der Opponenten. Ein Beispiel in diese Richtung wäre die Publikation Dahm 2016. Die Studie schließt mit der Feststellung: „Die deutsche Energiewende wird mit der Notwendigkeit eines Klimaschutzes, [...] begründet. Alle drei Begründungen sind unzutreffend." Ebd., S. 250. Für einen differenzierten Überblick der Anhänger der sogenannten Klimaskepsis siehe Brunnengräber 2018.

141 Vgl. Feldman u. a. 2010.

schaftlicher wie ethischer Perspektive überwiegend als fragwürdig betrachtet.[142] Folgend geht es lediglich um eine wichtige (quasi-)ethische Argumentationsfigur, durch die eine solche NIMBY-Haltung problematisiert wird.

An NIMBY-Argumentationen auf Basis der Schallemissionen zeigt sich, dass in lokalen Diskursen kontextualisierte Minimalvarianten tückischer Probleme (Probleme$_T$) vorhanden sind: Eine eindeutige Beantwortung auf Ebene der Sachkenntnis (vgl. A 15) ist nicht immer möglich. Man geht daher einen iterativen Lösungsweg in Form der systematischen Risikobewertung.[143] Vor diesem Hintergrund besteht auf der Seite der Proponenten eine der Argumentationstaktiken darin, aus einer klimaethischen Perspektive eine solide (moralische) Pflicht als zentrale Prämisse der Risikobewertung aufzuzeigen. [144]

Auf diese moralisierende Argumentationstaktik lohnt ein zweiter Blick. Ungeachtet der enormen begründungstheoretischen Aufgabe, verallgemeinerte bzw. vollkommene Pflichten kontextübergreifend rechtfertigen zu können (s. A 15), bliebe selbst im positiven Fall eine „Individualkomponente" im orientierenden Schluss$_P$ übrig. Diese fungiert als Bindeglied in der argumentativen Verknüpfung von normativer Überlegung, (sachbezogener) Risikobewertung und eigentlicher Handlung. Deutlich wird dies beim Vergleich zweier Perspektiven, die in der Risikoforschung umfangreich beleuchtet wurden. Zum einen handelt es sich um die Expertise$_P$, aus der ein *regelkonformes Handlungsmuster für jedermann* abgleitet wird.[145] Zum anderen die Perspektive im Rahmen einer Abwägung$_I$, aus

142 Ein sehr bekanntes NIMBY-Beispiel findet sich in: ebd., S. 251–253 (Kennedy-Statement). Positionen des aktuellen Debattenstands – v. a. mit Fokus auf den instensiv diskutierten Infraschall – vermitteln bspw.: Gortsas u. a. 2017, Lenzen-Schulte u. a. 2019, WD 2019, UBA 2020.

143 Dies liegt aus wissenschaftsphilosophischer Sicht zum einen daran, dass angemessene Forschungsmethoden parallel zur Problemlösung erst entwickelt werden müssen, und zum anderen daran, dass in ihnen häufig Grenzwerte einbezogen werden, die nicht nur physiologisch, sondern auch unter Rückgriff auf zahlreiche psychologische und normative Annahmen festgesetzt werden. Die mit letzteren verbundene Frage der Risikobewertung würde eine eigenständige Studie verlangen. Technikethisch dazu: Ott 1998, Wagner 2003 oder Nida-Rümelin u. a. 2013.

144 Die Argumentationstaktik oder auch -technik bezeichnet eine Kategorie zur Analyse vor allem rhetorischer Argumentationspraxen. Diese werden als „taktisch" angesehen, da über die kommunikative Handlung eine Zielsetzung verfolgt wird, die weniger mit der Verständigung als vielmehr mit der Überzeugung bzw. Überredung anderer einhergeht. Es gibt eine große Bandbreite an Taktiken, wobei in der Argumentationstheorie häufig Täuschungen$_{Rh}$ im Fokus stehen. Eine gute Übersicht über mögliche Täuschungen$_{Rh}$ bietet bspw.: L. Kolmer u. a. 2008, insb. 169–209. Bei Weitem nicht alle Taktiken zielen auf eine wie auch immer geartete Übervorteilung von Kommunikationspartnern. So sind auch wissenschaftliche Argumentationen$_W$ in bestimmten Kontexten rhetorisch orchestriert. Überaus professionelle Formen taktischen Argumentierens findet man vor allen in wirtschaftlichen und rechtlichen Diskursen.

145 Eine Expertise ist eine Beurteilung einer Problemlage oder eines Sachverhalts aus Expertenperspektive. Deren Gewissheitsgrad unterliegt konkretisierbaren Objektivitätskriterien und besitzt

der eine singuläre Schlussfolgerung und letztlich die je individuelle Handlung folgt. Ich möchte diese Differenz über eine (verkürzte) Argumentationsfigur veranschaulichen:

AF 4 (Anerkennungswürdigkeit von Schallemissionen)

Z 4.1 Prämisse 1: allgemeine normative Vorschrift (verkürztes Klimaargument)
– Aufgrund des Klimawandels sollen WKAs gebaut werden.

Z 4.2 Prämisse 2: (Fall-)Beschreibung (kontextualisierte Sacherkenntnis, verkürzt)
– WKAs erzeugen Schallemissionen. Diese haben im Kontext KO *Einfluss E(x) auf Person P(y).*

Z 4.3 Prämisse 3: normativ aufgeladene Grenzkriterien (kontextualisierte Vorschrift)
– *Einfluss E(x) auf P(y)* ist mit Blick auf *Kriterien K(KO,E(x),P(y))* anerkennungswürdig (oder nicht).

Z 4.4 Konklusion: konkrete, normativ aufgeladene Schlüsse$_P$
– ∴ Die WKAs sollen *(nicht) gebaut* werden.

Die hervorgehobenen Begriffe sind diejenigen, an denen sich die Beurteilungen aus den beiden Perspektiven unterscheiden, da sie unterschiedlich interpretiert werden können. Aus Expertenperspektive müssen alle Teile wie die gesamte Argumentation dem Prinzip der Folgerichtigkeit entsprechen und eine intersubjektive regelgeführte Überprüfbarkeit ermöglichen. Dennoch besitzen Sachverständige – insbesondere im Falle hochkontextualisierter Schlussfolgerungen oder in Feldern technischer Neuerungen ohne umfassendes Erfahrungswissen – durchaus Raum für eine individuelle Einschätzung der Sachlage etc.[146] Aber auch diese müssen in der Überprüfung der übergeordneten Expertise$_P$ genügen, im Falle von wissenschaftlichen Sachverständigen darüber hinaus dem Superparadigma$_{HD}$. Es ergeben sich daher zum Teil stark verallgemeinernde Prämissen, die *der Regel nach* sowie mit Blick auf eine hohe Anzahl von Ereignissen und allgemeinste gesellschaftliche Normen und Werte gelten: etwa zur Schallresilienz des *Menschen an sich* oder der *durchschnittlichen* Schallemission von etwas. Selbst die Auswahl und die inhaltliche Bestimmung der Kriterien K und die Charakterisierung des Kontextes folgen dieser Vorgehensweise.

Aus individueller Perspektive gilt das Prinzip der Folgerichtigkeit unter anderem Vorzeichen. Es geht in dieser Variante des praktischen Schließens nicht

---

wie alle Erkenntnis eine bedingte, wenngleich große Reichweite. Siehe dazu Ott 1998, S. 119 und Wagner 2003, S. 82–86. Vgl. zudem die Erläuterung zum Meisterschaftsargument.

146 Zum Expertendilemma: ebd., S. 85, Renn, A. Ernst u. a. 2015, S. 57.

um eine regelkonforme Argumentationsfigur für jedermann. Vielmehr spielt die Verortung der je eigenen Persönlichkeit im Sachkontext eine entscheidende Rolle. Die Risikopsychologie bringt dies mit der höheren Gewichtung qualitativer Aspekte in Verbindung.[147] In der Charakterisierung des Kontextes K können bspw. die persönliche Einschätzung der Landschaft als „ruhig und erholsam" wichtig werden, in der Einschätzung des Schalleinflusses E subjektive Wahrnehmungen wie „mechanisch regelmäßig", in der Bewertung von Grenzkriterien das „ununterbrochen vorhandene und unkontrollierbare Laufgeräusch" oder die Selbsterfahrung „sensibel gegen Schall".

In Abschnitt 2.4.2 wurde angedeutet, dass gegenüber NIMBYs häufig ein Irrationalitätsvorwurf erhoben wird, und dieser wesentlich mit dem Prinzip der Folgerichtigkeit verbunden ist. Hierzu können aus der Risikodebatte anhand der Laien-Experten-Differenzierung wichtige Überlegungen gezogen werden.[148] Dabei geht es weniger um die sozialwissenschaftlichen Milieu-Einordnungen oder Ansätze zur psychologischen Spezifikation bzw. Pathologisierung der Laien.[149] Die Irrationalität und somit die Regelverletzung betreffen deren sachliche Einschätzung konkreter Risiken und deren (normative) Bewertung der Risiken bezüglich unserer (aktuellen) Lebenswelt. Im Anschluss daran lassen sich die Vorwürfe gegenüber NIMBYs an einem doppelten Rationalitätsmangel festmachen: *Objektivitätsmangel* – NIMBYs beurteilen Sachlagen (Prämisse 2) im Gegensatz zu Experten häufig nicht *methodisch professionell* bzw. *objektiv* (etwa in der Risikobewertung); *Realitätsmangel* – NIMBYs äußern im konkreten Kontext u. a. realitätsferne Meinungen über Sachlagen oder gesellschaftlich anerkannte Werte$_K$ etc. Dieser kontextualisierte Realitätsmangel wird oft über einen Bewertungsrelativismus deutlich, bspw. welche Geräuschkulisse dieselbe Person im Fall von Windkraft oder im Fall von Straßenlärm zu akzeptierten bereit ist.

Um diese beiden kritischen Überlegungen richtig einschätzen zu können, bedarf es einer kritischen Analyse über die Reichweite der (wissenschaftlichen) Argumentationspraxen, die als Referenzkontext dieser Kritik dienen. Dieser Aufgabe widme ich mich in Abschnitt 2.5. Zuvor werden allerdings noch zwei Punkte in aller Kürze aufgegriffen: zum einen eine Schlussfolgerung aus den bisherigen Ausführungen und daraus folgend zum anderen zwei Herausforderungen der Rekonstruktion (K 01M1).

Aus den vorausgegangenen Erläuterungen sollte deutlich geworden sein, dass die Analyse von Realdiskursen vor der Herausforderung steht, dass Argumenta-

147 Vgl. dazu ebd., S. 57, 79 und Wagner 2003, S. 83 f.

148 Ein ähnliches Bild ergibt sich beim Blick auf die Debatte um die gesamte Technikfolgenabschätzung. S. bspw. H. U. Nennen 2000, S. 330.

149 In: Wagner 2003, S. 104–114 werden solche Erklärungen umfassender eingeordnet.

tionen auf unterschiedlichen Diskursebenen bzw. aus zwei zentralen Perspektiven geäußert werden. Zum einen erfolgen sie aus der Individualperspektive in Form von Abwägungen$_{I}$ und zum anderen aus einer entsubjektivierten, verallgemeinerten Perspektive (Expertise$_{P}$) in Form eines intersubjektiven, regelhaften Verfahrens. Die klassische Argumentationstheorie bezog sich meist auf letztere, um ihre Muster$_{K}$ anerkennungswürdigen Argumentierens herauszuarbeiten. Alltägliches Argumentieren wurde vor diesem idealisierenden Referenzhorizont entweder als mangelhaft bewertet, ganz dem Argwohn der klassischen Philosophie gegenüber alltäglichen Meinungen folgend,[150] oder als ebenso abzulehnende rhetorische Argumentationstaktik, die sich nicht der Wahrheit verpflichtet fühlt. Aus der sprachwissenschaftlichen Argumentationsanalyse, in der explizit reale Argumentationsphänomene untersucht werden, wird an diesem Vorgehen die methodische Kritik geäußert,

> dass sich in der Konfrontation der argumentativen Realität mit einem argumentativen Ideal die Möglichkeit der kritischen Bewertung argumentativen Fehlverhaltens entfaltet [...]. Die Frage, welchen Status authentische argumentative Interaktion gegenüber dem idealen Maßstab hat, und in welcher Form der kritische Maßstab auf einen konkreten Diskurs anzuwenden ist, wird nicht gestellt.[151]

Ungeachtet dieser in vielen Fällen zutreffenden Kritik, sollte – sozusagen als phänomenales Gegengewicht – auf ein weiteres Argumentationsphänomen verwiesen werden, das die kritisierte Praxis zu motivieren scheint. In alltäglichen und wissenschaftlichen Diskursen werden Argumentationen hinsichtlich qualitativer Merkmale differenziert. Dies gilt vor allem, wenn sie als wahrheitsfunktionale Gründe$_{A}$ dienen und somit eine Begründungs- oder Rechtfertigungsfunktion übernehmen sollen.[152] Man unterscheidet hier grob:[153] die Berufung auf eigene Wahrnehmungen, die Berufung auf Dritte (Zeugen, Experten) und das Arg$_{S}$, dessen Muster$_{K}$ oft dem Arg$_{W}$ entstammen. Damit aber nicht genug: Diese Differenzierung geht mit einer Priorisierung einher. Letzterem wird meist ein höherer Gewissheitsgrad zugeordnet und somit höhere Anerkennungswürdigkeit.[154]

Die obige Kritik greift allerdings ein breitgefächertes erkenntnisskeptisches Zeitphänomen auf, welches wiederum in der Analyse alltäglicher Argumentationen beachtet werden sollte. Ich möchte es an dessen erkenntnis- und moralkritischer Stoßrichtung kurz andeuten: In der Wissenschaftstheorie setzt sich, *erstens*, die Sichtweise durch, dass wissenschaftliche Theorien nicht nur als fertige mo-

150 Vgl. dazu Birke u. a. 2010.

151 Bücker 2004, 65 f.

152 Bayer 2007, 145–147.

153 Erfolgt in Anschluss an Tetens 2004, S. 35 f.

154 Zum Thema Gewissheitsgrad s. Abschnitt 2.5.1.

nolithische Wissensblöcke zu verstehen sind, die durch Erfahrungsphänomene lediglich bestätigt werden. Vielmehr ist die „reflexive Interaktion“ mit letzteren das Medium, über das erstere entwickelt bzw. konstruiert werden (Modelle$_W$).[155] Dies gilt natürlich für die wissenschaftliche Argumentationstheorie. Diese erkenntniskritische Haltung gegenüber theoriegestützten Argumentationen$_W$ sollte strikt von einer populistischen Variation unterschieden werden (vgl. Fußnote 61). Denn trotz aller berechtigter Erkenntniskritik bleiben Aussagen auf Basis wissenschaftlicher Modelle$_W$ aus philosophischer Sicht sehr solide Grundlagen argumentativer Kommunikation, wenn auch in den Grenzen ihrer spezifischen Geltungsansprüche (s. Abschnitt 2.5.2). Dennoch werden aktuelle Realdiskurse massiv durch populistische Sachskepsis beeinflusst.

In der wissenschaftlichen Ethik werden, *zweitens*, Zweifel daran geäußert, inwiefern eine kontextübergreifende Hierarchisierung aller Gründe$_E$ systematisch begründbar ist.[156] Aus der damit einhergehenden Debatte über die Möglichkeit des Überschreibens (overridingness) einer Klasse ethisch konzeptualisierbarer Gründe$_E$ durch eine andere – etwa individueller durch moralische Gründe$_R$ – wird klar, dass eine grundsätzliche Ablehnung von individualisierten Priorisierungen wie in der NIMBY-Kritik mit einem umfangreichen Rechtfertigungsaufwand einhergeht. Die sich in einigen NIMBY-Statements ausdrückende moralrelativierende Haltung sollte von einer populistischen Variante unterschieden werden: dem unbeschränkten Relativismus$_E$ in gesellschaftlichen Orientierungsfragen. Bei genauerer Analyse erweisen sich die Statements nicht völlig beliebig in ihrer Orientierung$_A$, sondern zeigen in ihren individualisierten Überzeugungen$_S$ häufig nur subjekt- oder kontextbezogene Rechtfertigungsmuster.[157]

Vor diesem Hintergrund ergibt sich eine wichtige Herausforderung für die Rekonstruktion von Argumentationen (K 01M1), die sich eigentlich immer als verkürzt und somit als *inhaltlich unterbestimmt* gegenüber möglichen Interpretationen erweist (inkl. aller Nachteile dieser Unterbestimmung): Argumentationsfiguren, deren formaler Referenzkontext in Formalsprachen und deren inhaltlicher in stark idealisierten Argumentationspraxen wie der wissenschaftlichen zu finden ist, können sich als defizitär in Bezug zur natürlichen Sprache bzw. den Ausgangsargumentationen erweisen. Daher verlangt die Rekonstruktion verkürzter Argumentationen eine *Übersetzungsleistung*, durch die jene nach dem Muster der in Anschlag gebrachten Argumentationsfiguren erfolgt. Es lohnt deshalb, sich über die Grenzen zweier wichtiger orientierungsstiftender Referenzkontexte,

155 Dazu könnte man auf eine Überlegung von Bas van Fraassen verweisen (the view from within and the view from above), kritisch vorgestellt in: Psillos 2014.

156 Vgl. zum sogenannten ethischen Fallibilismus$_E$ und Relativismus$_E$ Abschnitte 3.4 und 3.5.

157 Vgl. Roßnagel u. a. 2014, S. 332.

genauer deren Argumentationspraxen, zu verständigen: zum einen die Grenzen des wissenschaftlichen (Arg_W, s. Abschnitt 2.5) und zum anderen die des ethischen Argumentierens (Arg_E, s. Abschnitt 3.2).

2.5 Grenzen wissenschaftsbezogener Orientierung

2.5.1 Vorbemerkungen zur Differenzierung von Argumentationspraxen (NIMBY IV)

Im Energiediskurs wird das argumentative Fehlverhalten von NIMBYs nicht nur in der Missachtung von zentralen Argumentationskriterien gesehen. Darüber hinaus schwingen darin Vorwürfe wie Realitäts- oder Objektivitätsmangel mit (Abschnitt 2.4.3). Diese Vorwürfe bewegen sich in einem Spannungsfeld zwischen den Extreminterpretationen zweier menschlicher Erkenntnisformen: einerseits die der subjektiv-individuellen Meinung und andererseits die der (objektivierenden) $Realerkenntnis_W$. Für die Analyse von Realdiskursen sollte man sich zumindest skizzenhaft und unter Rückgriff auf wissenschaftsphilosophische Überlegungen über die Reichweite beider Erkenntnisformen sowie die Schieflagen in den Extreminterpretationen verständigen. Diese Skizze erfolgt vor dem Hintergrund, dass in öffentlichen Diskursen die wissenschaftliche Argumentationspraxis häufig als der Goldstandard argumentativer $Orientierung_A$ herangezogen wird.

Aus einer wissenschaftshistorischen Perspektive sollte man sich zunächst klar machen, dass die beiden Erkenntnispraxen im Zuge der neuzeitlichen Revolution wissenschaftlicher Erkenntnis auseinanderdriften.[158] Die in heutigen öffentlichen Diskursen zu findende Extreminterpretation der Wissenschaftspraxis[159] als rein objektive Erkenntnispraxis hat ihre historischen Wurzeln in dieser neuzeitlichen

158 Diese Bewegung wurde insbesondere von Hans Blumenberg immer wieder skizziert, s. Blumenberg 1962 oder Blumenberg 1975.

159 Die Wissenschaftspraxis wird meist in eine theoretische und eine praktische Seite unterteilt. Dies ist insofern irreführend, als dass in einer anthropomorphen Wissenschaft immer beide Seiten miteinander verschränkt sind. Insofern zählen zur Wissenschaftspraxis alle Handlungsvollzüge: vom reinen Denken über das argumentative Kommunizieren, Experimentieren und Auswerten bis zu den kleinen, häufig übersehenen Tätigkeiten, die eine systematische und intersubjektiv nachvollziehbare Erforschung von Themen ermöglichen. Interessant dazu Hacking 1983, v. a. 92 ff. Welchen Kriterien die systematische und intersubjektive Forschung folgt, wird im Diskurs über gute wissenschaftliche Praxis durchaus kontrovers verhandelt. Insofern sollte jede Wissenschaftspraxis als systematisch normierte und somit professionelle Erkenntnispraxis verstanden werden. Heutzutage wird Wissenschaftspraxis durch das normierende Bild der $Realerkenntnis_W$ ($Superparadigma_{HD}$) dominiert.

Differenzierung. Auch das Superparadigma$_{HD}$ kann als Folge dieser Entwicklung gedeutet werden. Für diese Studie reicht der Hinweis, dass die heutige Form der Wissenschaft ein Kulturprodukt nach dem Ideal des wissenschaftlichen Objektivismus$_{W}$[160] darstellt.[161] Diese wissenschaftskulturelle Bewegung findet ihr zentrales Muster$_{K}$ in den Naturwissenschaften, genauer: deren Form wissenschaftlicher Realerkenntnis$_{W}$.[162]

Auf das NIMBY-Problem bezogen zeigen NIMBYs einen Realitätsmangel, wenn ihre Aussagen nicht mit den wissenschaftlichen Realbildern[163] übereinstimmen, und einen Objektivitätsmangel, wenn die damit einhergehende Erkenntnismethodik nicht der der Realerkenntnis$_{W}$ entspricht. Umgekehrt, aus der Perspektive vieler NIMBYs, wirken derartige Bewertungen ihrer Argumentationen eher diffarmierend. Die Realerkenntnis$_{W}$ und die damit einhergehende öffentliche Perspektive scheinen ihre individuellen, oft kontextualisierten Sichtweisen nicht nachvollziehen zu können. Die wissenschaftliche Beurteilung von Sachlagen eröffnet kaum Raum für eine individuelle Wahrnehmung und Einschätzung kontextspezifischer Randbedingungen.

---

160 Die mit der neuzeitlichen Aufklärung einsetzende objektivistische Sicht auf die wissenschaftliche Erkenntnispraxis besitzt drei Signaturen: die Unabgeschlossenheit der daraus resultierenden Realerkenntnis$_{W}$, die Entanthropomorphisierung ihrer Methode und die kriteriengestützte Operationalisierung ihrer Verfahren. Für einen Überblick zum Wandel wissenschaftlicher Erkenntnispraxis siehe Carrier 2017, S. 133–160. Nach dem Idealbild der Aufklärung kann die objektivierte Realerkenntnis$_{W}$ als normierte Kollektivpraxis kultur- und subjektunabhängig sowie zeitinvariant quasi-operational vollzogen werden.

161 Ausführlicher gehe ich darauf in: Braun 2014, 182–202 ein.

162 Die wissenschaftliche Realerkenntnis folgt methodisch dem Superparadigma$_{HD}$ und konstruiert dadurch Realbilder unserer (Lebens-)Welterfahrung, zusammen genommen auch *Realität* genannt. Seit der Neuzeit werden in dieser Art der Wissenschaftspraxis logisch-argumentative Betrachtungen (teilweise inkl. mathematischer Symbolisierung), technisch-praktische Eingriffe und systematische Auswertungen von Erfahrungen kombiniert. Eine einflussreiche kritisch-erkenntnispositive Interpretation dieser Wissenschaftspraxis ist der *wissenschaftliche Realismus*. Eine kurze Einführung dazu findet sich in: Esfeld 2017.

163 Als Realbild wird im Kontext der Studie eine argumentativ-systematisch begründete Beschreibung unserer (Lebens-)Welterfahrung bezeichnet. Diese Bedeutung ähnelt Kants Überlegungen zur „objektiven Realität". Plümacher 2011, S. 2542. Wobei die argumentativ-systematische Begründung von Realbildern an der naturwissenschaftlichen Praxis und deren Realerkenntnis$_{W}$ orientiert ist. Insofern sollte die Rede von einem Bild eben nicht im Sinn eines eineindeutigen Abbilds der Welt, auch Wirklichkeit genannt, (miss-)verstanden werden. Heutzutage spricht man in einer entsprechend erkenntniskritischen Absicht eher von wissenschaftlichen (Erklärungs-)Modellen, die unterschiedliche Facetten unserer Welterfahrung nachzeichnen. Auch wissenschaftliche Realbilder können sich entlang der historischen Dynamik der wissenschaftlichen Erkenntnispraxis verändern. Jedoch erfolgt diese Veränderung in der Regel methodisch begründet und ist daher von der Konstitution und Dynamik individueller oder kollektiver Meinungen und Weltanschauungen$_{S}$ zu unterscheiden.

Dieses Spannungsverhältnis beruht auf zwei Einflussfaktoren. Aus diskursanalytischer Sicht spielt die Dynamik rein, die sich aus interessengebundener Rhetorik und situativer Kommunikationsmacht$_S$ ergibt (Abschnitt 6.2). Als ein klassischer Topos im Energiediskurs für eine derartige Dynamik wird der Einfluss der „Atom-Lobby" auf den Energiediskurs diskutiert. Dies soll an dieser Stelle jedoch nicht thematisiert werden. Von Interesse ist vielmehr der zweite Faktor, der sich aus einer spezifischen Interpretation des Verhältnisses zwischen Realerkenntnis$_W$ und Gesellschaft ergibt. In der kulturphilosophischen Wissenschaftsphilosophie hat sich infolge Immanuel Kants dafür der Begriff der *Kopernikanischen Wende* etabliert:[164] Eine objektivierte Wissenschaftspraxis bietet das *Aufklärungspotenzial*, gesellschaftliches Denken und Verhalten über sicheres Wissen nachhaltig zu revolutionieren. Diesen Gedanken in institutionalisierter Form umsetzend versuchten in der Mitte des 20. Jahrhunderts wissenschaftliche Verbände, die Wende hin zum Atomzeitalter einzuleiten.[165] Ähnliche Ambitionen lassen sich aber ebenso den Proponenten der eE nachweisen, die eine wissenschaftsbasierte zweite (energetische) Wende einleiten wollen.[166]

Unabhängig von der bildungsbezogenen Stoßrichtung wissenschaftsbasierter Aufklärung zeigt diese immer auch eine Kehrseite, die spätestens seit Max Horkheimers und Theodor W. Adornos Analyse im wissenschaftsphilosophischen Diskurs thematisiert wird.[167] Insbesondere die im Zuge des Objektivismus$_W$ erfolgte Entanthropomorphisierung führt dazu, dass sich die über die Realerkenntnis$_W$ erzeugten wissenschaftlichen Realbilder aus Individualperspektive als *reduziert* bzw. *phänomenal verarmt* erweisen.[168] Diese Kritik aufgreifend entstanden und

---

164 S. dazu Blumenberg 1965.

165 Vgl. Welsh 1993, 18–22.

166 Etwa in: H. Scheer 2010, 37–41. Aktuell Fridays for Future: „Die Wissenschaft gibt uns Recht: Über 26.000 Wissenschaftler*innen im deutschsprachigen Raum bestätigen, dass unser Anliegen berechtigt ist. Dazu haben wir folgende Forderungen aufgestellt. Wir fordern von der Politik nicht mehr als die Berücksichtigung wissenschaftlicher Fakten." Quelle: https://fridaysforfuture.de/ (Stand: 04.05.2021).

167 Vgl. Horkheimer u. a. 1969.

168 Die Entanthropomorphisierung bezeichnet eine Tendenz im Objektivierungsprozess der Wissenschaften, durch die in der Realerkenntnis$_W$ die subjektspezifischen Kategorien und somit wesentliche Begriffe menschlicher Selbsterfahrung systematisch ausgeblendet und durch Kategorien operationalisierbarer Verfahren ersetzt werden. Der Physiker Max Born beschreibt diesen Prozess mit Fokus auf die Naturwissenschaften wie folgt: „Das naturwissenschaftliche Denken steht an dem Ende jener Reihe, dort, wo das Ich, das Subjekt nur noch eine unbedeutende Rolle spielt, und jeder Fortschritt in den Begriffsbildungen der Physik, Astronomie, Chemie bedeutet eine Annäherung an das Ziel der Ausschaltung des Ich." Born 1922, S. 2. Dieser Prozess führt erstens zu einer Entsinnlichung der wissenschaftlichen Naturerfahrung. Diese beruht auf der methodisch-systematischen Vermessung über intersubjektiv zugängliche Vergleichsmaßstäbe.

entstehen einflussreiche Gegenbewegungen, die jeweils andere Quellen menschlicher Erfahrungserkenntnis betonen und damit Alternativen zur Realerkenntnis$_W$ etablieren wollen.[169]

Ideen- und kulturgeschichtlich betrachtet sollte man jedoch die eigentlichen Erkenntnispraxen, also die Realerkenntnis$_W$ und ihre Alternativen, von den teils metatheoretischen und überhöhten Idealbildern ihrer Proponenten unterscheiden. Allerdings werden ausgerechnet diese Extreminterpretationen als Kritikschablonen durch die jeweilige Gegenpartei genutzt.[170] Anhänger alternativer (Natur-)Erkenntnispraxen grenzen sich meist von der szientistisch-reduktionistischen Überhöhung der Realerkenntnis$_W$ und deren Paradedisziplin Physik als alleinige und unfehlbare Wissenschaftspraxis ab. Umgekehrt distanzieren sich die Befürworter der Realerkenntnis$_W$ von der romantisierenden Überhöhung intuitiv-spekulativer Individualerfahrung als authentischste Erkenntnisquelle.[171] Interessanterweise eint beide Gegen-Argumentationen das positive rhetorische Ziel: Es wird reklamiert, dass die *eigentlichen Erkenntnisgegenstände*, die Phänomene unserer (Lebens-)Welterfahrung, durch die je eigene Erkenntnismethode besser gesichert seien. Mehr noch: Jede Seite redet sogar davon – in Rückgriff auf ein antikes Erkenntnisprogramm – diese Phänomene zu retten.

2.5.2 Zur Rettung von Argumentationsphänomenen

Mit Bezug auf die Abschnitte 2.1 und 2.4.3 lohnt abschließend ein kurzer wissenschaftsphilosophischer Exkurs zur Rede, Phänomene durch eine bestimmte Erkenntnispraxis retten zu können. Lohnenswert erscheint diese Aufgabe sowohl für die Einordnung der gehaltvollen Argumentationen im Energiediskurs als auch für die der argumentationstheoretischen Ansätze selbst. Denn es gibt neben den

---

Die innere Empfindung spielt hierbei keine Rolle. Dies äußert sich zweitens darin, dass die individuelle Selbsterfahrung im öffentlichen Diskurs höchstens als „weniger rational" anerkannt wird, sobald sie nicht über Kategorien operationalisierbarer Verfahren zugänglich und somit auch verallgemeinerbar ist.

169 Dies gilt bspw. insbesondere für die Wurzeln der modernen Ökologie, die sich bspw. auf die ästhetisch-ganzheitliche Naturschau der romantischen Naturphilosophen (Köchy 2019, Neubauer 1997) oder das (individuell-anthropozentrische) Naturleben der amerikanischen Umweltpioniere wie Aldo Leopold bezieht (Norton 2005, S. 223–226).

170 Bspw. möchte ich an die Inschrift auf Isaac Newtons Grab erinnern, nach der dieser die Planetenbewegungen mit einer fast göttlichen Geisteskraft (qui, animi vi prope divinâ) erkannt habe. Vgl. dazu zudem Braun 2015, 59–61.

171 Diese rhetorischen Überhöhungen lassen sich gut am sogenannten Positivismusstreit nachvollziehen. Siehe Dahms 1994, 323 ff. und Köchy 2019.

reduktionistisch-monistischen Ansätzen die sprachempirische Gegenposition, die „die authentische argumentative Interaktion“ zu bewahren sucht.[172]

Zunächst komme ich auf einen methodischen Aspekt neuzeitlicher Realerkenntnis$_W$ zu sprechen, der bereits von Galileo Galilei epocheprägend propagiert wurde: Die Welt zeigt sich nicht sprachlich, sondern phänomenal. Die *eigentliche Bedeutung* dieser Phänomene muss mit speziellen Methoden erschlossen werden, nach Galileis neo-platonischer Überzeugung erbringt die Sprache der Mathematik diese Leistung. Denn hinter der vordergründigen Erscheinung stehen wenige und mathematisch ausdrückbare Gesetzmäßigkeiten. Durch deren Erkenntnis erschließt der Mensch aus Galileis Sicht die eigentliche Bedeutung der Phänomene.[173] Das methodische Kernanliegen der Realerkenntnis$_W$ kann mit Johannes Kepler, der es für seine an Galilei anknüpfende (physikalische) Astronomie pointiert, in den Zielen gesehen werden, „die Phänomene zu retten und die wahre Gestalt des Weltgebäudes zu betrachten“.[174] Es liegt bereits in der Rede von der „wahren Gestalt“ der Keim zur metaphysischen Überhöhung der Realerkenntnis$_W$, die nicht nur deren Gründungsväter dazu veranlasste, darin eine quasi-göttliche Erkenntnismethode zu erkennen. Mehr noch: In der Extreminterpretation wird damit auch eine absolute Gewissheit$_A$ verbunden.[175] Im Anschluss an die Erfolge von Newtons Mechanik wurde dieser Anspruch zudem mit einem theorieökonomischen und entsprechend reduktionistischen Monismus verbunden, der spätestens mit der Krise im Übergang zur modernen Physik einer ernst zu nehmenden Erkenntniskritik ausgesetzt war. Diese Kritik am übermenschlichen *god's point of view* kann als Versuch einer anthropomorphen Erdung der Realerkenntnis$_W$ gedeutet werden, die im Wesentlichen in einer Hinwendung zur phänomenalen Mannigfaltigkeit bestand.[176]

---

172 Bücker 2004, 65 f.

173 Vgl. Carrier 2005, S. 30 Ausführlich dazu Braun 2015, 56–61.

174 Zitiert nach Carrier 2005, S. 36.

175 Braun 2015, 57 f. Der Anspruch auf absolute Gewissheit$_A$ würde ein unumstößliches Begründungsverfahren bzw. eine unhintergehbare Herleitung$_D$ der allgemeingültigen Aussagen verlangen, auf die dieser Anspruch erhoben wird. Induktive Verfahren kommen nicht infrage, da deren Begründungskraft lediglich auf einer endlichen Anzahl (faktischer) Einzelereignisse basiert. Prominent von David Hume als Induktionsproblem diskutiert, siehe J. E. Taylor 2013. Gemäß dem Münchhausen Trilemma wäre das Festhalten an einer rein deduktiven Herleitung$_D$ ebenso wenig zielführend (drohende Probleme: der *unendliche Regress* (da jede Aussage eine allgemeingültigere Aussage voraussetzt), der *Beweiszirkel* (in dem der Beweis einer allgemeingültigen Aussage letztlich auf ihr selbst aufbaut) und die *dogmatische Setzung* (die das Begründungsverfahren als Prüfverfahren$_F$ von Beginn an unterläuft). Siehe dazu auch Kambartel 2005, S. 393. Die klassisch-axiomatische Argumentationstheorie greift des Problem offener Argumentationsketten erst gar nicht auf.

176 Siehe Köchy 2019, S. 83–85.

In der Debatte zur Rettung der Phänomene kehrt somit eine erkenntnis- und moralkritische Sichtweise wieder, die bereits in den Abschnitten 2.1 und 2.4.3 angedeutet wurde. Weder im Feld der Sacherkenntnis noch in dem der (ethischen) Orientierung$_A$ sind Letztbegründungsansprüche einlösbar. Dies gilt sowohl für den Weg über eine quasi-geniale Intuition als auch über den einer quasi-unfehlbaren regelhaften Methode. Die Sichtweise von einem „ewigen Standpunkt aus (sub specie aeternitatis)" bleibt uns verschlossen.[177] Wissen und Orientierung sind somit immer anthropomorphe Praxen, d. h.: in Relation zu den durch die menschliche Rationalität und Körperlichkeit bedingten Handlungen, die darin vollzogen werden.

Mit Dieter Birnbacher kann man die Einsicht in die Relativität menschlicher Erkenntnis und somit die Aufgabe der Orientierung$_A$ ebenso positiv wenden (hier bezogen auf die Ethik).

> Die Leugnung der Möglichkeit einer „Letztbegründung" ist weniger dramatisch, als es zunächst scheint. Als dramatisch wird sie nur der empfinden, der in der Ethik eine Sicherheit verlangt, die er auch in anderen philosophischen Disziplinen vernünftigerweise nicht erwarten kann.[178]

Eigentlich bedeute dies, so lässt sich Birnbachers Gedanke fortführen, dass Begründungen und Rechtfertigungen der Wissenschaftspraxis keineswegs allen Zweifeln erhaben sind.[179] Argumentationskriterien, Grundsätze, inhaltliche Prämissen und die daraus folgenden Aussagen erweisen sich daher zunächst immer nur als (plausible) Gründe$_P$. Deren potenzielle argumentative Tragfähigkeit und die damit implizierte Notwendigkeit$_L$ oder Notwendigkeit$_P$ werden erst über den (intersubjektiven) Nachvollzug der argumentativen Begründungen und systematischen Prüfverfahren$_F$ einsichtig, die diese Plausibilität bedingen. Und wesentliche Bedingungen der wissenschaftlichen Realerkenntnis$_W$ und deren Argumentationen$_W$, hier Martha Nussbaums Kommentar folgend, beziehen sich auf „the lives and practices of human beings, as long as human beings are anything like us".[180]

An dem Exkurs sollte zweierlei deutlich geworden sein: *Erstens*, lassen sich nicht in allen Fällen sachbezogene Aussagen dadurch bewerten, dass man einfach auf eine professionelle, das heißt meist wissenschaftliche Realerkenntnis$_W$ zurückgreift. Denn die reduktionistisch-monistische Theoriebildung in der Realerkenntnis$_W$ geht mit einer systematischen und durchaus erfolgreichen Aus-

177 Düwell u. a. 2011, S. 9.

178 Birnbacher 2013, S. 406.

179 Ebd.

180 Vgl. Nussbaum 1982, S. 288. Ausführlich dazu Schildknecht 2005, S. 230–233.

blendung phänomenaler Eigenschaften einher. Diese können nichtsdestotrotz im Rahmen von Abwägungen$_I$ einen hohen Stellenwert besitzen. Einer Abwägung$_I$, wie sie etwa NIMBYs gegen allgemeine Pro-Argumentationen tätigen, darf daher nicht per se ein Mangel an Objektivität und Realitätsbezug unterstellt werden. *Zweitens*, gilt parallel dazu, dass die klassischen, meist reduktionistisch ausgerichteten Argumentationstheorien nicht alle Argumentationsphänomene und somit auch die entsprechenden Argumentationspraxen erfassen können. Insbesondere letztere sollten jedoch gerettet werden, will man die Gründe$_A$ im Energiediskurs erkenntnisoffen und unvoreingenommen analysieren und bewerten. Daher werden argumentative Dissense eher als Indiz interpretiert, die kontextualisierten Bedingungen lokaler Argumentationen und die dadurch bedingte Kommunikation hinsichtlich der Spezifika dieser Argumentationspraxis zu untersuchen. Diesem methodischen Punkt werde ich in Abschnitt 7.3 vertiefend nachgehen.

Zurück zum ersten Punkt: In dieser Hinsicht bedarf es einer kritischen Ausleuchtung des Ortes, an dem lokale Gründe$_A$ im Spannungsverhältnis zwischen subjektiver Individualmeinung einerseits und objektiver Realerkenntnis$_W$ andererseits lokalisiert werden können. Die klassische Argumentationstheorie mit ihrem Fokus auf die wissenschaftliche Argumentationspraxis und deren hohe Erkenntnisstandards greifen zu kurz. Nicht in allen Realdiskursen liegt überhaupt adäquate Realerkenntnis$_W$ vor, die zur Bewertung lokaler Argumentationen herangeszogen werden könnte. Die objektivierte Realerkenntnis$_W$ wird normalerweise, wie erwähnt, vom Gedanken getragen, nicht-universalisierbare Argumentationsfiguren systematisch zu eleminieren. Subjekttheoretische Kriterien wie bspw. Authentizität spielen in ihr keine Rolle, obwohl jene im alltäglichen Argumentieren einen hohen Stellenwert besitzen (Abschnitt 5.2.2).

Das heißt natürlich nicht, dass Tor und Tür für eine unbegrenzte Beliebigkeit im fallspezifischen Argumentieren des Alltags geöffnet werden sollte. Im Gegenteil: Für offene und transparente Diskurse stellen die professionellen Argumentationspraxen der Wissenschaften standardisierte Argumentationsfiguren bereit, die „interessenneutrale“ Argumentationstaktiken befördern und persuasive Manipulation von Diskursteilnehmenden ausschließen sollen. Das regulative Ideal der Interessenneutralität bildet eine wichtige Basis für die hohe Anerkennung wissenschaftlicher Argumentationen$_W$ und für deren große Reichweite in gesellschaftlichen Diskursen. Dazu folgendes Kriterium:

> K 04A (Pflicht zur Darlegung von Alternativen): Trotz grundsätzlicher Abwägungsautonomie können Argumentationen$_W$ von Argumentierenden nur bedingt als Gründe$_A$ abgelehnt werden (insbesondere in öffentlichen Diskursen). Natürlich steht es allen Diskursteilnehmern frei, dies dennoch zu tun: Damit gehen sie jedoch zwangsläufig

> die diskursive Verpflichtung ein, die inhaltliche Falschheit der (wissenschaftlichen) Sacherkenntnis oder die Rechtfertigungsprobleme der ethischen Orientierungserkenntnis aufzuzeigen und – im konstruktiven Fall – zumindest Alternativen dazu anzubieten. Andernfalls gehen sie das Risiko ein, im jeweiligen Diskurs den Status zu verlieren, „(wissenschaftlich) rational zu argumentieren".

Im Anschluss an K 04A schwingt eine weitere Eigenschaft *guter Gründe* mit: Die Rede von gut in Bezug auf eine Argumentation zielt im Allgemeinen darauf, dass diese ausgezeichnet erscheint: Argumentation X als guter Grund (Grund$_G$) ist in einer Hinsicht und einem konkreten Kontext „besser als" andere Argumentationen, die sich ungeachtet dessen in anderen Kontexten durchaus als gute Gründe erweisen können. Unter allen möglichen (plausiblen) Gründen zeigt sich der Grund$_G$ im Kontext als tragfähiger in Relation zu bestimmten Vernunftkriterien (etwa im Sinn von Notwendigkeit$_L$ oder Notwendigkeit$_P$). Eine fehlende Anerkennung eines Grundes als „gut" zeigt der argumentierenden Person ggf. auch einen Dissens mit den Kriterien auf, die zur qualifizierenden und priorisierenden Beurteilung als „gut" herangezogen wurden.

Vor diesem Hintergrund wird besser verständlich, warum NIMBY-Argumentationen in Realdiskursen als problematisch bewertet werden. Dies erfolgt meist nicht, weil sie sich grundsätzlich nicht als plausible Gründe$_P$ erweisen würden. Vielmehr werden sie oftmals „nur nicht" als gute Gründe$_G$ anerkannt. Hier sollte man aber unbedingt die entsprechenden Kriterien herausschälen, warum die Anerkennung verweigert wird. In vielen Fällen werden die Kriterien des wissenschaftlichen Argumentierens im Rahmen der Realerkenntnis$_W$ als Referenzgrößen für Gründe$_G$ herangezogen. Dahintersteht der Gedanke, dass man Argumentationen$_W$ und den darin verbundenen Aussagen einen höheren Gewissheitsgrad[181] zuordnen kann. Das heißt jedoch nicht, dass sie für die einzelne Person eine höhere Überzeugungskraft besitzen. Es handelt sich eher um die Erfahrung der Gesellschaft, dass die Argumentationen$_W$ in der Regel tragfähiger sind (unabhängig davon, dass diese mitunter mit überzogenen Erkenntnisansprüchen einhergehen kann (s. o.)). Im Folgenden werden zunächst die zwei wichtigsten wissenschaftlichen Argumentationspraxen skizziert und bewertet:

181 Der Begriff Gewissheitsgrad hebt darauf ab, dass Argumentationen in der öffentlichen Wahrnehmung hinsichtlich ihrer Tragfähigkeit differenziert werden, ohne dass diese Graduierung argumentationstheoretisch irgendwie quantitativ messbar ist. Im Allgemeinen ordnet man Individualmeinungen einen geringeren Grad als tradierten Erfahrungen oder wissenschaftlicher Erkenntnis zu. Bereits Aristoteles hat im Anschluss an Platon diese öffentliche Wahrnehmung in seiner bekannten *Stufenleiter der Erkenntnis* festgehalten. Siehe Otfried Höffe 2006, S. 42–46. Die Philosophie kann im Grunde als das Projekt betrachtet werden, die Kriterien dieser Graduierung systematisch zu explizieren, und die Wissenschaften als das, diese Kriterien erkenntniskonstruktiv anzuwenden.

die der natur- und technikwissenschaftlichen Realerkenntnis$_W$ und die der instrumentellen Erklärungen$_I$. Im folgenden Kapitel werde ich gesondert auf die (professionelle) ethische Orientierung$_E$ im Allgemeinen eingehen und deren Argumentationspraxis in Kapitel 4 am Beispiel von Habermas' Diskursethik weiterführend analysieren.

2.5.3 Wissenschaftliche Sacherkenntnis (Verfügungswissen)

Die Muster$_K$ für Gründe$_{DN}$ im einflussreichen Superparadigma$_{HD}$ entstammen meistens der natur- oder technikwissenschaftlichen Argumentationspraxis (Realerkenntnis$_W$). Diese Einseitigkeit ließe sich durchaus kritisieren. Folgend beantworte ich jedoch nur die Frage, warum der wissenschaftliche Geltungsanspruch auf einen hohen Gewissheitsgrad berechtigt ist.

Realerkenntnis$_W$ führt zu einer Sacherkenntnis, welche als ein *Verfügungswissen* „um Ursachen, Wirkungen und Mittel“[182] in vielen Argumentationen als zentraler Referenzkontext herangezogen wird. Auch in Argumentationen in Energiekonflikten wird dieses Verfügungswissen genutzt. Es bildet, so kann man pointieren, die Basis kontextualisierter wissenschaftlicher Erklärungen$_W$.[183] Das bereits erwähnte DN-Modell (Abschnitt 2.3.1) ist zur Illustration derartiger wissenschaftlicher Argumentationsfiguren recht hilfreich. Nach diesem werden eine Aussage über einen gesetzesartigen Zusammenhang (Verfügungswissen) und eine kontextualisierte Faktenaussage verknüpft, sodass sich logisch notwendig eine deduktive und kontextbezogene Schlussfolgerung ergibt.[184] Hierzu eine Beispielargumentation, durch die die Volatilität der tatsächlichen elektrischen Leistung$_W$ einer WKA *wissenschaftlich plausibel* erklärt wird:[185]

182 Mittelstraß 1998, S. 16.

183 Eine wissenschaftliche Erklärung basiert meist auf komplexen Modellen$_W$ und bietet kontextualisiertes Sachwissen über eine Sachlage (Explanandum). Eine wissenschaftliche Erklärung vernetzt eine konkrete Argumentation$_W$ mit dem kontextübergreifenden Begründungsnetz der Realerkenntnis$_W$. Sie bietet einen Grund$_{DN}$ dafür, warum die Sachlage so ist (war oder sein wird). Person X (die etwas erklärt bekommt) wird durch die Erklärung von Person Y sicheres Verfügungswissen über die Sachlage kommuniziert. Bestenfalls – im Falle einer guten Erklärung und guter Auffassungsgabe – versteht X die Bedeutung dieses Wissens und erweitert die eigene Erkenntnis um das Wissen von Y. Stegmüller 1969, S. 72–75.

184 Vgl. dazu Schurz 2009, 71–78 und G. Ernst 2011, 699–701.

185 In der Betrachtung von WKAs muss zwischen der (elektrischen) Nennleistung$_{WKA}$, der idealen (elektrischen) Leistung und tatsächlichen (elektrischen) Leistung unterschieden werden. Die Nennleistung$_{WKA}$ gibt die Leistung an, die eine Anlage laut Hersteller unter idealen Windbedingungen (Nennwindgeschwindigkeit) dauerhaft erbringen kann. Es ist zugleich die Maximalleistung der Anlage (aufgrund von Schutzschaltungen). Manchmal spricht man auch

AF 5 (Elektrische Leistung einer WKA)

Z 5.1 *Prämisse 1: allgemeiner naturgesetzlicher Zusammenhang*
Z 5.1.1 Die Windleistung, die von einer WKA theoretisch genutzt werden kann (Primärwindleistung), hängt in dritter Potenz von der Windgeschwindigkeit ab ($P_W \sim v_W{}^3$).[186]
Z 5.1.2 Aus Z 5.1.1 folgt, dass Schwankungen[187] der Windgeschwindigkeit einen großen Einfluss auf die Primärwindleistung und somit auch auf die Leistung$_W$ haben (*theoretisch* verachtfacht sich die Primärwindleistung zum Ausgangswert bei doppelter Windgeschwindkeit, bei halbierter Windgeschwindigkeit beträgt sie *theoretisch* ein Achtel des Ausgangswertes).
Z 5.1.3 Aus Z 5.1.2 folgt, dass bei Standorten mit großen Geschwindigkeitsschwankungen eine sehr volatile Primärwindleistung und mit einer sehr volatilen Leistung$_W$ der WKA zu rechnen ist.[188]

Z 5.2 *Prämisse 2: (Fall-)Beschreibung (deskriptive, faktische Aussage)*
Am Standort S herrschen große Geschwindigkeitsschwankungen und eine sehr volatile Primärwindleistung vor.

Z 5.3 *Konklusion: fallspezifische, faktisch aufgeladene Aussage*
∴ Am Standort S muss mit einer sehr volatilen Leistung$_W$ gerechnet werden.

An diesem Beispiel lassen sich Merkmale und Reichweite von Argumentationen$_W$ im Rahmen des Superparadigmas$_{HD}$ gut nachvollziehen (s. Abschnitt 2.4.2 und K 02M2). Dazu muss man beachten, dass im Beispiel zwei Argumente zu einer Erklärung$_W$ verknüpft werden. Weiterhin kann man sich an den Bedingungen ori-

von der installierten Leistung (meist als Aufsummierung der Nennleistungen aller Anlagen eines Windparks). Die ideale elektrische Leistung gibt an, welche Leistung mit Blick auf die Windmodelle am Standort und die Nennleistung idealerweise zu erwarten ist. Die tatsächliche Leistung ist die, die retrospektiv betrachtet tatsächlich durch die Anlage erzeugt wurde. Letztere Angabe ist fast immer niedriger als die Nennleistung$_{WKA}$ und ideale elektrische Leistung. Siehe dazu Germer u. a. 2019.

186 Die Aussage basiert auf der strömungsmechanischen Modellierung der Primärleistung, die dem Wind durch die WKA theoretisch entzogen werden kann (Energie pro Zeitdauer). Natürlich gibt es hier weitere Einflussfaktoren, etwa Rotorkreisfläche, Luftdichte (abhängig von Luftdruck und -temperatur), Betz'scher oder Schmitz'scher Leistungsbeiwert, Gesamtwirkungsgrad der Anlage (mit Reibungs- und Umwandlungsverlusten etc.). Ausführlich hergeleitet in Kaltschmitt u. a. 2020, S. 461–481 und in eher kritischer Darstellung in Niederhausen u. a. 2014, S. 303–310.

187 Schwankungen können sowohl über Zeit und Raum auftreten, etwa in Form von Böen, Flauten, Richtungswechseln etc. Ausführlich dazu Hau 2014, S. 539–586.

188 Über mechanische oder elektronische Steuer- und Regeltechnik versuchen Anlagenbauer, diese Schwankungen im Rahmen der technischen Möglichkeiten auszugleichen, um den Anforderungen des Stromnetzes und -verbrauchs entgegenzukommen. Dies gelingt jedoch nicht für alle Arten von Geschwindigkeitsänderungen, etwa sehr kurzfristige (Folge: hohe mechanische Belastung der Anlage) oder langfristige Schwankungen (Folge: Speicherproblem). Vgl. ebd., S. 459–462.

entieren, die nach dem DN-Modell gelten.[189] Im ersten Teilargument (Aussagen Z 5.1.1 bis Z 5.1.3) liegt eine rein theoretische Schlussfolgerung im Rahmen eines theoretischen Erklärungsmodells vor (Folgerungsbedingung). Die für die eigentliche Erklärung$_W$ wichtige Z 5.1.3 ergibt sich also notwendig (Notwendigkeit$_L$) aus dem allgemeineren gesetzesartigen Zusammenhang in Z 5.1.1, den man in der Regel *induktiv* erkannt hat. Das heißt insgesamt, dass zwar logisch notwendig – über den Zwischenschritt in Z 5.1.2 – von Z 5.1 auf Z 5.1.3 geschlussfolgert, aber Z 5.1.3 nicht als „unrevidierbar" beurteilt werden kann. Diese hängt vom Gewissheitsgrad der wissenschaftlichen Z 5.1.1 ab, der aber in der Regel als *wissenschaftlich gesichert* (scientifically proven) gilt und somit hohe Anerkennung genießt.[190] Darin spiegelt sich die Bedeutung eines wichtigen Kriteriums deduktiver Schlussfolgerungen wider: Damit eine Argumentation$_W$ in Form einer Implikation nicht nur *formal gültig$_F$*, sondern auch *inhaltlich schlüssig* ist, müssen die Prämissen als *inhaltlich wahr* bewertet werden (s. Abschnitt 5.1.4).[191]

Die Z 5.1.3 dient als wissenschaftliche Gesetzesaussage des zweiten, übergreifenden Teilarguments, in welchem die Überlegung aus Z 5.1 anhand des Standorts S konkretisiert wird. Hier gilt, dass eine deduktive Schlussfolgerung in Form einer Implikation vorliegt (Folgerungsbedingung). Allerdings basieren die Prämissen nicht nur auf einem erfahrungsbasierten theoretischen Erklärungsmodell (Z 5.1.3), sondern auch auf der kontextbezogenen faktischen Z 5.2. Die epistemische Modellbedingung – und somit das Kriterium für eine Anerkennung des Geltungsanspruchs auf Z 5.3 – lautet ebenso hier: Die Aussagen Z 5.1.3 (Z 5.1.1) und Z 5.2 müssen mit Blick auf die *aktuelle* Wissenschaftspraxis und deren Realerkenntnis$_W$ als *gesichert* gelten.[192] Aber selbst wenn dieses Kriterium erfüllt wurde, muss sich der Gehalt von Z 5.3 im lokalen Kontext und vor allem mit Blick auf Z 5.2 *systematisch bewahrheiten* (Induktionsproblem). Im Beispiel würde dies eine fortlaufende Messung der Leistung$_W$ verlangen (Leistungsmonitoring). Insofern können die Realerkenntnis$_W$ und die auf ihr aufbauenden Argumentationen$_W$ immer nur als als *bedingt gesichert* (subaltern) bezeichnet werden. Gründe$_{DN}$ in der Form des Beispiels besitzen zwar einen höheren Gewissheitsgrad als viele andere Gründe$_P$, erreichen aber nicht den von

189 Ausführlich dazu Schurz 2009, S. 71.

190 Eine kurze Erklärung dieses Erkenntniskriteriums findet sich in Betz und Lanius 2019, 6–7.

191 Siehe H. Wohlrapp und Riel 2011, S. 1922.

192 Das heißt im Sinn von scientifically proven, dass Z 5.1.3 deduktiv aus einer gesetzesartigen Erkenntnis Z 5.1.1 abgeleitet wird, die einem umfassenden Prüfverfahren$_F$ (empirisch-experimentelle Validierung) im wissenschaftlichen Diskurs standgehalten hat, und Z 5.2 aus einem *standardisierten lokalen Messverfahren* hervorgeht. Zum letzten Teilsatz s. Hau 2014, S. 570–586.

mathematischen Beweisen, die mit hohen Ansprüchen an die Folgerichtigkeit (Abschnitt 2.4.2) und Notwendigkeit$_L$ (Abschnitt 2.3.1) einhergehen.[193]

Um den Ort von Argumentationen$_W$ hinsichtlich des Gewissheitsgrades noch besser bestimmen zu können, lässt sich die klassische Differenzierung zwischen Realerkenntnis$_W$ (Verfügungswissen) einerseits und Meinung andererseits nutzen. Eine Meinung stellt eine spezielle Form subjektiver Überzeugung$_S$ dar. Diese beruht auf dem Glauben eines Individuums oder Kollektivs, dass die Wahrheit einer Aussage gewiss ist. Die oft empfundene oder auch auf unsystematischer Erfahrung beruhende Gewissheit kann auch als persönliche oder kollektive Gewissheit bezeichnet werden.[194] Zur Begründung von Meinungen reicht es durchaus, auf Formen persönlicher oder kollektiver Setzung zu verweisen, die zugleich einen wichtigen Aspekt subjektiver oder kollektiver Autonomie ausdrücken. Meinungen werden in vielen Alltagskontexten als Grund$_P$ anerkannt. Dennoch wird ihnen oft ein geringerer Gewissheitsgrad zugeordnet. Dies liegt nicht zuletzt daran, dass die persönliche Meinung und das Verfügungswissen sogar in einer Person auseinanderdriften können. Eine Expertin kann bspw. aus professioneller Perspektive die Lärmemissionen von WKAs für vergleichbar gering halten und dennoch der Meinung sein, dass sie jene selbst als sehr störend empfindet.[195] Dass derartige Widersprüche nicht problematisch erscheinen, liegt an den unterschiedlichen Ansprüchen bzw. Kriterien, die wir an die jeweiligen Arten der Begründung und somit Argumentationen stellen. Die professionelle Überzeugung der Expertin sollte auf Realerkenntnis$_W$ und somit systematisch abgesicherten Argumentationen$_W$ beruhen. Ihre persönliche Meinung darf sie ohne Weiteres mit Gefühlseindrücken etc. begründen. Es kann sogar als zentrales Zeichen der Entanthropomorphisierung der Realerkenntnis$_W$ angesehen werden, die Begründungsverfahren soweit wie möglich von Meinungen zu emanzipieren (A 08). Als wichtiges Differenzkriterium zwischen Realerkenntnis$_W$ und Meinungen ergibt sich daher dieses Kriterium (vgl. K 01):

> K 01A (Experimentelle Prüfbarkeit): Es muss für Argumentationen$_W$ die Möglichkeit einer intersubjektiven (Über-)Prüfung über regelgeleitete Verfahren anhand nicht-anthropomorpher (Vergleichs-)Maßstäbe bestehen.

193 Im Bereich mathematischer oder formallogischer Disziplinen bezeichnet man Begründungen häufig als Beweise. Es handelt sich dabei um regelformale, deduktiv-implikative Prüfverfahren$_F$ auf Basis fixer Prämissen (Axiome), um die Wahrheit von Aussagen sicherzustellen. Breite Anerkennung erlangen Beweise erst, wenn das Prüfverfahren$_F$ erfolgreich intersubjektiv überprüft werden konnte. Vgl. Betz und Lanius 2019, S. 6.

194 G. Ernst 2016, S. 63.

195 Ebd.

Die kulturelle Erfahrung hat gezeigt, dass sich Realerkenntnis$_W$ im Sinn von K01A im Bereich des Verfügungswissens als tragfähiger als Meinungen erweist. In dieser Sicht spricht man von einem höheren Gewissheitsgrad. Dennoch schlage ich in Anschluss an K01M1 für diese Studie einen argumentationskritischen Umgang mit Realerkenntnis$_W$ vor, welcher auf einer Annahme und einem entsprechenden Kriterium basiert (vgl. Fußnote 838):

> A 12 („state of the art"-Wissen): Realerkenntnis$_W$ gibt den im jeweiligen Wissenschaftskollektiv anerkannten Wissensstand wieder und entspricht den geltenden internen Prüfkriterien der Disziplin (also dem Status: *lege artis* bzw. *state of the art*).
>
> K02M1 (Rekonstruktion fachwissenschaftlicher Realerkenntnis): Wenn auf eine konkrete wissenschaftliche Erklärung zurückgegriffen wird, muss deren Hauptargument als schlüssige Argumentation$_W$ skizzierbar sein. Darin liegt oft ein Unterschied zu den Argumentationen im Energiediskurs, die auf bloßen Meinungen basieren.

2.5.4 Instrumentelle Erklärungen (Anwendungswissen)

Wie in Abschnitt 2.3.3 vorweggenommen sind instrumentelle Gründe$_I$ eine Spielart praktischer Schlussfolgerungen. Die mit ihnen einhergehenden (instrumentell schlussfolgernden) Erklärungen (Erklärung$_I$) verbinden präskriptive mit deskriptiven Aussagen (Abschnitt 2.3.3). Häufig sind erstere intentionale Aussagen, deren Orientierungsleistung auf Überlegungen aus der je individuellen Innenperspektive fußt (Beispiel: X möchte THG-arm von Kiel nach Berlin fahren.). Die Deskriptionen beruhen im Alltag oft auf tradierter Gemeinschaftserkenntnis, aber in manchen Fällen auch auf wissenschaftlichem Verfügungswissen (Beispiel: Die Fahrt mit dem Zug oder dem Fernbus erzeugt in der Regel weniger THG (als bspw. Autofahren).).[196] Zur besseren Differenzierung der Erklärungen$_I$ von orientierungsstiftenden praktischen Schlüssen folgt nun eine kurze Charakterisierung. Dieser Exkurs ist lohnenswert, weil jene einen großen Teil der Argumentationen im Energiediskurs ausmachen.

In Schlussfolgerungen in Form von instrumentellen Erklärungen wird ein *Ziel* mit einem oder mehreren *Mitteln teleologisch (zielorientiert)* verknüpft, die zu dessen Erreichen als potenziell *zweckmäßig* erachtet werden (Beispiel: X nimmt den Zug, weil X von Kiel nach Berlin THG-arm fahren möchte.). Es sind lediglich *potenzielle Mittel* (Praeter-hoc-Vorstellung), weil ihre Zweckmäßigkeit oder Funktionalität für das Erreichen des Ziels zunächst nur *vorgestellt* ist

196 S. dazu bspw. und https://www.umweltbundesamt.de/themen/verkehr-laerm/emissionsdaten (Stand: 15.06.2021).

(Normalerweise fahren regelmäßig Züge von Kiel nach Berlin und in der Regel auch THG-arm.).[197] Über die konkrete Realisation der Zielsetzung durch einen abgeschlossenen Handlungsvollzug werden die Mittel und, im erfolgreichen Fall, der zuvor vorgestellte Zweck als objektive Gegenstände oder Prozesse *realisiert* (Post-hoc-Erklärung, dass X mit dem Zug in Berlin angekam und dieser aufgrund guter Auslastung THG-arm gefahren war).[198] Erst in der Realisationsphase offenbart sich die Unterbestimmtheit in der spekulativen Vorstellung über die Zweckmäßigkeit eines Mittels und auch die Kompetenz der Handelnden im Mittelgebrauch (Know-how).[199] Dies zeigt sich unter anderen in den Fällen, in denen sich Mittel als disfunktional erweisen (wenn der Zug wegen Stellwerkstörungen nicht fährt oder man den falschen Zug wählt).[200] Der Disfunktionalitätsapekt muss später ausführlicher besprochen werden. Zunächst wird die syllogistische Argumentationsfigur instrumentell erklärender Rede vorgestellt.

Die klassische Argumentationsfigur findet oft Verwendung in der Argumentationspraxis von Handwerks- und Industriezweigen und beruht in einem hohen Maße auf (tradierter) Handlungserfahrung. Als paradigmatische argumentative Trägerhandlung lassen sich die instrumentellen Erklärungen von Experten (Expertisen$_P$) nennen. Ein Muster$_K$ aus dem Energiediskurs lautet: „Klimaneutralität ist Deutschlands Beitrag zum Erhalt einer intakten Natur. Um sie zu erreichen, braucht es Windkraft an Land mit einer Leistung von etwa 130 Gigawatt bis spätestens 2050."[201] Eigentlich handelt es sich hierbei um ein Enthymem, das in Form einer handlungspraktischen Schlussfolgerung in instrumenteller Absicht wie folgt umgeschrieben werden könnte: Die Installation von Windkraft an Land bis auf eine Gesamtnennleistung[202] von 130 Gigawatt ist ein zweckmäßiges Mittel, weil wir bis 2050 Klimaneutralität erreichen wollen, um unserer Klimaverantwortung nachzukommen. Die entsprechende Erklärung$_I$, die die Zweckmäßigkeit des Mittels expliziert, lässt sich in Anlehnung an das syllogistische Argumentschema über die Zusammenstellung einschlägiger Zitate rekonstruieren (Klimaargument):[203]

197 Siehe Hubig 2002, S. 15, Stekeler-Weithofer 2021, S. 13.

198 Siehe Hubig 2002, S. 15, Stekeler-Weithofer 2021, S. 13.

199 Stegmüller 1969, S. 74.

200 Siehe Hubig 2002, S. 14.

201 Rosenkranz u. a. 2020, S. 3.

202 Im Beispiel gemeint ist sicherlich die Summe der Nennleistungen aller Einzelanlagen. Vgl. Fußnote 185.

203 [203.a] Rosenkranz u. a. 2020, S. 36. Die Aussage bezieht sich auf ein entsprechendes Rechtsgutachten und kann als Momentaufnahme der Verrechtlichung des gesellschaftlichen Wertediskurses betrachtet werden. [203.b] Ebd., S. 8. Diese Aussage unterstreicht die Priorisierung der Zielsetzung (Klimaneutralität) und die mutmaßliche Notwendigkeit der Zwecksetzung (Ausbau).

AF 6 (Klimaverantwortung und Energiewende (Klimaargument))

Z 6.1 *Prämisse 1: gesellschaftlich anerkannte und normativ geladene Zielsetzung und kontextualisierte Zweckaussage (Präskription)*
Z 6.1.1 allgemeine Zielsetzung (Klimaneutralität): „Klimaneutralität der Energieversorgung liegt zweifellos im ‚öffentlichen Interesse', nachdem Staat und Gesellschaft sie insgesamt zu einem vorrangigen Ziel erklärt haben."[203.a]
Z 6.1.2 kontextualisierte Zwecksetzung (eE-Ausbau): „Die nächste Phase der Energiewende und des Ausbaus Erneuerbarer Energien wird maßgeblich darüber entscheiden, ob die Transformation hin zu einem klimaneutralen Standort Deutschland bis spätestens 2050 gelingen kann oder nicht."[203.b]

Z 6.2 *Prämisse 2: erfahrungsbasierte und verallgemeinernde Aussagen über zweckmäßige Mittel (Deskription)*
Z 6.2.1 allgemeine Bestimmung zweckmäßiger Mittel (Strom als zweckmäßiges Mittel eE): „Im Stromsektor ersetzen die Erneuerbaren Energien die fossile Energiebasis, zuerst die Kohle, dann das Erdgas. Gleichzeitig wächst der Stromsektor über sich hinaus. Elektrifizierung wird zum Schlüssel für eine effiziente Energieversorgung [...]."[203.c] (Nachtrag: Durch eine systematische Analyse der Bedarfe lässt sich die erforderliche Gesamtnennleistung beziffern.)
Z 6.2.2 kontextualisierte und kriteriengebundene Einschränkung zweckmäßiger Mittel (Windkraft als wirtschaftlichstes Mittel): „Die beiden günstigsten Erzeugungsarten für Strom aus Erneuerbaren Energien (EE) sind Windkraft und Photovoltaik (PV). Nach derzeitigem Kenntnisstand wird keine andere EE-Technologie zu gleich geringen Kosten Strom in relevanten Größenordnungen produzieren können. Die Energiewende in Deutschland wird also auf diesen beiden Technologien basieren."[203.d] (Nachtrag: Durch eine systematische Betrachtung des Ist-Stands lässt sich das Ausbaudefizit zur erforderlichen Gesamtnennleistung beziffern.)

Z 6.3 *Praktische Konklusion: fallspezifische, normativ-faktische Aussage (teleologische Handlungserklärung)*
∴ Die Installation von Windkraft an Land bis auf eine Gesamtnennleistung von 130 Gigawatt ist ein zweckmäßiges Mittel, weil wir bis 2050 Klimaneutralität erreichen wollen.

[203.c] Rosenkranz u. a. 2020, S. 7. [203.d] Agora Energiewende 2013, S. 5. Aktuell: „Dies umso weniger, als die künftig dominanten Stromerzeugungstechnologien aus Wind und Sonne wegen ihres überragenden Klimaschutzpotenzials und ihrer geringen Kosten buchstäblich über sich hinauswachsen sollen: [...]." Rosenkranz u. a. 2020, S. 11. Ähnlich: „In dieser Situation ist ein kontinuierlicher, kräftiger Zubau der Basistechnologie Windenergie die Grundvoraussetzung für den Erfolg." Ebd., S. 43.

Allerdings sollte die Rede von *Zweckmäßigkeit* in instrumentellen Erklärungen hinsichtlich der damit unterstellten Notwendigkeit des Mittels (Notwendigkeit$_{I}$) näher bestimmt werden. Instrumentelle Notwendigkeit wird über eine Erklärung$_{I}$ vermittelt und basiert auf der Erfahrung im Umgang mit konkreten Mitteln in spezifischen Kontexten (know-how). Alle, die diese Erfahrung teilen, scheinen förmlich gezwungen, gemäß der Erklärung$_{I}$ zu handeln. Allerdings ist die postulierte Notwendigkeit der geschlussfolgerten Mittel kritisch einzuschränken. Denn jeder Mitteleinsatz erscheint von der Seite der Erfahrung aus unterbestimmt und von der des Handelns aus variabel, weshalb die potenzielle Zweckmäßigkeit anderer Mittel nicht ausgeschlossen werden kann. Mehr noch: Häufig reichern sich über eine lange Verwendungsdauer Erfahrungen an, die die (anfangs) spekulativ gesetzte Zweckmäßigkeit eines Mittels infrage stellen. Über diese „Differenzerfahrung" zwischen der anfänglichen Vorstellung und der erfahrenen Eignung eines Mittels „registrieren" Handelnde, so lässt sich mit Christoph Hubig sagen, die „Spur" von dessen „Realität".[204] Insofern stellt die Erfahrungserkenntnis im instrumentellen Handeln als Post-hoc-Erklärung ein zentrales Sinnkriterium dar, da man dadurch „erst den Unterschied zwischen Handlungsvollzug (act token) und Handlungskonzept (act type)" nachvollziehen kann.[205] Der Gewissheitsgrad instrumenteller Gründe (Grund$_{I}$) hängt daher wesentlich von der Fülle der Erfahrungen im Mittelgebrauch und dem spekulativ-reflektierten Umgang mit ihnen ab.[206] Darin liegt die *argumentative Plastizität$_{I}$* instrumenteller Erklärungen$_{I}$.

Die Stichworte Disfunktionalität und Differenzerfahrung verweisen auf einen wichtigen Unterschied zwischen Realerkenntnis$_{W}$ und Erklärungen$_{I}$. Während hinter der Realerkenntnis$_{W}$ die erwähnte explizite Absicht zur Entsubjektivierung der Begründungsverfahren steht (K 01A), beziehen sich in Erklärungen$_{I}$ die Prämissen (Z 6.1 und Z 6.2) explizit auf einzelne oder Gruppen von Individuen. Denn die Ziel- bzw. Zwecksetzung resultiert aus einer individuellen oder kollektiven Orientierungshandlung. Die damit verbundenen Abwägungen$_{I}$ erfolgen immer explizit aus einer menschlichen Binnenperspektive und können nicht durch eine entsubjektivierte, verallgemeinerte Perspektive (Expertise$_{P}$) ersetzt werden. Dennoch schwanken die Interpretationen von Erklärungen$_{I}$ zwischen zwei Extremen: einem regelbezogenen Instrumentalismus und einem autonomiebezogenen Subjektivismus. Aus der ersten Perspektive wird in Anlehnung an das Superparadigma$_{HD}$ davon ausgegangen, dass sich wie in der Realerkenntnis$_{W}$

204 Hubig 2002, 18 f.

205 Ebd., S. 19.

206 Eine Gleichsetzung des instrumentellen Erklärens mit entscheidungstheoretisch-algorithmischen Schlussverfahren verkennt daher dessen Komplexität und die spekulative Komponente technisch-praktischer Schlüsse$_{P}$. Stekeler-Weithofer 2021, S. 10–11.

über ein regelhaftes und entanthropomorphisiertes Verfahren instrumentelle Schlussfolgerungen ableiten lassen. Die Rolle des Menschen beschränkt sich darauf, „zwischen einer für gut erachteten Zielerreichung und den dabei in Kauf zu nehmenden Nebenfolgen des Handelns abzuwägen, [...]".[207] Parallel zur technikdeterministischen Fixierung der Mittel werden auch die systematischen Orientierungspraxen wie die Ethik darauf beschränkt, dass „sie Rechtfertigungsstrategien anbiete[n], unter denen die Entscheidungen für die eine oder andere Handlungsstrategie begründet werden kann."[208] In Kombination erscheint aus dieser Perspektive die Wahl konkreter Ziele und Mittel häufig als „alternativlose Schlussfolgerung" (Objektivismus$_T$).

Diese Interpretation ist durchaus bei Personen verbreitet, die auf Basis ihrer Expertise$_P$ Abwägungen$_I$ von großem öffentlichen Interesse vornehmen müssen und diese über Erklärung$_I$ rechtfertigen, etwa beim Ausbau der eE und der Stromtrassen. Vor dem Hintergrund der Laien-Experten-Differenzierung (Abschnitt 2.4.3) wird die Alternativlosigkeit der entsprechenden Schlussfolgerungen unterstrichen, um den Sinn höherstufiger Partizipationsformen – genauer: den Einbezug von, die Kooperation mit oder gar die Ermächtigung von Bürgern oder Bürgerinnen (s. Abschnitt 6.4) – infrage zustellen. Auf sachlicher Ebene steht hinter dieser eher technikdeterministischen Haltung folgende starke Annahme:

> A 13 (Meisterschaftsargument): Technische Sachverständige besitzen Expertise$_P$ und sind aufgrund dieser Sachkenntnis *Meister ihres Faches*. Ihre Aussagen werden als Schlussfolgerungen anhand der in ihrem Sachgebiet etablierten (fachwissenschaftlichen) Erklärungsmodelle und der Erfahrungserkenntnis in deren kontextualisierten Anwendung angesehen und als tragfähiger im Vergleich zu Erklärungen erachtet, die ausschließlich auf individuellen (oder kollektiven) Meinungen beruhen.

Normativ betrachtet sind Argumentationen aus einer technikdeterministischen Haltung nicht nur durch den Verweis auf Notwendigkeit$_I$ geprägt, sondern auch durch eine paternalistische Überzeugung (vgl. Abschnitt 7.2.2). Sachverständige seien aufgrund ihrer Expertise$_P$ moralisch prädestiniert, insbesondere techniklastige Entscheidungen stellvertretend für die Gesellschaft zu treffen. Trifft diese Überzeugung im Energiediskurs auf die basisdemokratische Überzeugung, dass jede Beteiligung an konkreten Maßnahmen als Form einer basisdemokratischen Ermächtigung verstanden werden sollte, sind natürlich Energiekonflikte vorprogrammiert. Letztere Überzeugung ist im aktuellen Energiediskurs weit verbreitet, da die Proponenten der Energiewende diese in ihrer ersten Realisationsphase als basisdemokratisches Bottom-up-Projekt und somit als Muster$_K$ politischer Er-

207 Hubig 2002, S. 6.
208 Ebd.

mächtigung im sozio-technischen Bereich propagiert haben (s. Abschnitt 2.4.1). Wohingegen der Ausbauboom der zweiten Phase eher durch Top-down-Prozesse und vor allem durch klassische, niederschwellige Partizipationsformen wie Information und Konsultation geprägt wurde.[209] Im Energiediskurs bewegen sich Erklärungen$_{I}$ also immer auch im Spannungfeld zwischen diesen zwei grundsätzlichen politisch-normativen Interpretationen der Energiewende, also zwischen dem Bild der technodeterministischen Top-down-Realisation auf Basis von Expertise$_{P}$ und dem der basisdemokratischen Bottom-up-Bewegung in pragmatischer Absicht (s. Abschnitt 6.2.2).

Zu klären bleibt, in welcher Form Erklärungen$_{I}$ als Gründe$_{I}$ verstanden werden. Dazu lohnt nochmals der Rückgriff auf die oben erwähnte Differenzerfahrung aufgrund von Disfunktionalität der (angedachten) Mittel, die im konkreten Mittelgebrauch erlangt wird. Derartige Erfahrungen eröffnen einen reflektierten Blick auf die (autonomiebezogene) Subjektivität von Erklärungen$_{I}$. Genauer: Wenn eine Handlung durch die Disfunktionalität des Mittels oder auch fehlende Fertigkeit im Umgang damit scheitert, zeigt sich deutlich die *konstitutive Funktion* der instrumentell-praktischen Schlussfolgerung. Denn erst durch diese werden eine körperliche Bewegung als eine zielgerichtete (instrumentelle) Handlung und die darin verwendeten Dinge oder Verfahren als zweckmäßige Mittel einer Zielsetzung verständlich.[210] Im obigen Beispiel ist der Zug und die Zugfahrt erst als Mittel für das Reiseziel Berlin präsent, wenn eine entsprechende Schlussfolgerung über deren Zweckmäßigkeit vorliegt. Dessen Subjektbezogenheit wird im Fall des Scheiterns (Stellwerkstörung etc.) reflektiert und auch nachvollziehbar. Bspw. wird man sich seiner eigenen Unkenntnis über den Zustand des heutigen Bahnbetriebs bewusst, weil man eigentlich von einem reibungslosen Verlauf von Bahnfahrten ausgegangen ist. Damit ergibt sich folgendes Fazit: Individuen bzw. Kollektive, die einen Zweck-Mittel-Zusammenhang in einem instrumentell-praktischen Schluss annehmen, übernehmen eine konstitutive Funktion. Es liegt daher nahe, in Anlehnung an Christian Kietzmann Erklärungen$_{I}$ als „schlusskonstitutive Vorstellungen“ zu bezeichnen.[211] Insofern dürfen jene nicht als subjektunabhängig abgeleitete Schlussfolgerungen missinterpretiert werden, wie dies in einer technikdeterministischen Haltung getan wird. Daraus lässt sich folgendes Kriterium ableiten:

---

209 Vgl. Radtke 2016, S. 493, 539 f. und David u. a. 2016.

210 Hier einer Überlegung von Aristoteles folgend, s. Braun 2014, S. 53–56 und eine neoaristotelische Interpretation instrumenteller Schlussfolgerung in Kietzmann 2019, S. 156–162.

211 Ebd., S. 157.

K 01B (Transparenz der Subjektbezogenheit): In Erklärungen$_I$ muss die Subjektbezogenheit der handlungspraktischen Schlussfolgerung transparent gemacht werden, um deren Bezug zur motivationalen Verfasstheit$_M$ des Urteilenden zu verdeutlichen und die geltend gemachte Notwendigkeit$_I$ relativieren zu können.

Sprachliche Indikatoren dafür wären etwa „nach derzeitigem Kenntnisstand" (vgl. Z 6.2.2).

Das Kriterium könnte die Frage provozieren, was vom Konzept der Notwendigkeit$_I$ noch übrig bleibt. Sind Gründe$_I$ letztlich nur haltlose Spekulationen, könnte man vor dem Hintergrund der vor allem im wissenschaftlichen Diskurs weitverbreiteten negativen Auslegung des spekulativ-konstitutiven Vermögens fragen. Dieses Missverständnis lässt sich nur umgehen, indem die rationale Vermittlungsleistung von Erklärungen$_I$ nochmals aufgezeigt wird. Denn nur diese garantiert, dass Gründe$_I$ konkrete Handlungen rechtfertigen. Durch die schlussfolgernde Verknüpfung (Z 6.3) einer normativen Überzeugung (Z 6.1) und eines allgemeinen Zweck-Mittel-Zusammenhangs (Z 6.2) ergibt sich ein *potenzieller* Grund$_I$ für eine konkrete Handlung (Mache (Z 6.3), weil (Z 6.1) und (Z 6.2).).[212] Was garantiert nun, dass der Schluss auf eine konkrete Handlung berechtigt erscheint? Dazu lohnt es, die Differenz zwischen der Gültigkeit und Schlüssigkeit von instrumentellen Schlüssen aufzuzeigen.

Formal gültig$_F$ wäre die instrumentell-praktische Schlussfolgerung, wenn die Wahrheit der Prämissen (Z 6.1) und (Z 6.2) gegeben ist und das Argumentschema des instrumentellen Syllogismus besteht, das somit die Wahrheit von (Z 6.3) garantiert. Dieses Argumentschema stellt also einen rational-normativen Standard dar, um instrumentelles Handeln als solches zu verstehen.[213] Diese formale Allgemeinheit führt zu einem Problem in der Definition der Schlüssigkeit von Erklärungen$_I$. Denn die subjektiv-spekulative Setzung von (Z 6.2) erlaubt jede Schlussfolgerung (Z 6.3), wenn folgende aussageninterne Strukturvorgaben erfüllt sind: Prämisse (Z 6.1) drückt eine normative Zielsetzung aus (p) und Prämisse (Z 6.2) eine Zweck-Mittel-Relation, die jenem Ziel ein potenziell zweckmäßiges Mittel (q) zuordnet (p, q). Mit Blick auf beide Prämissen wird (spekulativ) auf Konklusion (Z 6.3) geschlossen. Würde man beispielsweise in AF 6 Prämisse (Z 6.2) durch die deskriptive Aussage „Windräder erzeugen Strom." ersetzen, wäre das Schema nicht eingehalten und der Übergang zu (Z 6.3) ungültig. Gültig hingegen wäre die Substitution von (Z 6.2) durch „Durch den Bau von Kernfusionskraftwerken lässt sich Klimaneutralität erreichen." und

212 Ähnlich in: Hubig 2002, S. 8.

213 Diese konstitutive Funktion des (instrumentellen) Argumentschemas für den Begriff des (zweckmäßigen) Handelns wird ausführlich in: Kietzmann 2019, S. 158–160 diskutiert.

von (Z 6.3) durch „Der Bau von Kernfusionskraftwerken ist ein zweckmäßiges Mittel, weil [...].“. Die Gültigkeitsbedingungen erlauben also, (derzeit noch) utopische Zweck-Mittel-Zusammenhänge als Lösungswege für konkrete Ziele zu behaupten.[214] Die Schlüssigkeit hängt also wesentlich von der Plausibilität$_N$ von (Z 6.2) und (Z 6.1) ab (vgl. Abschnitte 2.2.2 und 7.3.3).[215]

Wodurch wird jedoch die Plausibilität$_N$ der Prämissen getragen? In den allermeisten Fällen wird diese durch handlungspraktische Erfahrungserkenntnis (knowing how) abgesichert. Der Übergang zur instrumentell-praktischen Schlussfolgerung erscheint als *induktiver Schritt*. Instrumentelle Schlussfolgerungen bleiben in diesem Sinne oft unreflektiert (etwa die Nutzung elektrischer Energie für das alltägliche Arbeiten, etwa das Teekochen). Der spekulative Aspekt dieses Schritts wird, wie erwähnt, meist erst durch die Disfunktionalität des Mittels reflektiert. Darüber hinaus wird die technische Entwicklung in (neuen) Innovationsfeldern, etwa der Energiewende, vom konstruktiven Umgang mit diesem Aspekt geleitet. Dadurch, dass das Wissen um Prämisse (Z 6.2) unterbestimmt bleibt, werden mehrere *Szenarien* ausgelotet oder gar mehre *Innovationspfade* eingeschlagen. Jeder Innovationspfad stellt für sich einen eigenständigen Zweck-Mittel-Zusammenhang als zweckmäßig für eine Zielsetzung vor (inkl. entsprechender Differenz in den Schlussfolgerungen). Mehr noch: Die Innovationsorganisation versucht sogar, Pfadabhängigkeiten in Forschungsfeldern zu vermeiden, die der eigentlichen Zielsetzung nicht zweckdienlich sind oder deren Erreichen ggf. sogar konterkarieren.[216]

Der konstruktive Umgang mit der *epistemischen Unterbestimmtheit* von instrumentellen Erklärungen$_I$ legt eine weitere Eigenschaft von ihnen frei. Unabhängig von der Plausibilität$_N$ der Prämissen in einer Erklärung$_I$ stellt sich eine sichere Erkenntnis über die Zweckmäßigkeit eines Mittels in einem konkreten Kontext erst durch den Vollzug der Handlung ein, durch die das spezifische Ziel realisiert werden soll. Erst darin bewährt sich die *rationale Vorstellung* über die Zweckmäßigkeit eines Mittels für das Ziel: Es vollzieht sich der Wechsel von der *Praeter-hoc-Vorstellung* eines instrumentellen Grundes zur *Post-hoc-Erfahrung*

214 Eine schöne allgemeinverständliche Aufarbeitung der Kernfusionforschung findet man hier: https://www.br.de/wissen/kernfusion-fusion-energie-kraftwerk-sonne-166.html (Stand: 02.07.2021); zu den Andeutungen einiger Opponenten, dass damit vielleicht eine Alternative zum Ausbau der Windenergie zur Verfügung steht, siehe hier: https://www.vernunftkraft.de/das-4600-milliarden-fiasko/ (Stand: 02.07.2021).

215 In Kietzmanns ansonsten sehr spannenden Analyse instrumenteller Schlussfolgerungen wird die Abhängigkeit leider banalisiert, indem die orientierende Zielsetzung (Z 6.1) und der Zweck-Mittel-Zusammenhang (Z 6.2) mit empirisch prüfbaren Sachverhalten gleichgesetzt wird: Ein Sachverhalt liegt entweder vor oder nicht. Siehe Kietzmann 2019, S. 158.

216 Eine schöne Übersicht zu den *Innovationsbiographien* der eE findet sich in: Köppel 2016.

aus der durch ihn begründeten Handlung.[217] Man muss, so könnte man es salopp ausdrücken, in technisch-praktischen Handlungen immer über den Prozess des theoretischen Absicherns der Prämissen hinaus zum praktischen Vollzug der instrumentell geschlussfolgerten Handlung übergehen, um die rationale Tragfähigkeit des gesamten Schlusses bzw. des Anwendungswissens im Kontext überhaupt erkennen zu können. Im Umkehrschluss wird ein für den gesellschaftlichen Diskurs sehr wichtiges Argumentationskriterium unterstrichen:[218]

> K 01C (Praktikabilität): Erklärungen$_I$ wird eine höhere argumentative Tragfähigkeit zugemessen, wenn die instrumentelle Schlussfolgerung auf Prämissen beruht, die sich als *praktikabel* erweisen. Die Plausibilität$_N$ der Prämissen wird also daran gemessen, ob sie mit Blick auf die Erfahrungen der jeweiligen Praxisform *realisierbar* sind. Indizien dafür sind bspw. die erfolgreiche Realisierung von Praxisbeispielen (in gleichen oder ähnlichen Kontexten) und tradiertes Erfahrungswissen.

Sprachliche Indikatoren dieses Kriteriums beziehen sich auf die Realisierbarkeit in bestimmten Hinsichten, etwa die Bezahlbarkeit (ökonomische Perspektive) oder die Einsatzfähigkeit (technisch-praktische Perspektive).

---

217 Hubig 2002, S. 15.

218 Auf die Frage, welche Berechtigung dieses Kriterium insbesondere in der Innovation neuer Technologien hat, kann an dieser Stelle nicht weiter eingegangen werden. Deren Motivation erwächst vor allem aus dem Umstand, dass einige Innovationen erst durch eine Loslösung des instrumentellen Schlussfolgerns von bestehender Praxiserfahrung im Kontext ermöglicht wurden.

Kapitel 3: Zwischenreflexion (Reichweite praktischer Orientierung)

In diesem Kapitel wird zunächst die Reichweite ethischer Orientierung$_E$ kritisch ausgelotet, die als wissenschaftlich anspruchsvollste Form der argumentativen Orientierung$_A$ verstanden wird. Im anschließenden Kapitel wird mit Habermas' Diskursethik eine einflussreiche Spielart der ethischen Orientierung$_E$ detaillierter diskutiert (vgl. Abschnitt 1.2).

3.1 Argumentative Orientierung in praktischer Absicht

In den vorhergehenden Kapiteln wurde bereits besprochen, dass der Mensch aus anthropologischer Sicht als ein Orientierungswesen zu verstehen ist (Abschnitt 2.2). Kulturelle Wandlungen wie die Energiewende zeichnen sich geradezu durch epistemische Unsicherheit$_E$ und Erfahrungsdefizite in der kollektiven sowie individuellen Orientierung$_A$ aus (Abschnitt 1.3.1). Die Kommunikation von Argumentationen und die aus deren Anerkennung entstehende soziale Dynamik stellen dabei wichtige Aspekte gesellschaftlicher Orientierung$_A$ dar. Entsprechend wurde der Energiediskurs als eine solche Dynamik argumentativer Orientierungsfindung interpretiert (Abschnitt 2.2). Gesellschaftliche Orientierung stellt sich, so das argumentationsphilosophische Grundmodell$_A$ (Abschnitt 2.4.1), als eine kollektive Handlung dar, wobei die kollektive Anerkennung von Argumentationen als Gründe$_R$ aus einer Reihe von idiosynkratischen Abwägungen$_I$ erwächst. Dies gilt in besonderer Weise für Gründe$_P$, da die Unterbestimmtheit argumentativer Rechtfertigungen einen Freiraum für Abwägungsautonomie, insbesondere die autonome Setzung von Zielen und Werten, eröffnet.

An der spezifischen Form praktischer Schlüsse$_P$ lässt sich zudem eine weiteres Motiv für den methodischen Ansatz finden, auf argumentative idiosynkratische Abwägung$_I$ einen besonderen Fokus in der Analyse des Energiediskurses zu legen. Dazu sollte man sich zwei Lesarten von praktischen Schlüssen bewusst machen (Abschnitt 2.3.3), mit denen die darin meist als Obersatz gebrauchten normativen Aussagen zweifach ausgelegt werden können: Liest man normative Aussagen wie deskriptive Aussagen (etwa im Rahmen einer Ethik$_P$), dann handelt es sich lediglich um einen Bericht, dass eine Norm besteht: Wer über eine Norm wie ein Verbot nur berichte, so bemerkt Tetens, „erteilt kein Verbot, es ist unerheblich, ob er das Verbot begrüßt, selber befolgt, es ablehnt oder gar keine Stellung zu ihm nimmt."[219] Eine deskriptive Aussage mit normativen Inhalten könne inhaltlich wahr oder falsch sein, ebenso wie deskriptive Aussagen in Sachargumenten. Das faktische Bestehen solcher Normen und der sie begründenden Wertsetzungen zu prüfen, wäre eine Aufgabe der empirischen Sozialwissenschaften.

Nach Tetens fängt die deskriptive Lesart normativer Aussagen den eigentlichen Charakter der Schlüsse$_P$ nicht ein. Denn „ein Gebot, Verbot oder eine Erlaubnis [wird] ausgesprochen mit dem Ziel, dass wir uns entsprechend verhalten oder zumindest uns bemühen, es zu tun".[220] Diese zweite, normativ aufgeladene Lesart beruht auf einem wichtigen Kriterium, welches mit A 10 verzahnt und zentral für praktische Argumentationen$_P$ ist.[221] Wird auf praktische Argumentationen ein normativer Anspruch erhoben, müssen diese folgendes Kriterium erfüllen:

> K 06A (Prinzip der Selbstbezüglichkeit): Praktisches Schließen in bewusstseinszentrierter Lesart geht mit der Aufforderung einher, die normativen Aussagen der praktischen Argumentationen aus der erstpersonalen Perspektive zu prüfen und für *sich selbst (und ggf. andere)* als handlungsnormierende Regel abzuwägen. Man bezieht die argumentativ verhandelten Inhalte somit auf das je eigene Leben und/oder das Leben der anderen, durchaus konkreten Personen. Individuelle Schlüsse$_P$ werden dadurch in den Randbedingungen der jeweils individuellen Lebenssituation bzw. des Lebenskontextes verankert.

In praktischen Schlüssen ergibt sich ein gewisser Interpretationsspielraum, je nachdem wie stark der Selbstbezug innerhalb solcher Abwägungen$_I$ ausfällt. Dies hängt im Wesentlichen von der Rolle und dem Betrachtungsstandpunkt ab, die bzw. den die Argumentierenden im Realdiskurs einnehmen. Hier gilt es zwischen Formen der individuellen (etwa als NIMBY) und kollektiv-professionellen Orientierung$_E$ (etwa in der Funktion als Ethiker) zu unterscheiden.

Das Wissen argumentativ-praktischer Orientierung$_A$, kurz: Orientierungswissen, lässt sich vor diesem Hintergrund nicht einfach mit dem Sachwissen aus Erklärungen$_W$ oder dem Anwendungswissen aus Erklärungen$_I$ vergleichen. Wissenschaftliche Sacherkenntnis resultiert aus methodisch streng geregelten Argumentationspraxen und Prüfverfahren$_F$. Auch wenn in der Wissenschaftstheorie unterschiedliche Standpunkte darüber vertreten werden, inwiefern sich die Me-

219 Tetens 2004, S. 142.

220 Ebd.

221 Das in K 06A zum Ausdruck kommende Prinzip der Selbstbezüglichkeit wird sehr prominent und in vielen Facetten unter dem Schlagwort *Subjektivität* im deutschen Idealismus thematisiert. Systematisch diskutiert in: Wetzel 2001. Inwiefern sich das Denken im Allgemeinen und somit auch Argumentationen auf sich selbst beziehen (formal und inhaltlich), bespreche ich in philosophiehistorischer Absicht an anderer Stelle. Siehe Braun 2014, 242–249.

thodik je nach Disziplin real unterscheidet oder unterscheiden sollte, so gibt es einen Konsens über grundlegende Argumentationskriterien und Werte$_K$, in den Naturwissenschaften bspw. über das K 01A und den Wert der Systematizität$_W$. Die Begründung von Anwendungswissen wiederum erlaubt bereits eine größere Bandbreite an Argumentationskriterien, selbst wenn in allen Fällen die intersubjektive Reproduzierbarkeit gegeben sein sollte. Während Technikwissenschaften sehr stark an naturwissenschaftlichen Grammatiken$_W$[222] ausgerichtet sind, geht es in der Industrie und der Vielzahl anwendungsorientierter Gewerke vornehmlich um das K 01C. Im Fall argumentativ-praktischer Orientierung$_A$ hingegen gibt es generell große Differenzen in den Argumentationspraxen hinsichtlich ihrer methodischen Ansätze und Argumentationskriterien. Selbst deren systematischste Variante, die Ethik, zeichnet sich durch große Binnendifferenzen aus.[223] Dabei gibt es sehr unterschiedliche Positionen zur Frage, ob Orientierungswissen in einem ähnlichen Sinn wissenschaftlich *erzeugt* werden kann wie Sach- oder Anwendungswissen (als eine Art moralische Expertise$_P$).

Die ethische Orientierung$_E$ sollte daher eher als komplexe kollektive Handlung rekonstruiert werden (Abschnitt 2.4.1), wenn auch unter besonderer Berücksichtigung der Abwägungen$_I$. Jedoch werden sich nicht alle gesellschaftsorientierenden Rechtfertigungen anhand praktischer Argumentationen$_P$ beurteilen lassen, die konform zu den regelgeleiteten Prüfverfahren$_F$ der bekannten Ethiken rekonstruiert wurden. Insbesondere Abwägungen$_I$ zeichnen sich durch die Abwägungsautonomie der jeweils Urteilenden aus. Letztere wägen mit Blick auf K 06A die normative Aussage, die als Obersatz eines Schlusses$_P$ meist aus moralisch aufgeladenen Wendungen wie „man soll“, „man ist verpflichtet“ u. s. w.

222 Eine wissenschaftliche Grammatik strukturiert wesentlich den Argumentationsraum$_P$, in welchem sich das spezifische Denken einer Wissenschaftspraxis in theoretischer und praktischer Hinsicht bewegt. Um als Argumentationspraxis ausgeübt zu werden, bedarf eine solche Grammatik Grundbegriffen, Erkenntnisprinzipien und Argumentationskriterien, auf deren Grundlage die wissenschaftliche Sacherkenntnis entwickelt wird und kommuniziert werden kann. Aus subjektiver Sicht erschließt sich über die wissenschaftliche Grammtik der Erkenntnishorizont einer Disziplin. Dessen Grenzen werden leider nicht immer expliziert.

223 Die Ethik bezeichnet eine philosophische Disziplin, in der man sich systematisch-reflexiv mit dem gesamten Feld menschlicher Orientierungspraxen beschäftigt. Die Bandbreite reicht von Fragen der individuellen Orientierungssuche (Lebensphilosophie) über Fragen zum Mensch-Natur-Verhältnis (Natur- bzw. Umweltethik) bis zu Fragen des sozialen Miteinanders innerhalb von Gesellschaften (Moralphilosophie, also mit Fokus auf das sittliche Miteinander). Zudem wird die Ethik aufgrund zweier Antwortmodi in zwei Typen untergliedert: deskriptive Ethik (Ethik$_D$: Antworten, den individuell und kulturbedingten IST-Stand der Orientierung betreffend) und präskriptive Ethik (Ethik$_P$: Antworten, die Entwicklung gut begründeter Normen (bzw. NoS) betreffend). Weiterhin differenziert man – philosophiehistorisch bedingt – meist zwischen Begründungsweisen ethischer Normen (insb. Pflichten): der utilitaristischen, der deontologischen und der tugendethischen.

besteht, in besonderer Weise *für sich selbst (oder andere)* ab.[224] Man kann sich dabei moralisch verhalten, rational in Bezug zu einem nicht-moralischen NoS (Religionen, Wirtschaftstheorien etc.) oder irrational bezüglich vieler dieser Referenzsysteme.[225]

Die Rekonstruktion solcher Abwägungen$_I$ ist oft schon in den rationalen Varianten sehr kompliziert, wenn man die strukturelle Einbettung normativer Aussagen einbezieht: Letztere verweisen meist auf übergeordnete und umfassende Rechtfertigungszusammenhänge, bspw. im Rahmen eines (kulturbedingten) NoS (Ethik, Religion, Staatsideologie etc.). Dazu hebe ich drei Überlegungen hervor: *Erstens*, wird die Abwägungsautonomie und die Reichweite von K 06A im eigentlichen Akt praktischen Schließens durch eine Vielzahl an (komplexen) Sozialfaktoren beeinflusst (tradierte Handlungen, Sanktionsmechanismen etc.). Diese praktischen Eingriffe in die Abwägungsautonomie spiegeln sich im gesellschaftlichen Diskurs wider, etwa in Konflikten. Abwägungen$_I$ sind daher nicht wirklich von der sozialen Dynamik zu trennen, durch die praktische Argumentationen als Gründe$_R$ anerkannt werden. Dies lässt sich in folgender Annahme festhalten:

> A 14 (Faktum sozialer Anerkennungsverhältnisse): Argumentativ geführte Kommunikationen sind über die Menschen, die sie führen, in einer Vielzahl von Anerkennungsverhältnissen eingebettet. Diese bestehen insbesondere zu anderen Menschen und sozialen Gemeinschaften, aber auch zur Natur im Ganzen bzw. konkreten Naturwesen.

Es gilt, *zweitens*, dass es über den gesellschaftlichen Diskurs und dessen Anerkennungsdynamiken durchaus zur Einschränkung der je eigenen (Handlungs-)Freiheit, mitunter zur Veränderung individueller Wert- und Zielsetzungen und somit der normativen Obersätze kommen kann. Dies hat unterschiedliche Gründe: So werden nicht nur viele, sondern ebenso sich widersprechende Einzelinteressen im Diskurs miteinander vermittelt. Hier kann es zu kommunikativen Missverständnissen und zu Konflikten kommen. Wie am Energiediskurs nachvollziehbar ist, treten Konflikte vorzugsweise während der Etablierung neuer Technologien wie den eE auf, denn in diesen Phasen fehlen häufig Langzeiterfahrungen –

224 Es liegt ebenso daran, dass Abwägungen$_I$ im Sinn von individuellen praktischen Überlegungen nicht zwingend *monotonen Logiken$_F$* und deren Schlusskriterien entsprechen müssen. Siehe dazu Beisbart 2007, S. 42.

225 An dieser Stelle lohnt eine Eingrenzung des Begriffs des NoS: Ein Normensystem umfasst einen mehr oder weniger systematischen Zusammenhang an Wertaussagen, Prinzipien und Normen, die einen spezifischen Praxisbereich orientieren und regeln. Mithilfe dieser normativen Grammatik$_E$ können schlüssige Argumente zur Rechtfertigung von Rechten bzw. Pflichten aufgezeigt werden. Vgl. Birnbacher 2013, S. 66 f.

nicht nur aus technologischer Sicht, sondern auch aus der der anwendenden bzw. betroffenen Menschen. *Drittens*, muss beachtet werden, dass in vielen Fällen die Anerkennung von Interessen sich sowohl auf deren argumentative Rechtfertigung als auch auf die Personen bezieht, die für diese Interessen sprechen. Die sozialwissenschaftlich und -psychologisch sicherlich interessanten Aspekte dieser personenbezogenen Anerkennung sind keine Gegenstände dieser Studie.

Den dritten Gedanken ausklammernd definiere ich nun den Anerkennungsbegriff, auf den im weiteren Verlauf häufig zurückgegriffen wird.[226] Anerkennung dient als Oberbegriff für ein soziales Phänomen, das sich aus zwei Perspektiven beschreiben lässt: *Sozialempirisch betrachtet* handelt es sich im idealtypischen Fall um ein symmetrisches Wechselverhältnis zweier Menschen, durch die ideelle Konzepte realisiert, also in der Realität etabliert werden, im Alltag bspw. das des „Respekts“.[227] Anerkennung verlangt daher einen kognitiven Akt, die *An-Erkenntnis von etwas (Ideellem) als etwas (Gegebenem).*[228] So beruht die Geltung von Gesetzen oder Prüfnormen auf sozialen Anerkennungsbewegungen. Auch (ideelle) Werte$_K$ wie Freundschaft oder Liebe gehen mit wechselseitiger Anerkennung einher.[229] Anerkennung als soziales Phänomen beruht daher auch auf individuellen Haltungen und Handlungen sowie Überzeugungen$_S$. Die Formen ihrer sozialen Dynamik lassen sich daher gut aus einer *erstpersonalen Perspektive* als „Gestalten des Selbstbewusstseins“ rekonstruieren.[230] Anhand der Abfolge dieser Gestalten lässt sich die Konstitutionsbewegung nachzeichnen, durch die die erwähnten ideellen Gehalte wie Freundschaft in der Realität etabliert werden. Diese Bewegungen verlaufen in einem fortwährenden Wechsel zwischen asymmetrischer und symmetrischer Anerkennung. Der erste Fall spiegelt eine einseitige Form der Anerkennung wider (eine einseitige Freundschaft zum Beispiel), der zweite eine ausgeglichene und wechselseitige Anerkennung (die gegenseitige Liebe bspw.). Ich werde weiter unten darauf zurückkommen (Abschnitt 4.3.1).

226 Zur Einführung in diesen grundlegenden Begriff der Sozial- und Gesellschaftsphilosophie siehe Schmidt am Busch u. a. 2009 (und Siep 1979 (philosophiehistorische Perspektive)).

227 Düwell 2011, S. 124

228 Ebd.

229 Sehr umfangreich untersucht in: Honneth 2010.

230 Aus erstpersonaler Perspektive erweist sich Anerkennung im Grunde immer als ein hypothetischer Schluss zwischen dem ICH$_A$ und dem „Anderen“ – letztlich auf das Verhältnis des gemeinsamen Seins und Handelns. Philosophiehistorisch aufgearbeitet in: Honneth 2008 und Quante 2009.

3.2 Argumentationspraxis ethischer Rechtfertigung

Um die einleitenden, eher metaethischen Bemerkungen für eine Analyse praktischer Argumentationen fruchtbar zu machen, lohnt ein differenzierender Blick auf deren Verwendung im Alltagsdiskurs. Zunächst wird zwischen zwei Weisen des praktischen Argumentierens unterschieden, der kollektiven und individuellen Rechtfertigung. In Kapitel 3 stehen vor allem die Prüfverfahren$_F$ der kollektiven Variante im Fokus (die individuelle Variante erhält in Kapitel 5 größere Aufmerksamkeit). Im Anschluss an eine Überlegung aus Abschnitt 3.1 frage ich, wie Aussagen hinsichtlich ihrer „normative[n] Angemessenheit“ ethisch begründet werden.[231] Letztlich werden folgend die Kriterien skizziert, anhand derer sich in der ethisch ambitionierten Orientierung$_E$ die Anerkennung praktischer Argumentationen als rechtfertigende Gründe$_R$ manifestiert.

In der Ethik geht es explizit darum, die gesellschaftsspezifischen Anerkennungskriterien praktischer Argumentationen zu explizieren (Ethik$_D$) und auf dieser Basis kriteriengestützte Prüfverfahren$_F$ zur Bewertung von Haltungen und Handlungen vorzuhalten (Ethik$_P$). Mehr oder weniger zielen die meisten Ethiken inhaltlich auf eine systematische Entwicklung einer Moral$_E$[232] und zwar mit Blick auf die Werte$_K$ und Normen einer bestehenden Moral$_K$. Die Beschreibung von Moralen$_K$, die Entwicklung einer Moral$_E$ und die auf ihrer Basis gerechtfertigte Beantwortung von Orientierungsfragen können als die Kernaufgaben der ethischen Argumentationspraxis und somit auch als Orientierung$_E$ bezeichnet werden. Insofern stellt die ethische Argumentationspraxis besondere Anforderungen an Argumentierende. Was heißt das für den Energiediskurs?

Die ethisch motivierte Argumentation$_P$ von Leonie und Jan aus der Einleitung (Abschnitt 1.3.5, Abschnitt 1.3.6) kann als Beispiel zur Beantwortung herangezogen werden. Mit Blick auf Gründe$_E$ wird auf eine generalisierte Norm

---

231 Renn 1999, S. 74 f.

232 Moral stellt ein NoS im Sinn einer normativen Grammatik$_E$ dar, an deren Prinzipien, Werten und Vorschriften (Normen nebst abgeleiteten Pflichten und Rechten) sich das sittliche Miteinander einer sozialen Gemeinschaft orientieren sollte. Birnbacher 2013, S. 66 f. Im moralischen Denken erhebt man universalistische Geltungsansprüche. Zu unterscheiden sind zwei Moralformen: kulturbedingte Moralen (Moral$_K$), die historisch gewachsen sind und deren öffentlich bekannten Inhalte von Kulturraum und -zeit abhängen, und ethische Moralen bzw. Moralsysteme (Moral$_E$), die mit Blick auf Theoriebildungsprinzipien wie Widerspruchsfreiheit, Systematizität etc. konzipiert wurden. Moralen$_K$ erfüllen solche Theoriebildungsprinzipien nicht zwingend und erweisen sich selten reflexiv hinsichtlich ihrer Prinzipien. Dennoch haben sie einen gesellschaftlichen Anerkennungsprozess durchlaufen, wurden also über die Zeit mehr oder weniger konsensual etabliert (positiv-universeller Geltungsanspruch). Eine Moral$_E$ kann als Ideal expliziert und muss somit nicht mit sozial etablierten Moralen zupasskommen (abhängig von der Zielsetzung der jeweiligen Ethik).

verwiesen, nach welcher Abwägungen$_{\mathrm{I}}$ und Handlungen im Sinne des Klimaschutzes zu orientieren seien (beispielhaft ausformuliert im Klimaargument).[233] Für ein besseres Verständnis dieses Geltungsanspruches ist Folgendes zu beachten: Orientieren in ethischer Absicht verlangt, nach allgemeinen Normen und Werten des Handelns, also nach einer Moral im Sinn eines NoS zu fragen. Orientierungspunkte sind die Regeln, die sich aus jenen Normen und Werten ergeben. Man sucht dann nach intersubjektiv nachvollziehbaren Antworten der Art: Unter den Kontextbedingungen K_i handelt man in Situation S_j nach Norm N_k aufgrund der Rechtfertigung R_{ijk}. Wobei sich die Rechtfertigung auf Gründe$_{\mathrm{E}}$ bezieht. In AF 6 ist in Z 6.1.1 implizit eine solche Norm zu finden: Eine klimaneutrale Energiekultur wird als öffentliches Interesse betitelt, weil sich Staat und Gesellschaft dieses Ziel als moralisch verpflichtende Norm gesetzt haben. Die Verkürzung dieser ethischen Rechtfertigung – das Enthymem – zeigt sich daran, dass sich über die nachträgliche Rekonstruktion von Prämisse Z 6.1.1 ein großer Interpretationsspielraum eröffnet. Ein Rechtfertigungsbeispiel lautet:[234]

AF 7 (Ethische Rechtfertigung des Klimaarguments)

Z 7.1 *Prämisse 1: allgemeine normative Vorschrift (Obersatz)*
Die Gefährdung der Gesundheit von Menschen und die Schädigung der Umwelt sollen vermieden werden (als Norm von öffentlichem Interesse).

233 An dieser Stelle soll der Normenbegriff etwas präziser gefasst werden: Unter Norm versteht man eine *regelförmige Vorschrift*, auf die ein allgemeiner Geltungsanspruch erhoben wird. Siehe Ott 2018, S. 44 f. Die Rede ist hier von Geboten oder Pflichten, die befolgt werden sollen. Wobei „sollen" mit einem bestimmten Verständnis von Notwendigkeit einhergeht (Notwendigkeit$_{\mathrm{P}}$). Ich will zwei Bedeutungen unterscheiden: *Zum einen* kann gemeint sein, dass die Norm lediglich mit Blick auf bestimmte Zielsetzungen oder unter bestimmten Randbedingungen gilt. Also: Wenn man X erreichen will, sollte man Y tun. Kant nennt diese Normen hypothetische Imperative, andere reden von Klugheitsregeln im Sinne einer Art sozialen Klugheit. *Zum anderen* kann es aber auch um moralische Notwendigkeit gehen. Kant nennt diese mit Blick auf ein bestimmtes Verständnis kategorische Urteile/Imperative. Während die Handlungsnorm im ersten Fall lediglich geboten ist, um ein bestimmtes Ziel zu erreichen, gelten kategorische Normen universell, also in allen sozialen Kontexten. Eine detaillierte Aufgliederung dessen, was unter der Universalität moralischer Normen zu verstehen ist, findet sich in Birnbacher 2013, S. 38. Sie erscheinen bedingungslos geboten, also völlig unabhängig von den konkreten Zielen der Handelnden. Bebildert werden diese Normen meist mit unbestritten gesellschaftlichen Werten, deren Nichteinhaltung von allen Individuen abgelehnt würde (möglicher Kandidat: Tötungsverbot). Darin drückt sich ein universalistisches Moralverständnis aus, welches nicht unumstritten ist. Vertreter eines partikularen Moralverständnisses hingegen zeigen sich dafür offen, dass moralische Normen nur eine kontextualisierte Geltung beanspruchen können. Begründungsansatz: Für einen universalistischen Geltungsanspruch muss ein kontextübergreifendes Beweisverfahren geführt werden (dies versucht bspw. Kant mit Blick auf Bedingungen der Möglichkeit moralischer (Vernunft-)Urteile). Aus der Sicht der Partikularisten eine kaum lösbare Aufgabe. Nach ihnen ist es realistischer, von kulturbedingten Moralen auszugehen.

Z 7.2 *Prämisse 2: (Fall-)Beschreibung (konkreter Untersatz)*
Die klimawissenschaftliche Sacherkenntnis legt begründet dar, dass die anthropogenen Emissionen von THG[234.a] relevante Parameter des Klimasystems (atmosphärische THG-Konzentration, globale Durchschnittstemperatur etc.) gravierend beeinflussen. Dies hat eine derartige Änderung von Umweltbedingungen (Anstieg des Meerespiegels, Häufung von Extremwetterereignissen etc.) zur Folge, dass ohne geeignete Gegenmaßnahmen / -mittel mit einer zunehmenden Gefährdung von Menschen und einer Schädigung und Umwelt zu rechnen ist (Dürren, Überschwemmungen, Hungersnöte etc.).[234.b]

Z 7.3 *Konklusion: konkrete normative Schlussfolgerung (Konklusion).*
∴ Die Klimaneutralität der Energiekultur liegt – als geeignete Gegenmaßnahme – im öffentlichen Interesse der Gesellschaft.[234.c]

Unabhängig von der Auslegung der normativen Aussagen muss die deskriptive, faktische Aussage aus Z 7.2 als ein Schluss_D aus einer gesicherten Argumentation_W verstanden werden. Insofern lässt diese Sacherkenntnis kaum Interpretationsspielraum (siehe Abschnitt 2.5.3).[235] Die eigentliche normative Stützung der Konklusion Z 7.3 erfolgt über die allgemeine Vorschrift aus Z 7.1. Daher kann AF 7 in mindestens vier Weisen interpretiert werden:

Deskriptive Lesart: Wie in Abschnitt 3.1 erläutert, würde eine solche Interpretation nahelegen, dass die Konklusion nur eine Ableitung aus einer sozialempirischen und klimawissenschaftlichen Sacherkenntnis ist, also ähnlich AF 5. Entsprechend gelten dann die Kriterien des naturwissenschaftlichen Argumentierens Arg_W (v. a. K 01A). Jedoch wäre AF 7 dann kein Muster_K einer Orientierung_E, da kein normativer Anspruch erhoben und somit keine Form der Verpflichtung gerechtfertigt würde. Natürlich könnte auf die *Normativität des Faktischen* verwiesen werden. Dies würde aber eine Prämissenerweiterung verlangen. In dieser zusätzlichen Aussage Z 7.1' müsste in einem normativen Sinn bspw. ausgedrückt werden, dass man sich an die bestehenden Normen und

234 [234.a] Treibhausgase nennt man die Substanzen der Atmosphäre, die den Strahlungshaushalt der Erde durch Absorbtion, Umwandlung und Emission beeinflussen. Latif 2009, S. 57. Insbesondere die Emission in Richtung Erdoberfläche wird durch die Treibhausgase erhöht, wodurch eine Art von Treibhauseffekt bewirkt wird, der zu einer messbaren Erwärmung der Erdatmosphäre führt. Treibhausgase sind Gase wie Wasserdampf (H_2O), Kohlendioxid (CO_2), Ozon (O_3), Methan (CH_4) und Distickstoffoxid (Lachgas) (N_2O) sowie fluorierte Kohlenwasserstoffverbindungen. Vgl. ebd., S. 58. [234.b] Ausführlicher dargestellt in Braun und Baatz 2017, S. 867. [234.c] Neben der sogenannten Mitigation (Reduktion der THG) gibt es noch „Carbon Dioxide Removal (CDR, CO_2-Abscheidung), Solar Radiation Management (SRM, Erhöhung der planetaren Albedo), Anpassung (an klimatische Veränderungen) und Wiedergutmachung“. Ebd., S. 873.

235 Zu den Einwänden von Klimawandelskeptikern vgl. Roser u. a. 2013, S. 13–42.

Werte$_K$ halten solle. Aussage Z 7.1 würde zwar nun als deskriptive Aussage gelesen werden können, allerdings mit dem Wissen, dass implizit eine moralische Absicht transportiert wird, ein Gebot eines faktisch beschreibbaren öffentlichen Interesses. Dadurch verändert sich aber die Interpretation von AF 7 in eine normativ aufgeladene. Die anderen Interpretationen folgen von vornherein dieser zweiten, normativ-aufgeladenen Lesart von Argumentationen$_P$.

Naturalistischer Fehlschluss: In öffentlichen Äußerungen wird das ursprüngliche Enthymem zuweilen durch Verweis auf den verkürzten Schluss$_P$ von Z 7.2 auf Z 7.3 expliziert. Das würde einen naturalistischen Fehlschluss darstellen (Fehlschluss$_N$): In der klassischen Argumentationstheorie darf aus Prämissen, die rein deskriptiv interpretiert werden, nicht auf eine normativ interpretierte Aussage geschlossen werden.[236] Um eine solche Konklusion zu ziehen, muss mindestens eine der Aussagen normativ interpretiert werden und in einem inhaltlich vernünftigen Sinn (sound) die Konklusion stützen.[237] Ansonsten handelt es sich um eine rhetorische Täuschung$_{Rh}$. In den meisten Fällen „tun wir gut daran, implizite oder unausgesprochene Teile mitzudenken, zu erfragen oder nachsichtig zu ergänzen. Bei Prämissenergänzungen stellt sich allerdings immer auch die Frage, welche Prämissen wir zu Recht ergänzen können und dürfen."[238] Allerdings verweist die Frage, nach welchen Kriterien eine derartige Prämissenerweiterung vorgenommen werden soll, auf ein grundsätzliches Kriterium der Rekonstruktion (hier als Erweiterung von K 02M2):

> K 02CM1 (Prämissenerweiterung): Natürlichsprachliche Enthymeme müssen aufgrund ihrer inhaltlichen Unterbestimmtheit nach den Mustern klassischer Argumentationsfiguren rekonstruiert werden. Dazu werden geeignete Prämissen hinzugefügt, sodass eine inhaltlich schlüssige Argumentation entsteht. Dabei sollte nur die Menge an (versteckten) Prämissen expliziert bzw. hinzugefügt werden, die zum inhaltlich nachvollziehbaren Zusammenschluss der direkten Prämissen und der (direkten) Konklusion formal notwendig sind. „Formal notwendig" bedeutet: gemäß der jeweiligen Argumentationstheorie und der entsprechenden Grammatik$_W$. Die Rekonstruktion gilt als „inhaltlich schlüssig", wenn sie mit Blick auf den argumentativen Referenzkontext und dessen Argumentationskriterien vernünftig erscheint. Da durch die Wahl geeigneter Prämissen jedes Enthymem als formalgültige$_F$ und in vielen Fällen sogar als inhaltlich schlüssige Argumentation rekonstruiert werden könnte, bleibt die Frage nach *vernünftigen* Rekonstruktionskriterien auf dieser Ebene bestehen.[239] Je

236 Tetens 2004, S. 142 f.

237 Welche Bedeutung dem Kritierium „sound" zukommt, wird ausführlich in Lueken 2012 problematisiert.

238 Ebd., S. 115.

239 Siehe dazu Bayer 2007, S. 71–85 und L. Kolmer u. a. 2008, S. 81 f., 111, 131. Das gilt im Übrigen auch für alle Fehlschlüsse, wie Gregor Betz schreibt: „ Fehlschlüssige Argumente können immer

> nachdem, welchen Referenzkontexten diese Kriterien entstammen, können Argumentationen als schlüssig (sound) erscheinen oder auch nicht. Beispielhafte Kriterien lauten: Die hinzugefügten Prämissen müssen als „authentische Stellungsnahmen" des Sprechers gelten können oder sollten ihrerseits im Referenzsystem „konsistent begründet" werden können.[240] Man sollte daher Prämissen nicht einer Autorin oder einem Sprecher in „den Mund legen".

Letztlich bietet jede Prämissenerweiterung eine umfassende Interpretationsfreiheit (v. a. die nachträgliche Rechtfertigung normativer Argumentationspunkte).[241]

Autoritäts- bzw. Quellenargument: Eine weitere Interpretation ergibt sich, wenn AF 7 anhand einer alternativen Überlegung rekonstruiert wird:

> Die Wissenschaft gibt uns Recht: Über 26.000 Wissenschaftler*innen im deutschsprachigen Raum bestätigen, dass unser Anliegen berechtigt ist. Dazu haben wir folgende Forderungen aufgestellt. Wir fordern von der Politik nicht mehr als die Berücksichtigung wissenschaftlicher Fakten.[242]

Um hier einen Fehlschluss$_N$ zu umgehen, müsste zusätzlich eine übergeordnete Prämisse mit folgendem Inhalt eingeführt werden: Es liegt im öffentlichen Interesse, dass Politiker in ihren Entscheidungen wissenschaftliche Realerkenntnis$_W$ *immer* berücksichtigen und diesen *in der Regel* folgen (was auch immer dies im Einzelnen bedeutet). Wenn sich jedoch im Vorfeld mit den Argumentationen$_W$ nicht kritisch auseinandergesetzt wurde (vgl. Abschnitt 2.5.3), führt diese Prämisse zu einer Art Autoritätsargument. In Autoritäts- oder Quellenargumenten wird eine formal gültige Konklusion hergestellt, indem durch den Verweis auf eine Autorität bzw. eine Quelle – etwa natürliche Personen, Institutionen oder auch Kulturprodukte wie Schriften etc. – die Wahrheit der These gestützt werden soll. Implizit wird darin die verallgemeinerte Aussage mitgedacht (moderate Auslegung), dass Aussagen der Autorität oder Quelle *der Regel nach* schlüssig sind.[243] Inhaltlich schlüssig erweisen sich solche Argumentationen jedoch nur,

---

‚repariert' werden, indem entweder neue Prämissen hinzugefügt oder alte Prämissen modifiziert werden. Auch die Modifikation der Konklusion kann aus einem fehlschlüssigen ein gültiges Argument machen." Betz 2016, S. 120.

240 Siehe Tetens 2004, S. 41–45.

241 Eine zweite, eher sprachwissenschaftliche Herausforderung ergibt sich mit Blick auf die Differenz zwischen natürlichsprachlichen Argumentationen und sprachgrammatikalischen Schemata. Auch hier läuft man Gefahr, sich in der Rekonstruktion an idealisierten Referenzkontexten zu orientieren, etwa dem regelhaften Sprachgebrauch der jeweiligen Hochsprache. Vor allem bei NIMBY-Argumentationen kann es sich als sehr hilfreich erweisen, unter die sprachliche Oberfläche in die *umgangssprachlichen Bedeutungsgefüge* einzutauchen, die in den lokalspezifischen Kontexten eigentlich angesprochen werden. Siehe zudem L. Kolmer u. a. 2008, S. 114 f.

242 So auf der Homepage von FFF: https://fridaysforfuture.de/ (Stand: 19.08.2021).

wenn der Verweis auf die Quelle bzw. Autorität im Kontext$_L$ vernünftig erscheint. Vernünftig heißt im positiven Beispielfall von Experten, dass diese auch wirklich Expertise$_P$ besitzen, also A 12 und A 13 gelten. Jedoch kann ein Autoritätsargument auch eine naive Auslegung des Meisterschaftsarguments darstellen, wenn den Aussagen der Autorität *blind* – ohne argumentative Prüfung – vertraut wird (starke Auslegung).

Ethische Expertise$_P$: Der Sonderfall des Autoritätsarguments, die Rechtfertigung durch den Verweis auf Expertise$_P$, legt nahe, dass klare Kriterien existieren würden, durch die eine solche ethische Expertise$_P$ beurteilt werden könnten. Alternativ kann behauptet werden, dass es so etwas wie sichere Orientierung$_E$ und somit Orientierungswissen gebe. Aus argumentationsphilosophischer Sicht geht es weniger darum, ob ein solcher Schluss$_P$ den Kriterien formaler Gültigkeit genügt. Wesentlicher erscheint, dass dieser offensichtlich die Kriterien einer konkreten Ethik so erfüllt, dass er aus normativer Perspektive schlüssig klingt. Welche Kriterien dies genau sind, ist in der wissenschaftlichen Ethik nicht unumstritten. Folgend wird ausgehend von der Laien-Experten-Differenzierung dieser Überlegung nachgegangen, um einschlägige Kriterien vernünftiger Orientierung$_E$ vorzustellen und deren Reichweite auszuloten.

3.3 Anthropologische Apekte ethischer Orientierung

Anfangs hebe ich nochmals hervor, dass Orientierung$_E$ eine spezielle Form gesellschaftlicher Orientierung$_A$ darstellt. An ethisch gerechtfertigten Normen können Argumentierende ihren Standpunkt – nach dem Bild eines Kompasses – am Magnetfeld der jeweiligen Ethik bestimmen. Das heißt, dass mit ethischen Argumentationen$_P$ neben den Rückschlüssen aus den je eigenen Abwägungen$_I$ eine weitere argumentative Orientierungsquelle zur Verfügung steht. An ihnen kann der eigene Standpunkt geprüft und dadurch ggf. eine zur jeweiligen Ethik konforme Überzeugung$_S$ entwickelt werden. Unbeantworten blieb bisher, inwiefern solchen ethisch-systematischen Argumentationen$_P$ ein besonderer Stellenwert im Sinn einer Orientierungsexpertise zugesprochen werden kann. Hierzu lohnt ein Exkurs zur Abgrenzung zwischen den Begriffen Akzeptanz$_F$ und Akzeptabilität$_{TE}$.

Bereits in F 01 wurde in Anlehnung an das ursprüngliche Forschungsprojekt gefragt, welche Gründe$_A$ gegen eine Akzeptanz$_F$ von Windkraft sprechen. Al-

243 Schleichert 1997, S. 43 f., Lueken 2012, 112 f, für Beispiele vgl. L. Kolmer u. a. 2008, S. 202–206.

lerdings setzen diese und die im Anschluss daran gestellten Fragen bereits ein spezielles Verständnis faktischer Akzeptanz$_F$ voraus: Im Alltag bedeutet Akzeptanz nach einem sehr anspruchslosen Verständnis: Eine Person P akzeptiert X, wenn sie im Kontext K_i faktisch nichts gegen X unternimmt und (argumentativ) einwendet. Die Bandbreite innerhalb der Gruppe dieser Personen reicht von denjenigen, die X ohne ein öffentlich kommuniziertes Bedenken einfach hinnehmen bzw. dulden (aus Bequemlichkeit, aufgrund von sozialem Druck etc.), bis zu denjenigen, die X aktiv befürworten und (praktisch) befördern oder unterstützen (Proponenten).[244]

Für die Realisation von Infrastrukturprojekten wie Windparks reicht aus politischer Sicht meist das Vorhandensein dieser faktischen Akzeptanz$_F$ einer gesellschaftlichen Mehrheit aus. Aus sozialwissenschaftlicher Sicht wird nun davon ausgegangen, dass bestimmte Faktoren diese gesellschaftliche Akzeptanz bedingen und diese zudem stimuliert werden können (vgl. dazu A 02). Allerdings zeigen sich die Argumentationen$_P$ in demokratischen Prozessen, über die sich die Akzeptanz$_F$ ausdrückt, häufig unterbestimmt hinsichtlich solcher Einflussfaktoren. In wissenschaftlichen Orientierungstheorien ist nicht ganz klar, welche Quasimechanismen in dieser „Blackbox" der Akzeptanzgenese wirken. Sie wird deshalb durch entsprechende anthropologische Modelle gefüllt, die durch kommunizierbare, teilweise sogar messbare Einflussfaktoren gekennzeichnet sind.[245] Auch die Ansätze ethischer Orientierung$_E$ greifen auf ein anthropologisches Modell zurück. Dessen Kerngedanken lautet (vgl. A 06, A 07 und A 08): Menschen orientieren sich an ethischen Gründen$_E$, die sie zur Orientierung$_A$ kollektiver Handlungen untereinander kommunizieren (siehe Abschnitt 2.2.2). Jede Ethik spiegelt ein mögliches NoS solcher guten Gründe$_E$ wider. Was folgt daraus für den Akzeptanzbegriff?

Setzt man das genannte Modell voraus, erscheint die gegebene Definition rein faktischer Akzeptanz$_F$ zu breit. Das erste Problem ergäbe sich, wenn Akzeptanz lediglich als Duldung interpretiert wird (man nimmt X ohne aktive Ablehnung oder Gegenargumentation einfach hin). Es wäre also möglich, eine wie auch immer gerechtfertigte Handlungsorientierung zwar zu billigen, aber die Rechtfertigung nicht für plausibel oder gar ethisch schlüssig zu halten. Argumentationstheoretisch lassen sich derartige Abwägungen$_I$ durchaus rekonstruieren, indem diese Akzeptanzhaltung über eine Prämissenerweiterung durch zuvor

244 Hübner 2013, S. 112 und Meyer 2019, S. 47.

245 Gundula Hübner vertritt bspw. diesen Ansatz: „Akzeptanz wird hier definiert als ein Spektrum der Duldung bis zur aktiven Unterstützung von Projekten, die sich in Einstellung, Verhaltensbereitschaft (Intention) sowie dem tatsächlichen Verhalten äußert […]." Hübner 2013, S. 112.

versteckte, aber normativ aufgeladene Prämissen formal und inhaltlich schlüssig wird. Im Energiediskurs auf lokaler Ebene finden sich Beispiele wie „um des Familienfriedens willen“, „der Streit im Dorf soll aufhören“ etc. Aus ethischer Sicht wäre also das Vorliegen von Akzeptanz$_F$ unzureichend, solange nicht die argumentativen Gründe$_P$ für die Haltung kommuniziert oder ersichtlich werden.[246] Vor allem in Bezug zu A 07 macht es keinen richtigen Sinn, eine Handlungsorientierung „grundlos“ zu billigen, also lediglich die handlungsorientierende Konklusion mitzutragen, aber die passende Rechtfertigung nicht zu verstehen oder sogar abzulehnen. Letztere muss dem Akzeptanzsubjekt *schlüssig* sein, um im Sinn ethischer Orientierung$_E$ *vernunftgemäß* zu handeln.

Wie in Abschnitt 1.3.4 schon angesprochen wurde, steht das anthropologische Modell ethischer Orientierung$_E$ in einem Spannungsverhältnis zum oft rhetorisch geführten Meinungskampf (Abschnitt 2.2.2), der die alltägliche Orientierung$_A$ innerhalb der Gesellschaft prägt. Dort finden sich unterschiedliche Argumentationspraxen, die man grob nach drei Typen unterscheiden kann. *Analytisch-deduktive Argumentation:* Ein sehr analytisch denkender Mensch wird von vornherein über Orientierungsfragen derart räsonieren, dass sich die Rechtfertigungsleistung der schlussendlichen Orientierungsantwort aus einer regelhaften (meist deduktiven) Herleitung$_D$ ergibt. Hier gleicht der praktische Schluss einem praktisch-deduktiven Argument (regelhaft-deduktive Abwägung$_I$). *Assoziative Argumentation (Arg$_A$):* Viele Menschen räsonieren über Orientierungsfragen eher *subjektbezogen*. Die Rechtfertigungsleistung der schlussendlichen Orientierungsantwort ergibt sich meist daraus, dass die Verknüpfung zu subjektbezogenen Eigenschaften (etwa Emotionen) *assoziativ überzeugt*, indem die einzelnen Argumentationsschritte für andere Vernunftsubjekte und somit intersubjektiv nachvollziehbar sind (selbst erlebbar oder zumindest vorstellbar etc.). Hier gilt: ein praktischer Schluss erfolgt über subjektassoziertes Argumentieren im Sinn einer idiosynkratischen Abwägung$_I$. *Zusammenhanglose Aussage:* Einige Menschen beantworten Orientierungsfragen sehr spontan oder zeigen in ähnlichen Kontexten eine Sprunghaftigkeit, die keine nachvollziehbare Argumentation erkennen lässt (und somit keine Begründungsstruktur). Derartige Orientierungsantworten basieren aber dennoch auf der limitiertesten Haltung, die in demokratischen Diskursen gerade noch akzeptiert wird (obiger Grundtenor): eine Meinung ohne oder mit unschlüssiger Rechtfertigung vertreten zu können (K 09). Derartige Aussagen entziehen sich der argumentationstheoretischen Rekonstruktion. Dis-

246 Armin Grunwald diskutiert in diesem Zusammenhang drei wesentliche Folgeprobleme, wenn politische Entscheidungen lediglich an der (volatilen) Akzeptanz$_F$ ausgerichtet werden: Extrapolations-, Stabilitäts- und Aggregationsproblem. Siehe Grunwald 2005, 55–56.

kursteilnehmende, die sich dauerhaft argumentativ nicht nachvollziehbar oder unplausibel äußern (oder sogar handeln), stellen sukzessive selbst ihre Argumentationskompetenz infrage und erfüllen dadurch eine der wichtigen Bedingungen sozialer Anerkennung nicht mehr.[247]

Ethische Orientierung$_E$ hebt auf Rechtfertigungen ab, die im Wesentlichen dem ersten Typ und bedingt zudem dem zweiten Typ entsprechen. Da aus dem Vorliegen purer Akzeptanz$_F$ nicht pauschal geschlossen werden kann, dass diese aus einer der beiden Argumentationspraxen hervorging, grenzt man in der ethischen Orientierung$_E$ – insbesondere in der Technikfolgenabschätzung – faktische Akzeptanz$_F$ vom Kriterium der *Akzeptabilität*$_{TE}$ ab. Letztere wird als ein normierendes Ideal konzipiert, nach welchem reale Argumentationen$_P$ beurteilt werden (können).

> K 01D (Akzeptabilität): Ethische Akzeptabilität kann, muss aber nicht mit (rein) faktischer Akzeptanz$_F$ zusammenfallen. Vielmehr muss die Akzeptabilität einer Handlung oder normativen Aussage *X* an konkreten Argumentationskriterien und über konkrete Gründe$_E$ aufgezeigt werden, die sich kohärent zu einem ethischen NoS erweisen (etwa zu den Prinzipien und Normen einer Moral$_E$ oder einer tadierten Moral$_K$).[248] Ist *X* derart *rational* und *intersubjektiv* ethisch nachvollziehbar, wird es als akzeptabel bzw. ethisch rechtfertigbar angesehen. Systematisch wird diese Überlegung in der Technikfolgenabschätzung verwendet, um das Spannungsverhältnis zwischen Nutzen und Lasten bzw. Risiken auszuloten, welches grundsätzlich in der Anwendung jeder „Technik" besteht.

In Bezug auf Realdiskurse ist das Akzeptabilitätskriterium mit Schwierigkeiten behaftet, die zugleich Aufschluss für die Frage nach ethischer Expertise$_P$ geben. Am Spannungsverhältnis zwischen Laien und Experten in ethischen Fragen lassen sich nach Grundwal drei Schwierigkeiten hervorheben:[249] *Erstens* erweisen sich ethisch idealisierte Argumentationen$_P$, die Experten als Muster$_K$ der Akzeptatbilitätsanalyse dienen, häufig als zu *schematisch*. NIMBYs scheint es nach ihnen nicht nur in der Beurteilung der Sachlagen an methodisch *akzeptablen Argumenten* zu mangeln, sondern auch in ihren Rechtfertigungen an ethischer Professionalität. Allerdings fangen die ethisch akzeptablen Argumentationen$_P$ die normativ aufgeladenen Enthymeme der Laien nicht immer ein. Die Akzeptabilitätsprüfung mit Blick auf derartig standardisierte Argumentationsfiguren wirkt aus Proponenten-Perspektive entsprechend hölzern oder steif (vgl. Abschnitt 2.4.2).[250]

---

247 Siehe Grunwald 2005, S. 56.

248 Vgl. ebd., S. 55 sowie Meyer 2019, S. 47 f.

249 Vgl. Grunwald 2005, S. 56 und Abschnitt 2.4.3.

Zweitens laufen ethische Beurteilungen von (lokalen) Orientierungsdiskursen Gefahr, dass das eigentliche Orientierungsproblem verdeckt wird, da die Ausgangsargumentation in einem *rationalitätstheoretischen Sinn dekontextualisiert* wird.[251] Denn letztlich sagen Ethikexperten so etwas wie: „Vor dem Hintergrund des ethischen NoS E – deren Moral_E als neuer Referenzkontext herangezogen wird – wäre $\text{Argumentation}_\text{P}$ X nur dann argumentativ schlüssig, wenn dieses und jenes Beachtung finden würde." Vor allem die hinter einem Enthymem stehenden idiosynkratischen $\text{Abwägungen}_\text{I}$ werden durch diese Adaption im Sinn ethischer $\text{Kohärenz}_\text{LS}$ oft ihrem ursprünglichen Rechtfertigungskontext entzogen werden. NIMBYs, die gegen einen Windpark aufgrund erhöhter Waldbrandgefahr argumentieren, geht es nicht zwingend um eine objektive Risikoabschätzung im Vergleich zu anderen Gefahrenquellen (etwa Zigarettenstummeln, Grillplätzen etc.), wie sie bspw. Versicherungen vornehmen. Vielleicht steht eher die kontextualisierte Abwägung_I auf die Frage im Vordergrund, welche dieser Gefahrenquellen die Person für sich oder die Dorfgemeinschaft für akzeptabler hält. Eine technikethische Akzeptabilitätsanalyse, die lediglich ein Brandrisiko gegenüber anderen vor der Kontrastfolie einer spezifischen Moral_E oder Moral_K fokussiert, würde hier nur weiterhelfen, wenn sie sich ernsthaft in die Referenzkontexte solcher $\text{Abwägungen}_\text{I}$ hineindenken würde.

3.4 Erkenntnis- und Begründungsprobleme ethischer Expertise

Die beiden in Abschnitt 3.3 beschriebenen Schwierigkeiten verschärfen sich dadurch, dass sich die ethische $\text{Expertise}_\text{P}$ und somit $\text{Orientierung}_\text{E}$ nicht durch eine bessere Erkenntnis einer Art „moralischen Realbildes" auszeichnet. Daher kann man mit Verweis auf den naturalistischen $\text{Fehlschluss}_\text{N}$ und die Begründungsprobleme eines ethischen $\text{Realismus}_\text{E}$[252] NIMBYs einen Mangel an normativer Realität nur in einem schwachen Sinn vorwerfen: In ihren $\text{Argumentationen}_\text{P}$

250 „Standardisiert" steht hier in Abgrenzung zum moralischen Universalismus. Ersteres meint, dass die rechtfertigenden Argumentationsfiguren in vielen $\text{Kontexten}_\text{L}$ zutreffend sind und daher in standardisierten $\text{Prüfverfahren}_\text{F}$ eine generelle Anwendung finden. Vgl. dazu Fußnote 233 und Gottschalk-Mazouz 2000a, 30 (Fn. 1).

251 Vgl. zu dieser auf Grunwald zurückgehenden Überlegung Meyer 2019, S. 53.

252 Der ethische $\text{Realismus}_\text{E}$ unterstreicht die ontologische Unabhängigkeit von Werten. In der starken Variante wird diesen eine grundsätzlich von den menschlichen Vermögen unabhängige Existenz zugesprochen, in der schwachen sind Letztere nicht vollständig auf diese Vermögen zurückführbar. Quante 2017, S. 93. Werte_K sind daher entweder als raum-zeitliche Dinge oder (nahe liegender) als evaluative Eigenschaften im Rahmen (komplexer) Sachverhalte in der Welt vorhanden und uns somit in der Wahrnehmung (vor-)gegeben. Vgl. ebd., S. 96. Die eigentlich

widersprechen sie allenfalls historisch tradierten oder politisch legitimierten Werten und Handlungsprinzipien (ob bewusst oder unbewusst). Die floskelhafte Ermahnung zu mehr „Realitätssinn" liefe letztlich auf eine Spielart des Autoritätsarguments hinaus, entweder „Die tradierte Praxis verlangt X, daher gilt X!" (a) oder „Die Mehrheit will (immer noch) X!" (b). Option a verlangt eine doktrinäre Auslegung von Traditionen. Die Frage nach Akzeptanz$_{F}$ oder Akzeptabilität$_{TE}$ wird nicht gestellt oder ist sekundär. Option b verlangt hingegen ein adäquates politisches Legitimationsverfahren, welches ich am Beispiel westlicher Demokratien kurz als Kriterium skizziere:

> K 09 (Befreiung von argumentativer Rechtfertigungspflicht (demokratische Wahl)): In demokratischen Verfahren wird im Rahmen gesellschaftlicher Orientierung$_{A}$ jede idiosynkratische Abwägung$_{I}$ über die Stimmabgabe – also die Wahl einer der vorgegebenen Optionen – als *Ausdruck der persönlichen Abwägungsautonomie* anerkannt. Im Wahlrecht ist damit eine sehr spezifische Vorstellung von Abwägungsautonomie verankert: Idiosynkratische Abwägungen$_{I}$, die die jeweilige Wahlentscheidung orientieren, müssen keineswegs intersubjektiv-argumentativ rechtfertigbar sein.[253] Es wäre sogar möglich, wider den besseren Argumenten gegen tradierte Werte$_{K}$ oder wissenschaftliche Realerkenntnis$_{W}$ zu stimmen, wenn diese Optionen, vertreten durch eine Partei, zur Wahl stünden.

In den politischen Orientierungsdiskursen demokratischer Gesellschaften schwankt man im Umgang mit dieser Freiheit (F$_{W}$) zwischen uninteressierter Akzeptanz$_{F}$ einerseits und der rhetorisch ambitionierten Manipulation der Meinungsbildung andererseits – darin liegt die *dritte Schwierigkeit*.[254]

Natürlich akzeptieren auch Experten ethischer Orientierung$_{E}$ diese spezielle Befreiung von einer politischen Rechtfertigungspflicht, insofern sie demokratisch eingestellt sind.[255] In Kontrast dazu wird über K 01D dennoch eine implizite Verpflichtung zur argumentativen Rechtfertigung vorausgesetzt, der auf politischer

---

Wertwahrnehmung ist im Realismus$_{E}$ daher kein rein subjektives Konstrukt. Vgl. Quante 2017, S. 96 f.

253 Siehe Braun 2018, S. 33–36. Grunwald schreibt dazu: „Niemand muss vor einem Wahlgang oder in der Teilnahme an der öffentlichen Meinungsbildung einen Rationalitätstest bestehen. Inkonsistenzen in der Lebensführung sind kein Hemmnis zur Ausübung staatsbürgerlicher Rechte – auch wenn offensichtliche Inkonsistenzen die Glaubwürdigkeit in Argumentationssituationen unzweifelhaft herabsetzen." Grunwald 2005, S. 56.

254 Auf die Diskussion, wie man in (westlichen) Demokratien mit dem zweiten Extrem umzugehen hat, und ob darin die Gefahr einer Erosion von wichtigen Grundwerten liegt, kann an dieser Stelle nicht weiter eingegangen werden. In der Analyse aktueller Realdiskurse bemüht man bspw. die metaphorischen Erklärungsansätze „Filterblasen" oder „Echokammern", um die teilweise radikale Abwendung von bisher unumstrittenen Wertsetzungen zu erklären. Zum Klimadiskurs untersucht in: Häussler 2019.

255 Siehe Ott 2003, S. 43.

Ebene spätestens die (gewählten) Parteien nachkommen sollten. Im Anschluss an die anthropologischen Ideale ethischer Orientierung (A 06, A 07, A 08) lässt sich diese als die Kernbestimmung des (argumentativen) *Ethos* bezeichnen, das sich über eine spezifische Haltung in zahlreichen Argumentationspraxen des Gesellschaftsdiskurses ausdrückt.[256] Als Kriterium formuliert besagt sie:

> K 04B (Begründungspflicht): Sachbezogene Begründungen oder ethische Rechtfertigungen erreichen nur diejenigen, die die Grundhaltung vertreten, dass individuelle und kollektive Orientierung durch argumentative Verfahren nach Kriterien (bspw. Akzeptabilität$_{TE}$) erfolgen sollte und es der Anerkennung dieser Kriterien durch die Diskursteilnehmenden sowie deren proaktiver (Selbst-)Verpflichtung, jene Kriterien im Argumentieren einzuhalten, bedarf.[257] Diejenigen, die diese Haltung implizit oder explizit nicht teilen, werden sich durch keine übergeordnete Argumentation und kein kriterienkonformes Begründungs- oder Rechtfertigungsverfahren überzeugen lassen. Denn durch die Ablehnung der Selbstverpflichtung verschließen sie sich grundsätzlich der begründeten Argumentation bzw. dem „argumentativen Ringen" um gute Gründe$_G$.

Man geht also in den meisten Ethiken davon aus, dass vernünftige Menschen sich in ihrem Handeln auf gute Gründe$_G$ beziehen und deren Begründungen argumentativ kommunizieren, selbst wenn sie die Freiheit haben, beides nicht zu tun. Aber nur, wenn sich diese Gründe$_G$ aus einem ethischen NoS ergeben, handelt es sich ebenso um ethische Gründe$_E$.

Nun zeigt ethische Orientierung$_E$ eine Tendenz zu einer eigenen Form „objektivierenden Argumentierens" (vgl. zum Objektivismus$_W$ Fußnote 160). Aus Sicht des ethischen Objektivismus$_E$ gilt, „dass ethische Aussagen sich nicht übersetzen lassen in Aussagen, in denen nur die Interessen empirischer Subjekte vorkommen".[258] Der Geltungsanspruch ethischer Orientierung$_E$ beruht stattdessen auf „allgemeinen und universal geltenden Strukturen" der prakti-

256 Ursprünglich hatte das altgriechische „ethos" die Bedeutung der heutigen Begriffe Sitte, Gewohnheit, Chrakter bzw. die Art und Weise, wie man sich üblich verhielt. Honnefelder 2011, S. 508. Heutzutage spricht man in Anlehnung an die letzte Bedeutung von Ethos, wenn es um eine spezifische normative Einstellung in einem Berufsfeld geht. Als Beispiel wird oft auf den „ärztlichen Ethos" verwiesen, den es im Behandeln von Erkrankten oder in der Erforschung von Krankheiten einzuhalten gilt. Die angesprochene normative Einstellung muss aber nicht zwangsläufig in einer Ethik festgehalten sein. Vielmehr leitet sich das Berufs- oder Funktionsethos aus der tradierten und meist auch gelebten Moral$_K$ dieser Handlungsfelder ab (bspw. der Medizin). Für die Benennung eines Berufs- oder Funktionsethos sind also die Normen maßgeblich, die von den entsprechenden Handelnden in ihrer spezifischen Praxis normalerweise realisiert werden. In einigen Bereichen wurde daher versucht, sich auf ein festes NoS zu einigen (bspw. auf Vereinbarungen zur „guten wissenschaftlichen Praxis" oder den „hippokratischen Eid").

257 Vgl. Habermas 2009c, S. 142 f. und Eemeren, Garssen u. a. 2014a, S. 542.

258 Quante 2017, S. 75.

schen oder auch moralischen Vernunft, die sich im argumentativen Denken jedes Menschen und in entsprechenden Handlungen aufzeigen lassen (wenngleich nicht müssen).[259] Diese Strukturen werden in Form eines NoS, genauer: einer Grammatik$_E$ ethischen Handelns festgehalten und bilden den Kern der Moral$_E$ der jeweiligen Ethik.[260] Flankiert wird der Objektivismus$_E$ von dem Gedanken, dass sich die ethisch-objektive Argumentationspraxis und somit auch die von (Ethik)-Experten entwickelten Argumentationen$_P$ vor denen der Laien auszeichnen. In dem Maße, in dem eine Grammatik$_E$ der moralischen Vernunft oder gar eine kulturtranszendente Orientierung$_E$ aufgezeigt werden kann, wird für das ethische Argumentieren (Arg$_E$)

> ein Fundament gewonnen, welches strikte intersubjektive Geltung sowie interkulturelle und intertemporale Invarianz gewährleistet. Weil die nicht-empirische Grundstruktur rationaler Subjektivität weder individuell noch kulturell oder durch die jeweilige Lebensform bedingt ist, können ethische Ansprüche, die auf ihr basieren, nicht zurückgeführt werden auf empirische Interessen endlicher Subjekte.[261]

Im Objektivismus$_E$ kehrt somit das Superparadigma$_{HD}$ der Theoriebildung (Abschnitt 2.4.2) in einer sehr anspruchsvollen Auslegung wieder. Weiter oben wurden bereits Zweifel daran angemeldet, ob in diesem objektiven Sinne fundamentale Gründe$_E$ herausgearbeitet und vor allem mit Gewissheit$_A$ begründet werden können (Abschnitt 2.4.3 und Abschnitt 2.5.2).[262] Für diese Studie ergibt sich aus dieser begründungstheoretischen Skepsis hinsichtlich einer infallibilistischen Orientierung$_E$ folgende Annahme:

> A 15 (Begründungslast überzogener Geltungsansprüche): Der Wunsch vieler aktiver Proponenten, für eine absolut geltende Pflicht zur Umsetzung der Energiewende zu argumentieren, ist nicht erfüllbar, weil die dazu notwendige Moral$_E$ nicht entwickelt werden kann. Denn die damit einhergehende Begründungslast kann aus erkenntniskritischer Sicht nicht erbracht werden.[263]

259 Quante 2017, S. 75.

260 Eine ethische Grammatik$_E$ strukturiert den Argumentationsraum$_P$, in welchem sich das orientierende Denken einer spezifischen Ethik bewegt. Eine solche Grammatik umfasst das NoS, auf deren Grundlage ethische Orientierung$_E$ entwickelt wird und eine besondere Argumentationspraxis eingeübt werden kann. Aus subjektiver Sicht erschließt sich über die Grammatik$_E$ die spezifische praktische Vernunft und das der jeweiligen Moral$_E$ gemäße Handeln.

261 Quante 2017, S. 75.

262 Siehe Williams 1985, 25–33, Mertens 2011, 1121–1123 und Birnbacher 2013, 354–405. Insbesondere die Begründungsverfahren solch fundamentaler Ansätze bilden eine geeignete Angriffsfläche für den Rechtfertigungsskeptiker. Dieser führt jene ad absurdum, ohne selbst absolute Geltungs- und Gewissheitsansprüche zu erheben. Siehe Heidemann 2007, 1–7 und Mertens 2011, S. 1123 f.

263 Auf Elemente von Moralen im Sinne der Moral$_K$ werden Geltungsansprüche durchaus unabhängig von ihrer Begründung erhoben.

Dennoch prägt der Objektivismus$_E$ die ethische Argumentationspraxis heutzutage. Dabei geht es weniger um die extremen Varianten, die bis zu einer formalistisch überzogenen Anwendung einer solchen Grammatik$_E$ in einer „Moral Machine" reichen.[264] Im Mittelpunkt stehen eher die Ansätze, nach denen ethische Rechtfertigungen (und Beurteilungen) von Handlungen und Überzeugungen$_S$ auf einer eineindeutigen Operation$_L$ und weniger auf diskursiven Argumentationspraxen beruhen.[265] Parallel zum Fall (sach-)wissenschaftlicher Argumentationen$_W$ findet sich hier die Vorstellung, dass ethische Argumentationen$_P$ und die darin enthaltenen Schlüsse$_P$ irgendwie *notwendig* gelten. Praktische Notwendigkeit$_P$ ergibt sich über die Einsicht$_A$ in Gründe$_G$. Als Vernunftwesen scheint der Mensch förmlich gezwungen, gemäß einem guten Grund$_G$ zu handeln. Allerdings ist dies nur ein rationaler Schein, weil der autonome Mensch sich dieser Notwendigkeit entziehen kann, ohne zugleich als unvernünftig zu gelten. Eine solche Handlung entgegen guten Gründen$_G$ kann vielmehr ein Ausdruck seiner Abwägungsautonomie sein. Praktische Notwendigkeit$_P$ steht damit in einem Spannungsverhältnis zur logischen Notwendigkeit$_L$ und unterscheidet sich auch vom Verständnis instrumenteller Notwendigkeit$_I$ im Rahmen von Erklärungen$_I$. Die praktische Notwendigkeit$_P$ umschreibt Habermas daher mit der paradoxen Formulierung des *zwanglosen Zwangs*, auf die ich später zurückkomme (Abschnitt 4.3.4). Zunächst gehe ich dem Ansatz nach, dass die klassische Interpretation der Notwendigkeit$_P$ an das Muster$_K$ deduktiver Herleitungen$_D$ angelehnt ist.

3.5 Argumentationspraxis deduktiver Herleitung

Bereits in Abschnitt 2.4.2 wurde auf den Begriff der Folgerichtigkeit genauer eingegangen. Das sich daraus ergebende „schlussfolgernde Argumentieren" (Arg$_S$) zeichnet sich durch das Verknüpfen von Aussagen nach expliziten Kriterien und Regeln aus (paradigmatisch meist die der klassischen Logik$_F$). Diese Transparenz hinsichtlich der „Schlusstechnik" ermöglicht ein intersubjektives Nachvollziehen und Beurteilen der vorgebrachten Argumentation. Das Arg$_S$ ist daher essenzieller Teil des „sicheren" wissenschaftlichen Begründens (Superparadigma$_{HD}$). Dieses

264 Kritisch dazu Pritchard 2012 und Stekeler-Weithofer 1987, S. 272. Ähnliche Extreme eines szientistischen Bildes des Objektivismus$_W$ wirken in den Naturwissenschaften und der Mathematik. Siehe (Kambartel 2005, S. 393). Zur Kritik dazu bspw. Stekeler-Weithofer 1986, S. 123–125, 425 f.

265 Diese Ansätze ordnet Bryan Norton einem monistischen Theorienparadigma zu und bestreitet, dass das damit verbundene Methodenziel einer operationalisierten Rechtfertigungspraxis erreicht werden kann. Siehe Braun 2017, S. 166 f. und Norton 2015, 160–162.

Vorgehen soll einen Relativismus$_A$ in der Realerkenntnis$_W$ auf der formalen Ebene des Argumentierens vermeiden, der häufig in laienhaften Argumentationen im Unterschied zu professionellen zu finden ist (vgl. Fußnote 838). Wie erwähnt wirkt nun in der Ethik die Vorstellung, dass Rechtfertigungen als folgerichtige und mehr oder weniger operationalisierbare Herleitungen$_D$ erfolgen sollten. Derartige Argumentationen$_P$ gelten als probates Mittel gegen kontingente normative Ansichten aus subjektiver Perspektive und somit als Indikatoren ethischer Expertise$_P$. Diese logizistische Auffassung eines ethischen Objektivismus$_E$ wird als Gegenposition zum ethischen Relativismus$_E$[266] und Fallibilismus$_E$[267] aufgebaut – Standpunkte, die sich häufig implizit in alltäglichen Rechtfertigungen widerspiegeln. Als zentrale Muster$_K$ logizistischen bzw. schlussfolgernden Argumentierens (Arg$_S$) werden in der Ethik oft *deduktive Herleitungen$_D$* vorgeführt, die ich in diesem Abschnitt bespreche. In Abschnitt 3.6 gebe ich hingegen eine alternative Sichtweise praktischer Notwendigkeit$_P$ wieder, um davon ausgehend auf Habermas' Diskursethik überzuleiten.

Im Gegensatz zum Realdiskurs mit seinen uneindeutigen Enthymemen zeichnet sich die ethische Argumentationspraxis (Arg$_E$) durch komplexe Argumentationen$_K$ aus. Komplexe Argumentationen$_K$ im Rahmen wissenschaftlicher Erklärungen$_W$ oder ethischer Orientierung$_E$ bestehen aus einer Vielzahl an (Teil-)Argumenten, die ein mehr oder weniger schlüssiges Argumentationsnetz$_N$ bilden.[268] Innerhalb der Ethik ist man versucht, die zentralen Annahmen sol-

---

266 Michael Quante folgend umfasst der ethische Relativismus fünf Thesen. Vgl. Quante 2017, S. 151–153. In begründungstheoretischer Hinsicht wird jede Grammatik$_E$ relativ zu einem Bezugskontext bestimmt. In normativ-inhaltlicher Hinsicht kann sich daher eine Vielfalt von Moralen$_E$ entwickeln, die zu tolerieren sind (Toleranzthese). Allerdings sollte sich jedes Individuum an die Grammatik$_E$ halten, auf die es sich in seinen Rechtfertigungen bezieht (Konventionalitätsthese). Die Toleranzthese wird aus ethnologischer Sicht durch den Hinweis auf die große Mannigfaltigkeit von Moralen$_K$ empirisch gestützt (Divergenzthese). Aus psychologischer und kulturwissenschaftlicher Hinsicht lässt sich eine starke Abhängigkeit individueller Abwägungen$_I$ von tradierten Moralen$_K$ und den dort ausgelebten NoS nachweisen (Dependenzthese). Der mit der Toleranzthese und der Konventionalitätsthese einhergehende Geltungsanspruch (Gewissheit$_A$) kann aus erkenntnisskeptischer Sicht jedoch nicht gehalten werden (Selbstwiderspruchsargument). Vgl. ebd., S. 153 und Irlenborn 2016, S. 99–114.

267 Im ethischen Fallibilismus wird die Position vertreten, dass sowohl deduktive als auch induktive Strategien ethischer Rechtfertigung auf Annahmen beruhen, „die sich ihrerseits als falsch erweisen können". Vgl. Quante 2017, S. 159. Dies gilt auch für die Fundamentalannahmen, also jegliche Prinzipien, Grundnormen und Werte. Das heißt letztlich, dass jede Grammatik$_E$ fallibel und somit revidierbar ist – ganz unabhängig von der Güte$_A$ ihrer Rechtfertigungen.

268 Kopperschmidt 1989, S. 206–219. Im Gegensatz zu komplexen Argumentationen$_K$, die aus einem sehr umfangreichen Aussagennetz bestehen, werden narrative Argumentationsnetze aus einer Vielzahl an Argumentationspunkten gebildet, die ihrerseits durchaus komplex sein können. Der Zusammenhang zwischen diesen einzelnen Argumentationspunkten wird im Wesentlichen durch ein einheitsstiftendes Narrativ hergestellt, das durch das Netz dieser einzelnen Knoten-

cher komplexen Argumentationen auf das jeweils spezifische NoS zu beziehen (bspw. eine Moral$_{E}$-Lehre oder eine Klima-Moral$_{K}$). Andererseits werden die einzelnen Argumente immer auch in Bezug zur Gesellschaft bzw. einer Interpretation von dieser beurteilt.[269] Die Einsicht$_{A}$ in die Schlüssigkeit komplexer Argumentationen$_{K}$ hängt daher von der Interpretation der narrativen Plausibilität$_{N}$ umfangreicher Argumentationsnetze$_{N}$, dem Erkenntnishorizont bezüglich der Realerkenntnis$_{W}$ und dem Erfahrungshorizont$_{S}$ bezüglich der Gesellschaft sowie der dort anzutreffenden Moral$_{K}$ und Weltanschauungen$_{S}$ ab.

Im Zuge des neuzeitlichen Objektivismus$_{E}$ setzte sich die Vorstellung durch, dass nicht nur die vollständigen ethischen NoS (Baruch de Spinoza), sondern auch die konkreten Rechtfertigungen *more geometrico* modelliert werden sollten. Man entwickelte entsprechende Argumentationen$_{K}$, die in ihrer Begründungsform verstärkt an deduktiven mathematischen Beweisen und den Taxonomien auf Basis wissenschaftlicher Modelle$_{W}$ ausgerichtet waren. Das führte zunächst zur systematischen Verknüpfung von Aussagen zu einem Aussagennetz.[270] Systematisch bedeutet in diesem Fall, dass das Netz der Aussagen nach etablierten Argumentschemata strukturiert wird und eine *argumentative Richtung* aufweist. In deduktiven Herleitungen$_{D}$ werden aus den primären Aussagen sukzessive Folgeaussagen (Konklusionen) abgeleitet, die wiederum als Prämissen von weiteren linear folgenden Konklusionen dienen dürfen. Dahintersteht natürlich die erkenntnisnormative Überzeugung, dass die dadurch generierten, teils umfangreichen Argumentationsketten die anerkennungswürdigsten Muster$_{K}$ ethischer Orientierung$_{E}$ seien.[271] Aus dieser deduktiv-axiomatischen Modellvorstellung

punkte eine narrativ-zusammenhängende Einheit bildet. Die rationale Verbindung zwischen den Argumentationspunkten ist nicht zwingend auf logische Operationen$_{L}$ festgelegt, sondern kann auch ästhetischen oder emotionalen Kriterien folgen. Argumentationsnetze können daher bspw. logische Widersprüche „aushalten".

269 In normativer Hinsicht unterstreiche ich nochmals, dass die Ethik$_{D}$ – als systematische und erfahrungsbasierte Erkenntnis der Vielzahl individueller Weltanschauungen$_{S}$ und Moralen$_{K}$ – die normative Struktur einer Gesellschaft lediglich phänomenal erfasst. Diese Beschreibung darf jedoch nicht mit der Beschreibung von Naturphänomenen im Sinn einer Realerkenntnis$_{W}$ gleichgesetzt werden. Die Rede von Weltanschauungen bezieht sich vornehmlich auf ein (subjektives) individualisiertes Gesellschaftsbild, das in der Gesamtheit der persönlichen Überzeugungen, Erfahrungen, Emotionen etc. verankert ist. Wobei diese individualisierten Bilder durch den kulturellen und somit intersubjektiv sowie historisch bedingten Kontext geprägt sind. In der je eigenen Weltanschauung bleibt man meist auch ein „Kind seiner/ihrer Zeit", da die wesentlichen Narrative der Epoche die Konstitution der eigenen Weltanschauung nachhaltig beeinflussen.

270 Ein Aussagennetz stellt eine Verknüpfung von Aussagen anhand anerkannter und daher formalgültiger$_{F}$ Argumentschemata dar.

271 Argumentationsketten sind komplexe und gerichtete Aussagennetze und somit auch komplexe Argumentationen$_{K}$, die aus einer linearen Verkettung von (deduktiven) Argumenten bestehen. Das jeweils nachfolgende Argument steht mit dem vorhergehenden in einem logisch notwen-

folgt, dass man in der Orientierung_E „von allgemeinen ethischen Prinzipien über empirische Aussagen zu Sollens- oder Wertaussagen bzw. Handlungsanweisungen kommt“.[272]

Anhand solcher deduktiven Argumentationsketten lassen sich die Herleitungen_D ethischer Schlüsse auf Normen und Werte_K nachvollziehbar rechtfertigen. Angenommen, es liegt ein *konsistentes NoS* vor, etwa eine Klimamoral M_K.[273] Das heißt zum Beispiel, dass neben einer Aussage A, die Teilaussage von M_k ist, nicht zugleich deren Negation $\neg A$ vorkommt. Eine konkrete Norm- oder Wertaussage B würde sich wie alle Aussagen von M_K konsistent zu M_K verhalten, wenn B mithilfe eines Schlusses herleitbar ist, in dem andere Aussagen aus M_K als Prämissen dienen. Derartige Argumentationsketten lassen sich bspw. als Implikationsreihen über Baum- oder Wurzeldiagramme veranschaulichen. In letzteren liegen die Prämissen auf der Ebene, die jeweils den nachfolgenden Schluss stützt. Die Prämissen ergeben sich jeweils ihrerseits aus einem vorläufigen Schluss oder werden durch eine formale gültige_F Prämissenerweiterung zur bestehenden Argumentationskette hinzugefügt. Für AF 7 könnte ein solches Baumdiagramm wie folgt aussehen:[274]

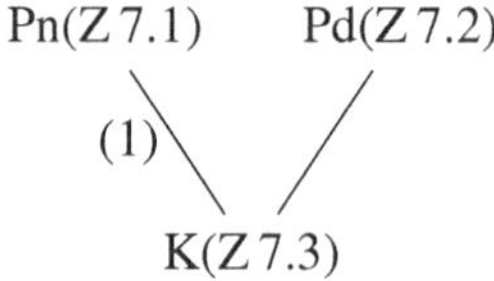

Der Grundidee der Herleitung_D nach wird K(Z 7.3) aus den beiden Prämissen P(Z 7.1) und P(Z 7.2) geschlossen. Für die Verknüpfung der Prämissen lassen sich einige Metaregeln normativen Argumentierens benennen.[275] Zur Verein-

digen Verhältnis. Gewöhnlich hängt das letzte Argument linear von allen vorhergehenden Argumentationsschritten ab. Die Abhängigkeit wächst also mit jedem vorausgesetzten Argument. Ist eines der vorhergehenden Argumente nicht schlüssig, „bricht“ die argumentative Stützung bis zu dieser Position „zusammen“. Dadurch basieren die nachfolgenden Kettenglieder auf unbegründeten Aussagen. Dies passiert allerdings auch, wenn das letzte Argument zirkelhaft auf das Anfangsargument bzw. eines der vorhergehenden verweist (Fußnote 175). Über eine Argumentationskette lässt sich bspw. ein Argumentationspunkt innerhalb eines Argumentationsnetzes stützen.

272 Quante 2017, S. 155.

273 Ich orientiere mich im Folgenden grob an Stekeler-Weithofer 1986, S. 101 f.

274 Orientiert am praktischen Schluss_P gilt: „Pn“ = normative Prämisse, „Pd“ = deskriptive Prämisse, „K“ = Konklusion, „(i)“ = argumentative Meta-Ebene (je höher die Ebene, desto universalistischer der Geltungsanspruch der normativen übergeordneten Prämisse). Hinter „Pn“ und „Pd“ stehen die Zeilen der besprochenen Argumentationsfiguren.

275 Tetens benennt 7 dieser Regeln, siehe Tetens 2004, S. 144–147.

fachung wird hier davon ausgegangen, dass die Verknüpfung durch eine logische Operation$_L$ aus der Menge der gültigen syllogistischen Argumentschemata abgebildet werden kann. Weiterhin muss aber der Geltungsanspruch der Prämissen anderweitig als durch den eigentlichen Schluss$_P$ abgesichert werden.[276] Pd(Z 7.2) könnte durch eine entsprechende wissenschaftliche Erklärung$_W$ nebst Faktenwissens begründet sein. In Pn(Z 7.1) hingegen wird ein universalistischer Geltungsanspruch auf eine Norm erhoben, im Gegensatz zur kontextualisierten Schlussfolgerung K(Z 7.3), die einen konkreten Anwendungskontext betrifft. Der Geltungsanspruch von Pn(Z 7.1) ließe sich seinerseits durch einen weiteren Schluss$_P$ rechtfertigen, bspw. einen pathozentrischen:

AF 8 (Referenzkontext der ethischen Rechtfertigung des Klimaarguments)

Z 8.1 *Prämisse 1: allgemeine normative Vorschrift (Obersatz)*
Alle Handlungen sollen vermieden werden, die Leid erzeugen (als generalisierte Norm von öffentlichem Interesse).

Z 8.2 *Prämisse 2: (Fall-)Beschreibung (konkreter Untersatz)*
Die Gefährdung oder gar Schädigungen der Gesundheit von Menschen und / oder der Umwelt erzeugt Leid.

Z 8.3 *Konklusion: konkrete normative Schlussfolgerung (Konklusion).*
∴ Die Gefährdung oder gar Schädigungen der Gesundheit von Menschen und / oder der Umwelt sollen vermieden werden (als eine Norm von öffentlichem Interesse).

Pn(Z 8.1) und Pd(Z 8.2) stützen K(Z 8.3), welches bedeutungsgleich mit Pn(Z 7.1) ist. Gemäß dem Superparadigma$_{HD}$ werden deduktive Herleitungen$_D$ jedoch so interpretiert, dass auch Pn(Z 8.1) über (syllogistische) Verknüpfungen sukzessive auf ein normatives Quasi-Axiom zurückgeführt werden kann, das als Norm Pn_i einen der (gesellschaftlichen) Werte$_K$[277] mit höchstem Geltungsanspruch aus-

276 Siehe dazu Quante 2017, S. 156.

277 Als kollektiv-objektive Werte bezeichnet man in Abgrenzung zu individuellen Werten (Interessen) und ökonomischen Werten (Preisen) umgangssprachlich die Grundnormen einer sozialen Gemeinschaft, die letztere „bei ihrer Handlungswahl und ihrer Weltgestaltung" leitet. Wildfeuer 2011, S. 2497. In diesem Sinn wird auch von einer Wertegemeinschaft geredet. Genauer betrachtet bedeuten Werte zunächst nur konkrete Spezifika oder Güter des Lebens wie Freiheit oder Sicherheit, die das menschliche Streben und Sinnsuchen lenken. Verallgemeinerungsfähige Werte können dann in angemessene Normen oder Rechte, letztlich alle Arten regelförmiger Vorschriften überführt werden. Ott 2018, S. 44. Diese themenspezifischen Normen / Rechte und die an ihnen orientierten Handlungen tragen bestensfalls zur Realisation dieser Werte in der Gesellschaft bei. Insofern man Werte subjektabhängig, also als „Setzungen" konzipiert, unterliegen sie der fortlaufenden Dynamik sozialer Anerkennung. Aufgrund der fundamentalen Rolle in der Gesellschaftskonstitution bergen Veränderungen von Wertsetzungen und die entsprechenden sozialen Prozesse ein hohes Konfliktpotenzial.

drückt.[278] Interpretiert man jedoch die Praxis ethischen Argumentierens (Arg_E) als eine Art Erklärung$_W$ deskriptiver Realerkenntnis$_W$, dann würde die praktische Notwendigkeit$_P$ auf eine (natur-)wissenschaftliche reduziert werden – ganz so, als ob man rein operational von Pn_i bis zu K(Z 7.3) schließen könnte, sobald sich alle (deskriptiven) Aussagen Pd(x) verifizieren lassen. Die Schlüssigkeit der praktischen Schlüsse$_P$ würde letztlich der aus dem DN-Modell wissenschaftlichen Argumentierens (Arg_W) entsprechen. Das entsprechende Baumdiagramm würde wie folgt ausschauen:

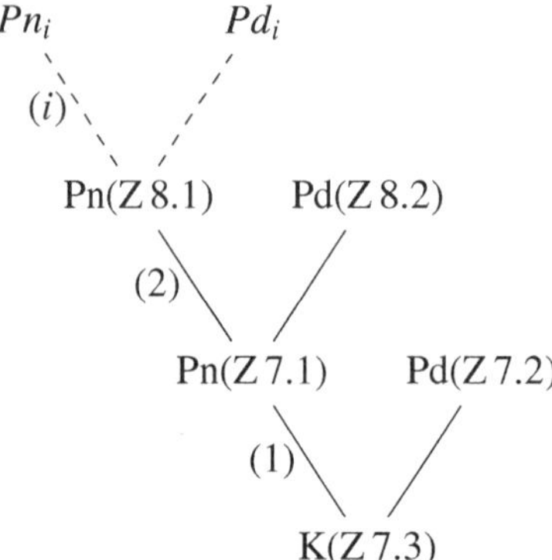

Diese deskriptiv-deduktive Lesart bildet jedoch, wie bereits diskutiert, den eigentlichen Charakter praktischer Argumentationen$_P$ nicht ab (vgl. Abschnitt 3.1).

Weiterhin besteht insbesondere für die universalistischen Normen Pn_i und die entsprechenden fundamentalen Werte$_K$ das diskutierte Begründungsproblem, wenn auf deren gehaltvolle Bedeutung absolute Gewissheit$_A$ beansprucht wird (s. Fußnote 175). In deduktiven Herleitungen$_D$ bleibt am Ende nur die dogmatische Setzung der axiologischen Priorität von Pn_i (im Beispiel: Leid), wenn man einen unendlichen Regress vermeiden möchte. Wenn man eine solche Setzung – etwa unter Berufung auf Dritte, Traditionen, Intuitionen etc. – aus explanatorischer Sicht nicht umgehen kann, dann ergibt dies einen wichtigen Hinweis: Die Schlüssigkeit selbst der ethischen Argumentationen$_P$, die ganz oder in Teilen als Herleitungen$_D$ rekonstruiert werden können, sollte eher im Sinn eines ethischen Relativismus$_E$ interpretiert werden. Genauer: Selbst wenn sich bestimmte normativ geladene Aussagen logisch gültig$_F$ aus übergeordneten Prämissen herleiten lassen, bleibt deren Schlüssigkeit und deren Geltungsanspruch relativ zur Rechtfertigung eben dieser Prämissen. Es ist sogar eine *iterative Aufgabe* innerhalb der

278 In monistischen Ansätzen wäre es nur eine höchste Wertsetzung. Siehe Quante 2017, S. 156.

ethischen Orientierung$_E$, diesen übergeordneten Geltungsanspruch fortwährend zu prüfen, d. h. kontext- und subjektbezogen zu interpretieren.

3.6 Sprachpragmatistische Interpretation vernünftigen Argumentierens

Die offensichtlich gewordenen Grenzen des Rechtfertigungspotenzials deduktiver Herleitung$_D$ im Rahmen ethischer Orientierung$_E$ erzwingen ein Nachdenken über die Funktion praktischer Argumentationen$_P$. Herausgestellt wurde bereits in Abschnitt 1.3.5, dass argumentativ vorgebrachte Gründe$_A$ Orientierung$_A$ stiften können. Die ethische Orientierung$_E$ – als praktische Expertise$_P$ betrachtet – soll sich vor anderen Formen der Orientierung$_A$ auszeichnen, indem in ihr eine besondere Argumentationspraxis vollzogen wird, durch die die Notwendigkeit$_P$ der Argumentationen$_P$ nachvollziehbar und auch einsichtig wird. In Abschnitt 3.5 wurde ersichtlich, dass die Orientierungsfunktion nicht wirklich nachvollziehbar wird, wenn man mit Blick auf das Superparadigma$_{HD}$ die Besonderheit ethischer Orientierung$_E$ auf die regelkonforme Anwendung formaler Strukturen und Operationen$_L$ gemäß der Logik$_F$ beschränkt. Selbst eine perfekte operationale Verknüpfung von Teilargumenten über gültige$_F$ Argumentschemata zu einer komplexen Herleitung$_D$ erfüllt lediglich die Kriterien formaler Gültigkeit. Die Frage nach der (ethischen) Schlüssigkeit der verwendeten Aussagen wird durch die Praxis deduktiver Herleitung$_D$ nicht wirklich beantwortet. Im Gegenteil: Diese Frage verschiebt sich sukzessive auf die nächst höhere Rechtfertigungsebene, wodurch sich der Begründungsaufwand nur vergrößert, da auf die allgemeinste Normen Pn_i einer solchen Argumentationskette ein universellerer Geltungsanspruch erhoben wird (vgl. Abschnitt 7.6). Es lässt sich nun berechtigt fragen, warum sich deduktive Herleitungen$_D$ vor anderen Formen der Orientierung$_E$ auszeichnen und sogar als Muster$_K$ *vernünftigen Argumentierens* zur Argumentationsbeurteilung herangezogen werden sollten. Hierzu lohnt ein genauerer Blick auf das Verhältnis zwischen Argumentationstheorie und Logik$_F$.

Im Superparadigma$_{HD}$ geht man davon aus, dass man in den Wissenschaften ein themenspezifisches Modell$_W$ zur Erklärung$_W$ entwirft, um mit dessen Hilfe die eigentlich ausgeübte wissenschaftliche Argumentationspraxis „sinnvoll beschreiben oder zurechtrücken“ zu können.[279] Die bestehenden Logiken$_F$[280]

279 Stekeler-Weithofer 1986, S. 395.

280 An dieser Stelle wird der formale Begriff der Logik$_F$ genauer gefasst: Eine formale Logik greift gezielt einen Aspekt der schematischen Strukturen und regelhaften Operationen$_L$ einer *vernünftigen Argumentationspraxis* auf und bildet sie als zusammenhängendes Set meist in einem Modell$_W$ ab. In der klassischen Argumentationstheorie werden diese Modelle$_W$ nicht

werden dazu als paradigmatisch-normative Maßstäbe vernünftigen Argumentierens herangezogen (s. Abschnitt 2.3.2). Die zur Ethik passende Argumentationstheorie hat entsprechend zur Aufgabe, Prinzipien und Regeln für logikkonforme Rechtfertigungen aufzuzeigen, die die übergeordnete Funktion der Orientierung$_E$ erfüllen.[281] Die Klärung der Schlüssigkeit von Argumentationen$_P$ obliegt daher nicht der eigentlichen Argumentationstheorie, sondern den jeweiligen Sachwissenschaften (Beurteilung: Pd_i) und den Bereichsethiken (Beurteilung: Pn_i). Wird aber obige Frage nach der Angemessenheit$_A$ der herangezogenen Logik$_F$ mit Blick auf die Argumentationspraxis gestellt, kann es eine solche Externalisierung nicht geben. Mehr noch: Schlimmstenfalls muss man sich sogar in der Begründung der Angemessenheit$_A$ einer Logik$_F$ zirkelhaft auf diese oder – das Problem verschiebend – auf eine andere Logik$_F$ beziehen. Denn die Logiken$_F$ dienen geradezu zur paradigmatischen Normierung jeder Argumentationspraxis, sowohl der ethischen Rechtfertigung als auch der argumentativen Begründung.[282] Die Suche nach den Argumentationskriterien ethischen Argumentierens (Arg$_E$) endet also nicht bei den Kriterien formallogischer Gültigkeit.

Zwischenstand: Nach der Analyse vom zentralen Muster$_K$ ethischen Argumentierens, der deduktiven Herleitung$_D$, scheint weiterhin unklar, woran man den höheren Stellenwert ethischer Expertise$_P$ und somit die Notwendigkeit$_P$ ethischer Argumentationen$_P$ und Gründe$_E$ festmachen will. Um an dieser Stelle weiterzukommen, greife ich nochmals Stekeler-Weithofers Überlegung auf (Fußnote 130), der mit Geert-Lueke Lueken Argumente – somit die entsprechenden Argumentschemata und Logiken$_F$ – nach der Dialektik der Mittel als ein „Medium der Interpretation“[283] kennzeichnet. Nach diesem Ansatz steht das rekonstruierte Argument im Sinne eines *Interpretationsmediums* zwischen der natürlichsprachlichen Ausgangsargumentation (hier in der Funktion als Interpretationsmodell)

---

nur zur Rekonstruktion natürlichsprachlicher Argumentationen genutzt, sondern auch zu deren normierenden Beurteilung, als ob man die Praxis nach der explikativen Theorie normieren könne (Stichwort: formale Richtigkeit). Letzterer Anspruch bleibt jedoch umstritten. In Anlehnung an Stekeler-Weithofer, der diese Ansicht Friedrich Kambartels kritisiert, Stekeler-Weithofer 1986, S. 395 f. Die Logik sei danach „nichts anderes als die Lehre vom gültigen Schließen, sprich: von der notwendigen Wahrheitserhaltung bzw. notwendigen Wahrheitsübertragung“. Burri 2011, S. 1641 f. Siehe dazu auch H. Wohlrapp und Riel 2011, S. 1919 f., Tetens 2004, S. 141 und weiterführend Abschnitt 4.2.

281 Die zentrale Aufgabe einer Argumentationstheorie kann in einer Bedeutungs- und Definitionslehre gesehen werden. Vgl. Stekeler-Weithofer 1986, S. 398. Ihr Gegenstand sind die Grundbegriffe, Prinzipien und Schlussregeln einer Logik$_F$. Kritisch erweist sie sich, wenn über ihre Betrachtungen die eingeschränkten Geltungsansprüche der Bedeutungen und Definitionen mit Blick auf eine konkrete Argumentationspraxis expliziert werden.

282 Ebd., S. 396.

283 Lueken 1996, S. 59.

und der gewählten Argumentationstheorie inkl. passenden Logiken$_F$ (hier in der Funktion als Muster$_K$ dieses Theoriemodells).[284] Ein formal gültiges und inhaltlich schlüssiges Argument führt also musterhaft die (idealisierte) Argumentationspraxis vor, die einer konkreten Argumentationstheorie entspricht und lediglich bestimmte Aspekte alltäglichen Argumentierens herausgreift. Stellt sich nun im Zuge einer Rekonstruktion ein Argument als fehlerhaft heraus, kann dies auf einen genuinen Fehler in der Ausgangsargumentation (1), auf eine fehlerhafte Anwendung der Logiken$_F$ im Zuge der Rekonstruktion (2) oder auf die *Unangemessenheit* der entsprechenden Argumentationstheorie hindeuten (3). Der erste Fall wäre die eigentliche Frage im Rekonstruktionsprozess, den zweiten gilt es zu vermeiden und der dritte würde das gesamte Prüfverfahren$_F$ unterminieren und verlangt die Suche nach alternativen Ansätzen. Aber woran lässt sich Angemessenheit$_A$ als Metakriterium der Rekonstruktion festmachen?

Bevor diese Frage beantwortet werden kann, wird zunächst auf Basis der bisherigen Ausführungen eine weitere kritische Überlegung zur Rekonstruktion angestellt. Diese betrifft die Möglichkeit, anhand der Prüfung der formalen Gültigkeit natürlichsprachliche Argumentationen zu beurteilen.

> K 02CM2 (Projektionsproblem von Logiken$_F$): Die Rekonstruktion von natürlichsprachlichen Argumentationen erweist sich nicht nur problematisch hinsichtlich der Interpretation der eigentlichen Bedeutung des Aussagennetzes (K 02M2), der Abhängigkeit vom Referenzkontext (K 02M3) und der Unterbestimmtheit der Prämissenerweiterung (K 02CM1), sondern auch hinsichtlich der Unterbestimmtheit, die mit Blick auf die Anwendungsbereiche der herangezogenen Logiken$_F$ besteht. Denn für eine konkrete Argumentation ergeben sich „stets eine Vielzahl von Möglichkeiten [...], dem jeweiligen Stückchen Rede oder Argumentation logische Formen [gültige Argumentschemata, F. B.] zu unterlegen, diese in jene hineinzuprojizieren oder aus ihnen herauszulesen – gelegentlich sogar mit entgegengesetzten Resultaten bei der Beurteilung hinsichtlich der Gültigkeit."[285] Es erweist sich also als sehr trügerisch, wenn man davon ausgeht, natürlichsprachliche Argumentationen könne man hinsichtlich ihrer logisch-schematischen Form problemlos eindeutig bestimmen.[286]

Im Anschluss daran wird die wesentliche Funktion des Kriteriums der Angemessenheit$_A$ besser einsichtig. Im Gegensatz zu den kontext- und situationsinvarianten Beurteilungskriterien formaler Gültigkeit (etwa Widerspruchsfreiheit) und anderen Normen des Argumentierens hebt die Angemessenheit$_A$ auf eine *inhaltliche und argumentationspraktische Schlüssigkeit der Argumentation in der Situation und dem konkreten Kontext* ab.[287] Angemessenheit$_A$ wird so zu

284 Schön zusammengefasst in: Hennig 2012, S. 213.
285 Lueken 1996, S. 58.
286 Ebd.

einer übergeordneten Norm der menschlichen Fähigkeit, sich in je anderen Kontexten und Situationen zu orientieren. Klassischerweise wird zur Klärung dieser Orientierungsfähigkeit auf Aristoteles' Überlegungen zur Rhetorik zurückgegriffen. Eine Argumentation ist nach ihm angemessen, wenn diese das *richtige Maß* in verschiedenen Hinsichten besitzt:[288] Sie muss sich als formal richtig erweisen und in vier Verhältnissen überzeugen – als Element zum Ganzen des Kommunikationskontextes (a), in Bezug zum Gegenstand der Argumentation (b) und der dahinterstehenden Theorie (c) sowie als Medium zwischen Sprechendem und Publikum (d). Angemessen in diesen Verhältnissen muss sich die Situationswahrnehmung der Personen erweisen, durch die eine grundlegende Orientierung_A erfolgt.[289] Dabei bleibt zunächst offen, um welche Art von „Wahrnehmungssinn" es sich handelt. Feststeht, dass dieser – wenn vorhanden – sich in einem situationsadäquaten Ausdruck widerspiegelt, wobei Ausdruck wirklich das gesamte Spektrum menschlichen Ausdrucks umfassen kann. In dieser Studie geht es jedoch nur um argumentative Kommunikation, die zudem das zentrale Medium der Orientierung_E darstellt.

Wenn man diese argumentationstheoretische Meta-Analyse auf die Frage nach den Kriterien ethischer Orientierung_E überträgt, zeigt sich, dass das Spannungsverhältnis zwischen kontext- sowie situationsinvarianten und den kontext- sowie situationsbezogenen Kriterien in praktischen Argumentationen_P wiederkehrt. Die ethisch-argumentative Kommunikation beruht wie jede andere interaktive Argumentationspraxis auf gemeinsam geteilten Normen und Werten, die nicht zuletzt durch den beschriebenen Wahrnehmungssinn angemessen kontextualisiert werden. Ein kommunizierter plausibler (Handlungs-)Grund für eine spezifische Handlungsoption (und eine entsprechende Haltung) erhält seine Notwendigkeit_P demnach nicht nur durch die Erfüllung aller kontextinvarianten Kriterien des Argumentierens – die der Logik_F, der Erklärung_W, der Erklärung_I oder einer ethischen Grammatik_E –, sondern auch durch die Einsicht in dessen Angemessenheit_A durch die sprechende Person.

Überträgt man diesen Gedanken auf die Analyse der NIMBYs scheint für sie vor allem das Kriterium der Angemessenheit_A in den konkreten Fallkontexten nicht erfüllt zu sein (vgl. A 10). Ihnen kann jedoch nur selten vorgeworfen werden, die formalen Argumentschemata infrage zu stellen. Zudem sind sie bemüht, aktuelle Erklärung_W zu beachten und sachverständige Erklärung_I zu kommunizieren (zum Vorwurf der Klimaskepsis vgl. Fußnote 697). Vorgeworfen wird

287 Siehe Lueken 1996, S. 59. Siehe auch Landweer 2011, S. 72.

288 Siehe dazu auch die Online-Ausgabe des Metzler Lexikons Philosophie unter https://www.spektrum.de/lexikon/philosophie/angemessenheit/129, Stand: 09.09.2021.

289 Siehe dazu Landweer 2011, S. 67.

ihnen hingegen der fehlende Sinn für eine wie auch immer gestaltete Moral_K: Im jeweiligen Konfliktfall urteilen sie entgegen einem höheren bzw. allgemeineren Interesse, das zum *ethisch richtigen Gemeinsinn* gemäß der themenspezifischen Moral_K stilisiert wird (bspw. Klimaschutz über AF 7). NIMBYs würden als Pn_i eher partikulare Interessen setzen (Abschnitt 2.4.1). Dahintersteht das axiologische Meta-Prinzip, konkrete normative Abwägungen_I auf übergeordnete Normen beziehen zu müssen.[290] Denn diese werden allgemein eher anerkannt und die geschlussfolgerte Norm $\text{Pn}_{i\text{-}1}$ gilt aufgrund des formalen Konsistenzprinzips.[291] Leider hilft dieses Prinzip nicht in allen Fällen, um die Angemessenheit_A einer Argumentation_P festzustellen. Denn viele natürlichsprachliche Argumentationen_P erweisen sich als *versteckte komplexe* $\textit{Argumentationen}_K$. Irgendwie könnte man sie immer regelkonform bezüglich der Argumentationspraxen der Logik_F, der Erklärung_W und der Erklärung_I rekonstruieren (Abschnitt 2.4.2) – und oft auch bezüglich einer ethischen Grammatik_E.[292] Bspw. könnte man die sentientistische AF 8 ebenso zur übergeordneten Rechtfertigung von Bernds Argumentation heranziehen (AF 9). Argumentationsfigur sieht wie folgt aus:

AF 9 (Waldbrandargument)

Z 9.1 *Prämisse 1: allgemeine normative Vorschrift (Obersatz)*
Die Gefährdung oder gar Schädigungen der Gesundheit von Menschen und / oder der Umwelt soll vermieden werden (als eine Norm von öffentlichem Interesse).

Z 9.2 *Prämisse 2: (Fall-)Beschreibung (konkreter Untersatz)*
WKAs können wie jede andere technische Anlage brennen (etwa das Maschinenhaus). Greifen die installierten Brandschutzvorrichtungen nicht, können die Feuerwehren die hohen Anlagen oft nur kontrolliert abbrennen lassen und lediglich Folgebrände verhindern. Denn die Drehleitern oder Teleskopmasten sind meistens zu kurz und selbst wenn nicht, müssten sich die Einsatzkräfte fortwährend im Trümmerschatten bewegen.[293] In Wäldern mit hohem Waldbrandrisiko ergibt sich durch die Installation von WKAs eine zusätzliche Brandgefährdung (neben den schon bestehenden), da das kontrollierte Abbrennen in einem gewissen Radius um die Anlage einen Waldbrand als Folgebrand auslösen könnte.

Z 9.3 *Konklusion: konkrete normative Schlussfolgerung (Konklusion).*
∴ Der Bau von WKAs im Wald sollte vermieden werden, um eine zusätzliche Brandgefährdung zu vermeiden.

290 Barbara Bleisch und Markus Huppenbauer suggerieren ebenso, dass die deduktive Herleitung_D einen Modellcharakter für ethische Orientierung_E besitzt. Vgl. Bleisch u. a. 2014, S. 132

291 Siehe dazu Tetens 2004, S. 145.

292 Siehe dazu Feldman u. a. 2010, S. 260–263.

293 Hegemann 2015, S. 57.

Die normative Prämisse Pn(Z 9.1) würde als Konklusion K(Z 8.3) genauso durch AF 8 gestützt werden wie auch Pn(Z 7.1) aus AF 7. Bernd könnte also, wenn er seine Argumentation$_P$ derart aufbaut, ethisch regelkonform argumentieren.

Bestünde dann aber nicht die Gefahr, dass man willkürlich ethische Meta-Prinzipien als Normen zur Regelung angemessener Kommunikation innerhalb der Orientierung$_E$ heranziehen könnte? In dieser Frage übernimmt das Kriterium der Angemessenheit$_A$ eine Funktion. Tetens definiert bspw. das Prinzip zur „Angemessenheit der Mittel“:[294] Wenn eine übergeordnete Norm nur durch ein Mittel realisiert werden kann, welches moralisch fragwürdig ist, dann könne es nicht geboten sein, diese Norm zu realisieren. Diese Lesart der Angemessenheit$_A$ unterstreicht, dass man durch Rückgriff auf generalisierte Normen nicht jegliche Konklusion rechtfertigen könne (nach dem Sprichwort: Der Zweck heiligt nicht alle Mittel.). Die Betonung der Angemessenheit$_A$ hat demnach keinen uneingeschränkten Relativismus$_E$ zur Folge, als vielmehr eine kritische Sichtweise auf die Reichweite der Normen, die in ethischen Rechtfertigungen als Prämissen eingesetzt werden. Diese gelten wie alle Argumentationskriterien nur im paradigmatischen Anwendungsbereich des jeweiligen argumentationstheoretischen Modells$_{W}$, in diesem Fall dem der jeweiligen ethischen Grammatik$_E$. Normen sind wie alle Kriterien nur *praxis-bedingt* verständlich und nicht *theoretisch-universell* einsichtig.[295]

Was lässt sich schlussendlich aus argumentationsphilosophischer Perspektive über die Praxis argumentativer Orientierung$_E$ sagen? Ethiken zeigen uns Argumentationskriterien und Rechtfertigungsverfahren auf, nach denen ersichtlich wird, welche Normen unter Voraussetzung konkreter Werte$_K$ gelten, und welche Schlussfolgerungen unter spezifizierenden Kontextbedingungen daraus zu ziehen sind. Die Eigenheit praktischer Schlüsse$_P$ liegt aber darin, dass diese eine kontext- und situationsbezogene Angemessenheit$_A$ erfüllen müssen, die im Vorhinein nicht vollständig über die Regeln ethischen Argumentierens explizierbar ist. Praktische Schlüsse$_P$ sind dem *Augenblick* verhaftet und nur bedingt der „logischen Perfektion“ der argumentativ eingebundenen Ethik$_P$.[296]

Dennoch gibt es Ansätze, diese *Situierung* argumentativ-praktischer Orientierung$_A$ über formale Verfahren abzubilden. Gefragt wird danach, ob die Überlegungen zur Angemessenheit$_A$ in greifbare Kriterien überführt werden können, die die situative Plausibilität$_N$ der vorgebrachte Gründe$_R$ nachvollziehbar machen. Als fruchtbarer Ansatz könnte man die Angemessenheit$_A$ einer kontext-

294 Tetens 2004, S. 146.

295 Stekeler-Weithofer 1986, S. 405 f.

296 Ähnlich mit Blick auf Diskurse in Scheit 2000, S. 184.

und situationsbezogene Argumentation$_P$ am Kriterium der *lokalen Kohärenz$_L$* festmachen:[297]

> K 03 (Lokale Kohärenz): Rückschlüsse aus universellen Normen müssen sich in Bezug zum situationsgebundenen Kontext einer Abwägung$_I$ und einer Reihe individueller und kollektiver Intuitionen von Werten kohärent zeigen. Kohärenz kann jedoch nicht auf reine Folgerichtigkeit reduziert werden. Vielmehr geht es um den orientierungsstiftenden Zusammenhang des Aussagennetzes, durch welches eine Aussage gerechtfertigt wird. Orientierungsstiftend kann in manchen Kontexten eine Abweichung von einer Norm bedeuten, während andere Kontexte geradezu Muster$_K$ für eine Anwendung dieser Norm darstellen.[298] Kohärenz ist erreicht, wenn sowohl die Anwendungsfälle einer Norm wie auch die Ausnahmen von dieser im Kontext ein stimmigstimmiges Gesamtbild ergeben.

An diesem Ansatz wird deutlich, dass sich „durch die Hintertür" neue universalistische Normen argumentativer Kommunikation einschleichen. Denn die Rede von einem „stimmigen Gesamtbild" ist eine subjektbezogene Normierung des Kommunikationsverfahrens selbst. In der alltäglichen Argumentationspraxis führt dieses Kriterium dazu, dass Rechtfertigungen letztlich *iterative Verfahren* darstellen. Denn lokale Kohärenz$_L$ muss fortwährend – passend zu Kontext und Situation – neu „erzeugt" werden. Praktische Argumentationen$_P$, etwa aus dem Energiediskurs, werden im Kontext daher sowohl auf die Normen einer übergeordneten Grammatik$_E$ bezogen als auch auf eine Vielzahl an idiosynkratischen Abwägungen$_I$. Der sich dabei einstellende Kohärenzpunkt kann sich aber von Situation zu Situation verschieben, da sich die Referenzkontexte fortwährend verändern (s. K 02M3). Die damit verbundene Aufgabe kann man an einer Metapher Otto Neuraths aufzeigen.[299] Neurath deutet den antiken Mythos vom Schiff des Theseus so: Die Menschen seien wie Schiffer, „die ihr Schiff auf offener See umbauen müssen, ohne es jemals in einem Dock zerlegen und aus besten Bestandteilen neu errichten zu können".[300] Nach Neurath steht jede Rechtfertigung wie alle Begründungen nie auf absolut sicheren Füßen, sondern stellt eine fortwährende Aufgabe dar. Argumentationen$_P$ müssen eine „stimmige" oder „schlüssige Einheit" wie Theseus' Schiff bilden, um nicht unterzugehen. Aber je nach Situation (Zeit) und Kontext (Raum) wird die argumentative Architektur der Schlüsse$_P$ angepasst, faktische und normative Prämissen ausgetauscht oder variiert, um die Konklusion angemessen anzupassen.

297 Ausgangspunkt für das Konzept der lokalen Kohärenz bildet die Kohärenztheorie der Wahrheit, vgl. Elster u. a. 1988, S. 34 f.

298 Quante 2017, S. 157.

299 In Anlehnung an Norton 2005, S. 107, 152, siehe Braun 2017, S. 172 f.

300 Neurath 1932, S. 206.

Im Folgenden wird mit Jürgen Habermas' Diskursethik ein Ansatz im Mittelpunkt stehen, der die Frage beantwortet, nach welcher „argumentationstheoretischen Grammatik$_E$" sich die diskursive Adaption der Argumentationen$_P$ orientieren sollte, ohne dass jene Werte$_K$ oder Normen im Sinn einer materialen Ethik vorgibt. Für Habermas bezieht sich diese Grammatik$_E$ auf ein ideales Diskursverfahren, in dem sich jede Rechtfertigung zu bewähren hat. Zugleich erhebt er die verständigungsorientierte Kommunikation zum *angemessenen Muster$_K$* dieser Argumentationspraxis und argumentativ-praktischer Orientierung$_A$ im Allgemeinen (vgl. Abschnitt 4.3.2).

Kapitel 4: Kriterien diskursethischer Orientierung

4.1 Habermas' Diskursethik als methodischer Ansatz

Ethische Orientierung$_{E}$, so das wesentliche Ergebnis des letzten Kapitels, darf nicht per se als Expertise$_{P}$ in normativer Absicht missverstanden werden. Ethische Rechtfertigungen erwiesen sich bisher als perspektiven- und kontextbezogen. Im Energiediskurs können Orientierungsfragen, die sich insbesondere im Nachvollzug und der Bewertung normativer Prämissen ergeben, demnach nicht blind durch Rückgriff auf verallgemeinerte Argumentationsfiguren ethischer Orientierung$_{E}$ beantwortet werden.

Habermas nutzt in einem verfahrensethischen Ansatz den sozialkonstruktivistischen Charakter argumentativer Orientierung$_{A}$, nach dem normative Prämissen angepasst an den jeweiligen Kontext$_{L}$ und die dort zu findende kontingente Menge subjektiver Überzeugungen$_{S}$ *diskursiv ausgehandelt* werden.[301] Die Argumentationspraxis der kontextsensitiven Auslegung von kulturell tradierten Normen und Werten obliegt seinerseits, so der zentrale Ansatzpunkt, einer spezifischen Grammatik$_{E}$. Diese *Diskursethik* ist ihrerseits an übergeordneten Normen und Werten, letztlich an einem Idealbild ethischen Argumentierens (Arg$_{E}$) ausgerichtet. Aus der Vielzahl kommunikativer Handlungen kann ein spezifischer Diskursraum[302] ethisch ausgezeichnet werden, in dem strittige gesellschaftliche Orientierungsfragen, zwar diskursiv, aber dennoch gemeinschaftlich und konsensorientiert beantwortet werden (vgl. Abschnitt 6.1.1 und Fußnote 331). Der Diskurs$_{H1}$ ist eine kollektive Argumentationspraxis, die in Zeiten strittiger Kommunikation vollzogen wird und in welcher gesellschaftsrelevante Probleme$_{T}$ auf Basis von Gründen$_{R}$ bearbeitet und ggf. gelöst werden.[303] Der Vollzug eines Diskurses$_{H1}$ gleicht einem „geregelten Kommunikationsspiel" um die Rechtfer-

---

301 Zur Definition von Verfahrensethiken: Birnbacher 2013, 84–90. Als Alternative können pragmatistische Ethiken wie der Umweltpragmatismus genannt werden, vgl. bspw. Norton 2005, 233–303.

302 Man redet über Diskurse im Sinne von *Räumen*. Diese Rede erweist sich als sehr fruchtbar zur Ordnung aller Bedeutungsmomente, nach denen Diskurse analysiert und rekonstruiert werden. Im Grunde findet sich diese topologische Perspektive implizit oder auch explizit in allen anderen Perspektiven der Argumentationsanalyse. Zwar entfalten sich solche Diskursräume ausschließlich im übergeordneten ideellen Raum sinnhafter Bedeutungen. Allerdings sind sie immer auch *material verankert*.

303 Kopperschmidt 1989, S. 54–57.

tigung der Gründe$_R$, die letztlich konsensual als *schlüssig* und somit *orientierungsstiftend* anerkannt werden (Abschnitt 4.3.1). Damit nahm Habermas einen Gedanken vorweg, der im aktuellen Energiediskurs über Diskursprozeduren – wie Partizipationsformen auf lokaler Ebene – Anwendung findet.

4.1.1 Diskursive Anerkennung als angemessenes Argumentationskriterium

Habermas spricht von Diskurs in unterschiedlichen Bedeutungen. Für ein erstes, besseres Verständnis der zentralen Bedeutung eignet sich ein Zitat, in dem er den grundlegenden Zusammenhang zwischen Diskurs, Kommunikation und Argumentationen umschreibt:

> Unter dem Stichwort »Diskurs« führte ich die durch Argumentation gekennzeichnete Form der Kommunikation ein, in der problematisch gewordene Geltungsansprüche zum Thema gemacht und auf ihre Berechtigung hin untersucht werden. Um Diskurse zu führen, müssen wir in gewisser Weise aus Handlungs- und Erfahrungszusammenhängen heraustreten; hier tauschen wir keine Informationen aus, sondern Argumente, die der Begründung (oder Abweisung) problematisierter Geltungsansprüche dienen.[304]

Dieser engere Diskursbegriff (Diskurs$_{H1}$) lässt sich auf folgende Definition eingrenzen: Habermas versteht unter Diskurs (im engen Sinn) eine Kommunikationsform, die der zwanglosen Koordination von Handlungen und einer konsensuellen Beilegung von Konflikten dient.[305] Kommuniziert wird dabei argumentativ, da die gewöhnliche verständigungsorientierte Kommunikation grundlegend gestört ist.[306] In dieser engen Variante seines Diskursbegriffs werden über die Argumentationen Geltungsansprüche – abhängig vom jeweiligen Sprechakt – gegenseitig dargelegt und begründet sowie konsensual angenommen oder abgelehnt.[307] Letztlich ist der nach diesem Idealbild realisierte Diskurs$_{H1}$ der Referenzkontext, der sowohl zur Prüfung von Rechtfertigungen als auch zur Demonstration der besten Gründe$_G$ vollzogen wird.

---

304 Vgl. Habermas 1972, S. 130 f. Habermas verwendet den Argument-Begriff in etwa gleich zum hier verwendeten Argumentationsbegriff. Brunner definiert diesen engen Diskursbegriff wie folgt: „Diskurse sind die in der Lebenswelt situierten spezifischen, idealisierten Formen des auf Geltungsansprüche bezogenen argumentierenden Sprechens." Brunner 2000, S. 144.

305 Habermas 1981, S. 34 und Habermas 2009c, S. 144.

306 Günther 2015, S. 304.

307 Habermas hatte den Diskursbegriff (Diskurs$_{H1}$) anfangs eng an eine Idealvorstellung akademischer Diskurse gebunden. Nicht zufällig verweist er in einer Kritik an Ernst Tugendhat auf den wissenschaftlichen Diskurs, da dort der Ort sei, „wo substantielle Kontroversen ausbrechen und Wahrheitsansprüche systematisch in Frage gestellt werden". Siehe Habermas 1983b, S. 81.

Methodisch gesehen folgt Habermas der sprachpragmatistischen Perspektive jedoch nicht vollumfänglich. Zwar spielt für die Beurteilung der argumentativen Rechtfertigung der Vollzug einer (kollektiven) Argumentationspraxis eine entscheidende Rolle. Deren Dynamik folgt aber – so sein Ansatz – einer *normierenden Grammatik$_E$ argumentativer Vernunft*: Unter dem Begriff Diskursgrammatik versteht man den Ansatz, dass die Praxis des gemeinschaftlichen Austausches von Gründen eine Struktur aufweist, die mithilfe von Normen und Werten expliziert werden kann. Diese bilden zusammen ein argumentationstheoretisches NoS, also eine spezielle Grammatik$_E$, nach der eine besondere Argumentationspraxis bevorzugt ausgeübt und je nach Kontext$_L$ ein spezifscher Argumentationsraum$_P$ aufgespannt wird. Der Anspruch dahinter lautet, dass man Diskurse und die Genese gemeinschaftlicher Entscheidungen – sowohl inhaltlich wie förmlich – anhand der Diskursgrammatik bzw. der Argumentationspraxis und dem Argumentationsraum$_P$ rekonstruieren, beurteilen und, so eine anspruchsvollere Interpretation, als Konstruktionsvorschrift für zukünftige Diskurse und deren argumentative Kommunikation anwenden kann.

Im Anschluss daran macht man die Diskursgrammatiken zur *Konfliktmediation* über Partizipationsformen fruchtbar, bspw. zur Lösung von Energiekonflikten. Danach sollen funktionale Mediatoren durch ein systematisches Eingreifen in den Diskurs Konflikte abschwächen oder auflösen können. Dazu müssen die Diskurse nur in die Richtung von Habermas' Diskursgrammatik gelenkt werden, indem sich alle Teilnehmenden auf die Einhaltung einer mehr oder weniger vergleichbaren Diskursgrammatik verpflichten (Abschnitt 6.4.2). Argumentationsphänomenologisch motiviert Habermas dieses Vorgehen anhand eines spezifischen Verständnisses von Gründen$_G$ (Abschnitt 3.4). Man verbindet mit deren Notwendigkeit$_P$ eine Idee folgerichtigen Handelns, obwohl Handlungen *rational* kaum erzwungen werden können (im Gegensatz zu Denkakten im Fall logischer Notwendigkeit$_L$). Habermas schreibt:

> Gründe sind aus einem besonderen Stoff; sie zwingen uns, mit Ja oder Nein Stellung zu nehmen. Damit ist in die Bedingungen verständigungsorientierten Handelns ein Moment Unbedingtheit eingebaut. Und dieses Moment ist es, welches die Gültigkeit, die wir für unsere Auffassungen beanspruchen, von der bloß sozialen Geltung einer eingewöhnten Praxis unterscheidet.[308]

Er unterscheidet in dem Zitat zwischen zwei Rechtfertigungstypen: zum einen dem Verweis auf tradierte Praxen und zum anderen den Zwang zum je persönlichen Nachvollziehen der vorgebrachten Gründe$_G$. Der erste Typus zieht seinen Geltungsanspruch im Sinn des Autoritätsarguments aus „der bloß so-

308 Habermas 1983a, S. 27.

zialen Geltung einer eingewöhnten Praxis".[309] Der zweite unterstreicht einen „quasi-natürlichen Zwang", dem Vernunftwesen qua ihrer praktischen Rationalität unterliegen: Gründe$_{G}$ nachvollziehen zu wollen (Abschnitt 4.3.4). Damit kann eine Aufforderung zur individuellen Prüfung gemeint sein, die im Grunde schon für die klassische Argumentationstheorie zutrifft. Diese lässt sich in folgender Annahme festgehalten:

> K 07 (Autonome Einsicht): Erst über die *(individuelle) autonome Prüfung* „aus der Perspektive der ersten Person"[310] kann Einsicht$_{A}$ in eine Argumentation und deren Rechtfertigungsleistung erfolgen. Diese lanciert zu einer fundamentalen Voraussetzung in intersubjektiven Prüfverfahren$_{F}$. Damit unweigerlich verbunden ist die Haltung, die Notwendigkeit$_{P}$ guter Gründe anzuerkennen. Wer diese Haltung nicht teilt, wird Argumentationen weder prüfen noch die schlüssigen von ihnen für praktisch notwendig halten.

Man darf jedoch diese Deutung nicht missverstehen. Die *Einsicht in Gründe$_{G}$* reduziert sich nach Habermas nicht auf eine Art sich introspektiv-vollziehender Prüfung der richtigen Regelbefolgung anhand objektiv-gültiger Kriterien (Folgerichtigkeit). Ganz im Sinn von K 06A spielt an dieser Stelle die individuenbezogene Überzeugungskraft der vorgebrachten Gründe$_{A}$ eine wesentliche Rolle. Herbert Scheit vermerkt dazu:

> Diskurse sind aber Argumentationen unter Menschen mit bestimmten Interessen und bestimmten Ansichten, und solche Argumentationen sind dadurch gekennzeichnet, daß ihre Überzeugungskraft sich nicht nur auf formale Folgerichtigkeit, auf logische Stringenz oder auf allgemeine Regeln stützen kann.[311]

Wenn eine *überzeugungskräftige Argumentation* vorliegt, stützt das eigentliche Argument die zentrale Schlussfolgerung im Argumentationskontext derart, dass alle von deren Schlüssigkeit ausreichend überzeugt sind, die es nachvollzogen haben. Josef Kopperschmidt macht die Qualitätsbestimmung „ausreichend" an drei Merkmalen fest: der formalen Gültigkeit hinsichtlich des Anspruchs der argumentativen Sprechhandlung, der Eignung zur Erreichung des Argumentationsziels und der Akzeptanz$_{F}$ der problemspezifischen Relevanz der geäußerten Inhalte.[312] Die formallogische Gültigkeit wäre dabei nur ein mögliches Kriterium, dessen Erfüllung jedoch zuvor als ausreichend akzeptiert werden müsste, wenn die dazugehörige Argumentation als überzeugungskräftig zählen soll. Diese Lesart verstellt allerdings den Blick auf die subjektivistische Tendenz des Attributs. Insbesondere hängt die Überzeugungsfähigkeit von Argumentationen

309 Habermas 1983a, S. 27.
310 Ebd.
311 Scheit 2000, S. 185. Habermas äußert sich dazu bspw. in: Habermas 1972, S. 161.

stärker von individuell gesetzten Kriterien ab, sobald keine etablierte themenspezifische Argumentationspraxis vorliegt oder tradierte Varianten nebst ihren Argumentationskriterien problematisiert werden. Daran knüpft das Ideal persuasiver Überzeugungskraft$_P$ an. Ob Kopperschmidts Verweis auf ein anscheinend invariantes NoS zur übergeordneten Normierung aller möglicher Argumentationen- und Sprachpraxen diese Schwierigkeit behebt, bleibt fraglich.

Andererseits konzipiert Habermas die Diskursethik so, dass die Überzeugungskraft von Argumentationen von meta-stufigen Beurteilungskritieren abhängt: mit Fokus auf die Normierung sowohl individueller Schlüsse$_P$ – also die Sprechhandlungen, die den introspektiven Nachvollzug prägen – als auch kollektiver Diskurse$_{H1}$, in welchem die konsensuelle Ratifikation der Überzeugungskraft als zentraler Handlungsvollzug im Mittelpunkt steht.[313] Habermas sucht ohne Frage nach einer Art von methodischem Prüfverfahren$_F$ zur Normierung von Diskursen und als Gegengewicht zum Kriterium der individuenbezogenen, teils persuasiven Überzeugungskraft$_P$. Insofern erfüllt die Diskursethik eine wichtige Funktion, die er den philosophischen Disziplinen generell zuordnet, nämlich die „Rolle eines Hüters der Rationalität" zu spielen.[314] Es lohnt daher eine genauere Auseinandersetzung mit seiner Perspektive auf die kriteriengestützte Analyse von Argumentationen.

4.1.2 Habermas' Rückgriff auf Aristoteles

Habermas orientiert sich in seiner Argumentationsanalyse an der aristotelischen Differenzierung von Rhetorik, Dialektik und Logik.[315] Diese drei Argumentationstheorien liefern zugleich die Grundlagen für drei Analyseperspektiven, aus denen Habermas die zentralen Kriterien seiner Diskursgrammatik erarbeitet.

Rhetorische Perspektive (Prozess): Aus ihr wird der *Kommunikationsprozess* in einem sprachpragmatischen Sinn analysiert. Nach Habermas liegt die innere Norm der Perspektive in der „idealen Sprechsituation".[316] Diese zeichnet sich durch eine Reihe an Symmetriebedingungen aus, die idealerweise erfüllt sein sollten. In Anschluss an Robert Alexy übersetzt Habermas die adäquaten diskursethischen Normierungen in Rechte, die allen Diskursteilnehmenden idea-

312 Kopperschmidt 1989, S. 120.

313 Ebd., S. 53.

314 Habermas 1983a, S. 27.

315 Vgl. Habermas 1981, 47–50. Siehe zudem Gottschalk-Mazouz 1999, S. 6 f. und Hannken-Illjes 2018, 19–40.

316 Vgl. Habermas 1981, S. 47 und Abschnitt 6.3.

lerweise eingeräumt werden sollten (s. u.).[317] *Logische Perspektive (Produktion):* In ihr wird die eigentliche *Produktion folgerichtiger Argumente* untersucht. Der Ansatz geht von der klassischen formalen Logik_F aus. Habermas zieht zudem den sprachpragmatischen *good reason Ansatz* von Stephen E. Toulmin als Grundlage weiterer Überlegungen heran (Abschnitt 5.1.3). *Überzeugungskräftige Argumentationen* können im Verlauf des Diskurses den Status von gerechtfertigten guten Gründen erlangen. *Dialektische Perspektive (Prozedur):* In dieser steht die *Diskursprozedur* im Fokus. Nach Habermas ist diese auf eine konsensuale Verständigung unter Beachtung der rhetorischen Symmetriebedingungen ausgelegt, bspw. von Proponenten und Opponenten.[318] Dazu thematisieren beide Seiten in einer idealen Sprechsituation ihre Geltungsansprüche und diskutieren diese unter Berücksichtigung zentraler inhaltlicher Positionen. Im Fokus steht also die normativ aufgeladene Rechtfertigung der eigenen Wahrheitsansprüche und (!) die Skepsis gegenüber denen der anderen Diskursteilnehmenden.

Habermas hebt hervor, dass mithilfe dieser drei Perspektiven diskursspezifische Strukturmerkmale von Argumentationen herausgeschält werden.[319] Ähnlich wie Karl-Otto Apel will er die unausweichlichen Voraussetzungen einer allseits gelebten Argumentationspraxis nachweisen.[320] Die normativen Regeln (gemäß den drei Perspektiven) werden also den Voraussetzungen entlehnt, die alle stillschweigend schon immer anerkennen, wenn sie in einem Diskurs_{H1} für ihre Position argumentieren. Es lässt sich dennoch fragen, um welche spezifische Argumentationspraxis es sich eigentlich handelt. Diese lässt sich gut anhand der Haltung charakterisieren, die man letztlich für eine systematische Zusammenschau der drei Perspektiven einzunehmen hat. Laut Habermas ergibt sich jedoch das Problem, dass jede dieser Perspektiven eine eigene Haltung verlangt, die anhand einer perspektivenspezifischen normierenden Grundfunktion beschrieben werden kann:[321] *a) rhetorische Perspektive (Prozess):* Überzeugung eines großen Auditoriums von Gleichgestellten mit dem Ziel der allgemeinen Zustimmung, *b) logische Perspektive (Produkt):* Begründung von Geltungsansprüchen mit folgerichtigen Argumenten, *c) dialektische Perspektive (Prozedur):* konsensuale Beendigung eines Konflikts „um hypothetische Geltungsansprüche mit einem rational motivierten Einverständnis“.[322] Totalisiert man eine dieser Zielsetzungen, können sich durchaus Widersprüche mit den jeweils anderen ergeben. Zum

317 Siehe Alexy 1978 und Gottschalk-Mazouz 1999, S. 7.

318 Habermas 1981, S. 47.

319 Ebd., S. 49.

320 Habermas 1983b, S. 93.

321 Habermas 1981, S. 49 f.

322 Ebd., S. 49.

Beispiel könnte man aus rhetorischer Perspektive versucht sein, nicht nur eine Mehrheit, sondern das gesamte Auditorium von einer Position zu überzeugen. Beginnt man in diesem Zuge, Argumentationen durch die Ausblendung von Prämissen oder Folgeschlüssen zu frisieren, verträgt sich dies nur bedingt mit den beiden anderen Zielsetzungen. Denn das rational motivierte Einverständnis verlangt eine aufrichtige Darlegung der eigenen Position, um das argumentative Nachvollziehen durch Dritte zu ermöglichen.

Habermas hat zu diesem Problem seine Ansichten variiert, da er das Anwendungsspektrum seiner Diskursethik stetig vergrößerte.[323] Fand sich das anfängliche Muster_{K} in der akademischen Argumentationspraxis verschiebt sich der Fokus später auf die gesellschaftsprägenden Praxen (etwa die politische (Arg_{P}) oder rechtliche (Arg_{R})). Unabhängig von dieser Verschiebung, ging es Habermas immer darum, dass eine aus seiner Sicht gelungene Argumentationspraxis derart ausgestaltet ist, dass die Zielsetzungen der drei Perspektiven ausgewogen aufeinander bezogen werden. Damit verbindet er eine harmonische Verknüpfung der drei Haltungen in einer diskursethischen, die ich folgend erörtere.

4.1.3 Diskursethische Haltung

Zunächst wird darauf einzugehen sein, welche Form von Kommunikation Habermas als paradigmatische Argumentationspraxis vor Augen hat. Dabei wird relativ schnell deutlich, dass er das *konsensorientierte dialogische Argumentieren* favorisiert. Die führende der drei Perspektiven ist also die *dialektische Perspektive* (Abschnitt 4.1.2), welche durch folgende Sozialnorm geleitet wird:

> A 16 (Konsensuelle Beilegung von Handlungskonflikten): Habermas' Diskursgrammatik dient der „zwanglose[n] Koordinierung von Handlungen und eine[r] konsensuelle[n] Beilegung von Handlungskonflikten".[324] Gemeinschaftliche Orientierung zeichnet sich nach Habermas durch das Potenzial aus, gesellschaftliche Konflikte über rational nachvollziehbare und überzeugende Argumentationen beizulegen.

Diese Instrumentalisierung argumentativer Kommunikation ermöglicht einen weiteren Diskursbegriff (Diskurs_{H2}) und eine Verringerung der Voraussetzungen, die zur Ausübung argumentativer Diskurse bestenfalls erfüllt sein müssen.

Zunächst erinnere ich daran, dass überzeugungskräftige Argumentationen im öffentlichen Realdiskurs nicht nur der wissenschaftlichen $\text{Realerkenntnis}_{W}$ entstammen, sondern auch anderen Argumentationspraxen. Bspw. diskutiert

323 Gottschalk-Mazouz 1999, 4–19.

324 Habermas 1981, S. 34.

Habermas *pragmatische* und *ethisch-existenzielle Argumentationen*, wie man sie aus den Stellungnahmen der NIMBYs herauslesen könnte.[325] Bei ersteren stehen technische Erklärungen$_I$ im Fokus, bei zweiteren sind es idiosynkratische Abwägungen$_I$, die durchaus umfassende Konsequenzen für das je eigene Leben zeitigen können. Entsprechend überzeugungskräftig können daran anschließende Argumentationen sein. Im Gegensatz zu Diskurs$_{H1}$ verbindet Habermas mit dem zweiten Diskursbegriff ein wesentliches Diskurskriterium: Die Argumentationsschritte argumentativer Kommunikation müssen stets *intersubjektiv nachvollziehbar* bleiben. Damit können auch Argumentationen aus idiosynkratischen Abwägungen$_I$ als potenziell existenzielle Grund$_G$ analysiert werden. Wie stark deren Beitrag zur konsensuellen Beilegung von diskursiven Konflikten ist, bleibt bei Habermas eher unklar.

Habermas' Zurückhaltung hinsichtlich der argumentativen Überzeugungskraft individueller Gründe$_A$ fußt auf der Schwierigkeit, deren Angemessenheit$_A$ an objektivierbaren Argumentationskriterien zu beurteilen. Es scheint kein intersubjektives Prüfverfahren$_F$ dazu zu geben. Habermas notiert:

> In solchen Selbstverständigungsprozessen überschneiden sich die Rollen von Diskursteilnehmer und Aktor. Wer sich über sein Leben im ganzen Klarheit verschaffen, gravierende Wertentscheidungen begründen und sich seiner Identität vergewissern will, kann sich im ethisch-existentiellen Diskurs nicht vertreten lassen [...]. Von einem Diskurs ist gleichwohl die Rede, weil auch hier die Argumentationsschritte nicht idiosynkratisch sein dürfen, sondern intersubjektiv nachvollziehbar bleiben müssen.[326]

Die Formulierung, „weil auch hier die Argumentationsschritte nicht idiosynkratisch sein dürfen, sondern intersubjektiv nachvollziehbar bleiben müssen", lässt offen, wie Habermas die Spannung zwischen intersubjetiver Nachvollziehbarkeit einerseits und der (partikularen) Interessenverfolgung andererseits in dieser Art rechtfertigender Gründe$_R$ aufzulösen gedenkt.[327] Genauer: Er beantwortet nicht eindeutig, welche Kriterien im intersubjektiven Prüfverfahren$_F$ in Anschlag gebracht werden. Sind diese zu offen, könnte sich jede Argumentation aus einer idiosynkratischen Abwägung$_I$ heraus als anerkennungswürdig erweisen. Gestaltet man sie zu anspruchsvoll, könnte dies den Ausschluss eines Großteils solcher Gründe$_R$ zur Folge haben. Allein schon deshalb, weil der Erfahrungshorizont$_S$[328]

325 Vgl. Habermas 1992c, S. 111 und Gottschalk-Mazouz 1999, S. 18.

326 Habermas 1992c, S. 111.

327 Gottschalk-Mazouz 1999, S. 18 f.

328 Zum besseren Verständnis: Der subjektive Erfahrungshorizont zu konkreten Themen drückt sich im Gegensatz zum Erkenntnishorizont, den eine wissenschaftliche Grammatik$_W$ eröffnet, einerseits über eine spezifische Haltung in den entsprechenden Handlungen und andererseits

von Individuen derart limitiert ist, dass dieser immer defizitär im Vergleich zu dem der Gemeinschaft ist: Man weiß meistens zu wenig und zeigt machmal keine moralisch korrekte Haltung in Konflikten.

Bevor nun die eigentliche diskursethische Haltung expliziert wird, lassen sich parallel zur Unterscheidung der zwei Diskursbegriffe eine einfache Differenzierung des Argumentationsbegriffs herausarbeiten. Habermas' Überlegung dazu lautet:

> Argumentation nennen wir den Typus von Rede, in dem die Teilnehmer strittige Geltungsansprüche thematisieren und versuchen, diese mit Argumenten einzulösen oder zu kritisieren. Ein Argument enthält Gründe, die in systematischer Weise mit dem Geltungsanspruch einer problematischen Äußerung verknüpft sind. Die »Stärke« eines Arguments bemißt sich, in einem gegebenen Kontext, an der Triftigkeit der Gründe; diese zeigt sich u. a. daran, ob ein Argument die Teilnehmer eines Diskurses überzeugen, d. h. zur Annahme des jeweiligen Geltungsanspruchs motivieren kann.[329]

Habermas versteht unter Argumentation im engen Sinne eine zweckmäßige Kommunikationspraxis, die zur Thematisierung und Klärung strittiger Geltungsansprüche dient. Die Auflösung erfolgt über überzeugende Argumente. Kandidaten von Argumenten, die diese Funktion erfüllen können, nennt Habermas gute Gründe$_H$. Gründe$_H$ haben das Potenzial, Diskursteilnehmende den Nachvollzug von Geltungsansprüchen zu ermöglichen und zur Übernahme entsprechender Positionen zu motivieren. Diese erste, eher engere Bedeutung kürze ich folgend mit Argumentation$_{H1}$ ab. Der zweite Argumentationsbegriff (Argumentation$_{H2}$) ist weiter in seiner Extension und ließe sich wie folgt determinieren: Habermas versteht unter Argumentation im weiten Sinne eine zweckmäßige Kommunikationspraxis, die der intersubjektiven Nachvollziehbarkeit dient. Das Fundament dafür bilden die Aussagen, die lediglich die Basisregeln argumentativer Kommunikation zu befolgen haben. Zu den Kandidaten für Aussagen dieser Art zählen bspw. auch Äußerungen von emotionalen Zuständen, wie sie in individuellen Abwägungen$_I$ ein durchaus hohes Gewicht besitzen. Während Habermas also Argumentationen$_{H1}$ als gute Gründe$_H$ betrachtet würde, insofern sie alle diskursethischen Prüfkriterien erfüllen, würde er im Fall von Argumentationen$_{H2}$ eher nicht davon reden. Wohl aber können solche Argumentationen$_{H2}$ den Status von individuellen Rechtfertigungen besitzen und insofern als Gründe$_P$ anerkannt werden. Denn gute Gründe$_H$ im diskursethischen Sinn haben nicht nur das Potenzial, den Diskursteilnehmenden einen intersubjektiven Nachvollzug

---

über die Argumentationen aus, die die individuelle Erfahrung zum Thema und deren reflexives Verständnis hoffentlich nachvollziehbar machen und bestenfalls auch die Handlungen erklären. Die Argumentationen besitzen meist einen narrativen Zusammenhang.

329 Habermas 1981, S. 38.

zu ermöglichen. Vielmehr geht es Habermas um „wirkliche Verständigung“, die nur über einen „vernünftigen Konsensus“ im Rahmen einer angemessenen Argumentationspraxis erreicht wird.[330]

Nach diesem kurzen begriffsanalytischen Exkurs fragt man sich natürlich, welche Kriterien genau $\text{Argumentationen}_{\text{H1}}$ erfüllen müssen. Denn erst über diese Kriterien wird die diskursethische Haltung inhaltlich ausgefüllt, da jene als die normativen Leitplanken der *diskursethisch angemessenen Argumentationspraxis* fungieren. Den methodischen Ausgangspunkt bildet die beschriebene Zielsetzung dieser Haltung: Handlungen sollen nach dem Ideal symmetrischer Anerkennung über eine zwanglose Kommunikation derart koordiniert werden, dass Handlungskonflikte konsensual beigelegt werden können (Abschnitt 4.3.4). Im Folgenden werden daher die Kriterien nach ihrer systematischen Rolle in der Praxis kommunikativer Beilegung von Konflikten sortiert. Dazu lassen sich die zwei Konsensbedeutungen zur Differenzierung von Prüfkriterien fruchtbar machen (Abschnitt 6.3.5): der Hintergrund- und der Argumentationskonsens.[331]

4.2 Hintergrundkonsens (Fundamentalkriterien)

Der Hintergrundkonsens betrifft nach Habermas die formalen „allgemeinen Symmetriebedingungen [...], die jeder kompetente Sprecher, sofern er überhaupt in eine Argumentation einzutreten meint, als hinreichend erfüllt voraussetzen muss“.[332] Damit sind letztlich alle sprachpragmatischen Basisregeln angesprochen, die erfüllt sein müssen, um überhaupt eine argumentative Kommunikation ermöglichen zu können. Diese gelten also nicht nur für das mit der diskursethischen Grundhaltung verbundene Kommunikationsziel, sondern für alle argumentativen Kommunikationsformen, kurz: alle Argumentationspraxen. Diesen Regeln wird also der Geltungsanspruch universeller Prüfkriterien zugeordnet.

4.2.1 Nachvollziehbarkeitsbedingung (Bewertungskriterium)

Zunächst wird eine weitere Vorannahme hervorgehoben, die alle teilen, die eine auf argumentativer Kommunikation basierende Konfliktlösung anstreben. Dabei geht es um eine Anforderung an jede Form der intersubjektiven Kommunikation, die laut Habermas immer schon für deren Gelingen erfüllt sein sollte. Das folgende Kriterium stellt eine wesentliche Bedingung für die argumentative

330 Habermas 2009c, S. 142.

Orientierung dar und spezifiziert somit A 07 mit Blick auf kommunikatives Handeln im Allgemeinen und dessen diskursethisches Bild im Speziellen:

> K 01 (Nachvollziehbarkeitsbedingung): Wenn vernünftige Orientierung über argumentative Kommunikation erreicht werden soll, dann setzt man stillschweigend voraus, dass die vorgebrachten Argumentationen *wechselseitig nachvollzogen* werden können. Argumentationen wird immer schon das Potenzial zugeordnet, eine *(kollektive) Einsicht*$_A$ erzeugen zu können.

Habermas diskutiert K 01, wie erwähnt, unter dem Begriff der (intersubjektiven) *Verständlichkeit*. Was er genau darunter versteht, bleibt jedoch unentschieden.[333] Fest steht, dass beide Argumentationsarten (Argumentation$_{H1}$, Argumentation$_{H2}$) dieses Kriterium erfüllen müssen. Ansonsten kann schwerlich eine Kommunikation im Lichte wechselseitiger Anerkennung im symmetrischen Sinn erfolgen. Für ein besseres Verständnis von Habermas' Überlegung lohnt ein Rückgriff auf eine, von ihm eher am Rande behandelte Diskursform.

Verständlichkeit definiert Habermas zunächst als kommunikative Grundbedingung und später als einen „in explikativen Diskursen einlösbare[n] Geltungsanspruch".[334] Diese doppelte Definition lässt sich für eine Grenzziehung zwischen zwei weiteren Argumentationsarten nutzen: Zum einen gibt es metastufige Argumentationen$_K$, die nur im Zuge fundamentaler Kommunikationsprobleme Gegenstände eines explikativen Diskurses werden; und zum anderen die überwiegend vorkommenden inhaltsbezogenen Argumentationen, die qua Definition geradezu prädestiniert für die eigentliche diskursive Explikation von Sachproblemen und den entsprechenden Konflikten sind.[335] Metastufige Argumentationen$_K$ spielen hingegen eine wichtige Rolle in explikativen Diskursen, die folgend thematisiert wird.

331 Diese Differenzierung des Konsensbegriffs folgt dem Vorschlag von Niels Gottschalk-Mazouz in: Gottschalk-Mazouz 1999, S. 8 f. Der zudem erwähnte Ergebniskonsens spielt für Habermas' Diskursgrammatik allerdings nur eine untergeordnete Rolle und wird daher in diesem Zusammenhang nicht weiter thematisiert. Vgl. zudem Habermas 1983b, 112–119 und Habermas 1983a, 97–105.

332 Habermas 1981, S. 47.

333 Gottschalk-Mazouz 1999, S. 8.

334 Ebd., S. 8 f. Vgl. auch Gottschalk-Mazouz 2000a, S. 21.

335 Metastufige Argumentationen$_K$ thematisieren konkrete reflexive Bedingungen inhaltsbezogener Argumentationen aller Art. Die reflexive Perspektive kann sich bspw. an sprachwissenschaftlichen oder formallogischen Überlegungen orientieren. Welche logischen Prinzipien und Grundbegriffe werden in einer inhaltsbezogenen Argumentation vorausgesetzt? Welche kommunikativen Fähigkeiten zeichnen die Diskursteilnehmenden aus? Nach Habermas können derartige Prinzipien Gegenstand eines explikativen Diskurses werden, in dem für einen kommunikativen Konsens über diese Metabedingungen gerungen wird. Vgl. Habermas 1981, 39–45.

Neben der ästhetischen und therapeutischen Kritik nennt Habermas den explikativen Diskurs als eine argumentative Kommunikationsform, in der metastufige Prinzipien und Grundbegriffe inhaltlicher Diskurse theoretischer und praktischer Art besprochen werden.[336] In explikativen Diskursen werden „die Mittel der Verständigung selbst zum Gegenstand der Kommunikation".[337] Der Konflikt entsteht also weniger durch eine inhaltliche Meinungsverschiedenheit, als vielmehr durch grundlegende Verständnisschwierigkeiten. Habermas nennt als mögliche Diskursgegenstände die „Prüfung der Verständlichkeit oder Wohlgeformheit symbolischer Äußerungen".[338] Man prüft also, ob die Diskursteilnehmenden die Syntax und die semantischen Erklärungen$_W$ der verwendeten Sprache und Argumentationstheorie überhaupt beherrschen, und ob diese im Diskurskontext gerechtfertigt sind. Das heißt, dass kommunikative Schwierigkeiten inhaltlicher Art einen grundsätzlichen explikativen Diskurs$_{H2}$ anhand metastufiger Argumentationen$_K$ stimulieren können. Thematisiert man bspw. bei einem Diskurs über einen Windpark das generelle Mensch-Natur-Verhältnis, führt dies zwangsläufig zu umweltethischen Fragen, in denen die *ökologische Haltung unserer Gesellschaft* thematisiert und durchaus generell hinterfragt werden kann. Ähnliches wäre in Bezug zu den Basisregeln argumentativer Kommunikation denkbar, wenn auch eher unwahrscheinlich.

Insgesamt scheint Habermas jedoch zu unterstreichen, dass die *naive Befolgung* argumentativer Basisregeln im Sinn der Folgerichtigkeit früher oder später in einem klassischen Regelfolgenproblem mündet: Denn die Fehlinterpretation einer argumentationspraktischen Regel nachweisen zu wollen, führt zu den kaum einholbaren Fragen nach dem entscheidenden Muster$_K$ und nach der Begründung von dessen paradigmatischen Charakter.[339] Daher unterstreicht Habermas, dass „die Verständlichkeit, Wohlgeformtheit oder Folgerichtigkeit von symbolischen Ausdrücken [...] als kontroverser Anspruch zum Thema gemacht" werden kann.[340] Im Grunde kann alles diskursiv thematisiert werden. Zu fragen bleibt aber aus einer sprachpragmatistischen Motivation heraus, ob bei bestimmten Regeln ein Hinterfragen keinen Sinn macht, da ansonsten jeder Vollzug argumentativer Kommunikation und somit jede Argumentationspraxis unmöglich erscheint. Eine *Klasse* von Regeln, die hier in Betracht kommen, sind die formallogischen des schlussfolgernden Argumentierens (Abschnitt 2.3).

---

336 Habermas 1981, 39–45.

337 Ebd., S. 43.

338 Ebd.

339 Siehe zum Regelfolgenproblem bspw. Kripke 2014.

340 Habermas 1981, S. 44.

4.2.2 Formallogische Kriterien (Habermas, Alexy)

Alle Kriterien, die in den Logiken$_F$ untersucht werden, bilden die Klasse formaler Argumentationsregeln. Natürlich können diese Regeln Gegenstand eines explikativen Diskurses$_{H2}$ werden. Allerdings – so die Begründungsidee – müsste man in diesem kritischen Diskurs in zirkulärer Weise auf jene oder eine vergleichbare Regelklasse zurückgreifen. Aus sprachpragmatischer Sicht wäre ein solcher Nachweis auch nicht zwingend notwendig. Denn der alltägliche Vollzug von Argumentationspraxen auf Basis dieser Regeln bestätigt zumindest deren erfolgreiche Anwendbarkeit. Habermas analysiert daher die Regelklasse nicht aus einem begründungstheoretischen Interesse heraus, sondern aus einer funktionalanalytischen Perspektive und in Anlehnung an Robert Alexys Analyse der rechtlichen Argumentationspraxis (Arg$_R$).[341]

Die für diesen Abschnitt zentralen Kriterien bezeichnet Alexy als „Grundregeln", die der Produktion von Argumentationen$_{H2}$ dienen.[342] Die Regeln gelten in allen Formen argumentativer Kommunikation als Bedingungen für deren Nachvollziehbarkeit.[343] Alexy nennt nur eine formallogische Regel: *K 02A.1* „Kein Sprecher darf sich widersprechen."[344] Diese normativ formulierte Variante vom *Satz vom Widerspruch* ist nach ihm nur als Stellvertreter für die Regeln der Logik$_F$ zu sehen. Welche er genau meint, führt er nicht aus. Er unterstreicht jedoch, dass diese Regeln auf alle Argumentationen, selbst auf Argumentationen$_P$, angewendet werden können. Im Gegensatz zu Alexy wird jedoch folgend zwischen formallogischen und sprachdialogischen Kriterien differenziert. Habermas selbst schenkt diesen Kriterien keine weitere Aufmerksamkeit. In einer Diskussion zur anthropologischen Praxis wird deutlich, dass er eben jenen „unzweideutigen Satz intersubjektiv gültiger Interpretationsregeln", den „die intuitiv beherrschten Grundsätze der formalen Logik" darstellen, einfach voraussetzt.[345] Für die meis-

341 Zu den Überlegungen von Habermas und Alexy, die im weiteren Verlauf als Grundlage verwendet werden, siehe neben den beiden Hauptquellen Alexy 1978 und Habermas 1983b bspw. Gril 1997, Gottschalk-Mazouz 1999, 37–167 und Ott 2018, 168–199.

342 Vgl. Alexy 1978, 36–38 und Habermas 1983b, S. 97.

343 Es war quasi das Theorieideal der dialogischen Argumentationstheorie der 1970er-Jahre, dass formallogische Regelsets eine angemessene Argumentationspraxis überhaupt erst konstituieren. Eine kritische Einschätzung dazu findet sich in: Stekeler-Weithofer 1986, S. 395–406.

344 Alexy 1978, S. 37.

345 Vgl. Habermas 1981, S. 90. Bereits Aristoteles verweist in ähnlicher Weise auf die sprachpragmatische Bedeutung logischer Grundregeln. Wer an diesen ernsthaft zweifle, beweise „einen Mangel an durch Praxis und Grundsätze fundierter Bildung" und könne einem Selbstwiderspruch mit Blick auf die Sprachpraxis überführt werden. Vgl. dazu Schildknecht 2005, 231 f.

ten Realdiskurse hat diese Ansicht ihre Berechtigung. Daher lautet das zentrale diskursethische Prinzip für die Unterklasse formallogischer Regeln:

> K 02A (Formallogische Konsistenz): Wenn man miteinander argumentativ kommunizieren will, dann müssen Aussagen und Argumente sowie die aus ihnen bestehenden Argumentationen einer Klasse formallogischer Regeln genügen. Darunter fallen vor allem formallogische Grundprinzipien und Schlussregeln. Deren Einhaltung garantiert den Diskursteilnehmenden eine logisch konsistente Formulierung von Inhalten.

4.2.3 Sprachdialogische Kriterien (Habermas, Alexy)

Trotz der spärlichen Ausführungen zur Regelklasse K 02A sind sich Habermas und Alexy darüber einig, dass es sich um *Fundamentalkriterien technischer Art* handelt. Für Habermas besitzen diese Produktionsbedingungen argumentativen Denkens keinen „ethischen Gehalt".[346] Auf den ersten Blick unterscheiden sich die sprachdialogischen Kriterien von den formallogischen darin. Denn Sprachpraxis ist in vielen Aspekten höchst *evaluativ*. Dennoch gibt es in diesem Bereich Regeln, die im Grenzbereich zur formalen Logik$_F$ liegen. Daher werden beide Regelklassen als unabhängig von der jeweiligen Argumentationspraxis betrachtet (Abschnitt 4.1.3). Alexy nennt zwei sprachdialogische Regeln: *K 02B.1* „Jeder Sprecher, der ein Prädikat F auf einen Gegenstand a anwendet, muss bereit sein, F auch auf jeden anderen Gegenstand, der a in allen relevanten Hinsichten gleicht, anzuwenden." *K 02B.2* „Verschiedene Sprecher dürfen den gleichen Ausdruck nicht mit verschiedenen Bedeutungen benutzen."[347]

Diese Regeln sind nicht mehr als denkimmanent zu interpretieren, sondern beziehen sich auf einen konsistenten Sprachgebrauch. In beiden wird gefordert, „daß alle Sprecher alle Ausdrücke mit der gleichen Bedeutung benutzen" und diese immer auf Individuen derselben Gegenstandsklasse beziehen müssen.[348] Dieser Anspruch folgt diesem Kriterium:

> K 02B (Sprachliche Konsistenz): Wenn man Unklarheiten und Mehrdeutigkeiten im Sprachgebrauch vermeiden will, dann müssen die bedeutungstragenden Ausdrücke (Symbole) von Aussagen, Argumenten und Argumentationen in Bezug zum gesamten Symbolsystem eindeutig definiert und von allen Sprechern einheitlich verwendet werden. Diese Universalisierung bezieht sich sowohl auf die Referenzverhältnisse im Symbolsystem wie auch auf die gegenstandsbezogenen Demonstrationsverhältnisse.

346 Habermas 1983b, S. 97.
347 Alexy 1978, S. 37.
348 Ebd., S. 38.

Mit der Einlösung dieses Prinzips sind viele erkenntnis- und sprachtheoretische Schwierigkeiten verbunden, wie Alexy selbst einräumt. Dies gilt in besonderer Weise, wenn man das Prinzip wie im Falle von Logiken$_F$ über alle Kontexte und sprachbegabten Individuen zu universalisieren versucht. Dass Alexy diese Universalisierung anstrebt, basiert vermutlich auf einem spezifischen Bild der Eigenheiten rechtlichen Argumentierens (Arg$_R$). Im Fall natürlicher Sprachen, wie sie in Realdiskursen verwendet werden, werden die hier gemeinten Schwierigkeiten schnell sichtbar – bspw. an den Standardproblemen in der Übersetzung von Fremdsprachen.[349]

In einer späteren Stellungnahme schwächt Habermas diesen Universalisierungsanspruch stark ab und gibt eine sehr pragmatische Interpretation von K 02B. Dabei hat er eine Art Argumentationskompetenz vor Augen, die auf eine grammatikalische Regelkompetenz hinausläuft.[350] Vergewissert man sich des Umstandes, dass grammatikalische Regeln in Realdiskursen häufig fehlerhaft angewendet werden, ohne dass es zu schwerwiegenden Missverständnissen kommt, bleibt auch hier unklar, welche Basisregeln Habermas vor Augen hat.

4.3 Argumentationskonsens (Diskurskriterien)

Die Erörterung des Hintergrundkonsenses zeigte (Abschnitt 4.2), dass diese fundamentalen Symmetriebedingungen eigentlich unabhängig von idiosynkratischen Abwägungen$_I$ der Diskursteilnehmenden gelten. Freilich könnte man deren Geltungsanspruch vor jeder argumentativen Kommunikation bezweifeln

349 Siehe dazu C. Rose 2007, S. 30 f.

350 Über Argumentationskompetenz verfügen Sprecher, wenn sie die Regeln der jeweiligen Argumentationspraxis im Rahmen einer kommunikativen Handlung bzw. eines Diskurses erfolgreich anwenden können. „Erfolgreich" kann sowohl im Sinn formaler Sprachen als *folgerichtig* wie auch kommunikationspragmatisch als verständigungsproduktiv (sinnvermittelnd, handlungsorientierend) ausgelegt werden. In sprachpragmatischer Absicht betont Habermas eine Art grammatikalische Regelkompetenz, über die jeder Sprecher verfügt, wenn er oder sie „eine natürliche Sprache beherrsche. Eine Äußerung ist verständlich, wenn sie grammatisch und pragmatisch wohlgeformt ist, so daß jeder, der die entsprechenden Regelsysteme beherrscht, die gleiche Äußerung generieren kann." Habermas 2009c, S. 139. Diese Auffassung unterscheidet sich von quasi-empirischen Ansätzen, die alleinig aus der Analyse des Sprachfeldes und feiner: des individuellen Sprachgebrauchs Rückschlüsse auf die Frage ziehen wollen, „was ein Akteur tut, indem er spricht". Maleyka 2018, S. 31. Hier liegt meist eine Überhöhung des Einflusses von Sprachkompetenz und kriterienkonformen Sprachgebrauch auf Realdiskurse vor. Das „Argumentieren" geht jedoch weit über diese Art der Sprachbefähigung hinaus, da es idealerweise sowohl als Tätigkeit wie auch in seinen Produkten (Argumentationen) eine situative Klugheit$_P$ ausdrückt.

wollen. Allerdings würde man in der argumentativen Selbstvergewisserung über dieses Anliegen, etwa in der stillen Rede, auf diese Fundamentalkriterien zurückgreifen müssen. Man bleibt den Logiken$_F$ sprachlichen Ausdrucks in allen Sprechhandlungen verfangen. Es bliebe lediglich ein Ausweichen auf ein alogisches Verhalten oder nicht-sprachliches Handeln. Dies liegt allerdings außerhalb der in dieser Studie fokussierten sprachlich-argumentativen Handlungen.

Im Anschluss daran werden folgend die drei Regelklassen argumentativer Kommunikation vorgestellt, die durchaus Gegenstand vorauslaufender metastufiger Diskurse$_{H1}$ werden können. Zunächst wird vorbereitend der Regelstatus solcher Kriterien untersucht. Dazu muss auf Habermas' Differenzierung der drei wichtigsten Formen argumentativer Kommunikation und die normierende Bedeutung seiner Diskursethik eingegangen werden. Anschließend werden die allgemeinen Regeln dieser drei Kommunikationsformen und wieder mit Rückgriff auf Alexys Vorlage vorgestellt. Abschließend wird auf die zwei zentralen diskursethischen Normen konsensualen Argumentierens eingegangen (diskursethische Brückenprinzipien).

4.3.1 Habermas' sprachpragmatische Perspektive (Geltungsansprüche$_H$)

Der Argumentationskonsens und die damit einhergehenden Kriterien betreffen nach Habermas sowohl die Prozeduraspekte als auch die Prozessaspekte argumentativer Kommunikation (vgl. Abschnitt 4.1.2).[351] Die Kriterien selbst entwickelt er aus einer spezifisch sprachpragmatischen Perspektive. *Verständigungsorientierte Kommunikation* konzipiert er – zur Lösung gesellschaftlicher Konflikte – als *konsensuales bzw. konsensorientiertes Argumentieren (Arg$_K$)* (vgl. A 16).[352] Die zentrale Ausgangsfrage für die folgenden Kriterien könnte im Sinn von Habermas wie folgt lauten: Welche normierenden Argumentationsregeln müssen im Arg$_K$ befolgt werden?[353] Oder kurz: Was zeichnet also die diskursethisch korrekte Argumentationspraxis aus?

Zur Beantwortung der Frage variiert Habermas einen neukantianischen Ansatz – die erkenntnisbezogene Analyse von Geltungs- und Gültigkeitskriterien – in pragmatistischer Absicht, indem er die drei wichtigsten Sphären des Arg$_K$ auf implizite Normen untersucht. Das heißt die Normen, die das eigentliche Sprachhandeln in den jeweiligen Sphären grundlegend leiten. Diese *Grundnormen* müssen eigentlich erst explizit anerkannt werden. Vielmehr sind diese

351 Habermas 1983b, 97–99.

352 Siehe zudem Habermas 1981, S. 128, 386 f. und Ott 2018, S. 163.

bereits implizit anerkannt, um eine entsprechende argumentative Kommunikation überhaupt ausüben zu können. Ansonsten verstrickt man sich in einen handlungspraktischen Widerspruch$_{P}$ (vgl. A 11), den Habermas als *performativ* bezeichnet.[354] Die Grundnormen bilden das Fundament der sphärenspezifischen Argumentationskriterien (Abschnitt 4.3.2).[355]

Habermas verwendet mit Blick auf diese Regeln den Begriff Geltungsanspruch in einer einschlägigen Bedeutung (Geltungsanspruch$_{H}$):[356] Geltungsansprüche im Allgemeinen werden auf Aussagen, genauer: deren Inhalt, in einem inhaltlichen oder normativ relevanten Sinn erhoben, etwa in Bezug zu Kriterien wie Erkenntnisprinzipien, Normen, Werten, sozialen Regeln guter Wissenschaftspraxis etc. Man beansprucht, dass diese Inhalte für einen bestimmten Geltungsbereich schlüssig sind und mit Blick auf Kriterien einen konkreten Gewissheitsgrad besitzen (bspw. wissenschaftlichen). Habermas konkretisiert die Haltung genauer, die mit einem Geltungsanspruch$_{H}$ einhergeht. An Dietrich Böhler anschließend verbindet er damit den Anspruch, dass diese Aussagen *anerkennungswürdig* sind. In Bezug zu den Grundnormen konsensorientierten Handelns versteht er darunter eine reziproke bzw. symmetrische Anerkennung durch die Diskursteilnehmenden in Form der verständnisorientierten Rede. Die Inhalte sind innerhalb des Diskurskollektivs *plausibel.* In einem Diskurs$_{H1}$ können diese plausiblen Geltungsansprüche$_{H}$ jederzeit kritisch thematisiert werden, solange dabei die inhärente Wertsetzung der diskursethischen Argumentationspraxis, die wechselseitige Verständigung, implizit verfolgt wird.

An dieser Stelle bleibt offen, welche Art von Geltungsanspruch auf den erwähnten Wert$_{K}$ der konsensualen Verständigung sowie auf die regulativen Basiskriterien des konsensorientierten Argumentierens erhoben wird. Deren fundamentale Bedeutung verlangt eigentlich ein Prüfverfahren$_{F}$, das sich nicht in der diskursiven Prüfung der Plausibilität$_{N}$ im Sinn eines Geltungsanspruchs$_{H}$ erschöpft. Denn in einem Diskurs$_{H1}$, in welchem Geltungsansprüche$_{H}$ zur Debatte stehen, changiert die „Prüfperspektive“ der jeweils kommunizierenden Gemeinschaft zwischen einem kontextualisierten WIR$_{L}$ (vgl. K 06C) und einem eher transzendenten WIR$_{U}$ (vgl. K 06D). Obwohl beide Perspektiven am Wert$_{K}$ der konsensualen Verständigung orientiert sind (vgl. K 01), führt jede dieser

353 Siehe Habermas 1983b, S. 97.

354 In einem Widerspruch$_{P}$ behauptet man das Gegenteil dessen, was man im Akt des Behauptens realisiert. Wenn eine Person einer anderen bspw. sagt, dass sie mit dieser nicht kommuniziere, dann sagt sie das Gegenteil dessen, was sie im Moment tut. Siehe dazu ebd., S. 90–93, Habermas 1983c, S. 140 f., Habermas 1992a, S. 135 f., Gottschalk-Mazouz 1999, S. 43–49.

355 Vgl. ebd., S. 271.

356 Habermas 1981, S. 196.

Perspektiven zu einer eigenständigen Argumentationspraxis: Man wechselt nicht nur die Perspektive, wenn man in ethischer Absicht über universelle Normen diskutiert, sondern nutzt andere Kriterien zur Prüfung der verhandelten Argumentation.[357] Dadurch steht fest: Ein Diskurs$_{H1}$ und die in ihm hauptsächlich eingeforderte Perspektive ist nicht wertfrei, sondern über die Kriterien der dort ausgeübten Argumentationspraxis immer schon normativ aufgeladen. Habermas' Definition eines berechtigten Geltungsanspruchs$_{H}$ „injiziert" die Grammatik$_{E}$ der Diskursethik quasi in diskursive Prüfung von Argumentationen.[358] Vor diesem Hintergrund wird es wichtig sich zu vergegenwärtigen, welche normativ gehaltvollen Kriterien des Arg$_{K}$ Habermas vor Augen hat. Hierzu bietet sich eine Analyse der drei wesentlichen Sphären an.

4.3.2 Sphären konsensorientierten Argumentierens

Jede der folgend vorgestellten Sphären spiegelt eine spezifische Form der kommunikativen Gemeinschaft wider, also der „höherstufigen Intersubjektivität von Öffentlichkeiten" (Fußnote 357). Differenziert werden die Sphären jedoch vor allem über die charakteristischen Argumentationspraxen, die in ihnen ausgeübt werden. Die Rede von einer kommunikativen Gemeinschaft bezieht sich somit auf:[359] *a)* die *Erfahrungsgemeinschaft* und somit auf das interaktive Verhältnis zwischen Gesellschaft und (objektiver) Naturwelt: Der idealtypische Fall sind wissenschaftliche Erklärungen$_{W}$ (Arg$_{W}$), die auf die objektivierende Darstellung von Sachverhalten in zusammenhängenden Realbilder abzielen (populär: Fakten). Der zentrale Geltungsanspruch$_{H}$ dieser Sphäre verweist auf den schillernden Begriffs$_{S}$ der *Wahrheit*, der als zentraler Wert$_{K}$ fungiert.[360] Die

---

357 Habermas hebt auf eine Art von *Gemeinschaftsbewusstsein* ab und greift an dieser Stelle stärker auf eine klassisch idealistische Gedankenfigur zurück, als er selbst zugestehen mag. Er identifiziert jenes Bewusstsein „mit der höherstufigen Intersubjektivität von Öffentlichkeiten, in denen sich Kommunikationen zu gesamtgesellschaftlichen Selbstverständigungsprozessen verdichten", und will es dadurch – wie genau bleibt unklar – explizit von der alten Rede über den „Geist" abgrenzen, welcher als Kollektivsubjekt quasi unabhängig von jeglicher gemeinschaftlichen Handlung ein prozesshaftes Eigenleben besitzt. Siehe Habermas 1985, S. 1050 und Abschnitt 5.1.

358 Unter dem Begriff der Diskursethik wird in dieser Studie Habermas' Ansatz zur Analyse und Normierung der Argumentationspraxis in konsensorientierten Diskursen bezeichnet. Die Diskursethik ist aber nur eine von mehreren verständigungsorientierten Diskurstheorien.

359 Habermas folgt hier Analysen von John Searle und Max Weber, siehe seine Zusammenfassung in: Habermas 1981, S. 439–448.

360 Schillernde Begriffe besitzen keine klare Bedeutungsdefinition und sind daher schwer definierbar. Ungeachtet dessen werden sie in Realdiskursen häufig und auch prominent verwendet,

kollektive Argumentationspraxis führt zu konstativen Aussagen, deren Inhalte Habermas mit technisch verwertbarem und empirisch-theoretischem Wissen angibt (Realerkenntnis$_{W}$). Die Natur- und Technikwissenschaften können als Muster$_{K}$ dieser Sphäre betrachtet werden. *b)* die *Gesellschaft* und somit auf die Binnenperspektive einer interaktiven sozialen Welt: Das Muster$_{K}$ sieht Habermas im praktischen Argumentieren. Dabei bezeichnet er mit dem Attribut „praktisch" all die Argumentationspraxen, die sich auf rechtliche und moralische Vorstellungen und somit auf die reflexive Selbstbestimmung von Intersubjektivität beziehen (Arg$_{P}$, Arg$_{R}$, Arg$_{WI}$, Arg$_{E}$). Als den zentralen Geltungsanspruch$_{H}$ dieser Sphäre nennt er den Wert der *Richtigkeit*. Diese Kommunikation führt zu regulativen Aussagen, die die menschliche Orientierung$_{A}$ lenken und ihrerseits zu den zentralen Gegenständen ethischer Orientierung$_{E}$ zählen. *c)* die *Erfahrungsgemeinschaft*, die sich aus der Überlagerung subjektiver Erfahrungshorizonte$_{S}$ ergibt: Das Muster$_{K}$ sieht Habermas im dialogischen Gespräch in therapeutischer oder ästhetischer Absicht (Arg$_{A}$). Nach ihm handelt es sich dabei zwar um das Arg$_{K}$, aber nicht um (symmetrische) Diskurse$_{H1}$. Er ordnet derartige Gespräche als Formen von Kritik ein, deren expressive Inhalte vor allem evaluative Aussagen über Wünsche, Gefühle oder Bedürfnisse darstellen, die schwerlich die Kriterien der beiden anderen Sphären erfüllen können. Habermas sieht eher den künstlerischen Schaffensakt als beispielhafte Praxisform, da in ihr die Innenwelt des ICH$_{A}$ ausgedrückt, also nach außen gewendet wird. In ihr steht der Wert der *Wahrhaftigkeit* bzw. – nach der klassischen Ausdruckstheorie: *Authentizität* – im Mittelpunkt.

Der in c genannten Argumentationspraxis widmet Habermas weniger Aufmerksamkeit. Im Fokus stehen die Formen normativer Selbstreflexion in sozialen Gemeinschaften aus Punkt b. Seine Diskursgrammatik umfasst die „stillschweigend vorgenommenen und intuitiv gewußten pragmatischen Voraussetzungen einer ausgezeichneten Redepraxis", hier der Argumentationspraxis der kollektiven Selbstreflexion in sozialmoralischer Absicht.[361] Aus seiner Sicht finden diese Regeln schon immer Anwendung in der ethischen Orientierung$_{E}$, in der Diskurse$_{H1}$ über eine Moral$_{E}$ oder Moral$_{K}$ geführt werden. Andere Formen ethischer Reflexion – insbesondere die die nicht-universalistische Orientierung$_{A}$ betreffend –

bspw. der Freiheits- oder Gerechtigkeitsbegriff. Bei genauerer Betrachtung handelt es sich um Begriffe, die ein großes Bedeutungsfeld umfassen, dessen Zentrum, etwa ein zentrales Bedeutungsmerkmal, kaum oder gar nicht zu bestimmen ist. Dies führt zum einen dazu, dass jeder Mensch eine individuelle oder auch mehrere Auffassungen des Begriffs entwickelt. Dennoch sind zum anderen über die Begriffsverwendung Ähnlichkeiten zwischen den Teilbedeutungen ersichtlich. In Anschluss an Wittgenstein lassen sich diese als „familienähnlich" bezeichnen.

361 Habermas 1983b.

fallen nicht zwangsläufig darunter. Entsprechend müsste seine Diskursgrammatik nicht als Diskursethik, sondern als ethisch ambitionierte „Diskurstheorie der Moral" bezeichnet werden.[362]

Im Anschluss an diese Überlegungen lassen sich weitere Regeln konsensorientierten Argumentierens benennen. Diese möchte ich wiederum in drei weitere Klassen einteilen, wobei jeder ein Hauptkriterium zugeordnet werden kann. Die ersten Kriterien beziehen sich auf alle Sphären konsensorientierten Argumentierens. Aus der letzten Regelklasse wird hingegen deutlich, dass sich diese Kriterien vorzugsweise auf die Sphäre moralisch-praktischer Diskurse$_{H1}$ und deren Argumentationspraxis beziehen (also b).

4.3.3 Erste Regelklasse: Diskurspraktische Entfaltungsbedingungen kommunikativer Vernunft (Abwägungsautonomie)

Die erste Regelklasse thematisiert die *ideale Sprechsituation*, in der konsensorientiertes Argumentieren (Arg$_K$) stattfinden *sollte*. Diese soll dem Idealbild entsprechen, dass manipulative Einflüsse in Diskursen – bspw. über rhetorische Täuschungen$_{Rh}$ (Abschnitt 6.3) – weitgehend ausgeschaltet werden können. Das Bild folgt einem normativ aufgeladenen Kriterium:

> K 04 (Argumentative Freiheit): Um einen Diskurs$_{H1}$ zu ermöglichen, in welchem alle Teilnehmenden die Geltungsansprüche$_H$ ihrer Argumentationen$_{H1}$ wechselseitig *autonom* prüfen, müssen diese von „Handlungs- und Erfahrungsdruck entlastet" werden.[363] Die entsprechenden Regeln der argumentativen Freiheit – hier als Gegenbegriff äußerlichen Zwangs – könnte man auch als die *diskurspraktischen Entfaltungsbedingungen der kommunikativen Vernunft* bezeichnen.

Mit diesem Kriterium sind konkretere Vorstellungen darüber verbunden, was unter einer praktisch vollzogenen Argumentation$_{H1}$ zu verstehen sei. Auf diese kann man über die von Habermas explizit genannten Regeln sowie über seine weiteren Anmerkungen zum Diskursprozess rückschließen. Die folgenden Regeln betreffen die Diskursgerechtigkeit im konsensorientierten Argumentieren.

Zunächst geht es um die Regeln, die Argumentationsrechte zusichern, bezogen zum einen auf die physische Teilnahme und zum anderen auf die bedeutungstragenden Inhalte. Sie eröffnen also *Freiräume*, in denen das Arg$_K$ kollektiv

---

362 Habermas 1983b, S. 7. Die mit der systematischen Begründung einer solchen universalistischen Diskursethik verbundenen Schwierigkeiten und deren kontroverse Rezeption soll im Rahmen dieser Studie nicht weiter diskutiert werden. Siehe dazu ebd., 73–78, Habermas 1992a, 137–142 und für einen Überblick Gottschalk-Mazouz 1999, 37–167.

363 Habermas 1983c, S. 98.

ausgeübt werden kann: *K 04.1* „Jedes sprach- und handlungsfähige Subjekt darf an Diskursen teilnehmen.“[364] *K 04.2* „Jeder darf jede Behauptung problematisieren.“[365] *K 04.4* „Jeder darf jede Behauptung in den Diskurs einführen.“[366] *K 04.5* „Jeder darf seine Einstellungen, Wünsche und Bedürfnisse äußern.“[367]

Das über die Regeln vermittelte Bild des Argumentierens greift eine idealistische Vorstellung über die argumentative Abwägungsautonomie auf.[368] Gleichwohl ist diese Abwägungsautonomie in theoretischer und sprachpragmatischer Hinsicht limitiert, wie die Kriterien K 02A und K 02B sowie K 07 nahelegen. Eine andere Form der Limitierung der Abwägungsautonomie erfolgt in handlungspraktischer Hinsicht, deren einschränkenden Einfluss Habermas und Alexy durch folgende Regel minimierten wollen: *K 04.5* „Kein Sprecher darf durch innerhalb oder außerhalb des Diskurses herrschenden Zwang daran gehindert werden, seine [...] festgelegten Rechte wahrzunehmen [gemeint sind die oben genannten Freiräume, F. B.].“[369]

In diesen 5 Regeln, die die Eröffnung (K 04.1–K 04.4) und Limitierung (K 04.5) der Abwägungsautonomie innerhalb eines $Diskurs_{H1}$ festlegen, reformuliert Habermas einen wichtigen Grundgedanken der Anerkennungstheorie für seine Diskursethik. Denn die Regel, nach der *einerseits* die anderen Diskursteilnehmenden als sich ebenso selbst artikulierende und argumentierende Wesen anzuerkennen und *andererseits* ihre damit verbundenen Rechte nicht zu suspendieren sind, folgt dem anerkennungstheoretischen Gedanken zur Konstitution eines WIR_L-Bewusstseins.[370] Hegel beschreibt die dazu notwendige Einsicht – hier der Diskursteilnehmenden – wie folgt:

364 Vgl. Habermas 1983b, S. 99, Alexy 1978, S. 40. Nochmals die Erinnerung, dass Habermas sich an ebd. orientiert, siehe Fußnote 341.

365 Habermas 1983b, S. 99.

366 Ebd.

367 Ebd.

368 Die Abwägungsautonomie ist eine der zentralen Voraussetzungen der idiosynkratischen $Abwägung_I$. Vereinfacht ausgedrückt bezieht sie sich dem Inhalt nach auf „das Denken, das ohne Leitung oder Zwang einer Autorität oder Tradition erfolgt, also das Selbstdenken“. Ottfried Höffe 2015, S. 353. Aber mehr noch: Ein in seiner $Abwägung_I$ autonomes Vernunftwesen zeichnet sich in seinen $Schlüssen_P$ sogar durch eine kritische Ungebundenheit gegenüber (schlüssigen) $Argumentationen_P$ aus. Entgegen K 04A handelt man mitunter wider den guten $Gründen_G$. Dieses theoretische Suspensionsvermögen in praktischer Absicht beschreibt kein Vermögen des regelhaften Verstandes, sondern der praktischen Vernunft und zwar in zwei Ausdrucksformen: Sowohl in Form als Wille („Ich will“) wie auch in Form reiner Selbstgesetzgebung (kategorischer Imperativ) wird die praktische Vernunft als rechtfertigender $Grund_R$ einer Handlung anerkannt, selbst wenn dadurch sozial konstituierte Normen nicht beachtet werden.

369 Vgl. Habermas 1983b, S. 99, Alexy 1978, S. 40. Vgl. Habermas 1985, S. 1049.

370 Sehr schön nachgezeichnet in: Quante 2009, S. 100 f.

> Jedes sieht das Andere dasselbe tun, was es tut; jedes tut selbst, was es an das Andere fordert, und tut darum, was es tut, auch nur insofern, als das Andere dasselbe tut; das einseitige Tun wäre unnütz; weil, was geschehen soll, nur durch beide zustande kommen kann.[371]

Das, was geschehen soll, ist in diesem Fall eine kollektive, diskursive Argumentationspraxis (sowohl im Diskurs$_{H1}$ wie im Diskurs$_{H2}$), das Tun, welches die Diskursteilnehmenden ausüben, ist das konsensorientierte Argumentieren (Arg$_K$). Das für den Diskurs notwendige WIR$_L$-Bewusstsein, letztlich die kommunikative (Kollektiv-)Vernunft, verlangt also nicht nur die Einsicht$_A$ in die Abwägungsautonomie und die damit verbundenen Rechte Anderer, sondern auch die in die diskursmoralische Pflicht, diese Rechte allen Teilnehmenden diskurspraktisch zuzugestehen und nicht durch Zwang zu beschneiden. Dabei handelt es sich nicht um eine äußerliche Verpflichtung, sondern eine Selbstverpflichtung qua Einsicht$_A$ in die normativen Voraussetzungen gemeinsamer konsensorientierter Kommunikation (Abschnitt 4.3.5).

4.3.4 Zweite Regelklasse: Regeln argumentativer (Selbst-)Verständigung (Reichweite guter Gründe)

Die vorhergehende Regelklasse bezog sich auf die diskurspraktischen Aspekte konsensorientierten Argumentierens in sozialmoralischer Absicht (K 04). Die folgende Regelklasse bestimmt das Arg$_K$ als Praxis eines autonomen Subjekts näher (also als menschliche Praxis). Diese subjektzentrierten Regeln sind eigentlich rhetorischer Art. Allerdings konzipiert Habermas diese Spielart rhetorischen Argumentierens aus der dialektischen Perspektive (Abschnitt 4.1.2). Seine wichtige rhetorische Fragestellung lautet entsprechend, wie man andere unter dem Vorzeichen konsensorientierten Argumentierens überzeugen kann.[372]

Auch in der zweiten Regelklasse geht Habermas, so sein Anspruch, von der gelebten Argumentationspraxis aus. Unter der Voraussetzung der oben genannten Rechte und Pflichten umschreibt er Diskurse$_{H1}$ „als anspruchvolle Form der argumentativen Willensbildung […]“.[373] Diese tragen also „der Autonomie unvertretbarer Individuen und ihrer Einbettung in intersubjektiv geteilte Lebensformen“ Rechnung.[374] Jeder darf sich mit seinen individuellen Ansichten

371 Hegel 1806, S. 146 f.

372 Entsprechend verfehlen Diskursteilnehmende dieses Ziel, wenn sie es nicht schaffen, Zweifel zu entkräften. Siehe Habermas 2009a, S. 12.

373 Vgl. Habermas 1985, S. 1042.

374 Ebd., S. 1046.

einbringen, um gemeinsam über die unterschiedlichen Positionen und Sichtweisen abzuwägen und entsprechend handlungsleitend zu entscheiden. Im Zentrum steht also der argumentative Konstitutionsprozess eines kontextualisierten gemeinsamen Willens (einer kontextualisierten WIR_{L}-Perspektive).

Habermas hat nun eine sehr plakative Charakterisierung für diesen intersubjektiven Willensbildungsprozess gefunden, die er als Grundlage für dessen regelhafte Erklärung nutzt. In diesem darf „einzig der Zwang des besseren Arguments zum Zuge kommen".[375] Intersubjektive Willensbildung über das Arg_{K} changiert daher im Spannungsverhältnis zwischen der Abwägungsautonomie einerseits und einem Zwang, der über eine intersubjektiv normierte Argumentationspraxis im Rahmen eines $\text{Diskurses}_{\text{H1}}$ entsteht, andererseits. Der Schlüssel zum Verständnis dieses speziellen Zwangsbegriffs liegt in Habermas Definition der diskursethisch guten Gründe_{E}. Denn nach ihm erzeugen diese in Vernunftwesen den gesuchten „zwanglosen Zwang", da sie auf „besseren, weil einleuchtenden" $\text{Argumentationen}_{\text{H1}}$ beruhen.[376] Das spezifische Verständnis dieses „Einleuchtens" gilt es kurz zu erläutern.

Im Fokus stehen dazu Habermas' Überlegungen zur diskurspragmatischen Regelhaftigkeit von einleuchtenden $\text{Argumentationen}_{\text{H1}}$ an. Mit Blick auf die Fundamentalkriterien und A 08 sollte klar sein, dass er an dieser Stelle nicht auf die formallogischen oder sprachpragmatischen Regeln abhebt (vgl. Abschnitt 4.2) – denn diese werden bereits im schlussfolgernden Argumentieren (Arg_{S}) ausreichend gewürdigt (Abschnitt 2.3).[377] Diskurspragmatische Regelhaftigkeit erschöpft sich anscheinend nicht in formallogischer oder grammatikalischer Folgerichtigkeit. Vielmehr übernimmt im Sinn des konsensorientierten Argumentierens der dialogische $\text{Konsens}_{\text{D}}$ – als intersubjektive Verständigung über autonome $\text{Einsicht}_{\text{A}}$ – eine orientierende Funktion. Habermas hebt die Beobachtung hervor (A 18), dass sich Realdiskurse generell sensitiv gegenüber einer bestimmten Art plausibler Gründe_{P} erweisen. Er schreibt: „Kommunikationsteilnehmer bewegen sich, weil sie sich am Ziel der Verständigung orientieren, immer schon in einem Raum der Gründe, von denen sie sich affizieren lassen."[378]

---

375 Ebd., S. 1042.

376 Vgl. Habermas 2009c, S. 144. Siehe dazu die kritischen Erläuterungen zu K 07.

377 „Wenn sich einer mit dem anderen über etwas in der Welt verständigen will, kann die Kommunikation auch an [...] Mißverständnis, also an grammatischen Fehlern oder am Fehlen einer gemeinsamen beherrschten Sprache scheitern; aber das eigentliche, das illokutionäre Ziel – die Verständigung mit einem anderen über das, was der eine dem anderen sagt – kann nur auf den Ebenen von Semantik und Pragmatik verfehlt werden." Habermas 2009a, S. 13.

378 Ebd.

Aber was bedeutet hier *Affizieren*? Zur Beantwortung werde ich das Begriffsfeld „Grund“ um eine Bedeutung in Anlehnung an Habermas erweitern. Er passt den Gründebegriff ($Grund_H$) an den diskurstheoretischen Ansatz an, um den zwanglosen Zwang über eine *regelhafte Diskursfunktionalität* zu verdeutlichen. Die Diskursfunktionalität guter $Gründe_H$ besteht nach Habermas darin, dass diese eine Verbindung zwischen der kollektiven Diskurshandlung einerseits und der je eigenen $Abwägung_I$ andererseits herstellen. Wobei die kollektive Handlung, hier greift Habermas doch auf die ideal-spekulative Figur des Makrosubjekts zurück, als ein Ausdruck „intersubjektiver Überzeugungen kraft besserer Argumente“ interpretiert wird.[379] Das konsensorientierte Argumentieren führt im Realdiskurs in manchen Fällen von der affizierten $Einsicht_A$ Einzelner zur gemeinsamen $Überzeugung_S$ des Diskurskollektivs. Letzteres bedeutet bestenfalls die $Einsicht_A$ aller Teilnehmenden. $Argumentationen_{H1}$, die diese intersubjektive $Überzeugung_S$ über eine affizierte $Einsicht_A$ aller herbeiführen, sind als diskursethisch gute $Gründe_H$ zu bewerten. Konsensorientiertes Argumentieren bedeutet also nach Habermas, „ein begründetes Einverständnis über etwas zu erzielen“ und zwar zwischen allen Diskursteilnehmenden.[380] Das Attribut *gut* bemisst sich im Falle Habermas’scher $Gründe_H$ an der Funktionalität, diesen Konsens im $Diskurs_{H1}$ zu erzielen (natürlich über die zwanglose $Einsicht_A$ aller Teilnehmenden). Konsensorientiertes Argumentieren dient als eine operationale Argumentationspraxis bzw. ein intersubjektives $Prüfverfahren_F$, durch das Argumentationen den Status kollektiv einsichtiger $Gründe_H$ erlangen können. Wenn Habermas, wie erläutert, über einen $Grund_H$ spricht, dann denkt er vor allem an diese Vermittlungsfunktion: Einerseits erzeugen sie eine $Einsicht_A$ beim Einzelnen, andererseits erzeugen sie ein „Einverständnis“ als eine Art der begründeten kollektiven $Überzeugung_S$. Doch welcher dieser beiden Aspekte bietet eine Grundlage für die Ableitung weiterer Regeln?

Den zweiten Aspekt betrachtet Habermas als ausschlaggebender. Denn das gegenseitige Versichern einer kollektiven $Überzeugung_S$ erfolgt über eine gemeinsame Handlung, nämlich das Arg_K. Es ist die *regelhafte Trägerhandlung*, durch deren Vollzug kollektive $Überzeugung_S$ generiert werden (können).[381] Bei genauerer Betrachtung fällt aber auf, dass Habermas nur wenige Regeln angibt, nach denen das Arg_K *der Regel nach* abläuft. Er notiert lediglich eine Regel, die inhaltlich K04A und K04B folgt: *K05.1* „Wer eine Aussage oder Norm,

379 Habermas 1981, S. 62.

380 Habermas 1983b, S. 100.

381 Mit dem Terminus technicus „Trägerhandlung“ sind die Argumentationspraxen angesprochen, auf die sich die empirischen Analysen von Argumentationstheorien beziehen. Bspw. greift Alexy zur Ableitung seiner Diskursregeln auf das juristische Argumentieren (Arg_R) zurück.

die nicht Gegenstand der Diskussion ist, angreift, muß hierfür einen Grund angeben."[382] Hinter dieser Regel zur Begründungs- bzw. Rechtfertigungspflicht steht der Gedanke zur angesprochenen Diskursfunktionalität von Gründen$_H$, wie Habermas etwas später durch einen erläuternden Beispielsatz unterstreicht: „Ich habe H schließlich durch gute Gründe davon überzeugt, daß p [...]."[383] Alexy nennt in seiner Vorlage unter den Stichworten Vernunft- bzw. Argumentationslastregeln noch weitere Regeln, die jedoch nur auf die Begründungspflicht in spezifischen Situationen hinauslaufen.[384] Mit der Regel zur Begründungspflicht in Diskursen$_{H1}$ legt Habermas das Arg$_K$ auf eine Praxis fest, „in der einer den anderen kraft besserer Argumente überzeugen will".[385] Gründe$_H$ sind also „nichts Privates, sondern eo ipso auf intersubjektive Anerkennung ausgerichtet".[386]

Die Priorisierung der intersubjektiven Anerkennung, die man aus Habermas' Ausführungen herauslesen kann, führt missverstanden zu einem zweifachen Spannungsverhältnis mit dem bisherigen Verständnis autonomer Einsicht$_A$: *Erstens* könnte Anerkennung konkreten Kriterien folgen, die als rein kulturbedingt konzipiert sind. Es sind dann Situationen denkbar, in denen die individuelle Einsicht$_A$ nicht deckungsgleich mit der anerkennungsgetriebenen des Diskurskollektivs ist. Ein kulturspezifischer Zwang zur Übernahme der tradierten Vorstellung von Anerkennungswürdigkeit sollte aber durch das Kriterium zur Abwägungsautonomie (K 04) ausgeschlossen werden. *Zweitens* könnte man wieder auf die affizierende Wirkung von Gründen$_H$ verweisen, die auf die einzelnen Individuen ausgeübt wird. Nimmt man die Grammatik$_E$ der Anerkennung ernst (Kapitel 8, Abschnitt 3.1 und Abschnitt 4.1.1), heißt dies Folgendes: Jedes Individuum, das eine kollektive Überzeugung$_S$ mitträgt, muss Einsicht$_A$ in den Argumentationsgang der anderen haben, um durch die darin kommunizierten Gründe$_H$ adäquat affiziert zu werden, und diese letztlich als solche anerkennen zu können.[387] Ansonsten steht die mit dem Begriff der Einsicht$_A$ verbundene Abwägungs-

382 Habermas 1983b, S. 98.

383 Ebd., S. 100.

384 Alexys zentrale Regel lautet: „Jeder Sprecher muß das, was er behauptet, auf Verlangen begründen, es sei denn, er kann Gründe anführen, die es rechtfertigen, eine Begründung zu verweigern." Alexy 1978, S. 39. Alexys restliche Argumentationslastregeln beziehen sich auf spezielle Anwendungsfälle der Begründungspflicht. Diese thematisieren die Gleichbehandlung von Personen (3.1); die von Habermas aufgegriffene Überlegung, Kritik an tradierten Hintergrundannahmen zu begründen (3.2); Begründungspflicht bei Gegenargumenten (3.3) und bei Äußerungen zu Einstellungen, Wünschen oder Bedürfnissen (3.4). Ebd., S. 42 f.

385 Habermas 1992a, S. 161.

386 Ott 2018, S. 163.

387 Dazu Habermas' anthropologische Beobachtung: „Es gehört allgemein zur Bedeutung des Ausdrucks ›überzeugen‹, daß ein Subjekt aus guten Gründen eine Meinung faßt." Habermas 1983b, S. 100.

autonomie auf dem Spiel und ein Heteronomieverdacht wäre die Folge (etwa sozialpsychische Manipulation, rhetorische Täuschung_{Rh} u. s. w.). Der einzige kriteriale Anker von Habermas' Argumentationspraxis bleibt die affizierende Kraft guter Gründe_H in der argumentativen Anerkennungsbewegung. Aber was bedeutet diese (subjekttheoretische) Formulierung genau für ihn?

Habermas bleibt mit seiner Antwort auf diese Frage weitgehend im Dunkeln. Von Kant übernimmt er die Vorstellung, dass es sich dabei um eine Art passive Aktivität handelt.[388] Weiterhin stellt er im Zuge seiner Kritik am Dezisionismus und anderen nonkognitivistischen Ansätzen heraus, dass „Überzeugungen [...] immer auch ein Moment von Passivität" anhaftet, da sich jene bilden und nicht von uns produziert werden.[389] An anderer Stelle verweist er darauf, dass dieser Bildungsprozess in der *Lebenswelt* verankert sei, die „aus mehr oder weniger diffusen, stets unproblematischen Hintergrundüberzeugungen" aufgebaut werde.[390] Die daraus folgende Absage an eine spezifischere intersubjektiv überprüfbare Regel federt Habermas dadurch ab, dass er eine Art von Authentizitätskriterium einführt, das das Vorgaukeln von Einsicht_A ausschließt: *K 05.2* Jeder Sprecher darf nur das behaupten, was er selbst glaubt."[391]

Affizierte Einsicht_A führt nach Habermas auf die argumentationstheoretisch problematische Erkenntnisform des Glaubens. Gründe_H würden demnach auf einen wie auch immer auszulegenden Glauben führen. Vor dem Hintergrund dieser eher unbefriedigenden Bemerkungen von Habermas, ist es dann nicht verwunderlich, das die angewandte Diskurstheorie die Regelsets des schlussfolgernden Argumentierens (Arg_S) nutzt, um bestimmte Argumentationen als Gründe_H exponieren zu können (Abschnitt 3.2 und Abschnitt 3.5). Ungeachtet dessen soll abschließend ein übergeordnetes Kriterium für diese Regelklasse genannt werden, um die Intention von Habermas konstruktiv zu würdigen:

> K 05 (Überzeugungskraft von Gründen): Die Notwendigkeit_P einer Argumentation hängt von deren Überzeugungskraft im Realdiskurs ab. Eine Argumentation birgt einen guten Grund_H, wenn jene zur konsensualen Verständigung im Sinn einer kollektiven Überzeugung_S führt. Das heißt, dass diese bestenfalls bei allen Teilnehmenden eine affirmative Einsicht_A der geäußerten Argumentation erzeugt. Diese Einsicht_A über das Arg_K lässt sich nicht in allen Fällen über eine argumentative Operationalisierung im Sinn der Folgerichtigkeit abbilden und somit als intersubjektive Argumentationspraxis (bspw. als diskursethisches Verfahren) rekonstruieren.

388 Kant tituliert damit einen unmittelbaren Erkenntnisakt, nämlich die „Art, wie wir von Gegenständen affiziert werden [...]." Kant 1787, B 33.

389 Habermas 1992a, S. 122.

390 Ebd.

391 Habermas 1983b, S. 98.

4.3.5 Dritte Regelklasse: Diskursmoralische Universalisierungsregeln (diskursethische Brückenprinzipien)

Bisher wurden die Regeln aus Beispielen aus Realdiskursen abgeleitet, weshalb jene *erfahrungsbedingt* sind. Die eigentliche Trägerhandlung der neuen Regelklasse wird von Habermas aber nicht eindeutig bestimmt. Meistens bezieht er sich auf das Arg_P, Arg_R oder Arg_W, wobei normative Fragen höchsten allgemeinen Interesses im Fokus stehen. Andererseits gibt er an, sich in seinen Analysen auf den „Originalmodus menschlischer Rede“ zu beziehen und somit auf alle möglichen Argumentationspraxen.[392] Unabhängig von dieser Unklarheit werden in diesem Abschnitt die normativen Präsuppositionen all der Argumentationspraxen skizziert, aus denen die vorher genannten Regeln abgeleitet wurden. Im Mittelpunkt steht jedoch die *konstitutive Norm* des konsensorientierten Argumentierens (Arg_K), denn dieses prägt nach ihm alle anderen Argumentationspraxen in elementarer Weise.

Der gesuchten Norm, so Habermas' Ausgangsüberlegung, stimmen alle Vernunftwesen unabhängig von der ausgeübten Argumentationspraxis explizit oder implizit zu, sobald sie zu argumentieren beginnen.[393] Ott umschreibt ihre Funktion über die „Herstellung und Erneuerung von Einverständnis“, wobei Einverständnis eine spezielle Auslegung von Verständnis darstellt, welches „idealiter eine rational motivierte Zustimmung aufgrund von geteilten Gründen“ aussagt.[394] Die Norm darf somit nicht als Fundamentalregel im Sinn von K 02A und K 02B missverstanden werden. Habermas spricht daher von einer „Argumentationsregel“, wobei nicht eindeutig ist, was er damit meint.[395] Unabhängig davon soll sie es ermöglichen, über die moralische $Plausibilität_N$ von diskursiv verhandelten Argumentationen jeglichen Gehalts zu entscheiden.[396] Gottschalk-Mazouz interpretiert die Überlegung so, dass durch diese Grundregel die „Einwandfreiheit“ von Argumentationen und deren Rechtfertigung im $Diskurs_{H1}$ geprüft werden kann.[397] Wobei $Argumentationen_{H1}$, die im Sinn des Arg_K die „Einwandfreiheitsprüfung“ erfolgreich bestanden haben, im Rahmen dieser Prüfung zugleich eine belastbare Überzeugungskraft im Realdiskurs bewiesen haben.[398]

---

392 Vgl. Ott 2018, S. 163.

393 Siehe Gottschalk-Mazouz 2000b, 241 Fn2 und Habermas 1983b, S. 104.

394 Ott 2018, S. 163.

395 Vgl. Habermas 1983b, S. 103. Habermas ordnet ihr den janusköpfigen Charakter zwischen (wählbarer) moralischer Norm und (unhintergehbarem) Vernunftgesetz argumentativer Kommunikation zu.

396 Werner 2003, S. 164.

397 Gottschalk-Mazouz 2000a, S. 243.

398 Ebd.

Zur Herleitung nutzt Habermas eine klassische philosophische Methode: Diese erfolgt aus der Teilnehmerperspektive.[399] Habermas gibt dazu Hinweise, mit deren Hilfe man sich selbst – hier alle Lesenden – davon überzeugen kann, dass konsensorientiertes Argumentieren eine derartige Grundregel voraussetzt. Interessanterweise stellt dieser imaginäre Diskurs zwischen den Lesenden und Habermas einen Sonderfall des Arg_{K} dar. Das heißt, Habermas' *universalpragmatische Herleitung* der Grundregel ist bereits eine paradigmatische Anwendung der Regel (ein Muster_{K}).[400] Paradigmatisch erscheint die Herleitung deshalb, weil sich die Lesenden in ein Argumentieren einüben, welches ein nach Habermas angemessenes, also musterhaftes Arg_{K} verkörpert.[401]

Um dieses Vorgehen besser einordnen zu können, erinnere ich an die skeptische Perspektive, die Habermas mit seinem verfahrensethischen Ansatz teilt.[402] Man kann keinen transzendentalen Standpunkt einnehmen, um von diesem aus stillschweigende Voraussetzungen von Argumentationspraxen zu ermitteln. Vielmehr verlangt die Analyse deren Vollzug oder mindestens dessen detaillierte Beschreibung. Was auch immer die eigentliche Trägerhandlung sein mag, die Habermas vor Augen hat, so geht es ihm in seiner Diskursgrammatik darum, dass diese Argumentationspraxis die ergebnisoffene Kommunikation möglichst aller moralischen Überzeugungen ermöglicht. Hinsichtlich des Inhaltes zeigt sich ein $\text{Diskurs}_{\text{H1}}$ offen; hinsichtlich der Form der dort ausgeübten Arg_{K} hingegen nicht. Deren Regeln können nur eingeschränkt Gegenstand von idiosynkratischen oder kollektiven Abwägungen sein (vgl. Abschnitt 5.1.1).

Damit zur eigentlichen Regel: Im Arg_{K} setzen alle Teilnehmenden laut Habermas das „Universalisierungsprinzip U" voraus (K 06.1):

> Jede gültige Norm muß der Bedingung genügen, daß die Folgen und Nebenwirkungen, die sich aus ihrer allgemeinen Befolgung für die Befriedigung der Interessen jedes Einzelnen voraussichtlich ergeben, von allen Betroffenen zwanglos akzeptiert werden können.[403]

Auf diese Regel erhebt Habermas einen universalistischen $\text{Geltungsanspruch}_{\text{H}}$. Offen bleibt allerdings, wie Habermas diese Überlegung genau auslegt. Einerseits geht die Regel mit einer Art Selbstverpflichtung einher, da alle Teilnehmenden sich autonom für eben jene Teilnahme an einem argumentativen

399 Ott 2018, S. 164.

400 Hinweis: Universalpragmatik „hat die Aufgabe, universale Bedingungen möglicher Verständigung zu identifizieren und nachzukonstruieren". Habermas 1976b, S. 353.

401 Es handelt sich damit um eine regelhafte Praxis des (philosophischen) Argumentierens. Siehe zudem Ott 2018, S. 169.

402 Siehe Abschnitt 2.1 und Werner 2003, S. 163.

403 Habermas 1983b, S. 131.

Diskurs$_{H1}$ entscheiden. Anderseits tendiert Habermas in mancher Formulierung dazu, der Regel doch einen fundamentalen Charakter zuzuschreiben (in Anlehnung an K 02A). Klarer kolportiert er hingegen ihre Funktion. Die Befolgung ermöglicht eine kognitivistische Begründung von Argumentationen, da durch sie eine Regel zu einem intersubjektiv und rational nachvollziehbaren Prüfverfahren$_F$ gegeben ist (mit dem Arg$_K$ als der ausschlaggebenden Prüfpraxis).[404] Die Funktion der Einwandfreiheitsprüfung beruht auf einem Gedanken, den ich zugleich als das wesentliche Kriterium dieser Regelklasse, allerdings fokussiert auf Argumentationen$_P$ in moralischer Absicht, herausheben möchte:[405]

> K 06 (Einwandfreiheitsprüfung normativer Argumentationen): Die Anerkennung normativer Argumentationen$_P$ basiert auf der entsprechenden kognitiv begründeten Überzeugung$_S$ der Einzelnen, hier: der Diskursteilnehmenden (siehe A 02 und A 07). Die Idee lautet also, dass durch den intersubjektiven Diskurs$_{H1}$ die Überzeugungskraft einer Argumentation$_P$ bei allen Teilnehmenden erhöht werden kann. Das berechtigt seinerseits dazu, zur Überzeugung$_S$ überzugehen, dass die Argumentation$_P$ plausibel ist. Das heißt, dass die Befolgung ausgezeichneter Argumentationsregeln – als den Rationalitätsmarkern des Arg$_K$ – die Berechtigung für eine konkrete Überzeugung$_S$ befördert, die mit einem weitreichenden normativen Anspruch einhergeht.

Passend dazu entwickelt Habermas eine weitere Regel „D“, die den Übergang zur (moralischen) Allgemeingültigkeit von normativen Argumentationen$_P$ expliziert:[406] *K 06.2* Normen sind „nur dann“ gültig, wenn sie „die Zustimmung aller Betroffenen als Teilnehmer eines praktischen Diskurses finden (oder finden könnten)“.[407]

Die starke Kopplung der Anerkennung von Argumentationen$_P$ an die kognitive Überzeugung$_S$ der Diskursteilnehmenden und die daraus folgende diskursfaktische Akzeptanz$_F$ führt zur Frage, was Habermas eigentlich darunter versteht. Erwartbar redet Habermas meist von „allgemeine[r] Zustimmung“ im Sinn eines „gemeinsamen Interesses“.[408] Er beruft sich bei diesem Gedanken auf G. H. Meads Idee des *universellen Rollentauschs*, der nicht intrasubjektiv in Gedanken, sondern über einen generalisierten Diskurs$_{H1}$ intersubjektiv und somit externalisiert vollzogen wird, um einen (moralischen) Gemeinsinn herauszustellen. Die individuelle, kognitive Zustimmung hängt somit davon ab, dass *alle gemeinsam* über eine regelhafte Argumentationspraxis prüfen, ob sie einerseits selbst (in

404 Es gibt eine Vielzahl an weiteren offenen Fragen, vgl. dazu etwa Gottschalk-Mazouz 2000a, S. 255.

405 Hier in Anlehnung an Wingert 1993, S. 19.

406 Das Verhältnis zwischen U und D stellt ein eigenständiges Problem dar, welches in diesem Rahmen nicht weiter thematisiert wird. Siehe Gottschalk-Mazouz 2000a, S. 35.

407 Zitiert nach ebd., S. 17. Original in: Habermas 1983b, S. 103.

408 Ebd., S. 75.

Bezug zur eigenen Lage) die Konsequenzen wollen können, die bei Befolgung der thematisierten Norm eintreten würden, oder ob andererseits die anderen (in Bezug zu ihrer eigenen Lage) diese wollen könnten.[409] Dahinterstehen klare anerkennungstheoretische Motive.

Insofern besteht eine Abhängigkeit zwischen der Bedeutung der kognitiv begründeten Überzeugung$_S$ bzw. der diskursfaktischen Akzeptanz$_F$ einerseits und dem Verfahren sozialer Anerkennung andererseits. Letztere könnte durchaus über eine argumentationsgeführte Klärung von strittigen Fragen auf kognitiver Ebene hinausgehen. Habermas selbst gesteht später zu, dass sich die Konstitution von diskursiver Anerkennung nicht in dem Prüfverfahren$_F$ auf Basis von U erschöpfe. Vor allem die Anwendung der normativen Argumentationen$_P$, die dieses Verfahren durchlaufen haben, ziehen Realdiskurse nach sich, die einer weiteren, individuellen Prüfverfahrensart bedürfen, die er mit „praktischer Klugheit"[410] verbindet – eine Frage, die ich im folgenden Kapitel beleuchte.

409 Habermas 1983b, S. 75.

410 Werner 2003, S. 163 f.

Kapitel 5: Zwischenreflexion (Reichweite diskursethischer Orientierung)

Dieses Kapitel widmet sich einer vertiefenden Analyse von F 02, um den Ort idiosynkratischer Abwägungen$_I$ und der auf ihnen aufbauenden Argumentationen im Energiediskurs zu bestimmen und ihren Einfluss auf Energiekonflikte vorläufig abschätzen zu können. Dazu soll sowohl eine genauere diskursphänomenale Kennzeichnung der entsprechenden Argumentationen als auch eine kritische Reflexion von Habermas' Überlegungen mit Rückgriff auf Toulmin vorgenommen werden. Mit dem letzten Punkt werde ich beginnen.

5.1 Kritische Reflexion von Habermas' Ansatz

5.1.1 Die unzureichende Würdigung inhaltlicher Kontextbezogenheit

Ausgangspunkt bildet die Feststellung aus Abschnitt 2.4.3, dass sich in einem ausgezeichneten Kontext$_L$ manche, auf einer Abwägung$_I$ basierende Argumentation als plausibel und somit als ein rechtfertigender Grund$_R$ erweise (T 03 und K 02M3). Auf Grundlage von AF 4 wurde bereits konkreter nach den *Kriterien K(KO,E(x),P(y))* gefragt, nach welchen solche Argumentationen als anerkennungswürdig (oder nicht) gelten. Als problematisch erwies sich, dass idiosynkratische Abwägungen$_I$ nicht wirklich streng nach dem (Intersubjektivitäts-)Prinzip der Folgerichtigkeit beurteilt werden können. Die idiosynkratische Abwägung$_I$ als eine Art ICH$_A$-bezogene Variante des praktischen Schließens hebt nicht auf eine regelkonforme Argumentationsfigur für jedermann ab, sondern verortet die eigene Persönlichkeit (inkl. der motivationalen Verfasstheit$_M$) mit Blick auf die abzuwägende Problemstellung sowie die materiellen und sozialen Randbedingungen in einem konkreten Kontext$_L$.[411] Es ist davon auszugehen, dass zur Beurteilung solcher Abwägungen$_I$ die Kriterien kollektiver Prüfverfahren$_F$

411 Die motivationale Verfasstheit$_M$ umfasst nach Bernard Williams ein Set an subjektiven Wünschen, Bedürfnissen, Gefühlen und Empfindungen. Vgl. Williams 1978. Nur durch das Aufzeigen eines Elements dieses Sets wird nach Williams internalistischer Position verständlich, warum die zugehörige Person so handelt, wie sie handelt. Christine Korsgaard erweitert diesen Ansatz dahingehend, dass zu diesem Set auch reflexive, teils metastufige Überzeugungen$_S$ gehören, die sich in Haltungen ausdrücken. Vgl. Korsgaard 1999.

(bspw. über das Arg_W) oder die des konsensualen Argumentierens der Diskursethik (Arg_K) nicht ausreichend sind. Vielmehr müssen die des subjektbezogenen Argumentierens (Arg_A) einbezogen werden.

Nun könnte bei diesem Ansatz ein ähnliches Problemverhältnis vermutet werden, wie ich es bereits zwischen ethischem $Objektivismus_E$ und ethischem $Relativismus_E$ diskutiert habe (Abschnitt 3.5). Dies könnte nicht zuletzt darin liegen, dass die klassische Argumentationstheorie wie die Ansätze des $Objektivismus_E$ dem $Superparadigma_{HD}$ folgt (Abschnitt 2.4.2). Aus deren Perspektive gilt, wer sich durch argumentative $Expertise_P$ auszeichnet, argumentiert folgerichtig mit Blick auf die Kriterien des wissenschaftlichen Argumentierens (Arg_W, etwa nach denen der klassischen $Logiken_F$). Vor dem Hintergrund der bisherigen Ergebnisse dieser Studie stellt sich jedoch dazu eine Frage: *Sind wissenschaftliche Argumentationskriterien wirklich ausreichend, um die Anerkennungswürdigkeit verkürzter Enthymeme aus lokalen Energiediskursen als* $Gründe_P$ *des* Arg_A *beurteilen zu können?*

Dass im Verlauf der Studie die Frage nach der Beurteilung idiosynkratischer $Abwägungen_I$ immer stärker fokussiert wurde, liegt im Wesentlichen an der in K 02M3 aufgegriffenen Kontextabhängigkeit vieler Argumentationen im Energiediskurs. So zeigte etwa die Rekonstruktion von Bernds Position in Argumentationsfigur 9, dass darüber ein kontextbezogener plausibler $Grund_P$ ausgesagt wird. Tatsächlich handelt es sich um einen sehr einfachen Fall einer $Abwägung_I$, da diese mit einer „versteckten $Expertise_P$" über Löschtechnik und -praxis verbunden werden konnte. Viele Enthymeme sind aber sehr viel stärker auf die motivationale $Verfasstheit_M$ der Argumentierenden ausgerichtet – ohne dass diesen Argumentationen pauschal abgesprochen werden kann, plausible $Gründe_P$ mit Rechtfertigungspotenzial zu sein, und ohne dass sie deshalb quasiwissenschaftlichen Standards genügt. An dieser Stelle wird ein kritischerer Blick auf Habermas' diskursethischen Ansatz weiterhelfen.

In den rekonstruktionsmethodischen Überlegungen zu K 02M2 und K 02M3 wurde bereits hervorgehoben, dass jede Rekonstruktion sowohl ein Bild der natürlichsprachlichen Ausgangsargumentation als auch ein $Muster_K$ der jeweiligen Argumentationstheorie darstellt. Jede Rekonstruktion ist für sich allein genommen ein Interpretationsmedium, dessen $Angemessenheit_A$ im Rahmen des Referenzkontextes hinterfragt werden kann. Dabei ging es um inhaltliche und argumentationspraktische Schlüssigkeit der Ausgangsargumentation in der Situation und dem konkreten Kontext (Abschnitt 3.6). Mit Blick auf die vermutete Sonderstellung von idiosynkratischen $Abwägungen_I$ wird zu prüfen sein, inwiefern Habermas' Diskursethik deren angemessene Rekonstruktion ermöglicht. Die bisherige Analyse des Energiediskurses legt hier einige Zweifel nahe, denen ich kurz nachgehe.

Schon seit einiger Zeit wurde unter Diskursethikern diskutiert, welche Art von Argumentationen mithilfe der diskursethischen Kriterien – insbesondere der Regel U – begründet oder gar aus ihr abgeleitet werden können.[412] Kritisch betrachtet ist die eigentliche Argumentationspraxis, auf die sich Habermas' Kriterienkatalog bezieht, die der moralisch ambitionierten Diskurse (Abschnitt 4.3.2). Ihm geht es um ein modernes, konsenstheoretisch ausgerichtetes *Verfahren zur Absicherung von normativen Aussagen*, die als haltungs- und handlungsrechtfertigende Gründe$_R$ taugen und somit eine gewisse realpolitische Tragfähigkeit beweisen. Bei genauerem Hinsehen erscheint K 02 v. a. im Sinn von K 02A und K 02B als unproblematisch. Denn diese beiden Kriterien grenzen die Leitlinien ein, die jede kommunikative Interaktion erfüllen können sollte, damit die darin geäußerten Argumentationen mehr oder weniger überhaupt nachvollzogen werden können. Die darauffolgenden Kriterien verengen jedoch den diskursethischen Skopus auf das konsensuale Argumentieren Arg$_K$ – durchaus im Spannungsverhältnis zu den Anforderungen, die Realdiskurse mit sich bringen: Die auf K 04 bezogenen Entfaltungsbedingungen der kommunikativen Vernunft heben *erstens* hervor, dass dazu ein weitgehend machtfreier Diskurs notwendig ist. Die Regeln sollen sicherstellen, dass gerade der Handlungs- und Erfahrungsdruck abgeschwächt wird, der viele Realdiskurse auszeichnet (vgl. Abschnitte 4.3.3 und 5.2.3). *Zweitens* sollen die in K 05 angesprochenen Regeln verhindern, dass die Diskursteilnehmenden – unabhängig von ihrer Rolle in der Kommunikation – unaufrichtig agieren. Dieser Anspruch schließt die in vielen Realdiskursen vorzufindenden rhetorisch-manipulativen Kniffe wie Täuschungen$_{Rh}$ im Grunde aus.[413] Die an K 06 gebundenen Regeln U und D heben *drittens* auf eine regelgeleitete Einwandfreiheitsprüfung moralisch ambitionierter Argumentationen ab. Es bleibt jedoch fraglich, *ob* die meisten Argumentationen in Realdiskursen überhaupt zur Absicherung universalistischer Geltungsansprüche$_H$ dienen, *oder ob* diese nicht in einem stärkeren Zusammenhang zu den verhandelten Inhalten betrachtet und somit kontextualisiert werden müssen.[414]

Im Folgenden wird Habermas' Idealisierung der Arg$_K$ genauer herausgeschält, um den Kontrast zur argumentativen Form idiosynkratischer Abwägungen$_I$ besser konturieren zu können. Zugleich werden in diesem Zuge der erste und der dritte Punkt ausführlicher dargelegt.

412 Zur Übersicht siehe Werner 2003, 161–199 oder Gottschalk-Mazouz 2000a, 117–154, 172–190.

413 Vgl. Elster u. a. 1988, S. 11–16.

414 Gabriele De Angelis geht in Rückgriff auf Albrecht Wellmer und Tugendhat dieser Frage ausführlich nach. Vgl. Angelis 1999, S. 84–91, 129–155.

5.1.2 Habermas' argumentationsphilosophisches Ansinnen

Wie in Abschnitt 4.3.1 erläutert verbindet Habermas mit seiner Diskursethik einen ambitionierten Anspruch: Einerseits wird er von Toulmins Motiv geleitet, seine ethische Diskursgrammatik so zu gestalten, dass diese möglichst viele Argumentationspraxen zu rekonstruieren erlaubt.[415] Darin zeigt sich seine Diskursgrammatik pluralistisch. Andererseits erhebt Habermas den Anspruch, dass deren zentrale Kriterien unhintergehbar sind, sobald man sich anschickt (konsensorientiert) zu argumentieren. Damit tendiert die Theoriemodellierung der Diskursethik In Richtung des wissenschaftlichen Monismus.[416] Diese Tendenz scheint mit Rückblick auf die Überlegungen in Abschnitt 2.5 fragwürdig, weshalb ich in aller Kürze darauf eingehe.[417]

Habermas sieht die diskursethischen Argumentationskriterien (v. a. K 06, indirekt aber auch K 01, (K 02), K 02A, K 02B, K 04, K 05) so angelegt, dass „sich jeder, der den ernsthaften Versuch unternimmt, normative Geltungsansprüche diskursiv einzulösen, intuitiv auf [diese, F. B.] Verfahrensbedingungen ein[läßt], die einer impliziten Anerkennung von ›U‹ gleichkommen."[418], vgl. Gottschalk-Mazouz 2000a, S. 31. In einem $\text{Diskurs}_{\text{H1}}$ könne eine strittige normativ-gehaltvolle Aussage nur dann mit Anerkennung rechnen, wenn K 06 gilt. Die eigentliche, argumentationsphilosophische Methode zur Begründung dieser Behauptung nennt Habermas – in Anlehnung an die Tradition – *mäeutisches Verfahren* (vgl. Abschnitt 4.3.5). Dieses Begründungsverfahren stellt seinerseits eine *angeleitete* bzw. *geführte Argumentationspraxis* dar, die zugleich ein verschriftlichtes Muster_{K} des Arg_{K} darstellt. In diesem wird implizites Wissen expliziert, welches die (geführten) Erkennenden in ihrem alltäglichen Argumentieren oft befolgen, aber bis dahin weder ausgesprochen noch reflektiert haben. Im einschlägigen Text dazu entwickelt Habermas ein imaginäres Gespräch mit einer diskursskeptischen Person.[419] Insofern sich diese auf eine argumentative Kommunikation einlasse, könne sie viele normative Aussagen bezweifeln, ausgenommen der diskursethischen Argumentationskriterien. Diese werden im Verlauf *gemeinsam expliziert*, um zu erkennen, dass diese Explikation den $\text{Geltungsanspruch}_{\text{H}}$ v. a. auf K 06 am Ende bestätigt. Wenn die Person sich

---

415 Vgl. Habermas 1981, S. 46 f. und Toulmin 1958.

416 Eine schöne Gegenüberstellung einer klassischen monistischen Argumentation mit deren pluralistischer Gegenargumentation findet man in: Estrada-González 2013.

417 Einen ersten Einblick in das Problem vermittelt Werner 2011, 141–144, sehr ausführlich und detailliert dazu Gottschalk-Mazouz 2000a, 27–108 und Werner 2003, 27–99.

418 Habermas 1983b, S. 103.

419 Siehe ebd., S. 107 und Gottschalk-Mazouz 2000a, S. 32.

selbst durch eine zusätzliche Prüfung durch Gegenbeispiele nicht davon überzeugen lasse, verwickle sie sich in einen performativen Widerspruch$_{P}$, der natürlich expliziert werden könne. Wolle sie diesen vermeiden, müsste sie sich sogar „den Strukturen kommunikativer Alltagspraxis vollständig entziehen können – Habermas zufolge ein Ding der Unmöglichkeit".[420]

Ungeachtet dessen bleibt die Frage weiterhin offen, ob das Arg$_{K}$ (in dieser akademischen Variante), auf das sich dieses Begründungsverfahren bezieht, wirklich die argumentative Kommunikation alltäglicher Realdiskurse einfängt. Hierzu lohnt eine nochmalige Analyse von Habermas' sprachpragmatischem Interpretationsmodell (s. Abschnitt 3.6), auf dessen Angemessenheit$_{A}$ die gestellte Frage letztlich abzielt. Dazu möchte ich nochmals eine Eigenheit seines Ansatzes unterstreichen: Entgegen dem Superparadigma$_{HD}$ will er die Argumentationspraxis gesellschaftlicher Orientierung$_{A}$ (auch nicht der ethischen Orientierung$_{E}$) nicht auf die regelkonforme Anwendung formaler Strukturen und Operationen$_{L}$ gemäß einer Logik$_{F}$ reduzieren (s. K 02M2). Diese „absolutistische Auffassung"[421] des diskursiven Argumentierens lehnt er ab. Denn dann erübrige sich jeder Diskurs$_{H1}$, da keine Geltungsansprüche$_{H}$ problematisiert werden könnten. Zugleich will er aber Diskurse$_{H1}$ als soziale Handlungsphänomene über eine *regelgestützte Diskursgrammatik* rekonstruieren. In Anwendungsfällen könnten jene sogar über diese „konstruiert werden".[422] Diese zweite Zielsetzung teilt die Diskurstheorie mit allen argumentationstheoretischen Ansätzen:

> A 17 (Regelhafte Erklärung kollektiver Sprechhandlungen): Alle Argumentationstheorien, auch die Habermas'sche Diskurstheorie, setzen voraus, dass in Kollektiven vorgetragene Argumentationen ein zusammenhängendes Aussagensystem bilden, das der gemeinsamen kommunikativen Verständigung dient. Die Strukturierung solcher Systeme folgt Regeln, nach denen die argumentativen Zusammenhänge gemäß theoriekonformer Argumentationsfiguren und Argumentschemata rekonstruiert, bewertet und bedingt auch konstruiert werden können. Die Regeln und deren Folge auch die Figuren und Schemata wirken normierend: zum einen hinsichtlich der Struktur des (gesamten) Diskurses und zum anderen hinsichtlich der konkreten Sprachhandlung sowie Aussageninhalte.

Im Fall der Diskursethik sehe ich, wie bereits skizziert, die von Habermas anvisierte Argumentationspraxis im Arg$_{K}$. Mit Blick auf Diskurse$_{H1}$ geht es ihm

---

420 Werner 2003, S. 163.

421 Habermas 1981, S. 46.

422 An dieser Stelle ist von Anwendungsfällen die Rede, um nicht auf die von Diskurstheoretikern kontrovers diskutierte Deutung des Begriffs der *Anwendungsdiskurse* eingehen zu müssen. Ich teile aber mit Micha Werner – dieser in Anschluss an Alexy – die Auffassung, dass sich die eigentliche Argumentationspraxis im Rahmen ethischer Orientierung$_{E}$ zwischen Begründungs- und Anwendungsdiskursen nicht unterscheidet. Vgl. Werner 2011, S. 176.

einerseits um die argumentativ-konsensuale Auflösung von Dissensen: sowohl über Tatsachen (die Wahrheit deskriptiver Sachaussagen) als auch über Rechte und Pflichten (die Richtigkeit präskriptiver Normen). Sprachpragmatisch betrachtet werden Dissense nach der Regel D nur im Rahmen praktischer Diskurse$_{\mathrm{H1}}$ aufgelöst, nämlich dann, wenn eine (oder mehrere) Aussagen die Anerkennung aller Betroffenen – als Diskursteilnehmende – finden (oder finden könnten).[423] Vorausgesetzt wird natürlich, dass der Diskurs$_{\mathrm{H1}}$ die diskursethischen Argumentationskriterien erfüllt.

Nun denke man sich einen Fall, in dem nur die Funktion der konsensualen Beilegung des Dissenses im Vordergrund steht. Ein durchaus realistisches Beispiel aus dem Energiediskurs lautet: Um des Friedens willen, wird in der Gemeindeversammlung eine umfassende Strategie zur THG-Reduktion abgelehnt, obwohl dies aus wissenschaftlicher und klimaethischer Sicht anerkennungswürdig wäre (vgl. AF 7). Die reine Konsensorientierung öffnet anscheinend nicht nur einem ethischen Relativismus$_{\mathrm{E}}$, sondern auch einem alethischen Relativismus$_{\mathrm{A}}$ Tür und Tor.[424] Denn man würde mit dem Konsens nicht nur entgegen der ethischen Orientierung$_{\mathrm{E}}$ entscheiden, sondern zudem klimawissenschaftliche Erkenntnisse (bewusst) ignorieren. Habermas möchte jedoch derartige Relativismen vermeiden, zumindest in der uneingeschränkten Variante. Eine reine Konsensorientierung könne „den eigentümlich zwanglosen Zwang des besseren Arguments nicht erklären".[425] Andererseits führt Habermas den zwanglosen Zwang der besseren Argumentation$_{\mathrm{H1}}$, wie bereits angemerkt, nicht blind auf das Prinzip der Folgerichtigkeit zurück, als müsse das Arg$_{\mathrm{K}}$ lediglich einem bestimmten Muster$_{\mathrm{K}}$ und den sich darin ausdrückenden Regeln entsprechen (wie etwa beim

423 Habermas 1983b, S. 75 f.

424 Anhänger des alethischen Relativismus gehen davon aus, „dass die Wahrheit einer Überzeugung relativ ist zu Parametern wie Erkenntnis, Religion, Kultur, Moral oder subjektiven Urteilsmaßstäben". Irlenborn 2016, S. 71. Dahintersteht die Überlegung, dass durch Überzeugungen nicht nur eine inhaltliche Aussage X, sondern auch ein spezifischer Geltungsanspruch ausgedrückt wird, nämlich dass der Aussageninhalt von X wahr sei. Diese Wahrheit gilt nach den Relativisten jedoch bezüglich konkreter Kriterien innerhalb eines Referenzkontextes (je nach betrachtetem Parameter). Folglich kann die Aussage X, in der die Überzeugung ausgesprochen wird, im Referenzkontext A wahr, im Referenzkontext B hingegen falsch sein, vorausgesetzt A ist ungleich B. Ebd. Weiterführend behaupten Relativisten, dass es keine Kriterien – und somit auch keinen übergeordneten Referenzkontext – gibt, um über die Angemessenheit$_{\mathrm{A}}$ der Referenzkontexte A und B mit Blick auf die Wahrheitsbeurteilung von X zu entscheiden. Entsprechend kann im Vergleich zwischen A und B nicht in einem abschließenden Sinn über die Wahrheit von X entschieden werden. Manche der Anhänger dehnen diese Ansicht auf alle möglichen Aussageninhalte aus (auch auf das Feld logischer Regeln) und verstricken sich in einen Widerspruch$_{\mathrm{P}}$ (da sie in ihrer Begründung auf diese Regeln zurückgreifen), andere Relativisten beschränken sich auf eine bestimmte Art von Überzeugungen$_{\mathrm{S}}$ (etwa Neigungen). Ebd., S. 77–96.

425 Habermas 1981, S. 47.

Arg_S).[426] Vielmehr scheint die oben erwähnte kontextbezogene $Plausibilität_N$ (Abschnitt 3.6) – von Aussagen (K 03) sowie die damit verbundenen situativen $Überzeugungen_S$ – ausschlaggebend zu sein. Für ein besseres Verständnis gehe ich folgend auf Toulmins *good-reason approach* ein, auf welchen Habermas sich in seinen Ausführungen bezieht (Abschnitt 4.1.2).

5.1.3 Toulmins Ansatz

Mit Rückblick auf K 02CM2 und insbesondere auf das Problem der Unterbestimmtheit der Prämissenerweiterung (K 02CM1) schicke ich ein Zitat von Lueken voraus, welches Toulmins Motivation für den *good-reason approach* gut umschreibt:

> In der Argumentationspraxis finden wir jedenfalls eine Vielzahl von Regeln und Argumentationsmustern, die einen Übergang von Gründen zu Thesen ermöglichen, aber keineswegs erzwingen. Vom rein logischen Standpunkt aus sind das alles fallacies. Sie lassen sich allerdings immer auch durch Prämissenergänzung in formal gültige Schlüsse transformieren. Vom Standpunkt einer Informal Logic dagegen kann eine Argumentation eine informal fallacy sein, obwohl (oder sogar weil) sie ein logisch gültiges Schlussschema aktualisiert.[427]

Toulmin selbst geht im Wesentlichen der Frage nach, „welche Tatsachen relevant oder irrelevant sind und wodurch eine Reihe von Tatsachenurteilen zu guten Gründen für eine praktische Entscheidung oder ein Werturteil“[428] und in seinem verallgemeinerten Ansatz für eine Vielzahl von Argumentationen werden können. Wichtig für diese Studie ist eine Überlegung Toulmins, die Lueken besonders hervorhebt, nämlich, „dass bei ‚substanziellen Argumenten‘ der inferenzielle Schritt immer auch ein Stück weit ‚kreativ‘ […] ist, also über die als Gründe angeführten Tatsachenurteile hinaus geht.“[429] Dieser kreative Umgang kann als die sprachpragmatische Antwort auf das Problem der Unterbestimmtheit der Prämissenerweiterung angesehen werden.

Für Habermas' Überlegungen zum zwanglosen Zwang der $Gründe_H$ erwies sich als fruchtbar, dass Toulmin nach *regelhaften Strukturen* und *Kriterien* sucht, die zwar keinen Zwang im Sinn der logischen $Notwendigkeit_L$, aber einen im

426 Passend hebt er hervor, dass die „formalsemantische Beschreibung der in Argumenten verwendeten Sätze zwar notwendig, aber nicht hinreichend“ für deren Beurteilung sei. Ebd., S. 49.

427 Lueken 2012, S. 117.

428 Ebd., S. 118.

429 Ebd.

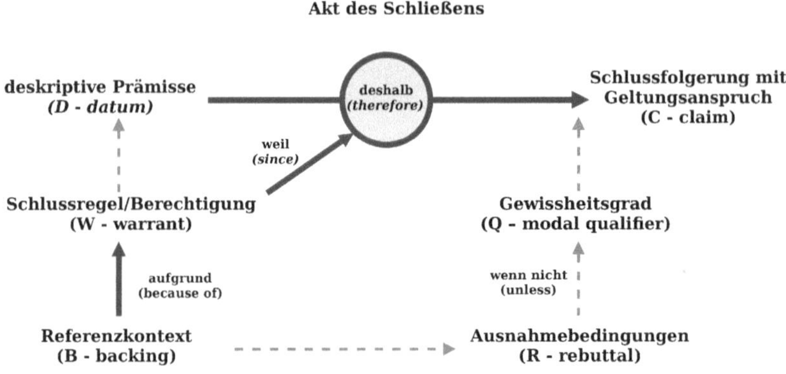

Abbildung 1: Toulmin-Schema (eigene Darstellung, basierend auf Toulmin 1958, S. 87–100 und Eemeren, Garssen u. a. 2014a, S. 217–227)

Sinn eines *berechtigten Übergangs von den Prämissen zur Konklusion* erklären und fordern. Dazu arbeitet Toulmin ein dem Syllogismus (Abschnitt 2.3.2) übergeordnetes Argumentschema heraus. Dieses Schema, das ist wichtig für Habermas, beschreibt nicht die Struktur eines Arguments im Sinne eines statischen Kommunikationsprodukts, sondern eine verallgemeinerte Verlaufsstruktur einer Vielzahl von Argumentationspraxen, also der Kommunikationshandlungen im Sinn einer methodischen Prozedur. Frans van Eemeren, Rob Grootendorst und Mitautoren reden daher vom „layout of argumentation".[430] Auf dieses Schema sowie auf Habermas' Interpretation davon wird nun eingegangen.

Toulmins Überlegungen in seinem verallgemeinerten Ansatz gehen im Gegensatz zum DN-Modell nicht von der (natur-)wissenschaftlichen Argumentationspraxis aus, sondern passen eher zum rechtlichen Argumentieren (Arg_R). Diese Argumentationspraxis findet sich gewisserweise in einer besonderen Form der Realdiskurse, da man sich in der juristischen Kommunikation in der Regel gezielt um vernünftig nachvollziehbare und begründete Rechtfertigungen („court of reason") innerhalb des Rechtsrahmens bemüht.[431] Unabhängig davon erhebt Toulmin den Anspruch, dass sein schematisches Analyseverfahren auf

430 Eemeren, Grootendorst, Johnson u. a. 1996, S. 139. Für Toulmin kann dieses Layout entsprechend auch als „pattern of analysis" dienen, vgl. Toulmin 1958, S. 90.

431 Vgl. ebd., S. 8, 15–21, Eemeren, Grootendorst, Johnson u. a. 1996, S. 135 f., 144, Eemeren, Grootendorst und Kruiger 1987, S. 170 und Lueken 2012, S. 119.

viele Argumentationspraxen übertragen werden kann. In Abb. 1 habe ich die Strukturelemente einer (schlussfolgernden) Argumentation dargestellt. Eine genauere Erklärung spare ich aus, da solche Einführungen in gut aufgearbeiteter Weise vorliegen.[432] Im Zusammenhang der Studie geht es lediglich um Toulmins Gedanken, dass die Notwendigkeit$_P$ einer (meist verkürzten) Argumentation$_P$ vor allem auf einem komplexen Referenzkontext (B) gründet. Die Tragfähigkeit sowohl der im konkreten Schluss herangezogenen Schlussregel (W) als auch die (inhaltliche) Reichweite der Konklusion (Q, R) sind darin verankert.

Zur Erläuterung möchte ich ein Enthymem aus einem im Forschungsprojekt untersuchten Konfliktdiskurs aus Baden-Württemberg nutzen (zum Fall vgl. Fußnote 581). In dem stark auf wirtschaftliche Argumentationen fokussierten Realdiskurs äußerte jemand: „wenn Windräder weit genug von der Wohnbebauung weg sind, [...] des könnte wirtschaftlich betrieben werden, dann würd ma vielleicht in de saure Apfel beiße, ja. Aber wenns dann, sag ma so, 700-900 Meter und äh man weiß im Vorfeld, äh dass da nur Geld vernichtet wird, äh dann dann kann ma sich net anfreunde."[433] Nach Toulmin wird die Schlüssigkeit dieser Argumentation nicht alleinig dadurch ersichtlich, dass man diese nach einem klassischen Argumentschema rekonstruiert. Wie in Abschnitt 2.3.2 orientiere ich mich in der Rekonstruktion zunächst am Modus ponens:[434]

AF 10 (Abstand und Wirtschaftlichkeit von WKA)

Z 10.1 *Prämisse 1: kontextualisierte allgemeine (modale) Regel (Obersatz)*
– Wenn WKA genügend Abstand zu Wohnbebauung haben und (!) diese wirtschaftlich betrieben werden, dann kann ich dem Bau zustimmen.

Z 10.2 *Prämisse 2: konkrete modale Fallbeschreibung (Untersatz)*
– De facto könnte die WKA nur mit 800–900 Metern Abstand gebaut und (!) nicht wirtschaftlich betrieben werden.

Z 10.3 *Konklusion: konkrete modal-normative Schlussfolgerung (Konklusion).*
– ∴ Ich kann dem Bau nicht zustimmen.

Diese Rekonstruktion offenbart, dass die Argumentation auf den ersten Blick *formal ungültig* ist. Denn aus der Verneinung des Antezedens der gesetzartigen Implikation (Z 10.1) kann formallogisch nicht auf die Verneinung der Kon-

432 Bspw. in: Eemeren, Grootendorst und Kruiger 1987, S. 162–207 oder Eemeren, Grootendorst, Johnson u. a. 1996, S. 129–160.

433 Transkript B: 877–881.

434 Ich umschreibe den Konjunktiv II im zweiten Teil der Aussage mit „würde X können" (X = „betrieben werden", „beißen"), das Sprichwort „in den sauren Apfel beißen" mit „zustimmen, auch wenn man persönlich dagegen ist", das Sprichwort „Geld vernichtet" mit „unwirtschaftlich" und „nicht anfreunden" mit „nicht zustimmen".

sequenz (Z 10.3) geschlossen werden (der Fehlschluss wird als „Denying the Antecedent" bezeichnet). Nach Toulmin muss jedoch der Referenzkontext (B) in die Rekonstruktion einbezogen werden, in welchem die eigentliche Schlussregel (W) verankert ist. Wie bei Opponenten nicht unüblich wollte die obige Person regelhafte Ausschlusskriterien für den Bau von WKAs etablieren, die v. a. im lokalen Kontext$_L$ *nicht erfüllt* werden können. Mit Blick auf diese Zielsetzung ließe sich der Einwand$_A$ besser als *Modus tollendo tollens* abbilden.[435] Die Argumentationsfigur der zweiten Rekonstruktion sehe wie folgt aus:

AF 11 (Abstand und Wirtschaftlichkeit von WKA II)

Z 11.1 *Prämisse 1: kontextualisierte allgemeine (modale) Regel (Obersatz)*
– Wenn WKAs gebaut werden sollen, dann müssen diese genügend Abstand zu Wohnbebauung haben und (!) wirtschaftlich betrieben werden können.

Z 11.2 *Prämisse 2: konkrete modale Beschreibung (Untersatz)*
– De facto könnte die WKA nur mit 800–900 Metern Abstand gebaut und (!) nicht wirtschaftlich betrieben werden.

Z 11.3 *Konklusion: konkrete modal-normative Schlussfolgerung (Konklusion).*
– ∴ Die WKAs sollen nicht gebaut werden.

Aussage Z 11.1 wäre eine geeignete Berechtigung (W), um von Aussage Z 11.2 (D) auf Aussage Z 11.3 (C) überzugehen. Den übergeordneten Referenzkontext (B), der Z 11.1 (W) stützt, könnte man an zwei Überlegungen festmachen: Zum einen sollen Mindestabstände zwischen WKAs und Wohngebieten die dortigen Anwohner vor übermäßigen Schallemissionen und anderen Gefahren im Betrieb (Eiswurf etc.) schützen. Zum anderen sollen sowohl die privaten als auch öffentlichen Investitionen in die Energiewende zielführend eingesetzt werden. Insbesondere an der ersten Überlegung lässt sich zugleich zeigen, dass die darin verankerte Schlussberechtigung lediglich einen bedingten bzw. begrenzten Gewissheitsgrad (Q) besitzt. Das Schlagwort „genügend" verweist nämlich auf eine Reihe an Gewissheitsbedingungen von W, die erst durch eine Ausformulierung des Referenzkontextes (B) und möglicher Ausnahmebedingungen (R) deutlich werden. Denn ob 800–900 Metern „Mindestabstand"[436] im konkreten

435 Dessen formalisiertes Argumentschema lautet: $((A \rightarrow B) \wedge \neg B) \rightarrow \neg A$.

436 Zum Thema „Mindestabstand" gibt es fortwährend einen kontroversen politischen Diskurs, der sich durch die Länderöffnungsklausel 2014 und deren Neufassung 2020 zudem von Bundesland zu Bundesland unterscheidet. Vgl. Eichenauer 2018, S. 316 f. Zu den (natur-)wissenschaftlichen Aspekten siehe bspw. https://www.naturschutz-energiewende.de/aktuelles/mindestabstaende-duerfen-windenergie-nicht-in-sensible-naturraeume-draengen/ (Stand: 11.11.2021).

Kontext$_L$ des Konfliktfalls (Bundesland, örtliche Gegebenheiten etc.) ausreichen oder nicht, bleibt eine (versteckte) Präsupposition von Prämisse Z 11.2.

An der Berechtigung (W) aus dem Beispiel sieht man, dass Argumentationen in Realdiskursen oft in komplexe Referenzkontexte eingebunden sind, und letztere sowohl auf weitreichenden normativen Überlegungen als auch auf teils umfangreicher Sacherkenntnis beruhen. Dabei sollte es nicht zu dem Missverständnis kommen, die argumentative Zuordnung zu einem Referenzkontext blindlings im Sinn des Superparadigmas$_{HD}$ mit einer Herleitung$_D$ anhand einer übergeordneten Schlussberechtigung gleichzusetzen (Abschnitt 3.5). Vielmehr verweist Toulmin darauf, dass der Rückbezug auf einen Referenzkontext von der Argumentationspraxis bedingt wird, durch die der Inhalt des jeweiligen Diskurses *gewöhnlich* kommunikativ verhandelt wird. Toulmin nennt diesen Aspekt „field-variant".[437] Diesem Gedanken folgend sieht Lueken den zentralen Referenzkontext ethischer Orientierung$_E$ bspw. in der Argumentationspraxis der „gelebte[n] moralische[n] Praxis".[438] Ungeachtet dessen nimmt Toulmin an, dass in dieser Mannigfaltigkeit von Argumentationspraxen regelhafte Strukturen (field-invariant) in Form einer Argumentationstheorie erkannt werden können, die fraglos einen kontextübergeordneten Referenzkontext verständigungsorientierten Argumentierens bilden. Von dieser Überlegung bedarf es nur eines kleinen Schritts, um zu Habermas' Programm einer Diskurstheorie überzugehen, das auf den grundlegenden normativen Referenzkontext des (konsensualen) Argumentierens abhebt (Arg$_K$). Daher widme ich den kommenden Abschnitt der Differenzierung der beiden Ansätze.

5.1.4 Eine wichtige Differenz zwischen Habermas' und Toulmins Ansatz

In Abschnitt 4.1.1 wurde bereits Habermas' kritisches Verständnis des *zwanglosen Zwangs guter Gründe$_H$* skizziert. Dieses bewegt sich in folgendem Spannungsfeld:[439] Einerseits weist er eine Reduktion dieses Zwangs auf formallogische Gültigkeit zurück. Rechtfertigungen in Form von deduktiven Herleitungen$_D$ verschieben Habermas zufolge nur das Begründungsproblem, „da den Anfang der Begründungskette ein oberster Wert bilden müsste, der aber angesichts des

437 Toulmin schreibt: „One warrant is defended by relating it to a system of taxonomical classification, another by appealing to the statutes governing the nationality of people born in the British colonies, the third by referring to the statistics which record how religious beliefs are distributed among people of different nationalities." Toulmin 1958, S. 96.

438 Nach Lueken provoziert dieser Ansatz Warnungen vor einem ethischen Relativismus$_E$, der nach Lueken jedoch nicht zwangsläufig folgen muss. Vgl. Lueken 2012, S. 120.

439 Darin folgt Habermas Toulmin, vgl. Habermas 1981, S. 46 f.

Wertpluralismus nur Ergebnis einer irrationalen Wertentscheidung sein könnte".[440] Andererseits darf die Überzeugungskraft dieser Gründe$_H$ nicht auf individuelles Überzeugen reduziert werden, um einem uneingeschränkten ethischen Relativismus$_E$ zu entgehen. Der konsensuale Diskurs$_{H1}$ wäre nach Habermas die Argumentationspraxis, die diese Spannung in sich sowohl erhalten als auch aufheben kann, insofern ein Konsens erzeugt wird. Dies gilt allerdings nur, wenn die oben genannten Argumentationskriterien erfüllt sind. Erfolgreiche Argumentationen$_{H1}$ in diesem Sinn nennt Habermas in Anlehnung an Toulmin „substantiell, weil sie informative sind und nicht allein aufgrund analytischer Konsistenz (oder Inkonsistenz) gelten (bzw˙ nicht gelten)."[441] Das heißt, dass zwischen dem Referenzkontext (B) und der in der Argumentation$_{H1}$ herangezogenen Schlussberechtigung (W) „keine deduktive Beziehung besteht und gleichwohl B eine hinreichende Motivation dafür ist, W für plausibel zu halten."[442] Es stellt sich hier eine spannende Frage: Da Habermas den Zusammenhang zwischen der Plausibilität$_N$ und der Folgerichtigkeit von Argumentationspraxen als Verfahren (Abschnitt 2.2.2), wie soeben wiederholt, nicht aufgibt (vgl. A 17), bleibt offen, ob er dieses Metaprinzip nun doch für ausreichend hält. Oder lassen sich alternative Metaprinzipien in Beurteilung plausibler Gründe$_P$ heranziehen?

Dazu gehe ich zunächst auf Habermas' Motiv ein, auf Toulmins Ansatz zurückzugreifen: Jener greift darauf zurück, da Toulmin alltagssprachliche Argumentationen zum einen an den praktischen bzw. ursprünglichen Referenzkontext bindet und sie zum anderen gezielt nach ihrer Funktion analysiert, das Verständnis der Kommunikationsteilnehmenden im Kontext zu befördern.[443] Als unzureichend erachtet er, wie Toulmin seinen „unparteiischen Standpunkt des vernünftigen Urteils" systematisch absichert.[444] Denn Toulmin gehe davon aus, wie oben skizziert, dass auf Grundlage eines universellen Argumentschemas die *institutionell vorgegebenen Argumentationspraxen* in taxonomischer Absicht beschrieben und differenziert werden können.[445] Gegen diese neoaristotelische Systematisierung von Argumentationen als *Produkte unterschiedlicher Argumentationsverfahren* entwirft Habermas sein Programm: Er will zeigen, dass die institutionell verankerte Differenzierung der Argumentationspraxen auf einer grundlegenden argumentationsinternen Differenz beruht, die auf die drei sphärenspezifischen Geltungsansprüche$_H$ zurückzuführen ist (Abschnitt 4.3.2). Die

440 Nullmeier 2015, S. 196.
441 Habermas 1972, S. 162 und vgl. Toulmin 1958, S. 114–118.
442 Habermas 1972, S. 164.
443 Habermas 1981, S. 57 f.
444 Zitiert nach ebd., S. 60.
445 Vgl. ebd., S. 64.

Geltungsansprüche$_{H}$ dienen somit als generalisierte und normativ-regulative Basismotive, die den zwanglosen Zwang der Argumentationen$_{H1}$ in der jeweiligen Sphäre „absichern", da sie unabhängig vom jeweiligen Referenzkontext allein durch die *(regelhafte) Art der Argumentationspraxen* erhoben werden.[446] Ungeachtet der Frage, ob Habermas die behauptete Generalität dieser Geltungsansprüche$_{H}$ und des durch die Argumentationskriterien fixierten Verfahrensschemas der Argumentationen$_{H1}$ tatsächlich begründen kann,[447] lohnt ein genauerer Vergleich zwischen Toulmins und Habermas' Begriff der Plausibilität$_{N}$. Eigentlich verlangt ein solcher Vergleich eine ausführliche Analyse der wesentlichen Argumentationspraxen, mindestens aber der drei Habermas'schen Grundvarianten mit ihren sphärentypischen Geltungsansprüchen$_{H}$. Da dies in dieser Studie nicht geleistet werden kann, konzentriere ich mich auf sachbezogene Argumentationen, auf die ein Wahrheitsanspruch erhoben wird. Dieses Vorgehen bietet sich an, da die durch jene gestützten deskriptiven Aussagen für praktische Schlüsse$_{P}$ (AF 3), instrumentelle Erklärungen$_{I}$ (Klimaargument) und wissenschaftliche Erklärungen$_{W}$ (AF 5) von zentraler Bedeutung sind.

Insbesondere Habermas' erste diskursethische Interpretation der wissenschaftlichen Realerkenntnis$_{W}$ wurde schon frühzeitig kritisiert, da er darin einerseits korrespondenztheoretische Konzeptionen der Erfahrungserkenntnis kritisiert und andererseits das Prinzip konsensualer Übereinstimmung auf erfahrungsbezogene Sachaussagen erweitert.[448] Im Kern geht es darum, dass Habermas das Arg$_{W}$ – als Momentum der wahrheitsorientierten Erkenntnisformen „Wissenschaft"[449] – als einen Ausdruck intersubjektiver Kommunikation und somit als rein diskursiv konzeptualisiert. Adäquat dazu erwächst der zwanglose Zwang bzw. die

446 Reinhard Brunner schreibt: „Geltungsansprüche haben allerdings für Habermas einen anderen Status als der Regelbegriff für den späten Wittgenstein, sie sind regulative Ideen des argumentierenden Sprechens überhaupt und insofern ‚quasi-transzendental'." Brunner 2000, S. 144.

447 Vgl. dazu Fußnote 233 und Fußnote 417.

448 Bspw. in: Beckermann 1972, Freundlieb 1975 und Otfried Höffe 1976.

449 Die Differenzierung der Erkenntnisformen wird als einer der zentralen Topoi der philosophischen Erkenntnistheorie angesehen. Siehe bspw. G. Ernst 2011. Im Kontext der Studie reicht es anzunehmen, dass epistemische Kriterien vorhanden sind, um zwischen mindestens drei Formen zu unterscheiden: Die wissenschaftliche Erkenntnis genügt den Kriterien der professionellen Wissenschaften. Siehe bspw. P. Kolmer, Schäfer u. a. 2011. Eine Meinung hingegen kann sich jeder relativ ungebunden von intersubjektiven Geltungsansprüche bilden. Angewiesen sind Meinungstragende lediglich auf die fundamentalen Kriterien von Sprache und Kommunikation, um überhaupt verstanden werden zu können (K 01). Eine Überzeugung$_{S}$ bildet eine gefestigte Meinung über etwas ab, wobei dieser Begriff eine inflationäre Verwendung findet (etwa auch für Wissensformen). Allen drei ist gemein, dass durch sie gehaltvolle Erkenntnis ausgesprochen wird (bspw. zu Sachverhalten oder Normen). Darin unterscheiden sie sich von Haltungen, die zugleich eine Reflexion des Standpunktes der Haltungstragenden zur Überzeugung$_{S}$ ausdrückt.

argumentative Kraft der konsensual bestätigten Argumentation$_{HI}$ aus der folgerichtigen Umsetzung der Argumentationskriterien.[450] Die Kritiker setzen dem entgegen, dass es Erkenntnisformen gibt, deren Aussagen ihre Plausibilität$_{N}$ aus Formen der *Erfahrungs- und Praxisevidenz* beziehen. Diese erfahrungsevidenten Aussagen spielen eine wesentliche Rolle für die Kontextualisierung des argumentativen Aussagennetzes und somit von Diskursen.[451] Ohne an dieser Stelle auf die komplexe erkenntnis- und sprachtheoretische Diskussion zu dieser Abgrenzungsfrage eingehen zu können, stimme ich Dieter Freundlieb darin zu, dass Habermas mit seinem weitreichenden Anspruch auf die Leistungsfähigkeit seiner Diskursethik über die Ziele hinausgeht, „die sich etwa Toulmin [. . .] mit der Konstruktion einer Argumentationslogik gesteckt hat.“[452] Letzterer entwickelt seine Überlegungen aus der Deskription bestehender Argumentationspraxen, deren inhaltsbezogene Schlussregeln (W) und deskriptiven Prämissen (D) er als wichtige bedeutungstragende Elemente jener Praxen (etwa der Realerkenntnis$_{W}$) ohne weitere Kritik voraussetzt. Mehr noch: Er stellt sie in ein fortwährendes, praxisinternes Spannungsverhältnis zum Gewissheitsgrad (Q) und den damit verbundenen Ausnahmebedingungen (R).[453] Insofern liefert Toulmin keine normativ-kritische Argumentationsethik, wie es Habermas mit seiner Diskursethik augenscheinlich beabsichtigt. Diese Differenz möchte ich für den Fall der erfahrungsbasierten AF 5 etwas genauer herausarbeiten.

Die Aussagen zum Zusammenhang von Windgeschwindigkeit, Primärwindleistung und Leistung$_{W}$ (Z 5.1.1 bis Z 5.1.3) bilden nach Toulmins Modell einen deduktiven Zusammenhang von Schlussberechtigungen (Z 5.1.1 (W) bedingt Z 5.1.2 (W’), Z 5.1.2 (W’) bedingt Z 5.1.3 (W”)).[454] Sie entsprechen drei Ausprägungen der wissenschaftlichen Aussageform$_{NW}$[455] *generalisierter Sätze*, deren

450 Freundlieb 1975, S. 98.

451 „In gewisser Weise mögen es schon Argumente sein, die die Akzeptierung von Aussagen mit Wahrheitsanspruch herbeiführen. Aber Argumente sind gerade soviel wert, wie das, worauf sie sich stützen, und dies kann keine endlose Kette von logisch aufeinander bezogenen Argumenten sein, sondern muß an irgend einer Stelle auf Erfahrungen zurückgehen, die uns rational motivieren, ein Argument überhaupt als solches anzuerkennen. Und genau dies ist der neuralgische Punkt einer jeden Diskurs- oder Konsensustheorie der Wahrheit.“ Ebd., S. 92.

452 Ebd., S. 98. Kritisch möchte ich hinzufügen, dass Freundlieb in seiner Kritik dazu neigt, in einen naiven Erkenntnisrealismus abzugleiten, etwa ebd., S. 91, 95.

453 In Létourneau 2006 wird darauf hingewiesen, dass Habermas dem argumentativen Einfluss des Gewissheitsgrads (Q) und der Ausnahmebedingungen (R) in seinem Ansatz kaum Beachtung schenkt.

454 In Anlehnung an Eemeren, Grootendorst und Kruiger 1987, S. 192.

455 Die bekannte Differenzierung zwischen verallgemeinernden und singulären Aussagen diente in der klassischen Wissenschaftstheorie als Grundlage, um zwei Formen von Aussagen zu unterscheiden: singuläre und generalisierte Sätze. Ein singulärer Satz beschreibt den Zustand

Referenzkontext (B) die Strömungsmechanik und der Windanlagenbau bildet. Habermas weist zurecht darauf hin, dass die Überzeugungskraft dieser generalisierten Sätze wesentlich aus der breiten gesellschaftlichen Anerkennung des Gewissheitsgrads resultiert, welcher über jene Sätze vermittelt und aufgrund der dahinterstehenden wissenschaftlichen Erklärung$_W$ begründet beansprucht wird (vgl. Abschnitt 7.3.3). Denn Realerkenntnis$_W$ ist für Habermas vor allem argumentativ interpretierende Erfahrungserkenntnis und daher vor allem Produkt kommunikativen und diskursiven Handelns.[456] Dennoch legen Kritiker wie Ansgar Beckermann den Finger auf einen wunden Punkt, wenn sie Habermas vorwerfen, dass er die Praxisform wissenschaftlichen Erklärens und Begründens einseitig auf das Moment der diskursiven Argumentationspraxis reduziert. Denn Plausibilität$_N$ durch Evidenz- und Praxiserfahrung trägt einen guten Teil zur hohen Überzeugungskraft von Realerkenntnis$_W$ bei, ohne dass diese grundlegend (beliebig) argumentativ reinterpretiert werden könnte. Eine wirkliche Klärung der Frage, ob die argumentative (Re-)Interpretation derartiger Erfahrung durch eine normative Diskursgrammatik wie der Diskursethik abgebildet werden kann, bleibe ich an dieser Stelle aber schuldig. Stattdessen werde ich auf die wichtige Differenzierung zwischen der kontextualisierenden Funktion des Referenzkontextes einerseits und des Kontextes$_L$ andererseits über eine Analyse deskriptiver Prämissen (D) eingehen.

Deskriptive Prämissen (D) in Form von singulären Aussagen beziehen sich sowohl auf den argumentativ strukturierten Referenzkontext (B) als auch auf einen konkreten lokal-situierten Kontext$_L$, der die erfahrungsbasierten Deskriptionen und die durch sie erzeugte Überzeugungskraft prägt.[457] Auch wenn der Blick auf

---

einer Entität oder eines Zusammenhangs von Entitäten in einem konkreten Kontext qualitativ („Gestern Abend war der Himmel am Strand X dunkelrot.") und unter Umständen auch quantitativ („Auf der Zugspitze wurde heute um 06:00 Uhr eine Temperatur von -10° C gemessen."). Bartels 2021, S. 30, Elster u. a. 1988, S. 86. Generalisierte Sätze sind verallgemeinernde Aussagen, die induktiv-allgemeine Zusammenhänge zwischen singulären Sätzen („Im Allgemeinen sind (waren) Schwäne weiß.") oder nomothetisch-universelle Gesetze („In idealen Gasen ist das Produkt aus Temperatur und einer gasspezifischen Konstante proportional zum Produkt aus Druck und Volumen.") ausdrücken. Bartels 2021, S. 157, Elster u. a. 1988, S. 86.

456 „Gewiß kann im Zusammenhang einer Argumentation auch Erfahrung in Anspruch genommen werden. Aber die methodische Inanspruchnahme von Erfahrung, z. B. im Experiment, bleibt ihrerseits abhängig von Interpretationen, die ihre Geltung nur im Diskurs bewähren können. Erfahrungen stützen den Wahrheitsanspruch von Behauptungen; [...]. Aber einlösen läßt sich ein Wahrheitsanspruch nur durch Argumente. Ein in Erfahrung fundierter Anspruch ist noch keineswegs ein begründeter Anspruch." Habermas 1972, S. 135.

457 Dies erfolgt in Anlehnung an eine Überlegung von Toulmin: „The status and force of those arguments [...] can be fully understood only if we put them back intor their practical contexts and recognize what functions and purposes they possess in the actual enterprise [dots]." Toulmin u. a. 1984, S. 28.

den lokal-situierten Kontext$_L$ durch die Begriffe und argumentativen Zusammenhänge des Referenzkontextes bedingt ist, bleibt jener dadurch inhaltlich unterbestimmt. Die deskriptive Prämisse drückt entsprechend eine kontextspezifische Erfahrung aus und stellt einen Bezug zwischen Realität und theoretischem Referenzkontext her. Dennoch reichen nach Toulmin die deskriptiven Prämissen im Sinn singulärer Sätze nicht aus, um den inneren Zwang zu klären. Hierzu bedarf es eben der Verknüpfung zu einer allgemeinen Schlussberechtigung (W) und dem Referenzkontext (B). Toulmin und Habermas interpretieren jene Verknüpfung unterschiedlich, was sich in deren jeweiliger Bewertung im Kontext$_L$ widerspiegelt. Toulmin interpretiert die Verknüpfung als eine dialogische, ja schon fast dialektische Argumentationspraxis.[458] Die Einschränkung des Gewissheitsgrads (Q), die sich in einer vollständigen Rekonstruktion über die Ausnahmebedingungen (R) in Bezug zum Referenzkontext ausdrücken, treten nach Toulmin im dialogischen Vollzug der Argumentation als *Einwände$_A$* bzw. sogar *Widerlegungen* (rebuttal) auf. Damit wird die Berechtigung des *spekulativen Übergangs* von kontextbezogenen Erfahrungsinhalten zu (allgemein-begrifflichen) Aussagen hinterfragt, der mit jeder, auf einer deskriptiven Prämisse beruhenden Schlussfolgerung vorgenommen wird. Mit dem Verweis auf eine verallgemeinerte Schlussberechtigung (W) und dem passenden Referenzkontext (B) wird dieser spekulative Schritt *plausibler*. Diese absichernde Fundierung fungiert als *argumentative Brücke*. Für Toulmin stellt diese Brücke eine Verbindung zwischen dem die Erfahrung bedingenden Kontext$_L$ und dem theoretischen Referenzkontext her, selbst wenn diese argumentative Verbindung nicht kontextinvariant universalisierbar ist.[459] Diese spezifische Interpretation Toulmins möchte ich an der Beispielaussage Z 5.2 bebildern.

Die erfahrungsbedingte Aussage, dass am Standort S große Geschwindigkeitsschwankungen und eine sehr volatile Primärwindleistung vorherrschen, lässt sich nach Toulmin auf unterschiedliche Arten von Referenzkontexten zurückführen. Sie könnte auf einer (subjektiven) Erfahrung eines Individuums beruhen. Die passende Schlussberechtigung (W_1) wäre eine induktive Verallgemeinerung, etwa – hier im Vorgriff auf das Fallbeispiel in Abschnitt 6.3 – „Immer wenn ich auf dem Sauberg stehe, weht der Wind mal mehr, mal weniger und oft auch nicht“. Ein entsprechender Referenzkontext (B_1) könnte lauten, dass Menschen normalerweise die Kompetenz besitzen, Windverhältnisse in dieser Form einzuschätzen und daher jeder Mensch problemlos diese Erfahrung teilen würde, insofern dieser sich im Kontext$_L$ (Sauberg) befindet. Die Berechtigung (W_1) ließe

458 Vgl. Eemeren, Grootendorst, Johnson u. a. 1996, S. 139 und Létourneau 2006.
459 Vgl. ebd.

sich im Sinn einer Ausnahmebedingung (R_1) näher bestimmen, nämlich dass dieser Mensch in dieser Kompetenz nicht eingeschränkt sein dürfe. Natürlich wäre diese Art der Absicherung ein kaum operationalisierbares Verfahren und die Reihe an Ausnahmebedingungen (R_1–R_i) könnte derart erweitert werden, dass der Gewissheitsgrad (Q_1) der Aussage am Ende ziemlich limitiert wäre. Der alternative Referenzkontext (B_2) entspricht dem oben erwähnten, umfasst also das Wissen zur Strömungsmechanik und zum Windanlagenbau. Über diesen wird fraglos ein idealisiertes, aber universalisiertes Realbild von Naturlandschaften kolportiert. Der Kontext$_L$ wäre dann ein Ausschnitt aus diesem Realbild, dessen Spezifika durch entsprechende generalisierte Messverfahren herausgearbeitet werden können. In Bezug zu den oben genannten Schlussberechtigungen (W_1, also Z 5.1.1) ist die entscheidende Messgröße die Windgeschwindigkeit und das angemessene Messverfahren ist eine langfristige Messung der Windgeschwindigkeit mit einem Windmessmast (um eine experimentell gesicherte Aussage der lokalen Windverhältnisse zu ermöglichen).[460]

Während Toulmin sich nun offen gegenüber der Wahl der Argumentationspraxis und des Referenzkontextes zeigt, durch die das Absichern (backing) der deskriptiven Prämisse erfolgt, engt Habermas dies auf *operationalisierbare Beobachtungsverfahren* und somit auf das *experimental-wissenschaftliche Argumentieren* (etwa die Messung durch den Windmessmast) ein.[461] Dahintersteht Habermas übergreifender Ansatz, dass jegliche Art intersubjektiven Argumentierens – auch das argumentative Verweisen auf kontextualisierte Erfahrung – zum einen einen regelhaften Charakter und zum anderen eine universalistische Tendenz aufweisen sollte, um einen Konsens in einem Diskurs$_{H1}$ zu ermöglichen.[462] Toulmin interessiert sich in deskriptiver Absicht hingegen dafür, welche Formen des intersubjektiven Argumentierens im Rahmen seines (regelhaften) Argumentschemas rekonstruiert werden können. Und darunter könne ebenso assoziatives Argumentieren (Arg$_A$) fallen, dessen Form der Schlussberechtigung (W_1) sowie der subjektbezogene Referenzkontext (B_1) lediglich ein kontextspezifisches Verfahren und einen entsprechend eingeschränkten Gewissheitsgrad garantieren. Eine ethische ambitionierte Orientierung$_E$ einer solchen vor dem

460 Natürlich wäre eine erste Abschätzung mithilfe von Windfeldmodellen möglich, welche aber lokale Messungen in Abhängigkeit zum Geländeprofil meist nicht ersetzen können. S. Hau 2014, S. 580 f.

461 Einen kritischen Kommentar zu den frühen Überlegungen von Habermas dazu liefert Beckermann, der dessen Operationalisierungsbegriff mit dem von Paul Lorenzen vergleicht, da Habermas sich auf dessen Überlegungen zur Operationalisierung physikalischer Messprozesse bezieht, vgl. Beckermann 1972, S. 68–71.

462 Vgl. dazu Abschnitt 4.3.5 (eingeschränkt auf Argumentationen$_P$) und Létourneau 2006 sowie Beckermann 1972, S. 71 zu Habermas' Interpretation der Realerkenntnis$_W$.

Horizont einer umfassenden Konsensorientierung unzureichenden Argumentationspraxis über argumentationsimmanente Regeln zu begründen, ist für Toulmin eher uninteressant.[463]

Habermas hat in neueren Texten durchaus ein Bewusstsein dafür entwickelt, dass Realdiskurse nicht nur einen starken Bezug zum (theoretischen) Referenzkontext, sondern ebenso zum lokalen Kontext_L besitzen. Die ethisch ambitionierte Einwandfreiheitsprüfung gemäß K 06 will er daher um eine weitere Prüfebene ergänzen. Neben die Prüfung unter Rückgriff auf den universalistischen Referenzkontext der Diskursethik tritt nun eine gewisse Offenheit gegenüber dem argumentativen Einfluss im jeweiligen Kontext_L. Dazu bedarf es einer *Feinabstimmung* der idealisierten diskursethischen Muster_K in Anwendungsdiskursen,[464] die Habermas als eine zentrale Aufgabe der *praktischen* $\textit{Klugheit}_P$ erachtet.[465] Dadurch versucht Habermas, den Sinn der Rede von einer kontextspezifischen Evidenz von Erfahrungsaussagen bzw. -urteilen im Rahmen seiner Diskursethik einzufangen, freilich ohne den universalistisch-regulierenden Grundtenor innerhalb der Argumentationstheorie aufzugeben.

5.2 Erweiterung des funktionalen Interpretationsmodells

5.2.1 Zwischenfazit: Folgerichtigkeit und Autonomie

In Abschnitt 2.2.1 startete meine Analyse mit A 07, nach der Menschen über Argumentationen, genauer: durch das *Geben und Nehmen von Gründen*, Orientierung_A suchen und durchaus finden. Argumentationen – so wurde im bisherigen Verlauf deutlich – bewegen sich in folgendem Spannungsfeld: Einerseits verknüpfen wir damit das Bild, dass sie formal und inhaltlich intersubjektiv nachvollziehbar und verständlich sind (K 01), insbesondere handlungsrechtfertigende Gründe_R

463 Siehe dazu Brunner 2000, S. 146.

464 Anwendungsdiskurse greifen auf Bewertungsschablonen zurück, die *regelgerecht* in Bezug zu einem übergeordneten ethischen NoS und der dazu passenden Argumentationstheorie nebst -kriterien sind. Diese Schablonen ermöglichen die Bewertung von Argumentationen aus lokalen Diskursen, die nach festen Argumentschemata rekonstruiert wurden. Im Zuge von Anwendungsdiskursen wird aber zugleich die Reichweite der Bewertungsschablonen ausgelotet. Im Erfolgsfall erweisen sich die Bewertungsschablonen – und die entsprechende Argumentationstheorie – als paradigmatisch für den Kontext des konkreten Anwendungsdiskurses.

465 Habermas geht es um eine nachgeordnete Kontextualisierung der zu U konformen $\text{Argumentationen}_{H1}$ über zwei Etappen: „Erstens muß das „Moralprinzip [...] in Anwendungsdiskursen durch einen Grundsatz der Angemessenheit ergänzt" werden. Zweitens müssen gültige und unangemessene Normen noch einmal auf ihre Zumutbarkeit hin überprüft werden." Werner 2003, S. 164. Vgl. zudem Ott 2018, S. 164.

sollten diesem Anspruch genügen (A 08). Andererseits wurde zunehmend erkennbar, dass die Folgerichtigkeit von Argumentationen anhand der Kriterien verschiedener Argumentationstheorien geprüft werden kann (A 17). Mehr noch: Ihre argumentative Überzeugungskraft lässt sich oft nicht anhand der Schluss- und Begründungskriterien nur einer dieser Theorien nachvollziehen (K 05). So hängt die Tragfähigkeit von Argumentationen in einem Realdiskurs im besonderen Maße von der dortigen Dynamik sozialer Anerkennungsverhältnisse (A 22, A 14), der Einsicht_{A} in ihre lokale Kohärenz_{L} (K 03) sowie dem Raum für idiosynkratische Abwägungen_{I} bzw. Abwägungsautonomie ab (K 06, K 06A, K 07). Vor diesem Hintergrund reicht es nicht aus, mit Blick auf F 02 Argumentationen nur im Vergleich zu formallogischen Argumentschemata oder allzu festen Vorstellungen inhaltlicher Schlüssigkeit zu beurteilen. Argumentative Orientierung_{A} verweist vielmehr auf situationsbezogene Formen kollektiver und praktischer Klugheit_{P}. Das damit verbundene Argumentieren erschöpft sich daher nicht im operationalen Vollzug fest definierter Regeln, also einer Art von Operation_{L}, die letztlich ein „Rechner" ausführen könnte. Daher muss die *Rolle der Abwägungsautonomie* im Rahmen argumentativer Orientierung_{A} besser verstanden werden. Oder etwas konkreter gefragt:

> F 03 (Kriterien idiosynkratischer Abwägungen): Anhand welcher Kriterien lassen sich die Abwägungen_{I} nachvollziehen, die einerseits als Gründe_{P} anerkannt werden und andererseits eine kollektive oder individuelle Klugheit_{P} ausdrücken?

Zur Klarstellung: Es geht mir an dieser Stelle nicht darum, das Prinzip der Folgerichtigkeit als gänzlich unbrauchbar abzulehnen. Vielmehr wird unterstrichen, dass Argumentationspraxen wie die ethische Orientierung_{E} spezielle Arten des Argumentierens darstellen (Arg_{E}), da in ihnen die Folgerichtigkeit in besonderer Weise anerkannt wird. Aufgrund des umfassenden, kontextübergreifenden und intersubjektiven Geltungsanspruchs, der in Ethiken vor allem auf moralische Gründe_{M} erhoben wird, müssen ethische $\text{Argumentationen}_{P}$ einer übergeordneten Beurteilung anhand metaethisch gesicherter Kriterien wie Verfahrensprinzipien, Werten_{K} und Normen zugänglich sein (bspw. der Einwandfreiheitsprüfung (K 06)). Als entscheidend für diese Beurteilung erachten viele ethisch Argumentierende die Folgerichtigkeit der vorgebrachten $\text{Argumentationen}_{P}$.[466] Diese

466 Diese Überlegung findet sich ähnlich bspw. in: Renn, A. Ernst u. a. 2015, S. 20. Zu beachten ist, dass natürlichsprachliche Argumentationen (Enthymeme) im Allgemeinen weniger *regelhaft* sind. Dies gilt für die idealisierenden Regelkriterien in formallogischer Hinsicht (Argumentschemata) ebenso, wie für die in sprachgrammatikalischer Hinsicht (Ausdrucks- und Satzschemata). Beide Formen werden aber in der (angewandten) Argumentationstheorie zur Beurteilung von Argumentationen herangezogen. Oft passen die Äußerungen aus Realdiskursen nicht zu den entsprechenden argumentationstheoretischen Bewertungsschablonen und den mit ihr einher-

Überlegung lässt sich auf Realdiskurse und die dortigen Argumentationspraxen über eine Annahme erweitern (vgl. A 05):

> A 18 (Sensitivität von Realdiskursen gegenüber plausiblen Argumentationen): Realdiskurse erweisen sich sensitiv gegenüber plausiblen Gründen$_P$ aufgrund deren argumentativer Struktur (A 08). Dazu wird vorausgesetzt, dass die Teilnehmenden die Fähigkeit und auch die Handlungsfreiheit besitzen, rational zu argumentieren und zu handeln: Sie müssen für die im Diskurs etablierten sachlichen und normativen Argumentationen nicht nur empfänglich sein und diese in Handlungen umsetzen können, sondern solche auch selbst entwickeln können. Von diesem Standpunkt aus erkennt ein im Realdiskurs rational agierendes Individuum eine Argumentation als einen Grund$_P$ an, wenn diese zu den im Diskurskontext *anerkannten Regeln* des formal richtigen und (!) inhaltlich begründenden *Argumentierens* konform ist. Darin finden sich jedoch auch idiosynkratische Abwägungen$_I$, mit deren Hilfe die Argumentierenden die Regelkonformität oder -abweichung im Kontext$_L$ *klug* beurteilen.

Es ist daher vollkommen angemessen, wie Toulmin und in dessen Folge auch Habermas nach Kriterien argumentativer Klugheit$_P$ zu suchen.

5.2.2 Praktische Klugheit und Authentizität

Ungeachtet dessen lässt sich die enge Bindung zwischen Argumentationen$_P$ und deren regelschematischer Beurteilung innerhalb der klassischen Argumentationstheorie hinterfragen – gerade weil idiosynkratischen Abwägungen$_I$ zu wenig Raum eingeräumt wird. In K 06A wurde darauf hingewiesen, dass man vor allem in Realdiskursen meist nicht aus einer neutralen Beobachterperspektive und nur regelgeleitet – etwa im Sinn einer konkreten Ethik – argumentiert. Insbesondere die Orientierungsfragen, die das eigene Leben bzw. den eigenen Alltag prägen, werden aus einer ICH$_A$-Perspektive, also *persönlich*, beantwortet. Aber selbst in dem Fall, in dem man stellvertretend spricht, erhebt man mitunter den Geltungsanspruch, dass die Antwort nicht nur auf (viele) andere, sondern genauso

---

gehenden formalen Schemata. Habermas hat dazu vollkommen berechtigt auf die Analyse der Sprachpragmatik verwiesen, genauer: um deren Potenzial, intersubjektive Nachvollziehbarkeit und somit Kommunikation zu ermöglichen. Dahintersteht die wichtige Überzeugung im Zuge der sprachpragmatischen Wende, „dass die Umgangssprache im Gegensatz zu den formalen Sprachen selbstreflexiv ist, also mit dieser ihre eigenen Inhalte kritisch reflektiert werden können; sie ist also Objekt- und Metasprache in einem. Die Einsicht, dass natürliche Sprachen sowohl wegen dieser Reflexivität, aber vor allem auch wegen ihrer Geschichtlichkeit wesentlich kompliziertere Strukturen aufweisen als die entworfenen formalen Systeme, ferner, dass sich in der Alltagssprache im Laufe von Generationen eine Fülle menschlicher Erfahrungen niedergeschlagen hat, […].“ Wuchterl 2011, S. 2078.

auf einen selbst („mich") zutrifft. Eine infolge einer Abwägung$_I$ als plausibler Grund$_P$ anerkannte praktische Argumentation$_P$ sollte, so das dahinterstehende universalistische Prinzip, zumindest potenziell das Leben aller und das jemeinige im Kontext$_L$ X orientieren können.[467] Die verbreitete Anerkennung weitreichender Autonomie in idiosynkratischen Abwägungen$_I$ kann als Hinweis darauf verstanden werden, dass der damit einhergehende praktische (Ent-)Schluss nicht zwingend durch ein deduktives Argumentschema rekonstruierbar ist. Man redet bspw. davon, dass eine Abwägung$_I$ im Ermessen des Einzelnen lag u. s. w.

Hinter idiosynkratischen Abwägungen$_I$ stehen also oft „jemeinige Argumentationen$_S$", die weitreichende Folgen für das eigene Leben oder das anderer zeitigen können.[468] Für einige Ethiker reicht dieses Motiv als Ausgangspunkt, die menschliche Orientierung$_A$ nicht ausschließlich auf regelhafte Urteils- und Argumentationsverfahren zu reduzieren, etwa anhand formaler Moralsysteme oder regelschematisch-operationalisierbarer Prüfverfahren$_F$.[469] Sie konzeptualisieren menschliche Orientierung entsprechend mehr oder weniger „persönlicher". Das heißt, dass in dieser erweiterten ethischen Perspektive neben den regelhaften, kollektiv-rationalen Prüfverfahren$_F$ die Selbstwirksamkeit und Abwägungsautonomie als wichtige Momente ethischen Argumentierens (Arg$_E$) große Beachtung findet. Im selbständigen Nachvollziehen und Urteilen (K 07, K 06E.) im Zuge idiosynkratischer Abwägungen$_I$ drückt sich diese Abwägungsautonomie in herausragender Weise aus, selbst wenn sich darin oft die situative motivationale Verfasstheit$_M$ Bahn bricht. Um zwei Beispiele zu nennen: Der Schrecken beim Anblick der Feuerstürme in Australien im Jahr 2019 können für die eine Grund$_P$ genug sein, um die Energiewende sofort und kompromisslos umsetzen zu wollen; das mulmige Gefühl beim Anblick nicht-löschbarer Windkraftanlagen können für den anderen Grund$_P$ genug sein, um ein konkretes WKA-Projekt im Wald abzulehnen (AF 9).[470]

---

467 Dies schließt sowohl das inkonsequent-unreflektierte Einfordern beliebiger moralischer Werte und Normen am Stammtisch als auch das universitäre Exerzieren abstrakter normativer Prinzipien an Fallbeispielen aus, die den Redner nicht betreffen. Dennoch sind beide Extreme in den gesellschaftlichen (Real-)Diskursen häufig anzutreffen.

468 Mit dem Begriff der „Jemeinigkeit" akzentuiert Martin Heidegger einen Aspekt der Authentizität, über den sich die menschliche Abwägungsautonomie in einzigartiger Weise ausdrückt: In eigenen Worten gesagt, unterstreicht er, dass es ganz spezifische Orientierungsmomente im Leben gibt, die *jeder Mensch nur für sich selbst* durchlaufen kann. Es sind die Fragen angesprochen, durch deren Beantwortung jeder Mensch die Möglichkeit hat, dem Leben einen authentischen Zug zu verleihen, sodass er sich darin als ein Wesen wiedererkennt, das seine Zukunft autonom, aus sich selbst heraus entwirft. Vgl. Heidegger 1927, S. 41–45.

469 Eine kritische Übersicht ethischer Prüfverfahren$_F$ findet sich bspw. in: Williams 1985, 79–102.

470 Vgl. dazu bspw. https://www.nytimes.com/2019/12/31/world/australia/fires-red-skies-Mallacoota.html, (Stand: 10.01.2020), Hegemann 2015 sowie die Analyse in: Hübner 2020, S. 57.

Aber was verbindet man über den Nachvollzug und die Beurteilung hinaus mit der Rede, nach der Abwägungen$_I$ im Rahmen individualisierter Orientierung$_I$ durchaus ein Zeichen praktischer Klugheit$_P$ sein können? Tief in der Geschichte der (deutschen) Energiekultur (seit den 1930-er Jahren) ist das technische Ideal verankert, dass eine zuverlässige, störungsfreie und bezahlbare Energieversorgung – bspw. von elektrischem Strom (24/7) – das entscheidende Gütekriterium moderner Industriekultur sei.[471] Diese Ziel- und Wertsetzung galt und gilt über die Mehrheit aller beteiligten Akteure hinweg, also für Erzeuger, technische Systemdienstleister, staatliche Stellen, private und privatwirtschaftliche sowie öffentliche Verbraucher. Aus wirtschaftlicher Perspektive geht es dabei um die technische und politische Absicherung der fundamentalsten Ressource für jegliche technikgestützte Unternehmung (vom Dienstleistungssektor bis zur Großindustrie). In § 1 des Energiewirtschaftsgesetzes heißt es entsprechend, dass darunter die „stets ausreichende und ununterbrochene Befriedigung der Nachfrage nach Energie zu verstehen“ sei.[472] In normativer und sozialpolitischer Perspektive steht die Absicherung einer preiswerten Teilhabe aller an einer technikgestützten und somit energieverbrauchenden Gesellschaft. Mit Blick auf den ersten Ansatz möchte ich nun kurz skizzieren, was genau unter einer Orientierung$_I$ am authentischen Selbst zu verstehen sei.

Ausgangspunkt dazu ist die starke Anforderung, die aus K 01 erwächst: Die idiosynkratischen Abwägungen$_I$ müssen intersubjektiv nachvollziehbar sein (ansonsten erscheint deren argumentative Rechtfertigung fragwürdig). Unklar bleibt jedoch, in welcher Form diese Nachvollziehbarkeit gegeben sein muss. Prima facie scheint es oft so, dass idiosynkratische Abwägungen$_I$ gerade nicht objektiven, d. h. hier intersubjektiven, Argumentations- und Überlegenskriterien folgen. Auf den zweiten Blick kann gerade der auf einer idiosynkratischen Abwägung$_I$ aufbauende praktische (Ent-)Schluss bestimmte praktische Argumentationen$_P$ auf die Stufe eines plausiblen Grundes$_P$ heben. Damit verbunden ist die Fähigkeit der *praktischen Spontanität* des Menschen, quasi *aus sich selbst heraus*, Orientierung$_A$ zu stiften. Manche Philosophierende sahen die Gefahr, dass die zur klugen Rechtfertigung einer konkreten Abwägung$_I$ (ggf. Handlungsentscheidung) herangezogenen Regeln letztlich als „Maximen der Selbstliebe“[473] ausgelegt würden – eine Befürchtung, die sich im NIMBY-Vorwurf wiederholt. Entgegen dieser Skepsis verlangt K 06A jedoch eher eine ernsthafte intrasubjektive Prüfung vor dem Horizont des „jemeinigen Lebens“, etwa in Form einer kritischen stillen

471 Vgl. dazu Streffer u. a. 2005, S. 18 f., 34, SRU 2011, S. 34, 48, 196, Ethik-Kommission 2011, S. 18, 33, Renn und Dreyer 2013, S. 31 f., Niederhausen u. a. 2014, S. 122, Löwen 2015 etc.

472 Zitiert nach Streffer u. a. 2005, S. 12 f.

Rede. Ab dem 20. Jahrhundert wird dieses „innere Bereden (Zwiegespräch)“ im Wesentlichen mit dem Authentizitätsprinzip verbunden.

Mit dem Begriff der Authentizität wird ein Kerngedanke des ausdruckstheoretischen Freiheitsbewusstseins angesprochen, der das eigentümliche Selbstempfinden in der expressiven Realisation des (inneren) Selbst betrifft.[474] Dieses Gefühl der Authentizität stellt sich laut den Ausdruckstheoretikern ein, wenn in der reflexiven Wahrnehmung der interaktiven Selbstrealisation in den natürlichen und sozialen Bedingungsgefügen der realisierte Ausdruck als zentrales Bedeutungsmoment des Selbst – als „jemeinig“ – empfunden wird (vgl. Fußnote 468). Dies gilt unabhängig davon, ob die Realisation in Harmonie$_{N}$ mit einem vorgegebenen NoS steht oder ob es zu einem disharmonischen Verhältnis zwischen beiden kommt.[475] Nach Charles Taylor kulminiert dieser Ansatz in der Gegenwart in einer einseitigen Interpretation, die die Selbstverwirklichungstendenz in den westlichen Gesellschaften dennoch wesentlich prägt: „Being true to myself means being true to my own originality, and that is something only I can articulate and discover. In articulating it, I am also defining myself.“[476] Es ist genau diese selbstzentrierte Auslegung des Vermögens der praktischen, orientierungsstiftenden Spontanität des Menschen, die sich in einer Vielzahl an Argumentationen$_{P}$ in lokalen Realdiskursen ihren Weg bahnt. Aber entgegen der Habermas'schen Einengung von Diskursen$_{H1}$ auf den Ort, an dem „über Wahrheits- und universelle moralische Richtigkeitsansprüche“[477] verhandelt wird, bieten Realdiskurse durchaus Raum für derartig selbstzentrierte Rechtfertigungen und (!) deren individuelle sowie kollektive Beurteilung. Ungeachtet dessen unterstreichen Taylor, aber ebenso Gottschalk-Mazouz, dass die grundlegende intersubjektive Struktur solcher Realdiskurse diese Art authentischer Selbstverwirklichung gemäß dem jemeinigen Entwurf des guten Lebens überhaupt ermöglicht, weil sich erst über sie die dazu notwendige soziale Anerkennung realisiert.[478] Allerdings, das setzen sowohl Taylor als auch Gottschalk-Mazouz voraus, muss dazu das „innere Zwiegespräch“ nach außen artikuliert und somit mit den anderen diskutiert

473 Kant 1786a, A64.

474 Ausführlich dazu Braun 2014, S. 318–323.

475 Das authentische Selbstempfinden deutet bspw. Johann Gottfried Herder als eine genuin menschliche Art der Selbst- und Welterkenntnis, da Empfinden und Erkenntnis aufgrund unserer Leiblichkeit sich gegenseitig bedingen. Herder 1778, 399 ff.

476 C. Taylor 1991, S. 29.

477 Ott 2018, S. 164.

478 Vgl. C. Taylor 1991, S. 47 und Gottschalk-Mazouz 1999, S. 193. Letzterer hebt hervor, dass insbesondere das Phänomenen des Scheiterns der jemeinigen Selbstverwirklichung in diesen „Strukturen intersubjektiver Anerkennung“ erfolgt, weshalb diese Strukturen eine zentrale „Gelingensvoraussetzung der Authentizität“ sind.

werden, was in zu stark reglementierten Realdiskursen oft nicht möglich ist (vgl. Fußnote 780).

5.2.3 Perspektiven idiosynkratischer Abwägungen (Wingert)

Im Anschluss an die bisherigen Überlegungen wird es nun darum gehen, idiosynkratische Abwägungen$_I$ als einen intrasubjektiven Denkakt zu rekonstruieren, in welchem sich die angesprochenen Formen kollektiver Vernunft, genauer: des klugen Argumentierens, widerspiegeln. Dazu greife ich auf eine weitere anthropologische Bestimmung zurück, die zugleich A 06 erweitert.

> A 19 (Mensch als kommunikatives Wesen): Die Gemeinsamkeit aller Menschen, auf deren Grundlage sie sowohl kollektiv handeln, als auch individuell abwägen, liegt in ihrem sprachlichen Vermögen und dessen kommunikativ-vernünftiger Ausübung. Diese an Aristoteles anschließende Überlegung wendet Habermas nach Wingert dahingehend, dass Individuen „als unvertretbar Einzelne in den intentionalen Vollzügen ihres Lebens auf ein responsives, komplementäres Verhalten anderer angewiesen sind.“[479]

Das heißt, dass jede Person in ihren idiosynkratischen Abwägungen$_I$ an bestimmte Gestalten eines kollektiv-kommunikativen Bewusstseins zurückgebunden bleibt: In Fragen der individuellen Orientierung$_I$ grübelt sie nicht still und allein vor sich hin, sondern wird darin implizit oder explizit vom argumentativen Austausch mit anderen getragen.[480] Mehr noch: In ihrem Abwägen setzt sie die kollektive Anerkennung spezifischer Normen des argumentativen Austausches sogar voraus. Diese vorauslaufende Anerkennung ermöglicht überhaupt erst die komplexeren Formen der Kommunikation, die zugleich die wesentlichste Textur des sozialen Miteinanders moderner Gesellschaften bilden. Auch im Fall einer intrasubjektiven Abwägung$_I$ in Form stiller Rede bleibt die Person auf diese Normen verwiesen. So könnte AF 9 eine „stille Überlegung“ von Bernd wiedergeben. Die Klugheit$_P$ zeigt sich vorzugsweise daran, wie sich Bernd darauf versteht, erstens im Abwägungskontext eine geeignete generalisierte Prämisse *Pn* in der Funktion einer Schlussregel *W* zu finden, die seine Konklusion *K* unter Voraussetzung der Deskription *Pd* stützt, und zweitens, sich glaubhaft zu versichern, dass der Referenzkontext *B* von *W* im Rahmen dieser Abwägung$_I$ geeignet scheint. Die vorausgesetzten Normen hängen im Wesentlichen von den Perspektiven ab, die

479 Wingert 1993, S. 15, vgl. auch die Überlegung zum Homo narrans in Fußnote 789.

480 Diese Überlegung nutzt Taylor für seinen erweiterten Begriff der Authentizität: „My discovering my identity doesn't mean that I work it out in isolation but that I negotiate it through dialogue, partly overt, partly internalized, with others.“ C. Taylor 1991, S. 47.

die Person im Zuge der Abwägung$_I$ einnimmt bzw. einzunehmen bereit ist. Auf drei wichtige Perspektiven gehe ich folgend ein.

Die erste, auf Authentizität bezogene *Perspektive* bezeichne ich als *akteurszentriert.* Eine Anwohnerin eines geplanten Windparks fragt sich, so ein Beispiel, zunächst als betroffene Person, inwiefern sie diese Planung mit ihrem individuellen Bild eines guten Lebens vereinbaren kann (vgl. Habermas' Überlegung zu Selbstverständigungsprozessen in Abschnitt 4.1.3). Die vielleicht wichtigste (Meta-)Norm aus dieser ICH$_A$-Perspektive konkretisiert K 06A und verankert die entsprechende Argumentation$_P$ im konkreten Leben eines realen Aktors.

> K 06B (Unvertretbarkeitsprinzip): „Eine bestimmte Person sein wollen heißt deshalb nicht bloß, so und so handeln zu wollen, dass man zu sich als Autor dieser Handlung in einem Verhältnis der Bejahung stehen kann. Die Kriterien für diese Bejahung werden von Wertmaßstäben und Normen geliefert, mit denen sich die Person identifiziert [...]. [...] Daß ein Aktor die Person ist, die er sein will, ist an die Erfüllung von Ansprüchen geknüpft, [...] die er auch selbsttätig einlösen muß. Als einer, der etwas nur ist, indem er etwas tut, ist der Aktor in seinem Tun unvertretbar. In der Rechenschaft vor sich nimmt der Aktor, der Person ist, die Perspektive eines unvertretbar Einzelnen ein."[481]
> *Unvertretbar* bedeutet an dieser Stelle, dass ICH$_A$ mich als Aktor nicht von anderen vertreten lassen kann, „weil ich etwas bin,was ich nur sein kann, indem ich selber das tue, worin ich unvertretbar bin, und nicht, weil ich etwas bin, was Andere nicht sind."[482] Im Sinn des Prinzips der Authentizität geht es hier vor allem um den reflexiven Selbstbezug, den ein Aktor zu sich selbst aufbaut, wenn dieser authentisch handelt. Er „fragt dann nicht bloß, ob die von ihm intendierte Handlung gelingt. Er fragt darüber hinaus, wer er ist, indem er eine Handlung zustande bringt [...]."[483]

Die zweite, die *kollektive Perspektive* ist bereits in der ICH$_A$-Perspektive angelegt, genauer: in der dort ausgedrückten Norm zum reflexiven Selbstbezug. Dieses spezifische Selbstverhältnis begnügt sich nicht mit instrumentellen Erklärungen$_I$ derart, um x zu erreichen, sei Y, Z zweckmäßig. Vielmehr spiegelt sich darin eine normierte Orientierung$_I$ wider, eine Suche nach argumentativ gestützten Antworten auf die Frage nach den Zielen des „jemeinigen (guten) Lebens". Aber was mag das heißen?

Zur Beantwortung lohnt ein differenzierterer Blick auf den Orientierungsbegriff. In einem weiten, eher topologischen Sinn ließe sich mit Kant sagen, dass Orientierungssuchende sich in (unbekannten) Gegenden zurechtfinden wollen.[484] Unabhängig davon, ob im individuellen oder sozialen Kontext gefragt

481 Wingert 1993, S. 90.
482 Ebd., S. 92. Vgl. auch Fußnote 468.
483 Ebd., S. 95.
484 Kant 1786b, S. 269 f.

wird, fragen Orientierungssuchende danach, wie man aktuell in konkreten Kontexten oder allgemein in der Zukunft handeln sollte. Es wird nach den Zielen, Werten und entsprechenden Normen des Handelns gefragt. Im Zuge ethischer Orientierung$_{\mathrm{E}}$ sucht man nach intersubjektiv nachvollziehbaren und gerechtfertigten Antworten der Art: Unter den Kontextbedingungen K_i handelt man in Situation S_j nach Norm N_k aufgrund der Rechtfertigung R_{ijk}. Die individuelle Orientierung$_{\mathrm{I}}$ im Sinn einer authentischen Selbstverwirklichung scheint auf den ersten Blick Antworten folgender Art zu verlangen: Unter den Kontextbedingungen K_i sollte ich in Situation S_j mit Blick auf meine je eigene Vorstellung eines guten Lebens L_k und gemäß Abwägung$_{\mathrm{I}}$ A_{ijk} handeln. Auf den zweiten Blick erweist sich aber jedes Handeln – auch das persönliche – als Interaktion, als eine intentionale Umsetzung von Zielen mit einem verbindenden oder einem abgrenzenden Bezug zu *anderem.* Dieses „Andere" kann – als asymmetrische Interaktion – die Natur bzw. die Mannigfaltigkeit an Naturwesen sein oder eben „meinesgleichen" – als potenziell symmetrische Interaktion.[485] Im Rücken dieser Interaktionsbeziehung stehen (ob nun explizit oder implizit) überindividuelle Ziele, Werte$_{\mathrm{K}}$ und entsprechenden Normen des Handelns.[486] Das heißt, dass wir in der Reflexion über das eigene gute Leben allein schon aufgrund unserer (natürlichen) Relationalität zu anderem unser (individuelles) Selbst in Bezug zu diesem anderen bestimmen müssen.[487] Diese Relationen bilden, so könnte man es umschreiben, einen wesentlichen Referenzkontext (B), auf den sich die in Rechtfertigungen vorgebrachten Schlussregeln (W) beziehen. Es können zwei Normierungsformen unterschieden werden: die Relationen zur Natur und die zu Menschen. In der Konkretion der kollektiven Perspektive steht Letzteres im Vordergrund.

Taylor, der die beschriebene Bi- bzw. Unilateralität der authentischen Selbstverwirklichung vor Augen hat, hebt insbesondere eine dieser normierten Be-

485 Ähnlich in: Piaget 1974, S. 100 sowie Kaeser 2003, S. 6 (Mensch-Natur) und Wingert 1993, S. 115 (Mensch-Mensch).

486 Eduard Kaeser zeichnet die Genese dieser überindividuellen regulativen Ideale bereits auf Ebene der Mensch-Tier-Beziehung nach: „Es bedeutet, daß wir ein commitment eingehen, eine verbindliche Beziehung zum andern Lebewesen, die wir nicht aufkündigen können ohne Rückwirkungen auf unseren eigenen Status. [...] Wir stoßen mit der Frage nach der Tiersubjektivität gewissermaßen auf Grund, indem wir uns Rückfragen gefallen lassen müssen über unsere Grundhaltungen zum Leben, zu unserer eigenen Subjektivität: Was handeln wir uns ein, was richten wir an, wenn wir das Tier als Subjekt bzw. nicht als Subjekt betrachten? Bilateralität eröffnet eine Symmetrie. [...] Die Frage visiert daher unverkennbar ein Ethos des Umgangs mit dem Lebewesen an. Das Sein des Lebewesens und unsere Haltung zu ihm (d.h. letztlich unser Sein) - Ontologie und Ethik - sind auf eine fundamentale Weise miteinander verschränkt." Kaeser 2003, S. 34.

487 C. Taylor 1991, S. 40.

zugsrelationen hervor: die zu den *bedeutsamen anderen* bzw. *Mitmenschen.*[488] Wingert, der sich ebenso auf Mead beruft, nennt sie die *konkreten anderen.* Dazu umschreibt er eine wichtige Bedingung bilateraler Rechtfertigung, die ich gerne als ein Argumentationskriterium festhalten möchte.

> K 06C (Doppelreflexivitätsprinzip): *Bedeutsame andere* sind die Bezugsindividuen, die sich wie jedes ICH_A „als unvertretbar einzelne Person[en] verstehend, kritisierend und bejahend oder verneinend zu sich" verhalten und auf die ICH_A „Bezug nehme, indem ich mich meinerseits verstehend, kritisierend und zustimmend oder ablehnend auf das beziehe", was sie verstehen, kritisieren, akzeptieren oder ablehnen.[489] Das heißt, dass die besondere Bedeutung dieser anderen daraus erwächst, dass jedes ICH_A in den eigenen $Abwägungen_I$ deren authentische Selbstverwirklichung sowie Ziele, $Werte_K$ und entsprechenden Normen in besonderer Weise beachtet. Ein ICH_A nimmt diese nicht nur beschreibend wahr, sondern bezieht zu diesen anderen und ihren $Abwägungen_I$ explizit Stellung.[490] Die anderen werden im Zuge der Reflexion Teil der ICH_A bezogenen Argumentationen und beeinflussen darüber auch das je eigene Authentizitätsbild. In der Regel beziehen sich die anderen als einzelne ICH_A-Personen dann reziprok auf diese reflexive Bezugnahme.[491] Dieses Spiel der wechselseitigen Bezugnahme ist eine wesentliche Eigenschaft doppelreflexiver Argumentationspraxen wie der politischen (Arg_P).

Die doppelreflexive Bezugnahme auf das Selbst und die Relation zu bedeutsamen anderen erstreckt sich nicht auf alle möglichen anderen, sondern insbesondere auf die Personen unserer *nahen Lebenswelt.* Gemeinsam entsteht über die reflexiven Interaktionen mit konkreten anderen eine *lokale WIR_L-Perspektive.* Aus dieser wird augenscheinlich, dass die „Plastizität realer Aktoren und ihrer sozialen Beziehungen Grenzen hat".[492] Das heißt, dass die Ziele, $Werte_K$ und entsprechenden Normen, die aus einer verallgemeinerten moralischen Perspektive entwickelt werden, in den räumlich kontextualisierten und zeitlich situativen Nahbeziehungen nicht nur eine unterschiedliche Auslegung erfahren (Anwendungsproblem), sondern auch keine Anwendung finden können. Sie können sich im zweiten Fall, also aus der lokalen WIR_L-Perspektive, als nicht rechtfertigende $Gründe_R$ erweisen. Im Energiediskurs trifft man sehr häufig auf $Argumentationen_P$ aus lokalen WIR_L-Perspektiven. Diese drücken sich bspw. über lokale Identitätsbe-

488 Taylor bezeichnet sie in Anschluss an George Herbert Mead als „significant others": „We define this always in dialogue with, sometimes in struggle against, the identities our significant others want to recognize in us." Ebd., S. 33.

489 Wingert 1993, S. 115.

490 Ebd.

491 Selbst im Fall der Nichtbeachtung (bspw. durch Exklusion von Akteuren in politischen Realdiskursen) bezieht man – ob unwissend oder nicht – Stellung zum jeweils anderen (etwa in Form der Ignoranz).

492 Wingert 1993, S. 127.

stimmungen aus, bspw.: „Bin also der klassische Wegzieher nach der Wende aus der Stadt raus ins Grüne und da hat mir also Borkheide besonders gut gefallen, weil es eben eine klassische *Waldgemeinde* ist.“[493] Der Referenzkontext B, der eine WIR_{L}-Perspektive kennzeichnet, beschränkt die Reichweite der bereits erwähnten generalisierten normativen Aussagen.

In bestimmten Fällen, insbesondere in denen moralische Werte_{K} und Normen ethischer $\text{Orientierung}_{\text{E}}$ verhandelt werden, wird jedoch eine dritte, die *universalisierende Perspektive* eingenommen. Aus dieser überlokalen WIR_{U}-Perspektive erkennt man eine andere (Meta-)Norm an, die auf einen universalistischen Gemeinsinn und keinen lokalen (aus WIR_{L}-Perspektive) abzielt. Hier geht es nicht mehr nur um das Verhältnis zwischen ICH_{A} und WIR_{L}, sondern um die *soziale Beziehung zwischen unvertretbaren Individuen an sich*. Als nunmehr vierte Erweiterung von K 06 könnte die Norm wie folgt lauten:

> K 06D (Unparteilichkeitsprinzip): Sowohl das ICH_{A} wie auch die anderen werden als Individuen einer übergeordneten Gruppe betrachtet, die sich durch eine oder mehrere Gemeinsamkeiten auszeichnen. In Relation zu dieser anthropologischen Bestimmung wird die Struktur und Dynamik der sozialen Beziehungen unter nunmehr Gleichen *an sich* untersucht.[494] Aus der WIR_{U}-Perspektive erscheint jedes Individuum – auch das ICH_{A} – als ein „Drittes“. „Die Handlungsgründe eines anderen als einem Dritten sind solche Gründe, bei denen es für ihn keinen Unterschied ausmacht, wer handeln muß. Sie sind nicht nur für ihn als Aktor Gründe, sondern auch für diejenigen, mit denen er bestimmte Gemeinsamkeiten aufweist.“[495] Deren Interagieren steht in Bezug zu generalisierten (normativen) Aussagen (Pn_i), die als Aufforderungen „nicht nur du an mich (und ich an dich), sondern unbestimmt viele an mich (und vice versa) richten.“[496] Es geht also nicht nur um die Frage, ob das Interagieren uns im Sinn des lokalen WIR_{L} unproblematisch erscheint, sondern ob es auf Ebene der verallgemeinerten Betrachtung gegenüber allen anderen potenziellen Aktoren verantwortet werden kann.[497]

In der Befolgung dieser Norm hebt man die lokale, in vielen Fällen empathische Reflexion sozialer Interaktion auf die Stufe moralischer $\text{Orientierung}_{\text{E}}$. Darin liegt der Schritt weg von der Anerkennung der (lokalen) Berechtigung einer Rechtfertigung aus der WIR_{L}-Perspektive hin zu einer Anerkennung von anderen, die über eine argumentative, ggf. sogar operationalierbare Rechtfertigung aus der WIR_{U}-Perspektive erfolgt. Dennoch unterstreicht Wingert, dass die aus der WIR_{U}-Perspektive entwickelten Werte_{K} und Normen keineswegs völlig

493 Transkript E: 7–8.
494 Vgl. Wingert 1993, S. 115.
495 Ebd., S. 116.
496 Ebd., S. 117.
497 Vgl. ebd., S. 125.

neutral gegenüber idiosynkratischen Abwägungen$_{I}$ aus der ICH$_{A}$-Perspektive oder Überlegung zur reziproken Anerkennung aus der WIR$_{L}$-Perspektive sind. Vielmehr sind es diese Reflexionen, durch die die „Zumutbarkeitsgrenzen [generalisierter normativer Aussagen, F. B.] für jeden, der moralisch verpflichtet ist und handeln muß,“[498] nachvollziehbar werden. Konkrete Abwägungssituationen dienen somit neben den kontext- und situationsinvarianten Idealbeispielen als Muster$_{K}$ einer derartig erweiterten moralischen Deliberation.[499] Im Idealfall führe diese dann dazu, dass die „Subjekte moralischer Verpflichtungen [...] nicht bloß unvertretbar in ihrem Handeln und ggf. in dem Urteil über ihr jeweils eigenes Handeln [sind, F. B.], sondern auch in dem Urteil darüber, zu welchen spezifischen Verhaltensweisen eine Moral [...] alle verpflichtet.“[500]

5.3 Fokussierung der Aufgabenstellung

5.3.1 Praktische Klugheit und Autonomie

Zunächst erinnere ich an die Ausgangsaufgabe aus der Problementfaltung (Abschnitt 5.1.1). Es ging mir darum, inwiefern idiosynkratische Abwägungen$_{I}$ derart konzeptualisiert werden können, sodass diesen der Status plausibler Gründe$_{P}$ mit Rechtfertigungspotenzial zugesprochen werden kann. Es erwies sich, dass Habermas' Überlegungen weniger zielführend sind, aber der von ihm herangezogene Argumentationstheoretiker Toulmin einen zwar eher deskriptiven, aber dennoch fruchtbareren analytischen Ansatz für ein besseres Verständnis von Abwägungen$_{I}$ bietet. Gleichwohl muss dessen Argumentschema mit Überlegungen angereichert werden, durch die die spezifische Struktur idiosynkratischer Abwägungen$_{I}$ eher verständlich und somit besser herausgearbeitet werden kann. Durch den Exkurs zum Authentizitätsprinzip sollte deutlich geworden sein, dass idiosynkratische Abwägungen$_{I}$ dem gegenwärtigen menschlichen Selbstverständnis nach wesentlich durch die reflexive Selbstverortung des ICH$_{A}$ im jeweiligen Kontext$_{L}$ und der lokalen Gemeinschaft (WIR$_{L}$) beeinflusst werden. Insbesondere die Aufgabe individueller Orientierung$_{I}$, die kontinuierlich durch die Frage nach dem (je eigenen) guten Leben getriggert wird, kann in diesem Sinn nur relational gelöst werden (bi- und unilateral). Mit Blick auf Toulmins Argumentschema hatte ich

498 Ebd., S. 127.

499 „Die Aktor- und Handlungsbegriffe in moralischen Normen müssen mögliche Aktoren und Handlungsweisen beschreiben, und zwar nicht bloß trivialerweise denkbare Aktoren, sondern wirkliche Aktoren, die sich als solche Aktoren verstehen können.“ Ebd., S. 128.

500 Ebd., S. 265.

die daraus erwachsenen Antwortfelder als metastufige Referenzkontexte (B_i) bezeichnet, auf die sich die in Rechtfertigungen vorgebrachten Schlussregeln (W) im Rahmen idiosynkratischer Abwägungen$_I$ beziehen. Ein tieferes Verständnis der Rolle der praktischen Klugheit$_P$ in dieser reflexiven Selbstverortung, welches im letzten Abschnitt dieses Kapitel angestrebt wird, stellt die Grundlage für das Vorgehen in Kapitel 6 und Kapitel 7.

Startpunkt dazu ist folgender Gedanke: Über das praktisch kluge Handeln drückt sich auf unterschiedliche Weise menschliche Freiheit aus, die die zentrale Voraussetzung aller Orientierung$_A$ darstellt. Ohne die Prämisse, dass Menschen als rationale Wesen in dieser Rationalität autonom agieren, lassen sich Orientierungsfragen nicht sinnvoll stellen. Die praktische Klugheit$_P$ erweist sich als ein Schlüsselvermögen dieser autonomen Rationalität im Lebensalltag, da durch sie ein „synthetischer Schluss" mit besonderem Rückgriff auf den lokalem Kontext$_L$, die lokale Gemeinschaft (WIR$_L$) und das individuelle ICH$_A$-Bewusstsein erzeugt wird. Diese synthetische Einheit zeichnet im besten Fall eine Momentaufnahme eines authentischen und somit guten Lebens. Dieses Bild müsste dann auch dem Kriterium der *lokal-subjektiven Kohärenz* (Kohärenz$_{LS}$) genügen. Allerdings sind nicht alle praktisch-klugen Handlungen gleichermaßen kohärent. Vielmehr besteht gerade die Aufgabe der praktischen Klugheit$_P$ darin, die synthetische Verbindung kontext- und situationsbezogen immer wieder von Neuem auszutarieren. Die Gesamtheit solcher situativen Abwägungen$_I$ lässt sich in drei Klassen unterteilen, je nachdem, welcher Grad von Abwägungsautonomie im jeweiligen praktisch-klugen Handeln angesprochen wird.

In der *ersten Klasse* geht es um die situative, praktisch-angewandte Ausübung kognitiver Erkenntnisvermögen. Die praktische Klugheit$_P$ ermöglicht hier eine situative Erkenntnis im lokalen Kontext$_L$ und den Nachvollzug der Argumentationen$_P$ anderer. Wer klug abwägt, argumentiert und urteilt in einem konkreten Kontext$_L$ und einer konkreten Situation angemessen. Auf dieser Basis wird eine situative Überzeugung$_S$ im Sinn der lokal-subjektiven Kohärenz$_{LS}$ gebildet.[501] Die damit einhergehenden Abwägungen$_I$ sind im Wesentlichen

501 Die situative Überzeugung$_S$ einer Person resultiert aus der Verbindung zwischen übergeordneten festen Erkenntnisformen (dem allgemeinen Erkenntnishorizont und je eigenen Erfahrungshorizont$_S$), der je eigenen Verfasstheit$_M$ sowie dem situativen Verstehen und Erkennen im lokalen Kontext$_L$. Weiterhin können situative Überzeugungen$_S$ wie alle Überzeugungen über eine kollektive Argumentationspraxis geteilt und somit auch durch die Überzeugungen$_S$ anderer beeinflusst werden. Wenn man situativ überzeugt ist, dann hält man eine gehaltvolle und kommunizierbare Aussage im Hier (Kontext) und Jetzt (Situation) für wahr im Sinne lokaler Kohärenz$_{LS}$. Vgl. Raters 2011, S. 2270. Wie alle Überzeugungen basieren auch die situativen auf potenziell plausiblen Gründen$_P$, aber auch der motivationalen Verfasstheit$_M$. Inhaltlich betrachtet kann eine in dieser Form subjektiv-argumentative verankerte Aussage einen sachli-

durch die Randbedingungen bedingt, die den Abwägenden vorgegeben sind. Die Abwägungsautonomie beschränkt sich auf die in K 07 angesprochene Freiheit, dass eine autonome Person in ihrer Überzeugungsbildung nicht vertreten werden kann: Diese Erkenntnisleistung ist nur aus der ICH_A-Perspektive zu leisten – dies steht in Kontrast zur „rhetorisch erzeugten $Überzeugung_S$“ durch Überreden (Abschnitt 6.2.4). Im Energiediskurs werden zur ersten Klasse häufig wissenschaftsbezogene Argumentationen – also nicht zwingend $Argumentationen_W$ im Sinne rein wissenschaftlichen Argumentierens (Arg_W) – gebildet, um Opponenten derart anzuleiten, dass sie *von selbst* $Überzeugungen_S$ gemäß der aktuellen $Realerkenntnis_W$ ausbilden (bspw. mit Blick auf EP 6).[502]

Die *zweite Klasse* bezieht sich auf die praktisch-kluge Anpassung des eigenen Handelns an den $Kontext_L$ und die daran ausgerichteten situativen $Überzeugungen_S$. Genau genommen sind hier lediglich der Umgang mit den Mitteln, also die instrumentellen Aspekte des Handelns angesprochen (Abschnitt 2.5.4). $Klugheit_P$ auf instrumenteller Ebene zeichnet sich häufig in den $Erklärungen_I$ ab, in denen sich der Sprecher auf die situative Disfunktionalität von Mitteln mit Blick auf K 01C (Praktikabilität) argumentativ bezieht. Die Autonomie auf dieser Handlungsebene besteht in der *praktisch-klugen Wahl der Mittel* (vgl. A 13). Vor dem Hintergrund, dass das instrumentell-praktische Argumentieren (Arg_I) immer unterbestimmt bleibt ($Kohärenz_{LS}$), handelt es sich hier um einen nennenswerten Freiheitsgrad im klugen, aber dennoch grundlegend spekulativen Schließen auf die sowohl zielführenden als auch kontext- und situationsbezogenen Mittel. Im Energiediskurs werden deshalb von staatlicher Seite rechtliche Rahmenbedingungen vorgegeben und selektive Förderprogramme aufgelegt, um die abwägende Wahl geeigneter eE mit Bezug zu anderen Gemeinwohlinteressen zu limitieren und zu steuern. Diese Formen der Steuerung unterliegen natürlich dem machtpolitischen Interessenausgleich und somit dem Arg_P.[503] Die damit einhergehenden Einschränkungen werden allerdings erst mit Blick auf $Abwägungen_I$ der dritten Klasse problematisierbar.

---

chen (etwa auf Tatsachen oder Naturgesetze), ästhetischen (etwa persönliche Vorlieben) oder normativen Gedanken (etwa eine Klugheitsregel) ausdrücken, hinter dem ein ICH_A mit Blick auf Kontext und Situation steht.

502 Siehe bspw. https://www.bmk.gv.at/themen/klima_umwelt/klimaschutz/anpassungsstrategie/publikationen/irrtuemer.html, https://www.energynet.de/2020/11/22/5-irrtuemer-energiewende/ und als Position mit anderem Interpretationsziel https://www.en-former.com/10-populaere-irrtuemer-zur-energieversorgung-im-faktencheck/ (Stand jeweils am 06.01.2022).

503 Das EEG ist wohl das bekannteste Instrument, um einen „Wildwuchs“ im Mittelgebrauch gezielt steuern zu können. Andere Möglichkeiten, etwa landschaftsarchitektonische Ansätze, werden hingegen oft nur rudimentär berücksichtigt, vgl. dazu Abschnitt 7.6.2 und Fromme 2018.

Die *dritte Klasse* von Abwägungen$_I$ betrifft die reflexive Einordnung des ICH$_A$ vor dem Hintergrund des Prinzips der Authentizität. Im Vordergrund steht die Aufgabe, ein kohärentes Bild (Kohärenz$_{LS}$) seiner selbst zu entwickeln, das auf praktisch-kluge Weise zwischen den Gegebenheiten im Kontext$_L$ sowie den lokalen, WIR$_L$-bezogenen Werten und Normen einerseits und dem je eigenen Erfahrungshorizont$_S$ andererseits vermittelt. Die Abwägung$_I$ erzeugt dadurch eine Momentaufnahme des Selbst, die in ein dauerhaftes Netz von individuellen und kollektiven Überzeugungen$_S$ eingebettet ist. Ungeachtet dessen besitzen abwägungsbezogene Reflexionen über das Selbstbild das Potenzial, nicht nur die Wahl der Mittel (zweite Klasse) zu hinterfragen, sondern auch die eigentlichen Handlungsziele sowie deren intersubjektiv angelegte Rechtfertigungen. In diesem Zuge können sowohl die Berechtigungen (W) und sogar die herangezogenen Referenzkontexte (B_i) problematisiert werden – nämlich in Kontrast zur Momentaufnahme der authentischen Selbstentfaltung. Nichtzuletzt findet sich deshalb in lokalen Energiekonflikten häufig eine generalisierte Kritik an der Konzeption und Realisierung der Energiewende (und somit an den Argumentationen$_P$ auf übergeordneter politischer Ebene).

An die Ausführungen zur dritten Klasse anschließend lassen sich konkrete Energiekonflikte als Muster$_K$ interpretieren, durch die die Reichweite bzw. Zumutbarkeitsgrenzen vor allem generalisierter normativer Argumentationen$_P$ ausgelotet werden (können). In jenen Konflikten spiegelt sich eine kontextbezogene Spannung zwischen den generalisierten Argumentationen$_P$ einerseits und dem situativen Bild des ICH$_A$ (oder des WIR$_L$) andererseits wider. Bereits in der Diskussion der NIMBY-Beispiele sollte dies deutlich geworden sein (s. Abschnitt 2.4). Im Energiediskurs lassen sich derartige argumentative Konflikte vor allem daran festmachen, wenn NIMBYs aus einer übergeordneten WIR$_U$-Perspektive eine Art „moralische Verfehlung“ vorgeworfen wird (bspw. der Vorwurf des Egoismus, s. Abschnitt 2.4.1). Mit Wingert müssen derartige Vorwürfe durchaus kritisch bewertet werden, da sie in Teilen die Integrität der praktisch-klugen Selbstreflexion (K 06B) eines jeden ICH$_A$ „moralisch verletzen“ (können).[504] So geben manche Personen, die dem NIMBY-Vorwurf ausgesetzt werden, eine praktisch-kluge Erklärung davon, worin das erwähnte Spannungsverhältnis besteht, ohne dass sie in ihren Argumentationen$_P$ den aus einer politischen WIR$_U$-Perspektive ermittelten Gemeinsinn zur Energiewende in grundsätzlicher Weise ablehnen.[505] Dazu lässt sich folgende These aufstellen:

> T 04 (Korrekturmomente gesellschaftlicher Orientierung): Individuelle Orientierung$_I$ und die mit ihr verbundenen situativen Überzeugungen$_S$ können nicht pauschal

504 Vgl. Wingert 1993, S. 166–179.

bzw. in moralisierender Absicht durch generalisierte normative Argumentationen$_P$ *überschrieben* werden. Denn dadurch kann der Fall eintreten, dass einzelne oder mehrere Individuen ihr Leben nicht in der Form verwirklichen, die sie „in einen sinnvermittelten, normenregulierten Interaktionszusammenhang" mit lokalen anderen integriert.[506] Gleichwohl ermöglicht der Wechsel zu einer übergeordneten WIR$_U$-Perspektive den Zugriff auf eine kontext- und situationstranszendente Korrektur individueller oder lokal-kollektiver Orientierung$_I$. Das heißt, dass weder die individuell-authentische Orientierung$_I$ noch die intersubjektive Orientierung$_E$ in moralischer Absicht als unfehlbare Quellen gesellschaftlicher Orientierung$_A$ zu betrachten sind. Vielmehr stehen beide im Zusammenhang fortwährender wechselseitiger Korrektur, der ein zentraler Motor gesellschaftlicher Orientierung$_A$ ist.[507]

Die wichtigsten Interaktionsräume für eine wechselseitige Korrektur der individuell-authentischen und kollektiv-intersubjektiven Orientierungsentwürfe sind lokale Diskurse. Durch sie kann ein sinnvermittelnder und zugleich normenregulierender Gemeinsinn und somit eine tragfähige lokale WIR$_L$-Perspektive entstehen. Für ein besseres Verständnis dieser Rolle lokaler Diskurse bedarf es jedoch weiterer diskursanalytischer Ansätze. Am Ende dieses Kapitels soll ein kurzer Überblick über diese gegeben werden, um auf dieser Basis in Kapitel 6 lokale Diskurse weiterführend zu besprechen.

5.3.2 Übersicht der diskursdeskriptiven Perspektiven

Die aktuell wichtigsten Ansätze zur Analyse von Realdiskursen lassen sich grob in zwei Gruppen einteilen, zum einen die aus einer argumentationsinternen und zum anderen die aus einer argumentationsexternen Perspektive.[508] Die *erste Gruppe* umfasst die Perspektiven, die sich auf Merkmale von Diskursen richten, die den eigentlichen Argumentationspraxen äußerlich sind (argumentationsextern), letztere aber beeinflussen. Bereits früher, in Fußnote 302, wurde die *topologische Perspektive* zur vorläufigen Definition von Diskursräumen eingenommen.

505 In historischen Retrospektiven wird dieses Phänomen gut deutlich. Insbesondere in Deutschland wird man die in: Welsh 1993 beschriebenen Opponenten der Anti-AKW-Bewegung als sehr weitsichtig bzw. „praktisch-klug" abwägend wahrnehmen, obwohl sie aus einer konkreten WIR$_U$-Perspektive und auf Basis des damaligen Gemeinsinns in Großbritannien wie NIMBYs agierten. Welsh legt nahe: „[...] it would seem equally possible to see them as symptoms of a more generalized public refusal which is neither new nor solely inspired by marginal green politics. In this sense the controlling role of public opinion is being exercised against nuclear power". Ebd., S. 32.

506 Vgl. Wingert 1993, S. 174.

507 Vgl. auch Welsh 1993, S. 32.

508 Es folgt nun eine Erweiterung der Darstellung aus Hannken-Illjes 2018, 12 f., 31–41.

Ihr kommt eine wichtige Funktion in der heutigen Diskursanalyse zu, weshalb diese in Abschnitt 6.1 ausführlicher erläutert wird. Auch die *sozialempirische Perspektive* untersucht ein für diese Studie wichtiges Moment von Diskursen: die dort kommunizierenden Akteursgruppen. Diese lassen sich anhand spezifischer soziologischer Kriterien bestimmten Milieus zuordnen.[509] Mit dieser Perspektive sind sowohl die *ökonomische* als auch die *politische Perspektive* verbunden, da aus diesen die sozialen Verhältnisse der kommunizierenden Akteursgruppen hinsichtlich ihrer Hauptinteressen analysiert werden. Gemeint sind damit die eigentlichen Zielsetzungen, die über die jeweilige Argumentationspraxis verfolgt werden. In dieser Analyse spielen sozial wirksame Machtstrukturen ein wesentliche Rolle, da vor deren Hintergrund wirtschaftliche und politische Interessen sowie die Diskursdynamik besser nachvollziehbar werden.[510] Aus *dialogischer Perspektive* betrachtet man die Kommunikationsverfahren selbst.[511] Habermas fokussiert eine Untergruppe solcher Verfahren, die er selbst *„dialektisch“* nennt (Abschnitt 4.1.2), wenngleich er das Dialogverfahren insgesamt eher konsensualistisch ausrichtet (Arg_K).[512] In derart ausgerichteten Diskursen wird über das Verfahren die Diskursfunktion optimiert, „Konsens, also einen geteilten Glauben, herbeizuführen und somit Meinungsverschiedenheiten aufzulösen“.[513] Dialogische Diskurse – konsensualistische im besonderen Maße – dienen dem gesellschaftlich anerkannten $Wert_K$ des sozialpragmatischen Interessenausgleichs. Ein anderes Bedeutungsmoment diskursiver Verfahren wird aus *rhetorischer Perspektive* analysiert: die *Funktion der Kommunikation* im Diskurskontext. Liegt deren wesentliches Ziel in der *Persuasion* (Überreden) anderer Diskursteilnehmer oder Akteursgruppen, dann handelt es sich um rhetorische Diskurse. Wie man es häufig im politischen Alltag (Arg_P) beobachten kann, geht es den Argumentierenden vorzugsweise darum, „den Glauben an die These zu bewirken oder zu steigern“.[514] Argumentationen sind also Mittel zum Zweck der Überredung.

Die *zweite Gruppe* umfasst die Perspektiven, aus denen die Inhalte und formalen Strukturen der eigentlichen Argumentationspraxis fokussiert werden (argumentationsintern). So betrachten Toulmin und Habermas argumentative Kommunikation aus einer *sprachpragmatischen Perspektive* als eine spezifische Form von

509 So bspw. in: Turowski u. a. 2013, S. 54 f.

510 Vgl. dazu Brunner 2000 oder Turowski u. a. 2013, S. 5, 30.

511 Kati Hannken-Illjes nennt diese Perspektive nach Joseph Wenzel *dialektisch*, vgl. Hannken-Illjes 2018, S. 35 f.

512 Vgl. ebd., S. 36 und Werner 2011, S. 140. Vgl. zudem Fußnote 331.

513 Lumer 2011, S. 229.

514 Ebd. und Hannken-Illjes 2018, S. 37 f.

(Sprech-)Handlungen, also als *Praxis*. Bereits in der Einleitung (Abschnitt 1.3.5) wurde implizit diese Perspektive – die wohl am vielseitigsten in den Sprachwissenschaften vertreten wird – eingenommen. Aus dieser ergibt sich ein sehr weitreichender Diskursbegriff ($\text{Diskurs}_{\text{A}}$): Der Diskursbegriff umfasst – aus einem universalistischen Sinn konzeptualisiert – die Gesamtheit aller argumentativer Kommunikation, also alle *sprachlich-argumentativen Handlungen zwischen (vernünftigen) Akteuren* (in Gesprächen, Debatten, Dialogen, Disputen, Publikationen, Medien etc.). Diese Perspektive unterscheidet sich von der klassischen *formallogischen Perspektive*, aus der Argumentationen nach dem $\text{Paradigma}_{\text{G}}$ formaler $\text{Logiken}_{\text{F}}$ rekonstruiert und analysiert werden. Jene werden nach dem atomistischen Prinzip in unteilbare Einheiten aus Sprachelementen zerlegt und anhand definierter logischer $\text{Operationen}_{\text{L}}$, die man den natürlichen Argumentationspraxen zuschreibt, wieder zu argumentativen Einheiten zusammengefügt, wie in Abschnitt 2.3 ausführlich dargelegt.

Inhaltlich betrachtet lassen sich drei Perspektiven unterscheiden. In der *wissenschaftsorientierten Perspektive* wird das alte philosophische Wahrheitsideal in den Mittelpunkt gerückt. Platon sieht darin die anthropologische Bestimmung, „das Wahre zu lieben und alles um seinetwillen zu tun“.[515] Wissenschaftliches Argumentieren (Arg_{W}) erfüllt die Aufgabe, „durch Anleiten des Erkennens [...] zur Erkenntnis der These [...] zu führen“.[516] Diese Perspektive kann als die anspruchsvollste und kritischste Position zur inhaltlichen Analyse und Bewertung von Argumentationen angesehen werden. Denn es geht um nicht weniger als die Anerkennung der Argumentationen gemäß wissenschaftlicher Argumentationskriterien, etwa die der $\text{Realerkenntnis}_{\text{W}}$. In *ethisch-normativer Perspektive* steht vor allem die Orientierungsaufgabe aus A 06 im Mittelpunkt. Es wird gefragt, wie die Argumentationen eines Diskurses individuelle $\text{Orientierung}_{\text{I}}$ oder gar ethische $\text{Orientierung}_{\text{E}}$ übernehmen. Eine inhaltliche Perspektive analysiert die *narrativen Momente* der Argumentationen, die sich als höchst dynamisch erweisen. Wie in Abschnitt 1.3.3 bereits beschrieben wurde, bieten Basiserzählungen wie das Energiewende-Narrativ einen diskursbestimmenden Referenzkontext im alltäglichen Argumentieren. Dies ist insbesondere deshalb von großer Bedeutung, da nicht nur Akteure und Inhalte permanent wechseln, sondern sich auch die Bedeutungen der im Diskursraum thematisierten Begriffe und Argumentationen wandeln.[517] Diese Veränderungen sind nicht immer eindeutig auf

515 Platon 2005c, S. 58d.

516 Lumer 2011, S. 229.

517 Diese Überlegung verallgemeinert folgenden Ansatz: „Die Übersetzung von Narrativen in „natürliche“ Wissensordnungen, die auf dieser Diskursebene vollzogen wird, dient den Diskursen [...] immer wieder als normative und argumentative Quelle.“ Turowski u. a. 2013, S. 45.

konkrete Einflussgrößen zurückzuführen, „als ob“ der Diskurs selbst einer Art von *Eigendynamik* unterliegt.[518] Der Energiediskurs, in welchem die großskalige Etablierung neuer Technologien verhandelt wird, weist ebenso derartige Tendenzen auf, die jedoch bei genauerer Analyse rationalen Erklärungen zugänglich sind.

Vor dem Hintergrund dieser Übersicht werden im folgenden Kapitel vor allem die akteursbezogenen Perspektiven der ersten Gruppe herangezogen, um den Einfluss argumentationsexterner Aspekte auf das argumentative Kommunizieren in Energiekonflikten im Allgemeinen und idiosynkratische Abwägungen$_I$ im Speziellen besser nachvollziehen zu können.

518 Vgl. dazu Kreß 2000, S. 214 und Braun 2010, S. 6. Beispielhaft lässt sich diese Dynamik an einem Teilthema des Energiediskurses gut veranschaulichen: dem Ausstieg aus der Kernenergie, vgl. dazu Uekötter 2014.

Kapitel 6: Akteursbezogene Diskursanalyse

In diesem Kapitel geht es darum, den Einfluss argumentationsexterner Aspekte auf das argumentative Kommunizieren in Energiekonflikten im Allgemeinen und auf idiosynkratische Abwägungen$_I$ im Speziellen besser nachvollziehen zu können. Im Vordergrund steht dabei Toulmins Ansatz, dass innerhalb natürlichsprachlicher Argumentationen$_P$ der Übergang von Prämissen zu Konklusionen nur durch einen erweiterten Blick auf die Schlussberechtigungen verständlich wird. Gesucht sind in diesem Kapitel daher die argumentationsexternen Aspekte, über die jene *argumentativen Brücken* (Abschnitt 5.1.4) in besonderer Weise beeinflusst werden. Hier liegt letztlich bereits ein Hinweis vor, inwiefern idiosynkratische Abwägungen$_I$ nicht pauschal als fehlerhaft verworfen werden können, wenn sie anspruchvolle (wissenschaftliche) Argumentationskriterien – wie K 01A, K 01B oder K 02A – nicht erfüllen. Denn trotz der fehlenden argumentativen Qualität können diese Argumentationen$_S$ eine starke kollektive Überzeugungskraft entfalten. Die Ausführungen zur praktischen Klugheit$_P$ zeigten jedoch, dass aus diesem Punkt nicht zwingend eine Beliebigkeit im subjektassozierten Argumentieren (Arg$_A$) folgt. Vielmehr muss auch diese Argumentationspraxis bestimmte Regeln kommunikativen Interagierens erfüllen.

Habermas entwickelt mit seiner Diskursethik eine konkrete Vorstellung davon, welche Kriterien für gesellschaftsbezogenes Argumentieren infrage kommen könnten (Kapitel 4). Schaut man sich jedoch die Argumentationspraxen individueller Orientierung$_I$ im Energiediskurs genauer an, kommen Zweifel auf, ob die vorgebrachten Argumentationen Habermas' dialektisch-konsensualer Einengung gemäß K 06 genügen (oder überhaupt genügen sollten). Denn nicht in allen Fällen ist ein Übergang zur WIR$_U$-Perspektive (K 06D) für die Rekonstruktion und Beurteilung dieser Argumentationen hilfreich. Aber welche Kriterien lassen sich stattdessen nutzen? In Abschnitt 3.6 wurde mit K 03 schon ein potenzieller Kandidat dafür eingeführt (und im Anschluss daran ebenso K 06C, K 06A, K 06B). Aber lassen sich solche Kriterien für eine systematische Argumentationsanalyse überhaupt fruchtbar machen? Vor dem Hintergrund dieser Frage sollen im folgenden Kapitel alternative diskursanalytische Perspektiven analysiert werden: In Abschnitt 6.1 nutze ich zunächst die topologische Perspektive, um die räumliche *Struktur* des Energiediskurses nachzuzeichnen und somit die bisherige Rede vom Diskursraum systematisch zu erörtern (Abschnitt 6.1). Diese Darstellung zielt darauf ab, ein erstes (statisches) Bild des Energiediskurses zu entwerfen und die jeweiligen Argumentationspraxen auf den unterschiedlichen Ebenen unterscheiden zu können. In Abschnitt 6.2 wird ganz konkret auf die spezifische *Dynamik* des Energiediskurses eingegangen. Diese Dynamik wird vor allem mithilfe sozialempirischer Mittel beschrieben, wobei ein besonderer Fokus auf den Akteursgruppen und ihren spezifischen Argumentationstaktiken liegt. In folgenden Absätzen werden zunächst zwei Modi diskursiven Argumentierens vorgestellt, deren Verständnis die Dynamik des Energiediskurses besser zu strukturieren helfen. Das Augenmerk liegt zum einen auf dem rhetorischen Taktieren (Abschnitt 6.3) und zum anderen auf dem diskursiven Partizipieren (Abschnitt 6.4). Der erste Schwerpunkt wird gewählt, da die Mehrheit der untersuchten Argumentationen immer auch rhetorisch funktionalisiert wurde; der zweite, weil partizipative Diskursprozeduren im jüngeren Energiediskurs ein „rhetorisches Aufschaukeln" eigentlich mindern oder gar verhindern sollten. In Kapitel 7 wird dann gesondert auf die narrative Argumentationspraxis und deren Plausibilitätsbegriff eingegangen, da diese Art und Weise des argumentativen Austausches das idiosynkratische Abwägen in einem hohen Maße prägt, wie im Verlauf dieses Kapitels deutlich werden wird.

6.1 Diskurstopologie

6.1.1 Die Rede vom Diskursraum

Im Vorfeld wurden bereits wichtige Momente der topologischen Perspektive angesprochen (s. Fußnote 302), die folgend mit Bezug zum Energiediskurs konkretisiert werden. Im Vordergrund stehen dabei drei funktionale Eigenschaften jener Perspektive: *Erstens* nutzt man sie mittlerweile in vielen wissenschaftlichen Disziplinen, die sich mit der Diskursanalyse beschäftigen.[519] Dadurch entsteht eine gemeinsame Basis multidisziplinärer Diskursforschung. In der Analyse des Energiediskurses sind vor allem zwei Raumbedeutungen wichtig: zum einen die im Sinn einer statischen Struktur (Abschnitt 6.1.2) und zum anderen die im Sinn eines dynamischen Ganzen (Abschnitt 6.2). Die erste Bedeutung kommt meistens in der Angabe von Orten in einer topographisch erfassten Struktur zum Tragen. So ist zudem die Rede von *lokalen Energiediskursen* zu verstehen, die

519 Man kann eine generell inflationäre Verwendung des Begriffs ausmachen, die mit einer entsprechend unübersichtlichen Lage von Bedeutungen im Begriffsfeld einhergeht. Eine rhapsodische Übersicht aus kulturwissenschaftlicher Perspektive über die Lebensbereiche, in welchen sich die topologische Wende (*spatial turn*) bemerkbar macht und unser Denken durch den Raumbegriff bestimmt wird, findet sich in Günzel 2017.

meist an Orts- oder Landschaftsnamen gebunden sind. Die zweite Bedeutung erfasst relationale Dynamiken. Zu nennen ist bspw. die Veränderung eines Energiediskurses, bspw. durch das Einbringen von Argumentationen oder durch die Schaffung von Fakten (etwa den behördlich genehmigten Bau von WKAs).

Zweitens ist diesen beiden Bedeutungsmomenten der topologischen Perspektive gemein, dass in beiden eine Struktur oder sogar eine Ordnung im Diskursraum bezüglich der jeweiligen analytischen Perspektive entsteht.[520] Der Energiediskurs als Diskursraum lässt sich somit in topographischer, sozialer, wirtschaftlicher, energietechnischer, wahrnehmungspsychischer etc. Hinsicht strukturieren und ordnen. Wobei sich solche Strukturen und Ordnungen sowohl in Bezug auf einen übergeordneten Referenzkontext als auch auf einen konkreten Beobachtungsstandpunkt entwickeln lassen. Diese können sich durchaus unterscheiden. Die Struktur und Ordnung des Energiediskurses aus volkswirtschaftlicher Sicht führt zu einem anderen Diskursraum als jene aus wahrnehmungspsychischer: Im ersten Fall stellt eine nationale oder internationale Wirtschaftstheorie den Referenzkontext dar, im zweiten Fall ist es die Vielfalt subjektiver Erfahrungshorizonte$_S$ und Gefühlswelten. Die Rede von Diskursräumen bezieht sich somit auf spezifische ideelle Ordnungssystematiken, die sich je nach Standpunkt, Perspektive und Referenzkontext unterscheiden. Diese Ordnungen sind – *drittens* – materiell und sozial verankert.[521] Der aktuelle Energiediskurs verdeutlicht diese Verankerung. Die energietechnische Struktur- und Ordnungsdimension spiegelt sich in der entsprechenden Infrastruktur und dem Diskurs darüber wider (bspw. Windparks, Hochspannungstrassen); die soziale in den physisch existenten Akteursgruppen und deren Handlungen (bspw. als Prosumer oder Opponenten).

Mit Blick auf den weiten, eher unspezifischen Diskursbegriff sollte man sich aber der Grenzen der topologischen Rede bewusst sein. Nach jenem sind Diskurse Einheiten kommunikativer Handlungen. Schaut man sich die entsprechenden kommunikationswissenschaftlichen Untersuchungen an, in denen Diskursräume als Kommunikationsräume begriffen werden, findet man nun eine Vielzahl an Ordnungsansätzen. Dies liegt vor allem daran, dass sich die Eingrenzung komplexer Kommunikationsräume – etwa der Energiediskurs – hinsichtlich Topologie und Dynamik als äußerst schwierig erweist.[522]

520 Hier beziehe ich mich auf eine Überlegung zum mathematischen Raumbegriff, vgl. Stöckler 2011, S. 1823.

521 Dies trifft insbesondere auf Diskurse über Technikanwendungen und deren Folgen zu, siehe zudem Ott 2000, S. 296.

522 Dazu trägt die hohe innere und häufig unberechenbare Dynamik der Subdiskurse bei, wie man sie bspw. gut an den Energiekonflikten auf lokaler Ebene nachzeichnen kann. Diese

6.1.2 Raumstruktur des globalen Energiediskurses

Anhand der genannten Bedeutungsmomente des Diskursraumbegriffs wird folgend der globale Raum des Energiediskurses in deskriptiv-analytischer Absicht näher bestimmt.[523] Er stellt den Raum dar, in welchen sich alle anderen Subdiskurse einordnen lassen. Dabei kann man sich die multidisziplinäre Verwendung der topologischen Rede zunutze machen, um die wichtigsten Dimensionen eines übergeordneten und zunächst eher statisch konzeptualisierten Diskursraums nachzuzeichnen. Dieser Diskursraum sollte jedoch als *grob strukturiert*, anstatt als *wirklich geordnet* verstanden werden. Das damit entstehende und vor allem deskriptiv gestützte Analysemodell erscheint für den Anfang ausreichend.[524] Denn es geht zunächst darum, zur Orientierung eine grobe Textur in die Mannigfaltigkeit von Inhalten des Energiediskurses zu legen. Bildlich gesprochen baue ich eine Art Apothekerschrank mit drei großen Ordnungsdimensionen, in welche die Diskursinhalte aus dem diffusen Realdiskurs in empirisch-analytischer Absicht einsortiert werden können: Aus *territorial-administrativer Perspektive* lassen sich Flächen – meist wird von Ebenen geredet – unterscheiden, die die Reichweite der kommunikativen Handlungen und somit der Diskurse widerspiegeln.[525] In einer Ordnung von kleiner zu großer Reichweite differenziert man zwischen lokaler, regionaler, überregionaler / bundesweiter und globaler Ebene – in etwa parallel zu den bestehenden territorialen und administrativen Strukturen.[526] Diese eher aufgesetzte Ordnung des Energiediskurses kann aus anderen Perspektiven inhaltsspezifischer strukturiert werden.

Über die schlagwortartige Kennzeichnung von Diskursen können aus *medienanalytischer Perspektive* Inhalte kategorisiert werden, etwa über eine klassische Medienanalyse, über Umfragen jedweder Art oder über computergestützte Auswertung digitaler Medien.[527] Häufig genannte Schlagwörter in den Erhebungen, die im Energiediskurs selbst als thematische Oberbegriffe fungieren, sind: Wirtschaftlichkeit, EEG, Windenergie, Stromtrassen, Atom- und Kohleaus-

---

Einschätzung findet sich ebenso in: Trost u. a. 2018, S. 137 in Anschluss an Krebber 2015, S. 116.

523 Turowski u. a. 2013, 22 f.

524 Ein ähnliches, wenn gleich komplexeres Analysewerkzeug für die Verortung von Konfliktdiskursen wird in: Becker, Bues u. a. 2016, S. 45–48 vorgestellt.

525 In Adaption des Ansatzes von Krebber 2015, S. 116.

526 So etwa in ebd., S. 119 f.

527 Inhaltsanalysen werden in allen Wissenschaften durchgeführt, in denen Argumentationsanalyse von natürlichen Sprachen, auch für weiterführende Ableitungen betrieben wird. Um aktuellere Beispiele zu nennen: Mast u. a. 2016, Trost u. a. 2018, Eichenauer 2018, Stücheli-Herlach u. a. 2018 und Hübner u. a. 2019.

stieg, Beteiligung, Klimawandel, Umwelt- oder Naturschutz, Landschaftsschutz, soziale Gerechtigkeit u. s. w. Dabei sollte man betonen, dass der Inhaltskanon des gesamten Diskursraums sich sowohl heterogen als auch dynamisch zeigt. Er variiert nicht nur von Teildiskurs zu Teildiskurs, sondern ebenso in seiner Gesamtheit im Zuge der Zeit (ausführlich in Abschnitt 6.2).[528] In dieser Art betrieben besitzt die Inhaltsanalyse einen strukturierenden Charakter und keinen ordnenden.[529] Allerdings kann auf Basis der Inhaltsanalyse eine weiterführende Interpretation erfolgen, die fundamentale Ordnungstexturen freilegt, etwa (grundsätzliche) Narrative (siehe Abschnitt 1.3.3 und Abschnitt 7.5.1).

Aus *akteursanalytischer Sicht* lässt sich eine soziale Strukturdimension aufzeigen, für die meist auf eine übergeordnete sozial- oder eine kommunikationswissenschaftliche Ordnungsmatrix zurückgegriffen wird.[530] So gebe es die Möglichkeit, die Diskursteilnehmenden nach ihrer funktionalen Stellung im Diskurs zu differenzieren (etwa als betroffener Bürger oder als Journalistin), eine andere ist die Ordnung nach bekannten Zielgruppen,[531] eine weitere – für lokale Konflikte wichtige – die Ordnung nach klassischen Protagonisten in Infrastrukturprojekten. Die gewählte Ordnungsmatrix fügt dem Diskursraum eine weitere Strukturdimension hinzu. Allerdings hängt die Wahl der Ordnung von der Zielsetzung der jeweiligen Studie und dem prägenden anthropologischen Bild der dazugehörigen Perspektive ab (Kapitel 7).

6.1.3 Topologische Charakteristik lokaler Energiekonflikte

Vor diesem Hintergrund wird folgend erläutert, wie und wo sich im gloablen Energiediskurs lokale Energiekonflikte lokalisieren lassen. Es liegt bereits in der Bezeichnung, dass die wesentliche Ordnungsdimension die territorial-

528 Vgl. dazu Mast u. a. 2016, S. 33–37.

529 Natürlich können zudem spezifisch inhaltliche Ordnungskriterien für kommunikationsempirische Analysen gebraucht werden. So nutzt man häufig quantitative Ordnungen, etwa nach Häufigkeit der Nennung von Thema X in Umfrage / Medien etc. (siehe Fußnote 5). Diese Ordnungsdimensionen bilden aber immer nur Momentaufnahmen und bedürfen einer weiteren Interpretation, um zentrale Ordnungen herauszufiltern. Für die argumentationstheoretische Auswertung der Güte von Argumentationen und somit für deren Anerkennungswürdigkeit als Gründe$_A$ taugen diese Kriterien kaum. So kann eine inhaltlich unschlüssige Argumentation vielfach im Diskurs wiederholt werden, ohne dass durch die häufige Nennung die Schlüssigkeit hinsichtlich anerkannter Argumentationskriterien gegeben wäre.

530 Vgl. Becker, Bues u. a. 2016, S. 46.

531 Zu nennen sind im deutschen Sprachraum bspw. die Sinus-Milieus, siehe https://www.sinus-institut.de/sinus-loesungen/sinus-milieus-deutschland/ (Stand: 11.01.2021). Ein Beispiel für eine Anwendung findet sich in: Eichenauer, Meyer-Ohlendorf u. a. 2017.

administrative darstellt. „Lokal“ meint in den meisten Fällen, dass sich bspw. ein Konfliktdiskurs auf kommunaler oder regionaler Ebene abspielt. Entsprechend sind darin neben der Bevölkerung vor allem die dortigen (politischen) Verwaltungsstrukturen und ggf. Vertreter der eE-Industrie involviert.

Dazu muss man wissen, dass bei technischen Infrastrukturprojekten, wie sie im Rahmen der Energiewende tausendfach umgesetzt werden, die lokal-regionale Ebene von besonderer Bedeutung ist: *Erstens*, werden die entsprechenden Industrieanlagen dort sichtbar und rücken somit ganz konkret in die räumliche Nahzone und das Alltagsbewusstsein der (lokalen) Bevölkerung.[532] Räumliche Nähe gilt zudem als der Indikator, um von *Betroffenen* oder *Anwohnern* zu reden. *Zweitens*, finden auf den beiden Ebenen die komplexen planungs- und genehmungsrechtlichen Prozesse statt, die in vielen Fällen die Initialzündung für lokale Energiekonflikte geben.[533] *Drittens*, besitzen lokale Landschaftsräume und Verwaltungsstrukturen häufig einen hohen emotionalen Stellenwert bei der ansässigen Bevölkerung.[534] Dieser wird sicherlich am besten mit dem schillernden Begriffs der *Heimat* (engl. auch: *place identity*) eingefangen, welcher sich grundsätzlich im begrifflichen Spannungsfeld zwischen Bewahren, Geschichte und Tradition einerseits und Entwickeln, Zukunft und Fortschritt andererseits befindet.[535] Diese Spannung – die sich letztlich in der Bandbreite der Deutungsvarianten des Heimatbegriffs niederschlägt – tritt in einem umfassenden sozio-technologischen Kulturwandel wie der Energiewende in besonderem Maße in lokalen Diskursen zutage.

Eine inhaltliche Spezifikation lokaler Energiekonflikte kann kaum trennscharf in Relation zum globalen Energiediskurs erfolgen.[536] Dieser Umstand mag wenig verwundern, handelt es sich bei der Energiewende vornehmlich um ein dezentrales Vorhaben. Dessen Umsetzung hängt von einer umfassenden Inanspruchungnahme von Flächen ab. Es liegt bereits in der Natur der Sache, dass die damit verbundenen Diskursinhalte früher oder später auf regionaler und lokaler Ebene thematisiert werden. Im Fall von Konfliktdiskursen denkt man von diskursanalytischer Seite derartige Muster erkennen zu können. Kandidaten waren etwa Eigeninteresse / Egoismus, Verteilungs- und Kompensationsgerechtigkeit, Heimat(-liebe), Beteiligungsprobleme (an Verfahren oder Einnahmen),

---

532 Die Verankerung von Diskursen in alltäglichen Verhältnissen wird diskurstheoretisch von Ernesto Laclau thematisiert, siehe dazu die Erläuterung in: Weber 2018, S. 19 f.

533 Dies trifft auf die Mehrzahl von uns untersuchten Fälle zu. Vgl. Braun, Scherer u. a. 2016 (jeweils den Unterpunkt „Projektgeschichte“), für einen Fall sehr detailliert in: Reusswig, Braun, Heger, Ludewig, Eichenauer u. a. 2016, 217–225. Vgl. auch Fraune, Knodt, Gölz u. a. 2019b, S. 10.

534 Vgl. Krebber 2015, S. 115, Gölz u. a. 2019, S. 90.

535 Vgl. Krebber 2015, S. 117, Aufzählung aktueller Literatur in: Krüger 2020, S. 13.

(populistische) Elitenkritik u. s. w.[537] Letztlich kann man unter keinem dieser thematischen Obergriffe alle lokalen (Konflikt-)Diskurse einordnen. Vielmehr scheint es so, dass jeder lokale Energiekonflikt eine *individuelle diskurstopologische Charakteristik* zeigt. Diese hängt sowohl vom lokalen Kontext$_L$ des Vorhabens als auch von den involvierten Akteuren ab. Weiterhin sollten Energiekonflikte aus inhaltlicher Perspektive immer als offene Einheiten betrachtet werden, deren Umfang und Inhalte einer fortwährenden Dynamik unterliegen.[538]

Ähnlich unspezifische Ergebnisse bringt die strukturelle Differenzierung aus der Akteursperspektive. Bisherige Typisierung der Energiediskurse haben sich kaum als verallgemeinerungsfähig erwiesen. Prominentestes Beispiel für eine (plakative) Typisierung ist die NIMBY-Rede (siehe Abschnitt 2.4). Gleichwohl hat diese Typisierung einen wesentlichen Einfluss auf die Rekonstruktion des Energiediskurses. In Abschnitt 6.2 und Kapitel 7 gehe ich darauf ein.

6.1.4 Globaler Diskursraum und Subdiskurse

Der globale Energiediskurs ist bereits als ein komplexes Gebilde eingeführt worden, das in vielen Hinsichten strukturiert und geordnet werden kann. Jan Turowski und Benjamin Mikfeld würden an dieser Stelle jedoch nicht von Diskursräumen, sondern von Diskurskontexten sprechen. Diese Begriffswahl ist etwas unglücklich, da sie am Ende vornehmlich topologische Kategorien nutzen. Dennoch trifft ihre Definition des Diskurskontextes den Wesenskern von Diskursräumen wie dem Energiediskurs:

> Die Gesamtheit der Diskurse erzeugt und verändert erst den Diskurskontext, in dem sie geführt werden können. Ein Diskurskontext ist einerseits historisches Ergebnis und Verdichtung früherer Diskurse und Diskurswelten, wird aber anderseits durch gegenwärtig geführte Diskurse stets verändert. Diskurswelten und Diskursebenen durchziehen den Diskurskontext entlang zwei, sich kreuzender Achsen, den man sich als einen dreidimensionalen Raum vorstellen muss. Wir verstehen unter Diskurskontext also nicht eine bloße Ansammlung von Diskursbedingungen und die diesen entsprechend geführten Diskurse, sondern als eine notwendig konfliktorische Sphäre, in der Formationsregeln und -mechanismen, Akteurskonstellationen, Organisationen, Milieus und Interessen, sozial-kulturelle Praktiken und institutionelle Strukturen durch politische Diskurse konstituiert, stabilisiert und verändert werden.[539]

536 Krebber 2015, S. 116 f.
537 Vgl. Wolsink 2000, Schüßler 2014, Jahnke u. a. 2015, Elstner 2017, Reusswig, Lass u. a. 2020.
538 Vgl. Weber 2018, S. 16.
539 Turowski u. a. 2013, S. 42.

In der Definition wird deutlich, dass alle Ordnungs- und Strukturierungsdimensionen – bei den Autoren die Diskurswelten und - ebenen – lediglich eine analytische Textur in einen Diskursraum einbringen. Der Diskursraum selbst erweist sich als ein höchst dynamisches Kulturphänomen, in dem u. a. lokale Energiekonflikte diese Dynamik befeuern. Analytische Texturen können helfen, diese Dynamik sichtbar zu machen. Auf der anderen Seite können sie sich zudem schnell als veraltet bzw. unbrauchbar für eine adäquate Analyse erweisen, wenn sie von den Veränderungen im Diskursraum überholt werden.

An dieser Stelle lenke ich nochmals den Blick auf die besondere Rolle, die lokalen Diskursen – insbesondere Energiekonflikten zukommt. Sie prägen die Dynamik des Energiediskurses wesentlich, jedoch oft unterhalb der Grenze zur großen öffentlichen Aufmerksamkeit. Zur genaueren Charakterisierung greife ich eine an Chantal Mouffe angelehnte Überlegung Florian Webers auf:

> Zusammenschlüsse wie Bürgerinitiativen könnten in dieser Lesart in der Lage sein, beispielsweise aktuelle politisch-planerische Setzungen bei der Energiewende zu hinterfragen und Alternativen anzuregen – davon ausgehend, dass es „immer andere unterdrückte Möglichkeiten“ geben kann, „die aber reaktiviert werden können“ [. . . , Mouffe 2007, S. 27, F. B.]. Eher ‚passive‘ Positionen, die derzeit nicht hegemonial in Diskursen verankert sind, die aber potenziell eine machtvollere Rolle einnehmen könnten, lassen sich aus den bisherigen Überlegungen ableitend als Subdiskurse begreifen [. . .]. Es handelt sich um Positionierungen, die nicht umfänglich mit der hegemonialen Ordnung brechen und damit diskursiver Bestandteil sind, ohne allerdings im Zentrum zu stehen.[540]

Etwas allgemeiner gefasst definiere ich solche Subdiskurse wie folgt: Subdiskurse lassen sich nicht oder nur unzureichend durch bestehende Analysekategorien erfassen, weil durch sie eine neuartige argumentative Auseinandersetzung über ein Thema initialisiert werden kann. Subdiskurse selbst werden durch neu eingenommene Perspektiven oder Haltungen der Akteure, neue Realerkenntnis$_W$ oder andere wechselnde Rahmenbedingungen angestoßen, und umgekehrt können jene eine Veränderung dieser Rahmenbedingungen stimulieren. Insbesondere zeichnen sich Subdiskurse dadurch aus, dass sie ganz oder teilweise nicht durch das Narrativ gedeckt sein müssen, das den einheitsstiftenden Bezugspunkt des globalen Diskursraums bildet. Dies kann bspw. der Fall sein, wenn im Zuge des Subdiskurses die Zielsetzung dieses Narrativs im lokalen Kontext$_L$ verändert oder infrage gestellt wird. Subdiskurse können auf allen Ebenen des Diskursraums entstehen, also auch lokale und überregionale Diskurse betreffen. Sie stellen einen „anarchischen Typus“ der Orientierungsdiskurse dar, die zumindest

540 Weber 2018, S. 31.

zu Beginn unter der Oberfläche der bestehenden Struktur- und Ordnungstextur – etwa einer konsensualistischen Diskursgrammatik – im Diskursraum von losen Kollektiven vollzogen werden.[541]

Um abschließend ein Beispiel zu nennen: Das EWN_P erhielt einen wichtigen Entwicklungsimpuls durch einen Subdiskurs zur Energiearmut. Zwar waren keiner der überzogenen Vorwürfe hinsichtlich eines Zusammenhangs zwischen der (bisherigen) Energiewende einerseits und einer (entstehenden) Energiearmut wirklich haltbar,[542] aber die daraufhin beginnenden Subdiskurse führten dazu, dass die soziale Ausgestaltung der Energiekultur zwischenzeitlich ein wichtiger inhaltlicher Topos im Energiediskurs wurde.[543]

6.2 Diskursdynamik

6.2.1 Herausforderung einer dynamischen Diskurstopologie

Bereits die wenigen Überlegungen zu Subdiskursen in Abschnitt 6.1.4 legen nahe, dass eine statisch angelegte Diskurstopologie nicht wirklich zur Analyse von Realdiskursen taugt. Vielmehr ist eine dynamisch konzeptualisierte Diskurstopologie notwendig, um neben den zeitinvarianten Aspekten des Diskursraumes auch die Mannigfaltigkeit an Veränderungen im kommunikativ-argumentativen

541 Entsprechend weit gestaltet sich die Definition von Orientierungsdiskursen: In Orientierungsdiskursen bildet sich das Ringen um $Orientierung_A$, die Suche nach gesellschaftlichen Zielen, Werten etc. ab. Im Idealfall werden solche Diskurse argumentativ geführt. Die Bezeichnung Subdiskurs lehne ich durchaus an Ulrich Becks Begriff der „Subpolitik" an, in der sich die gesellschaftlich getrennten Bereiche des Privaten und des Politischen in einer Art Graubereich durchdringen. Allerdings sehe ich in deren Erscheinen nicht zwingend eine „strukturelle bedingte Erosion" demokratischer Errungenschaften, kritisch dazu Vandamme 2000, 166 ff.

542 „Eine Person ist genau dann energiearm, wenn sie (1) keinen Zugang zu angemessenen Energiedienstleistungen hat oder (2) sich solche nicht leisten kann." Kanschik 2016, S. 226. Diese Definition von Philipp Kanschik wird von ihm allerdings dahingehend eingeschränkt (ebd., S. 22), dass Armutsbegriffe nur dann eigenständige Probleme darstellen, wenn sie nicht auf Einkommensarmut reduziert werden können. In Luschei u. a. 2016 wird entsprechend dafür argumentiert, dass Energiearmut in diesem Sinn nur eine weitere Erscheinungsform der Einkommensarmut sei. Denn die in Deutschland von Energiearmut betroffenen Haushalte sind energiearm, weil sie über zu wenig Nettohaushaltseinkommen verfügen. Zieht man – wie in Küchler u. a. 2017 – die Kostenstruktur der Energiekosten in Betracht, zeigt sich, dass die mit der Energiewende assoziierten Kosten jedoch merklich zur Steigerung der Energiekosten beitragen. Im Vergleich zur Kostensteigerung für den Fall, wenn die Folgekosten für die Nutzung konventioneller fossiler Energieträger transparent eingepreist würden, ist erstere aber deutlich geringer. Vgl. zum Thema auch den Sammelband Grossmann u. a. 2016.

543 Vgl. die schöne Übersicht dieser Diskursdynamik in: Haas 2016, S. 396.

Handeln in den Blick zu bekommen. Allerdings verlangt diese Anforderung ein nochmaliges Nachdenken über den Diskursbegriff.

Bei einer Rekonzeptualisierung des Diskursbegriffs mit Fokus auf die Dynamik sieht man sich jedoch mindestens mit drei Herausforderungen konfrontiert: *Erstens*, kann nur begrenzt auf die Konzepte einer konsensualistischen Diskurstheorie zurückgegriffen werden. Der in Kapitel 4 herausgearbeitete Habermas'sche Diskurs$_{H1}$-Begriff bildet vornehmlich das konsensuale Argumentieren (Arg$_{K}$) ab, nämlich zu den Zeiten gestörter bzw. disfunktionaler Kommunikation. Insofern verwundert es nicht, dass Diskurse$_{H1}$ nicht als „Medium" zur Aufrechterhaltung einer Dynamik argumentativer Auseinandersetzung fungieren, sondern zur konsensualen (Wieder-)Herstellung dieser (ungestörten) kommunikativen Ordnung dienen (sollen). *Zweitens*, sollte man sich – wie im Fall aller Veränderungsbegriffe – darüber im Klaren sein, dass auch eine dynamischere Konzeption des Diskursraums konzeptionell gesehen auf mindestens einen invarianten Referenzkontext zurückgreifen muss.[544] Vereinfacht ausgedrückt bedeutet dies, dass ein Diskurs nicht auf ein relativierendes Infragestellen von allen Normen und Werten hinauslaufen kann. Um diesen Punkt bemüht sich Habermas, indem er mit den diskursethischen Argumentationskriterien (Abschnitt 4.3) zentrale und invariante Leitplanken argumentativer Orientierung$_{E}$ vorschlägt.

Drittens, erben einige Analysen der Energiewende-Dynamik problematische kategoriale Konzepte der interdisziplinären Transformationsforschung.[545] Beschränkt sich diese auf die Erforschung technischer Aspekte fallen die damit verbundenen Missverständnisse weniger ins Gewicht als in der Erforschung des genuinen Energiediskurses. Dieser resultiert nicht nur aus einer Vielzahl, oft lokal verankerter Subdiskurse, sondern wird ebenso durch die umfassendere soziale Dynamik und Diskursgrammatik kommunizierender Gemeinschaften geprägt. Wenn in manchen Studien der Transformationsforschung im Fahrwasser des angesprochenen wissenschaftlichen Objektivismus$_{W}$ Diskursräume als *quasi-mechanische Systeme* und deren Wandel als *quasi-mechanische Prozesse* beschriebenen werden, dann tragen jene kaum zur tieferen Erkenntnis der Argumentationen$_{P}$ bei, die die soziale Dynamik des Energiediskurses – insbesondere die „Logik" der nahfeld- und subjektbezogenen Abwägungen$_{I}$ – wesentlich prägen. Denn entweder basiert die dahinterstehende Grammatik$_{W}$ auf einem naturwissenschaftlichen Kausalitätsverständnis und findet somit keine adäquaten Begriffe für die doppelreflexive Logik dieser Argumentationspraxis (K 06C)

544 Im Grunde kehrt hier die Frage nach den Grenzen des ethischen Relativismus$_{E}$ wieder, die in Abschnitt 3.5 und Abschnitt 4.1.1 bereits angesprochen wurde.

545 Dagegen findet sich ein kritischerer sozio-technischer Ansatz zur Transformationsforschung in: Schippl u. a. 2017b, S. 15–17.

oder es handelt sich um eine Imitation naturwissenschaftlicher Erklärung$_{W}$ ohne klare Bedeutung.[546] Um nun den Einfluss der sozialen Dynamik auf das Argumentieren im Energiediskurs und somit auf die Anerkennung praktischer Argumentationen$_{P}$ als Gründe$_{P}$ besser herausschälen zu können, skizziere ich zunächst die zeitliche Folge der wichtigen Energiewende-Phasen.

6.2.2 Nationale Dynamik: Phasen der deutschen Energiewende

Klassischerweise werden die Phasen der Energiewende aus einer techno-wirtschaftlichen Sichtweise$_{TW}$ beschrieben.[547] Die Sichtweise$_{TW}$ prägt ebenso das in Abschnitt 1.1 umschriebene EWN$_{P}$, da sowohl die ökokapitalistische als auch die technikoptimistische Ausrichtung der Energiewende sehr gut mit deren Leitidee einer technik- und wirtschaftsgetriebenen Gesellschaft harmoniert. Eine entsprechende Phasenstaffelung liefert Manfred Fischedick, der vier Phasen der Energiewende differenziert:[548] 1. Phase: Dynamischer Ausbau der Basistechnologien (1990–2014), 2. Phase: Systemumbau (2014–2025), 3. Phase: Langzeitspeicherung und europäische Integration (2025–2040), 4. Phase: vollständige Defossilisierung (2040–2060). In der Überblickstabelle von Fischedick erhalten die Aspekte der diskursiven Orientierung$_{A}$, die in diesem Kapitel relevant sind, lediglich in der letzten Zeile Aufmerksamkeit. Bei ihm steht die Spannung zwischen Proponenten und Opponenten im Fokus, da erstere ab Phase 1 als Impulsgeber und wichtige Akteure in der Energiewende markiert werden, während letztere als die Akteure wahrgenommen werden, deren „Widerstand" durch „Information und Kommunikation" zu überwinden ist.[549] Dass dahinter

546 Diese Tendenz zeigt sich deutlich, wenn Transformationsforschung im Sinne einer *Werkstatt* betrieben wird und soziale Gemeinschaften – etwa kleine Testgruppen – in *Reallaboren* (vgl. Lietzmann u. a. 2015, S. 490 f.) betrachtet werden, um die in ihnen wirkenden „Funktionsmechanismen" und „sozial-realen Störvariablen" herauszufinden. Es geht letztlich um die Explikation von quasi-naturwissenschaftlichen Gesetzen der nachhaltigkeitsorientierten Transformation. Deren prägendes Kennzeichen sei die „Komplexität, d. h. die Vielfalt der kausalen Verknüpfungsmuster, die bei gesellschaftlichen Transformationen wirken". Schneidewind 2014, S. 1 (zur Anwendung s. bspw. Berlo u. a. 2018).

547 Die techno-wirtschaftliche Sichtweise hebt auf die Möglichkeit einer gezielten volks- und betriebswirtschaftlichen Steuerung technologischer Innovationen ab. Dies geschieht vor dem Hintergrund der Annahme, dass jene Innovationen eine gesetzesartige Eigendynamik zeigen und dass diese gesetzesartigen Zusammenhänge wirtschaftswissenschaftlich beschrieben und gesteuert werden können. Inhaltlich zielen diese Beschreibungen wesentlich auf die wechselseitige Beförderung von technischer Innovation und Wirtschaftswachstum.

548 Fischedick 2014, S. 15.

549 Ebd.

ein zu optimistisches Bild hinsichtlich der sozio-technischen Transformation stehen könnte, unterstreicht Renn:

> In der Theorie sind mehr als 75% der Deutschen für die Energiewende. Gleichzeitig hat sich aber der Glaube breit gemacht, dass diese Wende allein von Politik und Wirtschaft geleistet werden könne – und zwar mit voller Versorgungssicherheit, mit annehmbaren Preisen und ohne weitere Umweltbelastungen. Diese Zuversicht in die „Macher" der Energiewende ist sehr trügerisch. Denn wenn erstmal klar wird, dass die Umstellungen, die mit der Energiewende verbunden sind, nicht zum Nulltarif zu haben sind, wird der Enthusiasmus schnell in Enttäuschung und Skepsis umschlagen.[550]

Im Anschluss an dieses – von Renn als *Wollmichsau-Anspruch der Energiewende* karikierte (vgl. Fußnote 27) – Problem werde ich eine etwas abweichende Einteilung der Phasen vorstellen.

Zunächst zur Phasenchronologie (Spalten): Im Gegensatz zur steuerungsorientierten Sichtweise der Transformationsforschung erfolgt meine Differenzierung einer retrospektiven Ordnung der Ereignisse bis zur Gegenwart und einer vorsichtigen Prognose auf die Jahre ab 2020. Die inhaltliche Charakterisierung der Zeilen soll eine breite und auch kritische Sichtweise der einzelnen Phasen ermöglichen, indem eine möglichst große Bandbreite an Kennzeichnungen der historischen Ereignisse geliefert wird. Ein entscheidender Hinweis für eine fruchtbare Ordnung der jüngeren Energiekultur wird bereits in Renns Text gegeben, der einerseits einen unfassenderen Blick auf alle Proponenten anmahnt (also nicht nur auf die proaktiven Prosumer) und andererseits den wichtigen Einfluss kollektiver Orientierung$_A$ und individueller Orientierung$_I$ betont (vgl. Abschnitt 5.2). Dadurch ergeben sich insgesamt 5 Zeilen bzw. Beschreibungsperspektiven.

Die *erste Perspektive* hebt auf die technikassoziierten Aspekte der Energiewende ab. Hier ließe sich sehr viel notieren. Daher stellen die Angaben lediglich eine Auswahl gängiger Inhalte dar. Die *zweite Perspektive* lässt sich sehr gut an politisch relevanten Ereignissen festmachen.[551] Die *drei anschließenden Perspektiven* folgen der Überlegung, dass kollektive Orientierung$_A$ in westlichen Gesellschaften immer auch in Bezug zur individuellen Orientierung$_I$ betrachtet werden muss. Der Ansatz entspricht dem demokratischen, nach dem jeder Person idealerweise eine weitreichende Abwägungsautonomie im Handeln eingeräumt wird. Die Abwägungsautonomie besitzt in westlichen Gesellschaften einen sehr hohen Stellenwert und findet im Energiediskurs laut Renn einen vierfachen Bezug:[552] Der *erste* taugt nicht wirklich zur spezifischen Charakterisierung, da er

550 Renn 2014, S. 75.

551 In Köppel 2016, S. 304 wird die Abhängigkeit technischer Entwicklung von politisch wichtigen Ereignissen aufgegriffen. Vgl. Abschnitt 2.5.4.

552 Hier folge ich Renn 2014, S. 75 f.

auf den zentralen Gedanken dieser Studie abhebt: Alle Orientierungsformen müssen K 01 erfüllen, also letztlich die Einsicht$_A$ in argumentativ kommunizierte Gründe$_P$ gewährleisten. Was aber Renn genau unter der „Einsicht in die Notwendigkeit der [konkreten] Maßnahme“[553] versteht, bleibt wie auch bei Habermas weitgehend im Dunkeln (vgl. Abschnitte 3.4, 3.6 und 4.1.1). Der bisherige Verlauf der Untersuchung legt nahe, dass für ein besseres Verständnis dieser Rede insbesondere idiosynkratischer Abwägungen$_I$ beachtet werden müssen. Renns *zweiter Bezug*, die Nutzen- und Lastenabwägung, kann als *dritte Beschreibungsperpektive* herangezogen werden. Sie stellt in marktwirtschaftlichen Systemen letztlich das Muster$_K$ für ein kalkulierbares Argumentationskriterium auf allen Diskursebenen dar. Selbst aus individueller Perspektive hat die Abwägung des Nutzens und der Lasten infolge gesellschaftlicher Veränderungen mitunter existenzielle Wichtigkeit. Je alltagsnäher die Konsequenzen konkreter Vorhaben kommen, desto dringlicher wird die Lösung dieser Aufgabe. Zudem gilt: Je geringer das Handlungspotenzial$_I$ einer Person ist (bspw. die finanziellen Möglichkeiten), desto stärker sind deren Abwägungen$_I$ durch Heteronomie geprägt. Damit verbunden ist Renns *dritter Bezug*, der auf einen Teilaspekt des Authentizität-Prinzips anspielt: die Selbstwirksamkeit, hier: persönliche Handlungspotenziale$_I$. Diese *vierte Beschreibungsperspektive* erweitert K 06B in handlungspraktischer Absicht:

> K 06E (Selbstwirksamkeitsprinzip): Mit idiosynkratischen Abwägungen$_I$ in handlungspraktischer Absicht geht das Erwartungsbild einher, dass diese mindestens mit einem realen und zwar je eigenen Handlungspotenzial verknüpft sind.[554] Etwas flapsig gesprochen steht dahinter der Anspruch, dass ICH$_A$ mich in „meinem Sinne“ entfalten kann und diese Autorschaft auch als „jemeinige Leistung“ wahrzunehmen verstehe. Paradigmatisch lassen sich die berühmten wichtigen Schlüsselabwägungen und -entscheidungen im eigenen Leben nennen (etwa gegen oder für ein Kind, Karriere, Familie etc.). Das Selbstwirksamkeitsprinzip greift aber auch auf kollektiver Ebene. Im wissenschaftlichen Energiediskurs wird es bspw. oft unter dem partizipatorischen Problem der Scheinbeteiligung thematisiert. In solchen Fällen wird nämlich das Selbstwirksamkeitsprinzip verletzt, wenn die idiosynkratischen Abwägungen$_I$ im Zuge eines Teilhabeprozesses kaum oder keine Konsequenzen auf der eigentlichen, der kollektiven Handlungsebene zeitigen (bspw. für die Planung, Genehmigung oder Verwaltung von Vorhaben). In diesem Fall reflektiert man als eine Person, die keine aktive Autorschaft in der Fortschreibung des dominierenden Narrativs ausübt.

Die *fünfte Beschreibungsperspektive* bezieht sich auf Renns „Identitätskriterium“, ein weiterer Aspekt der Authentizität, der in Kapitel 7 ausführlich als ein

553 Ebd., S. 75 (Einschub F. B.).
554 Vgl. ebd., S. 75 f.

narratives Phänomen diskutiert wird. Für ein erstes Verständnis greife ich auf Renns Definition zurück. Nach ihm geht es darum, die „Passgenauigkeit des [konkreten] Vorhabens in das Selbst- und Fremdbild des eigenen sozialen und kulturellen Umfeldes zu überprüfen".[555] Vor diesem Hintergrund lassen sich vier Phasen der Energiewende differenzieren (vgl. Tabelle 2).[556]

Vorphase ca. 1950–1990	*Phase 1* ca. 1990–2011	*Phase 2* ca. 2011–2020	*Phase 3* ca. 2020–2040
		technikassoziierte Aspekte	
• zentralistische Versorgung durch Großkraftwerk inkl. entsprechender Netzinfrastruktur[556.a] • hohe Versorgungssicherheit[556.b] • Kraftwerksüberkapazität[556.c]	• „dynamischer Ausbau der Erneuerbaren" • „hoher Anteil privater Investitionen" inkl. vieler dezentraler kleiner Projekte[556.d] • „noch kein wesentlicher zusätzlicher Infrastruktur- und Flexibilitätsbedarf" • ab ca. 2000 merkliche Verringerung der THG-Emissionen durch eE[556.e]	• „Flexibilisierung des Kraftwerkspark" • „deutliche Effizienzsteigerungen" • „Zunahme neuer Stromanwendungen" inkl. eines Mehrverbrauchs und Reboundeffekte • „Modernisierung und Ausbau der Netze" • „Erprobung Langzeitspeicheroptionen"[556.f] • stetige Verringerung der THG-Emissionen durch eE • ab 2011 zunehmende Anlagengröße bzw. -fläche bei Neuinstallationen von WKA und PV[556.g] • merkliche Steigerung der THG-Emissionen durch sukzessive Abschaltung der AKWs[556.h]	• finale Anpassung des Stromnetzes an volatile Erzeugung (Ausbau, intelligente Netze)[556.i] • flächendeckender Ausbau der Mobilitätsinfrastruktur (Ladesäulen, Wasserstofftankstellen etc.) • unumgänglicher „Zubau von Langzeitspeichern"[556.j] • THG-arme Verfahren für energieintensive Industrieprozesse (z. B. auf Basis von Wasserstoff) • „zunehmende Bereitstellung synthetischer Kraftstoffe" (auch für Erzeugung von Wärme) • „Deckung des [...] Strombedarfs teilweise durch eE-Importe" (auch AKW- bzw. Kohlestrom)
		politisch wichtige Ereignisse	
• die großen Ölpreiskrisen (EP 1,EP 2,EP 3)[556.k] • Anti-AKW-Bewegung	• merkliche Verringerung der THG-Emissionen nach Zusammenbruch der ostdeutschen Industrie[556.l] • Förderung über Stromeinspeisegesetz (ab 1991) und EEG (ab 2000), sowie EEWG[556.m]	• Reaktorunfall in Fukushima und Atom-Moratorium (Ausstieg aus der AKW-Nutzung, EP 4) • Förderung über EEWG mit eher geringem Erfolg[556.n] • Pariser Klimaabkommen von 2015 • starker Einbruch des eE-Ausbaus ab ca. 2018[556.o] • volkswirtschaftliche Fokussierung großer eE-Kraftwerke (etwa onshore und offshore-WKA) inkl. Konzentrationsprozessen (Effizienzargument)[556.p]	• stärkere öffentliche Wahrnehmung von Extremwetterereignissen (EP 6) • sukzessiver Ausstieg aus der Kohleverstromung inkl. des Ausgleichs durch Gaskraftwerke (Volatilitäts- und Speicherproblem) • stärkere Förderung der THG-Reduktion in allen Energiesektoren (v. a. Industrie, Mobilität und Wohnen) • „Nachfrage aufgrund neuer Stromanwendungen [...] steigt kontinuierlich an" • bessere europäische Integration der Energiepolitik und -systeme notwendig

555 Renn 2014, S. 76 (Einschub F. B.).

Vorphase ca. 1950–1990	*Phase 1* ca. 1990–2011	*Phase 2* ca. 2011–2020	*Phase 3* ca. 2020–2040
		Nutzen / Lasten	
• monopolartige Strukturen in der Energieerzeugung ab etwa 1979[556.q] • „tarifliche Bevorzugung der Großabnehmer“[556.r] • relativ geringer Flächenverbrauch durch Zentralisierung (Ausnahme: Kohlereviere)	• weitere Konzentration auf letztlich vier (konventionelle) Energie-Großkonzerne (Vattenfall, EnBW, E.ON, RWE) • marktbestimmte Preisregulierung, Ausnahme: eE über EEG • zunehmender Flächenbedarf (entsprechend mehr betroffene Bürger) • Zunahme der Zahl der Prosumer (und der lokalen Wertschöpfung)[556.s]	• verstärkter Einstieg der großen vier Energie-Großkonzerne und anderer großer Investoren in den eE-Ausbau • Steigerung des Anteils an Steuern und staatlichen Umlagen bei Energiepreisen • mehr marktbestimmte Preisregulierung bei den eE (Novellierung EEG) • Fokus auf große Investoren (Schwächung der „Bürgerenergie“)[556.t]	• Anpassung des Verbrauchsverhalten aller Bürger unumgänglich (intelligente Mess- und Verbrauchssysteme) • hohe öffentliche und private Investitionen im Wohnungsbereich (Energieeffizienz, Heiztechnik etc.) und Mobilitätsbereich (öffentlicher Nahverkehr, Individualverkehr etc.) notwendig • Marktbereinigung im Bereich der Stromerzeuger
		reale Handlungspotenziale$_I$	
• Energiepolitik der Hinterzimmer (EP 5) • politikwirksame Dachverbände der Erzeuger konventioneller Energie • Großprojekte nur von großen Akteuren umsetzbar	• auch kleine Projekte durch Förderinstrumente wie EEG möglich • zunehmende Professionalisierungstendenz in Planung, Finanzierung und bürgernahe Umsetzung, v. a. von großen Projekten[556.u] • politikwirksame Dachverbände für eE (BEE, BWO, BWE etc.)[556.v] • erste Angebote für Verbraucher	• Professionalisierung der Opponenten durch Dachverbände wie Vernunftkraft • breites Spektrum an Angeboten (E-Autor, E-Scooter, grüne Stromtarife, Flugkompensationen etc.), durch Förderpolitik sehr abhängig von angemessenen Finanzmitteln oder überdurchschnittlicher Eigeninitiative • Wiederkehr bestehender sozialer Schieflagen in der Energiekultur	• Verstärkung der sozialen Frage nach Versorgungssicherheit • klimaneutraler Lebensstil für einkommensstarke und vermögende Bürger bereits möglich • zunehmender Einfluss des Klima-Marketings in der Unternehmenskultur (als Verbrauchertrigger)
		Authentizitätspotenzial	
• hohe Versorgungssicherheit	• Prosumer als Umweltpioniere[556.w] • Befürworter konventioneller Energieträger als Realisten	• Proponenten als „Klima-Citoyen“ in Eigenüberzeugung[556.x] • Opponenten als NIMBYs durch Fremdzuschreibung[556.y] • Opponenten als Oppositionelle einer verfehlten Politik in Eigenüberzeugung	• immer mehr Proponenten als Teil übergeordneter politischer Klimabewegungen (z. B. FFF) und einer breiten klimabewussten Verbraucherbewegung (z. B. E-Bike-Welle) • Zunahme der Opponenten in allen Sektoren der Energiekultur bei merklichen Änderungen der alltäglichen Praxis • Rekonzeptualisierung des Prosumer-Bildes notwendig

Tabelle 2: Phasen der Energiewende.

6.2.3 Argumentationsdynamik in lokalen Konfliktdiskursen

Aus Tabelle 2 wird eine thetische Kennzeichnung der Dynamik des global-nationalen Energiediskurses nachvollziehbar. Die Veränderungen der übergreifenden Energiekultur (Abschnitt 1.1) spiegeln sich im Energiediskurs wider. Wenn also davon die Rede ist, dass die Energiewende neue gesellschaftliche Strukturen bildet (A 03), dann meint man damit, dass sich diese in entsprechenden Realdiskursen wiederfinden (A 22). Eigentlich wäre für eine systematische Abbildung der vergangenen Phasen eine umfangreiche *Diskursgeschichte* auf Basis historischer Studien notwendig.[557] Natürlich kann die vorliegende Studie eine

---

556 Die Zitate in der Beschreibungsperspektive „technikassoziierte Aspekte" (Spalten: „Phase 1", „Phase 2", „Phase 3") entstammen aus der tabellarischen Übersicht in: Fischedick 2014, S. 15. Andere Hinweise lauten wie folgt: [556.a] Hellige 2012, S. 23–26. [556.b] Vgl. Abschnitt 6.4.2.[556.c] Bestand bereits vor der Wiedervereinigung, s. Jänicke u. a. 1987, S. 101. [556.d] Vorteile charakterisiert in: Ohlhorst 2017. [556.e] Förster u. a. 2018, S. 26. [556.f] Vgl. AF 20.[556.g] Vgl. Abb. 3. [556.h] Ebd. „Atomkraftwerke" gehören zu dem Kraftwerkstyp, in dem durch eine technisch kontrollierte Spaltung von Atomkernen (Kernspaltung) Wärmeenergie freigesetzt wird. Mithilfe der Wärmeenergie wird Wasser verdampft und durch die kinetische Energie des Wasserdampfs Turbinen angetrieben, die wiederum über Generatoren elektrischen Strom erzeugen. Vgl. https://www.spektrum.de/lexikon/physik/kernspaltung/7962 (Stand: 20.10.2021). [556.i] Mischinger u. a. 2017. [556.j] Vgl. AF 20. [556.k] Hellige 2012, S. 22, 27. [556.l] Förster u. a. 2018, S. 26. [556.m] Erneuerbare-Energien-Gesetz steht für ein Regelwerk, durch das die bevorzugte Einspeisung von elektrischem Strom aus eE-Quellen ins Stromnetz und dessen Erzeugern feste Einspeisevergütungen gesichert werden. Es löste im Jahr 2000 das 1991 erlassene Stromeinspeisegesetz ab, mit dem zuvor diese Zielsetzungen verfolgt wurden. Bedeutende Novellierungen gab es in den Jahren 2004, 2009, 2012, 2014 und 2016/17. [556.n] Das Erneuerbare-Energien-Wärmegesetz regelt ab 2009 die Bereitstellung von Energiedienstleistungen im Wärme- und Kältebereich innerhalb von Gebäuden. Die dafür notwendige Endenergie muss zu einem bestimmten Anteil eE-Quellen entstammen. Zu diesen zählen Geothermie, Umweltwärme, solare Strahlungsenergie und Biomasse. Der Einsatz von eE-Quellen kann ersetzt werden, wenn zu festgelegten Anteilen Endenergie-Einsparungen über die Nutzung von Abwärme (z. B. Abwässer) und Kraft-Wärme-Kopplungs-Anlagen (KWK), die Dämmung der Gebäude oder den Anschluss an KWK-basierte Wärmenetze erzielt werden können. Vgl. Abb. 2 (Stand: 20.10.2021). [556.o] Quentin u. a. 2021, S. 6 f. Zur kontroversen Diskussion zum Einfluss der EEG-Novellierung 2014 vgl. bspw. Tews 2017, S. 386 und Purkus u. a. 2017. [556.p] Agora Energiewende 2013, S. 26, kritisch Simon 2013, S. 136. [556.q] Hellige 2012, 22–26. [556.r] Ebd., S. 22. [556.s] Mautz, Byzio und Rosenbaum 2008, S. 93–100. Mit Fokus auf Windkraft erläutert an einer konkreten Region in: Gottschalk u. a. 2016. [556.t] Vgl. Fußnote 652. [556.u] Bönisch u. a. 2017, S. 12, kritisch in: Simon 2013, S. 138. [556.v] Mautz, Byzio und Rosenbaum 2008, S. 70–81. [556.w] Mautz und Byzio 2005, S. 30–41 und Mautz, Byzio und Rosenbaum 2008, S. 43–45. „Den Pionieren der Bürgerwindbewegung gelang es, mit ihrem Beteiligungskonzept aus den grün-alternativen Insiderzirkeln der Anfangszeit herauszukommen: Etliche dieser Windkraftprojekte konnten nicht zuletzt deswegen verwirklicht werden, weil es möglich war, zahlreiche Interessenten aus dem sozialen Spektrum eines für diese Idee aufgeschlossenen Bürgertums zu rekrutieren." Mautz und Byzio 2005, S. 66. [556.x] Bönisch u. a. 2017, S. 10. [556.y] Vgl. Abschnitt 2.4.

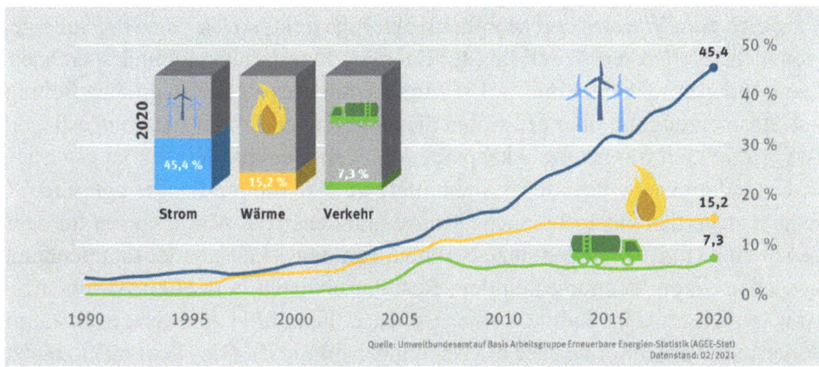

Abbildung 2: Entwicklung der Anteile eE (Quelle: AGEE-Stat / Umweltbundesamt, Stand: 20.10.2021).

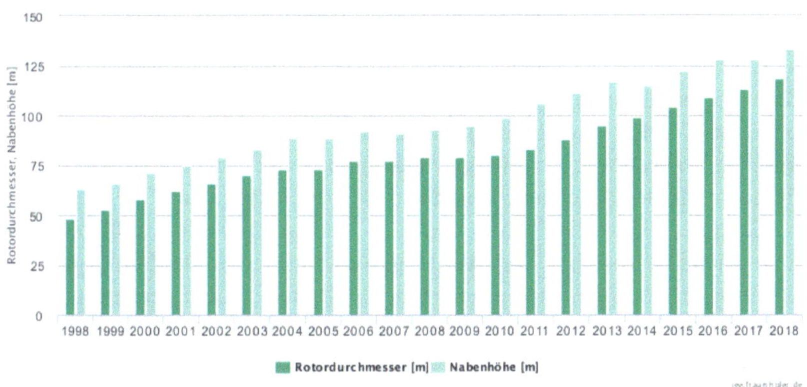

Abbildung 3: Entwicklung der Anlagendimension neu installierter WKAs (Quelle: iee.frauenhofer.de /Windmonitor, Stand: 20.10.2021)).

solche Arbeit nicht leisten. Um aber zumindest einen Eindruck der historischen Diskursdynamik zu geben, greife ich einen für den weiteren Verlauf relevanten Aspekt heraus: das zunehmende Spannungsverhältnis zwischen der größer werdenden Bedeutung der Windkraft für die Stromversorgung durch eE einerseits und der schwindenden Akzeptanz$_F$ beim Bau neuer WKAs andererseits.

Wie aus Abb. 2 ersichtlich, wurden 2020 etwa 45% der Stromproduktion durch eE gedeckt. Auch wenn dieser hohe Anteil im Stromsektor eine Ausnahme im

557 In Mautz, Byzio und Rosenbaum 2008 findet sich eine sehr umfassende Darstellung der Geschichte der deutschen Energiekultur, allerdings nur bis ca. 2005.

Vergleich zum Wärme- und Mobilitätssektor darstellt, so lässt sich der außergewöhnliche Stellenwert der eE im (dt.) Energiesektor darüber zumindest erahnen. Die Windenergie lieferte mit ca. 131 Mrd. kWh mit Abstand den größten Beitrag zur Stromerzeugung über eE, wobei dieser in letzten Jahren stetig angestiegen ist.[558] Zugleich nimmt die Akzeptanz$_F$ für den Bau von WKAs langsam ab, insbesondere wenn diese für das unmittelbare Wohnumfeld abgefragt wird.[559] Es gibt sicherlich unterschiedliche Motive, auf denen die Abwägungen$_I$ für oder gegen eine (fiktive) Akzeptanz$_F$ beruhen. Ein quasi-kausaler Zusammenhang zwischen deren Nennung und dem Resultat einer individuellen Akzeptanz$_F$-Abwägung$_I$, etwa im Rahmen einer Umfrage, kann über Auswertungen kaum hergestellt werden (etwa über die Nennungshäufigkeit). Dies liegt nicht zuletzt in der Abwägungsautonomie und deren (doppel-)reflexiven Struktur begründet (K 06C). Die Auswertungen dieses Zusammenhangs zeigen entsprechend divergierende Ergebnisse, die sich zusätzlich im Zuge der Phasen der Energiewende verändern, da idiosynkratische Abwägungen$_I$ unter massivem Einfluss des Energiediskurses stehen.[560] Wenn überhaupt, dann lassen sich nur mehr oder weniger argumentative Zusammenhänge über aufwendige Analysen von konkreten Konfliktfällen erahnen, in denen sich die argumentative Spannung zwischen Pro-Haltung zur Energiewende und der schwindenden Akzeptanz$_F$ oder sogar offenen Ablehnung konkreter WKA-Projekte entlädt. Im Forschungsprojekt „Energiekonflikte“ (Abschnitt 1.2) wurden 15 lokale Konfliktdiskurse dahingehend untersucht.[561] Ich werde im weiteren Verlauf der Studie nur zwei Fallbeispiele herausgreifen, die beide typisch für Phase 2 der Energiewende sind: die Konfliktfälle in Engelsbrand und Beelitz. In Abschnitte 6.3 und 6.4 werde ich an ihnen die komplexe Dynamik lokaler Energiekonflikte und dessen Einfluss auf die Abwägungen$_I$ beispielhaft analysieren.

---

558 Vgl. https://www.umweltbundesamt.de/themen/klima-energie/erneuerbare-energien/erneuerbare-energien-in-zahlen (Stand: 25.10.2021).

559 Vgl. Reiff 2019, S. 49. Weiterhin: Die Umfrage der Agentur für Erneuerbare Energien lieferte im Falle der Windenergie im Wohnumfeld folgende Ergebnisse: 2018 stimmten noch 55% ohne und 69% mit Vorerfahrung mit Anlagen mit gut oder sehr gut ab (https://www.unendlich-viel-energie.de/themen/akzeptanz-erneuerbarer/akzeptanz-umfrage/klares-bekenntnis-der-deutschen-bevoelkerung-zu-erneuerbaren-energien, Stand: 01.11.201.21); 2020 waren es 47% ohne und 56% mit Vorerfahrung. Ähnliche Ergebnisse lieferte die Umfrage im Auftrag der Agora Energiewende: von 66% (2017) auf 51% (2019). Vgl. Agora Energiewende 2021, S. 66 f.

560 Dies lässt sich gut nachvollziehen, wenn man bspw. den Zusammenhang zwischen Anlagenhöhe (siehe Abb. 3) und Akzeptanz$_F$ von WKAs betrachtet. Hier könnte man vermuten, dass Anlagen mit einer größeren Gesamthöhe die Akzeptanz$_F$ verringern, da erstere über die Jahre sich stetig erhöht, letztere sich aber stetig verringert. Die Studienlage zeichnet dazu kein eindeutiges Bild.

561 Vgl. Braun, Scherer u. a. 2016.

6.2.4 Konfliktdiskurse und idiosynkratische Abwägungen

Zuvor muss die bisher verwendete sozialwissenschaftlich geprägte Sicht auf Energiekonflikte adaptiert werden. Es gilt, den Zusammenhang zwischen dem eigentlichen argumentativen Diskursgeschehen und idiosynkratischen Abwägungen$_I$ besser zu durchdringen. Lokale Konfliktdiskurse eignen sich dazu in besonderer Weise, da in ihnen der Bedarf an argumentativer Kommunikation hoch ist und daher viele Gründe$_A$ ausgetauscht werden. Der Mensch als kommunikatives Wesen (A 19) zeigt diese Art von Response, um Spannungen in sozialen Konflikten zu überwinden und bestenfalls abzubauen. Umgekehrt lassen sich durch ein besseres Verständnis der subjektassozierten Argumentationspraxis (Arg$_A$) Konflikte besser rekonstruieren, bewerten und ggf. lösen. In den beiden folgenden Abschnitten werden dazu zunächst zwei Ansätze zur Rekonstruktion von Argumentationen in Energiekonflikten genutzt: der rhetorische und der partizipationsanalytische, in Kapitel 7 folgt dann der erzähltheoretische.

Den Ausgangspunkt bildet zunächst die bisherige, eher sozialwissenschaftliche Sicht auf Energiekonflikte: Energiekonflikte sind soziale Konflikte, die im Rahmen der Energiewende entflammen. Sie entzünden sich an Themen des Energiediskurses (entweder in Debatten über lokale Projekte oder in allgemeinen Diskursen über die Energiekultur). Die sozialwissenschaftliche Bewertung solcher Konfliktdiskurse hat sich mittlerweile mehrfach gewandelt: von der Bewertung als Zeichen für eine disfunktionale Kommunikation, über die als Zeichen eines gesellschaftlichen Lernprozesses bis hin zu einer eher neutral-deskriptiven.[562] In letzterer werden Konfliktdiskurse im Sinn einer mehrdimensionalen Konfliktfeldanalyse hinsichtlich des Kontextes, der Diskursgegenstände, der Akteure, des Kommunikationsmodus und der Diskursdynamik charakterisiert.[563] Die Stärke solcher Konfliktfeldanalysen liegt darin, dass ein breites Spektrum an sozialempirischen Daten erhoben werden kann. Aber trotz der hier in Anspruch genommenen topologischen Feldmetaphorik erwächst daraus zugleich eine Schwäche: Der eigentliche Zusammenhang all dieser Dimensionen und am Ende auch der Daten wird nicht wirklich offensichtlich. Der Ansatz läuft mehr oder weniger auf die Überlegung hinaus, dass die erhobenen Daten in den erwähnten Konfliktdimensionen irgendwie zusammenhängen. Das sozialanthropologische Erklärungsmodell dieses Zusammenhangs bleibt dabei häufig unklar. Doch wo könnte eine besseres Verständnis dieses Zusammenhangs ansetzen?

562 Ausführlicher erklärt in: Reusswig, Braun, Heger, Ludewig, Eichenauer u. a. 2016, 222 f.

563 Ausführlich erläutert in: Bornemann u. a. 2018, S. 564 f.

Auf den ersten Blick sind alle „Maßdimensionen" eines Konfliktfelds durch die gemeinsam ausgeübten Argumentationspraxen miteinander verbunden. Der lokale Kontext_L, die Diskursinhalte, der Modus etc. spiegeln sich im kommunikativen Geschehen eines Diskurses wider. Doch der entscheidende Dreh- und Angelpunkt der Diskursdynamik sind die Argumentierenden selbst. Ihre Abwägungen_I beeinflussen das Diskursgeschehen genauso, wie jene durch dieses geprägt werden. Im Folgenden wird es mir deshalb darum gehen, anhand zweier Fallbeispiele das Zusammenspiel der Konfliktdimensionen im *argumentativen Fluss eines Diskurses* aus der Perspektive abwägender Akteure herauszuschälen. Je nach Rekonstruktionsperspektive wird der Fokus nicht immer auf denselben Konfliktdimensionen liegen, da aus rhetorischer und partizipatorischer Perspektive jeweils andere Einflussfaktoren betont werden.[564]

6.3 *Rhetorik und Diskursbeeinflussung (Engelsbrand)*

Zu Beginn greife ich zunächst auf eine an Habermas angelehnte Definition sozialer Konflikte zurück: Mit Habermas können $\text{Energiekonflikte}_H$ als kommunikative Konflikte verstanden werden. Diese entstehen während eines Diskurs_{H1} in den Situationen, in denen $\text{Argumentationen}_{H1}$ ihre Plausibilität_N verlieren oder schon verloren haben. Die Geltungsansprüche auf Aussagen werden nicht nur argumentativ problematisiert, sondern sozial konfrontativ bestritten und ggf. vollkommen abgelehnt. In diesen Konfliktdiskursen steht zuweilen die konsensuale Aushandlung dieser Ansprüche selbst infrage, weshalb es zu fundamentalen Störungen der konsensorientierten Argumentationspraxis (Arg_K) kommen kann. Die Kommunikation darüber, welche der Argumentationen als gute Gründe anerkannt und von der Mehrheit der Diskursteilnehmenden als anerkennungswürdig erachtet werden, findet daher nur bedingt oder gar nicht statt.

Dieser Konfliktbegriff erscheint, wie in Abschnitt 5.1 geschildert, mit Blick auf Realdiskurse zu unkonkret. In Anlehnung an die sozialwissenschaftliche Erkenntnisse sollte das argumentationsphilosophische Grundmodell_A etwas stärker ausgefeilt werden (Abschnitt 2.4.1). Diese hebt insbesondere auf einen Aspekt ab, der bereits in Wingerts Passierschein-Bild über die Funktion der Gründe_W in kommunikativen Handlungen angesprochen wurde (Abschnitt 1.3.5). In letzteren – hier als Minimalbeispiel – interagieren *reale Akteure* als Sender und Empfänger. Wie gut oder schlecht eine Kommunikation vonstattengeht, hängt nicht nur vom Inhalt und von der Form bzw. dem Modus der Rede des Sprechers ab, sondern auch von der $\text{Überzeugungskraft}_P$ der Argumentationen. In Anknüpfung an die Kritik an Kopperschmidt (s. Abschnitt 4.1.1) geht die Bewertung der Überzeugungskraft$_P$ über die Strukturanalyse des Argumentationsraums des jeweiligen Realdiskurses anhand kontextinvarianter Diskurskriterien hinaus (etwa über die tradierten intersubjektiven Kriterien des gemeinsamen Argumentierens oder zur Feststellung der dazu notwendigen Sprach- und Argumentationskompetenz). Denn die Analyse muss weiteren Individualitätsaspekten situativer Überzeugungen$_S$ Rechnung tragen: etwa der je persönlichen Verfasstheit$_M$ und Haltung sowie dem spezifischen Erfahrungshorizont$_S$. Neben diesen Aspekten gilt es eine weitere Tiefendimension zu beachten, die bereits in A 14 Erwähnung fand: die vom konkreten Realdiskurs unabhängige Anerkennung der Akteure innerhalb der Gesellschaft. In Realdiskursen korrespondiert die Überzeugung$_S$, die eine Argumentation beim Empfänger auslöst, meist mit der langfristigen sozialen Stellung des Senders und dessen Rolle im Diskurs. Natürlich kann ich die beiden Tiefendimensionen nicht in all ihren Momenten aufschlüsseln. Zur Eingrenzung hebe ich nur auf die Wechselwirkung zwischen Argumentationspraxen und Überzeugungen$_S$ ab, da sich diese als der Brennpunkt der erwähnten sozial-psychologischen Einflüsse abzeichnet (vgl. Fußnote 449).

Dazu mache ich zunächst auf das grundsätzliche Spannungsverhältnis zwischen argumentativer und persuasiver Überzeugungskraft$_P$ aufmerksam, das ich in einer weiteren anthropologischen Annahme festhalte:

> A 20 (Persuasive Überzeugungskraft): Die argumentative Überzeugungskraft lässt sich im Idealfall daran festmachen, ob sie die (Güte$_A$-)Kriterien der jeweiligen Argumentationspraxis erfüllt. Die Unterscheidung zwischen in diesem Sinn guten und schlechten Argumentationen „fällt jedoch nicht mit der Unterscheidung zwischen effektiven bzw. überzeugenden Argumentationen einerseits und ineffektiven Argumentationen andererseits zusammen. Oft können Argumentationen, obwohl sie schlecht sind, [indem sie Kriterien verletzen, F. B.] trotzdem überzeugend wirken, und manche gute Argumentationen, vor allem, wenn sie schon etwas komplizierter sind, überzeugen mitunter nur ein paar wenige.“[565] Das heißt, dass Argumentationen neben der argumentativen auch eine persuasive Überzeugungskraft$_P$ besitzen.

Das Spannungsverhältnis schafft in jeder Argumentationspraxis einen Freiraum für die *rhetorische Beeinflussung* der Empfänger durch den Sender. Die Ausnutzung des Freiraums hängt also im Wesentlichen „von der Absicht und der Fähigkeit“[566] des Senders ab. Schon in der antiken Rhetorik wurde das darin liegende Potenzial zur Diskursbeeinflussung erkannt und eine vielseitige Expertise$_P$

564 Die Hinzu- und Hinwegnahme von Dimensionen wird gut über einen Vergleich der Beiträge Bornemann u. a. 2018, S. 564, Becker, Bues u. a. 2016, 44 f und Saretzki 2010 ersichtlich.

565 Elster u. a. 1988, S. 5.

566 Ebd., S. 5 f.

über mögliche persuasive Beeinflussungsfaktoren sowie Argumentations- und Redetechniken zusammengetragen. Nach Aristoteles geht es in der Rhetorik meist um die Inhalte, die nicht über methodische Begründungsverfahren geklärt und somit situations- und standpunktabhängige Überzeugungen$_S$ ermöglichen.[567] Die Entstehung des philosophischen Bildes wissenschaftlicher Argumentationen$_W$ lässt sich geradezu als ein Abgrenzungsprogramm begreifen, durch welches die wahrheitsorientierte und erkenntnisanleitende Argumentationspraxis der Philosophie (a) vor allem von der in rhetorischen Realdiskursen$_{Rh}$ (b) unterschieden werden sollte:[568] Zu a) Im Falle des *aufrichtigen Überzeugens* wird der Empfänger sowohl über die kommunikative Absicht als auch die verwendeten Argumentationskriterien aufklärt. Die Abwägungsautonomie des Empfängers wird in diesem Fall explizit anerkannt.[569] Daraus und in Anlehnung an K 07 ergibt sich ein wichtiges argumentationsethisches Kriterium:

> K 07A (Akteursbezogener Anspruch wissenschaftlichen Argumentierens): Um dem Anspruch des argumentativen Überzeugens im wissenschaftlichen Argumentierens (Arg$_W$) gerecht zu werden, erwarten Empfänger von Sendern, dass diese selbst gut unterrichtet sind (Expertise$_P$), ihre Prämissen kritisch hinterfragt haben, aufrichtig alle Argumentationskriterien und -ziele darlegen (niemanden hinter's Licht führen wollen) und in der Sache uneigennützig agieren.[570]

Zweifelsohne prägt dieses Kriterium Habermas' Ideal diskursiver Kommunikation (vgl. Abschnitt 4.1.1).

Zu b) Das *manipulative Überreden* kann positiv gedeutet als Motivieren und negativ als rücksichtslose oder gar propagandistische Beeinflussung betrachtet werden. In beiden Fällen geht es darum, ohne das Bewusstsein des Empfängers dessen Abwägungsautonomie einzuschränken und somit die Abwägung$_I$ und Bildung der Überzeugung$_S$ gezielt zu lenken.[571] Die Rhetorik analysiert vorzugsweise rhetorisch geführte Realdiskurse$_{Rh}$, in denen die Argumentationen$_{Rh}$ bzw. das Arg$_{RH}$ und das Publikum als *Mittel für übergeordnete Zwecke benutzt* werden (z. B. das Arg$_P$ in politische Realdiskursen). Dahintersteht eine kommunikationsfunktionale Perspektive. Sie verlangt jedoch nicht, dass Realdiskurse$_{Rh}$ von Beginn an oder ausschließlich rhetorisch komponiert werden, sondern nur, dass

567 Vgl. dazu Otfried Höffe 2006, S. 62 und Sprute 1975, S. 72 f.

568 Realdiskurse, in denen vornehmliche rhetorische Argumentationen$_{Rh}$ verwendet werden, bezeichne ich als rhetorisch. Diese Argumentationspraxen nutzt Diskursasymmetrien$_{Rh}$ systematisch aus, sodass ein hohes Konfliktpotenzial sehr wahrscheinlich ist. Detailliert nachgezeichnet am Beispiel von Platons Überlegung, dass das Ergon des Menschen darin liegt, „das Wahre zu lieben und alles um seinetwillen zu tun“ (Platon 2005c, S. 58d), in: Lumer 2007.

569 Siehe auch die Definition von Erkenntnisform in Fußnote 449.

570 In Anlehnung an die Aufzählung in: Elster u. a. 1988, 11 f.

571 Kopperschmidt 2000, S. 52 f.

dort rhetorische Mittel zur Beeinflussung erlaubt sind. Dabei zeichnet die rhetorisch geschulten Sender aus, dass sie nicht nur die manipulative Rede, sondern ebenso andere Argumentationspraxen nutzen.[572] Folgend wird die rhetorische Argumentationstaktik am Fallbeispiel Engelsbrand ausführlicher diskutiert.

Der Bau von 3 WKAs in der Gemeinde Engelsbrand (Nordschwarzwald) wurde schon an anderer Stelle hinsichtlich der Konfliktgeschichte und deren sozialwissenschaftlicher Interpretation erörtert (Fußnote 581). Der Fall zeichnet sich dadurch aus, dass sich im Konfliktverlauf die konsensual-konstruktive Kommunikation über ein konkretes WKA-Projekt, welches von der gemeindeinternen „Energiegruppe Engelsbrand" initiiert worden war, in einen rhetorisch-destruktiven Konflikt verwandelte. Am Ende, nach einer erfolglosen Konfliktmediation,[573] stand in Fragen der Energiewende eine mehr oder weniger gespaltene Gemeinde. Insbesondere rhetorisch aufbereitete Argumentationen$_{Rh}$ begünstigten diese destruktive Diskursdynamik. Im Gegensatz zum Arg$_{W}$ wird das rhetorisch ambitionierte Arg$_{RH}$ nicht durch das argumentative Ideal der gegenstands- bzw. phänomenbezogenen Wahrheitssuche geleitet. Es geht nicht um die systematische Begründung sicheren und intersubjektiv überprüfbaren Wissens. Im Vordergrund steht das Überreden der anderen mithilfe geeigneter und somit systematisch ausgewählter Argumentationen$_{Rh}$.[574] Das heißt, dass die rhetori-

572 Christoph Lumer ordnet die rhetorische Argumentationstaktik – ähnlich wie Habermas (Abschnitt 4.1.2), jedoch mit starker Fokussierung auf die diskurspraktische Funktionalität von Argumentationen – in eine Reihe von insgesamt drei Taktiken ein. Vgl. dazu Lumer 2011, S. 229–232. Neben der rhetorischen zielt, *erstens*, die wissenschaftliche Taktik darauf ab, über überzeugende Argumentationen$_{W}$ „– durch Anleiten des Erkennens – zur Erkenntnis der These [...] zu führen". Ebd., S. 229. Es geht also um die autonome Einsicht$_{A}$ in ein begründetes Wissen durch den Empfänger. Argumentative Begründungen sollen methodisch angeleitete Erkenntnisprozesse um des Wahrheitsideals willen anstoßen und begleiten. Ebd., S. 231. *Zweitens*, zielt die von Habermas bekannte Taktik, über das konsensuale Argumentieren (Arg$_{K}$) einen „Konsens, also einen geteilten Glauben, herbeizuführen und somit Meinungsverschiedenheiten aufzulösen". Ebd., S. 229. Lumer reduziert leider die konsensualistische Taktik auf deren Unzulänglichkeit im Bereich wissenschaftlicher Argumentationen$_{W}$, da das den Argumentationen$_{H1}$ unterstellte „Motto ›vier Augen sehen mehr als zwei‹" zu problematischen Spannungen mit dem Objektivismus$_{W}$-Ideal führen kann. Vgl. ebd., S. 230.

573 Unter Konfliktmediation versteht man den kommunikationspraktischen Ansatz, Konflikte in einem bestehenden Diskurs durch ein systematisches Eingreifen eines Dritten (Mediator) abzuschwächen oder gar einvernehmlich zu klären. Vgl. Rafi 2015. Dahintersteht die regulative Idee, dass erfolgreiche Diskurse einer spezifischen Diskursgrammatik folgen müssten. Bspw. werden Grundprinzipien der Diskursethik für progressive Mediationsverfahren genutzt. Dennoch wird vom Mediator gefordert, dass dieser ein ergebnisoffenes Verfahren durchführt. Vgl. ebd., S. 97 f. Das heißt natürlich, dass trotz der Einhaltung aller Regeln einer zielführenden und konsensfördernden Kommunikation Konfliktmediationen scheitern können und somit die Diskurse ergebnislos bzw. konfliktstabilisierend enden.

574 Vgl. Platon 2005a, 452e ff.

schen Argumentationen$_{\text{Rh}}$ danach gewählt werden, ob sie die Überzeugungen$_{\text{S}}$ eines oder vieler Individuen in eine bestimmte Richtung lenken können. Sie sind also vorrangig Mittel, um „den Glauben an die These zu bewirken oder zu steigern“, und dienen nicht der „interessenlosen Erkenntnis“ (der Wissenschaften).[575] Es ist zweitrangig, ob dadurch falsche Überzeugungen$_{\text{S}}$ entstehen könnten, die schlimmstenfalls keine tragfähige Form der Orientierung$_{\text{A}}$ ermöglichen könnten.[576] Diese vereinfachende Sicht suggeriert das Bild, dass die derart Überzeugten rein passiv agieren (weil sie bspw. einer Demagogie verfallen sind), was sie als Akteure intersubjektiver Kommunikation im Grunde nie oder wenn meist unfreiwillig tun.[577] In Realdiskursen$_{\text{Rh}}$ geht es also auch um „Glaubhaftes“, welches autonom nachvollzogen werden kann.

Um die konkreten Eigenschaften rhetorischer Argumentationen$_{\text{Rh}}$ am Fallbeispiel besser zu verdeutlichen, lohnt eine grobe Strukturierung derartiger Konfliktdiskurse. Ich adaptiere dazu den Ansatz der pragma-dialektischen Argumentationstheorie, die, der Tradition Toulmins folgend, sowohl die normativen Aspekte als auch die inhaltsbezogenen Kriterien der kommunikativen Handlungen und somit der eigentlichen Argumentationspraxen beachtet.[578] Für die Zwecke dieser Studie eignet sich der Ansatz vorzugsweise deshalb, weil dieser mit Fokus auf kritische und durchaus konfliktive Realdiskurse entwickelt wurde.[579] Das dort entwickelte Ablaufschema konfliktiver Diskussionen umfasst 4 Argumentationsphasen und wird um eine anfängliche *Normalphase* erweitert, um es zur Analyse von Konfliktdiskursen zu nutzen.[580] Dadurch ergibt sich folgendes Phasenschema: Normalphase → Konfrontation → Eröffnung → Argumentation → Schluss. Vor diesem Hintergrund werde ich nun die rhetorische Argumentationstaktik der einzelnen Phasen und somit das Umschlagen der Diskursdynamik in eine rhetorisch-destruktive Richtung nachzeichnen.[581]

575 Vgl. Lumer 2011, S. 229.

576 Vgl. ebd.

577 Im Deutschen macht daher auch die passive Rede, dass „X argumtiert wurde“, und das entsprechende Nomen Patientis, die „Argumentierten“, keinen rechten Sinn.

578 Vgl. Eemeren, Garssen u. a. 2014b, S. 520 f. und Eemeren und Grootendorst 1984, S. 1–46.

579 Vgl. Eemeren, Garssen u. a. 2014b, S. 520 f. „By a critical discussion we mean a discussion between a protagonist and an antagonist of a particular standpoint in respect of an expressed opinion, the purpose of the discussion being to establish whether the protagonist's standpoint is defensible against the critical reactions of the antagonist.“ Eemeren und Grootendorst 1984, S. 17.

580 Zum Ausgangsschema (confrontation stage, opening stage, argumentation stage, concluding stage) vgl. Eemeren, Garssen u. a. 2014b, S. 529 f. und Eemeren und Grootendorst 1984, S. 85–93.

581 Vgl. die ausführliche Darstellung in: Reusswig, Braun, Heger, Ludewig, Eichenauer u. a. 2016 und Braun, Scherer u. a. 2016, S. 34–38.

6.3.1 Normalphase

Diese Argumentationsphase befindet sich quasi vor dem Auftreten des eigentlichen Konflikts. Im Fall von Engelsbrand wurde sie durch konsensuale Argumentationen$_{H1}$ und instrumentelle Erklärungen$_{I}$ geprägt. Hinter der Planung des Windparks stand zum einen das EWN$_{P}$ und zum anderen die erneute Initiative zum Ausbau der Windkraft durch die frisch gewählte rot-grüne Landesregierung in Baden-Württemberg (Landesplanungsgesetz). Von Gemeindeseite wurde 2009 das Projekt „Energiegruppe Engelsbrand" angestoßen, deren Mitglieder mit Blick auf EP 2 und EP 6 um das Ziel einer kohlenstoffdioxidfreien Gemeinde bemühen. Spätestens mit dem neuen Windatlas 2011 wurde Windkraft als wichtige Komponente in die Planung einbezogen, da nach dem dort genutzten Strömungs- und Geländemodell die Primärwindleistung (genauer: die mittlere Windleistungsdichte) auf dem „Sauberg" als ausreichend ausgewiesen wurde.[582] Das zentrale Enthymem lautet: *Aufgrund geeigneter Flächen lässt sich mit einem kleinen Windpark ein wichtiger und zugleich wirtschaftlich lukrativer Beitrag zur Energiewende leisten.* Dass die Errichtung von WKAs eine Möglichkeit bietet, um dem Klimawandelproblem (EP 6) zu begegnen, greift bereits das Klimaargument auf. Darin ist die folgende, lokal adaptierte instrumentelle Erklärung$_{I}$ zu finden, in welcher aus der lokalen WIR$_{L}$-Perspektive der Energiegruppe normativ- und technisch-praktische Überlegungen verbunden werden. In Anlehnung an Argumentationsfigur 11 ergibt sich diese Rekonstruktion:

AF 12 (Standortgüte und Wirtschaftlichkeit von WKA)

Z 12.1 *Prämisse 1: kontextualisierte allgemeine (modale) Regel (Obersatz)*
In unserer Gemeinde sollen WKAs gebaut werden, wenn Flächen mit ausreichender Standortgüte[583] vorhanden sind und jene auf diesen wirtschaftlich betrieben werden können.

582 Vgl. Transkript D: 95–180.

583 Die prozentuale Angabe der zu erwartenden Standortgüte wird durch das Verhältnis von Standortertrag zum rechnerischen Referenzertrag einer WKA bestimmt. Der Standortertrag vor Inbetriebnahme wird aus der Differenz zwischen Bruttostromertrag und Verlusten durch kalkulierbare Faktoren berechnet (z. B. Abschattungseffekte, elektrische Effizienzverluste innerhalb des Windparks, Abschaltauflagen (Lärm- oder Naturschutz, Schattenwurf)). „Der Bruttostromertrag ist der mittlere zu erwartende Stromertrag einer Windenergieanlage an Land, der sich auf Grundlage des in Nabenhöhe ermittelten Windpotenzials mit einer spezifischen Leistungskurve ohne Abschläge ergibt." EEG 2021, Anl. 2 (zu §36h), 7.1. „Der Referenzertrag ist die für jeden Typ einer Windenergieanlage einschließlich der jeweiligen Nabenhöhe bestimmte Strommenge, die dieser Typ bei Errichtung an dem Referenzstandort rechnerisch auf Basis einer vermessenen Leistungskennlinie in fünf Betriebsjahren erbringen würde." EEG 2021, Anl. 2 (zu §36h), 2. Der Referenzstandort ist ein durch physikalische Randbedingungen näher

Z 12.2 *Prämisse 2: konkrete faktische Beschreibung (Untersatz A)*
De facto ermöglicht das EEG den wirtschaftlichen Betrieb von WKAs – auch bei geringerer Standortgüte (durch Anpassung der Förderung über einen Korrekturfaktor).

Z 12.3 *Prämisse 3: konkrete modale Beschreibung (Untersatz A)*
Nach der Modellierung im Windatlas 2011 könnte der Sauberg ausreichende Standortgüte besitzen.

Z 12.4 *Konklusion: konkrete modal-normative Schlussfolgerung (Konklusion).*
∴ Die WKAs sollen auf dem Sauberg gebaut werden.

An dieser instrumentellen Erklärung$_I$ wird der erwähnte spekulative Übergang zur Konklusion (Abschnitt 2.5.4) deutlich, der sich vor allem auf die Prämisse Z 12.3 zurückführen lässt. Denn die Ergebnisse der Modellierung sind approximativ und bedürfen eines lokalen Abgleichs durch eine langfristige Messung (s. Fußnote 460). Zugleich unterstreicht Prämisse Z 12.2, dass umfangreiche und kostspielige Maßnahmen immer auch in rechtliche und wirtschaftsfördernde Rahmenbedingungen eingebunden sind. Wird K 01C in der Beurteilung eines Projekts vor allem wirtschaftlich ausgelegt (meistens der Fall), dann spielen bspw. Planungs- und Investitionssicherheit für den spekulativen Übergang zur Konklusion eine zentrale Rolle.[584]

6.3.2 Konfrontationsphase

In dieser Phase beginnt in der Regel die kritische Diskussion innerhalb des Realdiskurses, da mindestens einer der Akteure eine andere oder zumindest abweichende Überzeugung$_S$ vertritt.[585] Anfang 2012 wurde seitens der Gemeinde auf Empfehlung der Energiegruppe der Projektierer „juwi Energieprojekte GmbH" als Projektentwickler ausgewählt. Die bereits im Zuge der Auswahl gestellten Rückfragen bezogen sich auf Belastungen, Schattenwurf, Sichtbarkeit, Rückbausicherheit und vor allem die Wertschöpfung. Beim zuletzt genannten Punkt ging es v. a. um die Belastbarkeit von Prämisse Z 12.3 und Prämisse Z 12.2 (vor allem nach der Konkretisierung der Rendite von etwa 5–6% durch den Projektierer). Dies stellte die Initialzündung für die Entstehung eines einflussreichen Subdiskurses zur kontextbezogenen Unwirtschaftlichkeit von WKA-Anlagen

bestimmter Vergleichswert. EEG 2021, Anl. 2 (zu §36h), 4. Die Leistungskennlinie hängt vom jeweiligen Anlagentyp ab und gibt die Abhängigkeit zwischen Windgeschwindigkeit und Leistungsabgabe der WKA an. EEG 2021, Anl. 2 (zu §36h), 5.

584 Vgl. bspw. Ragwitz u. a. 2021, S. 1.

585 Eemeren, Garssen u. a. 2014b, S. 529.

dar. Um diesem entgegenzuwirken, sollten die Bürger über ein mehrstufiges Beteiligungs- und Informationsverfahren auf einen Bürgerentscheid vorbereitet werden. Letzterer würde, so das Ansinnen der Gemeinde, die lokale WIR_L-Haltung zum Projekt demokratisch abbilden.

Gleichwohl begann zu dieser Zeit das rhetorische Taktieren (Arg_{RH}). Die Gemeinde verließ sich in der Durchführung der Partizipationsmaßnahmen zu sehr auf den Projektierer, der als Wirtschaftsunternehmen das Projekt nicht per se aus der WIR_L-Perspektive abwägt, sondern gemäß der jeweiligen wirtschaftlichen Interessen. Von einigen Bürgern wurden dessen Informationsveranstaltungen im Nachgang als „Verkaufsveranstaltungen" wahrgenommen, obwohl dies seitens der Gemeinde so nicht intendiert war.[586] Diese Wahrnehmung lässt sich auf eine typische $Diskursasymmetrien_{Rh}$ zurückführen:[587] Das Beteiligungs- und Informationsverfahren wurde nicht durch unparteiische Dritte durchgeführt, sodass dessen Zielsetzung und die Verfahrensregeln auf der Seite der Gemeinde bzw. dem Projektierer lag. Trotz deren guter Absichten im Sinne des lokalen Gemeinsinns wurde später der Vorwurf laut, dass der Ablauf – belastbare Wirtschaftlichkeitsanalyse (inkl. Windmessung) → Informationsveranstaltung → Bürgerentscheid – im Zuge der Vertragsverhandlungen mit dem Projektierer

586 Transkript B: 61–72.

587 In rhetorischer Hinsicht sind drei Asymmetrien beachtenswert: *a) Macht über Diskursregeln und -inhalte:* Für ein erfolgreiches Überreden ist es von hohem Nutzen, die Macht über die Regeln zu besitzen, „die die Gesprächsbeiträge zu einem [...] Diskurs reglementieren". Lumer 2011, S. 230. Die Kontrolle über die Regeln der angewendeten Diskursgrammatik ermöglichen eine professionelle Kontrolle der Inhalte, selbst wenn die rhetorisch Agierenden keine Beiträge liefern. Es liegt daher im Interesse aller Akteure die Deutungsmacht über die Regeln zu erlangen. *b) Instrumentalisierung der Kommunikationsadressaten:* Ein weiteres Ziel besteht darin, die Adressaten zu instrumentalisieren und zwar durch rhetorisches Manipulieren, also „ohne Gewalt". Ebd., vgl. auch Platon 2005c, 58b. Bei Erfolg können die nunmehr Überredeten zum Erreichen des eigentlichen Zieles genutzt werden (bspw. in Form von Wählerstimmen). „Denn hast du dies in deiner Gewalt, so wird der Arzt dein Knecht sein, der Turnmeister dein Knecht sein, und von diesem Erwerbsmann wird sich zeigen, daß er andern erwirbt und nicht sich selbst, sondern dir, der du verstehst, zu sprechen und die Menge zu überreden." Platon 2005a, 452e. *c) Fokus auf die Mehrheit der Nichtwissenden:* Eines der zentralen Ziele rhetorischen Arg_{RH} besteht darin, die Mehrheit eines Publikums zu einer konkreten situativen $Überzeugung_S$ zu führen. Denn sie sind letztlich nicht nur die entscheidende Instanz in demokratischen Abstimmungen, sondern auch wesentlich für die Dominanz des dazugehörigen Narrativs. Für den Erfolg einer rhetorischen $Argumentation_{Rh}$ ist es wesentlich, deren Inhalt mit einem, die Mehrheit ansprechenden Narrativ zu verbinden. Vgl. etwa Platons Überlegung in: Platon 2005b, 260a. Daher kann es zweitrangig sein, ob der Sender eine ausgewiesene $Expertise_P$ im Themenfeld besitzt oder nicht, denn in vielen Realdiskursen sind die meisten Adressaten eher „Nichtwissende" und suchen nach Verbindungen zu dominanten Narrativen. Nach Platon müssen Rhetoriker sogar diese Nichtwissenden fokussieren, da diese einfacher zu überreden sind als die Wissenden. Vgl. Platon 2005a, S. 459c).

geändert wurde, sodass die belastbare Wirtschaftlichkeitsanalyse auf Basis der Windmessung erst nach dem Bürgerentscheid erfolgte (vgl. Fußnote 583). Letzterer fiel „pro Windpark" aus (58,8%). Durch diesen Vorwurf wird eine wichtige These deutlich (vgl. K 06C und Abschnitt 6.4):

> T 05 (Energiekonflikte aufgrund asymmetrischer Anerkennungsstruktur): Lokale Realdiskurse sollten immer „auf Augenhöhe" (insbesondere im Falle basisdemokratischer Verfahren) verlaufen, da darin meist Maßnahmen verhandelt werden, in denen die situativen Überzeugungen$_{S}$ aller (des lokalen WIR$_{L}$) und die darin anknüpfenden Handlungen einen großen Einfluss auf jedes betroffene ICH$_{A}$ und dessen Selbstbild haben. In lokalen Kontexten sind es nicht die anonymen Wähler, die argumentieren und entscheiden, sondern immer auch eine Anzahl von *anderen*, die für das jeweilige ICH$_{A}$ bedeutend sind (K 06C). Aus argumentationsphilosophischer Sicht spricht einiges für die Überlegung, dass eine geringe Akzeptanz$_{F}$ von Projekten auf einem wie auch immer gearteten asymmetrischen Anerkennungsverhältnis beruht. Asymmetrien können sich bspw. über manipulative Diskursgrammatiken ergeben oder durch eine Ungleichverteilung von Kommunikationsmacht. Im Umkehrschluss bedeutet dies, dass die Lösung von (Energie-)Konflikten von der symmetrischen bzw. wechselseitigen Anerkennung aller Akteure abhängt.

6.3.3 Eröffnungsphase

In dieser Phase tritt in der Regel der Streitpunkt offen zutage, indem sich neben den Proponenten auch die Gruppe der Opponenten als solche öffentlich bekennt.[588] Zugleich wird ein Unterschied zwischen dem Ideal der *kritischen Diskussion*, wie es in der Pragma-Dialektitik angeregt wird, und rhetorisch geführten Realdiskursen$_{Rh}$ deutlich: In der ersten Variante verständigen sich die Parteien auf eine Diskursgrammatik, die vor dem Hintergrund wechselseitiger Anerkennung die tragfähigste Position auszuhandeln hilft (s. T 05). Ziel wäre es also, einen für beide Parteien „neutralen Kommunikationsrahmen" zu finden. In Realdiskursen$_{Rh}$ wird ebenso nach einer gemeinsamen Diskursgrammatik gesucht, aber jede Partei versucht, jene in ihre Richtung zu lenken. Der lokale Realdiskurs$_{Rh}$ soll vorzugsweise als *Bühne* dienen, um die eigene Position publikumswirksam zu streuen.[589] Hier tragen durchaus zufällige Umstände dazu bei, wer die Oberhand in der Wahl der Diskursgrammatik behält.

In Engelsbrand startete die Eröffnungsphase Anfang 2013 mit der Errichtung des Windmessmasts durch den Projektierer. Dieser machte die Dimensionen der

588 Eemeren, Garssen u. a. 2014b, S. 529 f.

589 Dem Diskursasymmetrie$_{Rh}$-Typ a folgend, vgl. Fußnote 587.

WKAs und deren prägnante Wirkung auf das Landschaftsbild vielen Bürgern überhaupt erst visuell bewusst (vgl. Abschnitt 7.6.2). Diese Aufmerksamkeit gab der Kerngruppe der neu entstandenen Bürgerinitiative „Abstand zur Windkraft" die Möglichkeit zum Ausrollen einer systematischen Gegenkampagne. Einerseits bereitete die eingesetzte, deutschlandübergreifende Professionalisierung der Anti-Windkraft-Bewegung den Boden für dieses systematische Vorgehen (Stichwort: „Vernunftkraft").[590] Andererseits spielte den Opponenten der zufällige Umstand in die Hände, dass die Aushandlung des Gestattungsvertrags[591] mit dem Projektierer durch die Gemeinde gestoppt werden musste, weil gegen ein Vorstandsmitglied Ermittlungen aufgenommen wurden. Um der zunehmenden Skepsis entgegenzutreten und den „Ortsfrieden" zu wahren, wurde durch die Gemeinde eine Konfliktmediation („Runder Tisch") angestoßen, aber ohne diese ortsspezifisch planen zu lassen.[592]

Neben diesem lassen sich zwei weitere Merkmale rhetorischen Arg_{RH} am Agieren der Bürgerinitiative aufzeigen: *Erstens*, boten die Ermittlungen gegen den Projektierer den Opponenten eine Steilvorlage, um dessen Glaubwürdigkeit und Vertrauenswürdigkeit durch ein Ad-Hominem-Argument (Typ c und d) herabzusetzen.[593] Ich komme im nächsten Abschnitt darauf zurück. *Zweitens*, wurde schon im Vorfeld des Verfahrens der Eindruck vermittelt, dass hinter den eigenen Enthymemen wissenschaftliche $\text{Argumentationen}_{\text{W}}$ stünden. Das ist deshalb bemerkenswert, weil man in Konfliktmediationen vom Grundsatz her immer konsensorientierte $\text{Diskurse}_{\text{H1}}$ ermöglichen will, um eine kollektive WIR_{L}-Perspektive und letztlich ein gemeinsames Vorgehen oder sogar Hand-

590 Vgl. Bönisch u. a. 2017, S. 16.

591 Vgl. https://www.fachagentur-windenergie.de/fileadmin/files/Veroeffentlichungen/FA_Wind_Hintergrundpapier_Nutzungsvertraege_fuer_Windenergie_04-2019.pdf (Stand: 04.02.2022).

592 Transkript A: 136–159.

593 Zur milieuspezifischen Verhärtung dieser $\text{Argumentationen}_{\text{Rh}}$ vgl. Roßnagel u. a. 2014, S. 333. Eine personenbezogene Argumentationsfigur (argumentum ad hominem) wird oft genutzt, um ein Autoritätsargument zu unterlaufen. Diese Interpretation findet sich etwa bei Bleisch u. a. 2014, S. 143. Im Kern geht es darum, durch eine verbale Attacke auf eine Person, deren Autorität zu untergraben, sodass die durch sie gestützen Aussagen abgelehnt werden oder die Mehrheit eine derartige $\text{Überzeugung}_{\text{S}}$ entwickelt. Nach Douglas Walton kann diese Art des rhetorischen Angriffs auf fünf verschiedene Weisen entwickelt werden: *a) beleidigend* (X ist ein Idiot), nach Walton: „abusive ad hominem", Walton 1998, S. 2–6, 215, *b) kontextbezogen* gemäß einem performativen $\text{Widerspruch}_{\text{P}}$ (X trinkt Wein und predigt…), nach Walton: „circumstantial ad hominem", ebd., S. 5–6, als Vorwurf der *c) Eigennützigkeit* (X behauptet a, weil Vorteil für X.), nach Walton: „bias ad hominem", ebd., S. 11–14, als Vorwurf der *d) heimtückische Schädigung* (X führt Y gezielt in die Irre, weil Vorteil für X.), nach Walton: „poisoning the well" (Brunnenvergiftung), ebd., S. 14–15, und als *e) Spiegelargument* (X macht doch genauso wenig wie Y) nach Walton: „tu quoque type" (du auch), ebd., S. 16.

lungsziel ermitteln zu können. In solche Diskurse$_{HI}$ fließen zwar wissenschaftliche und instrumentelle Erklärungen$_{I}$ ein, aber es geht nicht um die wissenschaftliche Klärung von Sachfragen (im Sinn von Realerkenntnis$_{W}$), sondern um die Darlegung möglichst vieler Präferenzen von potenziell betroffenen Bürgern.[594] Die Bürgerinitiative beanspruchte für sich jedoch die anspruchvollste Argumentationspraxis, weil man glaubte, dass die eigenen Argumentationen einen wissenschaftlichen Gewissheitsgrad erreichen könnten und zudem über jeden Zweifel erhaben seien.[595] Ziel dieser Argumentationstaktik war jedoch eher, die generell hohe Überzeugungskraft wissenschaftlicher Aussagen zur Fundierung und Immunisierung der eigenen Position zu nutzen.

6.3.4 Argumentationsphase (hier: entfesselter Realdiskurs)

Gemäß dem pragma-dialektischen Modell beginnt in der Argumentationsphase ein dialektisches Wechselspiel zwischen dem Geben von Begründungen und Rechtfertigungen durch die Proponenten und deren Kritik im Ganzen oder von (Teil-)Argumenten durch die Opponenten.[596] Die Argumentationen der Proponenten differenzieren sich durch berechtigte Kritik normalerweise aus und erreichen so einen höheren Komplexitätsgrad.[597] Diese kritische Anpassung der ursprünglichen Argumentation an den lokalen Kontext$_{L}$ ist aber essenziell, um situative Überzeugungen$_{S}$ zu ändern und somit Meinungsverschiedenheiten konsensual aufzulösen (ggf. im Sinn einer lokal-situativen Kohärenz$_{L}$). Das damit verbundene Idealbild kann nur erreicht werden, wenn die Diskursgrammatik Normen und Kommunikationsregeln enthält,[598] die problematische Diskursasymmetrien$_{Rh}$ und ausnutzende rhetorische Techniken vermeidet: bspw. Immunisierungsstragien oder die Unterstellung falscher Prämissen etc.[599] Dieses pragma-dialektische Bild passt mit Blick auf ein zentrales Merkmal rhetorischer Realdiskurse$_{Rh}$ nicht wirklich zu den untersuchten Konfliktfällen: *dem bewussten und oft verschleierten Unterlaufen von Kommunikationsregeln durch die Akteure.*[600] In rhetorischen Realdiskursen$_{Rh}$ finden sich eine Vielzahl an Manö-

594 Transkript A: 169–178, 326–328.

595 Das zeichnet normalerweise fanatische Argumentationsfiguren aus, vgl. Schleichert 1997, S. 66–69.

596 Eemeren, Garssen u. a. 2014b, S. 530, 533.

597 Ebd., S. 530.

598 Vgl. Eemeren, Grootendorst und Johnson 2004, S. 123–157 und Hannken-Illjes 2018, S. 62–69.

599 Eemeren, Garssen u. a. 2014b, S. 552. Die Pragma-Dialektik folgt mit ihrem Modell konsensualer Realdiskurse letztlich dem erwähnten wissenschaftlichen Objektivismus$_{W}$ und dessen Operationalisierungsideal.

vern, die aus pragma-dialektischer Perspektive regelverletzende Täuschungen$_{Rh}$ (engl.: fallacies) darstellen.[601] Dies trifft insbesondere auf den Fall Engelsbrand zu, in dem sich aus dem Subdiskurs einer kleinen Gruppe von Opponenten ein *entfesselter Realdiskurs$_E$* auf Gemeindeebene entwickelte.[602] Vor allem die Treffen im Rahmen des Runden Tisches wurden dadurch zu Höhepunkten des Energiekonflikts:[603] *einerseits*, weil eine zunehmend angespannte Stimmung und eine entsprechende Kommunikation vorherrschte, und *andererseits*, weil die Bürgerinitiative die Treffen zur Etablierung als kommunalpolitische Macht nutzte und durch eine professionelle Medienkampagne über Print- und Onlinemedien flankierte. Von den zahlreichen möglichen Täuschungen$_{Rh}$ in dieser Phase erwies sich vor allem ein Ad-Hominem-Argument (Typ d) auf Basis einer Wirtschaftlichkeitsargumentation zum Betrieb von WKAs in der Region als effizientes rhetorisches Mittel.[604] Als Enthymem formuliert lautet es: Der Projektierer und ggf. die Energiegruppe der Gemeinde täuschen die Mehrzahl der Bürger über die Standortgüte. D. h. aus wirtschaftlicher Sicht, dass die Anzahl der Volllaststunden[605] geringer ausfallen werde, als behauptet, und daher mit weniger Einnahmen kalkuliert werden müsse. Die Täuschung erfolge aufseiten

601 Eemeren, Garssen u. a. 2014b, S. 578. Mit den im englischsprachigen Raum als „fallacies" bezeichneten Argumentationsfiguren werden, so der Ansatz, rhetorisch motivierte Argumentationen bezeichnet, die sich bei genauerer Betrachtung als entweder inhaltlich oder moralisch nicht schlüssig oder sogar als formallogisch ungültig$_F$ herausstellen. Vgl. H. R. Wohlrapp 2014, S. xxxviii, 155. Nach Charles L. Hamblin ist all diesen rhetorischen Täuschungen$_{Rh}$ gemein, dass sie Normen und Regeln einer konkreten Diskursgrammatik verletzen. Vgl. ebd., S. xxxix. Wenn dieser positivistisch-operationalistisch motivierte Ansatz, zwischen erlaubten und unerlaubten Argumentationsfiguren zu trennen, jedoch überhöht wird, führt dies zu einer ggf. problematischen Einschränkung der Mannigfaltigkeit von Argumentationspraxen. Vgl. ebd. Dies gilt insbesondere für den Fall skeptischer Argumentationsfiguren, die bspw. wichtige Werkzeuge zur Prüfung von Prämissen darstellen, zugleich aber auch rhetorisch „missbraucht" werden können.

602 Im Gegensatz zu einer Vielzahl von rhetorischen Realdiskursen$_{Rh}$ zeichnen sich entfesselte Realdiskurse$_E$ dadurch aus, dass nicht nur Kommunikationsregeln einer bestimmten Diskursgrammatik verletzt werden (etwa die wissenschaftlicher Argumentation$_W$), sondern darüber hinaus auch die der grundlegenden intersubjektiven Kommunikation und Interaktion. Das Unterlaufen der fundamentalen Werte$_K$ und Normen einer lokaler oder gar (inter-)nationaler Moral$_K$ geht mit einer verstärkten fanatisch und auch populistischen Kommunikation einher. „Je nach Maßgabe der realen Machtkonstellation fallen Ideologien und Religionen [eher, F.B.] mit Feuer und Schwert übereinander her", als wechselseitig die situativen Überzeugungen$_S$ der anderen ernsthaft nachzuvollziehen. Schleichert 1997, S. 64, ausführlich dazu ebd., S. 63–69.

603 Ausführlich beschrieben in: Reusswig, Braun, Heger, Ludewig, Eichenauer u. a. 2016, S. 220 f.

604 In Eemeren, Garssen u. a. 2014b, S. 550 f. sind wichtige Täuschungen$_{Rh}$ der Argumentationsphase gelistet. Das Primat der Wirtschaftlichkeitsargumentation scheint sogar aktuell noch durch, da diese neben der Gesundheitsargumentation sehr prominent auf der Homepage der Initiative entfaltet wird (s. https://www.windkraft-engelsbrand.de/wirtschaftlichkeit-von-wka/, Stand: 10.02.2022).

des Projektierers aus wirtschaftlichem (Eigen-)Interesse.[606] Der Erfolg dieses rhetorischen Mittels beruht vor allem darauf, dass darin sehr gekonnt mit K 04B gespielt wird. Genau genommen geht es um eine abgeleitete Verpflichtung, die man in Diskursen eingeht, wenn man Prämissen für eine Argumentation nutzt. Als Kriterium ausgedrückt lautet sie:[607]

> K 04B2 (Begründungslast (burden of proof)): In einem argumentativ geführten Diskurs bedarf jede innerhalb einer Argumentation herangezogene Prämisse einer eigenständigen Begründung. Umgangssprachlich ausgedrückt liegt die „Last des Beweises" (burden of proof, Beweis hier in einem weiten Verständnis) auf der Person, die die begründungspflichtige Prämisse in ihre Argumentation integriert.[608] Je nach Kontext kommen andere Begründungsverfahren in Betracht. Dies gilt insbesondere für wissenschaftliche Argumentationen$_{W}$, in denen methodisch definierte Begründungsverfahren eingehalten werden müssen. Letztere sollen die intersubjektive Anerkennung im Sinn von K 07 sichern.

Die Opponenten in Engelsbrand beziehen sich auf K 04B2 vor dem Hintergrund einer Argumentation, die man wie folgt als erweiterten Modus tollendo tollens rekonstruieren könnte (vgl. AF 11 und AF 12):

AF 13 (Standortgüte und lokale Windmessung)

Z 13.1* *Prämisse 1 (Setzung in Rückgriff auf Prämisse Z 12.1:)* Die Wirtschaftlichkeitsbetrachtung des Windparks erfolgt wissenschaftlich (also über eine Argumentation$_{W}$) und „state of the art" (A 12).

605 Die Volllaststunden geben die Auslastung einer Energieanlage (Erzeugung oder Verbrauch) über einen definierten Zeitraum an (etwa pro Jahr). Bei einer WKA wird dieser Anlagenparameter berechnet als Quotient aus der tatsächlichen oder kontextbedingt erwartbaren Leistung$_{W}$ in einem konkreten Zeitraum und der erreichbaren Nennleistung$_{WKA}$ der Anlage. Vgl. dazu bspw. https://www.energie-lexikon.info/volllaststunden.html (Stand: 10.02.2022). Das theoretisch erreichbare Maximum pro Jahr läge bei 8760 Volllaststunden. Die Mittelwerte der Volllaststunden des WKA-Bestands in Deutschland (onshore) schwankten zwischen 2002 und 2019 zwischen 1400 und 1900 h. Zur notwendigen Langzeitkorrektur vgl. auch Borrmann u. a. 2020, 19 f. Wobei die Volllaststundenzahl in Süddeutschland signifikant geringer ist als die in Norddeutschland und die bei Anlagen mit jüngerem Inbetriebnahmejahr höher als die bei älterem. Vgl. ebd.

606 Transkript C: 498–515, Transkript B: 633–658. Damit verbunden wird eine weitere rhetorische Täuschung$_{Rh}$, die in der klassischen Rhetorik auch als *Kriminalisierungsargument* (vgl. Schleichert 1997, S. 75–77) bekannt ist (hier in Bezug zu den erwähnten Ermittlungen gegen den Projektierer). Eine änliche Argumentationsfigur findet man zudem in: Steinmetz 2014, S. 84–86.

607 Zum damit verbundenen Problem der Letztbegründung s. Fußnote 175.

608 Vgl. H. R. Wohlrapp 2014, S. 156 und Eemeren, Garssen u. a. 2014b, S. 546.

Z 13.2* *Prämisse 2 (konsensuale Bedingung):* Wenn Opponenten und Proponenten Prämisse Z 13.1 für wahr halten, dann ist eine Windmessung vor Ort nötig (um Prämisse Z 12.3 empirisch zu prüfen und die Volllaststunden *systematisch* abschätzen zu können).

Z 13.3* *Prämisse 1 (Setzung im Diskursverlauf):* Opponenten und Proponenten halten die Prämissen Z 13.1 und Z 13.2 für wahr.

Z 13.4* *Konklusion 1:* Die Windmessung vor Ort ist nötig.

Z 13.5 *Prämisse 4 (normative Bedingung):* Wenn die WKAs auf dem Sauberg gebaut werden sollen, dann müssen die Messdaten veröffentlicht werden, damit darüber die – ggf. ausreichende – Windhöffigkeit und somit die Volllaststunden sowie die reale Standortgüte *systematisch* ableitbar sind (Prämisse Z 13.2).

Z 13.6 *Prämisse 5 (Beschreibung):* Der Projektierer muss die Messdaten nicht veröffentlichen (und tut es auch nicht); die reale Standortgüte ist (für die Bürger) nicht *systematisch* ableitbar.

Z 13.7 *Konklusion 2:* Die WKAs sollen auf dem Sauberg nicht gebaut werden.

Die mit Sternchen gekennzeichneten Aussagen der Argumentation gehören nicht zum eigentlichen Modus tollendo tollens. Sie unterstreichen aber, dass die Opponenten eine Sachfrage und nicht die je eigenen Abwägungen$_I$ als zentrales Entscheidungskriterium aufbauten (vgl. Fußnote 594). Dadurch griffen sie den argumentativen Ball der Proponenten aus AF 12 auf und nutzten diesen für einen rhetorischen Schachzug. Letzterer stellt sich nicht als eine Täuschung$_{Rh}$ im Sinn eines logischen Fehlschlusses dar, vielmehr als eine *Tarnung der eigenen Abwägungen$_I$*. Hier liegt die rhetorische Klugheit$_P$ darin, dass die Opponenten folgendes Kriterium beachteten.

K 01E (Verfahrenswirksamkeit (Prinzip rhetorischer Diskursfunktionalität)): In konfliktbehafteten Realdiskursen wechselt das Lager A, deren Gründe$_A$ in der jeweils geltenden Diskursgrammatik keine Beachtung finden oder gar Verfahrensrelevanz zeigen, zu Argumentationen, durch die Lager A seine eigentlichen Ziele in jener Diskursgrammatik denoch potenziell erreichen könnte. An dieser Stelle geht es vor allem um rhetorische Effizienz und nur in zweiter Linie um eine manipulative Täuschung$_{Rh}$. Das betroffene Lager versucht also, seine Ziele nach den Regeln des diskursbestimmenden Lagers B zu realisieren und instrumentalisiert dazu verfahrenswirksame Argumentationen. Im Energiediskurs haben Rotmilan- oder Fledermausargumentationen in dieser Verwendung einige Popularität erfahren, da sie als zulässige Einwände$_A$ in rechtmäßige Verfahren eingebracht werden konnten.[609] Der diskurseffiziente Einsatz von Argumentationen weist auf eine vorauslaufende Diskursasymmetrie$_{Rh}$ hin.

609 S. Mein Vortrag „Und was ist mit dem Rotmilan? Über instrumentalisierte Argumente in Energiekonflikten“ von 2016 (http://dx.doi.org/10.13140/RG.2.1.1880.3449, Stand: 11.02.2022).

Welche idiosynkratischen Abwägungen$_{I}$ hinter AF 13 stehen, ist im Nachgang schwer festzustellen. Aus den Tiefeninterviews konnte man jedoch schließen, dass gesundheitliche Ängste oder ästhetische Vorstellungen zum Landschaftsbild darin wichtige Rollen spielten.[610] Das Ende der Argumentationsphase war spätestens an dem Punkt erreicht, als die von den Opponenten gegründete Liste „Lebenswertes Engelsbrand" die Kommunalwahl knapp und somit die situativen Überzeugungen$_{S}$ vieler Bürger für sich gewann. Aber warum veröffentlichte der Projektierer die Daten nicht, um sie zur Abschwächung von AF 13 zu nutzen (vgl. Abschnitt 7.3.3)?

6.3.5 Schlussphase

Im pragma-dialektischen Modell endet die kritische Diskussion darin, dass entweder die Proponenten ihre Position erfolgreich gegen die Einwände$_{A}$ der Opponenten verteidigten oder sie durch diese Kritik zugunsten der Opponenten veränderten.[611] Beide Varianten laufen dem Ideal kritischer Diskussion folgend auf einen dialogischen Konsens$_{D}$ hinaus (zur Alternative vgl. Fußnote 331). In Habermas' Diskursethik und auch in der Pragma-Dialektik geht es vor allem um dialogische Konsense$_{D}$. In diesen sind sich alle Diskursteilnehmenden darüber einig, zu welcher Art von (Ent-)Schluss der Diskurs$_{H1}$ zu einem Thema geführt hat. Entweder hat eine Partei durch die transparente Darlegung plausibler Gründe$_{P}$ die andere von ihrem Standpunkt überzeugt, oder es wurde eine dritte Position gefunden, die die Ausgangsansichten sachbezogen und einigungskonstruktiv verbindet. Bei einem rhetorischen Konsens$_{Rh}$ wird eine der Parteien die Mehrheit zu ihrem Standpunkt oder einer ihrem Standpunkt nahen Position überredet haben. Die situative Überzeugung$_{S}$ der Mehrheit beruht jedoch mehr oder weniger auf der Instrumentalisierung von Täuschungen$_{Rh}$. Ein Konsens$_{Rh}$ besitzt das Potenzial für einen unterschwellig fortbestehenden oder nachträglich eintretenen Konflikt. Zur ersten Variante kommt es, wenn bereits während der konsensorientierten Kommunikation ein Verdacht gegenüber einer Partei aufkommt, zur zweiten, wenn nach dem einigenden Konsens$_{Rh}$ das Ausmaß der Täuschungen$_{Rh}$ deutlich wird und eine Partei diese als Manipulation ihrer Abwägungsautonomie wahrnimmt.

Natürlich kennt die Pragma-Dialektik auch die Möglichkeit eines argumentativen Dissenses.[612] In Dissensen gemäß der Pragma-Dialektik oder der Diskur-

610 Transkript A: 306–312, Transkript D: 714–733.
611 Vgl. Eemeren, Garssen u. a. 2014b, S. 530, 533.

sethik konnte keine konsensuale Einigung erreicht werden, obwohl eine entsprechende Diskursgrammatik angewendet wurde. Das heißt, dass alle Diskursteilnehmenden sich über gewisse Normen und Kommunikationsregeln verständigt haben, ohne eine sachbezogene Einigung zu erreichen. Meist kommt es bei derartigen dialogischen Dissensen$_{D}$ zu einem *stehenden Konflikt*, der aktuell nicht eskaliert, aber dennoch ein Potenzial dazu in sich trägt. Der rhetorische Dissens$_{Rh}$ hingegen kann als harte Konfliktform bezeichnet werden, da nicht einmal mit rhetorischen Mitteln ein Überreden einer der Parteien erreicht werden kann. Im schlimmsten Fall wird im Zuge der Argumentation$_{Rh}$ oder in deren Nachgang eine der verwendeten Täuschungen$_{Rh}$ als Verletzung grundlegender Werte$_{K}$ und Normen interpretiert.Dieser Umstand führt natürlich zu einer „Verhärtung der Fronten".

Für den Energiekonflikt Engelsbrand, der sich im Verlauf zu einem entfesselten Realdiskurs$_{E}$ entwickelte, liegt es nahe, die Grenze zwischen einem Dissens$_{D}$ und Dissens$_{Rh}$ genauer zu untersuchen. Ein dialogischer Diskurs$_{H1}$ baut gemäß K 04 auf der Sicherstellung der Entfaltungsbedingungen argumentativer Freiheit und Abwägungsautonomie auf (s. Abschnitt 4.3.3). Die eingebrachten Argumentationen$_{H1}$ dienen als potenziell plausible Gründe$_{P}$ dazu, alle Diskursteilnehmenden aufrichtig zu überzeugen. Vorausgesetzt, dass derartige Gründe$_{P}$ diese Funktion übernehmen (K 05), wird dadurch der in K 07 angesprochene Wert$_{K}$ der *autonomen Einsicht*$_{A}$ anerkannt. Im Gegensatz zur Praxis wissenschaftlicher Argumentationen$_{W}$ (K 07A) erfolgt jedoch eine kollektive Abwägung$_{K}$[613] zwischen diesem Wert$_{K}$ und dem Wert$_{K}$, in der Gemeinschaft einen Konsens zu erzielen. Das heißt, dass bspw. in zeitbeschränkten politischen Realdiskursen nicht jeder autonom zur Einsicht$_{A}$ der vorgebrachten Gründe$_{P}$ kommen kann (oder will). Ein dialogischer Konsens$_{D}$ gleicht daher oft einem Kompromiss. Im Gegensatz zu einem Konsens wird bei einem Kompromiss darauf abgehoben, dass die involvierten Parteien in gegenseitiger Übereinkunft von konkreten Aspekten ihrer jeweiligen Position Abstand nehmen. Man nimmt eine Behauptung zurück, man verzichtet auf einen Anspruch u. s. w. Als plausibel wird anerkannt, was eine Mehrheit im Sinne anspruchsloser Akzeptanz$_{F}$ noch tolerieren kann (Abschnitt 3.3). Voraussetzung für einen gelungenen Kompromiss ist jedoch, dass beide Parteien die Normen und Werte$_{K}$ gegenseitigen Versprechens aner-

612 Eemeren und Grootendorst 1984, S. 86 f.

613 Als kollektive Abwägung$_{K}$ wird das gemeinsame und ggf. diskursiv-kommunikative Überdenken von Entscheidungsfragen bezeichnet. Das zentrale Muster$_{K}$ ist die Abwägung$_{K}$ zwischen Alternativen aus einer lokalen WIR$_{L}$-Perspektive, die mit Blick auf einen eindeutigen Referenzkontext (B) erfolgt. Die in diesem enthaltenen Normen und Werte$_{K}$ sind allen Beteiligten bekannt und im Wesentlichen unstrittig.

kennen. Da dies für jede der Parteien eine unsichere Annahme bleibt, kann man mit Andreas Weber den Kompromiss auch als „wilden Frieden" bezeichnen.[614]

Die gegebene Definition eines Kompromisses weist auf ein wesentliches Kriterium hin, das in einem rhetorischen Realdiskurs$_{Rh}$ noch gilt, aber in einem entfesselten Realdiskurs$_{E}$ verletzt wird:

> K 0 (Anerkennungsbedingung): Jede Art von Diskurs, auch ein rhetorischer Realdiskurs$_{Rh}$, kann nur vollzogen werden, wenn eine wechselseitige Anerkennung von Werten und Normen kommunikativer Praxis gegeben ist.

Bei dieser Bedingung geht es also um die notwendige Anerkennung grundlegender *Spielregeln des Kommunizierens*, über welche ein dialogischer Konsens$_{D}$ vorhanden sein muss. In Abschnitt 4.2 besprach ich formale Beispiele für einen solchen minimalen Hintergrundkonsens in Anlehnung an die Diskursethik. Neben diesen Bedingungen gibt es aber noch eine Reihe von weiteren Werten und Normen, deren Befolgung von einem zum anderen Kontext$_{L}$ „verhandelt" werden kann. In Anknüpfung an die Überlegung von Scheit (Abschnitt 5.2.1) erwies es sich als wichtig, dass sich eine Argumentationspraxis lokal kohärent vollziehen lässt (K 03). Die gemeinsam anerkannte Diskursgrammatik muss im Kontext$_{L}$ eine Form kollektiver Orientierung$_{A}$ und bestenfalls individuelle Orientierung$_{I}$ für alle Beteiligten ermöglichen. Insofern trägt der Verweis auf das Prinzip der Folgerichtigkeit in der Analyse von Realdiskursen nur bedingt, insbesondere bei Unklarheit darüber, welche Werte$_{K}$ und Normen aus der lokalen WIR$_{L}$-Perspektive anerkannt werden.

Zurück zur Grenze zwischen einem Dissens$_{D}$ und Dissens$_{Rh}$: Im vorherigen Absatz forderte ich eine differenzierende Abschichtung der „Spielregeln" des Argumentierens. Dies gilt auch für rhetorische Realdiskurse$_{Rh}$. Entfesselte Realdiskurse$_{E}$ tendieren dazu, Formen von universalistischen Einwandfreiheitsprüfungen (Abschnitt 4.3.5) zu unterlaufen. Dieser Relativismus$_{E}$ betrifft meist nicht die basal-formalen Werte$_{K}$ und Normen des Hintergrundkonsenses: Irgendwie spricht man dieselbe Sprache oder hält sich mehr oder weniger an fundamentale logische Regeln. Aber die Befolgung von inhaltsrelevanten Werten$_{K}$ und Normen wird selektiv – drastischer ausgedrückt: parteiisch – ausgelegt. Dadurch *unterläuft man vorsätzlich* die gemeinsam anerkannte Diskursgrammatik, wodurch die Prüfung universalistischer Geltungsansprüche auf normative Aussagen und entsprechende Handlungen unmöglich wird.[615] Diese Spielart des diskurs-

614 Vgl. https://www.philomag.de/artikel/andreas-weber-ein-kompromiss-ist-ein-wilder-friede, Stand: 15.02.2022.

615 In der Pragma-Dialektik wird eine solche kontextuelle Diskursgrammatik als „code of conduct" bezeichnet, vgl. Eemeren 2018, S. 58–61.

ethischen Relativismus$_E$ findet sich vorzugsweise bei rhetorischen Dissensen$_{RH}$. Dort lässt sich das Unterlaufen der eigentlich anerkannten Diskursgrammatik besonders gut an gezielten Täuschungen$_{Rh}$ festmachen.[616] Aber nicht jede rhetorische Täuschung$_{Rh}$ stellt eine gezielte Verletzung der Diskursgrammatik dar. Im Rahmen rhetorischer Realdiskurs$_{Rh}$ gehört das Beherrschen ausgewählter Täuschungen$_{Rh}$ sogar dazu, um als argumentationskompetent zu gelten.[617]

Jedoch gibt es in jeder Argumentationspraxis Grenzen, deren Überschreitung letztlich als Missachtung der Aufrichtigkeit$_K$ interpretiert wird.[618] Aufrichtigkeit im Allgemeinen wird heutzutage mit der individualistischen, fast solipsistischen Interpretation der Authentizität gleichgesetzt, als eine Art völlig unabhängiger Selbstfindung und -entfaltung.[619] Die klassiche Bedeutung der Aufrichtigkeit$_K$ bezieht sich hingegen nicht nur auf eine innere Suche nach dem wahren Selbst, sondern auch auf eine tugendhafte Haltung im sozialen Interagieren, die sich wie alle Tugenden erst im jeweilig situativen Handlungskontext explizit zeigt. Mit Kant lässt sich dafür plädieren, dass die Aufrichtigkeit$_K$ im Sinn der Wahrhaftigkeit als eine intersubjektiv überprüfbare Pflicht auf die vielleicht grundlegendste Norm sozialer Interaktion verstanden werden kann: Nämlich, dass man in der Interaktion und vornehmlich in der Kommunikation nicht vorsetzlich täuscht, sondern sich zu seinen Überzeugungen$_S$ öffentlich bekennt (inkl. der darin enthaltenen Unsicherheiten und Zweifel).[620] Gleichwohl bleibt die Reichweite dieser Verpflichtung vage, da sie offen für eine lokal-situative Auslegung ist und somit zur Frage der praktischen Klugheit$_P$ wird. „Man benötigt eine Kompetenz zur Beurteilung der Angemessenheit$_A$ gewisser Mitteilungen, und man hat auch einen gewissen moralischen Spielraum dafür, welche für wahr gehaltenen Urteile man anderen mitzuteilen verpflichtet ist.“[621]

Mit diesem Rüstzeug vor Augen ordne ich die retrospektiven Statements zentraler Akteure in Engelsbrand nun ein: Sowohl Opponenten als auch Proponenten warfen sich gegenseitig Verstöße gegen die Pflicht zur Aufrichtigkeit$_K$ vor, obwohl überhaupt keine Klarheit darüber herrschte, welche Diskursgrammatik im

---

616 Vgl. ebd., S. 62.

617 Vgl. Turowski u. a. 2013, S. 10 f. Dies gilt bspw. im Arg$_P$.

618 Vgl. Abschnitt 5.1.1, Punkt 2. Dass im Energiediskurs Aufrichtigkeit$_K$ als Wert$_K$ eine große Rolle spielen wird, wurde bereits in Phase 2 der Energiewende von Ortwin Renn und Marion Dreyer hervorgehoben: „Dabei gehört zur gegenseitigen Vertrauensbildung auch die Ehrlichkeit und Aufrichtigkeit, die Vor- und Nachteile einer jeden Alternative in der Energiepolitik ungeschminkt darzustellen. Wenn das nicht gelingen sollte, wird der noch heute spürbare Enthusiasmus über die Energiewende schnell ins Gegenteil umspringen.“ Renn und Dreyer 2013, S. 41.

619 Gegen den Unsinn dieser Auslegung argumentiert Harry F. Frankfurt in Frankfurt 2006, S. 72 f.

620 Vgl. Goy u. a. 2021, S. 193.

621 Sturm 2021, S. 2584.

Kontext$_L$ angemessen sei. Seitens der Proponenten wurde der angesprochene Vorwurf laut, dass im Verlauf der Konfliktmediation die offizielle Diskursgrammatik durch die Bürgerinitiative unterlaufen worden sei, etwa durch Einflussnahme auf die Auswahl der teilnehmenden Bürger und die parteiische Interpretation wichtiger normativer Kommunikationsregeln.[622] Dahintersteht ein Spannungsverhältnis zwischen zwei unterschiedlichen Diskursgrammatiken: die der politischen Argumentationspraxis und die der Konfliktmediation (s. Fußnote 573). Letztere ermöglicht eine diskursmoralisch aufgeladene Argumentationspraxis, deren Hauptziel in Engelsbrand in einem dialogischen und (!) ergebnisoffenen Konsens$_D$ lag.[623] Die Aufrichtigkeitspflicht verlangt hier eher *Offenherzigkeit* (Motto: Alle legen die Karten auf den Tisch, um gemeinsam eine Lösung zu finden und einen Konflikt abzuwenden bzw. zu beenden.).[624] Die Opponenten hingegen agierten nach der Diskursgrammatik der rhetorisch-politischen Argumentationspraxis. In dieser wird die Aufrichtigkeitspflicht dem Angemessenheitsprinzip der praktischen Klugheit$_P$ untergeordnet. Argumentationspraktisch läuft diese Priorisierung auf eine *argumentative Zurückhaltung* hinaus (Motto: Man redet (wahrheitsgemäß) so viel wie nötig, und offenbart so wenig wie möglich.).[625] Verschwiegen wurde seitens der Opponenten die Plastizität$_I$ der instrumentellen Erklärung$_I$ in AF 13. So könnte – etwa bei stark steigenden Energiepreisen (mit Blick auf EP 2) oder Änderungen im EEG mit Blick auf die Dringlichkeit von EP 6 – die Rentabilitätsmindestgrenze von WKAs stark sinken.[626] Im folgenden Abschnitt gehe ich auf die Frage genauer ein, warum die Opponenten die Konfliktmediation, die bereits eine hohen Grad an Beteiligung ermöglicht, in rhetorisch-politischer Absicht unterlaufen.

622 Aus professioneller Sicht wäre es für die Klärung des Konflikts besser gewesen, neben den öffentlichen ebenso geschlossene Veranstaltungen durchzuführen, um ein permanentes „Schaulaufen" wortstarker Akteure zu vermeiden. So hätten alle Positionen Aufmerksamkeit bekommen (auch die der stillen Mehrheit). Protokollverfahren hätten zudem angemessene Transparenz geboten. Vgl. Transkript A: 263–281.

623 Transkript A: 176–178, 266 f.

624 Zur Offenherzigkeit vgl. Sturm 2021, S. 2584.

625 Vgl. ebd. und Mieth 2021, S. 453.

626 Es wären weniger Volllaststunden für einen wirtschaftlichen Betrieb nötig (vgl. Z 12.2).

6.4 Reichweite partizipativer Diskursprozeduren

6.4.1 Kommunikationsmacht und Abwägungsautonomie

In Abschnitt 6.3.5 wurde mit der Konfliktmediation eine wichtige Partizipationsform im Energiediskurs angesprochen. Wie andere Partizipationsformen führt sie zu einer diskursmoralisch aufgeladenen Argumentationspraxis und setzt eine entsprechende Diskursgrammatik voraus. Im Realdiskurs$_{E}$ von Engelsbrand lautete das Ziel der Proponenten, miteinander und (!) ergebnisoffen einen Konsens$_{D}$ zu finden. Aufrichtigkeit$_{K}$ im gemeinsamen Gespräch sollte *Offenherzigkeit* bedeuten. Im Nachgang wurde dieses Verständnis sowohl von den Opponenten als auch von den Proponenten als *naiv* ausgelegt.[627] Diese retrospektive Auslegung soll Ausgangspunkt sein, genauer über die Rolle von Kommunikationsmacht in rhetorischen Realdiskursen$_{Rh}$ nachzudenken, insofern diese im Zuge von partizipativen Maßnahmen in der Energiewende geführt werden. Dazu werde ich zunächst recht allgemein das Spannungsverhältnis von Kommunikationsmacht und Abwägungsautonomie skizzieren.

Die gelungene Ausübung rhetorischer Expertise$_{P}$ stellt in allen Realdiskursen, v. a. in wissenschaftlichen, einen wesentlichen Hebel zur Beeinflussung der Diskursdynamik dar. Sie ist aber nur eine von vielen Facetten der Kommunikationsmacht.[628] In Realdiskursen kommt es generell zu einer Verzerrung der Abwägungsautonomie der Akteure durch Machtverhältnisse in deren sozialen Interaktion. Mit Blick auf die intersubjektive Kommunikation gilt es drei Formen der Rede von Macht zu unterscheiden: *Erstens*, werden damit meist vorauslaufende, strukturelle Machtgefüge adressiert, die sich bspw. über den sozialen Status und Bildungsgrad der Akteure, über ihr finanzielles Handlungspotenzial sowie ihre soziale Vernetzung im Realdiskurs niederschlagen.[629] Diese vorauslaufenden Machtgefüge und entsprechenden Diskursasymmetrien$_{Rh}$ können vom Individuum mehr oder weniger nur angenommen werden. *Zweitens*, verpflichtet man sich beim Einstieg in eine konkrete Kommunikation explizit oder implizit einer situativen Diskursgrammatik, womit eine situative Kommunikationsmacht$_{S}$ bzw. ein Machtgeüge auf Zeit geschaffen wird. Wie weit jene Selbstverpflichtung auf die situativen kommunikativen Werte$_{K}$ und Normen trägt, „zeigt sich in der Kommunikation selbst“, da diese nicht nur die eigentliche argumentative Hand-

627 Transkript B: 28–34, Transkript A: 276–281.

628 In Elster u. a. 1988, S. 6–9 wird eindrücklich geschildert, wie die bekanntesten Akteure der NS-Diktatur sich dieser Erkenntnis gewiss und sie zu nutzen bereit waren.

629 Das ist eine Bedeutung von Macht, gegen die Michel Foucault sein dynamisch-relationales Verständnis setzt. Vgl. Bublitz 2020, S. 316.

lung initiiert, sondern die Akteure im Vorfeld eine wechselseitige Beurteilung des aktuellen Argumentierens anhand dieser Diskursgrammatik anerkennen.[630] Im Verlauf der Kommunikation kann also die Angemessenheit$_A$ sowohl der Diskursgrammatik als auch deren Befolgung beurteilt werden. Für Realdiskurse wäre es naiv anzunehmen, dass sich diese anerkennende Selbstverpflichtung in jedem Fall und in einem vollumfänglichen Maße freiwillig vollzieht, also auf einem symmetrischen Anerkennungsverhältnis basiert. Denn durch die Ausübung jeder einzelnen Kommunikation werden sowohl die vorauslaufenden als auch die situativen Machtgefüge in Teilen reproduziert, indem bestimmte Themen besprochen oder tabuisiert sowie deren Bedeutungen bemessen werden.[631] Darin liegt jedoch, *drittens*, die Grundlage für eine weitere wichtige Bedeutung kommunikativer Macht: Diskurse werden nicht nur durch bestehende Machtverhältnisse vorbestimmt, sondern sie strukturieren und konstituieren sie fortlaufend neu. Akteure, paradigmatisch die politischer Realdiskurse, sind bestrebt, sich dieser Macht über eine vorteilhafte Diskursgrammatik zu bemächtigen und deren Einhaltung über effektive Sanktions- und Disziplinarmittel des Herrschens zu kontrollieren sowie ein adäquates sprachliches Kapital zu besitzen, um die eigentlichen inhaltlichen Interessen argumentativ verfolgen zu können.[632] Daher wird vor allem in politischen Realdiskursen fortwährend um diese dynamische Kommunikationsmacht$_D$ gerungen (durch ihre Ausübung sowie den Widerstand gegen sie), was zum Fortbestand, Ausgleich oder Entstehen einer Vielzahl von Diskursasymmetrien$_{Rh}$ führt.

Im Energiediskurs findet man alle Spielarten von Kommunikationsmacht. In grober Abgrenzung lässt sich sagen, dass der globale Energiediskurs durch strukturelle Kommunikationsmacht geprägt ist, lokale Energiediskurse eher durch situative Kommunikationsmacht$_S$ und Energiekonflikte wie der Fall Engelsbrand durch eine sehr dynamische Kommunikationsmacht$_D$. In Engelsbrand lassen sich sogar eine große Bandbreite an stimmgewaltigen und erst im Zuge des Konflikts als solche agierenden Akteuren auszeichnen, da die dynamische Kommunikationsmacht$_D$ auf lokaler Ebene nicht zwingend von einem umfangreichen finanziellen Handlungspotenzial$_I$ abhängt und zudem einer nicht vorhersagbaren Eigendynamik unterliegt.[633] In Abschnitt 6.3.5 sollte darüber hinaus klar geworden sein, dass rhetorische Argumentationen$_{Rh}$, v. a. Täuschungen$_{Rh}$, die zentralen argumentationstaktischen Instrumente und zugleich die sympto-

630 Reichertz 2013, S. 57 (in Anlehnung an Robert Brandom).

631 Bublitz 2020, S. 316. Eine Form der staatlichen Instrumentalisierung solcher Verfahren wird in einer sehr wissenschaftspositivistischen Lesart in: Mausfeld 2015, S. 2–4 skizziert.

632 Bublitz 2020, S. 317 und Maleyka 2018, S. 24 f., 31.

633 Vgl. dazu die Schilderung in Mast u. a. 2016, S. 37–40.

matischen Anzeichen aller Formen von Kommunikationsmacht darstellen.[634] Die angesprochenen argumentativen Mittel zielen dabei auf die Erlangung oder Erweiterung der situativen und dynamischen Kommunikationsmacht$_D$.

Mit Blick auf Toulmins Argumentschema (s. Abb. 1) ließe sich eine „Faustformel" dafür angeben, welche Aspekte einer Argumentation durch welche Kommunikationsmacht stipuliert wird. Während der Referenzkontext (B) maßgeblich durch die strukturell bedingte Kommunikationsmacht vorgeprägt ist, beeinflusst die situative Kommunikationsmacht$_S$ eher die Wahl geeigneter Schlussregeln (W), die kontext- und situationsbezogene Anerkennung der deskriptiven Prämissen (D) und Ausnahmebedingungen (R). Die dynamische Kommunikationsmacht$_D$ hingegen prägt den eigentlichen Akt des Schließens, indem durch sie die Gewichtung zwischen (B), (W), (D) und (R) innerhalb eines Diskurses austariert wird. Dieser höchst dynamische Vorgang beeinflusst nicht zuletzt die situative Abwägung$_I$ jedes Einzelnen und bestimmt wesentlich den von Habermas angesprochenen zwanglosen Zwang im konsensualen Argumentieren (Arg$_K$, Abschnitt 5.1.2). In Realdiskursen ist es deshalb bspw. sehr schwierig, eine wissensbasierte Diskursasymmetrie$_{Rh}$ lediglich dadurch auszugleichen, indem man die autonome Einsicht und Abwägung$_I$ jedes Einzelnen fokussiert und bspw. durch erweiterte Info- und Bildungskampagnen zu stimulieren versucht. Auch wenn sich viele der untersuchten Energiekonflikte als *Lernorte* – etwa über den Stand der eE-Technik oder Verwaltungsvorschriften und -verfahren – rekonstruieren lassen, bleibt letztlich die Wissensdifferenz zwischen wissenden Experten und Laien-Bürgern bestehen, wodurch erstere in ihren Fachbereichen eine potenziell höhere dynamische Kommunikationsmacht$_D$ besitzen.[635] Diese potenzielle Diskursasymmetrie$_{Rh}$ bietet vor allem in entfesselten Realdiskursen$_E$ einen ausreichenden Verdachtsmoment, um – wie erwähnt – mit rhetorischen Argumentationstaktiken die eigene oder interessenbezogene Kommunikationsmacht$_D$ auszuweiten.

Partizipationsformen sind auf den ersten Blick eine bestimmte Art von argumentativer Kommunikation, durch die mit unterschiedlichen Ansätzen K 0

634 Ähnliches gilt für im Falle wissenschaftlicher Realerkenntnis$_W$ oder systematischer Orientierung$_A$, insofern diese argumentationstaktisch entwickelt werden. Allerdings wird in komplexen wissenschaftlichen und orientierenden Argumentationen$_K$ von Beginn an die Abwägungsautonomie des Einzelnen anerkannt (K 07, K 07A), wenn diese unter Anerkennung der wissenschaftlichen Diskursgrammatiken erfolgen. D. h., dass die Sender von argumentativem Sach- und Orientierungswissen darauf bedacht sind, dass die Priorität ihrer Gründe$_G$ für alle Empfänger nachvollziehbar und anerkennungswürdig ist, insofern diese sich auf die jeweilig transparent kommunizierte Diskursgrammatik eingelassen haben.

635 Vgl. Roßnagel u. a. 2014, S. 331. Ähnlich verhält es sich bei Akteuren mit einem hohen sprachlichen Kapital, vgl. Maleyka 2018, S. 31.

systematisch aufrechterhalten oder wiederhergestellt werden soll. Kurz: Es geht um die Abmilderung von Diskursasymmetrien$_{Rh}$ und eine konsensfördernde Balance zwischen den unterschiedlichen Formen von Kommunikationsmacht. Dieser Ansatz reicht von Versuchen zur bürgernahen Ausgestaltung administrativer Verfahren (oft vor den Erfordernissen geltender Gesetze) bis zu weitreichenden basisdemokratischen Überlegungen zur Bürgerbeteiligung. In vielen lokalen Anwendungsfällen steht dabei die kontextuell angemessene Feinjustierung struktureller und situativer Kommunikationsmacht$_{S}$ im Vordergrund. In Abgrenzung zu einigen kommunikations- und politiktheoretischen Ansätzen, die die Möglichkeit einer verallgemeinernden Operationalisierung partizipativer Verfahren zu Diskursprozeduren voraussetzen, gehe ich davon aus, dass sich die Abwägungsautonomie und somit auch die dynamische Kommunikationsmacht$_{D}$ sich einer derartigen Operationalisierung in Teilen entziehen. Dazu lege ich nun wenige Überlegungen dar, um die Grenzen konsensualer Diskurse$_{H1}$ im Rahmen partizipativer Diskursprozeduren besser zu verdeutlichen.

6.4.2 Partizipation und Gerechtigkeit

Partizipationsformen sind aus gesellschaftlicher Perspektive Formen zur direkten oder indirekten Einbindung von Bürgern in politische Entscheidungen und administrative Verfahren. Für den Bau eines Windparks kann man Partizipation in den Themenbereichen: Planungsverfahren, Genehmigungsverfahren oder Kosten- bzw. Gewinnbeteiligung initiieren. Die Formen können rechtlich gesehen in formelle oder informelle Verfahren und hinsichtlich des Beteiligungsgrads in eine passive und eine aktive Einflussnahme der Bürger auf die Verfahren oder sogar die Entscheidungen differenziert werden. Insgesamt geht es dabei um „all jene Handlungen und Verhaltensweisen, die Bürger freiwillig und mit dem Ziel verfolgen," um sich an Verfahren und Entscheidungen „auf den verschiedenen Ebenen des politisch-administrativen Systems" zu beteiligen.[636] Die politische Partizipation der Bürger kann dabei rechtlich geregelt (formell) bzw. im Gegensatz dazu mehr oder weniger „unkonventionell" (informell) ablaufen.[637]

Die Basis für das mittlerweile breite Spektrum an Partizipationsformen bildet ein tiefgreifender Wandel der Demokratiekultur vor dem Hintergrund einer umfassenden Krise der repräsentativen Demokratie, der sich sowohl auf theoretischer als auch auf realpolitischer Ebene vollzieht.[638] Umwelt- und Energiekonflikte

636 Leggewie u. a. 2013, S. 73.
637 Ebd.

spielen in der Suche nach demokratischen Alternativen seit Langem eine wichtige Rolle (bspw. die „Republik freies Wendland").[639] Eine wesentliche Zielsetzung aller Partizipationsformen besteht darin, neben der konsultativen Einbindung von Bürgern in „konventionelle politische Institutionen und gesellschaftliche Arrangements" in der „Beteiligung möglichst vieler über möglichst vieles", kurz: „dem Ziel einer umfassenden Demokratisierung von Politik und Gesellschaft".[640] Es ist daher nicht verwunderlich, dass in einer Umfrage von 2018 eine knappe Mehrheit die politische Partizipation beim WKA-Ausbau als wichtiger erachtete als einen (vor-)schnellen Ausbau.[641]

Der beschriebene Wandel ist bei Weitem nicht abgeschlossen, sondern befindet sich immer noch in einem sehr lebendigen Prozess. Nichtsdestotrotz wurden bereits wichtige Werte$_{K}$ und Normen entwickelt, die die Veränderung der Energiekultur nachhaltig prägten: Daher unterscheidet sich das KEN vom EWN$_{P}$ neben all den technischen und ökologischen Aspekten durch die Etablierung von Kommunikationsidealen wie Aufrichtigkeit$_{K}$, Inklusivität, Transparenz etc. und Gerechtigkeitsidealen wie Fairness, Gleichheit u. s. w.[642] Dazu gibt es m. E. noch einigen Forschungsbedarf, der hier nicht geleistet werden kann (vgl. Angaben in Fußnote 557). Festzuhalten bleibt, dass es aus demokratietheoretischer und -praktischer Sicht gut begründet werden kann, warum im Rahmen der Energiewende moderne Partizipationsformen mehr Gewicht haben sollten als in den vorangegangenen Energiewenden. Der zentrale Grund$_{P}$ lässt sich mit Blick auf T 05 (Energiekonflikte aufgrund asymmetrischer Anerkennungsstruktur) an der Korrespondenz zwischen *Diskursgerechtigkeit* und *sozialer Gerechtigkeit* in der Energiekultur festmachen.[643]

Im Rahmen der deutschen Energiekultur gilt bis heute eine vollumfängliche Versorgungssicherheit als wesentliches inhaltliches Kriterium sozialer Gerech-

---

638 Ebd., S. 74 f., 78.

639 S. Mautz, Byzio und Rosenbaum 2008, S. 48 f. und die Beispiele in: Vandamme 2000.

640 Leggewie u. a. 2013, S. 74.

641 S. Setton u. a. 2019, S. 28 und Mast u. a. 2016, S. 48.

642 Dies lässt sich gut erkennen, wenn man die Partizipationsformen im Rahmen der Energiewende hin zu den eE mit denen der Energiewende hin zur Kernenergie in den 1950-ern vergleicht. Vgl. zu Letzterem Welsh 1993.

643 Die begriffslogische Struktur des Gerechtigkeitsbegriffs legt wichtige Bedeutungsgefüge frei, die die hauptsächliche Verwendung des Begriffs in den meisten Anwendungskontexten widerspiegelt. In Anlehnung an die Ausführungen von Stefan Gosepath kann man von folgender Logik des Gerechtigkeitsbegriffs ausgehen. Vgl. Gosepath 2010, S. 835. Die Rede über Gerechtigkeit wird in der Regel auf das Urteil bezogen, ob etwas (ein *Gerechtigkeitsobjekt*) bezüglich eines anerkannten Maßstabs (eines *Gerechtigkeitskriteriums*) angemessen sei. Im Alltag beziehen sich die konkreten Gerechtigskriterien häufig auf das Gleichheitsprinzip (als übergeordnetes Gerechtigkeitsprinzip).

tigkeit. Tief in der Geschichte der (deutschen) Energiekultur (seit den 1930-er Jahren) ist das technische Ideal verankert, dass eine zuverlässige, störungsfreie und bezahlbare Energieversorgung – bspw. von elektrischem Strom (24/7) – das entscheidende Gütekriterium moderner Industriekultur sei.[644] Diese Ziel- und Wertsetzung gilt über die Mehrheit aller beteiligten Akteure hinweg, also für Erzeuger, technische Systemdienstleister, staatliche Stellen, private und privatwirtschaftliche sowie öffentliche Verbraucher. Aus wirtschaftlicher Perspektive geht es um die technische und politische Absicherung der fundamentalsten Ressource für jegliche technikgestützte Unternehmung (vom Dienstleistungssektor bis zur Großindustrie). In § 1 des Energiewirtschaftsgesetzes heißt es entsprechend, dass darunter die „stets ausreichende und ununterbrochene Befriedigung der Nachfrage nach Energie zu verstehen" sei.[645] In energieethischer und sozialpolitischer Perspektive steht die Absicherung einer preiswerten Teilhabe aller an einer technikgestützten, enrgieverbrauchenden Gesellschaft im Vordergrund.

Aber was spricht vor diesem Hintergrund für eine stärkere Integration von Partizipationsformen im Rahmen der Energiewende? Die *erste Überlegung* zur Beantwortung dieser Frage zielt darauf ab, dass „alle modernen Staaten bemüht sind, einen ordnungspolitischen Rahmen für eine hohe Versorgungssicherheit zu schaffen", da ein Ausbleiben oder gar eine bewusste Abkehr von dieser gesellschaftlichen Zielsetzung „ein erhebliches gesellschaftliches Konfliktpotenzial" mit sich bringt.[646] Im Gegensatz zu Diktaturen, die die Abhängigkeit zwischen den Annehmlichkeiten der Moderne und dem gesellschaftlichen Energiebedarf zur Stabilisierung ihrer Macht benutzen, schließt sich in den meisten demokratischen Gesellschaften folgende *zweite Überlegung* an: Die hohe Versorgungssicherheit bildet erst die Basis, „auf deren Grundlage individuelle Lebensstile überhaupt erst entfaltet werden können".[647]

T 06 (Versorgungssicherheit und Handlungsfreiheit): Die gesamtgesellschaftliche Wohlfahrt hängt davon ab, dass durch eine angemessene Versorgungssicherheit die praktische Handlungsfreiheit jedes Einzelnen über ein ausreichendes *energetisches Handlungspotenzial* gesichert wird. Wenn man davon ausgeht, dass dieses Handlungspotenzial als wichtige Prämisse bspw. in instrumentellen Erklärungen$_I$ herangezogen wird, tangiert die faktische Versorgungssicherheit über die Bandbreite und Reichweite einsetzbarer energetischer Mittel natürlich die situative Abwägungsautonomie und somit auch die Orientierung$_I$.

644 Vgl. dazu Streffer u. a. 2005, S. 18 f., 34, SRU 2011, S. 34, 48, 196, Ethik-Kommission 2011, S. 18, 33, Renn und Dreyer 2013, S. 31 f., Niederhausen u. a. 2014, S. 122, Löwen 2015 etc.

645 Zitiert nach Streffer u. a. 2005, S. 12 f.

646 Ebd., S. 34.

647 Ebd.

Die *dritte Überlegung* knüpft an die erwähnte Abgrenzung des EWN_P zum KEN an. Während im KEN bereits im zentralen Ziel der Versorgungssicherheit eine priorisierende Abwägung wichtiger Werte_K im Sinn von öffentlichen Interessen wie *Wirtschaftlichkeit* und *sozialer Teilhabe* vorgenommen wird, treten im EWN_P vor dem Horizont der in Abschnitt 1.1 besprochenen Energieprobleme (A 01) weitere normative Zielsetzungen hinzu: der Umweltschutz (EP 3, EP 4), der Klimaschutz (EP 6), die aktuelle wiederkehrende energetische Unabhängigkeit (EP 2) und die breite gesellschaftliche $\text{Akzeptanz}_\text{F}$ (EP 5). Leider gab es bis in Phase 2 der Energiewende keine explizite politische Priorisierung dieser Hauptziele.[648] Daher konnte in den wissenschaftlichen Studien, die für die proaktive Fortentwicklung des EWN_P von großer Bedeutung sind, aber ebenso von allen anderen Akteuren lediglich *vorausgesetzt* werden, dass die neuen Ziele wie der Klimaschutz zumindest mit der Versorgungssicherheit vereinbar sein sollten (dazu mehr in Kapitel 7). Diese offene Orientierungsfrage im globalen Energiediskurs, so die vierte Überlegung, gewinnt in der Energiewende dadurch an Brisanz, dass sie aufgrund des hohen Flächenverbrauchs dezentraler eE-Projekte zwangsläufig immer wieder neu gestellt und beantwortet werden muss. Dies lässt sich in einer These festhalten, auf die ich später nochmals eingehen werde (Abschnitt 6.4.4).

> T 07 (Partizipation und soziale Gerechtigkeit): Die inhaltliche Feinjustierung und die kritisch-argumentative Prüfung der Gerechtigkeitsfrage – also die argumentativ-gehaltvolle Auslotung der zentralen Orientierungsfrage, wie Klimaschutz und Versorgungssicherheit zu gewichten sind (F 04) – erfolgen bisher vornehmlich „in der Fläche", also der Viefalt räumlicher und sozialer Kontexte_L und somit in den lokalen Diskursen. Partizipationsformen können sich darauf sowohl vorteilhaft wie nachteilig auswirken.

6.4.3 Positives Bild der Partizipation (Diskursprozedur)

Als Reaktion auf die in EP 5 festgehaltene Herausforderung, dass eine intransparente Top-down-Energiepolitik in demokratischen Gesellschaften zu erheblichen Widerständen führen kann, wird im Rahmen der Energiewende auf eine Vielzahl von Partizipationsformen gesetzt. Dabei besitzen drei Gedanken eine prägende Wirkung auf dieses positive Bild der Partizipation, das insbesondere unter den Proponenten bis heute weit verbreitet ist: *Erstens*, herrschte bei vielen Proponenten von Beginn an der Eindruck, dass die Energiewende von einer breiten

648 Vgl. Ausfelder u. a. 2017, S. 19 und Krüger 2021.

Bottom-up-Bewegung, wenn nicht sogar der Bevölkerungsmehrheit getragen wird – sie seien nun keine Nischenbewegung von Umweltpionieren mehr, sondern eine wissenschaftlich wie moralisch gerechtfertigte WIR_{U}-Gemeinschaft.[649] Die hohe faktische $\text{Akzeptanz}_{\text{F}}$ in allen bisherigen Umfragen zementiert diese Sichtweise bis heute (vgl. Fußnote 5). Als uneinsichtig wurden in Phase 1 der Energiewende nicht die heutigen Opponenten angesehen, sondern das „Interessengeflecht", welches sich im „Regierungsbetrieb" zwischen Politik sowie Verwaltungsbehörden einerseits und der „Interessenwahrnehmung der konventionellen Energiewirtschaft" andererseits entsponnen hatte.[650] Der geforderte Einbezug der von der Energiewende überzeugten Mehrheit über Partizipationsformen wurde in Phase 1 als der machtpolitische Hebel angesehen, um den mutmaßlichen Plan der politischen Gegenspieler zu verhindern, „die Bewegung totlaufen zu lassen".[651] Hinter diesem Ansatz steht eine Haltung, die sich in einer rhetorischen Überhöhung des wichtigen Klimaarguments niederschlägt. Diese moralisch ambitionierte $\text{Täuschung}_{\text{Rh}}$ bezeichne ich als $\text{Nichtigkeitsargument}_{\text{K}}$ und komme in Abschnitt 6.4.4 darauf zurück.

Im Zentrum der scheinbaren WIR_{U}-Überzeugung stand, *zweitens*, das Bild der partizipativen Bürgerenergie,[652] welches wiederum durch das sozialparadigmatische Rollenbild interagierender Prosumer[653] gekennzeichnet war. Diese treiben über ein durchaus am Eigennutz orientiertes Handeln – vorwiegend das Investieren in und das Aufbauen von eE-Anlagen – die wissenschaftlich und moralisch gerechfertigte Energiewende voran und zwar zum Wohle aller. Dieses Rollenbild

---

649 Die Bewegung „erfolgt nicht »von oben« durch Regierungen, durch politische Artisten in Zirkuskuppeln, denen die Gesellschaft nur zuschaut." H. Scheer 2010, S. 172. Mit Blick auf die deutsche Vergangenheit erscheint Scheers Verwendung des Begriffs „Bewegung" im Sinn der einzig legitimen kollektiven Überzeugung natürlich mehr als unglücklich.

650 Vgl. Mautz, Byzio und Rosenbaum 2008, S. 43 und H. Scheer 2010, S. 172.

651 Ebd., S. 171.

652 Unter Bürgerenergie versteht man im deutschsprachigen Raum unterschiedliche Formen der proaktiven Förderung der Energiewende. Die sogenannten Bürgerenergiegesellschaften spielen darin eine zentrale Rolle, da sie eine finanzielle Beteiligung breiter Bevölkerungsschichten am Kapitalfluss der Energiekultur ermöglichen. In klassischer Form zeichnet sich die Bürgerenergie durch die direkte Investitionsmöglichkeit der Bürger in eE-Projekte, die unmittelbare geografische Nähe der beteiligten Bürger zu den Projekten, die relative Offenheit in der Höhe der finanziellen Beteiligung, die projektbezogenen Stimmrechte der Beteiligten sowie ggf. die Möglichkeit, als Prosumer selbst aktiv zu werden, aus. Holstenkamp und Radtke 2015, S. 456.

653 Der Begriff Prosumer ist eine englische Wortschöpfung aus den Begriffen producer (Produzent) und consumer (Konsument). Im Energiediskurs versteht man darunter meist die Bürger, die bspw. mit einer eigenen PV-Anlage Strom produzieren und selbst verbrauchen, aber auch in das öffentliche Netz einspeisen. Dieses Verständnis geht auf das ältere Konzept des $\text{Prosumers}_{\text{T}}$ zurück. Alvin Toffler sieht den Prototypen des $\text{Prosumers}_{\text{T}}$ in den Zeiten vor der industriellen Revolution: „They were neither producers nor consumers in the usal sense." Toffler 1980, S. 266.

stellt auch ein wesentliches Element im ökokapitalistischen EWN_P dar und kann als reflexionstheoretische Fortentwicklung der Adam Smith'schen Metapher über die gesellschaftsfördernde Wirkung einer „unsichtbaren Hand“ interpretiert werden.[654] Prosumer werden nämlich im Gegensatz zu den rein durch finanziellen Eigennutz sowie Eitelkeit, Gier und Geiz geprägten Bürgern bei Smith als „ethisch orientiert“ charakterisiert: Sie haben *konstruktiv-pragmatisch* das Gemeinwohl aller oder – mit Blick auf Umweltprobleme – sogar das „Wohl“ der gesamten Biosphäre im Blick.[655] Im Zentrum ihres Agierens steht aber weniger das kollektive WIR_U, als vielmehr das lokale WIR_L. Denn Bürgerenergie steht für kommunale Gemeinschaft und lokale Initiativen zur Energiewende. Aber bereits in Phase 1 und mit den Novellierungen des EEG begann sich das Spektrum an proaktiven Akteuren stark zu erweitern, wenn gleich mit Unterschieden in den einzelnen Sektoren. Hinzukamen die „neuen Prosumer“ (Eigenheimbesitzer ohne bisheriges Interesse am EWN_P), „grüne Firmengründer“ aus den Reihen der ersten Prosumer, „Landwirte auf der Suche nach einem weiteren wirtschaftlichen Standbein“, (über Finanzinstitute) „private Geldanleger“ mit und ohne Interesse an umwelt- oder klimaethischen Zielsetzungen, „wohlhabende Privatpersonen“ mit Interesse an Steuerersparpotenzialen, die konventionellen Energieversorger (von den großen überregionalen Konzernen bis zu den Stadtwerken) und alle möglichen Unternehmen mit potenziellen Flächen für eE-Nutzung.[656] Gemein ist jedoch diesen Newcomern die Fokussierung auf ein ökonomisches Interesse.

Drittens, ging man vor dem Hintergrund der beiden vorherigen Gedanken davon aus, dass abseits der Hindernisse im bundespolitischen Diskursraum auf lokaler Ebene vornehmlich konsensuale $Diskurse_{H1}$ stattfinden werden. Aufgrund der Breite der Bewegung und der hohen $Akzeptanz_F$ schien die generelle Zielsetzung und sogar der einzuschlagende technologische Pfad unbestritten. Unter den gegebenen Rahmenbedingungen reduzierte sich Partizipation vornehmlich auf die Frage, wie – insbesondere die finanziellen – Vorteile der Energiewende kontextspezifisch *gerecht* verteilt werden können, sodass letztlich alle lokalen Akteure die Projekte unterstützen.[657] Begleitet wurde dieser inhaltliche Grundan-

654 Ballestrem 2001, S. 130 f., 160 f.

655 Mautz, Byzio und Rosenbaum 2008, S. 40–47.

656 Ebd., S. 93–96 und vgl. Ohlhorst 2017, S. 163–171. Zur Begründung des hohen Werts von Partizipationsformen (Bottom-up-Verfahren) im EWN_P s. Gross 2015, zum real abnehmenden Stellenwert von Bürgerenergie s. Holstenkamp und Radtke 2015, S. 466 f. und https://www.energiezukunft.eu/meinung/nachgefragt/das-ist-mit-dem-aktuellen-ausbautempo-nicht-zu-schaffen/ sowie eine positivere Prognose in Mono 2018, zum beschleunigten on-shore-Ausbau https://www.bdolegal.de/de-de/insights/aktuelles/2022/bmwk-bringt-ma\T1\ssnahmen-im-energiesektor-auf-den-weg (beide Links Stand: 04.03.2022).

657 Vgl. Mautz, Byzio und Rosenbaum 2008, S. 36 f., 88–93.

satz von einem positivistischen Kommunikations- und Organisationsverständnis im Sinn des Objektivismus$_W$. Der zweite Aspekt, der bspw. auf die Bildung von Genossenschaften hinausläuft, soll hier nicht weiter betrachtet werden, sondern nur das für die Argumentationsanalyse wichtige Kommunikationsverständnis. Dessen positivistische Wendung läuft darauf hinaus, dass die Argumentationspraxen im Rahmen von Partizipationsformen als Diskursprozeduren konzeptualisiert werden (vgl. Abschnitt 4.1.2). Als Diskursprozeduren werden kollektive Argumentationspraxen bezeichnet, die systematisch standardisiert bzw. professionalisiert wurden, um kontrolliert abzulaufen und um dadurch bestimmte Funktionen besser erfüllen zu können (in der Diskursethik zur Produktion konsensual tragfähiger Argumente).[658] Basis dafür stellt die sozialkonstruktivistische Rede über die Formen gesellschaftlicher Diskursproduktion dar (bspw. bei Habermas oder Foucault).[659] Gesellschaften verfügten schon immer über Prozeduren, Diskurse zu kontrollieren, zielführend zu lenken und zu optimieren, zu entfachen, einzudämmen – und zwar vor dem Hintergrund, dass unregulierte oder gar entfesselte Realdiskurse$_E$ Raum zur Entfaltung bedrohlichster gesellschaftlicher Kräfte bieten.[660] Die Kanalisation der Realdiskurse in Diskursprozeduren ist daher als Mittel und zugleich Ausdruck politischer Macht interpretierbar. Dahintersteht ein einflussreicher legitimationstheoretischer Ansatz zur prozeduralen Akzeptanz$_P$, nach dem eine Person eine kollektiv-verbindliche Entscheidung auch dann faktisch akzeptiert, wenn diese ihrer eigenen idiosynkratischen Abwägung$_I$ inhaltlich widerspricht und zwar weil die ausschlaggebende Diskursprozedur als formales Verfahren von der Person faktisch akzeptiert wird.[661] Nach dem damit verbundenen positivistisch-operationalistischen Ideal sind Diskursprozeduren als inhaltsneutrale Verfahren möglich und durch sie sogar die argumentative Güte$_A$ mehr oder weniger mess- und bewertbar. Gemeint ist der Anspruch, über derartig „standardisierte Prozesse“ Argumentationen anhand operationalisierter Parameter konstruieren, „vermessen“ und auch „begutachten“ zu können.[662]

658 Vgl. Habermas 1981, S. 48 f. für Habermas' Definition und Ehemann 2020, S. 427 für eine operationalisitische Interpretation, wie sie in Verwaltungsverfahren Anwendung findet.

659 Foucault schreibt: „Ich setze voraus, dass in jeder Gesellschaft die Produktion des Diskurses zugleich kontrolliert, selektiert und kanalisiert wird – und zwar durch gewisse selektive Prozeduren, deren Aufgabe es ist, die Kräfte und Gefahren des Diskurses zu bändigen, sein unberechenbar Ereignishaftes zu bannen, seine schwere und bedrohliche Materialität zu umgehen.“ Foucault 1991, S. 10 f.

660 Ebd., S. 11.

661 Vgl. Fraune und Knodt 2019, S. 161. Dies kann in Scheindemokratien durchaus in der paradoxen Instrumentalisierung demokratischer Verfahren enden, um die Abwägungsautonomie als Voraussetzung einer Abwägung$_I$ und somit aller demokratischer Wahl einzuschränken.

662 Vgl. dazu Kleimann 2000, S. 129 f., Turowski u. a. 2013, S. 27 f., Radtke 2016, S. 40–42.

Der dritte Gedanke bietet eine gute Basis, um auf die Frage zurückzukommen, inwiefern sich die Abwägungsautonomie solchen Diskursprozeduren entzieht. Generell lässt sich mit Foucault sagen, dass die meisten Argumentationspraxen und somit die daraus entstehenden Realdiskurse die aktuelle Verteilung politischer Kommunikationsmacht widerspiegeln. Insofern korrespondiert die faktische Gerechtigkeit in einer Gesellschaft häufig mit der real gelebten Diskursgerechtigkeit. Danach gilt: Strebt man eine „sozial gerechtere" Energiekultur an, muss man die entsprechende Auffassung von Diskursgerechtigkeit im Energiediskurs etablieren. Die kommunikations- und politikwissenschaftliche Forschung hat dazu mittlerweile einen umfangreichen Werkzeugkasten entwickelt, sodass die partizipativen Diskursprozeduren an viele Gerechtigkeitsauffassungen angepasst eingesetzt werden können. Manchem verschwörungstheoretischen Ansatz einiger Opponenten zum Trotz geht es dabei weniger um hochmanipulative Kommunikationstechniken, wie sie im Rahmen eines kommunikationspsychologischen Positivismus entwickelt und in anderen Kontexten auch eingesetzt werden.[663] Bei den Proponenten stehen aufgrund des ersten Gedankens zur Bürgerbewegung eher sanfte Instrumente im Fokus, wie Bürgerkommunikation in vereinfachter Sprache, Visualisierungstechniken, Transparenzbemühungen, Offenheit gegenüber der Themenwahl, vordergründige Anerkennung aller Diskursteilnehmenden, Bemühung um Allparteilichkeit, Subdiskurse für „weiche Themen" (wie Emotionen) etc.[664] In Diskursprozeduren, die mithilfe dieser Werkzeuge konstruiert werden, wird in der Regel die Abwägungsautonomie aller Diskursteilnehmenden anerkannt wird – aber: unterscheidbar je nach Prozedur

663 Gemäß diesem überhöhten Mentalpositivismus wird nach „funktionalen Gesetzmäßigkeiten unseres Geistes gesucht, die sich gleichsam als ‚psychische Schwachstellen' für Manipulationszwecke nutzen lassen. Der wichtigste Aspekt dabei ist, dass uns die für solche Zwecke genutzten Funktionen unseres Geistes [...] nicht bewußt zugänglich sind. Nutzt man sie für Manipulationszwecke, so erliegen wir nahezu automatisch, unwillentlich und unbewußt solchen Manipulationen, ohne auch nur zu bemerken, dass wir ihnen erliegen. Selbst wenn wir wissen, wie diese Manipulationstechniken funktionieren, [...] sind wir nicht gegen sie gefeit. Die dabei aktivierten internen Prozesse laufen unbewußt ab und unterliegen nicht unserer willentlichen Kontrolle." Mausfeld 2015, S. 15.

664 Vgl. bspw. Roßnagel u. a. 2014. Unter Allparteilichkeit versteht man in der Mediationstheorie die Haltungsnorm, dass Mediatoren gegenüber den Konfliktparteien neutral sein und somit für beide Seiten ggf. Partei ergreifen können sollen. Hintergrund sind die Erfahrungen, dass diese Haltung zweierlei garantiert: zum einen die Akzeptanz$_F$ beider Parteien gegenüber dem Verfahren und zum anderen die Wahrnehmung, sich frei äußern zu können. Die Neutralität gilt in drei Richtungen: erstens gegenüber den Konfliktparteien, zweitens gegenüber den Konflikt auslösenden Problemen und drittens gegenüber den Lösungsansätzen für diese konfliktbehafteten Probleme. Eine schöne Zusammenfassung findet man unter: https://www.jura.uni-konstanz.de/typo3temp/secure_downloads/95977/0/814eec0f14e2d916399f79e6666cc6a7877816c7/Allparteilichkeit.pdf (Stand: 28.03.2022).

und der damit verbundenen Argumentationspraxis und den darin fokussierten Autonomieidealen, deren Interpretation mit den jeweiligen Auffassungen sozialer Gerechtigkeit zusammenhängt.

Um einen groben Überblick über die angesprochene Differenz der Diskursprozeduren zu ermöglichen, versammelt Tabelle 3 einschlägige Partizipationsformen im Rahmen der Energiewende.[665] In Anlehnung an eine Überlegung von Pia-Johanna Schweizer changieren die gelisteten Partizipationsformen zwischen zwei wichtigen Funktionen, die jeweils bestimmte Autonomieideale befördern:[666] Die *emanzipatorische Funktion* steht im Zentrum der positiven Lesart von Bürgerpartizipation. Emanzipatorisch bedeutet an dieser Stelle, dass über die Diskursprozeduren ein politischer Diskursraum aufgespannt wird, der eine signifikante *Umverteilung politischer Macht* und in diesem Sinn „mehr soziale Gerechtigkeit" ermöglicht.[667] Dadurch soll ein legitimerer Ausdruck des kollektiven WIR_{L} und darüber hinaus eine authentischere Identifikation der partizipierenden Individuen (ICH_{A}) ermöglicht werden. Derartige Partizipationsformen können formelle oder informelle Subdiskurse für eine alltagskonstruktive $\text{Orientierung}_{\text{A}}$ und somit eine bereichernde Fortentwicklung lokaler Gemeinschaft anstoßen, durchaus jenseits bestehender rechtlicher oder ökonomischer Leitplanken.[668] Ein wichtiges immanentes Autonomieideal dieser Funktion bezeichnet die politische Ermächtigung jedes Einzelnen, also die explizite Wahlfreiheit in einem themenbezogenen Bürger- oder Volksentscheid.

Die *befriedende, konsensorientierte Funktion* erfüllen die Partizipationsformen, die häufig parallel zu den institutionalisierten Formen politischer Meinungsbildung organisiert werden. Die immanenten Autonomieideale lauten hier Informations- und Meinungsfreiheit. Tabelle 3 beginnt mit den Partizipationsformen, die eher erstere Funktion erfüllen, und endet mit denen, die vornehmlich die zweite Funktion übernehmen. In Realdiskursen überlappen sich diese Funktio-

665 Die aufgeführten Partizipationsformen beziehen sich im Wesentlichen auf die Überlegungen in Arnstein 1969 und deren Vereinfachung gemäß der International Association for Public Participation (https://web.archive.org/web/20090804170843/http:/www.iap2.org/associations/4748/files/spectrum.pdf, Stand: 14.03.2022). Die Abkürzungen bedeuten: *Part.-Formen* – die Partizipationsform, *Diskursprozeduren* – wesentliche Handlung sowie beispielhafte Prozeduren, *Arg.-Praxen* – dominante Argumentationspraxen, *Freiheitswerte, Gerechtigkeitsfokusse* – orientierende Freiheits- und Gerechtigkeitsideale der Argumentationspraxis sowie die Anerkennungssymmetrie zwischen Machtinstanzen und Bürgerschaft. Die anderen Abkürzungen sind im Glossar aufgeführt.

666 Vgl. Schweizer 2017, S. 343.

667 Dies zielt auf das Durchbrechen tradierter Machtverhältnisse („gerechter" bedeutet hier: mehr Ermächtigung für möglichst viele Bürger), vgl. dazu die mittlerweile klassischen Überlegungen von Sherry R. Arnstein in Arnstein 1969, S. 216.

668 Walsh u. a. 2021, S. 182.

Part.-Formen	Diskursprozeduren	Arg.-Praxen	Freiheitswerte, Gerechtigkeitsfokusse
Ermächtigen	• individuelle Entscheidung vieler • Direktabstimmung, etwa ein Bürgerentscheid	Arg_P, Arg_K	• gleichwertiges Entscheidungsrecht für alle Bürger • angemessene Anerkennung der Abwägungsautonomie aller Bürger (F_W, F_M, F_I) • Mehrheitsideal
Kooperieren	• Mitentscheidung weniger • Runder Tisch, Beirat, Projektgruppen etc.	Arg_P, Arg_K, Arg_I	• bedingtes, aber signifikantes Entscheidungsrecht für einen Teil der Bürgerschaft • symmetrische Anerkennung der Abwägungsautonomie ausgewählter Bürger (F_W, F_M, F_I) • Kooperationsideal
Einbeziehen	• Mitsprache vieler • Bürgerbegehren, Eingaben, Arbeitsgruppen, Planungszellen etc.	Arg_P, Arg_K, Arg_I, Arg_W	• gleichwertiges Argumentationsrecht für alle Bürger • asymmetrische Anerkennung der Abwägungsautonomie aller Bürger (F_W), symmetrisch hinsichtlich aller Bürger (F_M, F_I) • Kompromissideal
Konsultieren	• Rückkopplung weniger • Bürgerversammlung, Anhörung, Bürgerfragestunde, Umfragen etc.	Arg_K, Arg_I, Arg_W, Arg_R	• gleichwertiges Argumentationsrecht für einen Teil der Bürgerschaft • asymmetrische Anerkennung der Abwägungsautonomie der Bürger (F_W), symmetrisch für ausgewählte Bürger (F_M,F_I), angemessen für alle Bürger (F_M,F_I) • Toleranzideal
Informieren	• Unterrichtung aller • öffentliche Auslage (Amtsblatt, Aushang etc.), Pressemitteilung, Homepage etc.	Arg_I, Arg_W, Arg_R	• gleichwertiges Informationsrecht für alle Bürger • angemessene Anerkennung der Abwägungsautonomie der Bürger (beschränkt auf F_I) • Transparenzideal

Tabelle 3: Formen partizipativer Diskursprozeduren (Bürgerperspektive).

nen jedoch häufig. Zudem steht die Reihenfolge keineswegs für eine Hierarchie unter den Partizipationsformen, etwa hinsichtlich der demokratischen Legitimationskraft der nach diesen Diskursprozeduren durchgeführten Realdiskurse (vgl. Abschnitt 6.4.4).[669] Der Mindestanspruch der Bürgerpartizipation liegt, so Arnsteins Ansatz, in der Anerkennung der Informationsfreiheit aller Bürger (F_I)

durch die machthabenden Akteure. Diese teilen ihre Kommunikationsmacht, insofern sie gemäß dem Transparenzideal essenzielle Informationen (bspw. zu einem WKA-Projekt) veröffentlichen. Dies ist natürlich in den Fällen erfüllt, in denen nur so viele Informationen veröffentlicht werden, wie es im Rahmen der rechtlichen Argumentationspraxis (Arg_R) als gesetzlich notwendig erscheint. Unabhängig davon muss in allen Partizipationsformen, auch in denen mit eingeschränkter Informationspflicht, das Aufrichtigkeitsprinzip zum Tragen kommen. Denn nach Arnstein zeichnen sich die Nicht-Partizipation und alle Formen der Scheinbeteiligung durch eine Verletzung genau dieses Prinzips aus.[670]

6.4.4 Negatives Bild der Partizipation (Diskursgerechtigkeit I)

Im Energiediskurs besitzt die partizipative Auffassung der Diskursgerechtigkeit einen großen Einfluss auf die Gerechtigkeitswahrnehmung innerhalb der Energiewende (T 07). Allerdings verhindert die Mannigfaltigkeit an Interpretationen von sozialer Gerechtigkeit ein pauschales Urteil über die $Angemessenheit_A$ lokaler Realdiskurse in dieser Frage. Dabei geht es nicht primär um übergeordnete Fragen (etwa zur Priorisierung wesentlicher gesellschaftlicher $Werte_K$ im Gemeinwohldiskurs), die ihre Beantwortung im nationalen Energiediskurs finden müssen.[671] Dass diese Fragen in den Subdiskursen zu lokalen Projekten dennoch stark vertreten sind, liegt am großen Defizit im Fortschreiben des EWN_P (s. Kapitel 7). Im Fokus steht die Feinjustierung und somit die argumentativ-kritische Prüfung der Vorhaben im $Kontext_L$, vor allem die vorhabenbezogenen Aspekte sozialer Gerechtigkeit – etwa die Versorgungssicherheit (T 06), die Energiearmut[672], die Abwägung zwischen Wirtschafts- und Naturschutzinteressen u. s. w. Lokale Realdiskurse (auch die konfliktbehafteten) bieten für die Klärung dieser Aspekte einen hervorragenden Ort. Weitreichende Partizipationsformen sind (im Idealbild des EWN_P) der beste argumentative Modus, um eine breit legitimierte und kontextuell tragfähige politische $Orientierung_A$ zu stiften.

---

669 Vgl. dazu die kritische Sicht in: Radtke 2016, S. 85–87.

670 Gemeint sind bspw. gelenkte Informationskampagnen etc., vgl. Arnstein 1969, S. 218 f. „Scheinbeteiligung“ wird als Vorwurf gegen die partizipativen Diskursprozeduren erhoben, deren konsensual ermittelten Ergebnisse keinen Einfluss auf die politische und administrative Entscheidungsfindung haben. Der Vorwurf richtet sich also oft gegen die „unteren Stufen der Partizipationsleiter“ (insbesondere wenn das eigentliche Ziel der Bürgerschaft oder eines Teils dieser bspw. in der Ermächtigung lag). Vgl. dazu bspw. Donat 2015.

671 Vgl. Krüger 2020, S. 9 f., 30 und Krüger 2021, S. 7 f.

672 Vgl. Heindl u. a. 2014, S. 514.

Spätestens Phase 2 der Energiewende, deren EEG-Novellierungen eine viel stärkere volkswirtschaftliche Nutzenoptimierung der Lenkungsmaßnahmen mit sich brachte, führte zu einer dreifach veränderten Wahrnehmung der Partizipation im Energiediskurs: *Erstens*, nahm die strukturelle Kommunikationsmacht von wirtschaftlich argumentierenden Akteuren zu und somit die Zahl von Rechtfertigungen in Form des sozialrelevanten *Bezahlbarkeitsarguments*.[673] Das betrifft nicht nur lokale Argumentationen (s. AF 10 im Fall Engelsbrand), sondern auch die nationalen um Großprojekte wie Off-shore-Windparks etc. *Zweitens*, kam es parallel dazu zu einem „Niedergang" der funktionalen Rolle von Bürgerenergie in der politischen Ausgestaltung der Energiewende und somit des Status der proaktiven Prosumer.[674] *Drittens*, zeig(t)en die weitreichenden Partizipationsformen aus der (volkswirtschaftlichen) Top-down-Perspektive „Schattenseiten", die nunmehr unter dem Attribut der „Verhinderung" (-taktik, -planung etc.) im Energiediskurs adressiert werden.[675] Daher fordern manche Proponenten eine Rückkehr zur klassischen Top-down-bestimmten Energiepolitik. Dabei kommt es zu einer parternalistischen Reinterpretation des Nichtigkeitsarguments:

AF 14 (Paternalistisches Überschreiben (Nichtigkeitsargument))

Z 14.1 Eine paternalistische Haltung gebietet einem Akteur X (bspw. einem Staat oder einem Individuum), in die praktische Handlungsfreiheit und somit auch in die Abwägungsautonomie eines Akteurs Y einzugreifen, wenn dadurch eine (Selbst-)Schädigung von Y vermieden oder Y durch den Eingriff in irgendeiner Hinsicht besser gestellt wird.[676] Der Eingriff kann durch X in *schwacher Form* unter dem Mitwissen von Y (bewusst als Toleranz von oder im Vertrauen zu X), ohne explizite Kenntnis von Y (etwa als „nudging" durch X) oder in *starker Form* vorgenommen werden, also gegen den Willen von Y (bspw. durch Diskursreglementierung etc.).

Z 14.2 Die wissenschaftliche Begründung sowie die moralargumentative Rechtfertigung der Energiewende durch das klimaethische Klimaargument und dessen gesellschaftliche Akzeptanz_F sind derart erdrückend, dass jeglicher Einwand_A dagegen – ob nun allgemein gehalten oder gegen konkrete Projekte – generell nichtig oder schwächer: keine (klima-)wissenschaftlich und -ethisch tragfähige Plausibilität_N besitzt.

Z 14.3 Der Ausbau der Windkraft an Land verzögert sich wie die Energiewende insgesamt deshalb, weil die Partizipationsmöglichkeiten in den Planungs- und Genehmigungsverfahren durch NIMBY-Opponenten absichtlich unterlaufen werden (bspw. über Naturschutz-Argumentationen).[677]

673 Paradigmatisch dafür Maubach 2014, S. 261 f. und Heindl u. a. 2014, S. 508.

674 Vgl. Kahla u. a. 2017, Ohlhorst 2017, S. 172–177, Mautz, Byzio und Rosenbaum 2008, S. 100.

675 S. diese beispielhafte Pressemeldung https://www.rbb-online.de/kontraste/archiv/kontraste-vom-15-07-2021/ausgebremst-windkraft-in-der-krise.html (Stand: 16.03.2022).

Z 14.4 Jede Verzögerung der Energiewende, also auch die des Windkraft-Ausbaus, verlangsamt die Energiewende und somit die Lösung der tückischen Probleme$_T$ (v. a. von EP 6 (AF 7) und aktuell von EP 2) und schädigt langfristig das Gemeinwohl aller.[678]

Z 14.5 Z 14.5.1 Da es keine plausiblen Einwände$_A$ gegen das Klimaargument gibt, verzögern die Opponenten die Energiewende entweder wider besseren Wissens (Mutwille, NIMBY-Ansatz) oder aufgrund fehlender Einsicht$_A$ (Erkenntnismangel).

Z 14.5.2 Weil die bisherige Partizipationspraxis die Energiewende verzögert, werden alle (Gemeinwohl) und somit die Opponenten selbst geschädigt.

Z 14.5.3 Wenn die Schädigung verhindert und das Gemeinwohl verbessert werden soll, dann müssen die Verfahren (mitunter durch einen Eingriff in die Partizipationsmöglichkeiten) beschleunigt werden.

Diese Argumentationsfigur ähnelt einem Hirtenargument[679] und hinterlässt deshalb einen anachronistischen Eindruck. Denn die Energiewende startete eigentlich als eine Bottom-up-Bewegung, die auf eine Beteiligung breiter Bevölkerungsschichten abzielte (vgl. Abschnitt 6.4.3) und die alte, intransparente Top-down-Energiekultur grundlegend reformieren sollte. Wenn es nun mit Blick auf Z 14.5.3 zu einer Verschiebung der strukturellen Kommunikationsmacht kommt, weil die Partizipationsmöglichkeiten eingeschränkt werden, ergeben sich neue Diskursasymmetrien$_{Rh}$, die die Wahrnehmung der Diskursgerechtigkeit stark beeinflussen (werden). Opponenten nehmen die Verfahren bereits jetzt vermehrt als Scheinbeteiligung wahr (vgl. Abschnitt 6.3.2), wodurch sich deren Bereitschaft verstärkt, professionell orchestrierte rhetorische Täuschungen$_{Rh}$ in ihrer Kommunikation einzusetzen.[680] Auch die Bildung von überregionalen Dachverbänden wie Vernunftkraft bildet diese Tendenz ab, da durch jene die deutschlandweiten Erfahrungen aus zurückliegenden Partizipationsverfahren gebündelt und die Einwände$_A$ v. a. in rechtlicher Hinsicht professionalisiert werden können. Daher

676 Vgl. Dworkin 2020.

677 Vgl. H. Scheer 1998, S. 18–21, Meier 2012, Kamlage u. a. 2015, S. 57, Eichenauer 2016, S. 2. So lässt sich die Aussage sozialempirisch kaum belegen, vgl. Jahnke u. a. 2015, S. 369.

678 Dominic Roser und Christian Seidel sprechen bei klimaskeptischen Einwänden$_A$ sogar von der „Gefahr geistiger Brandstiftung", vgl. Roser u. a. 2013, S. 21.

679 In der klassischen Rhetorik spricht man im paternalistischen Sinn vom *Hirtenargument*: „Der Verkünder einer wahren Lehre sieht die Dinge richtig, ist es nicht seine Pflicht, die weniger Einsichtigen, die Dummen und erst recht die Böswilligen notfalls zu ihrem Glück zu zwingen, wenn sanftere Methoden nicht zum Ziel führen [...]?" Vgl. Schleichert 1997, S. 71. Hinsichtlich des *Netzausbaubeschleunigungsgesetzes Übertragungsnetz* kritisieren bspw. Naturschutzverbände eine zu 14 ähnliche Argumentation$_K$. Vgl. Krüger 2020, S. 19 f.

680 Jahnke u. a. 2015, S. 368–371.

lohnt aus argumentationsphilosophischer Perspektive ein genauerer Blick auf diese neuen Asymmetrien, welchen ich anhand von zwei Beispielen eröffne.

6.4.4.1 Paternalismus und Kommunikationsmacht (Engelsbrand)

Vor dem Hintergrund von Tabelle 3 sollten in Engelsbrand die Partizipationsformen „Einbeziehen" und „Kooperieren" (Arg_K) zum Einsatz kommen. Die angesprochene Energiegruppe fungierte als bürgernahe Arbeitsgruppe und hob auf instrumentelle Erklärungen$_I$ (Arg_I) ab, um kontextualisierte Lösungen anzubieten. Die kommunalpolitischen Akteure griffen diese auf und übersetzten sie in rhetorische Argumentationen$_{Rh}$ (Arg_P), die die politische Umsetzung der Vorhaben (etwa die geplanten Partizipationsformen) begleiten sollten. An dieser Stelle kam die erwähnte Diskursasymmetrie$_{Rh}$ zum Tragen: das Beteiligungsparadox. Zum Zeitpunkt, an dem die lokalen Realdiskurse im Zuge der partizipativen Maßnahmen wirklich Fahrt aufnehmen, sind die Projekte aufgrund der operationalisierten Diskursprozeduren, genauer: der „Abschichtung von Entscheidungen in aufeinanderfolgenden Verfahren", oft so weit fortgeschritten, dass unter den gegebenen rechtlichen Rahmenbedingungen oft keine entscheidende Einflussnahme durch die Bürger mehr möglich ist.[681] Zum Zeitpunkt, als eine Einflussnahme noch möglich gewesen wäre, bestand meist keine ausreichende öffentliche Wahnehmung oder sogar ein explizites Desinteresse bei einer Mehrheit der Bürgerschaft. Diese Situation vermittelt vielen Bürgern den Eindruck, dass die Proponenten (inkl. der Projektierer) über eine uneinholbare strukturelle und situative Kommunikationsmacht$_S$ verfügen.[682] Viele empfinden in dieser Situation „Machtlosigkeit", so als ob sie vor vollendete Tatsachen gestellt würden. Generell wird eine möglichst frühzeitige Beteiligung aller Akteure und somit auch der Bürger empfohlen.[683] Aber selbst im *Best-Practice-Fall*, in dem Bürger frühzeitig einbezogen werden und auf einer umfangreichen Kooperationsstufe partizipieren,[684] kann ein lokaler Realdiskurs in einen harten Energiekonflikt umschlagen, wie man an Engelsbrand zeigen kann.

Interessanterweise kam es in Engelsbrand dazu, dass die Opponenten an der Beurteilungskompetenz der Energiegruppe Engelsbrand und der Mehrheit der Bürger zweifelten (vgl. Abschnitt 6.3.2) und nun ihrerseits als „aufklärende

681 Roßnagel u. a. 2014, S. 331 und Krüger 2020, S. 20.

682 Vgl. Roßnagel u. a. 2014, S. 330 f.

683 Vgl. Radtke, Canzler u. a. 2018 und Oppermann u. a. 2019, S. 30.

684 Als Beispiel mit ähnlichen Voraussetzungen könnte der erfolgreich umgesetzte WKA-Park in Lauterstein genannt werden: https://www.wind-lauterstein.de (Stand: 17.03.2022).

Hirten“ paternalistisch agierten.[685] Bei genauerer Betrachtung bestand jedoch eher ein Aufrichtigkeitsvorwurf, der sich gegen die Argumentationspraxis des Projektierers richtete. Fokussiert wurde dessen „intransparenter Umgang“ mit den Sacherkenntnissen der dauerhaften Windmessung (Prämisse Z 13.6) und des Vogelgutachtens.[686] Mit Fokus auf K 07 werde ich in Abschnitt 7.3.3 darauf zurückkommen. Wichtig an dieser Stelle ist, dass die Opponenten ihre Art politischen Argumentierens (Arg_P) für das angemessene Kommunikationsmittel im situativ-lokalen Diskursraum hielten. Die Funktion ihrer $Argumentationen_{Rh}$ bestand darin, den lokalen $Realdiskurs_E$ in Richtung der für sie aussichtsreichsten Partizipationsform (Ermächtigen) zu lenken, um zumindest Wahlfreiheit (F_W) zu ermöglichen. Auch wenn es keinen Bürgerentscheid in dieser Sache gab, erfüllte die reguläre Gemeinderatswahl genau diese Aufgabe, die die Liste der Opponenten knapp gewann. Dadurch wurde das Projekt zwar nicht direktdemokratisch, aber letztlich über diesen Umweg gestoppt.[687]

6.4.4.2 Reflexive Wahrnehmung der Diskursgerechtigkeit (Beelitz)

Beim zweiten Fallbeispiel – dem Bau von 15 WKAs in den Waldgemeinden nahe Beelitz (Potsdam-Mittelmark) – handelt es sich um ein gemeindeextern initiiertes Projekt. Der Konflikt war eingebettet in eine übergeordnete Problemlage, die vor allem durch die unkoordinierte Zusammenarbeit in der kommunalen, regionalen und landesbezogenen Planung der Energiewende geprägt wird (typisch nicht nur im Land Brandenburg).[688] Wie in Beelitz zeigt sich dieses Problem oft daran, dass die Top-down-Planung, genauer: die prozedurale Abfolge von Schritten im Planungs- und Genehmigungsverfahren, auf unzureichend vorbe-

---

685 Durch eine dem Hirtenargument ähnliche Argumentation wurde der Einbezug von Zufallsbürgern in die Konfliktmediation abgelehnt, vgl. Fußnote 594. Diese Art, kritische Stimmen über den Verweis auf die eigene überlegene Aufklärungsarbeit und $Einsicht_A$ nicht zu Wort kommen zu lassen, findet sich ebenso bei Klimaskeptikern, vgl. Soentgen u. a. 2014, S. 44.

686 Vgl. Transkript B: 312–348 und Transkript C: 461–475. 2021 veröffentlichte die NABU-Ortsgruppe Engelsbrand eine eigene „Abwägungssynopse“, die sich gegen eine Bebauung mit WKAs ausspricht. Zu finden unter: https://www.uvp-verbund.de/, Stand 16.02.2022.

687 Dass der Verdacht der Opponenten in einer gewissen Weise berechtigt war, zeigte sich später. Denn für ein ähnliches Projekt der Stadt Pforzheim (Stadtteil Büchenbronn) wurde Ende Mai 2014 ein entsprechender Gestattungsvertrag mit demselben Projektierer unterzeichnet, obwohl auch bei dieser Planung Engelsbrand die nahe gelegenste Gemeinde ist. Vgl. Transkript A: 247–267, zum aktuellen Stand des weiterhin umkämpften Projekts vgl. https://windpark.juwi.de/am-sauberg sowie https://bnn.de/pforzheim/enzkreis/windraeder-windkraftanlagen-neuenbuerg-engelsbrand-waldrennach-schoemberg-langenbrand, Stand: 16.02.2022.

688 Ausführlich dargestellt in: Eichenauer 2016, S. 4–6.

reitete und ausgestattete Gemeinden trifft: z. B. wird in Landschafts-, Regional- und Flächennutzungsplänen sowie Gemeindeentwicklungskonzepten die Windnutzung nicht oder (rechtlich) fehlerhaft eingeplant oder durch die Projektierer „unterlaufen" (mittels der Privilegierungsregel).[689] Da es keinen gültigen Teilflächennutzungsplan gab, galt der Bau der WKAs nach § 35 BauGB als privilegiertes Bauvorhaben. Daher wurden die Bürger der Waldgemeinden lediglich über die Partizipationsformen „Informieren" und „Konsultieren" in die konkreten Planungen eingebunden.[690] Erschwerend kam hinzu, dass die räumlich näher liegenden Gemeinden Borkheide und Borkwalde rechtlich gesehen nicht einmal eingebunden hätten werden müssen, da das Projekt gänzlich auf dem Beelitzer Stadtgebiet entwickelt wurde.[691] In diesem Zuge formierte sich die Bürgerinitiative „Waldkleeblatt – Natürlich Zauche e. V.". An diesem Fall lässt sich anhand der Argumentationsdynamik gut erläutern, wie die Opponenten in ihrer Interpretation der Diskursgerechtigkeit durch das Erleben situativer Kommunikationsmacht$_S$ beeinflusst werden.

Es erweist sich als lohnenswert, die Erläuterung anhand dreier Kritikpunkte zu entwickeln, die gegen deliberative Diskursprozeduren im Sinn von Habermas' Diskursethik vorgebracht werden. Ich umschreibe jene zunächst nur kurz und werde sie anschließend ausführlicher am Konfliktfall in Beelitz bebildern. *a)* Für den bisherigen Energiediskurs lässt sich sagen, dass die durchgeführten Partizipationsverfahren – die alle für sich lokale Realdiskurse stimulieren – „den hohen Ansprüchen des deliberativen Demokratiemodells oftmals nur

689 Vgl. s. Roßnagel u. a. 2014, S. 334, Bosch u. a. 2011 und Oppermann u. a. 2019, S. 27 f. Planungsrechtliche Ausgestaltung der „Öffentlichkeitsbeteiligung" auf Bundes- und Landesebene erweist sich als äußerst komplex und kann hier nicht problematisiert werden. Im Grunde geht es hier vor allem um den Einbezug der Bevölkerung im Zuge der Regionalplanung und der Planung des Windparks vor allem über das Bundesimmissionsschutzgesetz (BImSchG) und Baugesetzbuch (BauGB). Im Konfliktfall Beelitz wurde bspw. der „Teilflächennutzungsplan (TFNP) ‚Wind' der Regionalen Planungsgemeinschaft Havelland-Fläming aufgrund schwerer Abwägungsfehler vom Oberlandesgericht gekippt", vgl. Eichenauer 2016, S. 4 und Braun, Scherer u. a. 2016, S. 23–27. Im Zuge der Neuausgestaltung des Regionalplans und des Teilflächennutzungsplans der Stadt Beelitz ab 2011 wurden kritische Anfragen gestellt und eine erste Bürgerinitiative gegründet. Bei der Gestaltung des Teilflächennutzungsplans stand die Stadt zwischen zwei Positionen: einerseits den Bedenken der Bürger (inkl. der Kliniken in Beelitz-Heilstätten) und dem potenziellen Vorwurf der Verhinderungsplanung seitens der Planungsbehörden. Noch bevor der neue Regionalplan und der Teilflächennutzungsplan der Stadt finalisiert wurden, beantragt der Projektierer juwi beim Landesumweltamt die Errichtung von 15 WKAs.

690 Zur Limitierung der Verfahrenswirksamkeit (K 01E) in Partizipationsverfahren (WKA) auf kommunaler und regionaler Ebene im Sinne eines „institutionellen Beteiligungsparadoxes" vgl. Fraune und Knodt 2019, S. 165–169.

691 Eichenauer 2016, S. 4.

ungenügend entsprechen".[692] Die Entfaltungsbedingungen der Habermas'schen $\text{Diskurse}_{\text{H1}}$ sind für Realdiskurse zu stark und stellen für Bürger ein kaum erreichbares Haltungsideal dar. Um nochmals an Wingerts Überlegung zu erinnern (s. Abschnitt 5.2.3): Reale Akteure sind nicht nur in kommunikative, sondern auch in soziale, mikroökonomische und andere Anerkennungsverhältnisse eingebunden. Die dort vorherrschenden Verzerrungen struktureller und situativer $\text{Kommunikationsmacht}_{\text{S}}$ werden direkt oder indirekt jede Diskursprozedur mehr oder weniger beeinflussen. Man kann daher von einer gewissen Naivität sprechen, wenn man glaubt, dass Realdiskurse auf konkrete Werte_{K} hin und daher im Sinn einer moralfunktionalen Diskursprozedur vollständig operationalisiert werden könnten (etwa auf Fairness, $\text{Aufrichtigkeit}_{\text{K}}$, Konsens etc.). Ungeachtet dessen können solche Werte_{K} (bspw. K 04) vor dem Hintergrund einer normierenden Diskurstheorie durchaus als *regulative Ideen* verstanden werden, nach denen sich die Argumentationspraxis in einer konkreten Diskursprozedur idealerweise richten sollte.[693] *b)* Punkt a geht mit einer kritischen Hinterfragung der *Legitimationskraft* partizipativer Verfahren einher, die sich in den Spannungsfeldern zwischen repräsentativen und direktdemokratischen Verfahren sowie zwischen einer von Lasten betroffenen Minderheit und einer profitierenden Mehrheit bewegt. Bspw. erweist sich in allen Partizipationsformen die hohe soziale Selektivität als problematisch. Sowohl auf der Seite der Proponenten als auch auf der der Opponenten schöpft nur eine kommunikationskompetente Minderheit als die „eigentliche Aktivbürgerschaft" die partizipativen $\text{Handlungspotenziale}_{\text{I}}$ voll aus.[694] Denn in Partizipationsformen muss man eine gewisse dynamische $\text{Kommunikationsmacht}_{\text{D}}$ ausüben können: eine Argumentationskompetenz, die viele Bürger nicht besitzen (etwa aufgrund des Bildungsniveaus).[695] Zwischen den argumentationskompetenten Proponenten und Opponenten steht daher eine

692 Krüger 2020, S. 19. „Die Akteure müssen verständigungsorientiert handeln, d. h. sie müssen jeden anderen als gleich und dessen Gründe als gleichwertig anerkennen. Außerdem wird erwartet, dass die Akteure über das notwendige Wissen verfügen, um die Qualität von Sachentscheidungen zu verbessern." Fraune und Knodt 2019, S. 162.

693 Schon Arnstein wird daher nicht müde, die damit einhergehende Differenz zwischen idealisierter Diskursprozedur und (politischen) Realdiskursen an einer Vielzahl an Beispielen zu veranschaulichen. In diesen wird aufgezeigt, wie Akteure mit struktureller und situativer Kommunikationsmacht kommunalpolitische Partizipationsverfahren unterlaufen können. Vgl. Arnstein 1969.

694 Vgl. Eichenauer 2018, S. 322–323, Ehemann 2020, S. 432 und Krüger 2020, S. 21, 23. Diese Kennzeichnung folgt in Abgrenzung zur staatsrechtlichen Kennzeichnung „Aktivbürger", die jedem Bürger ohne Zutun durch das Recht zum Wählen, Abstimmen und Bekleiden öffentlicher Ämter zukommt.

695 Bei Protesten gegen die Energiewende engagiert sich vorwiegend „eine überdurchschnittlich gebildete Mittelschicht über 50 Jahre". Eichenauer 2018, S. 322.

„stille Mehrheit“, die ihr Desinteresse an den Projekten entweder sehr spät oder gar nicht zugunsten eines aktiven Engagements für oder dagegen aufgibt (Beteiligungsparadox).[696] Eine ähnliche Diskursasymmetrie$_{Rh}$ ergibt sich daraus, dass oft nur eine Akteursgruppe die Partizipationsform im Rahmen rechtlicher Grenzen festlegt (bspw. der Projektierer). Beide Probleme verweisen auf eine Beeinträchtigung der Abwägungsautonomie (v. a. von F_W, F_M) kommunikationsschwacher Akteure durch kommunikationsstarke. *c)* Einen übergeordneten Rahmen erhalten die Problemfelder a und b, indem in ihnen ein grundsätzliches Ringen um drei Perspektiven auf Diskursgerechtigkeit – die ICH$_A$-, WIR$_L$- und WIR$_U$-Perspektive – zum Ausdruck kommt: Je nach Perspektive erscheinen die aktive Nutzung von Kommunikationsmacht und Argumentationstaktiken, also konkrete Diskursasymmetrien$_{Rh}$, als problematisch oder eben auch nicht. Im Normalfall besteht ein „stabiles Gleichgewicht“ zwischen diesen Perspektiven, welches wesentlich von dem Narrativ abhängt, in welchem die gesellschaftsorientierende Vorstellung des Gemeinwohls (als wichtigstes Bedeutungsmoment des Gemeinsinns) entwickelt wird.

Zu a) Der Ausgangspunkt für die kommenden Erörterungen ist die Spannung zwischen dem angesprochenen Haltungsideal und dem *reflexiven Erwartungsbild* gegenüber der Projektumsetzung. Der Konfliktfall in Beelitz eignet sich für eine solche Analyse besonders gut, da das WKA-Projekt wie erwähnt top-down über die Regionalplanung und den Projektierer entwickelt wurde. Dadurch wurde zunächst über die beiden Partizipationsformen das Haltungsideal an die Bürger herangetragen, sodass diese in Reflexion darauf ein kontextualisiertes Erwartungsbild entwickelten (bzw. mussten). Mit Fokus auf die Opponenten arbeite ich zunächst die Details des Haltungsideals am Beelitzer Fall aus.

Das mehr oder weniger deliberativ geprägte Haltungsideal verlangt von den Opponenten wie von allen Bürgern, dass sie sich verständigungs- oder sogar konsensorientiert geben (s. Fußnote 692, K 01 und A 16). Dazu müssen sie sich selbst jedoch in einem zweifachen Sinn als Teil eines übergeordneten Ganzen erkennen: *α)* Dies bezieht sich *erstens* auf die Energiewende als solche. Das heißt nicht, dass man sich der in Abschnitt 6.4.3 angesprochenen proaktiven Bottom-up-Bewegung zugehörig fühlen muss. Allerdings muss jedes Individuum für sich einen sinnvollen Ort im Narrativ erkennen, in welchem die Energiewende als Ganzes konzeptualisiert wird (etwa EWN$_P$). Ohne die Möglichkeit einer solchen Orientierung$_I$ wird eine konsensuale Teilhabe kaum möglich sein. Die Klimaskeptiker unter den Opponenten bestreiten nicht nur diese Möglichkeit, sondern auch die Sinnhaftigkeit der gesamten Energiewende, indem sie

696 Vgl. Bönisch u. a. 2017, S. 24, Oppermann u. a. 2019, S. 18, Ehemann 2020, S. 433 f.

insbesondere deren Rechtfertigung über das EP 6 als unschlüssig erachten (vgl. Fußnote 140). In Beelitz konnte unter den Opponenten keine signifikant ausgeprägte Klimaskepsis festgestellt werden.[697] Der anthropogene Einfluss auf den Klimawandel wurde mehrheitlich nicht bestritten (Klimaargument). Viele kritisierten jedoch die daraus abgeleitete instrumentelle Erklärung$_I$, nach der der Ausbau der Windkraft auch in Wäldern vorangetrieben werden muss. In Kontrast zum EWN$_P$ forderten sie eine stärkere Gewichtung anderer Handlungspotenziale$_I$ gegen den Klimawandel (v. a. Energiesuffizienz, C(arbon) D(ioxide) R(emoval) mit Fokus auf Waldschutz und Aufforstung sowie THG-arme Energieerzeugung wie Kernenergie).[698] *β)* Im *zweiten Schritt* geht es darum, sich mit der Diskursgemeinschaft zu identifizieren, die den Energiediskurs maßgeblich prägt. Obwohl die Bürgerinitiative in Beelitz im Vergleich zu der in Engelsbrand weniger durch diskursdestruktive Opponenten (engl. auch „knocker")[699] gelenkt wurde, distanzierten sich die meisten Opponenten von der lokalen Realisierung der Energiewende. In Beelitz konzentrierte sich die Kritik vorzugsweise auf die partizipativen Diskursprozeduren sowie den dortigen Umgang mit Wissensfragen und der erfahrungsbedingten Risikowahrnehmung (Waldbrand).[700] Die Überlegungen zusammenfassend sah man die Schieflage der Diskursgerechtigkeit darin, dass der Energiediskurs nicht nur auf Bundesebene (global), sondern auch auf regionaler und lokaler Ebene zu stark von den Akteuren bestimmt wird, die einen direkten wirtschaftlichen Nutzen aus den konkreten Vorhaben ziehen: Lokale Akteure – insbesondere kritische – würden in den real durchgeführten Diskursprozeduren zum einen zu wenig Gehör und zum anderen zu wenig Einfluss auf projektbezogene Verfahren, Planungen und Entscheidungen erhalten (Erinnerung: Beteiligungsparadox).[701]

Die grundsätzliche Konsensorientierung im Haltungsideal erfordert von den Bürgern eine gewisse Offenheit und einen aufrichtigen Umgang mit den plausiblen Gründe$_P$ der anderen. *γ)* Dies bezieht sich zum einen auf die wissenschaftliche Realerkenntnis$_W$ und instrumentelle Erklärung$_I$, durch die das Vorhaben gerechtfertigt wird. In Beelitz konnte keine grundlegende Wissenschaftsskepsis festgestellt werden. Im Gegenteil: Die Kritik an der Erklärung$_I$ ging mitunter

697 Folgende Ausführungen basieren auf der Auswertung einer kleinen Online-Umfrage, s. Eichenauer 2016, S. 14.

698 Vgl. Transkript E: 1287–1311, Transkript F: 488–524, 3326–3334, Transkript G: 325–334, 1414–1435, Transkript H: 1512–1536. In den Tiefeninterviews waren die wirklich konkreten Einsparungsvorhaben überschaubar, vgl. Transkript E: 2231–2294, Transkript H: 1684–1693. Zum CDR-Verfahren vgl. Braun und Baatz 2017, S. 873–879.

699 Vgl. C. Taylor 1991, S. 74.

700 Vgl. Eichenauer 2016, S. 13 f.

701 Vgl. Transkript H: 1064–1070.

mit der Forderung einher, dass bisher zu wenige wissenschaftliche Studien für die kontextspezifische Beurteilung von Projekten vorliegen würden. Dies bezog sich bspw. auf den Einfluss auf Patienten einer psychiatrischen Klinik (Beelitz-Heilstätten), den Naturschutz sowie das bereits angesprochene Waldbrandrisiko (AF 9).[702] *δ)* Die andere Klasse plausibler Gründe$_P$ umfasst die Rechtfertigungen, durch die das konkrete Projekt nicht nur als ein Beitrag zur Energiewende, sondern auch als Beitrag zum Gemeinwohl angesehen werden soll. Da die Energiewende im Allgemeinen von den Opponenten nicht infrage gestellt wurde (WIR$_U$-Perspektive), zweifelte man eher daran, ob das Projekt dem lokalen Gemeinwohl aus WIR$_L$-Perspektive zuträglich sei. Die allgemeine Rechtfertigung über das Klimaargument entfaltete also keine ausreichende Überzeugungskraft im Kontext$_L$ der Waldgemeinden (vgl. Fußnote 493).

Die genannten normativen Anforderungen α bis δ verlangen von den Bürgern zudem die bereits erwähnte Argumentationskompetenz, die ich dieses Mal an den beiden vornehmlichen Partizipationsformen in Beelitz besprechen möchte. *ε)* Im Zuge des *Informierens* müssen sich die Bürger als lernfähig erweisen. Lokale Energiediskurse und der Konflikt in Beelitz sind – wie erwähnt – Lernorte, sowohl des kollektiven WIR$_L$ als auch des individuellen ICH$_A$. Inhalte sind vorzugsweise die technischen Aspekten der eE und der Energiewende im Allgemeinen, die Möglichkeiten und Reichweiten sowie das Praktizieren der einzelnen Partizipationsformen und im Fall von Beelitz das komplexe Ökosystem *(Nutz-)Wald.*[703] *ζ)* Das *Konsultieren* erfordert weitaus kommunikativere Fähigkeiten: *Zum einen* muss man eigene Anliegen vorbringen und im Partizipationverfahren argumentativ vertreten können. Dies verlangt *zum anderen*, dass die eigenen Anliegen und die Informationen innerhalb des Verfahrens reflexiv in den lokalen Realdiskurs eingeordnet werden können. In Beelitz war bei einigen Opponenten darüber der Eindruck entstanden, dass die Partizipationverfahren selbst oder die in diesen eingesetzten rhetorischen Argumentationen$_{Rh}$ zur manipulativen Täuschung$_{Rh}$ eingesetzt wurden.[704]

Zu b) Aus politiktheoretischer Perspektive gibt es durchaus die Tendenz, die Legitimation deliberativer Diskursprozeduren im Rahmen der Energiewende kritisch im Sinn einer Demokratiekrise zu hinterfragen. Hier ist nicht der Ort,

702 Vgl. https://m.pnn.de/potsdam-mittelmark/windpark-bauvorbereitung-juwi-verzichtet-auf-fuenf-windraeder/25433468.html (Stand: 24.03.2022), Braun, Scherer u. a. 2016, S. 22 f., Transkript F: 1479–1484.

703 Vgl. Mautz und Byzio 2005, S. 108–113, Sippel 2015, S. 36, Reusswig, Braun, Heger, Ludewig, Eichenauer u. a. 2016, S. 215, Bock u. a. 2017, S. 16 f. und Transkript F: 1980–1983, Transkript H: 1421–1427, Transkript E: 135–193, 355–364, 1507–1532.

704 Eichenauer 2016, S. 12.

um sich ausführlich damit auseinanderzusetzen.[705] Allerdings ergeben sich aus dieser Diskussion Anregungen für ein besseres argumentationsphilosophisches Verständnis des Beteiligungsparadoxes (Abschnitt 6.4.4.1), das den meisten Konflikten gemein ist. Ausgangspunkt dazu ist T 07, nach der die inhaltliche Feinjustierung und kritisch-argumentative Prüfung der sozialen Gerechtigkeit „in der Fläche“ und somit der Viefalt lokaler Realdiskurse erfolgt. Timmo Krüger stimme ich zu, dass reale Diskursprozeduren die partizipationstheoretischen Ideale – wie etwa Allparteilichkeit, Fairness, Inklusion etc. – „nur eingeschränkt erfüllen können und somit in ihrer Bedeutung und Leistungsfähigkeit nicht überschätzt werden sollten“.[706] Nach ihm bedarf es daher immer auch anderer Verfahren politischer Entscheidungsfindung. Den Kern seines Alternativansatzes zurückstellend (s. Kapitel 7) fokussiere ich zunächst einen Gedanken, den ich in Anlehnung an T 02 und T 03 in einer weiteren These festhalte:

> T 08 (Verfahrenskritische Funktion lokaler Konfliktdiskurse): Konfliktbehaftete lokale Realdiskurse – und zwar nicht nur im Rahmen partizipativer Diskursprozeduren – drücken gesellschaftliche Probleme in den kontextbezogenen Facetten aus, sind somit zentrale *Brennpunkte* der kritischen Auseinandersetzung mit diesen und tragen in Teilen zu deren themenbezogener Lösung bei.[707] D. h., selbst wenn die Lösung komplexer tückischer Probleme$_T$ einer kollektiv-verbindlichen Orientierung$_A$ auf gesellschaftlicher Ebene bedarf, müssen sich diese Lösungsansätze in der Abwägung$_I$ eines jeden (autonomen) Individuums bewähren. Die Orte dieser (diskursiven) Abwägung$_I$ sind die lokalen Diskurse, in denen nah an der je eigenen Lebenswelt mit bedeutsamen anderen kommuniziert und diskutiert wird. Daraus ergibt sich eine kritische Perspektive auf den für Diskursprozeduren wichtigen Ansatz prozeduraler Akzeptanz$_P$: Diese kann nicht nur im Widerspruch mit thematisch gebundenen idiosynkratischen Abwägungen$_I$ stehen (als Differenz zwischen Gemeinwohl und persönlichem Interesse), sondern kann über argumentative Konflikte in ihrer Legimationskraft- bzw. reichweite generell eingeschränkt werden.

Die Energiewende generiert also nicht nur neue gesellschaftliche Strukturen (A 03), sondern ebenso neue Realdiskurse. Diese verändern ihrerseits die Reflexion und Interpretation der dort realisierten partizipativen Diskursprozeduren und zwar in Auseinandersetzung mit der je eigenen (reflexiven) Abwägung$_I$ zur „lebenswichtigen Energiefrage“.

In der sozialwissenschaftlichen Rekonstruktion lokaler Energiekonflikte zeichnet sich eine Art „Rückbesinnung“ auf den Stellenwert idiosynkratischer Abwägungen$_I$ und der damit einhergehenden hohen Gewichtung der Abwägungs-

705 Vgl. dazu bspw. Krüger 2020, Krüger 2021.
706 Vgl. Krüger 2020, S. 22, zur Entstehung dieser Auffassung vgl. Fraune und Knodt 2019, S. 161 f.
707 Vgl. Reusswig, Braun, Heger, Ludewig, Eichenauer u. a. 2016, S. 215, Krüger 2020, S. 22.

autonomie in Kontrast zur theoretischen Überhöhung prozeduraler Akzeptanz_P ab. Am Fall in Beelitz lässt sich dies gut an der Differenz zwischen der Erwartungshaltung der Opponenten gegenüber den proaktiven Akteuren einerseits und dem Erleben der durch sie durchgeführten partizipativen Diskursprozeduren andererseits nachvollziehen (Differenzerfahrung). In Tabelle 4 werde ich diese Differenz mit Rückgriff auf die herausgearbeiteten Haltungsaspekte (α–σ) nachzeichnen und anschließend in Kapitel 7 als Grundlage heranziehen, um das Verhältnis zwischen der Wahrnehmung der Diskursgerechtigkeit und Abwägungsautonomie mit Fokus auf die Möglichkeit *authentischer Autorschaft* diskutieren.

Kapitel 7: Schlussreflexion (Reichweite narrativer Plausibilität)

7.1 Kurzer Rückblick

In Kapitel 6 standen die argumentationsexternen, sozial bedingten Faktoren im Mittelpunkt, über welche die *argumentativen Brücken* (Abschnitt 5.1.4) vor allem in idiosynkratischen Abwägungen$_{I}$ in besonderer Weise beeinflusst werden. Aus der erweiterten Diskursanalyse – in der topologische, rhetorische und partizipatorische Aspekte des Argumentierens Beachtung fanden – folgte, dass Energiekonflikte nicht zuletzt durch eine wechselseitige reflexive Bezugnahme aller Akteure geprägt sind. Die reflexive Wahrnehmung der Diskursgerechtigkeit in Diskursprozeduren oder der proaktiven Beeinflussung lokaler Realdiskurse durch rhetorische Täuschungen$_{Rh}$ erweist sich als starker Konfliktkatalysator, wie an den Beispielen in Engelsbrand und Beelitz nachgezeichnet wurde. In Tabelle 4 habe ich diese Differenzerfahrung der Opponenten – also zwischen dem Erwartungsbild an den Energiediskurs und der angesprochenen Wahrnehmung – für das Fallbeispiel Beelitz kompakt zusammengefasst.[708]

Erwartungsbild	Differenzerfahrung
α – Identifikation mit dem EWN$_{P}$	
• sektorenübergreifende Offenheit in der Wahl der Mittel (vielfältige Handlungsmöglichkeiten)[708.a] • Anerkennung niederschwelliger Beiträge zum Klimaschutz, etwa zur Energieeffizienz[708.b]	• (volks-)wirtschaftsoptimierte Selektion technischer Innovationspfade (manifest über gesetzliche Rahmenbedingungen, z. B. EEG))[708.c] • über Expertise$_{P}$ gerechtfertigte Gewichtung der Projekte als „alternativlose Beiträge" zur Energiewende[708.d]
β – Authentizität der die Energiewende prägenden Akteure („knocker")	
• gemeinschaftlicher und aufrichtiger Diskurs$_{H1}$ „auf Augenhöhe" inkl. der Offenheit für die kritischen, teils emotional geäußerten Rückfragen und Bedenken (etwa zum Brandrisiko)[708.e] • Ideal neutraler Vermittler bzw. allparteilicher (Konflikt-)Mediation[708.f]	• Partizipationsdiskurs als interessengebundene „Kampfarena" von Akteuren mit großer situativer Kommunikationsmacht$_{S}$[708.g] • geltende rechtliche Rahmenbedingungen als argumentative Druckmittel[708.h] • Interpretation der Rede von „schnellen Partizipationsverfahren": im Fall der Verwaltungsbehörden als Desinteresse an legitimen Einwänden$_{A}$ und im Fall der Projektträger als Diskursmanipulation aufgrund wirtschaftlicher Eigeninteressen[708.i]

Erwartungsbild	Differenzerfahrung
γ – Aufrichtigkeit$_K$ in Bezug zur Realerkenntnis$_W$	
• fundiertes Wissen zum Thema Windkraft im Wald (Fokus: Ökosystem Kiefern-Monokultur, Waldbrandrisiko Brandenburg)[708.j] • fundierte Kenntnis zur Praxis der Waldbrandbekämpfung[708.k] • Wissen zur Wechselwirkung Windkraft und (psychiatrische) Kliniken[708.l]	• minimale Kenntnisse zur regionalspezifischen Waldökologie und zum Brandschutz[708.m] • mutmaßliche rhetorische Täuschung$_{Rh}$ zu möglichen Gesundheitsrisiken[708.n]
δ – Beitrag zum lokalen Gemeinwohl (WIR$_L$)	
• Orientierungsdiskurs mit Blick auf Kontext$_L$ (lokale Adaption des Klimawandelarguments) • Interesse am lokalen WIR$_L$-Gemeinwohl (Waldgemeinde)[708.o]	• allgemeine Rechtfertigung des Projekts, keine lokale Adaption des Klimawandelarguments • Eindruck der „mutmaßlichen Bestechung“ durch finanziell-kompensatorische Beteiligungsmodelle (Gewinn)[708.p]
ε/ζ – Argumentationskompetenzen in partizipativer Diskursprozedur	
• Interpretation des „Austausches auf Augenhöhe“ hier: gegenseitiges Lernen (Zuhören und Ernstnehmen durch die proaktiven Akteure)[708.q] • partizipative Diskursprozeduren („Konsultieren“) als geschützter Artikulationsraum für Bürger	• selektive Themenauswahl, beschränkte Informationsbemühungen (im Rahmen rechtlicher Pflichten) und Einsatz rhetorischer Argumentationen$_{Rh}$[708.r] • Ignoranz gegenüber kontextualisierten Argumentationen (insbesondere gegenüber rechtlich gesehen verfahrensunwirksamen Gründen (K 01E))[708.s]

Tabelle 4: Partizipative Differenzerfahrung der Opponenten in Beelitz.

708 Es folgen hier die Erläuterungen zur Tabelle: [708.a] Das Erwartungsbild der Opponenten gegenüber den proaktiven Akteuren unterscheidet sich gar nicht so sehr von der Haltung, die René Mono den führenden Akteuren einer ideal-fiktiven Energiegenossenschaft zuschreibt, vgl. Mono 2018, S. 1136 f. [708.b] „Wenns um CO2 geht, nur ums CO2 gäbe es so viele Möglichkeiten, CO2 zu sparen, aber an die möchte die Politik ungern ran, is mein Eindruck, weil sie unpopulär sind.“ Transkript F: 1950–1952. Thematisiert werden die gesellschaftliche Honorierung von Einsparpotenzialen, die der Abwägung$_I$ unterliegen: *Umweltticket* statt Auto, der Urlaub im Nahbereich statt einer Fernreise, der Verzicht auf stromverbrauchende Haushaltgeräte etc. Vgl. Transkript H: 1413–1419, 1684–1693. [708.c] Vgl. Fußnote 9 und Fußnote 216. [708.d] Zur technokratischen Fixierung der Mittel vgl. Fußnote 208 sowie zur paternalistischen Fixierung J. Sommer 2015, S. 18 f. und Oppermann u. a. 2019, S. 17, 30. [708.e] Gemeint ist ein in der Konfliktmediation durchaus geläufiger Gedanke: „Ein professionelles Konfliktmanagement berücksichtigt im Gegensatz zu den formalen Verfahren den angemessenen Umgang mit Emotionen als Ausdruck von Bedürfnissen, die als gefährdet erlebt werden. Es geht darum, fachlich und sprachlich zwischen unterschiedlichen beruflichen Lebenswelten und sozialen Milieus zu

Die in Tabelle 4 anhand von sechs Haltungsaspekten ablesbare kritische Wahrnehmung der Diskursgerechtigkeit fußt – so die wichtige Ausgangsüberlegung für dieses Kapitel – auf zwei wichtigen Irritationen: *Erstens* treffen in Konflikten mindestens zwei unterschiedliche Interpretationen der Energiekultur aufeinander. Die Proponenten sehen die derzeitige Energiewende meist als durch und durch basisdemokratisch legitimierte Transformation der Energiekultur. Die Lücken und Schieflagen in der Realisation werden als grundsätzlich lösbar oder vor dem Hintergrund des Klimawandelarguments als nachrangig angesehen. Die lokalen Opponenten, die tatsächlich von Konsequenzen in irgendeiner Form betroffen sind, sehen in den Lücken und Schieflagen Hinweise, um mindestens über die eingesetzten Mittel (etwa WKA-Ausbau) zu diskutieren sowie um die Ausbauziele (X Prozent eE zum Zeitpunkt Y oder Region Z als Vorranggebiet für WKAs etc.) zu adaptieren. Trotz aller Beteiligungsbemühungen führt in den Konfliktdiskursen die ausbleibende Erfahrung politischer Selbstwirksamkeit *zweitens* durchaus auch zu einem Protest, indem die narrative Plausibilität$_N$ von EWN$_P$ grundsätzlich infrage gestellt wird.

---

vermitteln und auch die internen Konflikte und Zerreißproben innerhalb der Akteursgruppen zu berücksichtigen." Glässer u. a. 2018, S. 25. [708.f] Vgl. Fußnote 664. [708.g] Vgl. Roßnagel u. a. 2014, S. 333 und Fußnote 718. [708.h] Vgl. Fußnote 714.[708.i] Vgl. Fußnote 713.[708.j] Vgl. Umfrageergebnisse und Zeitungsartikel in: Eichenauer 2016, S. 7, 11. Zitate finden sich in: Fußnote 803. [708.k] Vgl. Argumentationsfigur 9. „Wir sind ja nur Freiwillige Feuerwehr und VIELE von uns arbeiten in Berlin oder Potsdam. Das sind ja 40, 50 Kilometer mindestens, die die zurücklegen müssten, um schnell mal zu Hause das Feuer zu löschen." Transkript E: 174–176[708.l] Vgl. ebd., S. 7 f. [708.m] Vgl. Fußnote 712.[708.n] Wie in vielen anderen Konflikten ging es meist um Infraschall und Schattenwurf. Vgl. Transkript F: 2918–2947, Transkript E: 2181–2190. [708.o] Vgl. Fußnote 493. „Aber Beelitz-Heilstätten is ja [...] bei den Berlinern bekannt, als das mit der Lungentuberkulose war, deswegen is man ja hier raus in den Wald gegangen, in die gute Luft, um den Leuten, dass sie sich/also hier, dass sie gesund werden können. Na. Weil das eben so n großes zusammenhängendes Waldgebiet ist. [...] Und es ist der Wald, der uns umgibt. Wir sind also Waldgemeinden und es gibt nicht so viele Waldgemeinden." Transkript E: 280–286. „Wir sind eine Waldgemeinde. Wir SIND ne Waldgemeinde. Dann sollte man den Charakter erhalten und nicht gleich alles abholzen." Transkript H: 783–785. Ähnlich Transkript G: 1525–1532.[708.p] Vgl. Fußnote 711. [708.q] Erwartungsbild (Partizipationsform „Informieren") entspricht in etwa dem Idealbild der „kommunalen Agenda 21" (UN-Konferenz für Umwelt und Entwicklung 1992, Rio de Janeiro): „Partizipation auf kommunaler Ebene wird dabei in den Prozessen der Agenda 21 als gegenseitiges Lernen zwischen BürgerIn und Verwaltung definiert [...]." Baranek u. a. 2005, S. 23. „Ich muss auch sagen, ich hab jetzt erst durch die Arbeit als Sprecherin der Bürgerinitiative viel gelernt. Und man lernt ständig dazu." Transkript E: 362–364. [708.r] Vgl. Fußnote 712. [708.s] Vgl. Anmerkungen zu Fußnote 708.i und Fußnote 708.h. Informationen zu thematisierten Fragen und Problemen (Brandschutz, Ausgleichsflächen etc.) flossen eher spärlich. Häufig wurde in den Interviews daher so etwas gesagt wie: „Keiner kann erklären ganz genau wo und ich selber habs/ich hab auch zu spät n bisschen angefangen damit, ich hab versucht, es rauszukriegen." Transkript H: 314 f.

In diesem Kapitel werde ich daher nochmals viel gründlicher der Frage nachgehen, warum die reflexive Erfahrung von Argumentationsfreiheit und Abwägungsautonomie im Energiediskurs, insbesondere in Form der authentischen (Selbst-)Autorschaft, für viele Opponenten so wichtig scheint. Diese eher grundsätzliche Frage manifestiert sich außerordentlich kraftvoll in den alltagsrelevanten Argumentationen und Abwägungen$_{I}$, die alle Bürger aufgefordert sind zu treffen, sobald sie von Maßnahmen wie Windparks betroffen sind. Der entscheidende Punkt lautet, dass die Beantwortung der Frage wesentlich von der Plausibilität$_{N}$ der lokalen bzw. regionalen Anpassung des EWN$_{P}$ abhängt. Von den drei genannten Perspektiven beeinflusst neben der ICH$_{A}$-Perspektive vor allem die WIR$_{L}$-Perspektive auf das lokale Gemeinwohl die Art und Weise der Einsicht$_{A}$ in diese Plausibilität$_{N}$. Folgend gehe ich daher verstärkt auf die narrative Argumentationspraxis und deren Plausibilitätsbegriff ein.

7.2 *Zur grundsätzlichen Spannung akteursbezogener Haltungen (Beelitz)*

7.2.1 Das Problem unterschwelliger Kommunikationsmacht

Das Beelitzer Projekt stellt einen typischen Fall der Windkraftnutzung in Brandenburg (Energiewende-Phasen 1 und 2) dar: keine idealtypische Bürgerenergie, sondern eine externe Investition. Den wie auch immer zu bewertenden Lasten durch die Technologienutzung stehen in finanzieller Hinsicht meistens eine vergleichsweise geringe Teilhabe an der potenziellen Wertschöpfung seitens der Gemeinden und der Bürger gegenüber (gilt insbesondere für die standortnahen Nachbargemeinden).[709] Die projektbefürwortenden Akteure – der Projektierer, Investor (ggf. Standortgemeinde) – agierten also weniger als Prosumer oder gar als klimafreundliche Idealisten, sondern vielmehr als klassische gewinnmaximierende Investoren.[710] In Beelitz gab es zum Zeitpunkt der Fallbeobachtung für normale Bürger keine ernsthaften Verhandlungen über finanzielle Partizipationsformen (weder zur Mitfinanzierung noch zur Gewinnbeteiligung) und die befragten Opponenten zeigten sich demgegenüber eher indifferent.[711]

709 Vgl. Gottschalk u. a. 2016, S. 20, Ohlhorst 2017, 166 (Fn. 6). Einen wirklich vielversprechenden politischen Ansatz hinsichtlich sozialer Gerechtigkeit stellt dagegen das „Bürger- und Gemeindenbeteiligungsgesetz“ in Mecklenburg-Vorpommern dar, nach dem den unmittelbaren Nachbarn von den Investoren eine Beteiligungsoption angeboten werden muss. Vgl. MEIL-MV 2016 und Zuber u. a. 2020, S. 26 f.

710 Vgl. Gottschalk u. a. 2016, S. 22 f.

711 Vgl. Umfrageergebnisse in: Eichenauer 2016, S. 9, Transkript H: 466–469, Transkript E: 958–968, 2168–2190. „Unter bestimmten Umständen kann finanzielle Beteiligung zu mehr

Ungeachtet dessen und im Gegensatz zu Engelsbrand entwickelte sich der Energiekonflikt in Beelitz zu keinem entfesselten Realdiskurs$_{E}$, sondern blieb ein konfliktgetragener Realdiskurs$_{Rh}$ zwischen Opponenten und proaktiven Proponenten. Die Partizipation beschränkte sich daher auf eine befriedende, konsensorientierte Funktion im Rahmen rechtlicher Informations- und Konsultationspflichten. Diese beiden Partizipationsformen zielen auf eine angemessene Anerkennung der Informations- und Meinungsfreiheit (F_{I},F_{M}) der Bürger ab. In Beelitz zeigte sich nun eine Diskursasymmetrie$_{Rh}$ darin, dass die dort ausgeübte und auch diskursbestimmende rechtliche Argumentationspraxis (Arg$_{R}$) aus Sicht der Opponenten (v. a. der Nachbargemeinden) keine angemessene Anerkennung durch die (betroffenen) Bürger einforderte (vgl. A 18). Dies machte sich, *erstens*, am rechtlich unproblematischen, konsensual-partizipativ betrachtet jedoch unzureichenden Einbezug der Öffentlichkeit in die Regional- und Flächennutzungspläne (Festlegung der Eignungsgebiete) seitens der Politik und Behörden sowie an der gezielten Rhetorik (inkl. Täuschungen$_{Rh}$) während der Informationstreffen seitens des Projektierers bemerkbar.[712] Die Opponenten werteten dies durchweg als stärkstes Zeichen der Scheinbeteiligung.[713] *Zweitens*, nutzte der Projektierer in Reaktion auf den langanhaltenden Widerstand zunächst unterschwellig und

Akzeptanz führen [...], unter anderen hingegen verstärktes Misstrauen hervorrufen. [...] Wird die Option der finanziellen Beteiligung erst eingeführt, wenn der Konflikt bereits im Prozess der Austragung ist, wird dies eher kritisch aufgefasst und kann sogar zu stärkerer Ablehnung führen. Dann kann finanzielle Beteiligung durchaus als Bestechung oder als ‚gekauft werden' wahrgenommen werden [...]. Weniger als 1 % der aktiven Öffentlichkeit würden bei angebotener finanzieller Beteiligung zustimmen. Bei den Befragten der Bevölkerungsbefragung würde immerhin rund die Hälfte dann doch zustimmen, wenn sie persönlich oder die Gemeinde am Ertrag beteiligt würden." Eichenauer 2018, S. 328 f.

712 Vgl. Fußnote 689. „Weil nämlich in der Gemeinde zwar mal n Aushang gehangen hat, aber es wurde eigentlich weder von den Gemeinderatsmitgliedern noch sonst informiert oder darüber gesprochen. Also um es klipp und klar zu sagen, es ist verschlafen worden." Transkript F: 1080–1083. „Und und und sie stellen die Wahrheit auch nicht so ganz klar da." Transkript E: 2183. „Da waren [...] zwei junge Frauen von der Firma juwi da. Ich muss Ihnen sagen, das war nicht doll, was die gesagt haben. Die eine hat nichts gesagt und die andere, die hat nur so ganz kläglich da gesprochen, nach dem Motto also dass Windräder brennen is ihr nicht bekannt, das hat sie noch nie gehört. Des kommt dann nicht gut an, wenn Sie wissen [...] ich hab gestaunt. Da waren viele [der Bürger, F. B.] sehr gut informiert." Transkript E: 1078–1083. Auf der Projekt-Homepage (https://windpark.juwi.de/windpark-beelitz) wird die Einschätzung der Brandgefahr aktuell immer noch über Kenntnisse aus einem Bürgerforum in Hessen gestützt (Stand: 29.03.2022). Mangelhaft durchgeführte Öffentlichkeitsbeteiligung, egal ob bewusst oder unbewusst, wird in der Begleitforschung schon länger diskutiert, vgl. Roßnagel u. a. 2014, S. 334 Krüger 2021, S. 20, 22 und ebd., S. 12, 17 f.

713 „[...], jetzt komme ich zurück zum Anfang, da habe ich eben den Eindruck, dass das keine echte Bürgerbeteiligung ist, sondern dass das ne Schauveranstaltung is [...] wir machen uns grundsätzlich große Sorgen um den Naturschutz. Ganz unabhängig von Windrädern oder [...] Energiewende. Aber wir sehen eben, und nun sind wir dann auch tatsächlich betroffen vor der

später explizit seine strukturelle Kommunikationsmacht situativ aus, die im Beelitzer Fall über § 35 BauGB (Privilegierungsprinzip) rechtlich bedingt war. Diese Kommunikationsmacht$_{S}$ war anfangs nicht allen Opponenten bewusst, sodass sie im Zuge der Kenntnisnahme das politische bzw. verwaltungsbehördliche sowie das vom Projektierer ausgehende Bemühen um Partizipation noch viel stärker als eine Art *potemkinsches Beteiligungsdorf* interpretierten.[714] Bürgerbeteiligung gemäß der idealen diskursethischen Diskursgrammatik (Diskurs$_{H1}$) wurde in Beelitz und in der Region zu keinem Zeitpunkt realisiert.

Aus partizipatorischer Sicht verfestigte insbesondere die Privilegierungsregel gemäß § 35 BauGB die Diskursasymmetrie$_{Rh}$ zwischen Projektierer und Opponenten, welche auch nicht über partizipativ-mediatorische Bemühungen der Stadt Beelitz abgemildert werden konnte. Die situative Kommunikationsmacht$_{S}$ lag uneingeschränkt beim Projektierer: Hinter der anfänglich genutzten klimaethischen Rechtfertigung mit Blick auf das Nichtigkeitsargument$_{K}$ stand in Beelitz die rhetorisch gesehen viel effektivere Drohkulisse, sukzessive zu einer rein rechtlichen Argumentationstaktik (Arg$_{R}$) übergehen zu können, wie in Beelitz letztlich geschehen. Die Opponenten erkannten relativ spät, dass sie in der rechtlichen Argumentationspraxis (Arg$_{R}$) „verlieren" würden, und interpretierten die situative Kommunikationsmacht$_{S}$ mehrheitlich als systematische Nicht-Anerkennung ihrer Belange: Ihre Argumentationen würden in dieser Argumentationspraxis kein Gehör finden (vgl. Fußnote 723). 2020 führte in Beelitz das Wechselspiel zwischen richterlichen Urteilen und Widersprüchen seitens der Bürgerinitiative und der Stadt zu einem Ultimatum an letztere.[715] Die sich darin widerspiegelnde „überhebliche Bürgerkommunikation" mancher Projektierer wird im erwähnten Roman Zehs (Abschnitt 1.3.1) mit folgender Aussage pointiert:

> »Sie begreifen nicht, dass die Windenergie auf jeden Fall kommt, ob Sie wollen oder nicht«, sagte der Pilzjunge. »Ich bin hier, um gemeinsam mit Ihnen den besten Weg zu finden.«[716]

Diese dominante Art der Kommunikation polarisiert natürlich, da die grundsätzliche Diskursasymmetrie$_{Rh}$ bei vielen Opponenten zu einem starken Unrechts-

---

Haustür, was das für Folgen hätte. Und deswegen engagieren wir uns." Transkript F: 1009–1015. Weiterführend s. Jahnke u. a. 2015, S. 369.

714 Vgl. Fußnote 689. „Es wurde aber immer [...] drauf hingewiesen [von Verwaltungsseite, F. B.]. Aber das hat/also es wurde völlig ignoriert [von der Bürgerinitiative, F. B.]. Ja, also ich weiß nicht, ob man das nicht wahrhaben wollte. [...] Und die ham/man hat halt (.) gehofft vielleicht, ja, seine Maximalforderung, also gar keine Windenergie, durchsetzen zu können." Transkript G: 390–393.

715 Vgl. https://www.pnn.de/potsdam-mittelmark/windpark-in-der-reesdorfer-heide-juwi-stellt-beelitz-ein-ultimatum/25485812.html (Stand: 16.01.2022).

empfinden führt und den Eindruck politischer Machtlosigkeit in der Realisation der Energiewende verstärkt.[717] Auf diese Argumentationstaktik reagierten die Opponenten ihrerseits damit, dass sie nun ausreichend legitimiert seien, um zu einer rhetorisch manipulativen Argumentationspraxis überzugehen.[718] Die damit verbundene argumentativ-normative Gerechtigkeitsvorstellung folgt hier weniger der *Vergeltungsregel* (Wie du mir, so ich dir!) als vielmehr dem *(Gerechtigkeits-)Prinzip des Stärkeren.*[719] Denn im Rahmen des rechtlichen Arg$_{R}$ in den Planungs- und Genehmigungsverfahren sind Opponenten im Sinn der Verfahrenswirksamkeit (K 01E) „gezwungen“, auf rechtmäßige, oft umwelt- oder naturschutzbezogene Einwände$_{A}$ zurückzugreifen, um zumindest eine gewisse Kommunikationsmacht$_{D}$ zu erlangen. Am Beelitzer Fall wurde erkenntlich, dass dadurch nicht der „Zwang“ des *kontext- und problembezogenen besseren Arguments* den Realdiskurs dominierte, sondern der des *rechtlich tragfähigeren.* Dessen persuasive Überzeugungskraft$_{P}$ basiert darauf, dass es zulässig und erfolgsversprechend im Rahmen eines rechtmäßigen Genehmigungsverfahrens sein kann.[720] Die Opponenten konnten jedoch nur auf diesem Weg gegen projektrele-

---

716 Zeh 2016, S. 144 f. Der fiktive Roman beschreibt einen Beelitz ähnlichen Fall in Brandenburg. Vgl. auch Braun 2016.

717 Vgl. Roßnagel u. a. 2014, S. 334 und Krüger 2021, S. 16–18. Als Unrechtsempfinden einer Person wird deren emotional-reflexive Wahrnehmung eines X als „unrecht“ in einem situativen Kontext$_{L}$ bezeichnet. Bei X kann es sich um eine Handlung, die Struktur eines Kontextes$_{L}$, die Aussage einer Person, eine Situation, ein Gesetz etc. handeln. Dies wird als unrecht bzw. falsch in Bezug zu einer konkreten Gerechtigkeitsvorstellung gesehen. Das Unrechtsempfinden drückt daher kein unmittelbares Gefühl aus, sondern bereits eine „Reflexion der eigenen Wahrnehmung“. Entsprechend kann „das Empfindungsvermögen als Fähigkeit verstanden werden [...], die empfangenen sinnlichen Eindrücke und das Gefühl von Lust und Unlust mit Blick auf sich selbst zu reflektieren.“ Beide Zitate aus Friedauer 2018, S. 67.

718 „Da ham sie [der Projektierer, F. B.] gedacht: Ach Gott, ach Gott. Jetz wird hier so/werden so paar junge Frauen dahin geschickt ähm ähm nach dem Motto: Tut den Mädels mal nix, ja. Ähm also das war in keinster Weise überzeugend. Und äh die ham vielleicht nun mit nach Hause genommen: Oh hier in der Waldgemeinde, die die machen hier Rabatz [...] da hofft man sicherlich, dass die Leute [die Bürgerinitiative, F. B.] sich dann irgendwann mal auch totlaufen und und auch dass das Ganze ausläuft.“ Transkript E: 1093–1105.

719 Eine Gerechtigkeitsvorstellung drückt eine subjekt-individuelle Interpretation eines universell-abstrakten Gerechtigkeitsprinzips verbal aus und bildet als reflexiver Bezugspunkt den zentralen Erfahrungshorizont$_{S}$ des individuellen Unrechtsempfindens. Im Alltag können Gerechtigkeitsvorstellungen durchaus im Widerspruch zur Rechtmäßigkeit stehen, etwa von behördlichen Entscheidungen im Rahmen von Genehmigungsverfahren. Die Vorstellung dessen, was recht und gut ist, darf dennoch nicht als rein subjektiv bzw. rein willkürlich missverstanden werden, sondern wird maßgeblich durch die Dynamik kultureller Moral$_{K}$ und deren Werten sowie Normen geprägt und schlägt dadurch auf Gesetzesinhalte zurück.

720 Das Beurteilungskriterium der Rechtmäßigkeit hebt auf die Übereinstimmung einer rechtsbezogenen Handlung mit der aktuell geltenden Rechtsordnung (i. S. eines rechtlichen NoS) ab. Vgl. dazu bspw. https://www.juraforum.de/lexikon/rechtmaessigkeit (Stand: 03.05.2022).

vante Verwaltungsakte vorgehen. Dazu „erkämpfte" die gemeindeübergreifende Bürgerinitiative Waldkleeblatt u. a. das Verbandsklagerecht.

Die beschriebene „Verrechtlichung" des Realdiskurses$_{Rh}$ kann im Nachgang als entscheidender Schritt zur Beendigung der eigentlichen partizipativen Diskursprozedur gewertet werden: Spätestens ab diesem Punkt wurde nicht mehr „auf Augenhöhe" informiert und konsultiert, um eine autonome, kontext- und problembezogene Einsicht bei allen Bürgern als Grundlage für einen dialogischen Konsens$_{D}$ (oder auch Dissens$_{D}$) zu befördern. Vielmehr deutete der Übergang zur rein rechtlichen Arg$_{R}$ an, dass bereits ein grundlegend rhetorischer Dissens$_{Rh}$ vorlag. Statt einer abwägungsoffenen und kontextbezogenen Auslotung der Handlungsoptionen gemäß einer mediatorischen Allparteilichkeit und kontextsensitiven partizipativen Gerechtigkeit (T 07) ging es nunmehr um die Rechtmäßigkeit der Genehmigungsverfahren und der dort zu beurteilenden Einwände$_{A}$. Die These dazu lautet:

> T 09 (Grenzen in der Verrechtlichung von Diskursverfahren): Eine verrechtlichte Argumentationspraxis, die dem diskursiven Kontext nicht angemessen ist, ersetzt keinesfalls die Praxis des kontextbezogenen partizipativ-diskursiven Argumentierens, weil in den meisten juristisch ausgetragenen Streitfällen am Ende nur eine der Parteien „gewinnt" (argumentative Norm: „winner-takes-all") und ein hohes Potenzial für unterschwellige Konflikte bestehen bleibt.[721] Mit Taylor ließe sich sagen, dass das Unrechtsempfinden bezüglich der realisierten Diskursgerechtigkeit, die autonome Einsicht$_{A}$ in die eigentlich gerechtfertigten Gegen-Gründe$_{R}$ und die letztendliche Beurteilung der Rechtmäßigkeit des Verfahrens zumindest für den Verlierer nicht zusammenfallen.[722]

In Beelitz wurde von den Behörden nach der endgültigen Genehmigung 2018/19 zudem auf das *Prinzip der Rechtssicherheit* verwiesen, nach der „die Rechtsgrundlage zum Zeitpunkt der Antragsstellung" gelte und somit gültiges Recht nicht einfach durch spätere politische Forderungen bzw. Änderungen der Verfahrens außer Kraft gesetzt werden könne.[723]

Bei Verwaltungsakten wird bspw. sowohl in formeller Hinsicht (Einhaltung der Verfahrensvorschriften) wie auch materieller Hinsicht (Einhaltung der Ermessensgrundlage und -spielräume im konkreten Fall) geprüft. Stimmt der Verwaltungsakt nicht mit geltendem Recht überein, gilt dieser als rechtswidrig. Unter bestimmten Umständen können die zugrunde gelegten Gesetze natürlich infrage gestellt und über entsprechende Klagen auf ihre Verfassungsmäßigkeit geprüft werden.

721 Lueken rekonstruiert Lytoards Standpunkt dazu derart, dass „Behandlung des Widerstreits als Rechtsstreit im Rahmen einer Diskursart [...] für Lyotard eine bloße Variante des Machtkampfs [ist], ja des Terrors, der darauf abzielt, den Gegner zum Schweigen zu bringen." Lueken 1995, S. 363, vgl. auch ebd., S. 365.

7.2.2 Energiekonflikte als haltungsbezogene Perspektivenkonflikte

Die Tendenz zur Verrechtlichung von Argumentationspraxen im politischen Energiediskurs scheint genauso problematisch wie die operationalistische Meinung, dass durch eine gezielte Optimierung partizipativer Diskursprozeduren nicht nur eine umfassendere Legitimation (K 09A), sondern ebenso eine Akzeptanzsteigerung möglich sei.[724] Im Kern steht hinter dieser Auffassung eine Art paternalistischer Reflexion, deren Kerngedanken ich mit Fokus auf den Umgang mit NIMBYs als politisch-rhetorisches Argumentationsnetz$_N$ skizziere:

AF 15 (Paternalistische Reflexion auf NIMBYs)

Z 15.1 Das selbstzentrierte Handeln der NIMBYs und deren nicht vorhandene Akzeptanz$_F$ basieren auf einem Objektivitäts- und Realitätsmangel (Abschnitt 2.4.3).

Z 15.2 Aus diskursethisch-operationaler Perspektive sollten sie zu einer problemangemessenen Einsicht$_A$ bewegt werden (K 01), aus der insbesondere das Klimaargument als schlüssig beurteilt wird.

Z 15.3 Aus einer paternalistischen Perspektive sind partizipative Diskursprozeduren das beste Mittel dazu (A 02). Sie sind dahingehend zu optimieren.

Mit Blick auf die bisherigen Ausführungen muss mindestens Z 15.1 und Z 15.3 in Zweifel gezogen werden: *Zu Z 15.1)* Anhand der diskutierten Forschungsergebnisse kann bei der Mehrheit der Opponenten weder ein Objektivitäts- noch ein grundsätzlicher Realitätsmangel festgestellt werden. Vielmehr ist in ihren Argumentationen eine starke Kontextsensitivität erkennbar. *Zu Z 15.3)* Gerade die Einschränkungen bestimmter Dimensionen der Abwägungsautonomie (insbesondere die F$_W$ in den Genehmigungsverfahren), die mit formalstandardisierten und rechtlich bindenden Diskursprozeduren einhergehen, sowie die durch Diskursasymmetrien$_{Rh}$ bedingte Nicht-Anerkennung kontextsensitiver Argumentationen – etwa durch das Nichtigkeitsargument$_K$ (vgl. Fußnote 19) –

722 Taylor schreibt: „In particular, judicial decisions about rights tend to be conceived as all-or-nothing matters. The very concept of a right seems to call for integral satisfaction, if it's a right at all, and if not, then nothing." C. Taylor 1991, S. 116.

723 Vgl. https://www.pnn.de/potsdam-mittelmark/windenergie-rund-um-beelitz-gruenes-licht-fuer-windkraft-im-wald/23145132.html (Stand: 04.04.2022).

724 Siehe Knieling 2003, S. 471, Newig 2011, Knieling und Filho 2013, S. 17–18. Nachvollziehbar ist diese Meinung im Fall wirklich optimaler mehrdimensionaler Partizipationsformen, also sowohl an den grundsätzlichen Entscheidungs- und Planungsverfahren von WKA als auch an den Gewinnen durch deren Betrieb. Dazu existieren Leitfäden, vgl. bspw. https://www.fachagentur-windenergie.de/themen/beteiligungundteilhabe/linksammlung-zum-thema-beteiligung.html (Stand: 04.04.2022).

trugen erheblich zur Abwertung partizipativer Verfahren bei (Stichworte: Akzeptanzbeschaffung und Scheinbeteiligung).

Wie kommt es zu einer derartigen Schieflage in Realdiskursen, die als partizipative Diskursprozeduren initiiert Opponenten und Proponenten eigentlich ein wechselseitiges Nachvollziehen und ggf. Einsehen in die Argumentationen der jeweils *anderen* ermöglichen sollen? Der Grund dafür liegt, so der Ansatz, tiefer und ist nicht nur an den sozial-empirisch gut rekonstruierbaren Diskursasymmetrien$_{Rh}$ festzumachen. Denn diese bilden lediglich die *diskursiven Erscheinungen* eines grundsätzlicheren Spannungsverhältnisses. Der Schlüssel für das tiefere Verständnis setzt eine kritischere Betrachtung des Verhältnisses zwischen den Teilargumenten Z 15.2 und Z 15.3. Dazu erinnere ich daran, dass die Beurteilungsperspektive, aus der das obige Argumentationsnetz$_N$ plausibel erscheint, als *akteursbezogen*, genauer: als haltungsbezogen interpretiert werden muss. Die v. a. in Z 15.2 zum Ausdruck kommende argumentative Haltung vieler Proponenten, erweist sich in den entscheidenden Punkten als unvereinbar mit der, die die Opponenten im Realdiskurs oft einnehmen. Beide argumentativen Haltungen werde ich folgend kurz umschreiben und in den anschließenden Abschnitten weiterführend erläutern.

Zu Beginn definiere ich den eher schillernden Haltungsbegriff, den ich in Anlehnung an die aristotelische Tradition als argumentative *Grundhaltung* interpretieren möchte: Wer eine (Grund-)Haltung besitzt, realisiert durch das je eigene Handeln eine ganz konkrete Norm.[725] Die Realisation selbst drückt zugleich eine Wertsetzung aus. Auch wenn diese Wertsetzung als Folge einer individuellen Einstellung interpretiert werden könnte, geht der Haltungsbegriff darüber hinaus.[726] In der Befolgung jeder individuellen Wertsetzung schwingt ein *sittlicher* Geltungsanspruch mit. Diese soll sozial anerkannt werden. Das heißt, dass die damit verbundene Handlungsnorm nicht nur von der Person nachvollzogen und gelebt werden soll, die die Haltung individuell befürwortet, sondern auch von den anderen Mitgliedern der sozialen Gemeinschaft, in der sie lebt.[727] Dieser Nachvollzug umfasst zwei Seiten: eine argumentativ-rationale und eine

---

725 Siehe zur begriffsgeschichtlichen Einordnung Kurbacher 2006 und sehr ausführlich Wüschner 2017.

726 In einem psychologischen Sinn lässt sich auch eine Häufung solcher Einstellungen in der Bevölkerung empirisch untersuchen. Vgl. bspw. Sonnberger u. a. 2016, S. 20–22.

727 In einem sozialpsychologischen Sinn redet man auch von *Werthaltungen*, die das Handeln einer Person kontext- und situationsunabhängig prägen (vgl. Wenninger 2000). Während sich individuelle Einstellungen je nach Kontext und Situation ändern können, bleiben Werthaltungen langfristig stabil. Werthaltungen werden zur Typisierung von sozialen Milieus herangezogen, bspw. für eine Differenzierung des Umweltbewusstseins (vgl. Rubik u. a. 2019, S. 73 oder Eichenauer, Meyer-Ohlendorf u. a. 2017).

emotionale. Ein Wert_K und somit auch eine (Grund-)Haltung lassen sich also nicht „blind“ übernehmen, indem man einfach die korrespondierende Norm als Handlungsregel anerkennt, einübt und willentlich befolgt. Vielmehr verlangt das Einnehmen einer Haltung eine authentische Bezugsetzung zwischen argumentativ begründeter Einsicht_A und motivational-emotionaler Verfasstheit_M bei jedem Individuum. Diese kann nur bedingt externalisiert werden. Jedoch sollte man diesen Haltungsbegriff mit einer gewissen kritischen Distanz verwenden, die durch zwei Herausforderungen in der Anwendung dieses Konzepts bedingt ist: *Erstens*, sind in einer pluralistischen Gesellschaft grundsätzlich viele Werte_K zu finden, die als Rechtfertigungen für Normen dienen und zur Kennzeichnung einer Haltung infrage kommen können. *Zweitens*, muss bedacht werden, dass durch die Realisierung der Energiewende ein Bedeutungswandel der Grundhaltungen und Werte_K in der Energiekultur angestoßen wird. Diese unterliegen einer ähnlichen Dynamik wie der Energiediskurs oder die dortigen Narrative (etwa das EWN_P). Vor diesem Hintergrund komme ich zurück zu den beiden argumentativen Haltungen in den Konfliktfällen, hier zunächst zu der der Proponenten. In deren bisherigen Schilderung nahmen diese, vornehmlich personifiziert in den „Projektieren“, prima facie eine WIR_U-Perspektive ein, die auf eine universalistische, meist kontexttranszendente Haltung hinausläuft. Drei wichtige Merkmale lassen sich herausarbeiten (vgl. P1–P3).

P1) Zunächst einmal wird in den Diskursprozeduren auf wissenschaftliche und instrumentelle Erklärungen_I (Objektivismus_W) sowie ethische Rechtfertigungen (Objektivismus_E) gesetzt. In diesen Argumentationspraxen steht das Klimaargument im Mittelpunkt. Der mit diesem Argument vertretene Geltungsanspruch geht in die Richtung, dass durch eine diskursprozedurale Technikfolgenabschätzung auf Basis von Akzeptanz_F-Analysen eindeutige Kriterien für die $\text{Akzeptabilität}_{TE}$ (K 01D) konkreter Maßnahmen entwickelt werden können (F 02). Danach ließe sich kontexttranszendent eine Art objektiver Gemeinsinn „generieren“ (vgl. K 06D), anhand dessen im Energiediskurs systematisch zwischen Argumentationen differenziert wird: zwischen anerkennungswürdigen einerseits (guten $\text{Gründe}_E\text{Gründen}_E$) und abzulehnenden Argumentationen andererseits (die keine (guten) Gründe_E sind).

P2) Aus technikphilosophischer Perspektive führt diese universalistische Vorstellung vom Gemeinsinn bei Proponenten zu einem Objektivismus_T der Technikanwendung, der mit Grunwald an zwei Stoßrichtungen charakterisiert werden kann: *a) Erstens*, umfasst er eine *rationalitätstheoretische Dekontextualisierung* (vgl. Abschnitt 3.3), die zum einen die Eigenheiten kontextualisierter Technikanwendung ausblendet und zum anderen die Differenz in der Risikowahrnehmung verwischt, die insbesondere zwischen alltagsnah Betroffenen (meist

Laien) und objektiv Beurteilenden (oft Experten) besteht.[728] *Zweitens*, wird darin eine Form des *Technikdeterminismus* vertreten, nach welchem die Technikentwicklung und -anwendung einer Eigendynamik unterworfen ist, die durch soziale bzw. politische Überlegungen nicht beeinflusst werden könne.[729] Diese Eigendynamik hängt nur teilweise von der wissenschaftlichen Realerkenntnis$_W$ ab, da diese von jener sogar angetrieben werde. Im Vergleich zu Argumentationen wie dem Nichtigkeitsargument$_K$ wird idiosynkratischen Abwägungen$_I$ ganz im Sinn von A 10 nur eine geringere Überzeugungskraft$_P$ zugesprochen. Das Nichtigkeitsargument$_K$ hat daher aus rhetorischer Sicht vornehmlich als kollektiv-erzieherisches Instrument zu fungieren, durch welches argumentative Spannungen (A 11) zwischen universellen und alltagsnahen Argumentationen zugunsten der ersteren beseitigt werden sollen (Abschnitt 2.4.1). Die Risikoeinschätzung zur Waldbrandgefahr in AF 9 kann aus dieser Perspektive durch einen Hinweis auf die Risikoklasse und vergleichbare Technikanwendungen als Laienperspektive relativiert werden.[730] *b)* Die technikdeterministische Perspektive spielt wiederum ein wichtige Rolle in der paternalistischen Reinterpretation des Nichtigkeitsarguments. So wird die Fixierung auf einen beschleunigten Windkraftausbau nicht nur durch das volkswirtschaftliche Kostenargument (AF 6) gerechtfertigt, sondern auch durch die instrumentelle Notwendigkeit$_I$ mit Blick auf wichtige Referenzkontexte (W), etwa den Klimawandel (EP 6), die Gefahr der Kernenergie-Alternative (EP 4, Fukushima) und neuerdings den „ökologischen Patriotismus“ (EP 2, Ukraine Krieg).[731]

P3) Im politischen Realdiskurs manifestiert sich der technische Objektivismus$_T$, vorzugsweise der Technikdeterminismus, häufig darin, dass die Alternativlosigkeit (instrumentell) notwendiger Ausbaupfade unterstrichen wird (vgl. Abschnitt 2.5.4). Aus rhetorischer Perspektive betrachtet verbinden Proponenten – vor allem Vertreter der Windkraftindustrie – diese im globalen Energiediskurs gefestigte Auffassung meist mit dem Nichtigkeitsargument$_K$, um bei Konfliktthemen ein Ad-Hominem-Argument (Variante c) gegen Proponenten zu etablieren. Argumentationen wie AF 9 werden daher als gezielte und vor allem „irrationale Angriffe“ des legitimierten und „alternativlosen Ausbaus“ der Windkraft in Wäldern interpretiert.[732]

728 Vgl. die Rekonstruktion von Grunwald in Meyer 2019, S. 53.

729 Grunwald 2012, S. 59.

730 Vgl. Abschnitt 2.4.3, die Beispiele in Fußnote 708 (708.j) und den Link in Fußnote 732.

731 „Diese massive Beschleunigung des Ausbaus der erneuerbaren Energien ermöglicht es zugleich, sehr viel schneller die Abhängigkeit von Energieimporten zu verringern.“ Bundesregierung 2022, S. 1.

732 „Immer mehr Windradgondeln seien mittlerweile mit Löschautomatik ausgestattet, sagt Jan Hinrich Glahr vom Bundesverband Windenergie. Ein erhöhtes Waldbrandrisiko geht nach

Den Opponenten wird, wie in dieser Studie ausführlich am NIMBY-Vorwurf mit Bezug zu konkreten WKA-Projekten diskutiert (Abschnitt 2.4.1), oft eine kontextbezogene Haltung zugeordnet, die prima facie auf einer sehr individuellen und teils widersprüchlichen ICH_A-Perspektive beruht. Auch dazu lassen sich drei wichtige Merkmale herausarbeiten (vgl. O1–O3).

O1) Zunächst geht es weniger um den Vorwurf, dass das individuelle Handeln und Kommunizieren durchaus mit performativen $\text{Widersprüchen}_\text{P}$ einhergeht (A 11). Dies stellt eher eine Grundeigenschaft individuellen Handelns dar. Vielmehr steht das Problem im Vordergrund, dass Opponenten im Zuge ihrer idiosynkratischen $\text{Abwägungen}_\text{I}$ universalistische Rechtfertigungsstrategien systematisch relativieren oder sogar pauschal ablehnen. Die $\text{Orientierung}_\text{I}$ im Falle alltags- und nahfeldprägender technischer Großprojekte machen sie zur einer Frage der authentischen Selbstentfaltung (Abschnitt 5.2.2) bzw. einer individualistischen Reinterpretation dieser. Die damit verbundene argumentative Haltung führt in Teilen zu einem punktuellen alethischen und ethischen $\text{Relativismus}_\text{E}$ (v. a. in Bezug zum Klimaargument), der sich prima facie in den bekannten argumentativen Widersprüchen der NIMBYs äußert. Der wesentliche Punkt dieser Position lässt sich mit folgender Annahme pointieren:

> A 21 (Kontextuelle Geltungsansprüche plausibler Argumentationen): Alle moralischen Prinzipien, Wertvorstellungen und Normen gelten lediglich in konkreten Diskurskontexten und sind Produkte eines sozialkonstruktiven Prozesses. Dieser Prozess sollte grundsätzlich ergebnisoffen sein, wenngleich den direkt Betroffenen nicht nur eine weitreichende Abwägungsautonomie, sondern ihren $\text{Abwägungen}_\text{I}$ lokal ein Vorrang in der kollektiven Entscheidungsfindung zugestanden werden sollte.

O2) Vor dem Hintergrund dieser relativierenden Haltung zeigen sich viele Opponenten kaum offen für $\text{Argumentationen}_\text{P}$, auf die ein universeller Geltungsanspruch erhoben wird (vgl. A 15). Indirekt wird den Proponenten damit unterstellt, dass sie bspw. auf die Konklusion aus AF 6 absolute $\text{Gewissheit}_\text{A}$ beanspruchen. Von den Opponenten wird vor allem die Engführung des Energiediskurses auf wenige technologische Innovationspfade – etwa auf Windkraft als Schluss aus instrumenteller $\text{Notwendigkeit}_\text{I}$ – als ein Zeichen einer machtbedingten $\text{Diskursasymmetrie}_\text{Rh}$ interpretiert. Aus technikphilosophischer Sicht setzen sie dem $\text{Objektivismus}_\text{T}$ der Proponenten einen autonomiebetonenden $\text{Subjektivismus}_\text{T}$ entgegen, der die epistemische Unterbestimmtheit intrumenteller $\text{Erklärungen}_\text{I}$ betont (Abschnitt 2.5.4). Im Kern des technischen

Auffassung des Verbands nicht von den Turbinentürmen im Wald aus. [...] Er frage sich, so der Vertreter der Windenergiewirtschaft, ob es sich bei der Aufregung um die Brandgefahr nicht um ‚Sticheleien handelt, um gegen Windkraft im Wald zu punkten'." https://www.maz-online.de/Brandenburg/Brand-entfacht-Debatte-um-Windraeder-im-Wald (Stand: 13.04.2022).

Subjektivismus$_T$ steht die Überzeugung, dass Technik und Technikentwicklung auf all ihren Stufen eine „Dienerin“ der Menschen ist. Diese instrumentalistische Deutung des Technischen ist durch einen *Sozialdeterminismus* (bezogen auf komplexe technische Strukturen) oder durch einen *Individualdeterminismus* (bezogen auf individuelle Technikanwendung) geprägt. Ersterer, der in modernen Gesellschaften und ihren komplexen technischen Mitteln und Prozessen am relevantesten ist, besagt: „Durch eine geschickte Gestaltung des gesamten Prozesses der Technikentwicklung könne danach Technikentwicklung in gewünschte Richtungen getrieben bzw. könnten unerwünschte Entwicklungen verhindert werden.“[733] Letztlich wirken aus dieser Perspektive Argumentationen$_P$ „erzwungen“, nach denen durch den Verweis auf eine Art instrumenteller Notwendigkeit$_I$ „Entwicklungspfade und Nutzungsmöglichkeiten der technischen Entwicklung bereits in den frühen Phasen“ fixiert werden.[734] Denn die sozialen Gestaltungsprozesse, die die Opponenten in den partizipativen Diskursprozeduren erkennen wollen, *orientieren* die Technikentwicklung und -anwendung und nicht umgekehrt.

O3) Dem ersten Anschein nach reagieren die Opponenten mit verfahrenswirksamen Täuschungen$_{Rh}$ (K 01E) in einfacher Reflexion auf die strukturelle Kommunikationsmacht und den darin kolportierten Technikdeterminismus der Proponenten. Wie oben besprochen sehen sie sich kaum als Teilnehmer eines konsensorientierten Energiediskurses (Tabelle 4), in welchem alle (!) Argumentationen und Handlungsoptionen auf ihre Anerkennungswürdigkeit geprüft werden. Am Realdiskurs in Engelsbrand war eine Problematik gut ersichtlich, die ich in einer These zur Verstärkung von Diskursasymmetrien$_{Rh}$ festhalte:

> T 10 (Problem rhetorischer Überformung): Die reflexive Reaktion auf bestehende oder vermeintliche Diskursasymmetrien$_{Rh}$ besteht häufig im verstärkten Einsatz rhetorischer Täuschungen$_{Rh}$ (sowohl bei Opponenten wie bei Proponenten). Diese werden durchaus in diskursmanipulativer Absicht als Ad-Hominem-Argumente gegen ausgewählte Akteure beider Lager eingesetzt – in Engelsbrand bspw. gegen den Projektierer (Variante d) oder im Allgemeinen über das NIMBY-Argument gegen alle Opponenten (Variante c). Das Vorgehen zielt darauf ab, die Überzeugungskraft der Erklärungen$_I$ vom jeweils anderen Lager und somit dessen dynamische Kommunikationsmacht$_D$ zu schwächen. Insbesondere, wenn dieses implizite oder explizite Infragestellen der Aufrichtigkeit$_K$ von Diskursteilnehmenden am Ende auf

733 Grunwald 2012, S. 60.

734 Ebd. Dazu eine beispielhafte Aussage aus Beelitz: „Also wärn wir jetz bundespolitisch, dann würd ich hinzufügen, dass ich glaube, dass wir diese anderen Technologien, die wir haben und die wir nicht gut finden, weil sie Dreckschleudern sind oder weil sie gefährlich sind, dass wir die für eine gewisse Zeit weiter betreiben müssen. Äh und in dieser Zeit dringend forschen müssten, um überhaupt Alternativen auch zur Windkraft und auch zur zur äh zur zur Biomasse zu entwickeln.“ Transkript F: 3311–3316.

die Unterstellung „krimineller oder skandalöser Praktiken“ hinausläuft,[735] wurde der jeweilige Energiediskurs rhetorisch bereits derart überformt, dass der Energiekonflikt in der Regel in einem rhetorischen $\text{Dissens}_{\text{Rh}}$ endet. In solchen rhetorisch überformten Energiediskursen geht es kaum noch um eine rationale Klärung von Argumentationen und somit einen dialogischen $\text{Konsens}_{\text{D}}$, sondern nur noch um die Erlangung dynamischer $\text{Kommunikationsmacht}_{\text{D}}$ zur einseitigen Durchsetzung eigener Interessen.

7.3 Abwägungsautonomie und Diskursgerechtigkeit in Energiekonflikten

Bevor ich vertiefend auf die Überlegungen zum Haltungsbegriff eingehen werde, ordne ich deren Funktion nochmals genauer in den Rahmen dieser Studie ein. Es geht insgesamt nicht um die in Abschnitt 7.2.1 aufblitzende rechtswissenschaftliche Frage, inwiefern die Rechtmäßigkeit der Beteiligungs- und Genehmigungsverfahren in den konkreten Fällen gegeben war und inwiefern sich diese auf eine Gesetzesgrundlage beruft, die ihrerseits in einem Spannungsverhältnis zu den Gerechtigkeitsvorstellungen steht (vor allem denen der Opponenten). Dennoch spielt der argumentationsnormative Begriff der Diskursgerechtigkeit, der unterschwellig in jeder Diskursanalyse mitschwingt, in der Beurteilung der Überzeugungskraft plausibler Gründe_{P} in Realdiskursen eine wichtige Rolle. Um den Begriff der $\text{Plausibilität}_{\text{N}}$ weiter auszuloten, werde ich im Anschluss an Abschnitt 4.3.3 die herausgearbeiteten Merkmale der Opponenten- und Proponenten-Haltung (Abschnitt 7.2.2) anhand dreier philosophischer Analyseperspektiven miteinander vergleichen: der erkenntniskritischen (P1/O1), technikphilosophischen (P2/O2) und der anerkennungstheoretischen (P3/O3).

7.3.1 Legitimation und Einsicht (zu P1/O1)

In erkenntniskritischer Hinsicht hängt die Überzeugungskraft plausibler Gründe_{P} wesentlich von der $\text{Einsicht}_{\text{A}}$ ab, die jene ermöglichen. Daher soll folgend deren Reichweite und Grenze in Realdiskursen erörtert werden, um damit ein weiterführendes Verständnis von K 07 sowie dem damit zusammenhängenden K 04 zu erlangen (natürlich eingeschränkt auf den Energiediskurs). Die Erörterung wird Habermas’ Überlegung aus Abschnitt 3.4 aufgreifen, die zunächst als Argumentationskriterium politischer Legitimation notiert wird:

735 Roßnagel u. a. 2014, S. 334.

K 09A (Diskursprozedurale Legitimation): Die *Legitimation* politischer Ordnungen und deren normativer Instanzierungen – im Energiediskurs bspw. die gesetzlichen Rahmenordnungen der Genehmigungs- und Partizipationsverfahren – wird von deren Anerkennungswürdigkeit bedingt. Nach Habermas ist letztere durch die argumentative Überzeugungskraft der Gründe_{R} (K 05) gegeben, die zur Rechtfertigung von konkreten Gesetzen, Verfahren etc. mobilisiert werden können: „Was als Grund akzeptiert wird und konsenserzielende, damit motivbildende Kraft hat, hängt vom jeweils geforderten Niveau der Rechtfertigung ab.“[736] Wie auch immer die Niveaus konkret hierarchisiert sind, nach Habermas haben argumentativ kommunizierte Rechtfertigungen das bessere Standing im Vergleich zu narrativen.[737] Denn eine Argumentationspraxis, die auf gute Gründe_{G} zurückgreift, besitze eine höhere Konsensfunktionalität in Realdiskursen (vgl. A 16). Dies gelte insbesondere für die Gründe_{G}, die über Diskursprozeduren gewonnen werden, die ihrerseits ebenso über ausreichend legitimierte Grund_{R} gerechtfertigt sind.[738] Die *prozedurale Legitimation* hängt jedoch – vorausgesetzt, dass die Möglichkeit zur kollektiven $\text{Abwägung}_{\text{K}}$ ein gesellschaftsrelevanter Wert_{K} ist (K 04) – im Wesentlichen davon ab, welchen Raum man der Möglichkeit zur autonomen $\text{Einsicht}_{\text{A}}$ dieser Gründe_{R} sowie der damit einhergehenden Pflicht zu deren Begründung (K 04B) in den jeweiligen Diskursprozeduren einzuräumen bereit ist (K 07).

Vor diesem Hintergrund gewinnt die Klärung der eingangs gestellten Frage nach Diskursgerechtigkeit auch eine umfassendere erkenntnistheoretische Relevanz.

In Tabelle 4 wurden mit Blick auf die Opponenten Differenzerfahrungen angesprochen (v. a. Tabelle 4), an denen die Reichweite autonomer $\text{Einsicht}_{\text{A}}$ gut abschätzbar ist. Für eine kritische Einschätzung dieser Reichweite, muss zunächst der Begriff der $\text{Einsicht}_{\text{A}}$ genauer definiert werden. $\text{Einsicht}_{\text{A}}$ besitzt mindestens vier miteinander verschränkte Bedeutungsdimensionen: *E1)* Als Erkenntnis ist sie immer ein Ausdruck eines kognitiven Vermögens, genauer: als argumentative Einsicht ein sprachlicher Ausdruck eines erfahrungsbasierten synthetischen Denkens.[739] *E2)* Dieses rational-argumentative Denken leistet inhaltlich gesehen eine Sacherkenntnis, etwa eines konkreten Gestands, eines Prozesses bzw. Vorgangs oder eines die vorhergehenden Elemente umfassenden $\text{Kontextes}_{\text{L}}$. Derartige $\text{Einsicht}_{\text{A}}$, insbesondere wissenschaftliche $\text{Realerkenntnis}_{\text{W}}$, ist immer auch diskursiv veranlagt, da sie sich in einem Diskursraum vollzieht. Insofern bedarf es der Anerkennung gewisser grundlegender Werte_{K} und Normen der (argumentativen) Kommunikation (K 0). Vor allem wird mit den Einsichten der Anspruch erhoben, dass diese potenziell intersubjektiv nachvollziehbar und

736 Habermas 1976a, S. 272.

737 Ebd.

738 Ebd., S. 274.

739 Vgl. Gadamer 1999, S. 362.

somit aus einer WIR_L-Perspektive erreichbar sind (K 01). Eine $Einsicht_A$ an sich bleibt jedoch nicht nur in kommunikativ-epistemischer Hinsicht normativ. Eine einsichtige Haltung setzt darüber hinaus $Orientierung_I$ auf zweifache Weise voraus: *E3)* In einer selbstkritischen Absicht muss man positiv gegenüber der Möglichkeit eingestellt sein, eigene, ja selbst authentisch geglaubte Erwartungsbilder zu adaptieren oder gar zu revidieren.[740] *E4)* Neben dieser subjektiven Seite der Selbstkritik verlangt eine einsichtige Haltung eine positive Umsetzung dieser $Einsicht_A$ im eigenen und zuweilen im kollektiven Handeln. Insbesondere Letzteres birgt die Herausforderung, eine bereits sicher geglaubte $Einsicht_A$ aufgrund neuer Erfahrungen im Zuge der kollektiven Kommunikation fortführend adaptieren zu müssen. $Einsichten_A$, so könnte man sagen, „arbeiten" sich nicht nur an der fortschreitenden $Realerkenntnis_W$ ab, sondern auch an der im Realdiskurs gewonnenen Erfahrung einer Vielzahl teils divergierender kollektiver und individueller $Orientierungen_I$. In den folgenden Abschnitten wird vornehmlich die $Einsicht_A$ instrumenteller $Erklärungen_I$ im Energiediskurs thematisiert: in Abschnitt 7.3.2 Punkt E2 (mit Fokus auf wissenschaftliche $Realerkenntnis_W$), in Abschnitt 7.3.3 Punkt E3 und in Abschnitt 7.4 Punkt E4.

7.3.2 Reichweite und Grenzen wissensbasierter Einsicht (P1/O1 und E2)

Betrachtet man den Umgang mit instrumentellen $Erklärungen_I$ in lokalen Energiediskursen, so wird relativ schnell ein Spannungsverhältnis zwischen K 01 und K 04 deutlich: Die in Diskursprozeduren eigentlich eingeforderte Haltungsnorm ε wird im Energiediskurs kaum erfüllt. Erläutern werde ich dies daran, dass das für die Energiewende wichtige Klimaargument (AF 6) im Realdiskurs kaum die durchschlagende *argumentative Überzeugungskraft* besitzt, die ihr insbesondere neuere klimapolitische Bewegungen (bspw. FFF) zuordnen.[741] Dazu tragen neben den haltungsassoziierten Faktoren (Abschnitt 2.4.3) ein Kompetenz- (i) und ein Vermittlungsproblem bei (ii). Verkomplizierend kommt hinzu, dass sich die beiden Probleme abhängig vom Aussagentypus der Prämisse und den jeweils

740 Hans-Georg Gadamer notiert dazu: $Einsicht_A$ „enthält stets ein Zurückkommen von etwas, worin man verblendeterweise befangen war." Ebd.

741 „FFF ist, knapp formuliert, eine Bewegung, deren Kernforderung darin besteht, die auf dem Pariser Klimagipfel Ende 2015 gesetzten Ziele zur weltweiten Reduktion von CO2-Emmissionen einzuhalten, um die damit verbundene Erderwärmung auf einen Anstieg von maximal 1,5 Grad zu begrenzen." M. Sommer u. a. 2019, S. 2 „Die FFF-Demonstrationen werden in erster Linie von jungen, relativ gut gebildeten Menschen und überraschend stark von jungen Frauen getragen. Viele der demonstrierenden Schüler*innen sind protestunerfahren und zum ersten Mal auf der Straße." Ebd., S. 34.

involvierten Akteuren unterschiedlich auswirken. Zunächst geht es nur um den auf realwissenschaftlicher Sacherkenntnis beruhenden Anteil der normativen Prämisse Z 6.1, die ausführlicher in Abschnitt 7.4 besprochen wird. In AF 7 wurde dieser Anteil auf die klimawissenschaftliche Prämisse Z 7.2 zurückgeführt. Die durch technische Sacherkenntnis geprägte Prämisse Z 6.2 wird im kommenden Abschnitt 7.3.3 bearbeitet.

Zu i) Sowohl über die Umfragen wie auch über die Tiefeninterviews wurde ein Aspekt autonomer Einsicht$_A$ erkennbar, den ich in der anschließenden These festhalte:

> T 11 (Grenzen autonomer Einsicht): Ein Großteil der Opponenten besitzt keine im Sinn von E1 ausreichende Einsicht$_A$ in die klimawissenschaftliche Erklärung$_W$ und wird diese auch zukünftig nicht erwerben können. Dies ist vorzugsweise ein Kompetenzproblem, dass die Opponenten mit allen anderen Akteursgruppen, auch den Proponenten, mehr oder weniger teilen: Die umfassenden, hypothetisch-deduktiv gewonnenen Modelle$_W$ und die auf ihnen basierenden komplexen Erklärungen$_W$ anhand deduktiver Argumentationsketten können nur von einer Minderheit aller Bürger auf dem Level des Arg$_W$ autonom nachvollzogen werden.[742] Letztere – meist mit entsprechend hohen wissenschaftlichen Bildungsgraden bzw. selbst in der Forschung tätig – besitzt auch die ausreichende Argumentationskompetenz, um Prämisse Z 7.2 autonom zu rekonstruieren und zu bewerten. Die Mehrheit von ihnen bewerten die klimawissenschaftlichen Erklärungen$_W$ als eine *systematisch begründete und somit nachvollziehbare Realerkenntnis$_W$*.[743] Für diejenigen, die diesen autonomen Nachvollzug nicht vermögen, liegt die Beurteilung der Begründung dieser Prämisse außerhalb ihrer Argumentationskompetenz. Sie haben daher keinen Zugang auf den wissenschaftlich Erkenntnishorizont und besitzen daher kein *realwissenschaftliches Wissen* über diese Inhalte.

Aus dieser These folgt nicht, dass jene Personen innerhalb ihres Erfahrungshorizonts$_S$ keine Meinung bzw. keine gehaltvolle Überzeugung$_S$ zu Prämisse Z 7.2 und somit keine ausgeprägte *Klimaeinstellung* entwickeln könnten.[744] Aber die klassischen Kriterien wissenschaftlicher Argumentation$_W$ spielen darin keine entscheidende Rolle (für Realerkenntnis$_W$ bspw. K 01A, K 01B, K 02A, K 04A, K 04B, K 04B2). Unabhängig von der Haltung zur Energiewende bleibt offen, wie die Mehrzahl der Bürger ihre gehaltvollen Überzeugungen$_S$ *argumentativ*

742 Gemeint ist das Level an systematisch-wissenschaftlicher Argumentation, wie es in einem klassischen Lehrbuch zu einem der Themenaspekte erreicht wird (bspw. Latif 2009).

743 Vgl. die Übersicht zu entsprechenden Studien auf https://www.klimafakten.de/behauptungen/behauptung-es-gibt-noch-keinen-wissenschaftlichen-konsens-zum-klimawandel (Stand: 11.05.2022). Die Überlegung passt zum empirischen Bild, dass sich nur ca. 8% aller Bürger als wirklich sehr gut zum Klimawandel und -schutz informiert bezeichnen. Belz u. a. 2022, S. 47 f.

744 Vgl. ebd., S. 47–51.

entwickelt. Denn grundsätzlich interessiert sich weiterhin ein Großteil der Bevölkerung für den Klimawandel und die Energiewende als der zentralen Maßnahme dagegen.[745]

Zu ii) Der wichtigste Ansatz besagt, dass die gehaltvollen Überzeugungen$_S$ über die klassischen und neuen Medien gebildet werden, womit wir zum zweiten Punkt kommen. Über diesen Weg fühlen sich jedoch mehr als ein Drittel der Bürger kaum nennenswert informiert.[746] Nimmt man T 11 hinzu, kann zusätzlich davon ausgegangen werden, dass die nach eigener Einschätzung gut informierten Bürger ebenso Wissenslücken und ggf. ein gewisses Informationsdefizit besitzen. Da die meisten partizipativen Diskursprozeduren mindestens Informationsfreiheit (F_I) voraussetzen, fragt man sich, wie es zu solchen Informationsdefiziten kommen kann, obwohl ein umfassendes Angebot und ein entsprechender Konsum durchaus Gemeinwohl fördernd wäre. Hier wird ebenfalls ein Kompetenzgefälle als Teilursache vermutet, da meist nur die Bürger mit höherem Bildungsniveau sich proaktiv informieren und entsprechende Angebote auch unabhängig von der eigenen Betroffenheit nutzen.[747] Dies lenkt den Blick auf die Formen des Wissenstransfers, v. a. auf die journalistische Argumentationspraxis, die sich ihrem Kernziel nach – also der publikumsangepassten, inhaltlich gestraften und zugleich unterhaltsamen Berichterstattung – rhetorisch aufgearbeiteten Argumentationen$_{Rh}$ bedient (Arg_{RH}). Während Forschende mit Blick auf K 01B u. a. bestrebt sind, epistemische Unsicherheiten$_E$ aufzuzeigen und somit die Reichweite ihres Wissens einzuschränken (vgl. T 16), „sind Journalisten und politische Akteure eher an klaren und eindeutigen Aussagen interessiert“.[748] Entsprechend gibt es in der Medienlandschaft große Unterschiede in der Darstellung und Interpretation des Wissens über den Klimawandel, je nachdem, wie dieses vereinfacht, zuweilen missinterpretiert oder unzureichend kontextualisiert wurde.[749] Unter den journalistisch aufgearbeiteten Informationsquellen finden sich große qualitative Unterschiede hinsichtlich des Gewissheitsgrads des kolportierten Wissens. Jeder einzelne Rezipient sieht sich mit der Aufgabe konfrontiert, diesen Gewissheitsgrad beurteilen und daraufhin zwischen den Quellen abwägen zu müssen. Dabei wird vorausgesetzt, dass die Rezipienten eine Haltung gemäß K 0 einnehmen.[750] In diesem Fall können sie sich je nach

745 Vgl. ebd., S. 47.

746 Vgl. ebd., S. 48.

747 Vgl. ebd., S. 47 sowie Brüggemann u. a. 2018, S. 249.

748 Ebd., S. 247.

749 Ebd., S. 246.

750 Wie erwähnt gibt es unter den Opponenten kaum ausgeprägte Klimaskeptiker, die Mehrzahl möchte sich eine informierte Meinung zum Thema bilden, vgl. Fußnoten 140 und 697.

Erfahrungshorizont$_S$ umfassend informieren. Doch müssen sie die Plausibilität$_N$ der journalistisch adaptierten Beiträge auch autonom einschätzen können (da sie auf die ursprünglichen wissenschaftlichen Quellen qua Kompentenzproblemen meist nicht zurückgreifen können). Mit Rückblick zu Toulmin ist daher zu fragen (s. Abschnitt 5.1.3), anhand welcher Referenzkontexte (B) und welcher Argumentationspraxis die Mehrheit der Bürger ihre Schlussfolgerungen zieht.

Schaut man die nichtwissenschaftliche Quellenlage genauer an, ergibt sich der Eindruck, dass in allen Medienarten lediglich zwei Argumentationspraxen bespielt werden: zum einen die bereits angesprochene (Abschnitt 2.3) wissenschaftliche, also die des schlussfolgernden Argumentierens, Arg$_S$, (a) und zum anderen die des narrativen Argumentierens (b), welches in Abschnitt 7.4 genauer analysiert wird. *Zu a)* Insbesondere im professionellen Bereich der klassischen Medien und deren Online-Derivaten gibt es eine veröffentlichungsstarke kleine Gruppe an Vielschreibern, die eine große journalistische Expertise$_P$ und in einigen Fällen zudem eine wissenschaftliche mitbringen.[751] Manche Berichte dieser Vielschreiber sind durchaus als sehr gute Adaptionen des in den Wissenschaften üblichen schlussfolgernden Argumentierens (Arg$_S$) zu bewerten. Obgleich sich im Zuge der Corona-Pandemie im Wissenschaftsjournalismus der Trend verstetigte, die Vorteile der neuen Medien besser zu nutzen und somit dem Publikum die Möglichkeit für ein autonomes „Tiefenstudium" im Sinn von K 07 zu geben (über Podcasts, Gesprächsmitschriften, Verweise auf die erwähnten wissenschaftliche Studien etc.), bleibt fraglich, ob ausgerechnet die weniger gut informierten und gebildeten Bürger diese Angebote nutzen.[752]

Der erwähnte Trend zur vertiefenden Selbstinformation zeichnet sich schon länger im Feld der auf Interessengruppen zugeschnittenen Print- und Online-Medien ab. Die Opponenten im Energiediskurs und deren Dachverbände wie

751 In Brüggemann u. a. 2018, S. 245 heißt es mit Bezug zum Klimawandel: „Es ist wahrscheinlich, dass diese Vielschreiber relativ gute Kenner der Klimaforschung sind und selbst wiederum als Meinungsführer im stark von Kollegenorientierung geprägten Journalismus fungieren und so zur Ausbildung eines breiten Konsenses rund um die Grundidee des anthropogenen Klimawandels beigetragen haben." Auf den in unseren Argumentationsanalysen gegenteiligen Eindruck, dass nicht nur bei regionalen, sondern nach den ökonomisch bedingten Umstrukturierungen der letzten Jahre auch bei wichtigen überregionalen Medien zu wenig inhaltliche Expertise zum Klimawandel und zur Energiewende vorzufinden ist, kann leider nicht weiter eingegangen werden.

752 Als ein erstes Indiz für diese Auffassung kann eine Umfrage dienen, in der nach der eigenständigen Rezeption wissenschaftsjournalistisch aufgearbeiteter Corona-Podcasts gefragt wurde. Zufälligerweise gibt auch hier – vgl. Fußnote 743 – nur eine Minderheit von 8 % an, den Podcasts regelmäßig zu folgen. Etwa 89 % nutzen die Angebote kaum oder gar nicht. Vgl. https://de.statista.com/statistik/daten/studie/1181102/umfrage/nutzung-von-corona-podcasts/ (Stand: 13.05.2022).

Vernunftkraft nutzen diese Möglichkeiten ebenso. Die dadurch entstehenden Subdiskurse (bspw. die explizit klimaskeptischen) finden in der wissenschaftlichen Community jedoch kaum Anerkennung – ganz unabhängig davon, ob es sich bei den Autoren in manchen Fällen um (naturwissenschaftlich) überdurchschnittlich ausgebildete Autoren handelt (Abschnitt 7.4). Daher sollte man diese Subdiskurse zur Energiewende weder vorschnell als rein wissenschaftliche noch als völlig irrationale Beiträge zum Thema (miss-)interpretieren. Diese neigen nämlich – insofern in ihnen der Anspruch erhoben wird, das Arg_S angeblich auf klimawissenschaftlichem Niveau (Arg_W) zu betreiben – zu zweierlei: *Zum einen* zeigen die Beiträge oft einen Mangel an wissenschaftstheoretischer Reflexion: Einerseits wird die Methode der wissenschaftlichen $Realerkenntnis_W$ anerkannt, andererseits wird behauptet, dass nur die Kritisierenden die Methode im Gegensatz zur überwiegenden Zahl der Klimaforschenden akkurat anwenden, da letztere augenscheinlich gegenteilige Schlussfolgerungen ziehen. Hier mangelt es klar an Kenntnissen über die vielfältigen Möglichkeiten des Arg_W in den Naturwissenschaften. Meist wird diese Praxis unter Rückbezug auf das $Superparadigma_{HD}$ einseitig ausgelegt: Wissen wird als „Produkt" rein operational-deduktiver sowie eineindeutiger $Herleitungen_D$ angesehen ($Objektivismus_W$) und jegliche subjektbezogene $Abwägungen_I$ als unwissenschaftlich gekennzeichnet, insofern es nicht die eigenen sind.[753] Im Anschluss daran greifen oppositionelle Autoren *zum anderen* auf rhetorische $Täuschungen_{Rh}$ zurück, um meist in verschwörungstheoretischer Absicht, bspw. ein grundlegendes Ad-Hominem-Argument gegen die Mehrzahl der Klimaforschenden zu platzieren.[754] Diese Gemengelage führt dazu, dass auf die konkreten $Argumentationen_W$ bzw. Standard-Argumentationsfiguren der Klimaskeptiker kaum noch eingegangen wird, da „deren wissenschaftliche[] Argumente [...] schon Dutzende Male widerlegt worden" seien (A 12).[755] Entsprechend rar sind die Informationsangebote, durch die die $Täuschungen_{Rh}$ detailliert und differenziert nach Argumentationspraxen, Standard-Argumentationsfiguren und in Bezug zu einschlägigen Publikationen widerlegt werden.[756] Insgesamt verbleibt somit folgender Eindruck, den ich als wichtige These festhalte:

753 Die in Soentgen u. a. 2014, S. 44 erwähnte Kritik an konsensualen $Diskurse_{H1}$ in den Wissenschaften kann als Indiz angesehen werden. Gleichwohl gibt es dazu einen argumentations- und wissenschaftstheoretischen Forschungsbedarf, der hier nicht bedient werden kann.

754 Vgl. ebd. Weitere taktische $Täuschungen_{Rh}$ sind in gewisser Anknüpfung an die pragmadialektischen Überlegungen (Abschnitt 6.3) auf dieser Seite zu finden: https://skepticalscience.com/PLURV-Taxonomie-und-Definitionen.shtml (Stand: 17.05.2022).

755 Ebd., S. 46.

756 Mal abgesehen von der problematischen Überdehnung des Begriffs „wissenschaftlicher Fakt" finden sich gute Ansätze auf der genannten Seite (Fußnote 754) und auf www.klimafakten.de.

> T 12 (Persuasive Überzeugungskraft narrativer Argumentationsnetze): Für den Großteil der Bürger, die ihre fehlende Einsicht$_A$ über solche wissenschaftsjournalistisch aufgearbeiteten Quellen nicht ausgleichen wollen oder kompetenzbedingt nicht können, bleibt die Bildung der eigenen gehaltvollen Meinung abhängig von der persuasiven Überzeugungskraft$_P$ der narrativ konzipierten Argumentationsnetze$_N$. Sie sind anfälliger für einen alethischen Relativismus$_A$ (entgegen A 12), der mitunter in politischer Absicht und rhetorisch sehr gut inszeniert verbreitet wird. Sie sind auch anfälliger für Autoritätsargumente im Bereich wissenschaftlicher Realerkenntnis$_W$ (entgegen K 07).

Bevor ich darauf in Abschnitt 7.4 zurückkomme, gehe ich zunächst der Frage nach, welche Referenzkontexte (B) in den Subdiskursen der Opponenten mit Blick auf welche Argumentationspraxis zum Tragen kommen. Im Mittelpunkt steht die Diskussion der zweiten Prämisse aus AF 6, in der die Zweckmäßigkeit der Mittel thematisiert wird. Denn die wesentliche Argumentationspraxis in den lokalen Energiekonflikten ist eine instrumentelle. Dabei gilt: Ein mehr oder weniger dialogischer Konsens$_D$ besteht hinsichtlich der generellen Zielsetzung des Klimaschutzes, wohingegen Uneinigkeit bezüglich der Mittel herrscht, also welche Veränderungen der Energiekultur priorisiert werden sollten, um den Klimaschutz voranzubringen.

7.3.3 Herausforderung instrumenteller Erklärungen (P2/O2 und E3)

Mit Blick auf Prämisse Z 6.2 muss zuvor auf eine wichtige Differenz zwischen eher wissenschaftlich und eher instrumentell ambitionierten Subdiskursen eingegangen werden. In Abschnitt 2.5.2 und Abschnitt 2.5.3 wurde hervorgehoben, dass im ersten Fall insbesondere wissenschaftliche Realerkenntnis$_W$ als die Referenzgröße guter Gründe$_G$ herangezogen wird, da man den auf ihr aufbauenden Argumentationen$_W$ einen höheren Gewissheitsgrad zuordnet. Trotz der an unterschiedlichen Stellen erwähnten Einschränkungen dieser pauschalen Vorannahme, hat sie unter der kritischen Voraussetzung von A 12 v. a. in öffentlichen Diskursen ihre Berechtigung. Um diesen Gedanken zu präzisieren führe ich nun – in Anlehnung an die Überlegungen zur Folgerichtigkeit (K 02) und logischen Notwendigkeit$_L$ (A 09) – ein für die wissenschaftliche Argumentationspraxis zentrales Kriterium ein: die Systematizität$_W$. In Abschnitt 3.5 wurde bereits mit Bezug zur Argumentationspraxis einer eher analytisch-deduktiv ausgelegten Ethik eine am Bild vom Superparadigma$_{HD}$ orientierte Verwendung dieses Begriffs skizziert. In kritischem Anschluss an Paul Hoyningen-Huene erweitere ich diese Überlegung auf die Wissenschaftspraxis im Allgemeinen.[757]

K 01F (Wissenschaftliche Systematizität): Aus der philosophischen Tradition kommend verweist der teleologisch konzipierte Begriff der Systematizität$_W$ auf ein heuristisches Methodenideal, nach welchem der Begriff eines argumentativ strukturierten sowie einheitlichen Ganzen durch ein erkenntnis- und praxisleitendes Vernunftprinzip bestimmt wird. In der jüngeren Wissenschaftsphilosophie wird versucht, dieses Ideal als die zentrale Erkenntnisqualität zu spezifizieren: Das Wissen der Wissenschaften wird als die Erkenntnisform mit einem höheren Grad an Systematizität$_W$ im jeweiligen Sachgebiet gekennzeichnet.[758] Dieser Ansatz lässt sich kritisch erweitern: Die Wissenschaftspraxis unterscheidet sich von anderen Erkenntnispraxen – insbesondere dem Alltagsverstehen – darin, dass sie weitaus *systematischer betrieben* wird.[759] Die Rede von der Wissenschaftspraxis bezieht sich dabei nicht nur auf die Erkenntnisform des Wissens als dem Resultat der Erkenntnistätigkeit, sondern ebenso auf alle anderen notwendigen Handlungsvollzüge, also das Argumentieren, Ordnen, Prüfen, Vervollständigen, Perfektionieren, Vereinheitlichen, Methodisieren, Operationalisieren, Experimentieren, Probieren, Vernetzen, Detaillieren u. s. w. Wobei diese Handlungen ihrerseits mit spezifischen Normen und konkreten Graduierungen der Systematizität$_W$ einhergehen.[760]

Vor diesem Hintergrund ist nun der bekannte Vorwurf gegen NIMBYs reformulierbar: Sie würden methodisch gesehen nicht regelkonform bzw. inhaltlich betrachtet nicht objektiv argumentieren (vgl. Abschnitt 2.4.2, Abschnitt 2.4.3, Abschnitt 2.5.1). Der Vorwurf scheint vorzugsweise in dem Bereich berechtigt, in dem die Pro-Argumentationen$_W$ durch wissenschaftliche Realerkenntnis$_W$ mit höherer Systematizität$_W$ gestützt werden und sich somit klar von den „nur erfahrungsgestützten" Argumentationen der Opponenten differenzieren lassen. Erstere finden sich als Muster$_K$ nicht nur in Habermas' Rede von konsensualen Argumentationen$_{H1}$, die er aufgrund ihrer Informationsqualität auch als *substanziell* bezeichnet (vgl. Abschnitt 5.1.4), sondern werden ebenso in der wissenschaftsphilosophischen Rede über *systemtatische Erkenntnis* angeführt. Die Überzeugungskraft solcher Argumentationen$_W$ in Realdiskursen beruht also darauf, dass die dort verwendeten Argumentationen$_W$ systematisch begründet sind und sich entsprechend überprüfbar zeigen. Ihre Anerkennung wird jedoch weniger von dieser epistemisch-argumentativen Überzeugungskraft bestimmt, da die Inhalte von vielen Akteuren im Kontext$_L$ kaum autonom nachvollzogen werden können und dieser Nachvollzug im Realdiskurs zudem der Dynamik der situativen Kommunikationsmacht$_S$ unterworfen ist. Ausschlaggebender ist

757 Ein gute Kurzfassung der Monografie aus dem Jahr 2013 findet man in: Hoyningen-Huene 2020.

758 Ebd., S. 88.

759 Scholz 2015, S. 239.

760 Vgl. dazu Seidel 2014, S. 37.

vielmehr die langfristige Anerkennung bzw. das *Ansehen* des Gewissheitsgrades wissenschaftlicher Argumentationen_W im Allgemeinen. Die in Abschnitt 5.1.4 vorgestellte individuell bedingte Überzeugungs_S zur Windgeschwindigkeit auf dem Sauberg ist weniger gewiss als die Aussage Z 5.2 (D) im Rahmen der systematischen Begründung aus AF 5. Die starke Evidenz der deskriptiven Aussage Z 5.2 erwächst einerseits aus der im Kontext_L (Sauberg) ausgeübten Messpraxis, die einem systematisch-standardisierten Verfahren entspricht. Wobei diese Praxis der Windmessung andererseits in den systematisch-zusammenhängenden Referenzkontext (B_2) eingebettet ist, aus dem letztlich über eine systematisch-nachvollziehbare Herleitung_D die entscheidende Schlussberechtigung Z 5.1.3 (W) abgeleitet wird. Der hohe Gewissheitsgrad korrespondiert somit mit dem hohen Systematizitätsgrad auf allen Ebenen der vielschichtigen Wissenschaftspraxis. Dieser Art wissenschaftlich-systematischen Arg_W kann inhaltlich kaum etwas entgegengesetzt werden, ohne den zentralen Referenzkontext B (meist ein komplexes Modell_W) selbst „anzugreifen". Im Gegensatz zu Klimaskeptikern gehen die Opponenten von konkreten EEG-Projekten diesen Weg seltenst – v. a. dann nicht, wenn es sich um faktische Aussagen wie Z 5.2 (D) handelt, die auf standardisierten Messverfahren basieren und deren Ausführung direkt vor Ort verfolgt werden kann.[761] Im Gegenteil: Da diese Art von gesicherten Informationen einen erheblichen Einfluss auf die Beurteilung der Standortgüte und -auswahl haben, hegen Opponenten ein besonderes Interesse daran.

Mit AF 13 (Abschnitt 6.3.4) wurde ein Enthymem zu diesem Thema beispielhaft rekonstruiert (Konfliktfall Engelsbrand). Auf den ersten Blick wirkt die dort nachgezeichnete Argumentationsfigur wie ein Argument aus Nichtwissen.[762] Denn die Opponenten verschieben die Begründungslast (K 04B2) einseitig zum Projektierer. Zugleich erweckten sie den Eindruck, dass dieser durch die Nichtveröffentlichung der Messdaten indirekt ihre These belegt, dass die Wirtschaftlichkeit des Projekts nicht gegeben sei (da zu wenig Volllaststunden). Rhetorisch erfolgreich erwies sich die Argumentationstaktik deshalb, weil die Opponenten die „Argumentationsfigur cleverer Skepsis" nutzten: Clevere Skeptiker erheben keine absolute Gewissheit_A auf ihre Aussagen, sondern machen deren Schlüssigkeit von zwei Voraussetzungen abhängig: *zum einen* von

761 Im Energiediskurs wurden die Grundlagen der Strömungsmechanik und des Windanlagenbaus meiner Erkenntnis nach bisher nicht bezweifelt (etwa vergleichbar mit der weiter verbreiteten Skepsis gegenüber dem klimawissenschaftlichen Referenzkontext).

762 Ein Argument aus Nichtwissen (argumentum ad ignorantiam) liegt vor, „wenn eine These für falsch erklärt wird, weil sie bisher noch nicht bewiesen wurde oder umgekehrt für richtig erklärt wird, weil sie bisher nicht widerlegt wurde". https://www.hoheluft-magazin.de/2016/06/na-logisch-der-ad-ignorantiam-fehlschluss/, Stand: 11.02.2022.

einem methodischen Prüfverfahren$_F$, das auf einem übergreifenden Konsens in der jeweiligen Argumentationspraxis beruht (bspw. gemäß einer wissenschaftlichen Diskursgrammatik erfolgt), und *zum anderen* von einer Annahme, die im Rahmen des Prüfverfahrens$_F$ und des Kontexts$_L$ als potenziell begründbar und somit einsichtig erscheint. Da jeder Windatlas nur eine modellbezogene Näherung darstellt, war die Annahme plausibel nachvollziehbar, dass die Ergebnisse der Windmessung von den approximierten Windgeschwindigkeiten (negativ) abweichen. Zudem stand das Prüf- und Beurteilungsverfahren durchaus im Einklang mit dem übergeordneten EWN$_P$, in welches AF 12 der Proponenten eingebettet war. Denn der Referenzkontext (B), der ebenso die Prämissen Z 13.1 und Z 13.2 begründet, kulminiert in der Überzeugungskraft$_P$ des ökokapitalistischen Grundnarrativs: Die WKA-Projekte der Energiewende können (und sollen) den ökonomischen Kriterien effizienten Handelns entsprechen und zwar nicht aus national-volkswirtschaftlicher Perspektive betrachtet, sondern auch aus der kleiner Kollektive (Gemeinden, Privatunternehmen, Privathaushalte). Die Schlüssigkeit von Konklusion Z 13.4 und die Überzeugungskraft$_P$ von Prämisse Z 13.5 ließen sich vor diesem Hintergrund kaum bestreiten. Daher konnten die Opponenten sich als eine Art „aufklärende Hirten" konform zum EWN$_P$ präsentieren (s. Fußnote 594 und Fußnote 685). Dennoch lohnt hierzu eine Analyse der agrumentationstaktischen Anwendung von K 07.

Die Gemeinde bzw. die Energiegruppe erweckten den Eindruck, dass die instrumentelle Erklärung$_I$ unter der Bedingung der Diskursgrammatik wissenschaftlichen Arg$_W$ gelten würde. Aufrichtigkeit$_K$ hätte in dieser Argumentationspraxis bedeutet, dass alle Sacherkenntnis *transparent nachvollziehbar* (F$_I$), also unter Offenlegung der Daten und Methoden, kommuniziert wird und allen Bürgern zugänglich ist. Der Projektierer agierte jedoch eher konform zur Partizipationsform „Informieren" (Tabelle 3) und somit eher gemäß einer rechtlichen Argumentationspraxis (Arg$_R$). Man unterrichtete die Bürger über die Ergebnisse der Windmessung, insofern dies vor dem Hintergrund der Expertise$_P$ des Projektierers und des Rechtsrahmens gegenüber dem Laienpublikum angemessen erschien. In diesem Fall bedeutet Aufrichtigkeit$_K$ eher *argumentative Zurückhaltung* (Abschnitt 6.3.5), ja fast ein paternalistisches Inschutznehmen der Laienbürger: Die Offenlegung der Messdaten war nicht notwendig, so die Annahme, weil Bürger im Allgemeinen nicht über die notwendige Informations- und Argumentationskompetenz (letztlich keine systematisch Expertise$_P$) auf diesem Feld verfügen. Außerdem hätte durch eine Offenlegung ein Wettbewerbsvorteil für Konkurrenten entstehen können, die in ihrem Angebot die Kosten für die Windmessung nicht hätten einpreisen müssen. Die Opponenten interpretierten diese Auslegung der Aufrichtigkeit$_K$ nicht nur als Verletzung der zunächst propagierten Argumentationspraxis (Arg_W, F_I), sondern auch als Indiz für das Vorliegen eines entfesselten, eher rhetorisch-politisch geführten $Realdiskurses_E$ (durch Arg_{RH} überformtes Arg_P). Die Opponenten und letztlich die Mehrheit der Bürger fühlten sich in ihrem Recht auf autonome $Einsicht_A$ (K 07) zu stark eingeschränkt, da seitens des Projektierers die Informationsfreiheit (F_I) im Sinn wissenschaftlicher Argumentationspraxis nur sehr bedingt anerkannt wurde. Es bestand sogar der Verdacht gezielter rhetorischer Manipulation im Raum.[763] Aufgrund dieses Verdachts schränkten die Opponenten ihrerseits die Verpflichtung zur $Aufrichtigkeit_K$ auf *argumentative Zurückhaltung* ein und zündeten das diskutierte professionelle Feuerwerk rhetorisch-politischer $Täuschungen_{Rh}$.

Die im Rahmen der Konfliktmediation nicht veröffentlichten Windmessdaten trugen am Ende nennenswert zum steigenden Zweifel am Projekt in Engelsbrand bei. In Anschluss an diese Überlegung wage ich diese These:

> T 13 (Pflicht zur Bereitstellung von wissenschaftlicher Realerkenntnis): Die Prämissen instrumenteller $Erklärungen_I$, die *einerseits* auf stark systematisierter $Realerkenntnis_W$ und deren standardisierten Messmethoden basieren und *andererseits* über essenzielle Randbedingungen für die kontextualisierte $Abwägung_I$ der potenziellen Mittel (bspw. eE-Anlagen) informieren, sollten über öffentlich geregelte und in ihren Teilschritten transparent kommunizierte Verfahren ermittelt werden und somit auch begründet sein.

Die These möchte ich folgend an zwei Formen von Argumentationen näher erläutern: a) Argumentationen auf Grundlage wissenschaftlicher $Realerkenntnis_W$ *zum einen* und denen auf Basis b) instrumenteller $Erklärungen_I$ (hier als deskriptive Zweck-Mittel-Zusammenhänge) *zum anderen*).

a) (Autoritätsargument): Inhaltlich gesehen fokussiert die These die $Realerkenntnis_W$, die über standardisierte Verfahren beantwortet werden kann. $Muster_K$ wären alle Verfahren, durch die die Standortgüte für bestimmte eE-Systeme systematisch-operational spezifiziert wird: neben der Windmessung am Standort (vgl. Fußnote 460) bspw. die Globalstrahlungsdaten und standortspezifischen Einstrahlungsdaten.[764] Die eigentliche Ausführung der Verfahren kann durch privatwirtschaftliche Akteure erfolgen, solange sie K 01 im wissenschaftlichen Sinn anerkennen (etwa indem die Daten experimentell überprüfbar (K 01A) sind und die Art der systematischen Ausführung (K 01F) transparent kommuniziert wird). Denn die Anerkennungswürdigkeit der so gestützten Aussageninhalte im Realdiskurs basiert bestenfalls nicht auf der naiven Auslegung des Autoritätsargu-

763 Der Verdacht lautete, dass der Projektierer zwar nicht gegen alle $Werte_K$ und Normen verstoßen hätte, aber taktisch agiere, weil er genau wisse, wie, wann und mit wem man welche dieser Leitlinien beachten muss (oder eben nicht). Vgl. Transkript C: 471–475.

764 Vgl. Rebhan 2002a, S. 346–348.

ments, sondern auf einem proaktiven Ausgleich einer grundsätzlich vorhandenen Diskursasymmetrie$_{Rh}$ zwischen spezialisierten (Wissenschafts-)Experten und Bürgern, die hier nur ein Laienwissen besitzen. Dazu lässt sich folgendes Kriterium formulieren:

> K 07B (Anerkennung des erkenntnisbezogenen Kompetenzgefälles): Dem oben beschriebenen Kompetenzgefälle wird vonseiten der „Wissenden" Rechnung getragen, indem sie die Informationsfreiheit (F_I) derart anerkennen, dass sie die Grundlagen für eine autonome Einsicht$_A$ schaffen (auch wenn diese nur von wenigen Akteuren erreicht werden wird). Diese wechselseitige Anerkennung von wissenschaftlicher Expertise$_P$ und der Freiheit (F_I), sich selbst der Realerkenntnis$_W$ und Erklärungen$_I$ vergewissern zu können, stellt einen ersten wichtigen Aspekt der zu bestimmenden Diskursgerechtigkeit dar.

Im Realdiskurs bleibt durch die Umsetzung dieses anspruchsvollen Kriteriums wenig Raum für rhetorische Täuschungen$_{Rh}$, ausgenommen sie erweisen sich als „ungeschickt kommunizierte", aber dennoch berechtigte Zweifel an den systematisch durchgeführten Verfahren selbst. In diesem Ausnahmefall sind sie als Einwände$_A$ im Rahmen des jeweiligen wissenschaftlichen Subdiskurses zu bewerten (und zu prüfen). Alle anderen Einwände$_A$ drücken in der Regel die Haltung eines mitunter radikalen wissenschaftlichen Relativismus$_A$ aus. Diese können somit vornehmlich als Mittel einer rhetorischen Argumentationstaktik von Opponenten-Seite angesehen werden. D. h., dass sie in wissenschaftlichen Realdiskursen keine Kommunikationsmacht$_D$ entwickeln könnten. In rhetorischen Realdiskursen$_{Rh}$ hingegen – das muss unterstrichen werden – können sie im jeweiligen Kontext$_L$ eine starke persuasive Überzeugungskraft$_P$ entfalten, sobald die Normen und Werte$_K$ der wissenschaftlichen Argumentationspraxis keine Anerkennung erfahren (vgl. Fußnote 61).

b) (Zweck-Mittel-Zusammenhänge): Die zweite wichtige Argumentationsform – bspw. Prämisse Z 6.2 im Klimaargument – informiert über Zweck-Mittel-Zusammenhänge. Diese stellen den Kern instrumenteller Erklärungen$_I$ und werden hinsichtlich ihres Systematizitätsgrads häufig mit dem wissenschaftlicher Erklärungen$_W$ (Arg$_W$) gleichgesetzt. Dies mag für die rein technikwissenschaftlichen Argumentationen$_W$ durchaus zutreffen. In Abschnitt 2.5.4 hatte ich jedoch ausführlich dargelegt, dass sich die Argumentationen$_W$ im Rahmen der Realerkenntnis$_W$ und die im Rahmen der technisch-praktischen Schlüsse$_P$ hinsichtlich ihrer Art der Begründung unterscheiden. Während AF 5 eine kurze, mehr oder weniger deduktive Herleitung$_D$ auf Basis von Realerkenntnis$_W$ darstellt, fließen in das Klimaargument eine ganze Reihe kollektiver Abwägungen$_K$ ein. Letzteres liegt nicht zuletzt an der angesprochenen epistemischen Unterbestimmtheit technisch nutzbarer Mittel hinsichtlich ihrer Zweckmäßigkeit in konkreten Kontexten$_L$. Daher werden die instrumentellen Erklärungen$_I$ in solchen Schlüssen$_P$ häufig von Personen oder von Fach- und Beratungsunternehmen eingeholt, die über eine entsprechend umfangreiche Erfahrungserkenntnis (Know-how) im kontextbezogenen Umgang mit den potenziellen Mitteln verfügen (A 13). Man hofft, dass sie die erhoffte Zweckmäßigkeit der Mittel im Kontext$_L$ mit Blick auf K 01C *systematisch* beurteilen können. Aber diese Urteile inkludieren kollektive und idiosynkratische Abwägungen$_I$, weshalb in den Erklärungen$_I$ mit hohem systematischem Charakter die Subjektbezogenheit der gezogenen Schlussfolgerungen transparent kommuniziert wird (K 01B). Genau genommen soll dadurch der Zusammenhang zwischen den vorausgesetzten Referenzkontexten (B) und der daraus abgeleiteten Mittelwahl im Kontext$_L$ intersubjektiv nachvollziehbar werden. Die Plastizität$_I$ instrumenteller Erklärungen$_I$ spiegelt sich darin wider, dass der Gewissheitsgrad dieser Gründe$_I$ von der Plausibilität$_N$ der einzelnen idiosynkratischen und kollektiven Abwägungen$_K$ abhängt (Stichwort instrumentelle Notwendigkeit$_I$). Am Klimaargument kann man diese Abwägungsoffenheit instrumenteller Erklärungen$_I$ und somit die Variabilität der darauf beruhenden Schlussfolgerung an den 7 Knotenpunkten des umfangreichen Argumentationsnetzes$_N$ gut verdeutlichen.[765]

AF 16 (Argumentationsnetz zum Klimaargument)

Z 16.1	Klimaneutralität → THG-Neutralität →	• bezieht sich auf Z 6.1 • Abwägung$_K$ des öffentlichen Interesses (Zielsetzung gemäß EP 6) • politischer und rechtlicher Orientierungsdiskurs (global), klimawissenschaftliche Modelle$_W$ • Arg$_P$, Arg$_R$, Arg$_W$
Z 16.2	THG-Neutralität (Energiekultur) → Dimensionen: Erzeugung, Transport / Speicherung, Nutzung, Effizienzsteigerung, Einsparung →	• bezieht sich auf Z 6.1.2 • selektierende Abwägung$_K$ der Mittel (wirtschaftspolitische Zweckmäßigkeit) • industriepolitischer und rechtlicher Orientierungsdiskurs (national), technikwissenschaftliche Modelle$_W$, energiepolitische Narrative • Arg$_P$, Arg$_R$, Arg$_{WI}$, Arg$_W$

765 In der folgenden mehrschichtigen Darstellung des Argumentationsnetzes$_N$ geht es nicht darum, die Disfunktionalität der Mittel und somit die Angemessenheit$_A$ der einzelnen Abwägungen$_K$ in den jeweiligen Argumentationen$_K$ zu veranschaulichen. Denn für eine solche Beurteilung müssen zunächst die Abwägungsspielräume einer instrumentellen Erklärung$_I$ herausgestellt werden, was in dieser Studie nicht leistbar ist.

Z 16.3	THG-neutrale Energieerzeugung der nationalen Energiekultur → Optionen als Substitut für (Kernenergie), Kohle, Gas, Öl:[766] eE, Kernenergie →	• bezieht sich auf Z 6.1.2 • selektierende Abwägung$_K$ der Mittel (nationalpolitische Zweckmäßigkeit) • industriepolitischer und rechtlicher Orientierungsdiskurs (national), technikwissenschaftliche Modelle$_W$, energiepolitische Narrative • Arg$_P$, Arg$_R$, Arg$_W$, Arg$_K$
Z 16.4	Wahl des entscheidenden Sektors THG-neutrale Energieerzeugung → Elektrizitätswende, Mobilitätswende, Wärmewende[767] →	• bezieht sich auf Z 6.2.1 • selektierende Abwägung$_K$ des Anwendungssektors (industriepolitische Zweckmäßigkeit) • industriepolitischer und rechtlicher Orientierungsdiskurs (national, regional), technikwissenschaftliche Modell$_W$, industrielle Erfahrung, energiepolitische Narrative • Arg$_P$, Arg$_R$, Arg$_W$, Arg$_K$, Arg$_I$
Z 16.5	Wahl der kostengünstigsten Pfade zur THG-neutralen Stromerzeugung → Windkraft, PV, Wasserkraft, Solarkraft →	• bezieht sich auf Z 6.2.2 • selektierende Abwägung$_K$ des Technologiepfads (wirtschaftliche Zweckmäßigkeit) • wirtschaftspolitischer und rechtlicher Orientierungsdiskurs (national, regional), wirtschaftswissenschaftliches Modell$_W$, industrielle Erfahrung, energiepolitische Narrative • Arg$_P$, Arg$_R$, Arg$_{WI}$, Arg$_W$, Arg$_K$, Arg$_I$
Z 16.6	Wahl der kostengünstigsten Varianten (hier Fokus auf Windkraft und nicht PV) → Großanlagen vs. Kleinanlagen (an Land) →	• bezieht sich auf Z 6.2.2 und Z 6.3 • selektierende Abwägung$_K$ innerhalb des Technologiepfads (wirtschaftliche Zweckmäßigkeit) • wirtschaftspolitischer und rechtlicher Orientierungsdiskurs (national, regional), technikrealisierende Praxiserfahrung, energiepolitische Narrative • Arg$_P$, Arg$_{WI}$, Arg$_R$, Arg$_W$, Arg$_K$, Arg$_I$
Z 16.7	Schluss aufgrund der vorauslaufenden Fokussierung: Großanlagen (an Land mit Gesamtnennleistung von 130 Gigawatt)	• bezieht sich auf Z 6.3 • notwendige Schlussfolgerung innerhalb des fokussierten Technologiepfads (Notwendigkeit$_I$) • wirtschaftspolitischer und rechtlicher Orientierungsdiskurs (national, regional), technikrealisierende Praxiserfahrung, energiepolitische Narrative • Arg$_P$, Arg$_R$, Arg$_{WI}$, Arg$_W$, Arg$_K$, Arg$_I$

An AF 16 sollte die argumentative Spur$_{A}$ der Abwägungen gut erkennbar sein: In komplexen, nicht linearen Argumentationsketten wird von Stufe zu Stufe die Wahl bestimmter Mittel stärker fokussiert. Auf jeder Stufe gibt es kollektive und individuelle Abwägungen, in denen subjektbezogene Perspektiven in der Beurteilung besondere Beachtung finden. Dadurch wird auch der Realdiskurs zunehmend komplexer und kontroverser, der sich entlang einer solchen Argumentationskette entspinnt. Denn es fließen die Überlegungen aus immer mehr Perspektiven und auch weitere Argumentationspraxen nebst Kriterien ein. Die finale komplexe Argumentationskette trägt nicht nur die „Spur" der Erfahrung im Umgang mit Mitteln (vgl. Hubigs Überlegung in Fußnote 204), sondern auch die argumentative Spur$_{A}$ aller *subjektbezogenen Abwägungen*, die bis zur Anpassung an den Kontext$_{L}$ der jeweils letzten Stufe vorgenommen wurden. Das Vorliegen der Spur$_{A}$ macht deutlich, dass ein Objektivismus$_{T}$ kaum haltbar ist, der eine technikdeterministische Fixierung der Mittel mit Verweis auf die instrumentelle Notwendigkeit$_{I}$ anhand der vorauslaufenden Stufen dieser nicht linearen Argumentationskette proklamiert. Denn auf allen Stufen gibt es alternative Optionen, die mit Verweis auf dort plausible Gründe$_{P}$ zurückgestellt wurden.

Jedoch sollte nicht voreilig davon ausgegangen werden, dass diese plausiblen Gründe$_{P}$ rein sozial determiniert sind (Subjektivismus$_{T}$). Denn die mit kollektiven Abwägungen$_{K}$ verbundenen sozialen Dynamiken unterliegen systembedingten Einschränkungen, die zwar langfristig ggf. verändert werden können, kurzfristig aber wie eine „zweite Natur" harte Randbedingungen setzen (etwa der starke Rückbezug auf volkswirtschaftliche Referenzkontexte). Würden alle Begründungsstränge einer technisch-praktischen Argumentation$_{P}$ expliziert, läge eine Art rhizomhaftes Epicheirem vor, welches ein komplexes Argumentationsnetz$_{N}$ bildet.[768] An einem solchen Epicheirem wäre es sicherlich möglich, an einer kollektiven Abwägung$_{K}$ eine Spur$_{A}$ idiosynkratischer Abwägungen$_{I}$ nachzuzeichnen. Um die eigenständige Argumentationspraxis in

766 Es geht um die ab Phase 1 der Energiewende technisch machbaren Optionen. Die bei Opponenten häufig erwähnte Kernfusion fällt nicht darunter.

767 Trotz einiger Anzeichen für eine integrativere Sichtweise wurde bis zum Beginn von Phase 3 der Stromsektor priorisiert (inkl. einer weitreichenden Elektrifizierung der anderen Sektoren).

768 Komplexe Argumentationen$_{K}$ lassen sich in Form eines Epicheirem rekonstruieren. In der klassischen, auf die Rhetorik Ciceros zurückgehenden Form entspricht die Argumentationsfigur des Epicheirems der eines Syllogismus, dessen beide Prämissen über eigenständige Stützargumente im Sinne einer Begründung bzw. Rechtfertigung erweitert werden. Vgl. J. Klein 1994, S. 1251, 1253. Die syllogistische Grundfigur garantiert somit die logische Einheit der beiden Teilargumente. Die Stützargumente müssen allerdings nicht zwingend formallogischen Standardfiguren entsprechen, sondern können auch rhetorisch verkürzt oder ausgeschmückt vorliegen. Das Epicheirem wird daher oft als eine Gegenfigur zum Enthymem genannt.

narrativen Argumentationsnetzen sowie das darin enthaltene Zusammenspiel von plausiblen Gründen$_P$ und kollektiven wie auch idiosynkratischen Abwägungen$_I$ besser verstehen zu können, werde ich im folgenden Abschnitt ausgewählte Argumentationen hinsichtlich dieser Schwerpunkte besprechen. Dabei soll vor allem die Rolle narrativer Plausibilität$_N$ in der Anerkennung von Gründen$_P$ eine besondere Aufmerksamkeit erhalten.

7.4 Argumentationsraum narrativer Plausibilität (P3/O3 und E4)

7.4.1 Plausibilität narrativen Argumentierens (Zwischenfazit)

Bevor ich beginne, fasse ich nochmals die Ergebnisse zusammen, die für die folgende Besprechung narrativer Plausibilität$_N$ zentral sind: Der Fokus des letzten Abschnitts (Abschnitt 7.3.3) lag auf der Plastizität$_I$ instrumenteller Erklärungen$_I$ in den untersuchten Realdiskursen. Zuvor wurde Habermas' diskurstheoretischer Ansatz kritisch hinterfragt, nach welchem eine kontextübergreifende Diskursgrammatik die Entwicklung von Diskursprozeduren für jede Art von argumentativer Konfliktmediation ermöglicht. Die Kritik betraf zum einen den darin enthaltenen Gedanken, dass Argumentationspraxen sich schlichtweg nach dem Prinzip der Folgerichtigkeit (K 02) rekonstruieren und bewerten lassen, da der Orientierungsdiskurs über wichtige Gesellschaftsfragen wesentlich durch idiosynkratische Abwägungen$_I$ beeinflusst wird. Der darauf folgende Exkurs zur Überzeugungskraft$_P$ manipulativer Täuschungen$_{Rh}$ innerhalb von Energiekonflikten führte jedoch nicht dazu, die explanatorische Lücke im Verständnis dieser Abwägungen$_I$ zu schließen. Denn der Einsatz von Täuschungen$_{Rh}$ ist nicht nur ein Ausdruck gesellschaftlich bedingter Kommunikationsmacht, sondern mehr oder weniger ein Wesenszug aller Argumentationspraxen – selbst in der wissenschaftlichen Realerkenntnis$_W$ werden sie aktiv eingesetzt, obwohl sie über das NoS der wissenschaftlichen Diskursgrammatik proaktiv sichtbar gemacht und bestenfalls eliminiert werden. Der Umgang mit rhetorischen Täuschungen$_{Rh}$ hängt, so ein Ergebnis des Exkurses, entscheidend vom jeweiligen Verständnis der Diskursgerechtigkeit ab. Im Fall von instrumentellen Erklärungen$_I$ gilt, dass deren Plastizität$_I$ (hier: die Bandbreite möglicher Schlussfolgerungen) auch auf eine Vielzahl an idiosynkratischen und kollektiven Abwägungen$_K$ zurückzuführen ist. Diese unterliegen ihrerseits einer hochkomplexen sozialen Dynamik, die – wie an den Konfliktfällen ersichtlich wurde – zweifelsohne rhetorisch aufgeladen ist. Dieser Umstand kann mal mehr oder mal weniger gerecht erscheinen, je nachdem welcher individuelle Standpunkt vertreten und welche Diskursgrammatiken nebst der dort bevorzugten Argumentationspraxen als Referenzkontext herangezogen werden.

Partizipationsformen haben das Potenzial, rhetorisch bedingte Diskursasymmetrien$_{RH}$ auf demokratische Weise zu entschärfen, da in ihrem Verlauf idiosynkratische und kollektive Abwägungen$_K$ transparent expliziert werden (im Idealfall). Im Exkurs über die wesentlichen Partizipationsformen im Energiediskurs wurde daher deren Struktur und Dynamik erörtert (vgl. Abschnitt 6.4). Allerdings zeigte sich, dass Partizipationsformen über eine je spezifisch normierte Diskursgrammatik in Realdiskursen implementiert werden, über die sich letztlich eine konkrete Kommunikationsmacht ausdrückt und die mitunter zu anderen Diskursasymmetrien$_{Rh}$ führt. Über die genauere Analyse dieses Problems wurde deutlich, dass die diskursimmanente Anerkennung instrumenteller Gründe$_I$ in partizipativ geführten Realdiskursen zu großen Teilen von der kontextbezogenen Plausibilität$_N$ der damit verbundenen idiosynkratischen und kollektiven Abwägungen$_K$ abhängt. Als Ergebnis bleibt daher folgende These festzuhalten:

> T 14 (Explikation idiosynkratischer Abwägungen): Eine große Herausforderung in konfliktbehafteten Realdiskursen besteht darin, individuelle Abwägungen$_I$ zu explizieren. Diese Transparenz ist eine wichtige Voraussetzung für eine konstruktive Kommunikation in Energiekonflikten.

Diese These basiert u. a. auf der Annahme, dass das Plausibilitätskriterium nicht nur davon getragen, inwiefern sich die Gründe$_I$ im Diskursverlauf mit dem Modell$_W$ des Referenzkontextes (B) und somit dem wissenschaftlichen Erkenntnishorizont im globalen Energiediskurs verknüpfen lassen, sondern ebenso mit dem kontext- und situationsbezogenen Erfahrungshorizont$_S$ der Bürger vor Ort. Letzterer offenbart sich jedoch erst über den Nachvollzug der zahlreichen personenbezogenen Abwägungen$_I$ im lokalen Kontext$_L$. Deren Beurteilung im Sinn einer kontextualisierten Kohärenz$_L$ muss daher – hier mit Blick auf Toulmin formuliert (Abschnitt 5.1.4) – im dialogischen Spannungsfeld zwischen den zentralen Pro- (W) und Contra-Argumentationen (R) des lokalen Energiekonflikts erfolgen. Erschwerend kommt hinzu, dass sich diese Argumentationen auf den gesamten Raum des Energiediskurses beziehen können und sowohl den wissenschaftlichen Erkenntnishorizont als auch den lokal verankerten Erfahrungshorizont$_S$ übergreifen. Für das Verständnis der narrativen Plausibilität$_N$ wird zunächst die Rolle praktischer Klugheit$_P$ erörtert, da sie die *rationale Vermittlung* zwischen intersubjektiven und subjektiven Argumentationspunkten bewerkstelligt. Den Ausgangspunkt bildet die Überlegung, dass lokale Realdiskurse durch einen eigenständigen Argumentationsraum$_P$ bestimmt sind, der zwar viele Inhalte des globalen Energiediskurses abbildet, diese aber nach einer eigenen Plausibilitätsmetrik verortet. Diese Metrik ist keineswegs beliebig, sondern muss über den Vollzug praktischer Klugheit$_P$ nachvollziehbar sein.

Im Vorfeld werde ich zunächst den Begriff des Argumentationsraums$_P$ definieren: Während ein Diskursraum die inhaltliche Ausdifferenzierung eines Realdiskurses widerspiegelt, so wie sie sich durch die fortwährende Ausübung von Argumentationspraxen bspw. im Energiediskurs ergibt und empirisch dokumentiert werden kann, zielt die Rede vom Argumentationsraum$_P$ auf die plausibilitätsbezogenen Strukturen und Ordnungen solcher Diskursräume ab. Es handelt sich also um die Menge der struktur- und ordnungsstiftenden Argumentationen, die aus einer dezidiert argumentationsanalytischen Perspektive auf den Diskursraum und der damit einhergehenden Plausibilitätsvorstellung in den Blick fallen. Diese Perspektive wird von Beginn an durch eine *plausibilitätsnormierende Metrik* bestimmt, die über die allgemeine inhaltliche Offenheit der Diskursgrammatik hinausgeht. Letztere normiert über Normen und Werte$_K$ die Mannigfaltigkeiten aller kommunikativen Handlungen in Bezug zu einer explizit ausgezeichneten Argumentationspraxis. Aber nicht alles, das sich nach dieser Praxis ausdrücken lässt, erscheint letztlich *argumentativ plausibel*. Mehr noch: Plausibel erscheinen mitunter Inhalte, die „diskursgrammtisch falsch“ kommuniziert werden. Jedenfalls ist ein Argumentationsraum$_P$ kein „inhaltlich leeres Behauptungsfeld“,[769] sondern ermöglicht die Einordnung von Argumentationen entlang der Dimensionen einer konkreten Plausibilitätsmetrik (etwa der des Energiediskurses). In idealen Diskursen zeigt sich die Plausibilitätsmetrik konform zur primären Diskursgrammatik. In Realdiskursen hingegen entwickelt sich die Plausibilitätsmetrik durchaus unabhängig von idealtypischen Mustern$_K$ des Argumentierens (etwa den Argumentationen$_{H1}$ der Diskursethik). Sie umfasst bereits die jeder diskursnormierenden Grammatik vorauslaufenden Intuitionen, nach denen bestimmte Argumentationen überhaupt als plausibel und somit *orientierungsrelevant* wahrgenommen werden. Ein Argumentationsraum$_P$ beinhaltet entsprechend alle plausibilitätsbezogenen Argumentationen eines realen Diskursraums, der darüber hinaus ebenso die Menge der unplausiblen Argumentationen enthält.

Die Analyse des Argumentationsraums$_P$ lokaler Energiekonflikte und dessen Plausibilitätsmetrik knüpft an die zuvor gestellte Frage nach dem zentralen Referenzkontext an, nach welchem die situativen Überzeugungen$_S$ gebildet werden, die im lokalen Diskurs als plausible Gründe$_P$ anerkannt werden und zentral für alle Abwägungsformen sind. Diskutieren werde ich diesen Sachverhalt an den

---

769 Entgegen der Darstellung in: Ott 2010, S. 17.

Abwägungen, anhand derer die argumentative Anpassung instrumenteller Argumentationsketten im lebensfeldnahen Bereich der Realdiskurse erfolgt. Denn diese Abwägungen$_{I}$ sichern den angemessenen Umgang mit der Plastizität$_{I}$ in der Verwendung von konkreten Mitteln in einem lokalen Kontext$_{L}$ sowie mit Blick auf die je eigene motivationale Verfasstheit$_{M}$ und Haltung zur Energiewende.

Zur Klarstellung wird nochmals der Gegenstandsbereich der folgend analysierten plausiblen Abwägungen umrissen, um Verwechslungen mit anderen Erklärungsmustern insbesondere der Forschung zur faktischen Akzeptanz$_{F}$ in der Energiewende zu vermeiden. Im Fokus der kommenden Ausführungen stehen die „spekulativ-synthetischen Übergänge" innerhalb der argumentativen Spur$_{A}$ komplexer Argumentationsfiguren (z. B. AF 16). An ihnen zeigt sich die instrumentelle Unterbestimmheit$_{I}$ in der argumentativen Begründung von Erklärung$_{I}$ derart, dass entweder die Wahl der Mittel oder die Adaption des (Teil-)Ziels über angemessene idiosynkratische oder kollektive Abwägungen$_{K}$ erfolgt. Angenommen wird dafür zweierlei: *Einerseits* lassen sich solche Argumentationsketten kaum auf rein deduktive Herleitung$_{D}$ reduzieren, *andererseits* sind die Übergänge in ihnen auch nicht völlig willkürlich, sondern beruhen auf plausiblen Gründen$_{P}$ gemäß der instrumentell-praktischen Klugheit$_{P}$. Dazu möchte ich nochmal an Toulmin erinnern, der die „Unregelmäßigkeit" solcher Schlüsse$_{P}$ über sein abwägungsoffenes Argumentschema einfangen wollte (Abschnitt 5.1.4). Es geht also im Folgenden um genau die *argumentativen Brücken*, durch die nach Toulmin der Erfahrungshorizont$_{S}$ (also die Einsicht$_{A}$ in die Eigenheiten des Kontexts$_{L}$ und der eigenen Person) und der Erkenntnishorizont (also die (kollektiv abhängige) Einsicht$_{A}$ in die universalistisch ambitionierten Referenzkontexte) rational angemessen miteinander verbunden werden (Abschnitt 5.1.3). Was allerdings unter „rational angemessen" zu verstehen ist, hängt im Wesentlichen vom Rationalitäts- bzw. Vernunftmodell ab, das zur Beurteilung in Anschlag gebracht wird. Toulmin unterscheidet hier zwei Extreme, zwischen denen sich die meisten Ansätze einordnen lassen: *Anthropologisch* (aR) ausgerichtete Ansätze wählen individuelle und soziale Aspekte menschlicher Rationalität als Beurteilungskriterien, wohingegen *kritisch* (kR) ausgerichtete Ansätze regelhafte Operationen$_{L}$ inklusive Prüfverfahren$_{F}$ fokussieren.[770] Vor diesem Hintergrund lässt sich das angestrebte bessere Verständnis narrativer Plausibilität$_{N}$ über einen Rückgriff auf die drei bereits skizzierten Perspektiven idiosynkratischer Abwägungen$_{I}$ gut herausschälen (vgl. Abschnitt 5.2.3). Sie zeichnen quasi die grundlegenden Orientierungsdimensionen der Plausibilitätsmetrik lokaler Energiediskurse vor.

770 Vgl. Eemeren, Garssen u. a. 2014a, S. 521.

7.4.2 Dimension des Universalisierens (Flächennutzungsproblem)

Die erste Dimension bezieht sich auf die *universalisierende WIR$_U$-Perspektive*, die bereits bezüglich der ethischen Orientierung$_E$ erläutert wurde. Unter dem Vorzeichen wissenschaftsgestützter Technikanwendung läuft diese bei inhaltlichen Argumentationen oft auf einen *reinen Universalismus* hinaus: Aus einer kontexttranszendenten WIR$_U$-Perspektive werden alle anthropomorphen Facetten außer der Fähigkeit ausgeblendet, in Absehung jeglicher motivationaler Verfasstheit$_M$ intersubjektiv und folgerichtig argumentieren und handeln zu können. Die meisten wissenschaftlichen Erklärungen$_W$ im Sinn des Superparadigmas$_{HD}$ oder eine Reihe von Rechtfertigungsparadigmen präskriptiver Ethiken$_P$ setzen dieses Rationalitätsmodell voraus. In universalistischen Argumentationen wird ein orts-, zeit- und subjektinvarianter Geltungsanspruch erhoben. Dadurch kommt es in der Regel zur Ausblendung der Besonderheiten im Kontext$_L$ oder der betroffenen Personen.[771] In den Realdiskursen der Energiewende führt dieser Universalismus zu anhaltenden Konflikten, die häufig als Kompetenzgefälle zwischen objektiver Expertise$_P$ und subjektiver Überzeugung$_S$ verhandelt werden (s. NIMBY-Vorwurf in Abschnitt 2.4.2). Inhaltlich dreht es sich jedoch eigentlich um die Angemessenheit$_A$ der Mittel in einem gegebenen Kontext$_L$. Diese Überlegung möchte ich am *Flächennutzungsproblem* detaillierter skizzieren.

Aus einer universalisierenden WIR$_U$-Perspektive wird schnell klar, dass bei Beibehaltung der bisherigen Ziele zum Ausbau der installierten WKA-Leistung ein wesentlich höherer Flächenbedarf besteht. Der Energiediskurs in der beginnenden Phase 3 der Energiewende ist insbesondere ein Diskurs, um mehr Ausbauflächen zu generieren (Schlagwort: „2% der Landesfläche"). Die Top-down-geprägte Ausweisung von Flächen basiert unter anderem auch auf Ausbau-Szenarien, die über wissenschaftliche Modelle$_W$ mit politikspezifischen Parametern und Kriterien entwickelt wurden. Während in den ersten beiden Phasen der Energiewende relativ statische Ausschluss- und Restriktionskriterien einflossen, wird hier mittlerweile feiner differenziert, indem zwischen unterschiedlichen *Konfliktrisikoklassen* unterschieden wird, die sich aus der problematischen Überlagerung von Zielen der Theorie und Praxis von Naturschutz und Landschaftsplanung ableiten lassen.[772] Diese neue Tendenz in der Entwicklung entsprechender Modelle$_W$ kann bereits als reflexive Reaktion auf eine Einsicht$_A$ aus voraus-

771 Vgl. bspw. https://www.spektrum.de/lexikon/philosophie/universalismus/2100 (Stand: 05.09.2022) und Birnbacher 2013, S. 38.

772 Vgl. Bofinger u. a. 2012 und Bons u. a. 2022. Die Differenzierung zielt auf eine Einschätzung auf den verfahrenswirksamen Einfluss bestimmter Restriktionskriterien vor dem Hintergunrd lokalspezifischer Schutzgüter ab. Der Konfliktbegriff wird hier sehr simplifiziert als potenzielle

laufenden Energiekonflikten gedeutet werden. Nachdem die unproblematischen Flächen belegt worden waren, zeigte es sich, dass der Windkraftausbau zu klassischen Landschaftskonflikten wie bei ähnlich „raumrelevanten Anlagen und Flächennutzungen“ führt (inkl. dem typischen Konfliktpotenzial und Beteiligungsparadox).[773] Auffallend ist, dass die aktuellen Modelle$_W$ ansatzbedingt wichtige anthropomorphe Argumentationspunkte (regional-ästhetische, emotionale etc.) kaum beachten, obwohl sie Ausgangspunkt vieler Konflikte sind. Dies liegt wesentlich an der Limitation solcher Ansätze, die auf quantifizierbare und möglichst kartografisch abbildbare Informationen zugreifen müssen.[774] Rein qualitative Aspekte des Erfahrungshorizonts$_S$ (K 03) können in der universalisierenden Dimension kaum erfasst werden, obwohl sie die lokalspezifische Plausibilitätsmetriken nachhaltig prägen.[775] Weiterhin beachten insbesondere die aus solchen Szenarienvergleichen entwickelten Handlungsempfehlungen kaum die (doppel-)reflexive Struktur von Konfliktdynamiken (K 06C). Bspw. könnte die in der Studie teils eher erfahrungsgelenkte Auswahl an Modellierungskriterien die nachfolgenden Entwicklungen bzw. Fortschreibung von Regionalplänen und Landschaftsschutzkonzepten beeinflussen, indem dadurch die Faktoren stärker betont werden, über die mehr Flächen höheren Konfliktrisikoklassen zugeordnet werden.

7.4.3 Dimension des Konsensierens (Paradox schwindender Akzeptanz)

Die zweite Dimension bezieht sich auf die *kollektive Perspektive*, aus der heraus die sozialen Verhältnisse und die sie stützende Kommunikation in begrenzten Kollektiven thematisiert werden. Um Konflikte, etwa rhetorische Dissense$_{Rh}$, zu vermeiden, kann sie in extremer Form gedacht auf einen *reinen Konsensualismus* hinauslaufen. In dieser Art „systematischen Konsensierens“ steht der Leitgedanke im Vordergrund, dass durch Diskursprozeduren operationaliserte Verfahren

Überlagerung von Flächennutzungszielen (eingeschränkt auf die Belange des Naturschutzes und der Landschaftsnutzung). Vgl. Riedl u. a. 2020, S. 103.

773 Roßnagel u. a. 2014, S. 330, vgl. Kühne 2018, S. 173 f.

774 Vgl. Riedl u. a. 2020, S. 123–145, v. a. S. 128.

775 Die Autoren selbst relativieren die Reichweite des besprochenen Ansatzes mit Blick auf das klassische Abhängigkeitsproblem zwischen Aussagekraft und Auflösung des empirischen Datensatzes: „Bei der Festlegung des Kriterienkatalogs wird dementsprechend zwar die aktuelle Praxis der Raumordnung über die Sichtung und Auswertung von fast 30 Regional- und Flächennutzungsplänen berücksichtigt [. . .]. Regionale Unterschiede der Planungspraxis sowie landesspezifische politische Vorgaben oder Gesetze werden jedoch nicht zwingend abgebildet, sondern bundesweit einheitliche Kriterien definiert.“ Bons u. a. 2022, S. 4.

zur Konsensfindung vorgegeben werden können – letztlich um einen (situativen) Gemeinsinn zu konstruieren.[776] Auch Habermas' kritischer Ansatz der Diskursethik gibt ein Verfahren vor, durch welches normative Aussagen systematisch dahingehend geprüft werden, ob sie einsichtig für alle Betroffenen sind und ob darüber ein $\text{Konsens}_{\text{D}}$ möglich wird (vgl. K 06-1). Im Grunde wird diese Prüfung nur von den Argumentationen erfüllt, die die Position eines universalistischen Gemeinsinns aus einer moralischen WIR_{U}-Perspektive stützen (K 06D, A 16). Die über die Prüfung festgestellte prozedurale $\text{Akzeptanz}_{\text{P}}$ solcher universalistischer Aussagen steht teilweise in Widerspruch zur gelebten $\text{Akzeptanz}_{\text{F}}$, wie sie sich in kontextbezogenen Realdiskursen ausdrückt.

Mit dem angesprochenen Widerspruch kommt ein Problem zum Vorschein, das sich im Zuge alltagsbezogener Kontextualisierungen ergibt und das in der bereits erwähnten Debatte um den ethischen $\text{Relativismus}_{\text{E}}$ thematisiert wird (s. Abschnitt 3.5). In der Realisation der Energiewende wurde v. a. in Phase 2 sehr deutlich, dass zwar ein gemeinschaftsübergreifender Konsens zur Energiewende aus einer universellen WIR_{U}-Perspektive möglich ist (bspw. als Klimaargument), dieser sich aber über die konfliktbehaftete Beantwortung zahlreicher Flächennutzungsfragen zu einem kaum überschaubaren Epicheirem an Bedingungsgefügen „ausdifferenziert". Gemeint ist, dass es mit zunehmender Realisation konkreter Maßnahmen vermehrt zu Subdiskursen kommen muss(te), die „natürlich" zu einer argumentativen Ausdifferenzierung des generalisierten $\text{Konsenses}_{\text{D}}$ führ(t)en. In diesem Zuge ergab sich zu vielerlei Detailfragen ein breites Spektrum an diskursiven Ergebnissen: nicht nur in Form dialogischer $\text{Konsense}_{\text{D}}$, sondern ebenso in Form rhetorischer $\text{Dissense}_{\text{Rh}}$.

Sowohl am Fallbeispiel Engelsbrand als auch an Beelitz konnte gut nachvollzogen werden, dass es naiv ist, Subdiskurse ausschließlich als konstruktive Erweiterungen eines rein universalistischen $\text{Konsenses}_{\text{D}}$ im (globalen) Energiediskurs zu betrachten (vgl. Abschnitt 6.4.1). Mehr noch: Der angeblich vorhandene Energiewende-Konsens kann in den ersten beiden Phasen der Energiewende weder im politischen Realdiskurs noch in der föderalen politischen Praxis wirklich nachgewiesen werden.[777] Die an dieser Stelle wichtige argumentative Spannung entsteht zwischen der uneingeschränkten Instrumentalisierung des universellen WIR_{U}- $\text{Konsenses}_{\text{D}}$ und dem unzureichenden Einbezug der diskursrelevanten Korrekturfunktion der lokalen Realdiskurse (vgl. T 08). Dies wird am erläuter-

776 Paradigmatisch für diese effizienzbestimmte Denkweise ist die Theorie des „systematischen Konsensierens" (SK-Prinzip), in der die Diskursprozedur als ein Entscheidungsverfahren gemäß einer operationalisierten Widerstandsgewichtung konzeptualisiert wird. Vgl. https://www.sk-prinzip.eu/methode/ (Stand: 29.10.2022).

777 Chemnitz 2018, S. 181 f.

ten *Paradox schwindender faktischer Akzeptanz*$_F$ von WKAs im persönlichen Nahfeld ersichtlich (vgl. Abschnitt 6.2.3): Trotz des positiven allgemeingesellschaftlichen Konsenses über die Energiewende und dem in der Geschichte der Energiekultur einmaligen Einbezug umfangreicher Partizipationsformen bei der Planung und der Umsetzung von Maßnahmen nimmt die Akzeptanz$_F$ von WKAs im nahen Wohnumfeld mitunter ab (vgl. Fußnote 559). Daran zeigt sich ein Missverständnis, welches ich in einer These festhalte:

> T 15 (missverstandene Doppelreflexivität der Realdiskurse): Die Instrumentalisierung partizipativer Diskursprozeduren zur Akzeptanzbeschaffung geht nicht nur an der doppelreflexiven Grammatik von Realdiskursen vorbei, sondern die Planungsverfahren tragen der Plastizität$_I$ in den eigentlichen instrumentellen Erklärungen$_I$ kaum Rechnung. Lokal-partizipative Diskursprozeduren zeigen sich oft hinsichtlich der Vielfalt potenzieller Mittel zur THG-Reduktion limitiert oder – falls nicht – besitzen die darüber ermittelten Konsense$_D$ kaum oder keine Wirkung auf die später umgesetzten Maßnahmen.[778] Im Gegenteil: Aus den bisherigen Erfahrungen der Phasen 1 und 2 planen sowohl die eE-Industrie und -Verbände als auch die aktuelle Bundesregierung, gegen verhindernde gesetzliche Regelungen und letztlich auch gegen den Einfluss kritischer Subdiskurse auf Planung- und Genehmigungsverfahren vorzugehen (vgl. P2 in Abschnitt 7.2.2).

Zu diesem energiepolitischen Missverständnis des doppelreflexiven Energiediskurses führen zwei unzureichende Rückschlüsse: *zum einen* hinsichtlich der Reichweite des allgemeingesellschaftlichen Konsenses und *zum anderen* hinsichtlich der instrumentellen Notwendigkeit$_I$ – hier mit Blick auf den „alternativlosen (massiven) Ausbau" von WKAs.[779] Das striktere Vorgehen wird häufig als Reaktion auf die anarchisch-destruktive Seite lokaler Subdiskurse gerechtfertigt (Stichwort: Verhinderungsplanung oder -konflikte), obwohl diese durchaus *produktive Streiträume* der politischen Meinungsbildung und somit der kontextbezogenen Realisation der Energiewende sein können (vgl. T 08).[780] Insbesondere die Antwort auf die Frage, welche Maßnahmen in regionalen und lokalen Kontexten$_L$ wie und wann umgesetzt werden sollen, bedarf dieser, teilweise sehr konfliktbehafteten Realdiskurse – vorausgesetzt, man will eine tragfähig klimaschonende und regionalverankerte Umgestaltung der Energiekultur. Letz-

778 Vgl. dazu Thesen 3 und 4 in: Renn, Köck u. a. 2017, S. 552–555.

779 Kritisch dazu: „Der oft überstrapazierte Verweis auf eine Altemativlosigkeit von Handlungen und Entscheidungen dient jedoch auch oft ganz unromantisch dazu, jede Diskussion über Altemativen [also Subdiskurse, F. B.] abzubrechen – besonders in der Sphäre politischer Entscheidungen." Bauer 2018, S. 46.

780 Vgl. Weber 2018, S. 298, 322 Krüger 2020, 22f. An anderer Stelle: „Es bedarf agonistischer Streiträume, in denen auch gegen hegemoniale (marginalisierte) Positionen und Grundsatzfragen artikuliert und ausgehandelt werden können [...]." Krüger 2021, S. 19.

teres bedarf eines grundsätzlichen politischen Konsenses, nach dem Konflikte der kollektiven Perspektive, also zwischen WIR_U- und WIR_L-Standpunkten, als konstruktiv-funktionaler Teil „des pluralistischen Kerns moderner Demokratien" anerkannt und nicht zu grundsätzlichen Differenzen zwischen Gesellschaftsgruppen stilisiert werden.[781] Dabei ist es letztlich egal, über welche politischen Gegensatzpaare diese Differenz im Energiediskurs ausgedrückt wird.

7.4.4 Dimension des Individualisierens (Herausforderung subjektassozierter Argumentationen)

Die dritte Dimension läuft entlang der *akteurszentrierten Perspektive* bis hin zum Standpunkt des *reinen* $\textit{Individualismus}_R$, aus der das ICH_A und dessen expressive Facetten im Mittelpunkt jeglicher Argumentation stehen.[782] Im Energiediskurs driften manche Argumentationen – so ein Ergebnis – in einen reinen technischen $\text{Subjektivismus}_\text{T}$ ab. Jegliche $\text{Orientierung}_\text{I}$ wäre dann über Gründe_A rechtfertigbar, die in einer individualistischen $\text{Weltanschauung}_\text{S}$ und situativen $\text{Verfasstheit}_\text{M}$ verankert wären. In Abschnitt 5.2.2 wurde bspw. die emotionale Betroffenheit bezüglich der Feuerstürme Australiens als plausibler Grund_P für eine Beschleunigung der Energiewende und die Angst vor Waldbränden beim Anblick brennender WKAs als plausibler Grund_P für die Ablehnung eines Windparks in brandgefährdeten Wäldern erwähnt.[783] Habermas sieht in derartigen Plausibilitätsgründen die Gefahr, dass sich Argumentierende mit Verweis auf diese gegenüber intersubjektiven $\text{Prüfverfahren}_\text{F}$ und auch partizipativen Diskursprozeduren verweigern könnten (vgl. Abschnitt 4.1.3). Andererseits unterstreicht er aber, dass die dahinterstehenden idiosynkratischen $\text{Abwägungen}_\text{I}$ grundle-

781 Ebd. „Dies impliziert, pluralistisch-demokratische Institutionen (wie Meinungsfreiheit, Minderheitenrechte, Pressefreiheit, Rechtsstaatlichkeit usw.) zu stärken und Antagonist*innen nicht als letztlich zu vernichtende Feind*innen, sondern als legitime Gegner*innen zu verstehen. Dazu bedarf es eines „conflictual consensus" (ebd., S. 16), d. h. der Anerkennung des pluralistischen Kerns moderner Demokratien und der Legitimität von Konflikten." Ebd., S. 19.

782 Nach dem reinen Individualismus werden in einer WIR_U-transzendenten ICH_A-Perspektive alle inhaltlichen Facetten ausgeblendet bzw. als nicht relevant erachtet, die keinen oder nur unwesentlichen Bezug zum zeit- und kontextbezogenen Selbstbild besitzen. Die ethisch-radikale Variation dieser Haltung stellt den Schutz dieser Selbstbezogenheit in das Zentrum jeglicher argumentativen Rechtfertigung und gesellschaftlichen $\text{Orientierung}_\text{A}$. Tendziell neigen Anhänger und Gegner dieser Perspektive zu einer solipsistischen $\text{Weltanschauung}_\text{S}$. Volker Gerhardt macht zurecht darauf aufmerksam, dass schon allein die Verwendung der Sprache in der Bestimmung der *Eigenheiten* des je solipsistischen Selbst- und Weltbildes dieses an das sprachermöglichende WIR_U-Kollektiv zurückbindet. Vgl. Gerhardt 2000, S. 252–254.

783 Vgl. dazu Hübner 2020, S. 60 f.

gende politische Orientierungsfragen berühren, die einerseits alle betreffen und andererseits durch niemanden außer dem sich selbst befragenden Individuum beantwortet werden können (vgl. K 06B).[784] Allerdings schließen die Kriterien seiner ethischen Diskursethik eine weitreichende argumentationstheoretische Würdigung solcher Gründe$_P$ aus (vgl. Abschnitt 2.5.2). Wie ausführlich am NIMBY-Vorwurf diskutiert, wurde deshalb das Grundmodell$_A$ argumentativer Kommunikation um authentizitätsbezogene Kriterien erweitert. Diese normieren v. a. die Argumentationsfiguren, mit deren Hilfe wir sehr persönliche Emotionen – etwa zu Fragen der unmittelbar das eigene Leben betreffenden Orientierung$_I$ – für idiosynkratische Abwägungen$_I$ rational fruchtbar machen können.

Die Gruppe, die im Energiediskurs häufig mit emotionalen Argumentationsfiguren in Verbindung gebracht wird, ist die der Opponenten. Gundula Hübner unterstreicht, dass die im NIMBY-Bild gezeichnete Widersprüchlichkeit zwischen einer positiven Haltung gegenüber der Energiewende im Allgemeinen und der Ablehnung konkreter Projekte im Nahfeld aus umweltpsychologischer Perspektive durchaus mit dem Auftreten negativer Gefühle gegenüber letzteren erklärt werden kann.[785] Als Beispiele für eine derartige Ablehnung lassen sich landschaftsästhetische Einwände$_A$ anführen. Die dort ausgedrückten Emotionen – im Interviewausschnitt in Abschnitt 7.6.1 etwa das emotional aufgeladene ästhetische Urteil „hässlich“ – motivieren ausreichend stark, um als proaktiver Opponent aufzutreten, weil man den Grund$_A$ für ihr Aufkommen (die Konsequenzen des regionalen WKA-Ausbaus) vermeiden möchte.[786] D. h., dass die negativen Emotionen rational interpretiert und zusammen mit dieser Interpretation argumentativ kommuniziert werden.[787] Wie im Beispiel werden dazu oft *Figuren des narrativen Arg$_N$* genutzt (s. Abschnitt 3.3). Derartige emotionsassozierte Argumentationen$_S$ sind jedoch kein Alleinstellungsmerkmal der Opponenten, sondern finden sich ebenso an zentralen Knotenpunkten im narrativen Argumentationsnetz$_N$ der Proponenten (vgl. Abschnitt 7.5.1).[788]

784 Gerhardt hebt hervor: „Jeder will auch und gerade im Zusammenhang mit anderen er selber sein. Folglich liegt die Organisationsbedingung der Politik in der Konstitution des Individuums, das gerade in Gesellschaft nicht auf eigene Zwecke verzichten will. Erst wenn man diesen Zusammenhang erkennt, wird offenkundig, warum die Politik in ihren auf eine Menge von Menschen bezogenen Zielen nur überzeugen kann, solange sie ihre prinzipielle, d. h. die ihre Konstitution tragende Bedingung, nämlich die zur selbstbewussten Individualität gesteigerte Verfassung des Einzelnen, mit allen Mitteln zu sichern versucht.“ Gerhardt 2000, S. 210.

785 Vgl. Hübner 2020, S. 57.

786 Vgl. ebd., S. 59 f.

787 Vgl. ebd., S. 62 f.

788 Ott hebt in Anlehnung an Helmut Plessner die „Individualität“ als einen der drei Grundmodi des menschlichen Daseins hervor und sieht die Besonderheit in der damit verbundenen Expressivität (Artikulation innerlicher Emotionen, Gedanken etc.) und Narrativität. Vgl. Ott 2010, S. 49 f.

Offen blieb bisher, wie sich das subjektassozierte Argumentieren (Arg_S) im Energiediskurs auswirkt. Zu kurz scheint die Annahme zu greifen, ihm nur dort Raum einzuräumen, wo stringente komplexe $Argumentationen_K$ nicht überzeugen (A 20). Denn ihre persuasive $Überzeugungskraft_P$ entsteht in vielen Fällen erst dadurch, dass sie fest in ein im lokalen $Kontext_L$ verankertes $Argumentationsnetz_N$ eingewoben sind, in dem durchaus oft subjektassoziert argumentiert wird. Solche $Argumentationen_S$ sind also, unabhängig davon, ob sie auf rein individuellen Emotionen basieren, nicht nur integrale Bestandteile der motivational bedingten $Orientierung_I$ des Individuums (Abschnitt 5.3.1), sondern spielen zudem über argumentative Verknüpfungen eine wichtige Rolle in kontextbezogenen Interpretationen der Erzählung, die die lokale WIR_L-Perspektive trägt. Plausibel erscheinen sie Außenstehenden dann, wenn sich der spezifische Gemeinsinn der lokalen WIR_L-Perspektive und dessen idiosynkratische Anerkennung über diese $Argumentationen_S$ ausdrückt (K 06C). Der Ausgestaltung des Gemeinsinns und somit der WIR_L-Perspektive kommen somit eine wichtige Synthesisfunktion zu, da über sie zwischen WIR_U-$Argumentationen_W$ und ICH_A-$Argumentationen_S$ vermitteln werden kann.

Im Folgenden soll insbesondere der Frage nachgegangen werden, welche Dynamik subjektassozierte $Argumentationen_S$ in einem lokalen Energiediskurs anstoßen und wie dadurch eine WIR_U bestimmte $Orientierung_A$ korrigiert werden könnte. Ziel ist es, idiosynkratische $Abwägungen_I$ vor dem Hintergrund der drei erörterten Dimensionen der Plausibilitätsmetrik besser verstehen zu können. Dazu gehe ich davon aus, dass idiosynkratische $Abwägungen_I$ über einen Wechsel in eine WIR_L-Perspektive und das dort vorherrschende *narrative* Arg_N derart in lokale $Argumentationsnetze_N$ eingewoben werden, sodass dadurch deren intersubjektive Form und somit die spezifischen Facetten ihrer praktischen $Klugheit_P$ ersichtlich werden.

7.5 Untiefen narrativen Argumentierens im Energiediskurs

7.5.1 Narratives Argumentieren und individuelle Orientierung

Zunächst erläutere ich kurz, inwiefern narratives Arg_N zwischen individuellen, am Prinzip der Authentizität orientierten $Abwägungen_I$ und kollektiven, am

Letztere wird von Ott als eine Art Vermögen zum Entwurf der eigenen Lebensgeschichte gedeutet. Der in dieser Studie verwendete Narrativ-Begriff geht aber über individuelle Chronologien des Lebens hinaus, vgl. Abschnitt 7.5.1. Eine Emotionen integrierende Theorie rhetorischen Argumentierens entwickelt Christopher W. Tindale, zur Einführung vgl. Hannken-Illjes 2018.

Gemeinsinn orientierten Abwägungen$_{K}$ vermittelt. Ausgangspunkt bilden die in Abschnitt 1.3.3 ausgeführten Überlegungen zu den Funktionen technischer Narrative. Die wesentliche Herausforderung des technisch-narrativen Argumentierens$_{N}$ besteht darin, in einem öffentlichen Diskursraum – der öffentlichen Arena (Fußnote 41) – die eigene motivationale Verfasstheit$_{M}$ mit den Zielen des kollektiven Gemeinsinns zu verbinden. Dies geschieht im Rekurs auf den persönlichen Erfahrungshorizont$_{S}$ und zum jeweils thematisch passenden Narrativ. In Letzterem spiegeln sich nicht nur kollektive Abwägungen$_{K}$ zu wesentlichen öffentlichen Interessen oder der wissenschaftliche Erkenntnishorizont zum Thema wider, sondern auch tradierte, teils national- oder regionalbezogene Einsichten$_{A}$. Beim narrativen Argumentieren$_{N}$ besteht die Herausforderung darin, das struktur- und ordnungsstiftende Potenzial des öffentlichen Narrativs zu nutzen.[789] Argumentierende haben daher zwei Teilaufgaben zu bewältigen: *Erstens* müssen sie individuelle Orientierung$_{I}$ in einer *vorgegebenen Systematik* finden. Sie müssen für sich einen *authentizitätsprägenden Ort* im *Handlungsplot* des Narrativs erkennen.[790] Denn dieser gibt bestenfalls für alle Erzählelemente – etwa einschlägige Akteure, Handlungen, Infrastrukturen etc. – eine Ordnung vor. Im Fokus des EWN$_{P}$ steht bspw. der Wandel der Energiekultur, auch wenn bereits über die Frage, welches der genannten 6 Hauptprobleme (A 01) vornehmlich gelöst werden soll, Uneinigkeit besteht. Zwar sollte ein gutes Narrativ möglichst viele vergangene und gegenwärtige Ereignisse zu einem orientierenden Zusammenhang ordnen können, aber es bleibt in vielerlei Hinsicht offen für Subdiskurse und alternative Ausdeutungen.[791] Dies gilt in besonderer Weise für zukünftige Ereignisse, deren Ausgestaltung wesentlich für die Orientierungsfunktion technischer Narrative ist.[792] Für die authentizitätsprägende Orientierung$_{I}$ spielt auch die Erzählmoral auf *normativer Ebene* eine wichtige Rolle, die über „exemplifikatorische Darstellungen (menschlicher Handlungen)“ ersichtlich wird:

789 Willy Viehöfer geht vielleicht zu weit, indem er von einem „zentralen diskursstrukturierenden Regelsystem“ spricht, siehe Viehöver 2011, S. 194. Denn Narrative erweisen sich als außerordentlich *formbar* hinsichtlich der Regelschemata, die sie kolportieren und durch die sie selbst regelhaft erscheinen. Darin liegt geradezu die attraktive Offenheit bezüglich potenzieller Themen für Erzählende. Walter R. Fisher betitelt sogar den Menschen selbst als *Homo narrans*, da sich alle Bedeutungen in symbolischen Sprachen erst über narrative Zusammenhänge erschließen. Vgl. Fisher 1987, S. 62–84.

790 Viehöver 2011, S. 203 und Weixler 2017, 15 f.

791 Vgl. C. Klein u. a. 2009, S. 6, H. Scheer 2010, S. 29–48, Leprich u. a. 2014 oder Uekötter 2014.

792 C. Klein u. a. 2009, 6 f. An dieser Stelle spielt der Begriff des „(Zukunfts-)Szenarios“ eine besondere Rolle, der im Energiediskurs vorzugsweise auf Ebene der wissenschaftspolitischen Politikberatung anzutreffen ist. Vgl. dazu umfassend Grunwald 2012, in eher sozio-technischer Hinsicht Weimer-Jehle u. a. 2017, in normativer Hinsicht Kornwachs 1999, S. 150–154 und in energiepolitischer Hinsicht H. Scheer 2010.

Sie „führen“ den moralischen Sinn vor, indem im Erzählverlauf zwischen richtigen sowie falschen Handlungen und den dort verfolgten Zielen differenziert wird.[793] Die erforderliche Identifikation mit den entsprechenden Akteursmustern leitet, *zweitens*, zur Teilaufgabe für Argumentierende über. Denn die genuine Unabgeschlossenheit sozio-technischer Erzählungen sowie die Plastizität$_I$ instrumenteller Erklärung$_I$ eröffnen einen Freiraum, um Teile des Narrativs an die je eigene motivationale Verfasstheit$_M$ anzupassen. Dazu bedarf es der „argumentativen Arbeit“ bzw. aktiven Autorschaft. Durch sie wird das mehr oder weniger kohärente Narrativ zu einer *plausibel orientierenden Blaupause* für die subjektiv und lokal verankerte Lebenswelt ausgestaltet, indem man bspw. passende Varianten der einschlägen Akteursmustern über die Teilhabe an einen oder mehreren Subdiskursen entwickelt. Narratives Arg$_N$ im Rahmen abwägender Orientierung$_I$ führt also immer auch zur partizipativen (Mit-)Autorschaft am grundlegenden (technischen) Narrativ.

Auf die identitätsprägende Funktion des narrativen Arg$_N$, die sich über eine erfolgreiche Mitautorschaft am Narrativ verstärkt, gehe ich nun genauer ein. Die dabei wichtigen Akteursmuster lassen sich über eine klassische Aktantenanalyse gut veranschaulichen.[794] Im EWN$_P$ der zweiten Phase (Abschnitt 6.2.2) findet sich als paradigmatisch agierende „Heldenfigur“, der Prosumer, der aktiv und im Rahmen eigener Möglichkeiten und konform zum EWN$_P$ die Energiewende voranbringt, indem Energie – mehr oder weniger regenerativ und naturverträglich – erzeugt, verbraucht und ggf. vertrieben wird.[795] Im gesamtgesellschaftlichen Energiediskurs werden die NIMBYs im Zuge der zweiten Phase der Energiewende zunehmend zur Gruppe der „Bösewichte“ gezählt, da sie prima facie aus Eigennutz ein gutes Gemeinschaftsprojekt unterlaufen (vgl. Abschnitt 2.4.1).[796] In den lokalen Realdiskursen wird um diese Zuschreibung allerdings heftig gestritten. Viele Opponenten argumentieren vehemment dafür, dass ihre Interpretation der lokalen Ausgestaltung der Energiewende plausibel mit Blick auf das EWN$_P$ erscheint. Vielmehr sehen sie ihre eigene Funktion in dieser kontextualisiert-kritischen Interpretation des technischen Narrativs. Daher verstehen sie sich ganz und gar nicht als „Bösewichte“ oder „Querulanten“, sondern eher als „kritische Aufklärer“ oder „tragische, verkannte Antihelden“. Im Weiteren werde ich

793 C. Klein u. a. 2009, S. 6.

794 Viehöver 2011, S. 203, 213 f.

795 Mit Fokus auf kleine Gruppeninitiativen herausgearbeitet in: David u. a. 2016, 27 ff.

796 Vgl. H. Scheer 1998, S. 29. Die Reduktion der komplexen Identität einzelner Akteure auf einen narrativen Charakter gehört laut Emmanuel Levinas zu einem Nebeneffekt von Narrativen. Werden diese „in den Horizont unseres narrativen Verstehens“ integriert, „so wird ihre Andersheit in der Aufnahme in eine kohärente Geschichte verdeckt.“ Römer 2012, S. 254.

die psychisch-emotionalen „Wirkmechanismen“ solcher Identifikationsprozesse nicht weiter thematisieren und mich ausschließlich auf deren argumentativen Ausdruck im Energiediskurs konzentrieren.[797]

Nimmt man Taylors Gedanken auf, dass die Identitätskrise des 20. Jahrhunderts zur Frage führt, wer wir authentischer Weise *jeweils selbst* sein wollen, folgt daraus eine proaktive Interpretation individueller Orientierung$_{I}$. Wie in Abschnitt 5.2.3 erläutert, verlangt die bilaterale Rechtfertigung der eigenen Haltungen die Bezugnahme zu bedeutsamen anderen (vgl. K 06C). Dies erfolgt nicht zuletzt deshalb, weil man das ICH$_{A}$ als kohärentes Element einer „identitätskonstitutive[n] narrative[n] Einheit“ zu begreifen versucht: nämlich der des jemeinigen Lebens in Relation zu den bedeutsamen anderen (WIR$_{L}$).[798] Natürlich erfolgt die „Konstitution individueller und kollektiver Identitäten“[799] nicht nur über eine bilaterale Bezugnahme auf andere, sondern zudem über die proaktive *Selbstautorschaft* des Individuums sowie die Forderung an die anderen, diese proaktive Rolle im Sinn der Abwägungsautonomie anzuerkennen. Dieses kollektivbezogene *Identitäts-* bzw. *Selbstverständnis* lässt sich mit Taylor wie folgt umschreiben:

> *Ich definiere*, wer ich bin, indem *ich den Ort bestimme*, von dem aus ich spreche: meinen Ort im Stammbaum, im gesellschaftlichen Raum, in der Geographie der sozialen Stellungen und Funktionen, in *meinen* engen Beziehungen zu *den mir Nahestehenden* und ganz entscheidend auch im Raum der moralischen und spirituellen Orientierung, in dem ich die *für mich wichtigsten* definierenden *Beziehungen durch das Leben selbst herstelle*.[800]

Der Vorteil dieses Ansatzes besteht darin, dass bereits die identitätsbezogene Antwort auf die Frage nach individueller Orientierung$_{I}$ nicht im Gegensatz zur kollektiven Orientierung$_{A}$ eines lokalen WIR$_{L}$ steht. Insofern folgt sie Habermas’ Hinweis, dass solche Selbstverständigungsprozesse nicht rein emotional oder gar isoliert erfolgen, sondern intersubjektiv, vorzugsweise über argumentative Kommunikation (vgl. Fußnote 326). Im Fall Beelitz war es den meisten Opponenten wichtig zu betonen, dass nicht nur sie sich selbst in ihrer je eigenen (Lebens-)Orientierung$_{I}$ als überzeugte „Waldbewohner“ betrachten, sondern dass das Selbstverständnis als „Waldgemeinde“ zur lokalen WIR$_{L}$-Identität dazugehört.[801] Eine ähnliche identitätsexpressive Argumentationsfigur lässt sich aus einem, von mir etwas später besprochenen Zitat herauslesen (Abschnitt 7.6.2), in

797 Ausführlich werden diese Prozesse im Rahmen narrativer Persuasion in: Sukalla 2018, S. 77–103 untersucht, in Bezug zur Akzeptanz findet sich eine Einführung in: Hübner 2020, S. 57–61.

798 Römer 2012, S. 240.

799 Viehöver 2011, S. 204.

800 C. Taylor 1996, S. 69 (Hervorhebung F. B.). Für den Hinweis danke ich Nico Funkler.

dem von „unseren bewaldeten Bergen“ in Bezug zum „Heimatverständnis“ die Rede ist. Bevor vorschnell der Begriff der narrativen Plausibilität$_{N}$ im Rahmen der Studie als Kohärenz$_{L}$ zwischen der individuellen (Lebens-)Orientierung$_{I}$, dem dominierenden WIR$_{L}$-Narrativ und dem EWN$_{P}$ charakterisiert wird, werden die Untiefen narrativen Arg$_{N}$ an einem weiteren Interviewbeispiel ausgelotet.

Im Mittelpunkt der Auslotung werden Einwände$_{A}$ im Sinn der Argumentationsfigur cleverer Skepsis stehen, die systematisch gegen AF 16 vorgebracht werden. Dieser Fokus folgt dem Gedanken, dass argumentative Einwände$_{A}$ – hier als Explikation von Überlegungen, die im Kontrast zu Erzählelementen des themenbestimmenden Narrativs stehen – auf Dissonanzen zwischen der individuellen (Lebens-)Orientierung$_{A}$ oder dem lokalen WIR$_{L}$-Narrativ gegenüber dem EWN$_{P}$ hinweisen, die durchaus auf emotionaler Ebene erfahren werden.[802] Herausfordernd zeigt sich das gewählte Interview darin, dass AF 16 nicht pauschal abgelehnt wird, sondern dass gezielt gegen ganz bestimmte argumentative Brücken bzw. Verknüpfungen in dessen argumentativer Spur$_{A}$ argumentiert wird. Über die einzelne Einwände$_{A}$ wird das Ziel verfolgt, die Verbindung von Argumentationspunkt Z 6.3 bis zur Schlussfolgerung auf ein konkretes WKA-Projekt zu verhindern. Alternativ dazu wird für eine *kontextangemessene Realisation der Energiewende* eingetreten. Der Kerngedanke lautet dabei: Das Vorhaben erweise sich als unplausible Fortschreibung von AF 16, da wesentliche Knotenpunkte im Argumentationsnetz$_{N}$ über die Einwände$_{A}$ aufgelöst bzw. alternativ geknüpft werden könnten. Kontextspezifische Einwände$_{A}$ stoßen kritische Diskussionen auf übergeordneten Ebenen des Energiediskurses an, auf denen bspw. die Spannungsverhältnisse zwischen Klimaschutz einerseits und weiteren allgemeinen Interessen (bspw. Naturschutz, Lebensqualität) andererseits problematisiert oder weiterführende (wissenschaftliche) Erklärungen$_{I}$ verlangt werden.[803]

801 Inwiefern „der Wald“ im deutschen Kulturkreis eine besondere identitätsstiftende Funktion auf regionaler und nationaler übernimmt, wird ausführlich in: Zechner 2016 untersucht.

802 Vgl. Sukalla 2018, S. 18.

803 Im Beelitzer Fallbeispiel wurde bspw. die kontextbezogene Waldbrand-Argumentation in Bezug zum Windkraftausbau (AF 9) auf generalisierte Erfahrungen mit früheren (großen) Waldbränden zurückgeführt, deren Eindämmung ein priorisiertes regionales Interesse darstellt: „Also mein Mann hat schonmal in so nem Waldbrand dringesteckt und ich weiß, dass meine Mutter mir erzählte, Anfang der 50-er Jahre war hier mal n großer Waldbrand [...]. Und da wars n Wipfelbrand und die hatten immer alle Angst. Hauptsache die Wipfel brennen nicht. [...] Waldbrand ist hier schneller mal gewesen. Früher durch die Dampflocks.“ Transkript H: 245–250. „Äh is schon ne akute Waldbrandgefahr, grade bei der Kiefer. Und ähm ich habe inzwischen durch meine Arbeit in der Bürgerinitiative auch gelernt, dass die Kiefer nicht nur brennt, wie jeder normale Baum, sondern die explodiert. Die Kiefernzapfen sind sehr harzhaltig. Das heißt, wenn die brennen, würde die auch bis 50 Meter fliegen, also muss man sich vorstellen, wie viele kleine Feuerbällchen und was das dann also äh auslöst, also das das wird eigentlich

Wie in Abschnitt 7.4 dargelegt, wird die Plausibilitätsmetrik und somit der Argumentationsraum$_P$ lokaler Energiekonflikte über drei Dimensionen aufgespannt, zwischen denen man im Zuge des narrativen Arg$_N$ je nach Bedarf wechselt. Diese große Bandbreite an Blickwinkeln, die somit eingenommen werden können, wird einerseits als entscheidender Vorteil der narrativen Argumentationspraxis angesehen, andererseits besteht in dieser Anpassungsfähigkeit die große Gefahr, dass dem narrativen Arg$_N$ im Energiediskurs kaum Beachtung geschenkt wird, weil es beliebig ausgestaltet werden kann. Dadurch wird schnell der Einfluss unterschätzt, den narratives Arg$_N$ auf alltägliche Abwägungen$_I$ und letztlich unser gemeinsames Handeln ausübt. Folgend komme ich auf die Fallregion Kaufunger Wald zurück, um an einem Tiefeninterview die angesprochene Ambivalenz genauer herauszuschälen. Das Interview scheint deshalb so interessant, weil in ihm Einwände$_A$ aus allen drei Perspektiven der Plausibilitätsmetrik entwickelt werden und diese zu einem lokal angepassten Narrativ der Energiewende verbindet. Zugleich kann man daran gut die Untiefen narrativen Arg$_N$ aufzeigen. Ein Einwand$_A$ richtet sich gegen AF 16, genauer: die pauschale Erweiterung auf eine konkrete Region (hier im Bundesland Hessen). Diesen rekonstruiere ich folgend als Argumentationsnetz$_N$:[804]

AF 17 (Argumentationsnetz zu Vorrangflächen)

Z 17.1	Ausgangspunkt der vorauslaufenden Fokussierung: Großanlage (an Land mit Gesamtnennleistung von 130 Gigawatt)	• notwendige Schlussfolgerung innerhalb des fokussierten Technologiepfads (Notwendigkeit$_I$) • wirtschaftspolitischer und rechtlicher Orientierungsdiskurs (national, regional), technikrealisierende Praxiserfahrung, energiepolitisches Narrativ • Arg$_P$, Arg$_R$, Arg$_{WI}$, Arg$_W$, Arg$_K$, Arg$_I$
Z 17.2	Suche nach Vorrangflächen für Großanlagen mit hoher Windhöffigkeit → (bewaldete) Bergregionen vs. Tal- und Flachlandlagen (an Land mit einer idealen elektrischen Leistung von 28 Terawattstunden pro Jahr bei ca. 2% der Landesfläche)[805]	• selektierende Abwägung$_K$ zwischen technischen Optionen, Flächenbedarf und Windhöffigkeit innerhalb des Technologiepfads (umwelt-, wirtschafts- und verwaltungspolitische Zweckmäßigkeit) • wirtschafts- und umweltpolitischer sowie rechtlicher Orientierungsdiskurs (Landesplanung), technikrealisierende Praxiserfahrung unter regionalen Gegebenheiten, landesweites energiepolitisches Narrativ • Arg$_P$, Arg$_R$, Arg$_{WI}$, Arg$_W$, Arg$_K$, Arg$_I$

dann nur noch n Horrorszenario.“ Transkript E: 167–173. In den letzten Jahren kam es in der Region Beelitz aufgrund der ungewöhnlich langen Trockenheit wieder zu großen Waldbränden.

Z 17.3	Prüfung der Vorrangflächen auf Flächennutzungkonflikte aufgrund von Forstwirtschafts- sowie Umwelt- und Naturinteressen → Ausschluss von Flächen mit bestimmtem Schutzstatus vs. Einbezug aller potenziellen Flächen[806]	• selektierende Abwägung$_K$ zwischen öffentlichen Interessen (umwelt-, wirtschafts- und verwaltungspolitische Zweckmäßigkeit) • wirtschafts- und umweltpolitischer sowie rechtlicher Orientierungsdiskurs (Regionalplanung), technikrealisierende Praxiserfahrung unter teilregionalen Gegebenheiten, landesweites energiepolitisches Narrativ • Arg_P, Arg_R, Arg_{WI}, Arg_W, Arg_K, Arg_I
Z 17.4	Begutachtung der selektierten Vorrangflächen gegenüber emissionsschutzrechtlichen und landschaftsästhetischen Interessen → ggf. Ausschluss von Flächen nach (proto-)objektivierten Kriterien (Stichwort: „10h-Problem“) vs. Einbezug aller umwelt- und naturschutzkonformen Flächen[807]	• eingeschränkte Abwägung$_K$ über Partizipationsformen (verwaltungs- und kommunalpolitische Zweckmäßigkeit) • kommunalwirtschaftlicher sowie -rechtlicher Orientierungsdiskurs (Kommunalplanung), technikrealisierende Praxiserfahrung unter kommunalen Gegebenheiten, regionales energiepolitisches Narrative • Arg_P, Arg_R, Arg_{WI}, Arg_W, Arg_K, Arg_I

Vergegenwärtigt man sich die argumentative Spur$_A$, die AF 17 durchläuft, wird deutlich, dass die einzelnen Argumentationspunkte wie die aus AF 16 zum EWN$_P$ passen.[808] Denn sie deuten dieses technische Narrativ dadurch näher aus, dass durch sie *einerseits* die einzelnen Abwägungen$_K$ und über diese *andererseits* die „innere“ Plausibilität$_N$ des Narrativs argumentativ konkretisiert werden. Das heißt, dass erst über das narrative Arg$_N$ entlang der beiden Argumentationsnetze$_N$ eine konkrete Plausibilitätsmetrik und der zugehörige Argumentationsraum sichtbar wird. Dabei handelt es sich jedoch um nur eine von vielen möglichen Interpretationen des Argumentationsraums, die sich im Rahmen des Energiediskurses kohärent zum EWN$_P$ entwickeln lassen. Die fol-

804 In Hessen 2011 und v. a. in Hessen 2015, S. 1–16 werden die einzelnen Punkte von AF 16 als Basis für eine landesspezifische Lösung herangezogen.

805 Ebd., S. 12.

806 Vgl. ebd., S. 16–17. Im aktuellen Energiediskurs 2022 steht diese Abwägung$_K$ wieder zur Debatte.

807 Ebd., S. 17–19, 22–25.

808 Ein Argumentationspunkt ist ein Knotenpunkt in einem (narrativen) Argumentationsnetz$_N$. Dessen zentrale Aussagen können im Netz selbst unbegründet stehen oder aber stellvertretend für eine umfangreiche Argumentationskette, durch die dieser Punkt unabhängig von den Verknüpfungen im Netz begründet wird. Die Argumentationskette und somit der Argumentationspunkt müssen über das grundlegende Narrativ des Argumentationsnetzes mit mindestens einem anderen Knotenpunkt über eine Argumentationspraxis verbunden sein. Die narrative Plausibilität$_N$ des gesamten Argumentationsnetzes kann sich also durchaus über die Begründungsketten der einzelnen Argumentationspunkte verbessern.

gend geschilderte Argumentationstaktik zielt darauf ab, das EWN_P als Ganzes infrage zu stellen, die $Einwände_A$ jedoch lediglich gegen spezifische Argumentationspunkte des Netzes und die damit verbundenen $Abwägungen_K$ vorzubringen. Im Wesentlichen ist die Taktik durch die Argumentationsfigur cleverer Skepsis geprägt, wenngleich die jeweiligen $Einwände_A$ unter den vorausgesetzten Randbedingungen als kaum bezweifelbar kommuniziert werden. Beginnen werde ich mit einem $Einwand_A$ aus universalistischer Perspektive (Abschnitt 7.4.2), nach welchem die Versorgungssicherheit gefährdet sei, wenn die Energiewende gemäß der „$Plausibilität_N$" im Argumentationsraum von EWN_P umgesetzt wird.

7.5.2 Dunkelflaute und Versorgungssicherheit (Universalisieren)

Der wissenschaftlich vorgetragene $Einwand_A$ richtet sich gegen eine im Energiediskurs verbreitete Teilinterpretation von Aussage Z 6.3 (vgl. Z 16.7 aus AF 16), also gegen den umfangreichen und deutschlandweiten Zubau von Großwindanlagen. Durch ihn sollen die vorauslaufenden Netzpunkte – vor allem Z 6.2.2 (die Substitution der klassischen Energieerzeuger durch eE) – als wissenschaftlich unhaltbar herausgestellt werden. Die angegriffene Teilinterpretation besagt als verkürztes Enthymem: Die THG-optimale, jedoch volatile $Leistung_W$ der eE führt zu großen Schwankungen in der Stromerzeugung. Das Thema wird im Energiediskurs unter den Stichworten Überschusskapazitäten[809] und (kalte) Dunkelflaute diskutiert. Eine These vieler Proponenten lautet nun, dass sich die in Dunkelflauten entstehende Residuallast[810] durch eine geschickte Kombination

809 Im Energiediskurs bezeichnet man die elektrische Leistung als Überschusskapazität, die potenziell über eE-Anlagen erzeugt werden könnte, für die aber im Stromnetz kein zeitgleicher Leistungsbedarf besteht. Dieses Überangebot besteht bspw. dann, wenn aufgrund günstiger Windbedingungen die tatsächliche Gesamtleistung Spitzenwerte erreicht (sie sich also mehr oder weniger der jeweiligen idealen $Leistung_W$ aller WKAs annähert). Ähnliches gilt für PV-Anlagen. In der Phase 2 der Energiewende wurden die Anlagen meist abgeregelt, um das Gleichgewicht zwischen Leistungsbedarf und -erzeugung zu erhalten. Für die Phase 3 sollen Szenarien zur Nutzung der Überschusskapazitäten realisiert werden, etwa Power-to-Gas oder Power-to-Head. Vgl. Henning u. a. 2012, S. 18.

810 Zum Verständnis des Begriffs der Residuallast sollte man wissen, dass beim Betrieb des Stromnetzes zu jeder Zeit die eingespeiste Strommenge „exakt gleich" der Gesamtmenge des tatsächlichen Stromverbrauchs sein muss, um die Netzstabilität zu gewährleisten. Grünwald u. a. 2012, S. 6, 101. Zieht man zu einem Zeitpunkt vom Gesamtstromverbrauch die eingespeiste tatsächliche Gesamtleistung der eE ab, ergibt sich eine „Residuallast", welche durch elektrische Speicher(-kraftwerke) „oder regelbare Kraftwerke gedeckt werden muss". Ebd., S. 6. Je nach Schwankungen im Stromverbrauch und der Erzeugung durch eE kann sich die Residuallast relativ schnell ändern: In Zeiten einer Dunkelflaute kann sie bspw. sehr hoch sein und in Zeiten von Erzeugungsspitzen der eE sehr niedrig oder sogar negativ (vgl. Überschusskapazitäten).

der eE (v. a. PV- und WKA-Anlagen) und einen weitläufigen Zubau an Anlagen sowie einen merklichen Zuwachs der Gesamtnennleistung auf 130 Gigawatt erheblich verringern ließe. Dadurch könne die aus der klassischen Energiekultur gewohnte und in der Bevölkerung hoch geschätzte Versorgungssicherheit auch durch eE weitgehend wirtschaftlich sichergestellt werden.

Bevor der dagegen gerichtete Einwand_A skizziert wird, lohnt ein tieferes Verständnis von Dunkelflauten, die u. a. in den „Blackout-Szenarien" thematisiert werden, denen der Einwand_A Vorschub leistet. Eine Dunkelflaute nennt man im allgemeinen Energiediskurs einen Zeitraum, in dem die tatsächliche Leistung aller eE-Anlagen unter eine konkrete Menge elektrischen Stroms sinkt, weil aufgrund der Wetterlage die Sonneneinstrahlung und die Windgeschwindigkeiten für den benötigten Energiebedarf nicht ausreichend stark genug sind. Wenn dann der durchschnittliche Energiebedarf wie im Winter zusätzlich sehr hoch ist, kommt es zu Residuallast-Spitzen.[811] Diese alltagssprachliche Definition hängt jedoch vom Verhältnis zwischen der definierten Grenzmenge und dem jeweiligen Bedarf an elektrischem Strom ab.[812] Dunkelflauten, in denen bspw. in 48 Stunden lediglich 30% des Bedarfs gedeckt werden, treten sehr häufig und mitunter auch im Frühling und Sommer auf. Längere Phasen, in denen etwa 7 Tage weniger als 20% regenerativ erzeugt werden kann, kommen in Mitteleuropa eher vereinzelt und meist nur im Herbst und Winter vor.[813] Problematisch für das Stromsystem erweisen sich zwei Arten von Dunkelflauten: *Erstens*, die Phasen, in denen, selbst kurzzeitig, eine extrem hohe Residuallast anfällt. Diese muss durch umfangreiche Reservekraftwerke, Speicheroptionen, europäische Netzintegration oder Verbrauchsreduktion ausgeglichen werden. *Zweitens*, die Phasen, in denen so lange – teilweise über extreme Zeitdauern (mehrere Wochen) – auf Reservekraftwerke, Speicheroptionen, europäische Netzintegration oder Verbrauchsreduktion zurückgegriffen wird, nämlich bis der Zeitpunkt des maximalen Energiedefizits erreicht ist, ab dem also dauerhaft so wenig Residuallast

---

Ebd. Viele Szenarien zur Entwicklung des Stromnetzes bei einer wachsender „Durchdringung des Systems mit fluktuierender Einspeisung aus erneuerbaren Energien" gehen davon aus, dass zunehmend kaum noch Residuallasten anfallen und es nur noch vieler kleinerer flexibler „Kraftwerke mit kurzen An- und Abfahrzeiten sowie dynamischer Regelbarkeit" bedarf. Ebd. Bisher wurde in Studien diese Funktion in Phase 3 der Energiewende flexiblen Gaskraftwerken zugeordnet. Vgl. bspw. ebd., S. 13, 132, Elsner u. a. 2015, S. 8, 24, 28, 41, Ausfelder u. a. 2017, S. 124, Deutsche Umwelthilfe 2021, S. 3 f., 8, 18.

811 Vgl. bspw. https://utopia.de/ratgeber/dunkelflaute-gibt-es-ein-strom-aus-ohne-wind-und-sonne/ (Stand: 08.09.2021).

812 Vgl. bspw. https://www.tech-for-future.de/dunkelflaute/ (Stand: 08.09.2021).

813 Zur Veranschaulichung bspw. die Parameter in https://dunkelflauten-guide.smc.page/ eingeben (Stand: 08.09.2021).

anfällt, dass durch vorhandene Überschusskapazitäten die genannten Gegenmaßnahmen sukzessive und dauerhaft eingestellt werden können.[814] Bisher wird die Residuallast aufgrund der fehlenden Änderung der Verbrauchskultur und fehlender Speicheroptionen durch Reservekraftwerke und ausländische Stromlieferungen abgefangen.[815] Um im Rahmen der Energiewende dieses Problem zu lösen, bedarf es einer massiven Änderung der Energiekultur: v. a. des Zubaus an eE, des Ausbaus umfangreicher Speicherpotenziale sowie einer flexiblen Verbrauchskultur- und technik.[816]

Der dagegen gerichtete Einwand$_{A}$ fokussiert die Residuallast während einer Dunkelflaute. Die zentrale Aussage lautet: Die WKAs seien in Deutschland derart untereinander korreliert, dass die Schwankungen durch den geplanten Zubau lediglich extremer würden und es weiterhin vieler Reservekraftwerke bedürfe. Die gewohnte Versorgungssicherheit sei daher gefährdet (Blackout-Gefahr). Dieser Einwand$_{A}$ gegen einen zentralen Argumentationspunkt der Erklärung$_{I}$, durch die die Proponenten den massiven Ausbau in Aussage 6.3 stützen, verfolgt v. a. ein Ziel: Den konkreten Ausbau der Windkraft im Kaufunger Wald sowie alle anderen ähnlich begründeten Maßnahmen der Energiewende als unbezahlbare und rein ideologische Projekte auszuzeichnen und somit als ungerechtfertigt zu stoppen (Fußnote 823). Im Detail ergibt sich dieses Argumentationsnetz$_{N}$:[817]

AF 18 (Argumentationsnetz gegen den massiven Ausbau der WKA (Glättungsargument))

Z 18.1	Die Versorgungssicherheit und somit die Stabilität des Stromnetzes hat höchste Priorität in der (deutschen) Energiekultur. → Das technische Energiesystem und die Energiepolitik müssen diesem Ziel in erster Linie dienen.	• konsensuelle Abwägung$_{K}$ und argumentationsrelevante Annahme • gesellschafts- und energiepolitischer Orientierungsdiskurs[817.a] • Arg$_{P}$, Arg$_{R}$, Arg$_{W}$
Z 18.2	An Standorten mit großen Schwankungen der Windgeschwindigkeit ist mit einer volatilen Primärwindleistung und mit einer sehr volatilen Leistung$_{W}$ zu rechnen.	• Bezug zu Z 5.1.2 • argumentationsrelevante Realerkenntnis$_{W}$ (in der Regel unumstritten) • ingenieur- und naturwissenschaftlicher Energiediskurs • Arg$_{I}$, Arg$_{W}$, Arg$_{K}$

814 Vgl. Ruhnau u. a. 2022, S. 2, vgl. auch Fußnote 188.

815 Da dies im Fall von Braunkohlekraftwerken eine große THG-Quelle darstellt, wird trotz aller Nachteile von Klimaaktivisten über die Nutzung von AKWs nachgedacht, vgl. Fußnote 812.

816 Vgl. ESYS 2022, S. 2, 28 f. und AF 20.

Z 18.3	(WKAs innerhalb eines Windsystems befinden sich in einem komplexen Korrelationsverhältnis. Je größer die zusammenhängenden Windsysteme sind, desto mehr Anlagen korrelieren miteinander.[817.b] →) Die Fläche von Deutschland befindet sich die meiste Zeit im Jahr innerhalb eines großen Windfeldes, sodass an einem beliebigen Zeitpunkt t_i mit hoher Wahrscheinlichkeit an fast allen Standorten korrelierte Windverhältnisse vorherrschen.[817.c]	• Bezug zur meteorologischen Realerkenntnis$_{W}$[817.d] • naturwissenschaftlicher Diskurs • Arg$_{W}$
Z 18.4	Die Leistung$_{W}$-Werte aller WKAs lassen sich mit Rückgriff auf bisherige Datensätze als Zeitreihen wahrscheinlichkeitstheoretisch modellieren und mit Blick auf die sich aufsummierende Gesamtleistung über statistische Kennzahlen analysieren (z. B. über Streumaße wie Varianz).[817.e] → Die Analyse zeigt, dass in Deutschland die Werte über lange Zeiträume hinweg gleichsinnig korrelieren und sich aufsummieren.[817.f] → Regelmäßig finden sich Extreme starker gleichsinniger Korrelation, sodass die Gesamtleistung bei einer umfassenden Windflaute einbricht und bei einer Starkwindwetterlage extreme Spitzen besitzt.[817.g]	• Bezug zur meteorologischen Realerkenntnis$_{W}$ und mathematischen Stochastik[817.h] • naturwissenschaftlicher und mathematischer Diskurs • Arg$_{W}$
Z 18.5	In einem (stark) gleichsinnig korrelierten Windsystem (bzw. System an einspeisenden WKAs) führt der weitere Zubau von WKAs nicht zu einem besseren Ausgleich der Extreme und somit einer geringeren Streuung der Gesamtleistung um einen Mittelwert. Vielmehr streuen die Werte der Gesamtleistung stärker. Denn aufgrund der Gleichung zur Addition von Varianzen nimmt bei Hinzunahme weiterer (korrelierter) Zufallszahlen (WKAs) die Varianz als wichtiges Streumaß zur Häufigkeitsverteilung der Werte zu.[817.i]	• Bezug zur mathematischen Stochastik[817.j] • mathematischer Diskurs • Arg$_{W}$
Z 18.6	Aus Z 18.5 folgt, dass bei weiterem Zubau häufiger und zum Teil höhere Überschusskapazitäten zu erwarten sind. → Diese müssen entweder abgeregelt, (billig) verkauft oder anderweitig genutzt werden, um die Netzstabilität zu garantieren.[817.k]	• Kritik an der Abwägung$_{K}$ in Argumentationspunkt Z 16.4 und Argumentationspunkt Z 16.5 • energiepolitischer und -wirtschaftlicher Energiediskurs • Arg$_{P}$, Arg$_{OE}$, Arg$_{I}$

Z 18.7	Aus Z 18.5 folgt, dass in Deutschland unabhängig vom weiteren Zubau während großflächiger Windflauten die Gesamtleistung aller WKAs verschwindend gering ist. → Die anfallende hohe Residuallast muss durch (teure) Reservekraftwerke oder (unbezahlbare) Speicher abgefangen werden, um die Netzstabilität zu garantieren.[817.l]	• Kritik an der Erklärung$_I$ aus Argumentationspunkt Z 16.3 • energiepolitischer und -wirtschaftlicher Energiediskurs • Arg$_P$, Arg$_{OE}$, Arg$_I$

817 Hier folgen die Erläuterungen zu den Fußnoten in AF 18: [817.a] Vgl. dazu Abschnitt 6.4.2 sowie zum allgemeinen Interesse an Versorgungssicherheit https://www.wingas.com/presse/mediathek/studien/forsa-umfrage-energieversorgung-und-energiewende.html (Stand: 05.09.2022). [817.b] Als Windsysteme bezeichnet man den systematisch erfassbaren Zusammenhang aller Teilchenbewegungen der Luft. Entsprechend versteht man unter „Wind" die Phänomene, die aufgrund der gerichteten Bewegung von Luftteilchen entstehen, wobei die Windrichtung die Richtung angibt, aus der der Wind kommt. Häckel 2022, S. 206 f. Die Windgeschwindigkeit an einem konkreten Punkt hängt bspw. von der (Haupt-)Luftströmung, der Höhe im Verhältnis zum Boden, der Topografie und Rauigkeit der Bodenoberfläche und den vorhandenen Turbulenzen der Luftströmung ab. Vgl. ebd., S. 223. Trotz dieser vielen Einflussfaktoren bilden Windsysteme mehr oder weniger zusammenhängende Windfelder, die man grafisch anhand ihrer Stromlinien darstellen kann. Ebd., S. 207 f. Es gibt eine ganze Reihe kleinräumiger Windsysteme (Hangaufwind, Land- und Seewind etc.) und großräumige Windsysteme. Ebd., S. 209–213 und Hau 2014, S. 549–553. Letztere haben einen großen Einfluss auf die Nutzung der Windenergie und werden u. a. durch die Dynamik der Hauptluftmassen (Tief- und Hochdruckgebiete) sowie der Strömungen der Atmosphäre geprägt. Häckel 2022, S. 229–244. [817.c] „[...] zweitens, weil es, äh, der konkreten Anschauung widerspricht, denn einem jeden sollte klar sein, dass bei Windstille in ganz Deutschland keine Leistung eingespeist wird und dass bei Starkwindwetterlagen alle Anlagen mehr einspeisen." Transkript I: 201–204 [817.d] Vgl. Huneke u. a. 2017, S. 10 f. und die Pressemitteilung vom Deutschen Wetterdienst am 06.03.2018: „Es könnten aber in Deutschland trotzdem Situationen auftreten, in denen beide Energieformen gleichzeitig nur wenig Strom einspeisen. Ein weiterer Ausbau erneuerbarer Energien erfordere deshalb zugleich Strategien, wie zum Beispiel durch Reservekraftwerke, Speicher oder großräumigen Stromaustausch die Netzstabilität garantiert werden kann." (bezieht sich auf Kaspar u. a. 2019.). [817.e] Vgl. Fußnote 820.[817.f] „Alle 25.000 Windkraftanlagen in Deutschland sind untereinander so stark korreliert, dass man zeigen kann, äh, dass sie auf einige wenige, einzelne, unabhängige Einspeisungen reduzierbar sind, z.B.: durch drei. Eine genauere Analyse zeigt dann Zahlen zwischen drei und vier, äh, aber das ist an sich nebensächlich. [...] alle diese 25.000 Windkraftanlagen sind untereinander so korreliert [...] als wären sie durch 24.997 Gleichungen linear miteinander verknüpft." Transkript I: 249–255 [817.g] „[...] denn einem jeden sollte klar sein, dass bei Windstille in ganz Deutschland keine Leistung eingespeist wird und dass bei Starkwindwetterlagen alle Anlagen mehr einspeisen. Das führt dazu, dass die bekannten Probleme, die die Windkrafteinspeisung in Deutschland bisher gebracht hat: Nämlich, äh, Stromproduktion zur Unzeit, der dann im Ausland verklappt wird, sinkende Börsenpreise und diese wunderschöne Wortschöpfung wie „Negativpreise" für Strom, den keiner haben will." Transkript I: 202–208 [817.h] Vgl. Hinweis zur grafischen Aufarbeitung der Verteilung von Dunkelflauten durch das Science Media Center Germany in Fußnote 813. [817.i] Vgl. Zitat 2 in Fußnote 818. [817.j] Die Überlegung bezieht sich auf die Gleichung von Irénée-Jules Bienaymé.

Bevor das Argumentationsnetz$_{N}$ hinsichtlich der dort enthaltenen Abwägungen analysiert wird, lohnt ein kurzer Blick auf die im Interview zu findende Selbstreflexion der eigenen universalistischen Argumentationstaktik: Beim Einwand$_{A}$ handle es sich um eine wissenschaftliche Argumentation$_{W}$, die einem wissenschaftlichen Arg$_{W}$ gemäß dem Superparadigma$_{HD}$ (Arg$_{W}$) entspreche. Genauer: Im Wesentlichen sei es sogar ein mathematischer Beweis$_{M}$, der die instrumentelle Erklärung$_{I}$ aus Argumentationspunkt Z 16.3 und die damit in Verbindung gebrachte „Glättungshypothese" (Ausgleich der Leistungsschwankungen durch Zubau) widerlege.[818] Dieser Beweis$_{M}$ wird als komplex und dennoch im Home-Office machbar bezeichnet, da nur Grundlagenwissen der Stochastik vorausgesetzt werde.[819]

Bei genauerer Betrachtung hilft diese Selbstreflexion, um eine zentrale Präsupposition des Einwands und das eigentliche argumentationstaktische Motiv zu verstehen: Die Präsupposition bezieht sich *erstens* auf die in den Ingenieurwissenschaften verbreitete Interpretation des Superparadigmas$_{HD}$, nach der die (ingenieur-)wissenschaftliche Realerkenntnis$_{W}$ im Ergebnis zu einem mathema-

[817.k] Vgl. Fußnote 817.g. „Oder die andere Technologie wären Speichertechnologien um den sogenannten Überschussstrom, sprich die Leistungsspitzen, zu speichern, aber Letzteres ist noch teurer." Transkript I: 357–359 [817.l] „Wenn die gesicherte Leistung, wenn die sicher zur Verfügung stehende Leistung bei null liegt und bei null bleiben wird, brauchen wir ein ‚tutti kompletti' hundert Prozent Ersatzsystem. Egal, wie dieses Ersatzsystem beschaffen ist, ob es aus Steinkohle-, Braunkohle-, Erdgaskraftwerken besteht – das muss es heute sein, weil es keine Speicher gibt." Transkript I: 353–357. Eine ähnliche Argumentation findet sich in Limburg u. a. 2015, S. 94–113. Vgl. zudem AF 20.

818 „Und aus, äh, einer statistischen Analyse der Verteilungsfunktion, äh, ergibt sich, dass Sie in Zukunft – zumindest in Deutschland – auch bei null liegen wird. Zweitens kann man aus einfachen Sätzen der mathematischen Statistik ableiten, dass die Leistungsspitzen, die durch die Windkraftanlagen erzeugt werden, weiter anwachsen." Transkript I: 195–198. „Die Glättungshypothese durch Zubau ist falsch! Und das kann man in der Tat mathematisch auch zeigen, wenn das für die Dokumentation wichtig ist. Das ergibt sich aus den Regeln für die Addition der Varianz von Summen. Ich hab im Internet einen Beweis dazu veröffentlicht, in dem ich nachweise: Wenn man die Summe von Zufall, also falls Zufallszahlen statistisch voneinander unabhängig sind, gilt die Additionsregel: Die Varianz der Summe ist die Summe der Varianzen. Im Falle der Korrelation der einzelnen Terme gibt es noch einen Kovarianzterm dazu und man kann zeigen, dass dann die Varianz in der Regel noch größer ist. Mit anderen Worten: Weil, wenn die Zufallsgrößen mehr oder minder korreliert sind, ist die Streuung noch größer – genau das ist in Deutschland der Fall." Transkript I: 484–493

819 Vgl. Zitat 1 in Fußnote 818. „Also angefangen habe ich mit statistischen Untersuchungen an Windkraftanlagen schon 2006 aus lauter Spaß an der Freud, weil mich die statistischen Zusammenhänge und die mathematischen Zusammenhänge interessiert haben, das war aber so, naja, Abend- Freizeitbeschäftigung." Transkript I: 36–39. „Das kann man natürlich weiter vertiefen, aber ich bin ja nun kein Hochschulinstitut. Ich bin ja nur (lacht) – ‚home-office-research' ist das, ne. Ja, weil das ja auch intellektuell ganz anspruchsvoll ist, also dieses statistische Thema." Transkript I: 241–248.

tischen Modell_W eines Phänomens, letztlich zu dessen universalisierten Realbild führt.[820] Aus dieser Perspektive müssen alle realitätsbezogenen Argumentationen, auch umfassende $\text{Argumentationsnetze}_N$ wie AF 16 und AF 17, vornehmlich den Kriterien K 01A, K 02A, K 02B, K 01F und K 07A genügen. Dies sei beim Einwand_A der Fall. Die Argumentationen_W der Opponenten hingegen würden, fachlich gesehen, entweder eine der ersten vier genannten Kategorien nicht erfüllen oder die Argumentierenden würden bewusst K 07A durch ihre „Glättungshypothese“ verletzen (ergo: gegen Richtlinien guter wissenschaftlichen Praxis verstoßen).[821]

Das argumenetationstaktische Motiv lässt sich *zweitens* über zwei Eigenschaften des Einwands ablesen: *a)* Dieser ist nur in den Argumentationspunkten Z 18.2, Z 18.3, Z 18.4 und Z 18.5 eine rein wissenschaftliche Argumentation_W (Arg_W). Deren zentrale Aussage, dass alle WKAs stark korreliert sind und es dadurch zu Dunkelflauten kommen kann, stimmt in etwa mit dem bisherigen Forschungsstand überein (vgl. Fußnote 817.d und Fußnote 813). Dennoch handelt es sich nicht um einen rein mathematischen Beweis_M, sondern um eine modellbasierte natur- und ingenieurwissenschaftliche Argumentation_W. Wichtige Parameter dieser Modellierung liefert die physikalische, meteorologische und ingenieurwissenschaftliche Realerkenntnis_W zu den Windverhältnissen auf einer konkreten Fläche (hier Deutschland) und zum Nutzungpotenzial der bisher verbauten Anlagenklassen. Eine Änderung dieser Parameter kann das Modell_W selbst und die

820 „Man kann die derzeitigen Häufigkeitsverteilungen der Windeinspeisungen durch eindeutige, sinnhafte, mathematische Modelle nachvollziehen, sprich nachrechnen, modellieren. Und für, für jeden Naturwissenschaftler ist dann klar: Wenn diese Modellvorstellung mit den Realitäten übereinstimmt, dann ist sie zumindest nicht ganz falsch, ja?“ Transkript I: 241–245. „Wenn man mit irgendeiner These und irgendwelcher Behauptung in die Fachliteratur geht, dann habe ich an mich und an jeden Anderen den Anspruch, dass er diese Dinge an den Realitäten prüft und anhand der Realitäten nachweist, dass die betroffenen Aussagen richtig sind. Das ist in der Naturwissenschaft so üblich.“ Transkript I: 473–477.

821 „Genau, genau und die haben, also (unverständlich) wir haben vorhin über die „Agora [Energiewende, F. B.]“ gesprochen [...]. Die haben Institute beauftragt und da haben sie ganz klar auch in dem einen Paper gesagt: Das ist, äh, entspricht nicht den Wissenschaftsstandards, die man eigentlich so, äh, anerkennen würde [...].“ Transkript I: 447–450. Ergänzung: Es wird darauf angespielt, dass die Argumentation_W den elementaren Gesetzen der Statistik widerspreche. Auf die Frage, welche Art von wissenschaftlichem Fehlverhalten den anderen Forschenden zur Glättungshypothese vorgeworfen würde, folgte entsprechend: „Das [...] ist, wie der Jurist sagt, irgendwo zwischen grob fahrlässig und vorsätzlich. Weil die Dinge, die Dinge sind ganz eindeutig.“ Transkript I: 461–470. „Wenn wir von Volatilität reden, ja, dann reden wir nun mal von mathematischer Statistik, von stochastischen Prozessen [...]. Und dieses Thema stochastische Prozesse, statistische Vorgänge ist nun mal sehr, sehr anspruchsvoll und es ist nicht jedermanns Ding und bei den Ingenieuren ist es oft so, [... dass sie damit] einfach überfordert [sind]. Und ich befürchte, dass die Leute, die diese Studie geschrieben haben genau das waren.“ Transkript I: 599–607 (Ergänzungen F. B.).

auf ihr basierende wissenschaftliche Argumentation$_W$ beeinflussen, worauf ich zurückkommen werde.

b) Insgesamt betrachtet stellt der Einwand$_A$ vor allem eine instrumentelle Erklärung$_I$ in Form eines Argumentationsnetzes dar. Diese soll eine alternative Sichtweise auf die Energiewende und das Klimaargument eröffnen, indem unterschiedliche Argumentationsperspektiven genutzt werden, um die zielbezogene Eignung der Energiewende als spezifischen Technologiepfad abzuwägen. Durch den begleiteten Nachvollzug des Einwands sollen Bürger vor allem ab den Argumentationspunkten Z 18.6 und Z 18.7 *autonom* zur Einsicht$_A$ (K 07) kommen, dass die bisherige Realisation ohne Speicher (schwache Konklusion) oder die Energiewende als Technologiepfad (starke Konklusion) unsinnig ist. Denn sie werde entweder zu teuer oder gefährde am Ende die Versorgungssicherheit. Das bedeutet letztlich, dass wichtige Verknüpfungen des Argumentationsnetzes – selbst wenn innerhalb der instrumentellen Erklärung$_I$ überwiegend wissenschaftlich argumentiert wird (Z 18.2, Z 18.3, Z 18.4 und Z 18.5) – durch andere Argumentationspraxen erzeugt werden. Diese sind ihrerseits in weitere, nicht-wissenschaftliche Referenzkontexte eingebettet. Der Argumentationspunkt Z 18.1 bezieht sich auf den gesellschafts- und energiepolitischen Orientierungsdiskurs (der vor allem durch eine politische und rechtliche Argumentationspraxis (Arg$_P$, Arg$_R$) geprägt ist) und die Punkte Z 18.6 und Z 18.7 auf den energiepolitischen und -wirtschaftlichen Energiediskurs (der vor allem durch politische und ökonomische Abwägungen$_K$ (Arg$_P$, Arg$_{WI}$) themenbezogener Realerkenntnis$_W$ gekennzeichnet ist). Insbesondere an diesen Punkten, aber ebenso an denen des rein wissenschaftlichen Teils des Argumentationsnetzes lässt sich eine Spur$_A$ von Abwägungen$_I$ festmachen. Im Folgenden zeichne ich diese Spur$_A$ nach, um daran die narrativ gestifteten Zusammenhänge (die argumentativen Brücken) als „spekulativ-synthetische Schlüsse" zwischen den Argumentationspunkten aufzuzeigen. Dadurch wird deutlich, dass komplexe Erklärungen$_I$ nicht vorschnell als rein deduktive Herleitungen$_D$ missverstanden werden dürfen.

7.5.3 Epistemische Unsicherheit (Individualisieren)

Dass im Interview die eigentliche wissenschaftliche Argumentation$_W$ als alternativloser Grund$_{DN}$ manipulativ geschickt eingesetzt wird, lässt sich über die bekannte rhetorisch-kritische Analyse gut nachvollziehen (Abschnitt 6.3). Zu beachten ist hier K 06C: Die Proponenten treten hier als bedeutsame andere auf, auf die sich kritisch bezogen wird, nämlich über eine rhetorische Täuschung$_{Rh}$.

Der weitgehend wissenschaftlich haltbare Kern von AF 18 wird als anerkennungswürdiger Grund$_{DN}$ diskurswirksam auf allen Ebenen des Energiediskurses eingesetzt. Man spielt das diskursive Spiel der Proponenten mit, gesellschaftliche Orientierung$_{A}$ über rein realwissenschaftliche Argumentationen$_{W}$ finden und über diese Art von Autoritätsargument die Energiewende begründen zu können (Abschnitt 3.2) – jedoch mit gegenteiliger Konklusion.

Allerdings beruhen die persuasive Überzeugungskraft$_{P}$ von AF 18 und damit die narrative Plausibilität$_{N}$ nicht nur auf einer geschickten Argumentationstaktik. Denn neben der universalistischen Dimension besteht eine zweite individualistische Dimension, die sich über den Authentizitätstypus der interviewten Person ergibt: Ihre Überlegungen werden umfassend in Bezug zum eigenen Erfahrungshorizont$_{S}$ und der eigenen Weltanschauung$_{S}$ gesetzt, die beide von ihr als rational sowie wissenschaftlich und dennoch bodenständig hervorgehoben werden. Sie unterstütze daher die energiepolitische Bewegung „Vernunftkraft", die als Teil der bürgerlichen Mitte erachtet wird.[822] Hingegen werden die Proponenten und deren energiepolitische Vertretungen in Politik und Wirtschaft als *ideologiebehaftet* wahrgenommen.[823] Im Kontrast dazu nimmt sich die interviewte Person selbst als *schlüssig ingenieurwissenschaftlich argumentierend* wahr. Das zentrale argumentative Kriterium findet sich daher in der Auffassung, dass die idiosynkratischen Abwägungen$_{I}$ zwischen gut und weniger gut passenden Argumentationspunkten über den subjektiven Blick auf eine angemessene Energiekultur erfolgen sollten (Abschnitt 5.2.2). „Angemessen" erscheint das, was sich kohärent in das eigene Narrativ der Energiekultur (abgekürzt: EWN$_{O}$) einordnen lässt. Letzteres wird von einer spezifischen Interpretation wissenschaftlichen Argumentierens (Arg$_{W}$) geprägt, die sich ebenso authentisch in

822 „Dass es eine Bundesweite Gesamtorganisation braucht, wenn man seine Interessen vertreten will, wenn man politisches Gewicht entwickeln will, das war/ist jedem Beteiligten klar. Und am Ende [...] müssen sie natürlich für die politische Neutralität [...] sorgen, dass die Dinge, die sie tun, Hand und Fuß haben, dass ihre Thesen belastbar sind. [...] tja, ich würde mal sagen 95% [...] der Bürgerinitiativen, das sind Menschen aus der Mitte der Gesellschaft. Das ist das klassische Bürgertum. Ich habe durch, durch Vernunftkraft und Windkraft so viele vernünftige Menschen kennen gelernt, die mit beiden Beinen ganz fest im Leben stehen, die – wie ich – noch nie auf ner Demo waren. Denen auch jedes Rebellentum völlig abhold ist, jede Ideologie völlig abhold ist." Transkript I: 804–817.

823 „Wir müssen diese Leute/ wir werden natürlich auch gegen diese Ideologen – und ich bin der festen Überzeugung die, äh, Energiewende ist zum größten Teil ideologisch betrieben – wir werden auch gegen diese Leute weiter, gegen die Ideologen, weiter kämpfen." Transkript I: 822–825. „Also es sind [...] vor allem die [...] ja das ganze Windenergiekonzept [...] aus schlichten Ideologischen Gründen wird es ja ausgerechnet von den Grünen betrieben, das sind dann so die, die ich ganz vorne weg [...] angreife und, äh, die jeder vernünftigen Argumentation völlig abhold sind." Transkript I: 833–836.

die Weltanschauung$_{S}$ der Person einreiht. Verstärkend wirkt, dass über diese „Reflexionsschleife“ nicht nur die Kohärenz$_{LS}$ zwischen jeglicher Abwägung$_{I}$ und der Weltanschauung$_{S}$ als *authentisch* wahrgenommen wird, sondern diese geradezu *wissenschaftlich fundiert* erscheint. Die ausgefeilten Gründe$_{DN}$, die sich (scheinbar rein) deduktiv aus dem wissenschaftlichen AF 18 ergeben, bestätigen die vorauslaufende subjektive Überzeugung$_{S}$ von der Unangemessenheit der Energiewende-Maßnahmen. Das kohärente Narrativ erfüllt dadurch nicht nur K 07 aus einer ICH$_{A}$-Perspektive, sondern anscheinend auch K 06D, da man die eigene Abwägung$_{I}$ über das anspruchsvolle Arg$_{W}$ kohärent auszudrücken vermag (K 07A und eingeschränkt K 01F). Dennoch verdichtet sich der Verdacht, dass der Einwand$_{A}$ nur vordergründig „rein wissenschaftlich“ ist und dass die vorgebrachte Herleitung$_{D}$ den Energiediskurs gar nicht *eineindeutig orientieren* kann. Vielmehr wird die argumentativ ausschlaggebende Notwendigkeit$_{I}$ durch das subjektbezogene Kohärenzprinzip der „Harmonie“ bestimmt. Den Einfluss dieses Prinzips auf die argumentative Plastizität$_{I}$ gilt es besser zu verstehen.

Ausgangspunkt des Einwandes sind die Unstimmigkeiten, die bei der Realisation einzelner Energiewende-Maßnahmen, aber auch im EWN$_{P}$ an sich wahrgenommen werden. Diese drücken sich in Widersprüchen zwischen dem eigenen EWN$_{O}$ und den im Zuge der Energiewende geäußerten Überlegungen und Maßnahmen aus, die im Beispielinterview im Bereich des Naturschutzes, der öffentlichen Finanzen, der Landschaftsästhetik u. s. w., vor allem aber in dem der technischen Realisierbarkeit unter den gegebenen natürlichen und wirtschaftlichen Bedingungen liegen.[824] Ungeachtet der rhetorisch gelenkten Fokussierung des letzten Bereichs besteht der eigentliche Nährboden des Einwandes darin, dass das gesamte EWN$_{P}$ für viele Opponenten keinen fruchtbaren Sinnhorizont$_{K}$ stiftet.[825] Das Narrativ, die darin enthaltenen Argumentationen und die meisten dar-

824 „Erst bei Auftreten von Störungen und Konflikten suchen wir nach Geschichten oder gar der einen Lebensgeschichte, erzählen wir die kleinen abgesunkenen narrativen Einheiten neu und anders sowie im Zusammenhang miteinander und erst dann wird es konstitutiv für ein gutes Leben, kohärente Geschichten oder gar die eine Lebensgeschichte zumindest annäherungsweise zu finden.“ Römer 2012, S. 251.

825 Als Sinnhorizont$_{S}$ bezeichne ich einen Referenzkontext, über den einerseits ein stimmiges und orientierungsstiftendes Gesamtbild zu einem Themenbereich aus einer WIR$_{L}$-Position kommuniziert wird und der andererseits über dieses Bild authentische Abwägungen$_{I}$ in Fragen individueller Orientierung$_{I}$ ermöglicht. Konkrete Angelegenheiten wie Handlungen oder Schlüsse$_{P}$ erhalten dadurch eine besondere Signifikanz gegenüber anderen, sie erscheinen aus der ICH$_{A}$-Perspektive in der aktuellen Situation und im konkreten Kontext$_{L}$ als bessere, als stimmige Wahl. Vgl. C. Taylor 1991, S. 37, Philip J. Krüger danke ich für diesen Hinweis. Ein individueller Erfahrungshorizont$_{S}$ kann diese orientierungsstiftende Funktion nur bedingt übernehmen, da die Reihe an Erfahrungen seltenst ein derart paradigmatisches Gesamtbild ergibt, das aus einer WIR$_{L}$-Perspektive als orientierungsstiftend kommuniziert wird (bspw.

aus abgeleiteten Maßnahmen sind aus deren ICH_A-Perspektive „nicht stimmig“ bzw. zeigen keine $Kohärenz_{LS}$. Darin findet man eine zentrale Präsupposition für die generell ablehnende Haltung und den entwickelten $Einwand_A$. Was wird denn im gewählten Interview, bleibt zu fragen, als alternativer $Sinnhorizont_K$ ersichtlich?

Prima facie könnte man annehmen, dass das alternative EWN_O eine wissenschaftliche Meta-Erzählung im Sinn von $Superparadigma_{HD}$ ist. Unter Rückgriff auf grundsätzliche wissenschaftlicher Axiome wird mit Blick auf einen $Kontext_L$ sowie dessen Randbedingungen und Eigenheiten ein Realbild des Energiesystems abgeleitet. Dieses ermöglicht eine systematische $Erklärung_W$ zu einer konkreten Frage im $Kontext_L$. Diese eher wissenschaftspositivistische Praxis des wissenschaftlichen Argumentierens (Arg_W) kann inhaltsunabhängig angewendet werden. Jedoch entsprechen die im Interview kommunizierten $Einsichten_A$ nicht immer dieser Argumentationspraxis. Das ist deshalb so interessant, weil dort den Proponenten vorgeworfen wird, in ihren natur- und ingenieurwissenschaftlichen $Argumentationen_W$ gegen Grundsätze dieser Argumentationspraxis zu verstoßen (vgl. Fußnote 821). Im Interview zeigen manche Antworten zudem Züge einer – vor allem in ingenieur- und naturwissenschaftlichen Realdiskursen weitverbreiteten – Haltung, dass lediglich in diesen Diskursen wissenschaftlich argumentiert werde. Ein Wechsel zu anderen Argumentationspraxen innerhalb einer instrumentellen $Erklärung_I$, bspw. sozial- und kulturwissenschaftlichen oder politischen Argumentationsfiguren, gilt aus dieser Perspektive schnell als unwissenschaftlich bzw. im Interview als nur „ideologisch“ begründet (vgl. Fußnote 823). Um dagegen einen Kontrast zu setzen, wird der $Einwand_A$ im Interview auch nicht als banales „counterarguing“ (unspezifische Gegenargumentation) kolportiert, sondern als (natur-)wissenschaftliche Widerlegung der zentralen $Erklärung_I$ zur Machbarkeit der Energiewende („Glättungshypothese“).[826] Deren Umsetzung sei schlichtweg aus mathematisch-naturwissenschaftlichen $Gründen_{DN}$ nicht „praktikabel“ (K 01C).[827] Die Präsupposition, dass durch die Widerlegung eines

---

im Helden- oder Heiligenepos). Siehe auch Viehöver 2011, S. 213, Römer 2012, S. 243. Für gewöhnlich übernehmen solche Narrative diese Funktion, die über längere Zeiträume und intersubjektiv anerkennend zu einem bestimmten Themenbereich kommuniziert werden. Das EWN_P bildet bspw. den zentralen $Sinnhorizont_S$ für die meisten Proponenten.

826 Eine schöne Übersicht über verschiedene Typen von Einwänden und deren Gewicht im Diskurs findet sich auf der Homepage von Paul Graham, http://www.paulgraham.com/disagree.html (Stand: 21.09.2022).

827 An der Antwort auf die Frage, ob die anfallende Residuallast über Pumpspeicherkraftwerke abgedeckt werden kann, wird dies auffällig: „Ich lehne das nicht ab, im Gegenteil, ist alt erprobt, konventionelle Technik, könnten wir sofort bauen. Aber in der, in der Menge, in der wir´s brauchen, ist das in Deutschland nicht umsetzbar. Was ich, was ich für mich mal ausgerechnet

Argumentationspunktes die gesamte Rechtfertigung der Energiewende scheitere, beruht natürlich auf einem Missverständnis instrumenteller Erklärung$_I$ und der damit ausgesprochenen instrumentellen Notwendigkeit$_I$ (s. u.). Daher konzentriere ich mich an dieser Stelle zunächst auf die idiosynkratische Abwägung$_I$, auf deren Basis die interviewte Person die zentralen Kriterien der favorisierten wissenschaftlichen Argumentationspraxis zur Beurteilung von Aussagen mal heranzieht und mal ignoriert.

Offensichtlich wird die Abwägung$_I$ an der selektiven Anerkennung von K 07B: Die Arg$_W$ im Sinn von Superparadigma$_{HD}$ wird vom oben beschriebenen Objektivismus$_W$ getragen (vgl. Fußnote 160), nach dem Realerkenntnis$_W$ kultur- und subjektunabhängig erzeugt werden kann, wenn operationalisierte Methoden intersubjektiv prüfbar angewendet werden (v. a. Kriterien: K 01, K 01A, K 01F, K 02). Die im Interview kommunizierte mathematische Modellierung und Analyse des Zusammenhangs aller WKAs legt entsprechend nahe, dass die rein mathematischen Argumentationspunkte Z 18.4 und Z 18.5 überprüft werden können. K 07B greift an dieser Stelle zweifach: *Einerseits* wird auf mathematischer Ebene die Expertise$_P$ von Irénée-Jules Bienaymé vollumfänglich anerkannt (Fußnote 817.j). Im Diskursraum mathematischer Beweise$_M$ gebe es sowieso keine Gründe$_{DN}$ für Zweifel, hier seien die Dinge ganz eindeutig beweisbar – das ist eine wichtige argumentative Voraussetzung.[828] Die zur Schau gestellte Expertise$_P$, die Windeinspeisung in eindeutige Modelle$_W$ überführen und auswerten zu können (vgl. Fußnote 820), bereitet *andererseits* den Boden für die hohe Anerkennung von AF 18 unter den Opponenten. Der Tenor: Allen, auch den Proponenten, wird umstandslos die Möglichkeit eingeräumt (Informationsfreiheit (F$_I$)), den Argumentationsgang nachzuvollziehen und zu prüfen (hier: „nachzurechnen").[829]

Jedoch umfasst das Interview weitere Themen wissenschaftlichen Argumentierens (Arg$_W$) und hier wird unter Verwendung der Argumentationsfigur cleverer Skepsis den Forschenden (und ihren Argumentationen$_W$) die Anerkennung ihrer Expertise$_P$ verweigert.[830] *Zum einen* trifft dies die ingenieurwissenschaftliche

habe [...], um eine dreiwöchige Flaute in Deutschland zu kompensieren müsste man den Bodensee [...] 350 Meter hoch pumpen, so. [...] das können Sie unter Realsatire ablegen." Transkript I: 372–381.

828 Vgl. Transkript I: 470, 508.

829 „Sie haben´s ja selbst gelesen [...] und dann haben Sie ja vielleicht nachvollziehen können, dass das, was ich da geschrieben habe durchaus Hand und Fuß hat. Das ist kein Blödsinn, den ich da schreibe." Transkript I: 909–911.

830 Diese Argumentationstaktik muss von der „Expertokratiekritik" differenziert werden, vgl. Schweiger, Zorn u. a. 2021, 12 f. Denn der wissenschaftlich sehr gut ausgebildete Teil der Opponenten würdigt subjektive Erfahrungshorizonte$_S$ nicht pauschal als bessere Erkenntnisquelle.

Erklärung$_{I}$, die falsch sei, weil den Forschenden wahrscheinlich die mathematische Expertise$_{P}$ fehle (Fußnote 821). *Zum anderen* wird die Rechtfertigung vom Klimaargument (genauer: Z 7.2) bezweifelt, weil die klimawissenschaftlichen Modelle$_{W}$ zu fehleranfällig seien und die Expertise$_{P}$, um dieses Problem gemäß Superparadigma$_{HD}$ zu lösen, eher nicht vorhanden sei.[831] Mal abgesehen vom damit verbundenen rhetorischen Vorwurf, dass Klimaforschende in der Kommunikation ihres Wissen die Kriterien K 01, K 01A, K 01F, K 02 (bewusst) verletzen würden, ist diese radikale Skepsis inhaltlich nicht gerechtfertigt: Denn die Unsicherheit$_{E}$ in der Modellierung – wie die unzureichende Kenntnis über die (natürliche) Klimavariabilität, die Wahl geeigneter Parameter und die Wahl der ausschlaggebenden dynamischen Prozesse des Klimasystems – werden durchaus aktiv bearbeitet, um den Gewissheitsgrad der Projektionen somit die Simulation wichtiger atmosphärischer Parameter zu verbessern (bspw. über Ensemblesimulationen).[832] Völlig eliminieren lassen sich die epistemischen Unsicherheiten$_{E}$ der hinter Z 7.2 stehenden klimawissenschaftlichen Argumentationskette allerdings nicht. Der Gewissheitsgrad der Aussage Z 7.2 bleibt an die argumentative Unsicherheitskaskade$_{A}$ der Erklärung$_{W}$ gekoppelt.

An dieser Stelle drängt sich die Frage auf, warum ausgerechnet in Bezug zu den klimawissenschaftlichen Modellen$_{W}$ die Unsicherheit$_{E}$ thematisiert wird, wenn im AF 18 (genauer: Z 18.3, Z 18.4) auf ebenso komplexe meteorologische Argumentationsketten zurückgegriffen wird (vgl. Fußnote 817.d). An deren Windmodellen kann ebenso eine umfangreiche Unsicherheitskaskade$_{A}$ aufgezeigt werden kann.[833] Auf diese Modelle$_{W}$, also die Modellierung der Dynamik

---

Ein höherer Gewissheitsgrad bleibt der Realerkenntnis$_{W}$ vorbehalten. Sie selbst üben nur die „reinere Wissenschaftspraxis" aus.

831 „Sämtliche Hochrechnungen und Prognosen beruhen auf der Integration von irgendwelchen, sehr aufwändigen und komplizierten, nicht linearen Differenzialgleichungssystemen und ich hatte das Vergnügen sowas mal in meiner Diplomarbeit zu machen, solche nicht lineare Differenzialgleichungssysteme zu integrieren. Und wenn man sowas mal gemacht hat weiß man zwei Dinge: Erstens, was hinten rauskommt hängt extrem von den Anfangsbedingungen ab und [dots] jeder, der mal Chaostheorie gemacht hat, weiß das, wie sensibel solche Systeme sind. Zweitens, ähm, hängt das Endergebnis in extremer Weise von der Parameterkombination ab und in eben diesen Klimamodellen sind ungezählte Parameter drin, darum heißen die auch „gnaddel-Parameter", die also aus irgendwelchem empirischen Umfeld stammen und von daher glaube ich diesen Prognosen nichts." Transkript I: 541–552.

832 Einführend dazu Latif 2009, S. 132, Hillerbrand 2012, S. 113–117 und Oschlies 2018, S. 22–28.

833 Von einer argumentativen Unsicherheitskaskade$_{A}$ wird gesprochen, wenn sich im Verlauf wissenschaftlicher Argumentationsnetze$_{N}$ (Arg$_{W}$), insbesondere bei komplexen Argumentationsketten, die Unsicherheit in einem konkreten Argumentationspunkt beim Übergang zu den folgenden Argumentationspunkten „fortpflanzt". Die Gewissheitsgrade aller folgerichtigen, somit argumentativ gestützten Überlegungen und natürlich der finalen Erklärung$_{W}$ werden beeinflusst. Vgl. Mitchell u. a. 1999, S. 66, Hillerbrand 2012, S. 110. Dabei können sogar an jedem

der für WKAs ausschlaggebenden Windsysteme, muss zurückgegriffen werden, um einen belastbaren Argumentationspunkt zum zukünftigen Einspeisepotenzial aller Anlagen entwickeln zu können. Die mehrschichtige Unsicherheitskaskade$_{A}$ lässt sich wie folgt skizzieren.[834]

AF 19 (Unsicherheitskaskade in Aussagen zur Leistung von WKA (Windsysteme))

Z 19.1	• Modellierung der klimatisch bedingten Windsysteme anhand der dauerhaften Windsysteme (Hauptluftströmung) und Wetterlagen sowie der mittel- und langfristigen Veränderungen (Klimawandel) • Ergebnis: Erklärung$_{W}$ des großflächigen Windsystems Deutschlands (Z 18.3) →	• modellbedingte Unsicherheit$_{E}$ der klimawissenschaftlichen Erklärung$_{W}$[834.a]
Z 19.2	• Modellierung der wetterbedingten regionalen Windsysteme anhand der historischen Wetterdaten und -modelle[834.b] sowie der wetter- und regionalbedingte Einflüsse (z. B. Topografie, Niederschläge) • Ergebnis: Erklärung$_{W}$ zur regionalen Ausprägung des großflächigen Windsystems (darstellbar in Windatlanten oder Windvorhersagen, Z 18.3)[834.c] →	• Unsicherheit$_{E}$ in der Datenaufzeichnung, der Erklärung$_{W}$ über Wind- und Wettermodelle und deren Auswahl, der Wahl topografischer und wetterbedingter Parameter etc.[834.d]
Z 19.3	• Modellierung der standortbezogenen Windsysteme über langfristige Messreihen am Standort oder in lokaler Nähe sowie über standortbedingte Einflüsse (z. B. Abschattungseffekte) • Ergebnis: Erklärung$_{W}$ zu standortspezifischen Windverhältnissen (darstellbar in hochaufgelösten Windatlanten oder Windvorhersagen, Z 18.4) →	• Unsicherheit$_{E}$ in der Datenaufzeichnung, der Qualität der Messreihen, der Limitierung in der Auflösbarkeit von Windmodellen, der Wahl topografischer und wetterbedingter Parameter etc.
Z 19.4	• Messung des Standortertrags über einen Zeitraum in Abhängigkeit zu der anhand des lokalen Windmodells und der Spezifika des WKA-Typs ermittelten Standortgüte[834.e], zu den gesetzlichen und Stromnetz bedingten Randbedingungen (z. B. Abregelung) und zu dem tatsächlichen Betriebszustand der WKA • Ergebnis: spezifische Zeitreihe der Leistung$_{W}$ (Z 18.4)	• Unsicherheit$_{E}$ in der Datenaufzeichnung, im Betrieb der WKAs sowie durch energie- und betriebswirtschaftliche Eingriffe etc.

Argumentationspunkt neue Unsicherheiten hinzukommen, sodass sich der Gewissheitsgrad der Schlussfolgerung am Ende einer komplexen Argumentationskette entsprechend verändert.

Vor dem Hintergrund dieser Unsicherheitskaskade$_A$ wirkt die Abwägung$_I$ inkonsistent, in AF 18 auf Erklärungen$_W$ zur Entwicklung großer Windsysteme in Deutschland zurückzugreifen, obwohl diese offensichtlich auf unsicheren Modellen$_W$ aufbauen. Insofern zeigt auch AF 18 alle Anzeichen einer instrumentellen Erklärung$_I$, die von vielen, teils „unsicheren" Argumentationspunkten gekennzeichnet ist. Der Einwand$_A$ kann keineswegs als mathematischer Beweis$_M$ wider der Energiewende interpretiert werden.

Am Selbstmissverständnis der interviewten Person werden wichtige Limitationen der Dimension des Individualisierens deutlich, die ich in zwei Thesen festhalten möchte. Die *erste* betrifft, so könnte man sagen, die Differenz zwischen einem aufgeladenen Narrativ wissenschaftlicher Realerkenntnis$_W$ und der realen Wissenschaftspraxis, genauer: der alltäglichen Form wissenschaftlichen Argumentierens (Arg$_W$). Das in der Öffentlichkeit immer noch wirkmächtige positivistische Narrativ verdeckt die vielen Formen epistemischer Unsicherheit$_E$, die die reale Wissenschaftspraxis prägen. Es hängt letztlich einer frühneuzeitlichen Wissenschaftsinterpretation nach, die durch das Ideal absoluter Gewissheit bestimmt wurde.[835] Die moderne Wissenschaftspraxis und somit das Arg$_W$ zeichnen sich jedoch in weiten Teilen durch einen kritischen Umgang mit der Herausforderung eines alethischen Relativismus$_A$ aus, der die Realisierung jenes Ideals einschränkt bzw. relativiert. Der neue Umgang und die damit einhergehende *Diskursivität wissenschaftlicher Realerkenntnis*$_W$ waren u. a. wichtige Ausgangspunkte für Toulmins und Habermas' Überlegungen zur diskursiven Begründung von Geltungsansprüchen (vgl. Abschnitt 5.1.2). Gewissermaßen in Rückkehr zu T 02 lässt sich daher die folgende kritischere Einschätzung wissenschaftlicher Realerkenntnis$_W$ formulieren:

> T 16 (Umgang mit epistemischer Unsicherheit): Zur Sicherstellung der wissenschaftlichen Objektivität ihrer Erkenntnisse, insbesondere der Realerkenntnis$_W$, unternehmen Forschende „beträchtliche Anstrengungen".[836] Um diese Erkenntnis als *sicheres Wissen* präsentieren zu können, durchlaufen die begründenden Erklärungen$_W$ eine intersubjektiv durchgeführte und zeitlich unbegrenzte Prüfpraxis nach disziplinenspezifischen Kriterien (etwa K 01, K 01A, K 01F, K 02). Die Rede vom (absolut) „sicheren Wissen" verweist also bestenfalls auf das (Möglichkeits-)Ideal absoluter Gewissheit, die den Forschenden – in Anlehnung an Kant – als regulative Idee

834 Die Zuordnungen in AF 19 sind am Vorgehen in: Yan u. a. 2022, S. 4 orientiert. Weiterhin folgen die Erläuterungen zu den Fußnoten: [834.a] An diesem Punkt käme zusätzlich die Unsicherheitskaskade$_A$ der klimawissenschaftlichen Erklärung$_W$ hinzu. [834.b] Beim laufenden Betrieb kommen die modellbasierten Wetterprognosen hinzu. [834.c] Siehe das Problem in Abschnitt 7.3.3. [834.d] Ebd., 11 f. [834.e] Vgl. Fußnote 583.

835 Vgl. Abschnitt 2.4.3 und Spoerhase u. a. 2009, S. 2–5.

836 Ebd., S. 4.

> immer aufgegeben und dennoch nie gegeben ist. Die epistemische Unsicherheit$_E$ wissenschaftlicher Realerkenntnis$_W$, etwa über den anthropogenen Klimawandel oder über den Umbau des Energiesystems, kann daher nicht pauschal als Indikator falschen Wissens oder schlechter Wissenschaftspraxis herangezogen werden. In einer erkenntniskritischen Wissenschaft werden unter dem Bewusstsein von A 15 (Begründungslast überzogener Geltungsansprüche) zugleich auch die Reichweite und die Grenzen der Forschungsergebnisse vermittelt. Aktuell anerkanntes wissenschaftliches Wissen und dessen Erklärungen$_W$ sind insgesamt das „beste Werkzeug, das wir für Projektionen in die Zukunft haben", da sie als „state of the art" (A 12, A 13) ermittelt wurden.[837] Dieser normative Anspruch schließt die Möglichkeit der Widerlegung einzelner Argumentationspunkte in den umfangreichen Argumentationsnetzen nicht aus, verlangt aber die präzise Eingrenzung der Kritik.

T 16 besitzt natürlich einen normativen Charakter. In ihr wird der Sinn der Begründungspflicht (K 04B) nochmals mit Blick auf das alltägliche (kritische) Argumentieren (Arg$_W$) unterstrichen. Die Begründungslast (K 04B2) in wissenschaftlichen Argumentationen$_W$ geht mit der Kommunikation der Reichweite und der Grenzen wissenschaftlicher Realerkenntnis$_W$ einher. Dass im Interview richtigerweise auf die Unsicherheiten$_E$ und deren eher zurückhaltende Kommunikation auf Basis eigener Untersuchungen hingewiesen wird, stellt einen anerkennungswürdigen Argumentationspunkt dar, auf den in Abschnitt 7.6.1 eingegangen wird. Mit Blick auf K 0, welches insbesondere die wissenschaftliche Argumentationspraxis bestimmt, muss aber auch die kritisierende Partei die eingeforderte Norm einhalten – was, wie soeben skizziert, in der Kommunikation der eigenen Unsicherheiten$_E$ nicht geschah. Vielmehr wurde die Skepsis gegenüber der Aussage, die gewohnte Versorgungssicherheit allein über massiven Ausbau der eE sicherstellen zu können, zu einer generalisierten Skepsis gegenüber der Machbarkeit der Energiewende *überdehnt*. Dies führt mich zur *zweiten Limitation*, die als These formuliert eine weitere Untiefe der Dimension des Individualisierens hervorhebt:

> T 17 (Entgrenzung autonomer Einsicht): Gründe$_P$, die über individualisierende Argumentationen entwickelt wurden, gehen tendenziell mit einer Überschätzung der eigenen Argumentationskompetenz einher. In der Regel wird die Reichweite der eigenen Einsicht$_A$ sowie der darauf basierenden Argumentationen überdehnt und deren argumentationspraktische Grenzen letztlich übersehen (K 07). Meist geht dies mit der, teils erfahrungsbedingten Nicht-Anerkennung der Kompetenz anderer einher (entgegen dem Meisterschaftsargument). Diese *Entgrenzung autonomer Einsicht*$_A$ (vgl. T 11) führt im Rahmen des komplexen Problems$_T$ Energiewende zu einer Vielzahl von Argumenten aus Nichtwissen auf allen Diskursebenen und in allen Lagern.

837 Oschlies 2018, S. 28.

Im Interview fand sich keine Form eines technischen Subjektivismus$_T$. Die Entgrenzung lief also nicht auf die Haltung hinaus, die Energiekultur anhand einer naiven Vorstellung der energietechnischen Möglichkeiten zu kritisieren. Ein derartig mangelndes wissenschaftliches Realbild und die entsprechende Realitätsferne wird vielmehr den Proponenten vorgeworfen. Aus der Selbstwahrnehmung heraus nimmt die Person hingegen eine wissenschaftliche Haltung ein, die jedoch – wie gesehen – in letzter Konsequenz nicht durchgehalten wird. Es gehört einige Chuzpe dazu, einen kritischen Einwand$_A$ gegen einen konkreten Argumentationspunkt einer komplexen Erklärung$_I$ als einen Grund$_{DN}$ kommunizieren zu wollen, durch den jegliche vernünftige Rechtfertigung der Energiewende widerlegt wird. Die Entgrenzung betrifft in diesem Fall die eigene Fehleinschätzung von der Reichweite und der Grenze des durchaus wissenschaftlich ambitionierten Einwandes. Die berechtigten Aspekte des Einwandes geraten durch die Überdehnung der eigenen Einsicht$_A$ und die damit verbundene Argumentationstaktik leider in den Hintergrund (vgl. Fußnote 601).[838]

Abschließend bleibt festzuhalten: Natürlich finden sich in den Standard-Erklärungen$_W$ im Energiediskurs Aussagen, die wissenschaftlich betrachtet unsicher oder gar problematisch sind. Aber aus diesem Umstand ein Realbild des Energiediskurses zu zeichnen, in dem die Diskursgerechtigkeit durch die Kommunikationsmacht der etablierten Forschenden systematisch beeinträchtigt wird und wissenschaftlich tragfähige Einwände$_A$ keinen Raum erhalten, ist völlig überzogen. Getragen wird diese Argumentationstaktik von einem anderen (alternativen) Referenzkontext bzw. Sinnhorizont$_K$: dem EWN$_O$. Mit diesem ist AF 18 derart harmonisch verbunden, dass es im Energiediskurs für viele an Plausibilität$_N$ gewinnt. Deshalb wird an EWN$_O$ im folgenden Abschnitt die dritte, fundamentale Dimension der Plausibilitätsmetrik narrativen Arg$_N$ erörtert.

7.6 Narrative Plausibilität$_N$ (Konsensieren)

Das EWN$_O$ stellt ein Narrativ dar, auf das sich eine Mehrzahl der Opponenten mit hoher Wahrscheinlichkeit konsensual einigen könnte. In deren kollektiven, gegenüber der jetzigen Energiewende kritischen Perspektive wird auf Basis der

838 An dieser Stelle scheint unterschwellig eine Haltung des epistemischen Subjektivismus hervor, die sich in der klima- und energiewendeskeptischen Literatur als eine Art „Einstein-Underdog-Argument" äußert. Mit geringsten Mitteln wird im Home-Office-Research (anstelle des Patentamtes) der Mainstream-Wissenschaft die Stirn geboten. Aussagen wie: „Auch tausend Klimaforscher können sich irren!" (Dahm 2016, S. 107–114) finden sich daher bei Opponenten häufiger.

individualisierenden und universalisierenden Argumentationspunkte ein *plausibles Alternativbild der Energiekultur* gezeichnet. Die immanente Plausibilität$_N$ dieses Narrativs ist das argumentative Fundament vieler Präsuppositionen, die die Opponenten in ihre Einwände$_A$ einfließen lassen. Denn es herrscht ein teils offener und teils stillschweigender Konsens$_D$ über wesentliche Argumentationspunkte dieses Argumentationsnetzes, dessen argumentative Brücken durch narrative Plausibilität$_N$ gekennzeichnet sind. Man kann quasi am EWN$_O$ (wie auch am EWN$_P$) deren Bedeutungsmomente studieren und die Kriterien aufzeigen, nach denen in der Vielzahl idiosynkratischer Abwägungen$_I$ *um Plausibilität$_N$ gerungen* wird (F 03).

Folgend werde ich an anhand der „Konsenszone" EWN$_O$ die wichtigsten dieser Bedeutungsmomente – hier im Kontrast zum EWN$_P$ – herausarbeiten. Die Erläuterung erfolgt anhand zweier grundsätzlicher Funktionen narrativen Arg$_N$, die sich im Textverlauf abgezeichnet haben: in horizontaler Hinsicht das *Ordnungspotenzial kohärenter Sinnhorizonte$_K$* und in vertikaler Hinsicht dessen Funktion, eine *authentizitätsstiftende Selbstwirksamkeit* zu ermöglichen. Die spezifischen Merkmale dieser Funktionen erläutere ich in Rückgriff auf die bisherigen Konfliktfälle und Tiefeninterviews. Danach skizziere ich die Stufen einer auf narratives Arg$_N$ gestützten Abwägung$_I$, über die ein Grund$_P$ als *plausibel* (in einem konkreten Kontext$_L$) nachvollzogen werden kann.

7.6.1 Horizontale Plausibilität$_N$: Untiefen im EWN$_O$

Zunächst umreiße ich den Grundplot des Energiewendenarrativs vieler Opponenten (EWN$_O$): Änderungen der Energiekultur müssen zwingend mit dem wirtschaftlichen Handeln vereinbar sein, sodass die bisherige Form der Versorgungssicherheit in all ihren Aspekten sichergestellt bleibt. Neben dem Wert$_K$ der Versorgungssicherheit sind auch andere tradierte Werte$_K$, wie Natur- und Landschaftsschutz, innerhalb der Energiekultur höher zu gewichten als jegliche Verpflichtung aus dem Klimaargument. Die ökologische Neuorientierung, also die Energiewende, müsse sich auf drei Punkte begrenzen, da ein reines eE-System diese Gewichtung bisher nicht garantieren könne:[839] *Erstens*, gilt es zunächst, die bestehende, grundlastsichere technische Infrastruktur beizubehalten und lediglich effizienter einzusetzen (flächendeckende Optimierung „erprobt[er], konventionell[er] Technik" wie Kraft-Wärme-Kopplung, Gebäudedämmung, Kernenergienutzung etc.).[840] *Zweitens*, wird der Einsatz der eE auf die

839 Vgl. Fußnote 817.1 und Kleinknecht 2015, S. 219.

Sektoren eingeschränkt, in denen die Nachteile der volatilen Energieerzeugung weniger ins Gewicht fallen und durch bezahlbare Speicheroptionen ausgeglichen werden kann (bspw. bei Solarthermie (Wärme) oder Photovoltaik im privaten Umfeld, Nutzung in der Freizeit (bspw. Camper-Van)).[841] *Drittens*, dürfen alle unter dem ersten und zweiten Punkt genannten energiepolitischen Maßnahmen und Förderinstrumente weder übermäßig staatlich alimentiert werden, noch das bestehende System sozialer Gerechtigkeit in den Punkten verändern, die durch die Energiekultur tangiert werden.[842] Kurzum: Die bisherige Energiekultur soll nach den Grundzügen des KEN bestehen bleiben und lediglich in Details, durch die Möglichkeiten ausgereifter und bezahlbarer Technik optimiert werden.

An diesem Grundplot wird deutlich, dass die horizontale Plausibilität$_{\mathrm{N}}$ nicht durch beliebige narrative Episoden bestimmt wird. Vielmehr steht das EWN$_{\mathrm{O}}$ für ein Narrativ mit einem universellen sach- und normenbezogenen Geltungsanspruch. Es wird daher als Variation der klassischen und breit anerkannten Meta-Erzählung KEN entworfen. Es stellt eine Reaktion auf den argumentativen Anpassungsdruck dar, den das EWN$_{\mathrm{P}}$ infolge der Realisation der Energiewende auf das KEN ausgeübt hat. Diese Art inhaltlich beschränkter Anpassung ist eine Argumentationstaktik innerhalb des narrativen Arg$_{\mathrm{N}}$, die ich – in Anlehnung an Karl Popper – als narrative Immunisierung$_{\mathrm{N}}$ bezeichne.[843] Damit wollen die Opponenten eine wesentliche Funktion des KEN aufrechterhalten, nämlich als der zentrale Sinnhorizont$_{\mathrm{K}}$ der (westlichen) Energiekultur zu fungieren. Aus ihrer Sicht stiftet weiterhin nur das KEN – in der Variation des EWN$_{\mathrm{O}}$ – den

---

840 Transkript I: 372. „Ich würde bestenfalls auf Verbesserung der Effizienz achten. Und ich würde [...] die Effizienzen da versuchen zu fördern, wo sie am billigsten zu haben sind. Das sind dann solche Themen wie Kraft-Wärme-Kopplung zum Beispiel oder Betrieb von Klimaanlagen – kenn ich von den USA, ja. Da sind sie auf den relativ schlichten Zusammenhang gekommen, dass eine Klimaanlage mit ner Solaranlage Sinn macht, weil es immer dann warm ist, so wie heute, wenn die Sonne scheint." Transkript I: 1051–1057. Vgl. auch Keil 2012, S. 12–20, Moldaschl 2014, S. 49–52.

841 Keil 2012, S. 84.

842 „[...] wir müssen uns darüber im Klaren sein, dass wir den Betrieb von Anlagen mit einer Umlage subventionieren, ja. [...] ich könnt mir genauso gut vorstellen, ja, dass wir mit modernen Anlagen – nehmen wir mal die neuen Gas- und Dampfkraftwerke, ja – ähm, für viel weniger Geld viel mehr Kohlendioxid einsparen könnten und die Resultate sehr, sehr schnell hätten [...]." Transkript I: 321–326. Vgl. auch Schröder 2014, S. 12 f.

843 In Poppers Wissenschaftsphilosophie wird darauf hingewiesen, dass man wissenschaftliche Theorien durch „ad hoc eingeführte Hilfshypothesen oder ad hoc abgeänderte Definitionen" immunisieren kann, um eine empirische Falsifikation zentraler Aussagen zu umgehen. Popper 1935, S. 13. Ganz vergleichbar funktioniert die argumentationstaktische Immunisierung$_{\mathrm{N}}$, die zum rhetorischen Standardtepertoire narrativen Arg$_{\mathrm{N}}$ gehört. Man entwickelt im Fall von Einwänden das Narrativ systematisch weiter, indem die problematischen Elemente selbst variiert werden und dadurch in ihrer Funktion in der Erzählung erhalten bleiben.

vereinheitlichenden (konservativen) Gemeinsinn, den es für die Umsetzung einer gemeinsamen Energiekultur braucht.

Innovationstheoretisch betrachtet wird die Immunisierung$_N$ von einer *konservativen Haltung* getragen. Ohne auf die psychologisch und soziologisch analysierbaren Aspekte dieser Haltung einzugehen, erachte ich die *Beibehaltung des Bestehenden* als zentrale methodische Norm dieser Taktik. In Rückbezug zu T 06 führt mich diese Überlegung zur These:

> T 18 (KEN als Basis aller Rede über Energiekultur): Die orientierungs- und gemeinsinnstiftende Funktion des KEN erwächst daraus, dass ohne weitere Einsicht$_A$ in den wissenschaftlichen Erkenntnishorizont der darin ausgedrückte Erfahrungshorizont$_S$ von vielen Personen hierzulande geteilt wird, nämlich, dass Energie zu jeder Zeit und an jedem Ort ausreichend und bezahlbar verfügbar ist. In Anlehnung an Fußnote 38 lässt sich sagen, dass diese Erfahrung das Fundament bildet, auf dem sich jede Person über die Energiekultur verständigen kann.

Für eine umfassende Einsicht$_A$ in das EWN$_P$ hingegen, vor allem wenn es auf dem Klimaargument fußt, benötigt man Realerkenntnis$_W$ in den Klima- und Ingenieurwissenschaften sowie die Eigenheiten des energiepolitischen Realdiskurses. Diese Argumentationskompetenz ist in der Bevölkerung nur teilweise verbreitet. Es ist somit nicht verwunderlich, dass sich trotz der öko-kapitalistischen Ausrichtung des EWN$_P$ hartnäckig der Verdacht hielt (vgl. Abschnitt 6.4.2), dass die Mehrheit der Proponenten auf Basis dieses Narrativs „einen Spielraum zur Veränderung sozialer Praktiken und Interaktionsorientierungen“ schaffen will, die das KEN nicht unangetastet lässt.[844] So bildet die in den Veröffentlichungen der Opponenten häufig thematisierte Versorgungssicherheit das zentrale inhaltliche Kriterium, nach dem das EWN$_P$ und die auf ihm aufbauenden Argumentationen akribisch geprüft werden.[845]

Dass narratives Arg$_N$ immer auch eine „Geburtsstätte[] möglicher Welten“ ist,[846] zeigt sich im EWN$_P$ und den ihm folgenden Argumentationen daran, dass zentrale argumentative Brücken *prognostischen Charakter* haben. Diese in den Erklärungen$_I$ der Innovationsforschung häufig anzutreffenden Argumentationsfiguren gleichen in etwa *abduktiven Schlüssen*.[847] Durch sie werden potenzielle

844 Viehöver 2011, S. 204.

845 Vgl. Keil 2012, S. 69–83, Schröder 2014, S. 127–135, Limburg u. a. 2015, S. 19–22, Kleinknecht 2015, S. 203–208 etc.

846 Viehöver 2011, S. 199.

847 Vgl. dazu die Ausführung zu hypothetisch-prognostischen Argumentationen in: Grunwald und Langenbach 1999, S. 104–107. Die Parallele zwischen narrativem und abduktivem Argumentieren bedarf weiterer Forschung, die in der Studie nicht geleistet werden kann. Die Abduktion, ihrerseits sehr kontrovers diskutiert, lässt sich in einer ersten Näherung wie folgt einführen: „Given evidence E and candidate explanations $H_1, \ldots, H_n of E$, infer the truth of that H_i which

Entwicklungsszenarien technischer Systeme über einen Vergleich zu bereits vollzogenen Entwicklungsschüben im selben oder ähnlichen Technologiesektoren „hypothetisch gesetzt“. In der energiepolitischen Fortschreibung solcher Szenarien wird bspw. für den Übergang von Phase 2 auf 3 die Entwicklung von Speicheroptionen thematisiert, um den teuren Einsatz von Reservekraftwerken zu minimieren und unpopuläre Änderungen des Verbrauchsverhaltens zu vermeiden.[848] Das dazu verwendete innovationstheoretische Arg_I (Arg_P, Arg_{WI}) lässt sich auf folgendes Enthymem reduzieren, welches eine unterschwellige Trendextrapolation von Argumentationspunkt Z 6.2.2 darstellt:[849]

AF 20 (Innovationsenthymem zu Energiespeichern)

Z 20.1 Der massive Ausbau der eE kann die Versorgungssicherheit garantieren, weil die notwendige Residuallast nach Szenario S durch Speicheroptionen O_i gedeckt wird, die auf Basis von $Realerkenntnis_W$ W mit Wahrscheinlichkeit X zum Zeitpunkt Y zu vertretbaren Kosten Z für Forschung, Entwicklung, Installation und Betrieb verfügbar sein werden.

Die darin enthaltene epistemische $Unsicherheit_E$ erachten viele Opponenten als so gravierend, dass sie die Versorgungssicherheit und das Gemeinwohl gefährdet sehen, wenn die politische Umsetzung der Energiewende lediglich auf derartigen Prognosen beruhe.[850] Häufig zielen die $Einwände_A$ auf Fehler in den Szenario-Analysen, um dem darauf aufbauenden energiepolitischen Arg_P die Basis zu entziehen. Man nutzt dazu regelmäßig die Argumentationsfigur, durch die bestimmte Annahmen als (real) „nicht praktikabel“ gekennzeichnet werden (K 01C). Allerdings zeugt dies wiederholt von dem Missverständnis einiger Opponenten, dass sich der politische $Realdiskurs_{Rh}$ und die dort entwickelten Rechtfertigungen auf die wissenschaftliche Szenarioanalyse reduzieren ließen. Das politische Handeln stützt sich aber nicht nur auf die $Herleitung_D$ bestimmter Szenarien. Scheer unterstreicht sehr offen, dass die energiepolitische Argumentationspraxis (Arg_P) von den wissenschaftsgestützten instrumentellen $Erklärungen_I$ der Szenarien (Arg_I, Arg_W) zu differenzieren sei:

best explains *E*.“ Douven 2021. Beispielhaft lässt sich die damit verbundene wissenschaftliche Argumentationsmethode in: Thielmann u. a. 2015 oder SRU 2011, S. 155–166, 286–294 nachvollziehen.

848 Vgl. bspw. H. Scheer 2010, S. 48–55, BMWi 2015, 22 f.

849 Vgl. Grunwald und Langenbach 1999, S. 115. Zu den oft wirtschaftswissenschaftlichen Varianten solcher Szenarienanalysen vgl. die kritische Betrachtung in: Pissarskoi 2016.

850 Vgl. die Datenanalyse in: Weber 2018, S. 238. Von Opponentenseite dazu bspw. Streffer u. a. 2005, S. 204 f., Limburg u. a. 2015, S. 94–97, Kleinknecht 2015, S. 176–185 und Fußnote 817.k.

> Man darf keines der Szenarien wörtlich nehmen, als würde oder könnte es so wie beschrieben [...] realisiert werden. [...] Niemand kann die Kostenentwicklung, geschweige denn die Preisentwicklung der jeweiligen Technologien über so lange Zeiträume voraussagen, weil man deren Produktivitätskurve und Technologiesprünge und vor allem die potenziellen Akteure und ihre Motive nicht kennen kann. [...] Und niemand kann politische Entwicklungen voraussagen, die den Wechsel zu eneuerbaren Energien begünstigen oder erschweren [...]. [...] Mit anderen Worten: Szenarien sind kein Ersatz für politische Zielfindung und darauf bezogenes Handeln.[851]

Die Einordnung solcher Szenarien erfolgt vielmehr über das narrative Arg$_N$, welches mit Fokus auf konkrete Werte$_K$ diese als einen Argumentationspunkt in das Argumentationsnetz$_N$ des jeweiligen Narrativs einordnet. Diese Argumentationspraxis können die Opponenten den Proponenten jedoch nicht vorwerfen, da sie selbst wissenschaftsbezogene, teils szenariengestützte Argumentationspunkte narrativ in das EWN$_O$ einordnen. Hier spielt vor allem die methodische Norm des EWN$_O$, die Beibehaltung des Bestehenden, ein wichtige Rolle. Oft mit einem rhetorischen Verweis auf die hohen Kosten für eine Gesellschaft, wenn diese den Innovationstreiber der weltumspannenden Energiekultur spielt, wird letztlich auf einer abwartenden Haltung beharrt.[852] Diese Positionierung steht der maßgebenden Haltung der Proponenten insofern konträr gegenüber, als dass sich in letzterer die methodische Norm *technikoptimistischer Hoffnung* ausdrückt. Scheer *hofft* entsprechend, dass am Ende die Szenarien nicht nur realisiert werden können, sondern „dank der wachsenden Vielfalt der Technologien und deren Produktivitätssteigerung nur noch günstiger und vor allem vielfältiger ausfallen".[853] Diese Hoffnungskomponente wird richtigerweise von einigen Opponenten als eine solche herausgestellt:[854] Sie täuschen sich jedoch darin, dass andere energiepolitische Innovationsnarrative zudem ihr eigenes,

---

851 H. Scheer 2010, S. 53. Scheer untergräbt etwas inkonsistent diese argumentationstheoretische Einsicht$_A$ eine Seite später, indem er die Szenarien letztlich doch zu einer notwendigen Bedingung guten politischen Entscheidens aufwertet, da sie die „prinzipielle technische und wirtschaftliche Realisierbarkeit" von innovativen Entwicklungen zeigen würden. Grunwald und Langenbach hingegen betonen, dass ein deratiger Begründungsanspruch an Prognosen an der mangelnden Situationsinvarianz scheitern würde, vgl. Grunwald und Langenbach 1999, S. 122–125.

852 Klassischerweise wird von Opponenten-Seite auf die politische Erfahrung im Bereich der PV-Technik verwiesen, wo Deutschland die technologische Vorreiterrolle langfristig nicht zum wirtschaftlichen Vorteil nutzen konnte. Vgl. bspw. Wendt 2014, S. 123–152.

853 H. Scheer 2010, S. 54.

854 Keil 2012, S. 84–90. Dies zeigt sich insbesondere dann, wenn das EWN$_O$ über die Nutzung der Kernfusion fortgeschrieben wird (s. Fußnote 214). Innovationsnarrative umschreiben die zukünftige Entwicklung technikbezogener Kulturbereiche wie der Energiekultur. Sie beziehen sich dabei auf Szenarioanalysen, aber auch auf politische Zielsetzungen. In den meisten Fällen prägt sie eine technoptimistische Haltung.

nicht auf eine Form technikoptimistischer Hoffnung angewiesen seien. Bspw. sind einige Opponenten der Hoffnung, dass trotz ihrer Orientierung$_A$ am EWN$_O$ Argumentationspunkt Z 7.2 nicht im wissenschaftlich vorhergesagten Maß eintritt, weil etwa CDR-Techniken oder Kernfusionskraftwerke realisiert werden können (Fußnote 234.c). Technikoptimistische Hoffnung kann generell als eine der wichtigsten regulativen Ideen der Innovationsnarrative angesehen werden, über die in der jüngeren Geschichte der Energiekultur Lösungen zu tückischen Problemen$_T$ entworfen wurden (bspw. zu EP 1, EP 2, EP 3, EP 4 etc.).[855]

An den auf Szenarienanalysen beruhenden Argumentationspunkten innerhalb instrumenteller Erklärungen$_I$ wird die bereits diskutierte Plastizität$_I$ technikbezogener Argumentationsnetze$_N$ besonders deutlich. Die vernetzten Innovationsnarrative lassen sich aufgrund der Deutungsbandbreite „noch kreativer" ausgestalten. Dies betrifft sowohl die Wahl der angemessenen technikbezogenen Mittel, als auch die Adaption der zuvor gesetzten Ziele. Wobei die Variation der Ziele von dem stark normativ aufgeladenen Referenzkontext – hier als metastufiger Sinnhorizont$_K$ – limitiert wird, dessen Normen und Werte$_K$ im jeweiligen Innovationsnarrativ *durchscheinen*. Ohne weiter darauf einzugehen, welche Weltanschauung$_S$ das Arg$_N$ im EWN$_O$ lenkt, limitiert die daraus resultierende klassische Vorstellung der Versorgungssicherheit fraglos die Überlegungen der einzelnen Argumentationspunkte. Unter den Mitteln zum Umgang mit der anfallenden Residuallast in Argumentationspunkt Z 18.7 findet sich bspw. nicht die Option einer umfassenden Anpassung des Stromverbrauchs und somit der Verbrauchskultur.[856] Die starke Flexibilisierung des Stromverbrauchs, sozusagen quer zu den bisherigen Lastkurven, wäre zwar keine alleinige Lösung, aber eine wichtige Komponente in einer kurzfristig effizienten Lösung (vergleichbar mit den Gaseinsparungsbemühungen in der Gaskrise 2021–2023). Die Opponenten blenden diese Option aufgrund ihrer sehr traditionellen Auslegung der Versorgungssicherheit (EWN$_O$) rigoros aus, die zu keiner Zeit und an keinem Ort Einschränkungen vorsieht. Progressive Innovationsnarrative schauen hingegen über den Tellerrand derartiger (normativ verankerter) Randbedingungen hinaus. Sie erlauben „die ständige Neuinterpretation von Ereignissen und Situationen,

855 Als Beispiel kann der Innovationspfad der friedlichen Kernenergienutzung herangezogen werden, bei dem bis heute in einigen Aspekten wie der Endlagerung (EP 4) auf eine technikoptimistische Hoffnung gesetzt wird, vgl. Uekötter 2014.

856 Dieses gesamtgesellschaftliche Phänomen spiegelt sich in den Opponenten-Interviews wider. Der selbst für angemessen erachtete persönliche Beitrag zur ökologischen Neuausrichtung der Gesellschaft betrifft kaum die THG-Reduktion oder gar Energiesuffizienz, sondern vielmehr die kosteneffiziente Energienutzung im Rahmen des jeweiligen Handlungspotenzials, vgl. Zitat zu Abschnitt 7.6.3.

die Aufnahme neuer Akteure, Ereignisse, Daten und Argumente und deren Verknüpfung mit bestehenden Relationen in der Narration".[857] Für das EWN$_O$ trifft hingegen zu, dass die Strategien zur Problemlösung „konservativ gewendet werden, um Forderungen nach Innovation abzuwehren":[858] auf den ersten Blick über K01C, auf den zweiten über die hohe Gewichtung der Versorgungssicherheit. Interessanterweise zeigt sich das EWN$_P$ im Punkt der Versorgungssicherheit bisher kaum progressiver. Neben der ökonomischen Ausrichtung war die explizite Garantie, die gewohnte Versorgungssicherheit als die Basis moderner industrieller Wirtschaft aufrechtzuerhalten, dessen zweitwichtigster Erfolgsfaktor.[859] Erst beide Faktoren führten dazu, dass der großflächige Einsatz der eE aus der Ecke der Technikutopien geholt und zu einem gesellschaftlich mehrheitsfähigen Innovationsnarrativ ausgebaut werden konnte.[860] Daher wird in den meisten Szenarienanalysen obige Garantie auch fortlaufend wiederholt.[861]

Über die bisherigen Ausführungen zu beiden Energieerzählungen wird eine Paradoxie narrativen Arg$_N$ ersichtlich:

857 Viehöver 2011, S. 216.

858 Ebd.

859 „Eine sozialverträgliche Energieversorgung muss in erster Linie eine sichere und preiswerte Versorgung mit Nutzenergie gewährleisten. Von daher kann die Frage nach der Sozialverträglichkeit von Energiesystemen nicht getrennt von der Frage nach ihrer Wirtschaftlichkeit, insbesondere ihrer Versorgungssicherheit, diskutiert werden. Aufgabe der Politik sollte es daher vor allem sein, die gesetzlichen Rahmenbedingungen fur eine ausreichende Versorgungssicherheit zu schaffen, auf deren Grundlage individuelle Lebensstile überhaupt erst entfaltet werden können. Die Sicherstellung der Versorgungssicherheit im Energiebereich sollte ein zentrales Element jeder staatlichen Wohlfahrtspolitik sein." Streffer u. a. 2005, S. 34.

860 Frühere, durchaus stärker auf Energiesuffizienz getrimmte Varianten des EWN$_P$ werden bspw. anhand der Bewegung rund um die „utopische Technologie" in: Mautz, Byzio und Rosenbaum 2008, S. 34–39 nachgezeichnet. Energiesuffizienz ist einer der schillernden Begriffe$_S$ im Energiediskurs. Dies liegt nicht nur an der Vielfalt der Bedeutungsdefinitionen, sondern auch daran, dass die damit verbundene ethische Grammatik$_E$ nicht so richtig mit den wachstumsaffinen Erzählmomenten des EWN$_P$ zupasskommt. Denn die Grammatik$_E$ einer energiesuffizienten Energiekultur würde zweierlei verlangen: *zum einen* einen grundlegenden Zweifel an der (öko-)kapitalistischen Sichtweise$_{TW}$ und somit auch an der scheinbar notwendigen Einheit von Wirtschaftswachstum und technischer Innovation, *zum anderen* die Hinterfragung der bisherigen (technischen) Mittel, durch die die Mannigvaltigkeit an Bedürfnissen befriedigt werden sollen. Vgl. Brischke u. a. 2011.

861 Bspw.: „Die Ergebnisse der Szenarien für 2050 im Überblick: Das Potenzial an regenerativen Energiequellen reicht aus, um den Strombedarf in Deutschland und Europa vollständig zu decken. Dabei kann vollständige Versorgungssicherheit gewährleistet werden: Zu jeder Stunde des Jahres wird die Nachfrage gedeckt. Voraussetzung ist der Aufbau der entsprechenden Erzeugungskapazitäten und die Schaffung von Möglichkeiten für den Ausgleich zeitlich schwankender Einspeisung von Strom durch entsprechende Speicherkapazitäten." SRU 2011, S. 105.

T 19 (Paradoxie narrativen Argumentierens): Beide Erzählungen, EWN_P und EWN_O, beziehen sich inhaltlich mehr oder weniger auf dieselben naturwissenschaftlichen Argumentationspunkte wie Volatilität der eE, Phänomen der Dunkelflaute, Residuallast etc. Sie stimmen sogar darin überein, dass beide den wichtigsten $Wert_K$ des KEN, die Versorgungssicherheit, übernehmen. Die Innovationsnarrative unterscheiden sich jedoch in der interpretativen Rekonstruktion dieser Argumentationspunkte. In ihnen wird auf unterschiedliche (metastufige) $Sinnhorizonte_K$ ($Weltanschauungen_S$) zurückgegriffen, sodass die $Orientierung_A$ nach dem EWN_P technikoptimistisch ausfällt und die nach dem EWN_O technikkonservativ. Die $Werte_K$ und Normen der metastufigen $Sinnhorizonte_K$ diffundieren also durch das narrative Arg_N in die jeweiligen $Argumentationsnetze_N$. Mehr noch: Der kreative Interpretationsraum der narrativen Argumentationspraxis ermöglicht es sogar, die konträren Orientierungsaussagen über die jeweiligen Erzählungen gegeneinander zu immunisieren. Über diese narrative $Immunisierung_N$ besteht zudem die Gefahr, dass die jeweilige Erzählung sukzessive ihren *Realitätsbezug* verliert und dadurch zementiert wird.[862]

Dies gilt insbesondere, wenn $Realerkenntnis_W$ über rhetorische $Täuschung_{Rh}$ taktisch umgedeutet oder gar verworfen und dadurch die Anzahl gemeinsamer Prämissen verringert wird (Gefahr: $Dissens_{Rh}$). Im Energiediskurs werfen sich die Proponenten (EWN_P) und die Opponenten (EWN_O) entsprechend gegenseitig einen fehlenden Realitätsbezug vor. Während viele Opponenten etwa die technische Realisierbarkeit mit Blick auf K 01C generell bestreiten (AF 18), thematisieren die Proponenten vorzugsweise den kompetenzgeschuldeten Realitätsmangel hinsichtlich der Tragweite und Kosten der Klimawandelfolgen. Vor diesem Hintergrund lässt sich fragen, ob das narrative Arg_N und *narrative Referenzkontexte* überhaupt ein *immanentes Rationalitätsmaß* besitzen, anhand dessen Kriterien der narrativen $Plausibilität_N$ festgemacht werden können?

Diese Frage führt zurück zum oben erwähnten Kohärenzprinzip der „$Harmonie_N$“, welches auf die Schlüssigkeit von Argumentationsnetzen abhebt. Dazu bringe ich zunächst die bisherigen Überlegungen zur Schlüssigkeit „einfacher Argumentationen“ auf den Begriff:

K 02C (Schlüssigkeit): Eine Argumentation oder ein Argument gilt als *schlüssig*, wenn der Inhalt der Aussagen – auf die ebenso Geltungsansprüche erhoben wurden und die in einer $gültigen_F$ Folgerungsbeziehung stehen (etwa Prämissen und Konklusionen) – erfolgreich überprüft werden konnte. Je nachdem, auf welchen Referenzkontext sich die Prüfung bezieht, beruht sie auf subjektiven oder/und intersubjektiven $Prüfverfahren_F$. Schlüssige Argumentationen entsprechen aber nicht nur der Argumentationspraxis der jeweiligen inhaltlichen Referenzkontexte (sound = fehlerfrei), sondern führen im Idealfall auch zur $Einsicht_A$ der prüfenden Person (sound = vernünftig). Die $Muster_K$ der klassischen Argumentationstheorie sind

862 Weber 2018, S. 322.

wissenschaftliche Argumentationen$_W$, die gemäß der Prüfverfahren$_F$ der Wissenschaftspraxis schlüssig und gemäß einer spezifischen Logik$_F$ formal gültig$_F$ sind. Die erweiterte Argumentationstheorie nimmt auch das narrative Arg$_N$ in den Blick. Die Schlüssigkeit solcher Argumentationsnetze$_N$ wird weiter gefasst und kann eher als „Stimmigkeit" bezeichnet werden kann.

Ob eine Argumentation einer prüfenden Person „schlüssig" erscheint, hängt wesentlich von dem Referenzkontext ab, nach dessen Regeln das Prüfverfahren$_F$ durchgeführt wird. Beziehen sich Aussagen auf Sacherkenntnis, sind sowohl Opponenten als auch Proponenten bestrebt, diese als wissenschaftliche Realerkenntnis$_W$ auszuweisen (z. B. Z 5.1.1, Z 6.2.1, Z 18.2). Bei normativen Aussagen im Rahmen praktischer Orientierung$_A$ wird die Prüfung bereits komplexer und vielfältiger. Proponenten zeigen in der Regel eine Tendenz zum moralischen Universalismus. Entsprechend zeichnen sie in komplexen Argumentationen$_K$ nach, dass sich ihre entscheidenden normativen Prämissen durch eine (bestenfalls deduktive) Herleitung$_D$ aus universellen Werten und Normen rechtfertigen lassen. Unabhängig von den Schwierigkeiten in der Begründung solcher Universalia,[863] lassen sich mit solch universellen Werten und Normen teils gegenteilige Schlussfolgerungen rechtfertigen, was in einem konkreten Kontext$_L$ zu einem Gewichtungsproblem führen kann (AF 8 → AF 7 vs. AF 9). Derartige Probleme verlangen Abwägungen, die sich ihrerseits – wie im Verlauf der Studie deutlich wurde – zu überkomplexen Argumentationsnetzen entspinnen. Aber eine theoretisch gut verankerte, angewandte „Energieethik", die angesichts der gegebenen Probleme$_T$ wie EP 6 in lokalen Kontexten$_L$ einen unstrittigen Sinnhorizont$_K$ darstellt, um solche Abwägungen$_I$ zu meistern, gibt es bisher nicht.[864]

Die Opponenten neigen nur auf den ersten Blick zu einem ethischen Relativismus$_E$, da sie keineswegs die Möglichkeit universeller Werte und Normen bestreiten. Für die untersuchten Energiekonflikte, die von konstruktiven bis zu entfesselten Realdiskursen$_E$ eine beachtliche Bandbreite abbilden, halte ich in Rückbezug auf Abschnitt 6.3.5 zunächst folgende These fest:

T 20 (Unklarheit über die übergreifende Diskursgrammatik des Energiediskurses): Opponenten akzeptieren in der Regel K 0 und somit den Gedanken, energiepolitische Fragen über das Geben und Nehmen plausibler Gründe$_P$ auszutauschen. Das „Ja" zur

863 Vgl. dazu Abschnitt 3.5 sowie die Stellungnahme von Habermas in: Habermas 2020, S. 18 f., der in generalisierten Einwand$_A$Einwänden gegen einen moralischen Universalismus in der Regel performative Widersprüche$_P$ sieht.

864 Scheers Buch „Der energetische Imperativ" ist natürlich eher eine rhetorische Anspielung auf Wilhelm Ostwald als eine Energieethik. Aktuelle Ansätze wie Sovacool u. a. 2014 fokussieren tendenziell eher Gerechtigkeitsfragen der politischen Philosophie mit globalem Fokus.

aufrichtigen argumentativen Kommunikation geht meist mit der Unklarheit einher, welche inhaltsbezogene Argumentationspraxis im Energiediskurs primär ausgeübt wird oder werden sollte, sodass jede Partei die Regeln der für sie vorteilhaftesten Diskursgrammatik inkl. der sich daraus ergebenden Argumentationspraxis wählt. Die jeweils andere Partei – insbesondere im Fall, wenn eine Diskursasymmetrie$_{Rh}$ zu ihrem Nachteil besteht – sieht darin eine Verletzung kommunikativer Aufrichtigkeit$_K$. Entsprechend wurde sich bisher nicht über die Grenzen des Argumentationsraumes des Energiediskurses und somit über dessen genuine Plausibilitätsmetrik verständigt.

Ungeachtet des Umstandes, dass sich die rhetorisch aufgeheizten Realdiskurse um eE-Projekte oftmals in der Arena einer politischen Argumentationspraxis (Arg$_P$) bewegen (vgl. Fußnote 708.g), beruht die Unklarheit in der Wahl der passenden Diskursgrammatik in Teilen auf einem *Kampf um die Fortschreibung des KEN*. Die Vielzahl an lokalen Energiekonflikten findet vor dem Hintergrund eines narrativen Konflikts$_N$ statt.[865] Dabei geht es im Energiediskurs weniger darum, dass eine umfassende *Entleerung universalistischer Sinnhorizonte$_K$* vorliegt.[866] Zur Erinnerung: Weder der kommunikative Austausch über Gründe$_P$ noch der Kerngedanke des KEN, die garantierte energetische Versorgungssicherheit, werden von Proponenten wie Opponenten grundlegend infrage gestellt. Gerungen wird vielmehr um die Autorschaft in der lokalen Fortschreibung des KEN. Genau an diesem Punkt zeigen die meisten Opponenten eine Tendenz zu einem narrativen Kontextualismus$_N$, der durchaus partikularistische Züge trägt.

7.6.2 Horizontale Plausibilität$_N$: Landschaftsästhetik

Argumentativ zeichnet sich das Ringen um Autorschaft sehr klar in den Urteilen zum landschaftsästhetischen Einfluss von Windparks in der jeweiligen Region ab. Es besteht eine Art von Symmetrie zwischen den Argumentationsfiguren ästhetischen Urteilens und denen narrativen Arg$_N$.[867] So steht der befürchtete störende

865 Konflikte$_N$ sind aus narrationstheoretischer Sicht Situationen, in denen ein Narrativ, etwa zur bestehenden Energiekultur oder Teile davon in Realdiskursen kritisch thematisiert oder gar abgelehnt werden. Dies begründet sich u. a. darin, dass das Narrativ in einem konkreten Kontext$_L$ keine oder unzureichende Orientierung$_A$ stiftet und somit nicht als grundlegender Sinnhorizont$_K$ fungieren kann. In der argumentativer Auseinandersetzung im Konflikt$_N$ wird dieses Narrativ nicht mehr als universeller Referenzkontext anerkannt und die darauf aufbauenden Abwägungen$_I$ und Rechtfertigungen können entsprechend problematisiert oder auch negiert werden.

866 Vgl. Formulierung in: Habermas 2020, S. 18 f.

867 Die Grundidee zu diesem Vergleich – hier als Hinweis in Kürze – findet sich bei Jean-François Lyotard, der auf Überlegungen Kants (Kant 1790) eingeht, um ein erkenntnistheoretisches Problem ästhetischer Urteile zu lösen (nämlich die Verbindung zwischen der begrifflich-

Anblick häufig im Zentrum zahlreicher Energiekonflikte.[868] Überzeugungen zum Landschaftsbild wird im Energiediskurs nicht immer die notwendige Aufmerksamkeit geschenkt. Natürlich ist die Wahrnehmung lokaler Landschaften vielschichtig. Neben der ästhetischen Wahrnehmung spielen auch der individuelle Erfahrungshorizont$_S$ oder die kulturelle und lebensgeschichtliche Prägung wichtige Rollen.[869] Der landschaftsprägende Einfluss von WKAs nimmt aber mit dem Zuwachs von deren Gesamthöhe in den letzten Jahren zu.[870] Bei einem großflächigen Ausbau der Windenergie muss mit einer entsprechend einschneidenden Veränderung des Landschaftsbildes gerechnet werden. Dieser Effekt verstärkt sich, wenn es sich zudem um Waldlandschaften handelt, zumal wenn diese sich auf exponierten Höhenzügen befinden. „In diesen ist immerhin über ein Viertel aller Bürgerinitiativen gegen Windkraft zu verorten. Alle anderen Landschaften nehmen höchstens einen halb so großen Anteil ein. Die Energiewende wird in Waldlandschaften dem nach als besonders konfliktbehaftet wahrgenommen."[871] Unabhängig davon ist die kollektive ästhetische Wahrnehmung des lokalen WIR$_L$ durchaus heterogen. Das heißt, die durch den Ausbau der Windkraft entstehende „Industrielandschaft" wird von einem Teil der Bürger in einem positiven Sinn als landschaftsbildprägend empfunden (etwa als „erhaben"). Dies gilt insbesondere, wenn die WKAs nach kompositorischen Überlegungen in Harmonie mit der bestehenden Kulturlandschaft gebaut und dadurch *kulturell kontextualisiert* werden, was aber nicht dem Regelfall entspricht.[872] Das landschaftsästhetische Urteil drückt den ganzheitlichen Schluss aus, inwiefern sich ein Projekt nicht nur aus individueller (ICH$_A$), sondern ebenso aus der kulturell kollektiven Sichtweise in eine Region (WIR$_L$) integriert oder eben nicht. Obwohl sich in solchen Urteilen oftmals neben der grundlegenden Haltung zur Energiewende ebenso die speziellen Aspekte der projektbezogenen Einwände$_A$ widerspiegeln, verlangen sie keine anspruchsvolle Argumentationskompetenz, außer die der regionalbezogenen

argumentativen und der emotionalen Ebene im ästhetischen Urteil). Zur Einführung vgl. Reese-Schäfer 1988, S. 83–88.

868 Vgl. Schmidt u. a. 2018a, S. 133 und Linke 2018, S. 421 f., ähnlich auch Hessen 2017, S. 11.

869 Vgl. Megerle 2014, S. 107.

870 Insbesondere, wenn sie in exponierten Höhenlagen errichtet werden, sind sie weiträumig sichtbar und bewirken dadurch „eine Veränderung des Landschaftsbildes und des Landschaftseindruckes" – die deutliche Beeinflussung liegt etwa bei einer Kreisfläche mit einem Radius der 15-fachen Anlagenhöhe, die sichtbare Fernwirkung etwa bei 50- bis 100-fachen. Vgl. ebd., S. 109. Es spricht einiges dafür, dass sich dieser Effekt in bestimmten Mittelgebirgslagen verstärkt, da auf den Höhenzügen die hohen Anlagen einerseits noch deutlicher ins Auge fallen (Dominanz) und andererseits die gewaltige Größe moderner Anlagen in Relation zur Differenzhöhe zwischen Talsohle und Gipfel instantan erfasst werden kann. Vgl. Hessen 2017, S. 35 .

871 Schmidt u. a. 2018a, S. 162.

872 Vgl. Linke 2018, S. 422 f.

Ästhetik, die man qua dem Leben vor Ort sowieso einübt. Im Tiefeninterview zur Glättungshypothese wird dies an einer Stelle deutlich:

> Ja, es gibt also in Hessen das Resultat des sogenannten Energiegipfels aus dem Jahr 2011 – ist die Maßgabe 2% der Landesfläche bereitzustellen zur Nutzung für Windkraftanlagen und diese [...] werden dort gesucht, wo der Wind am intensivsten weht, [...] woraus sich dann die hessische Landesregierung entschlossen hat, also auch *unsere bewaldeten Berge* für die Bebauung mit Windkraftanlagen freizugeben und *in meiner Heimat* ist das ganz besonders *hässlich*, weil, ähm, mein Kaufunger Wald ist insgesamt, äh, ein *FFH Gebiet: Fauna, Flora, Habitat Schutzgebiet.*[873]

Eine größere Anzahl an WKAs auf bewaldeten Bergrücken der Heimatregion ist, so der Tenor, schlichtweg „hässlich". Diese Auffassung teilt die Person mit dem beachtlichen Teil der Bevölkerung aller Regionen, der großflächig mit WKAs durchzogene Landschaftsbilder ästhetisch weniger ansprechend findet.[874] Sören Schöbel-Rutschmann, der sich intensiv mit der Landschaftsästhetik der Windkraftnutzung auseinandersetzt, umschreibt die dadurch entstehende argumentative Spannung so:

> Nun wird die Nutzung der Windenergie aus [...] allgemeiner oder »abstrakter« Perspektive von der Gesellschaft bereits ganz überwiegend als gelingendes Natur-Kultur-Verhältnis angesehen [...]. Aus [...] örtlicher oder »landschaftlicher« Perspektive [...] wird sie dagegen verbreitet als problematisches und belastendes Natur-Kultur-Verhältnis angesehen – ihre Wirkung in der Landschaft als unästhetisch, ihre Planung als willkürlich.[875]

Dennoch werden in der verwaltungsrechtlich verbindlichen Regionalplanung derartige ästhetische Überlegungen weiterhin nachrangig berücksichtigt. Sie stellen keinesfalls harte Tabukriterien für den Ausbau dar, obwohl ein generell eindeutiger Akzeptanzabfall bei WKAs im nahen, also ästhetisch ausschlaggebenden Wohnumfeld verzeichnet werden kann.[876] Im Verlauf der zweiten Phase der Energiewende wurde zumindest von wissenschaftlicher Seite im Rahmen der Fortschreibung des EWN_P die Aufgabe formuliert, stärker auf die *stimmige Gesamtkomposition* von Landschaftsbildern zu achten.[877] Die Stimmigkeit ästhetischer Urteile nehme ich deshalb als $Muster_K$ für das Kriterium der narrativen $Harmonie_N$ von $Argumentationsnetzen_N$.

873 Transkript I: 58–66, Hervorhebung durch F. B.

874 Vgl. Schmidt u. a. 2018a, S. 135 f. und die Bachelorarbeit Reiff 2019, S. 44–46 und die dort erwähnte Literatur insgesamt.

875 Schöbel-Rutschmann 2012, S. 31.

876 Vgl. Fußnote 559 sowie Hessen 2017, S. 43. Im Bericht des Energiegipfels von 2011 (Hessen 2011) spielt das Thema keine Rolle. Vgl. zudem Schmidt u. a. 2018a, S. 81.

877 Vgl. Schmidt u. a. 2018b, S. 41–70.

Ein positives Urteil zu einem stimmigen Landschaftsbild bedeutet im Kern, dass ein visueller Ausschnitt einer Region aus zwei Blickwinkeln als „schön" wahrgenommen wird: *einerseits* emotional (bezüglich der individuellen motivationalen Verfasstheit$_M$ (a)) und *andererseits* rational (nach Kriterien eines wie auch immer gearteten Prüfverfahrens$_F$ (b)). In ästhetischen Urteilen steckt also eine grundsätzliche antinomische Spannung zwischen der emotionalen Repräsentation des Urteils *einerseits* (a) und dem universellen Geltungsanspruch auf dieses Urteil *andererseits* (b) (also dem Anspruch, dass diese emotionale Repräsentation in jeder vernünftig urteilenden Person anzutreffen sei, *als ob* über das Urteil eine objektive Eigenschaft des Urteilsobjekts (Landschaft) erkannt wird).[878] Ohne auf die damit verbundenen erkenntnistheoretischen Schwierigkeiten weiter eingehen zu wollen, möchte ich festhalten, dass diese explanatorische Spannung den Umgang mit ästhetischen Urteilen bis heute prägt. Im Energiediskurs wird je nach argumentativer Zielsetzung eines der beiden Momente stärker betont, um ein ästhetisches Urteil als stimmig auszuweisen. Beide Momente werde ich – allerdings mit Fokus auf ein stimmiges narratives Arg$_N$ – nun besprechen.

Zu b) Man greift auf intersubjektive Prüfverfahren$_F$ zurück, um nach landschaftsarchitektonischen Kriterien die „Ästhetik von Windrädern" beurteilen zu können. In der Regel wird dabei auf tradierte kollektive Erfahrungshorizonte$_S$ zurückgegriffen, um die kulturell gewachsenen und somit gewohnten, ja teils kartografierbaren Eigenschaften von Kulturlandschaften zu erfassen. Ähnlich einer narrativen Plausibilitätsmetrik wird bspw. anhand wahrnehmungspsychologischer, kultur- und sozialwissenschaftlicher sowie geodätischer Erkenntnisse eine spezifische *ästhetische Metrik* von Landschaftstypen erarbeitet.[879] Um geeignete von ungeeigneten Zonen für eine funktionale Nutzung wie Windkraft unterscheiden zu können, erarbeitet man dazu landschaftsästhetische Maßdimensionen wie „Menge", „Ausdehnung", „Höhe", „Farbe", „Material", morphologisches Relief, kulturgeschichtlich bedingte Texturen etc.[880] Deren Verhältnisse werden über kompositorische Verhältniskategorien wie harmonisch, ansprechend, offen etc. beurteilt.[881] „Stimmig" bedeutet entsprechend, dass der Landschaftsausschnitt der spezifischen Metrik und somit zu den ästhetischen Maßverhältnissen des Landschaftstyps angemessen sein muss. So betonen Opponenten für Mitteleuropa die strikte Trennung zwischen den Kulturlandschaften im Außenbereich („in

878 Diese Überlegung geht auf Kant zurück, s. Kant 1790, S. 191.

879 „[I]n ästhetischer Hinsicht [besitzt] jede Landschaft eine eigene Art und ein eigenes ‚Maßsystem' [].“ Nohl 2009, S. 5.

880 Die Dimensionen in Anführungsstrichen stammen aus ebd., detaillierter dazu Schöbel-Rutschmann 2012, S. 25–64.

881 Vgl. ebd., S. 30.

aller Regel als ein Bild friedvoller, ästhetisch-emotional anrührender Natur") und denen in urbanisierten Innenbereichen („in den Siedlungs- und vor allem in den verstädterten Gebieten").[882] Insbesondere die maßstabslose Dominanz heutiger WKAs (vgl. Abschnitt 7.6.2), wie auch deren teils starke Verdichtung in Windparks wird als landschaftsfremde, großtechnische Struktur herausgestellt, die gewachsene Strukturen sowie gewohnte Blickfelder *bricht* oder *zerstört*.[883] Aber welche ästhetischen Maßverhältnisse können zur objektiv-intersubjektiven Beurteilung stimmiger Landschaftsbilder herangezogen werden und einem besseren Verständnis harmonischer Argumentationsnetze$_N$ dienen?

Schöbel-Rutschmann formuliert einen Ansatz, nach welchen Landschaftsbilder, so könnte man sagen, als *in Materie gegossene Sinnhorizonte*$_S$ fungieren. Orientierungsstiftend wirken sie, da sich über jene im besten Fall ein „gelingendes Kultur-Natur-Verhältnis" ausdrückt.[884] Er nutzt dazu eine Argumentationsfigur, die an Hegels dialektische Interpretation der Synthese von Gegensätzen im Sinn der zweifachen Bedeutung des Begriffs *aufheben* erinnert: Gegensätze werden *einerseits* negiert bzw. in der Einheit aufgelöst, *andererseits* affirmiert bzw. in der Einheit als solche bewahrt.[885] Zu einem Gegensatz wird das Verhältnis zwischen Natur und Kultur insbesondere aufgrund von zwei Verständnisweisen stilisiert: *zum einen* das Verständnis der Natur als Inbegriff des Ursprünglichen und Erhabenen sowie *zum anderen* das Verständnis der (modernen) Kultur als Inbegriff der ökonomisch-technischen Überformung von Natur zur „Gegennatur".[886] Vielfältige landschaftsarchitektonische Varianten des synthetischen Kultur-Natur-Verhältnis sind in der *Kulturlandschaft* Deutschlands allgegenwärtig. Dort scheint allerdings das Verhältnis zwischen Natur als Wildnis und ihrer wirtschaftlich gesteuerten und technisch ausgeübten Überformung sehr flexibel ausgestaltet, wie man schon an der Vielfalt von Gärten als den Sinnbildern von Kulturlandschaften gut nachvollziehen kann. Schöbel-Rutschmann formuliert fünf Kohärenzbedingungen, nach denen das Verhältnis ausgestaltet werden sollte: i) Ausgleich (Harmonie) gegensätzlicher Nutzungsinteressen zu einem Ganzen (inkl. des Umweltschutzes), ii) Kollektivität in der individualisierten Nutzung, iii) Permanenz von Strukturen, iv) Offenheit hinsichtlich weiterer Nutzungspotenziale, v) Eigenart des Landschaftscharakters.[887]

Allerdings fehlt ein übergeordnetes Kriterium, nach welchem die fünf Kohärenzbedingungen beim ästhetischen Urteilen gewichtet werden können. So

882 Nohl 2009, S. 3 (Hinweis: Der Autor, ein Landschaftsarchitekt, engagiert sich bei „Vernunftkraft".).

883 Ebd., S. 8–17.

884 Schöbel-Rutschmann 2012, S. 26.

885 Braun 2014, S. 372.

entwerfen die Opponenten im EWN$_O$ Natur meist als etwas Ursprüngliches, entweder als *(Umwelt-)Schutzgut* (ökologische orientierte Opponenten, vgl. etwa Fußnote 713) oder als tradiertes *Kulturgut* (kulturhistorisch orientierte Opponenten, vgl. etwa Fußnote 882). Sie unterstreichen häufig, dass Windparks vor allem die Harmonie (i) in der regionalen „Eigenart ihrer Landschaft" (ii + v) zerstören. Die Proponenten zeichnen hingegen im EWN$_P$ Natur vornehmlich als Wirtschaftsraum, der viele öffentliche Interessen zu befriedigen hat. Dies zeigt sich gut an der häufig genutzten „Ernte-Metaphorik", nach der die „Windbauern" Energie ernten. Diese eE getriggerte Nutzung der Natur wird als umweltschonender im Vergleich zu der durch fossile Energieträger getriggerten ausgelegt. Zudem wird betont, dass jeder Windpark einen Baustein in einem überregionalen, umwelt- und klimaverträglicheren Landschaftsbild darstellt (iii + iv).

An der von beiden Parteien genutzten Möglichkeit, innerhalb der ästhetischen Beurteilung die für sie diskurseffizienten Köhärenzbedingungen herauszugreifen (K 01E), zeigt sich ein grundsätzliches Problem, welches im narrativen Arg$_N$ wiederkehrt. Dessen Wurzel benennt bereits Schöbel-Rutschmann, indem er schreibt, dass es „ein ganz falscher Weg [wäre], zu versuchen, Landschaftsästhetik zu »verobjektivieren«, Qualitäten »des Landschaftsbildes« oder der »der Windenergieanlage« irgendwie quantifizieren und messen zu wollen".[888] Die Kritik richtet sich vornehmlich gegen Ansätze, die die empfundene Disharmonien über objektive Maßsysteme ästhetischer Wahrnehmung „berechnen" wollen.[889]

Der Einwand$_A$ reicht aber weiter und betrifft zudem die aufgezählten Köhärenzbedingungen. Deren Auslegung verlangt eine doppelreflexive Argumentationspraxis (K 06C) derjenigen Person, die letztlich urteilt (die Abwägungsautonomie als gegeben vorausgesetzt). Das zeigt sich gut am Beispiel von juristischen Urteilen über landschaftsästhetische Belange (Arg$_R$). In diesen wird auf das Reflexionsprinzip der Angemessenheit$_A$ zurückgegriffen, um eine kontextualisierte Abwägung$_K$ zwischen öffentlichen Interessen im Rahmen des Ausbaus von WKAs argumentativ zu ermöglichen. Eingegrenzt wird diese nur im Fall von Landschaftsbildern, die besonders schützenswert sind. Welche dies konkret sind, hängt vom Stand der Landnutzungskultur und der aktuellen politischen

886 Vgl. Grunwald o. D., S. 25.

887 Schöbel-Rutschmann 2012, S. 30 f.

888 Ebd., S. 26.

889 Diese Spielart des Objektivismus$_W$ in der wissenschaftlichen Landschaftsarchitektur äußert sich dann so: „Ästhetische Maßstabsbildner in der bisherigen [peripheren, F. B.] Landschaft sind Bäume sowie Kirchtürme in den Dörfern, die alle kaum höher als 25–30 m sind. Mit der Errichtung von Windkraftanlagen, die inzwischen bis 180 m Höhe erreichen, geht dieser historisch entwickelte Höhenmaßstab vollständig verloren. [...] Werden sie dennoch errichtet, wird die Landschaft ästhetisch meist in irreversibler Weise geschädigt [...]." Nohl 2009, S. 11 f.

Kommunikationsmacht ab, die sich beide im Rechtssystem und in der Rechtspraxis widerspiegeln.[890] Die im Urteilsvermögen verankerte subjektive Reflexivität ästhetischer Urteile kehrt daher auf der Ebene der Abwägungskriterien wieder. Dies erklärt in gewissen Zügen auch T 20, denn der Rückzug auf das narrative $\mathrm{Arg}_{\mathrm{N}}$ eröffnet die Möglichkeit, je nach Argumentationspunkt die Interpretation ihrer reflexiven Kriterien frei zu variieren (bspw. in Rückgriff auf wissenschaftliche $\mathrm{Systematizität}_{\mathrm{W}}$ oder die rhetorische Diskurseffizienz (K 01E)). Heißt dies nun, dass die Auslegung des Kriteriums narrativer $\mathrm{Harmonie}_{\mathrm{N}}$ am Ende auf Beliebigkeit hinausläuft und im narrativen $\mathrm{Arg}_{\mathrm{N}}$ jegliche Argumentation plausibel ist? Die Antwort auf diese Frage leitet direkt zur vertikalen Dimension der $\mathrm{Plausibilität}_{\mathrm{N}}$ über, in der die individuellen und lokal-kollektiven Aspekte idiosynkratischer $\mathrm{Abwägungen}_{\mathrm{I}}$ relevant werden.

7.6.3 Vertikale $\mathrm{Plausibilität}_{\mathrm{N}}$: lokaler Gemeinsinn

Zu a) Die Antwort auf die Frage am Ende des letzten Abschnitts lautet kurz und knapp: Ja und Nein! Dies erläutere ich folgend als erweiterten Rückschluss aus T 19 und T 20. Das narrative $\mathrm{Arg}_{\mathrm{N}}$ zeigt grundsätzlich keine inneren operationalisierbaren Maße, die nach dem Prinzip der Folgerichtigkeit zu dessen Bewertung herangezogen werden können (ja). Es ist in seiner enormen argumentativen Flexibilität jedoch an die selbstreflexive Aufgabe einer sowohl authentizitätsprägenden als auch gemeinsinnbezogenen $\mathrm{Orientierung}_{\mathrm{I}}$ zurückgebunden (nein). So unterstreicht Schöbel-Rutschmanns Rückgriff auf Reflexionsprinzipien die spezifische Argumentationsfigur der vergleichbaren ästhetischen Urteile, in denen die „unmittelbare sinnliche Wahrnehmung" ebenso in die „geistige Leistung" eines konkreten Individuums zurückgebunden bleibt.[891] Jede Person muss die zur Aufgabe gestellte $\mathrm{Abwägung}_{\mathrm{I}}$ selbst ausüben (K 07, K 06B) und kann sich im Fall individueller $\mathrm{Orientierung}_{\mathrm{I}}$ über narratives $\mathrm{Arg}_{\mathrm{N}}$ nicht durch andere vertreten lassen (K 06B). Landschaften wie auch orientierungstiftende Narrative müssen persönlich „sinnlich wahrnehmbar, zugleich sinnfällig lesbar

890 Zur Erklärung: „Mit dem Zusatz ‚grob unangemessen' will das Gericht zum Ausdruck bringen, dass allein die Tatsache, dass eine Windkraftanlage sehr hoch ist und ihrer Funktion nach auf exponiertem Standort steht, und damit weithin sichtbar ist, eine Verunstaltung des Landschafts- oder des Ortsbildes noch nicht begründen kann. Vielmehr stehen öffentliche Belange nur dann entgegen, wenn es sich zugleich um eine besonders schöne Landschaft, oder ein besonders schönes Ortsbild handelt, wenn sich die natürliche Eigenart der Landschaft besonders gut erhalten hat, und der Erholungswert sich aus der Sicht von Naherholung und Tourismus besonders gut begründen lässt." Nohl 2009, S. 10.

891 Schöbel-Rutschmann 2012, S. 26.

und schließlich sinnstiftend verstanden werden und geplant werden können".[892] Die Harmonie$_N$ von Landschaften und Narrativen kann zwar in seltenen Fällen als kohärent zum eigenen Erfahrungshorizont$_S$ *passiv gefühlt* werden.[893] Damit entsteht ein direkter Bezug zur situativen motivationalen Verfasstheit$_M$. In der Regel müssen aber die Argumentationspunkte *aktiv* zu einem übergeordneten narrativen Sinnhorizont$_K$ hinzugefügt werden, der zugleich *reflexiv* als *harmonische Sinneinheit* wahrgenommen werden muss. Ganz im Sinn von K 06E verlangt dies eine selbstwirksame Autorschaft (Abschnitt 7.5.1) in der kontextualisierten Ausgestaltung der Punkte. Um sie als narrative Elemente in ein übergeordnetes orientierungsstiftendes Narrativ zu intergrieren, wird oft ein Bezug zum lokalen Sinnhorizont$_K$, also dem tradierten Gemeinsinn aus WIR$_L$-Perspektive, *argumentativ hergestellt.* Bei essenziellen Fragestellungen im Energiediskurs lässt sich eine tendenzielle Gewichtung unter den drei Dimensionen narrativer Plausibilität$_N$ ausmachen. In Abschnitt 8.4 werde ich diese mit Fokus auf idiosynkratische Abwägungen$_I$ in lokalen Energiekonflikten in das Argumentationskriterium K 08 übersetzen.

Folgend werde ich zunächst eine Herausforderung narrativ-argumentativer Orientierung$_I$ diskutieren, die sich aus der freien Autorschaft im narrativen Arg$_N$ ergibt und sich vor allem in der weiten Auslegung von K 08 niederschlägt. Der Umfang des Argumentationsraums lässt sich kaum eingrenzen, da die Plausibilitätsmetrik wesentlich von dem Erkenntnishorizont, dem Erfahrungshorizont$_S$, der Haltung, der motivationalen Verfasstheit$_M$ sowie der (reflexiven) Autorschaft der jeweilig erzählenden Person abhängt (Abschnitt 7.4.4). Dies wird ersichtlich an dem in diesem Kapitel analysierten Interview, in welchem eine Variante des EWN$_O$ als Sinnhorizont$_K$ und somit Alternative zum EWN$_P$ entworfen wird. Die darin zum Ausdruck kommende technikkonservative Haltung ermöglicht es der abwägenden Person, mit der instrumentellen Unterbestimmheit$_I$ in der Realisation der Energiewende umzugehen. Erläutert wurde diese daran, dass mit Rückgriff auf den eigenen Erkenntnishorizont und Erfahrungshorizont$_S$ die allgemeine Erklärung$_I$ (AF 6) und insbesondere die dort enthaltenen wissenschaftlichen Erklärungen$_W$ alternativ interpretiert wurden. Aus argumentationstaktischen

892 Ebd.

893 „Nichtsdestotrotz machen wir die Erfahrung einer gefühlten Kohärenz zwischen den neu aufkommenden narrativen Einheiten und den bereits abgesunkenen, den Charakter prägenden Einheiten. Diese gefühlte Kohärenz ließe sich jedoch vielleicht eher mit dem Begriff der Stimmigkeit, anstatt mit dem der Narrativität präzisieren: Die sedimentierten Gewohnheiten und Identifikationen stehen in einem Verhältnis der Stimmigkeit zueinander, ohne dass sie sogleich im Rahmen der Einheit einer kohärenten Lebensgeschichte erfahren oder erzählt werden." Römer 2012, S. 249 f.

Gründen wird der Einwand$_A$ gegen die These, dass über den Ausbau eE die Versorgungssicherheit perspektivisch gesichert werden kann, nicht als narrative Interpretation, sondern über eine wissenschaftliche Argumentation$_W$ kommuniziert, sodass die Haltung und die motivationale Verfasstheit$_M$ und somit die Basis der eigentlichen idiosynkratischen Abwägung$_I$ nicht auf den ersten Blick sichtbar sind. Auf diese wird nun genauer einzugehen sein.

Dazu komme ich nochmals zum Urteil über Landschaftsbilder zurück: Über das ästhetische Urteil drückt sich fraglos ein emotionales Motiv aus. Im Interviewbeispiel werden WKAs in der bergigen Heimatregion als besonders hässlich empfunden. An der reflexiven Grundstruktur ästhetischer Urteile wird jedoch deutlich, dass diese nicht nur individuelle Emotionen widerspiegeln, sondern ebenso einen kollektiven Sinnhorizont$_K$ – etwa über landschaftsarchitektonische Kategorisierung von Landschaftsbildern. Das heißt aber nicht, dass darüber ein Vergleich zu einer objektiven Bewertungsmatrix im Sinn von Superparadigma$_{HD}$ möglich sei. Wie Schöbl-Rutschmann indirekt hervorhebt, fungiert ein Landschaftsbild vorzugsweise dann als Sinnhorizont$_K$, wenn es die Selbstwirksamkeit und letztlich die Authentizität der dortigen Kulturgemeinschaft (WIR$_L$) ausdrückt, nämlich als *Kulturlandschaft*.

In den untersuchten idiosynkratischen Abwägungen$_I$ zeichnete sich als eine wichtige Aufgabe einer (pro-)aktiven Autorschaft ab, die Ausgangsargumentation (inkl. des inhaltlichen Ausgangsnarrativs) in eine tragfähige Verbindung mit dem lokalen Kulturnarrativ zu bringen. Letzteres prägt den lokalen Kontext$_L$ wesentlich und stellt daher einen wichtigen Referenzkontext individueller Orientierung$_I$ dar. Dieser narrative Kontextualismus$_N$ führt in der Regel dazu, die tradierten Handlungspotenziale$_I$ einer Region über Musterbeispiele zu verdeutlichen (K 01C und K 06E).[894] An diesen wollen bspw. die Opponenten ihre regional spezifische Interpretation des gelingenden Kultur-Natur-Verhältnisses (Schöbel-Rutschmann) demonstrieren. Ganz im Einklang mit dem EWN$_O$ wird im Interview zum Kaufunger Wald auf eine beispielhafte Handlung verwiesen, die paradigmatisch für die kulturell tradierte energetische Ressourcennutzung in bewaldeten Bergregionen Mitteleuropas ist:

> Ich habe mir ein Haus gebaut, was hervorragend isoliert ist, hab da schrecklich viel Geld reingesteckt. Mein Haus hat einen Kachelofen. Das Holz das mach ich mir immer im Kaufunger Wald, von dem wir sprachen, und erzeuge damit eine thermische

894 Instrumentelle Handlungspotenziale$_I$ umfassen die natürlichen, technischen, finanziellen und politischen Mittel, die in einem konkreten Kontext$_L$ tatsächlich eingesetzt werden können bzw. für menschliche Arbeit zur Verfügung stehen. Diese Handlungspotenziale$_I$ unterliegen einem Prozess kultureller Entwicklung und Tradierung, werden also im Verlauf der Ausprägung kultureller Identität selektiv fortentwickelt und auch wahrgenommen.

> Grundlast. Und das habe ich gemacht [...] zur sportlichen Ertüchtigung, aber auch unter dem Gesichtspunkt der Ressourcenschonung, also das habe ich mir schon dabei gedacht.[895]

Ein Statement aus den Waldgemeinden in Beelitz hebt darauf ab, dass im Einklang mit dem lokalen Narrativ durchaus kostspielige, aber dafür energiesuffiziente Gemeinschaftsprojekte umgesetzt werden können.

> Es gab schon [...] ein Schwimmbad in Borkheide, aber äh in den 90-er Jahren äh hatten diese Bäder alle dann das Problem, dass sie den technischen Anforderungen nach den neuen Gesetzen der Bundesrepublik nicht mehr entsprochen haben. Und deshalb stand dann zur Disposition, macht man das Schwimmbad zu oder versucht man, etwas Neues, was den technischen Anforderungen und den Wasserqualitätsstandards entspricht ähm ja, auf die Beine zu stellen. [...] Also ich will nochmal kurz dazu sagen, das war damals also auch so, dass viel Gegenwind für das neue Schwimmbadprojekt war, weil die Einheimischen gesagt haben: Warum muss man denn ein neues Bad bauen? Kostet Millionen. Warum kann man nicht das bestehende einfach modernisieren mit wenig Geld? Und wir haben gesagt, wir haben alle Varianten geprüft. Auch eine Modernisierung und sind aber zu dem Schluss gekommen, wenn wir etwas machen, dann richtig. Und auch so, dass Borkheide über seine Grenzen hinaus bekannt wird und auch eine zusätzliche kleine Einnahmequelle hat, ja? [...] Also eigentlich mit einfachen Mitteln und mit Beachtung der Naturgesetze, der Biologie, also ähm wirklich ne optimale Sache und wie gesagt, wir sind eine Waldgemeinde, da passt das ganz wunderbar."[896]

Über derartige Beispiele wollen die Opponenten verdeutlichen, dass auch umstrittene Projekte durch die Berücksichtigung anfänglicher Einwände$_A$ umgesetzt werden können. Neben der Wirtschaftlichkeitsprüfung, die natürlich das finanzielle Handlungspotenzial$_I$ der Gemeinde (WIR$_L$) bzw. der Privatpersonen (ICH$_A$) als Bezugspunkte nimmt, wurden die Projekte wesentlich dadurch befördert, dass sie als narrative Elemente hervorragend das lokale (Kultur-)Narrativ ergänzen: Die Holzheizung ist im Narrativ eines peripheren Mittelgebirgsraums mit entsprechender forstwirtschaftlicher Tradition seit Jahrhunderten bereits enthalten; das Waldschwimmbad bereichert das bekannte Narrativ der Waldgemeinden, die sich wesentlich als Naherholungsorte und Wohnraum in Kontrast zum Ballungszentrum Berlin definieren.[897] Das Verständnis eines gelingenden Kultur-Natur-Verhältnisses in einem Kontext$_L$ hängt also vornehmlich davon ab, wie der Reflexionsbegriff „Gemeinsinn" aus der dortigen WIR$_L$-Perspektive als stimmig interpretiert wird.

895 Transkript I: 999–1005.
896 Transkript E: 25–63, 98–100.
897 Transkript E: 257–267.

Doch zunächst erläutere ich das mehrfach angesprochene Kriterium der Stimmigkeit. Im narrativen Arg_N bezeichnet man eine Argumentation als *stimmig*, wenn diese aus ICH_A- und WIR_L-Perspektive als ein angemessenes Erzählelement in einem narrativen Referenzkontext beurteilt wird. Die Argumentation stiftet einen *erzählerischen Sinn*. Was heißt dies aber genau? Das Urteil, eine Argumentation X sei stimmig, zeugt von der gelungenen Ausübung der praktischen $Klugheit_P$ der urteilenden Person (und meist der argumentierenden Person). Es benennt weniger eine subjektunabhängige Eigenschaft der Argumentation (hier im Unterschied zu $Argumentationen_W$, K 01B). Das heißt, ähnlich zu praktischen $Argumentationen_P$ drückt sich über dieses Urteil eine $Überzeugung_S$ aus, die auf einer idiosynkratischen $Abwägung_I$ beruht. Über diese wird die Argumentation in der konkreten Situation in einem $Kontext_L$ als lokal-subjektiv kohärent beurteilt. Die lokal-subjektive $Kohärenz_{LS}$ bezieht sich im Wesentlichen auf den eigenen $Erfahrungshorizont_S$. Eine als stimmig bewertete Argumentation passt wie ein Puzzlestück in die Reihe der persönlichen Erfahrungen und $Überzeugungen_S$. Nichtsdestotrotz soll mit der Zuschreibung der Stimmigkeit auch ein intersubjektiv überprüfbares Urteil gefällt werden, als ob innerhalb eines konkreten Kollektivs (WIR_L) und selben $Kontextes_L$ ähnlich geurteilt werden würde. Fisher nutzt den ebenso musikästhetisch aufgeladenen Begriff der „fidelity" (Klangtreue), um auf diesen Umstand hinzuweisen (vgl. Fußnote 925). Dabei geht es darum, dass eine Argumentation nicht nur innerhalb eines Narrativs angemessen ist, sondern dass sich dieses Narrativ durch das Urteil verändert. Durch deren Einordnung oder gar Variation fungiert die urteilende Person als aktive „Stimme" bzw. Autor. Dabei muss jedoch – um die harmonietheoretische Metaphorik beizubehalten – das (variierte) Erzählelement im Einklang mit der bestehenden narrativen Harmonie stehen (K 08).

An diesem Punkt lohnt eine weitere Analyse der Referenz zur WIR_L-Perspektive und dem intersubjektiv geteilten Gemeinsinn, die lokale Auffassung der Stimmigkeit und somit die Ausgestaltung der Autorschaft maßgeblich beeinflusst. „Umgangssprachlich bezeichnet »Gemeinsinn« eine moralische Einstellung – die Orientierung auf das Gemeinwohl."[898] Die $Orientierung_I$ auf das Wohl einer Gemeinschaft verlangt jedoch das argumentative Vermögen, so die kantische Bedeutung, die eigenen Argumentationen „prüfend an das mögliche Urteil anderer zu halten und sich so von subjektiven Beschränkungen zu befreien", die die Stimmigkeit der Argumentation im $Kontext_L$ schmälern könnten.[899] An dieser Stelle greift K 06C, insofern in einer denkbaren Rechtferti-

898 Wingert 1993, S. 11.
899 Ebd., S. 11 f.

gung – warum X stimmig empfunden wird – dieses Vermögen vorgeführt werden muss. Potenziell muss also eine argumentative Brücke geschlagen werden, durch die nachvollziehbar wird, inwiefern das eigene emotional bedingte Urteil mit den Urteilen *der anderen* innerhalb des narrativen Referenzkontextes vereinbar sei. Und diese anderen sind nicht beliebige Personen oder der Mensch an sich, sondern *bedeutsame andere*. Diese anderen zeichnen sich dadurch aus, so die dritte von Wingert thematisierte Bedeutung, dass sie einen „gemeinsamen Sinn" in bestimmten Hinsichten intersubjektiv teilen.[900]

Dieser „gemeinsame Sinn" umfasst in der Regel alle Kriterien des Hintergrundkonsenses (vgl. Abschnitt 4.2). Nach philosophischers Tradition könnte man sie die Bedingungen der Möglichkeit von Kommunikation nennen, die alle Argumentationspraxen auch in lokalen Diskursen voraussetzen ((K 0,) K 01, K 02A, K 02B). K 04 hingegen wird in lokalen Realdiskursen sehr unterschiedlich ausgelegt. Denn selbst wenn die diskurspraktischen Entfaltungsbedingungen kommunikativer Verständigung auf offizieller Bühne sehr weit gefasst werden (bspw. im Rahmen von Beteiligungsverfahren), hat die ungezwungene Äußerung von Standpunkten oder grundlegenden Haltungen in lokalen Kontexten$_L$ ganz andere Konsequenzen als in überregionalen Diskursen. Die gewährte kommunikative Freiheit führt zu einer situativen Kommunikationsmacht$_S$, durch deren unreflektierte Ausübung die sozialen Interaktionen im lokalen Kontext$_L$ substanziell geschädigt werden können. Diese Folge wurde sowohl in den Tiefeninterviews als auch in wissenschaftlichen Studien thematisiert – als Beispiel:

> Das ist eine Katastrophe im ganzen Land. [. . .] Also, ich komme immer über kleine Sträßchen in idyllische Dörfchen in idyllischer Landschaft, wo offener Krieg herrscht, ja. Also, wo Leute per Rechtsanwalt verkehren, die bis vor Kurzem noch gemeinsam bei der freiwilligen Feuerwehr waren oder gemeinsam im Fußballverein oder beim Theaterverein oder wie auch immer.[901]

Vor diesem Hintergrund sind Opponenten sehr darauf bedacht zu zeigen, dass ihre Einwände$_A$ stimmig zum jeweiligen lokalen Gemeinsinn sind. Wenn darin bspw. auf den Naherholungswert und die hohe Wohnqualität einer Waldgemeinde verwiesen wird, zeugt dies nicht zwingend von einer egoistischer Haltung, sondern kann durchaus als Gemeinwohl orientiert ausgelegt werden.

Die in den lokalen Energiekonflikten über Einwände$_A$ thematisierten Unstimmigkeiten betreffen nicht selten Widersprüche zwischen dem tradierten

900 Ebd., S. 12.

901 Transkript I: 731–737. Siehe auch Transkript E: 1798–1803, Donat 2015, S. 31–34, Becker und Naumann 2016, S. 16, Eichenauer 2016, S. 11. Ein ähnliches Konfliktpotenzial besitzen natürlich auch andere energiepolitische Großprojekte (Braunkohletagebau, Kernkraftwerke etc.).

lokalen Narrativ, das den dortigen Gemeinsinn entfaltet, und der projektbezogenen Auslegung des progressiven EWN_P (Abschnitt 7.6). Diese zielen unter anderem auf unstimmige $Abwägungen_K$ in der Umsetzung gesamtgesellschaftlicher Großprojekte wie der Energiewende, die alltagsrelevante Fragen betreffen und innerhalb des orientierungstiftenden EWN_P keine oder nur unzureichende Würdigung gefunden haben. Natürlich sind lokale Narrative nicht in allen Belangen ausreichende Referenzkontexte. Vielmehr werden bestimmte erzählerische Kernelemente von den Bürgern nach Bedarf individuell ausgeschmückt und somit fortgeschrieben. Dieser, bereits angesprochene Freiraum narrativer Autorschaft ermöglicht es zum Beispiel, dass die Gruppe der „Zugezogenen" an der bewusst gewählten Heimat bspw. die landschaftsästhetischen oder lebensqualitativen Aspekte besonders betont. Wer aus einem Ballungsraum wie Berlin nach Beelitz und Umgebung zieht, lernt auch eine Kiefernmonokultur als naturnahen Erholungsraum zu schätzen.[902] Für diejenigen, die in Agrar- und Forstwirtschaft tätig sind, bleibt es vielleicht eher ein naturnaher Wirtschaftsraum, durch den man Kapital erwirtschaften kann und Arbeitsplätze sichert – auch mit Windenergie.[903]

Die angesprochene instrumentelle $Plastizität_I$, also einen gewissen Spielraum in der Zuordnung von Zielen und Mitteln (hier: Naturressourcen) zu besitzen, schafft ein potenzielles Einfallstor für alle Akteure mit einem persuasiven Argumentationsinteresse (hier: Proponenten und Opponenten). Eine Argumentationstaktik, der es gelingt, die maßgebliche Interpretation des lokalen Gemeinsinns *narrativ stimmig* aufzugreifen, sollte entsprechend eine höhere persuasive $Überzeugungskraft_P$ entfalten können.[904] In Abschnitt 7.2.1 wurde bereits darauf hingewiesen, dass diese Aufgabe narrativen Arg_N nicht ohne Weiteres in eine andere Argumentationspraxis übertragen werden kann: Auch wenn der öffentlich-politische Realdiskurs über die progressive Entwicklung der Energiekultur bisher tendenziell von der rechtlichen (Arg_R, T 09) und ökonomischen Argumentationspraxis dominiert wurde (gut sichtbar am argumentationstaktischen Auftreten der Projektierer), erwarteten viele Opponenten eine kontextualisierte Ausgestaltung des EWN_P in Bezug zu *ihrem lokalen Narrativ* (Tabelle 4, α). Die erlebte Differenzerfahrung äußerte sich zunächst nur über eine diffus empfundene Unstimmigkeit, führte im Verlauf zu erheblichen Zweifeln an der Diskursgerechtigkeit in den

902 „Und die Ruhe is einfach wunderbar, nich. Also wir lieben diese Ruhe." Transkript F: 218.

903 „So dass man dann gesagt hat: Naja, in zweiter Lesung, es is wirklich nur ein Nutzwald. Es is ja nur die Kiefer (.) und damit hat man ja schon den Boden geschaffen, weil es ein Nutzwald ist, dann können da auch Windräder rein." Transkript E: 986–989.

904 Auf Basis von Sukalla 2018, S. 147–152 wäre dies zumindest eine begründete Hypothese.

partizipativen Diskursprozeduren vor Ort und dem argumentationstaktischen Wechsel zu den dominierenden Argumentationspraxen (K 01E).

Die zunehmende Aggregation von lokal verankerten Zweifeln zunächst im internen Diskurs der Opponenten und sukzessive auch im gesamtgesellschaftlichen Energiediskurs lässt auch die spekulativen, vornehmlich narrativ-argumentativen Brücken innerhalb des EWN$_P$ in den Fokus der Kritik geraten. Dies ist insofern brisant, da diese – selbst die durch detaillierte Szenarienanalysen gestützte Behauptung über die Sicherstellung der Versorgungssicherheit (etwa durch den Fortschritt der Speichertechnologie) – nur auf dem Boden eines narrativ erzeugten *Gefühls der Stimmigkeit* politisch vertretbar werden (die Proponenten sind also auch auf das narrative Arg$_N$ verwiesen). Dies ist grundsätzlich normal für große, progressive infrastrukturelle Projekte. Bei denjenigen aber, aus deren Sicht das lokale WKA-Projekt bereits völlig unstimmig zum lokalen Narrativ oder vielleicht sogar zur bisher geschätzten Energiekultur (KEN) realisiert werden soll, wird die damit verbundene Unsicherheit (etwa hinsichtlich des eigenen wirtschaftlichen Handlungspotenzials) das *Unbehagen* verstärken. Die narrativ-argumentativen Reden davon – dass die Vielzahl noch zu erwartender Veränderungen der Energiekultur „das Überleben der Menschheit" sichern und „das Alltagsleben auf individueller Ebene erleichtern, sicherer und gesünder machen" wird, da mit ihnen ein Projekt von Tragweite des „US-amerikanische[n] Apollo-Programm[s]" umgesetzt würde – greifen nicht wirklich, wenn bspw. im eigenen Nahbereich Bäume für WKAs gefällt werden, für deren Erhalt man Jahre lang gekämpft hat und die als solche die lokale Identität prägen (etwa um eine Umgehungsstraße oder einen Braunkohletagebau zu verhindern).[905] Die Zunahme an empfundenen Dissonanzen aufgrund konkreter Vorhaben gefährdet auf lange Sicht die persuasive Überzeugungskraft$_P$ des EWN$_P$.

Um den ominösen lokalen Gemeinsinn noch etwas näher bestimmen zu können, gehe ich zunächst auf einen der Vorwürfe an die Opponenten ein. Wie in T 17 herausgestellt, verleitet das narrative Arg$_N$ zu einer Missinterpretation der eigenen (autonomen) Einsicht$_A$. Von einem überregionalen, vielleicht sogar wissenschaftsfokussierten Standpunkt betrachtet, zeugen manche Argumentationspunkte auf den ersten Blick von einem fehlenden Verständnis der thematisierten wissenschaftlichen Erklärungen$_W$. Während Einwände$_A$ wie zum Thema Infraschall mit zunehmender Realerkenntnis$_W$ geklärt werden können

905 Vgl. Zuber u. a. 2020, S. 37. Aktuell werden im Energiediskurs solche Unstimmigkeiten auch seitens der Proponenten thematisiert, da diese die narrative Verbindung zwischen dem Ausstieg aus der Kernkraft und der Energiewende in Gefahr sehen (deren Stimmigkeit vor allem im deutschsprachigen Energiediskurs empfunden wird). Zur Rationalisierung dieses grundsätzlich narrativen Argumentationsnetzes vgl. Fußnote 518.

(T 13), zeugt vor allem der Umgang mit den Einwänden zum Thema Landschaftsbild von der bereits erwähnten Diskursasymmetrie$_{Rh}$, die insbesondere bei energiepolitischen Informationskampagnen vorherrscht (T 05).[906] Ohne dass auf die komplexe, wissenschaftlich bei Weitem nicht durchdrungene Form ästhetischer Urteile eingegangen wird, begegnet man der rhetorisch aufgeladenen Argumentationstaktik in Opponenten-Kreisen mit einer ebenso rhetorisch aufgeladenen Gegentaktik. Obwohl auf beiden Seiten die ästhetischen Standpunkte immer auch emotional bedingt sind (qua der Form des ästhetischen Urteils), wird dieser Aspekt einerseits nur den Opponenten zugeordnet und andererseits als *weniger rational* unterstrichen (s. NIMBY-Vorwurf): Landschaftsbild sei als Begriff „schwammig“ und Urteile darüber seien letztlich kaum rational, sondern drücken gemäß einem psychokognitiven Reduktionismus nur „Gewohnheit“ aus.[907] Damit sei klar, dass „wir uns einen außerordentlichen Luxus [leisten], wenn wir auf die optischen Veränderungen der Landschaft bei der Errichtung von überlebensnotwendigen Bauten wie Windenergieanlagen überhaupt Rücksicht nehmen“.[908] Denn dadurch, dass die Problematisierung der landschaftlichen Veränderung letztlich nur auf rein emotional bedingten Geschmacksurteilen beruhe, brauche man nur „diese Ängste offensiv aufzugreifen und ihnen sachlich korrekt zu begegnen“, was „in Deutschland in der Vergangenheit oft vernachlässigt [wurde]“.[909]

In dieser Art von Gegenargumentationen geht die umfassende rationale Dimension ästhetisch bedingten Urteilens und Argumentierens sowie deren starke Verankerung in lokalen Narrativen unter. Mit Scheit sollte aber nochmals T 02 unterstrichen werden, dass die „Triftigkeit von Argumenten“ – v. a. deren Einfluss auf das Widerstandsverhalten – „immer nur im Hinblick auf das Verständnis (und auch das Selbstverständnis) der Argumentationsteilnehmer selbst“ zu erschließen sei.[910] Mit dem Ansatz – Ihr argumentiert rein emotional, wir hingegen sachlich rational. – wird diese Aufgabe jedoch nicht gelöst. Aber warum eigentlich nicht?

Aus rhetorischer Perspektive laufen viele dieser Aufklärungskampagnen auf universalisierende Ad-Hominem-Argumente hinaus. Auf der einen Seite das tückische Problem$_T$ des Klimawandels, welches von den Proponenten rational

906 Eine klassische Argumentationstaktik seitens der Proponenten findet sich auf https://energiewende.eu/category/windkraft-mythen/ (Stand: 21.10.2022) .

907 „Wir können also schlussfolgern, dass Menschen das als schön empfinden, was sie kennen – was sie als Heimat definieren. Heimat muss nicht objektiv schön sein, sie darf sich nur nicht ändern.“ Rechercheteam Europaeische-Energiewende-Community 2020.

908 Ebd.

909 Ebd.

910 Scheit 2000, S. 185.

und wissenschaftlich argumentierend gelöst wird (progressiv erwachsen), auf der anderen Seite der Protest der Proponenten, die emotional und unwissenschaftlich, vielleicht sogar aus einer NIMBY-Haltung heraus gegen die Lösungsansätze argumentieren (retrospektiv kindlich). Bei genauerer Betrachtung gilt jedoch für viele Opponenten, dass sie in ihren argumentativen Stellungnahmen „durchaus ‚Doppelrollen'" einnehmen:[911] Sie wägen sowohl aus übergeordneter WIR$_U$, lokaler WIR$_L$- wie auch aus ICH$_A$-Perspektive ab, welche Art von Veränderungen ihrer gelebten Energiekultur sie *real* und nicht in einer hypothetischen Umfragesituation befürworten oder ablehnen. Selbstverständlich sind diese idiosynkratischen Abwägungen$_I$ abhängig vom Erkenntnishorizont und Erfahrungshorizont$_S$, vielleicht sogar von der zufälligen motivationalen Verfasstheit$_M$ in der Situation, aber das sind bzw. wären sie – aufgrund der Form solcher Abwägungen$_I$ – auch bei jedem Proponenten, wie an den Argumentationsfiguren gezeigt werden kann.[912] Es sind zwei verschiedene Urteilssituationen, bspw. aus einer rein wissenschaftlichen Perspektive (mit Blick auf das Klimaargument) von einem massiven Ausbau der eE überzeugt zu sein oder aus einer individuellen Perspektive (mit Blick auf das eigene Lebens- und Wohnumfeld) den Bau eines Windparks abzuwägen. In der letzteren Abwägung$_I$ muss der Ort für subjektassozierte Argumentationen$_S$ sein (wo sonst?).

Wie im Verlauf der Studie gezeigt wurde, bieten die instrumentellen Erklärungen$_I$ zur Energiekultur ausreichend „Flexibilität" (Plastizität$_I$), sodass sich Opponenten und Proponenten über idiosynkratische Abwägung$_I$ in einem passenden Narrativ *selbst positionieren* (Autorschaft) können (vgl. Abschnitt 1.3.3.). Es wäre geradezu fatal, diese Abwägungsautonomie in lokalen Kontexten$_L$ zu begrenzen – etwa weil die damit verbundene *Streitkultur* ausschließlich als Verhinderungstaktik Ewiggestriger missverstanden wird. Denn Einsichten$_A$ zu wichtigen regionalbezogenen Fragen erlernt man nicht einfach über Infokampagnen, sondern müssen individuell und autonom erarbeitet werden, zuweilen über die harte Kommunikation eines Streits.[913] Ansonsten bestünde die Gefahr, dass das EWN$_P$ nur noch von einem alltagstranszendenten

911 Viehöver 2011, S. 214.

912 Vgl. Abschnitt 7.5.1 und die alternative Interpretation in: Hübner 2020, S. 64.

913 Dazu ein interessanter Interviewausschnitt: „Und ich lerne gerade, dass Politik, also anders tickt als der normale Mensch. Dass man also, wenn man äh Kreistags- und Landtagsabgeordneter ist, äh einmal dafür und einmal dagegen is, obwohls um die gleiche Sache geht, [...]. Gut, lerne ich auch, ich als Mensch, wenn ich einmal gegen ne Sache bin, bin ich eigentlich immer gegen die Sache. *Es sei denn, mir kommt jemand mit Argumenten, die mich überzeugen, wo ich sage: Okay, hab meine Meinung geändert.* Ja. Ähm es is also sehr schwierig. Ich kann Ihnen aber auch sagen: Wir müssen natürlich an die Politik ran weil die Politik ist der Weichensteller. Wir können nicht mitm Hämmerchen am Windrad rumklopfen, wenns dann steht. Das das wär ja

Standpunkt erzählt und entwickelt wird. Aus dieser Überlegung ergibt sich eine wichtige Aufgabe, die ich als These festhalte:

> T 21 (Fortschreibung des Energiewende-Narrativs (Phase 3)): Da idiosynkratische Abwägungen$_I$ wesentlich über narratives Arg$_N$ getragen werden und diese nicht nur auf den Erfahrungshorizont$_S$, sondern auch auf einen lokalen Gemeinsinn ausgerichtet sind, sollten in Phase 3 der Energiewende lokale Differenzen stärker in die Fortschreibung des EWN$_P$ einbezogen und diese nicht durch pauschalisierende Kommunikationsmaßnahmen aus ortstranszendenter Perspektive überblendet werden. Um narrativ stimmig argumentieren zu können, müssen die Projekte also vor Ort, aus der lokalen oder mindestens regionalen WIR$_L$-Perspektive entwickelt werden und Freiräume für subjektassozierte Argumentationen$_S$ bieten (kritisch begrenzt durch T 19).[914] Eine besondere Rolle kommt dabei Akteursmustern zu, die nicht in idealisierten, sondern vergleichbaren Kontexten$_L$ handeln.[915] Dies gilt sowohl für Projekte auf privater (ICH$_A$) und kollektiver (WIR$_L$) Ebene.

Letzteres heißt vor allem, dass weit mehr Akteursmuster kommuniziert werden müssen als nur die idealisierten. Als Beispiele wären zu nenen der PV-Prosumer der Phase 1 und 2, der mit oder ohne staatliche Unterstützung PV-Anlagen auf dem Eigenheim nebst Speicher betreibt, oder die mit hohen Fördersummen realisierten energieautarken Dörfer der Phase 2, in denen teils über genossenschaftliche Modelle WKA, Großspeicher, Wärmenetze, Biogasanlagen etc. aufgebaut wurden.[916] Eine Antwort auf die Frage, woran solche Rollenbilder anknüpfen könnten, soll zumindest grob skizziert werden.[917]

Vielleicht sollte man sich zunächst daran erinnern, dass die Energiewende vor allem durch das Klimaargument an Schwung gewonnen hat. Die starke Fokussierung der Stromerzeugung durch eE hat dazu geführt, dass viele andere Handlungspotenziale zur Einsparung von THG energiepolitisch nicht ernsthaft gefördert wurden (Fußnote 556.m, Fußnote 556.n). Insbesondere die im Verlauf von Phase 2 von wissenschaftlicher Seite und einigen Opponenten geforderte

---

wirklich albern. Ähm dass aber die Politik die Weichensteller sind, das wissen auch die andern. Und deshalb gehen die da auch ein und aus." Transkript E: 1513–25.

914 Vgl. die Empfehlungen 8–11 in Reusswig, Braun, Heger, Ludewig, Franzke u. a. 2016.

915 Die Grundidee lautet, dass in Erzählungen wie dem EWN$_P$ paradigmatische *Akteursmuster* mit Vorbildcharakter (role model) entwickelt werden, durch die spezifische Grundhaltungen verkörpert werden. Im Fall positiv besetzter Grundhaltungen soll die Erzählung die Anerkennungswürdigkeit der entsprechenden Akteursmuster unterstützen und so das „Beobachtungslernen[] beeinflussen". Sukalla 2018, S. 52.

916 Vgl. dazu bspw. Feldheim in Brandenburg https://nef-feldheim.info/ oder https://www.maz-online.de/brandenburg/wie-das-dorf-feldheim-durch-eu-gelder-zum-energievorbild-wurde-SSMFCNMLLPBUCMHBAGWDQXSECY.html (Stand: 10.10.2022).

917 Vorbild dazu sind kleine, von der THG-Reduktion getriebene Initiativen zur Leitidee eines „Energiebürgers", vgl. bspw. https://bewirk.sh/leuchtturm/ (Stand: 20.10.2022).

„Wärmewende" hätte über ein ambitioniertes Förderprogramm alternative und sehr wirkmächtige Handlungspotenziale eröffnet, die Windkraftgegner hätten ergreifen müssen, wenn Sie die primäre Zielsetzung der THG-Reduktion wirklich teilen. Denn „Wärme" macht etwa 50% des gesamten deutschen Endenergieverbrauchs aus.[918] Um die individuelle und lokale Autorschaft an einem Narrativ zu stärken, das konsequent die zeitnahe Reduktion von THG fokussiert, wäre auch eine Adaption von Akteursmustern des klassischen KEN zu überdenken. Denn diese wurden im Verlauf der klassischen Energiekultur an den lokalen Gemeinsinn, genauer: an die *authentizitätsprägenden Werte$_K$ lokaler Gemeinschaften* angepasst.[919] Viele NIMBYs erwiesen sich vor allem als NIOBYs („true place-oriented NIMBY"[920]), deren Anerkennung von Projekten davon abhängt, inwieweit diese zentrale lokale Werte$_K$ beachten. Sie wägen die Projekte also vornehmlich aus einer normativ aufgeladenen und narrativ argumentierenden WIR$_L$-Perspektive ab.[921] Vor diesem Hintergrund wird der erfolgreiche Ausbau der Windkraft in Norddeutschland, insbesondere an den Küsten, sofort verständlich, da der Wind dort lokalidentitäts- und landschaftsbildprägend ist. Eine ähnliche Rolle spielt der Wald in den Waldgemeinden um Beelitz. Lokal angepasste Akteursmuster sollten dessen Potenziale innerhalb eines umfassenden Energiewendenarrativs nutzen und zwar im Rahmen der örtlichen Handlungspotenziale (also nicht unbedingt in Abhängigkeit zu externen Großinvestoren), sodass das praktikable THG-Einsparpotenzial plastisch greifbar wird. Dadurch wird die Möglichkeit einer eigenen, aktiven Teilhabe und Autorschaft an der Energiewende stärker nachvollziehbar.[922] Die Verbindung von Waldnutzung und Wärmeenergiegewinnung wäre dabei ein Topos des klassischen KEN, der hier

918 Vgl. https://www.umweltbundesamt.de/daten/energie/energieverbrauch-fuer-fossile-erneuerbare-waerme#warmeverbrauch-und-erzeugung-nach-sektoren (Stand: 21.10.2022).

919 Ich entlehne diesen Gedanken Nortons Überlegungen zu den „community-identity values" (Norton 2005, S. 371), die zur erfolgreichen Ausgestaltung kommunaler Umweltschutzprojekte zwingend zu beachten sind.

920 Feldman u. a. 2010, S. 259. In Anlehnung an das NIMBY-Argument kann aus einer WIR$_U$-Perspektive denjenigen ein Gruppenegoismus vorgeworfen werden, die konkrete eE-Projekte im lokalen (Nahfeld)-Kontext$_L$ mit Verweis auf lokale Narrative ablehnen. Dieser Begriff ist der Speziesismus-Debatte entlehnt, vgl. Fuchs u. a. 2010, S. 86. Die Mitglieder dieser Gruppe können – wie in Umweltkonflikten durchaus zu finden – als *NIOBYs* bezeichnen („not in our backyard"). Vgl. bspw. https://www.postindependent.com/news/red-feather-not-in-our-backyard/ (Stand: 16.06.2022). Die Differenz zum klassischen NIMBYs besteht jedoch darin, dass sich NIOBYs auf einen Gemeinsinn beziehen, durch den die normativen Grenzen des Individualegoismus unterlaufen werden.

921 Feldman und Turner ordnen ihnen sogar eine konkrete soziale Überzeugung$_S$ in dieser Hinsicht zu: „Surely a life that is characterized by differential concern for persons and places is better than a life that is devoid of such partiality". Feldman u. a. 2010, S. 257.

922 Vgl. den narrationstheoretischen Ansatz in: Sukalla 2018, S. 52 f.

passend zu den durchaus vorhandenen technischen Möglichkeiten gemeinsam mit den Bürgern vor Ort adaptiert werden müsste. Vielleicht ließen sich auf dem narrativen Boden eines nunmehr klimabezogenen Gemeinsinns später auch andere „Tools“ des eE-Werkzeugkastens realisieren (etwa eine WKA).

Kapitel 8: Fazit (Plausible Gründe und deren Anerkennung)

Das kurze Fazit richtet sich an alle Lesegruppen (Abschnitt 1.4.3). Aus der gesamten Studie werde ich mit Fokus auf die entwickelten Thesen und Kriterien die Argumentationspunkte herausgreifen, die für ein allgemeinverständliches Nachvollziehen der Antwort auf F 02 nötig sind. Dieses Vorgehen führt letztlich auf das mehr oder weniger zusammenhängende Argumentationsnetz 21. Auf Basis der Zusammenfassungen werden in den Abschnitten „knappe Rückschlüsse" („take alongs") hervorgehoben, die sich vornehmlich an die Lesegruppen I und II richten. Die Rückschlüsse sollten nicht als Handlungsempfehlungen betrachtet werden, sondern als verkürzte Denkanstöße, mit deren Hilfe die Argumentationen im Energiediskurs neu überdacht und ggf. alternativ beurteilt werden können.

8.1 Orientierungsfunktion von Argumentationen

Z21.1: In der Studie wurde gemäß dem Grundmodell$_A$ davon ausgegangen, dass der Energiediskurs und das dort stattfindende argumentative Ringen um vernünftige Gründe$_A$ eine grundlegende gesellschaftliche Orientierungssuche ausdrückt (Abschnitt 3.1). Das Grundmodell$_A$ basiert auf einer Annahme über die Verbindung zwischen vernünftigem Argumentieren einerseits und gesellschaftlichem Handeln andererseits, die bisher stillschweigend mitgedacht wurde.

> A 22 (Abbildungsbezug zwischen Argumentieren und Handeln): Im Rahmen der argumentationsphilosophischen Analyse der Energiewende wird davon ausgegangen, dass sich die Spezifika der Energiekultur, das damit verbundene Handeln und dessen Orientierung$_A$, rekonstruieren lassen, wenn man den Argumentationsraum des Energiediskurses und dessen zentrale Argumentationsfiguren analysiert. Man geht also davon aus, dass sich die strukturellen Merkmale sozialer Interaktionen in den „Ausdrucksphänomenen" Realdiskurs und Argumentation abbilden. Insbesondere soziale Konflikte, in dieser Studie: Energiekonflikte, können auch Spuren in Argumentationsräumen hinterlassen, da diese im Diskurs meist über konfligierende Argumentationen ausgetragen werden.

Umgekehrt kann eine Veränderung des Argumentationsraums – bspw. über eine Adaption der primären Diskursgrammatik – sowohl die Interpretation des EWN$_P$ und langfristig auch die Energiekultur selbst ändern. Idealtypisch gilt dies insbesondere, wenn die Veränderung über die Anerkennung „guter Gründe$_G$" erfolgt (A 05).

Z21.2: Prima facie scheint der Energiediskurs durch das schlussfolgernde Argumentieren (Arg$_S$) bestimmt zu sein: Die Realerkenntnis$_W$ findet ihre Begründung über wissenschaftliche Argumentationen$_W$; die moralische Orientierung$_A$ ihre Rechtfertigung über ethische Argumentationen$_P$. Aus dieser – am Superparadigma$_{HD}$ angelehnten – Perspektive folgen die Maßnahmen der Energiewende aus wissenschaftlichen Gründen$_{DN}$ (im Sinn logischer Notwendigkeit$_L$). Diese idealisierende Sichtweise erweist sich mit Blick auf den Energiediskurs aus vierfacher Hinsicht als problematisch.

Z21.3: Erstens, beruht die handlungsleitende Orientierung$_A$ auf komplexen instrumentellen Erklärungen$_I$ (Abschnitt 2.5.4). In vielen Energiekonflikten wurde die argumentative Kommunikation der Proponenten durch Argumentationsfiguren bestimmt, die AF 6 ähnelten. Darüber sollte die zweckbezogene Notwendigkeit$_I$ der Mittel (etwa eines Windparks) gerechtfertigt werden. Entgegen einer solchen technik-objektivistischen Interpretation des Rechtfertigens besitzen instrumentelle Erklärungen$_I$ eine argumentative Plastizität$_I$, die einerseits deren Überzeugungskraft relativiert und andererseits einen gewissen Interpretationsspielraum des Mittelgebrauchs ermöglicht. Die Schlüssigkeit solcher Erklärungen$_I$ hängt wesentlich von der Praktikabilität des Mitteleinsatzes ab (K 01C), die sich im Kontext$_L$ der Mittelverwendung jedoch höchstens als plausibel erweisen kann. In solchen Fällen wird auf eine kontexterfahrene Expertise$_P$ oder lokale Erfahrungswerte zurückgegriffen (A 13), um über ein spekulativ-induktives Schlussfolgern aus bereits erfolgten Mittelanwendungen in ähnlichen Kontexten$_L$ den Mitteleinsatz zu rechtfertigen (Abschnitt 7.4).

Z21.4: Die argumentative Unterbestimmheit$_I$ und damit einhergehende Bandbreite an zweckmäßig einsetzbaren Mitteln verlangt *zweitens* eine übergeordnete Abwägung$_K$, wann welche Mittel in welchem Umfang zum Einsatz kommen. Der Ansatz, über ein kontexttranszendentes Verfahren (K 01D) die Akzeptabilität$_{TE}$ unterschiedlicher Mittel im Sinn einer professionellen ethischen Herleitung$_D$ auszuloten, beruht im Kern auf einem überzogenen Geltungsanspruch hinsichtlich des Rechtfertigungspotenzials regelschematischer Orientierung$_E$ (A 15, K 02CM1, K 02CM2). Diese Form der Argumentationspraxis ermöglicht zwar zu einem gewissen Grad die Rechtfertigung übergeordneter Normen und Werte$_K$, versagt aber in der Regel in deren situationsbezogenen Kontextualisierung (Abschnitt 3.6). Letztere bedarf mehrstufigen und oft personenbezogenen Abwägungen$_I$ (K 03). Die kohärente Interpretation der Normen und Werte$_K$ im Kontext$_L$ erfolgt über eine reflexiv-iterative Argumentationspraxis (Arg$_I$), die –

argumentativ betrachtet – zu einer praktisch klugen Kontextualisierung und im Idealfall auf plausible Gründe$_{P}$ führt (A 21).

Z 21.5: Aus dieser kritischen Sicht auf die argumentative Überzeugungskraft technikbezogener Schlüsse$_{P}$ folgt *drittens*, dass für ein besseres Verständnis von Energiekonflikten eine genaue Analyse der Abwägungen$_{I}$ und ihrer argumentativen Funktion notwendig ist. Deren Spur$_{A}$ kann sowohl in den Rechtfertigungen der Proponenten als auch in den Einwänden der Opponenten gut herausgearbeitet werden. Allerdings liegen die Kriterien, nach denen solche Abwägungen$_{I}$ vollzogen und als praktisch-klug bewertet werden, oft im Dunkeln. Das trifft insbesondere in den Fällen zu, in denen im Rahmen der Abwägungsautonomie auf die persönliche motivationale Verfasstheit$_{M}$ und somit auch auf Emotionen sowie Intuitionen zurückgegriffen wird, um Argumentationen$_{S}$ Überzeugungskraft$_{P}$ zu verleihen (A 10, T 03). Jedoch lassen sich die Figuren solcher Argumentationen$_{S}$ und deren Grammatik$_{W}$ indirekt, über ihre diskursive Anerkennung in kommunikativen Settings, herausarbeiten. Deren kriterieller Dreh- und Angelpunkt besteht in der Freiheit zur autonomen Prüfung und letztlich Einsicht$_{A}$ der verhandelten Argumentationen (K 07, A 18, A 19).

Z 21.6: Die Frage nach der Grammatik$_{W}$ personen- und kontextbezogener Abwägungen$_{I}$ verkompliziert sich *viertens* dadurch, dass die Anerkennung ihrer Trägerargumentationen einer vielschichtigen sozialen Dynamik unterliegt (A 14). Vor diesem Hintergrund muss die Rede von autonomer Einsicht$_{A}$ in weiten Teilen aus den Perspektiven nachvollzogen werden, aus denen wichtige Aspekte dieser sozialen Kommunikationsverhältnisse ersichtlich und auch modelliert werden können. In der Studie wurde sieben Perspektiven nachgegangen, die jeweils einen spezifischen Aspekt dieser Verhältnisse im Energiediskurs aufgreifen und mit idealtypischen Vorstellungen über angemessenes Argumentieren (nebst Kriterien) einhergehen (A 22): i) einer wissenschaftsphilosophischen (Arg$_{W}$, vgl. Z 21.8), ii) einer technikphilosophischen (Arg$_{I}$, vgl. Z 21.10), iii) Habermas' diskursethischer (Arg$_{K}$, vgl. Z 21.11), iv) einer authentizitätstheoretischen (Arg$_{A}$, vgl. Z 21.12), v) einer pragma-dialektischen (Arg$_{RH}$, vgl. Z 21.12.1), vi) einer partizipationstheoretischen (Arg$_{P}$, vgl. Z 21.12.2) und vii) einer narrationstheoretischen (Arg$_{N}$, vgl. Z 21.15). Im Fazit dienen diese sieben Perspektiven als Leitfaden, um die zentralen Gedanken der Studie zu rekapitulieren.

Denkanstoß A: Tragfähige Einwände$_{A}$ in Energiekonflikten sind in der Regel kontext- oder individuenbezogen und sollten nicht durch generalisierte Gegenargumentationen pauschal entkräftet werden (vgl. Z 21.10). Um Einsicht$_{A}$ bei Opponenten und Proponenten erzeugen zu können, müssen die Einwände$_{A}$ kontextbezogen beurteilt und beantwortet werden.

8.2 Wichtige Beurteilungsperspektiven im Energiediskurs

Z 21.7: Angesicht zahlreicher tückischer Probleme$_T$ (EP 1–EP 6) muss sich unsere Energiekultur ändern (A 01). Das Klimaargument, über welches die Energiewende vor allem in Phase 2 gerechtfertigt wurde, bezieht sich vor allem auf das Klimawandelproblem (EP 6), dem mit der umfassenden sozio-technischen Transformation der Energiekultur begegnet werden soll. So unbestritten das Klimaargument auf inter- und nationaler Ebene des Energiediskurses ist, so sehen sich die daraus gezogenen instrumentellen Schlüsse$_P$ auf konkrete Maßnahmen – in der Studie: auf den Bau von WKAs – zahlreichen Einwänden ausgesetzt. Im öffentlichen Diskurs wird diesen Einwänden häufig pauschal jegliche argumentative Güte$_A$ abgesprochen. In der Studie wurde deren Bewertung hingegen anhand der sieben genannten Perspektiven durchgespielt (Z 21.5, i–vii).[923]

Z 21.8: Die aus *wissenschaftsphilosophischer Perspektive (i)* entwickelte Kritik an der positivistischen Interpretation wissenschaftlichen Arg$_W$ (Z 21.2) und ethischen Arg$_E$ (Z 21.4) zielte darauf ab (Z 21.3), das instrumentelle Arg$_I$ von den beiden genannten Argumentationspraxen kritisch abzugrenzen (Abschnitt 2.4, Abschnitt 2.5, Kapitel 3). Diese sind *einerseits* wichtige professionelle Erkenntnisformen zur Stützung ausgewählter Argumentationspunkte innerhalb des Arg$_I$. Im Klimaargument (AF 6) werden idealerweise folgende Aussagen derartig gestützt: Z 6.1.1 durch eine ethische Rechtfertigung (mit AF 7 und AF 8 als potenziellen Argumentationspunkten) und Z 6.2.2 durch eine natur- und ingenieurwissenschaftliche Begründung (mit AF 5 und AF 20 als potenziellen Argumentationspunkten). *Andererseits* lässt sich das Arg$_I$ nicht auf diese beiden Argumentationspraxen reduzieren, sondern umfasst auch Argumentationspraxen, die mit weitaus mehr Abwägungsautonomie einhergehen (etwa Arg$_P$ oder Arg$_A$). Diese beruhen auf kollektiv- und individuenbezogenen Abwägungen$_I$ (zu deren Spur$_A$ vgl. Z 21.5). Die Bewertung der Güte$_A$ solcher Netze ist somit nicht nur eine Frage der Folgerichtigkeit (K 02) oder der wissenschaftlichen Schlüssigkeit (K 02C), sondern auch der Klugheit$_P$ solcher Abwägungen. Die mit Blick auf das Klimaargument gestellte Frage (Abschnitt 2.4.1), welche Form konkreter Verantwortung im Rahmen selbstbezogener Orientierung$_I$ aus der allgemeinen

923 Die Rede von argumentativer Güte$_A$ bezieht sich auf die Überlegung, dass sich bestimmte Argumentationen von anderen unterscheiden lassen, da sich erstere entweder aus objektiver Sicht (in Bezug zu Kriterien wie Normen oder Werten) oder aus subjektiver Sicht (in Bezug zur personenspezifischen Verfasstheit$_M$) als angemessener erweisen (ggf. sogar graduell differenzierbar). Der sinnhafte Gehalt dieser relationalen Bedeutungsdefinition hängt von der jeweiligen Beurteilungsperspektive ab, genauer: der damit verbundenen idealtypischen Argumentationspraxis und der sich darüber ergebenden Diskursgrammatik.

Pflicht zum Klimaschutz abgeleitet werden könne, kann auf Basis dieser Studie nicht wirklich beantwortet werden. Es existiert bisher keine anerkannte Ethik der (neuen) Energiekultur (vgl. Z 21.19). Jedoch sind argumentationsphilosophischen Hinweise dazu möglich, wie diese Aufgabe im Energiediskurs selbst gelöst werden kann. Für die drei im Energiediskurs vorherrschenden Argumentationspraxen und die dort vorgebrachten Arten von Gründen gilt: *Erstens*, lässt sich die übergeordnete Pflicht zur Klimaneutralität der Energiekultur (Z 7.3) relativ stringent klimaethisch begründen (Arg_E). Eine entsprechende $Argumentation_P$ könnte bspw. über die Verknüpfung von AF 7 und AF 8 entwickelt werden. Die in Z 6.1.1 (Klimaargument) ausgedrückte $Einsicht_A$ basiert auf einem guten $Grund_E$, der praktische $Orientierung_A$ mit einer hohen $Güte_A$ bietet und dessen ethische Rechtfertigung in der Regel den Kriterien orientierungswissenschaftlichen Arg_E folgt (K 01F und v. a. K 06D). *Zweitens*, entspricht die naturwissenschaftliche $Erklärung_W$ des anthropogenen Klimawandels und dessen Folgen (Klimaargument, AF Z 7.2) den Kriterien erfahrungswissenschaftlicher Arg_W (K 01F und v. a. K 01A, vgl. auch Abschnitt 2.5.3). Diese faktische $Realerkenntnis_W$ besitzt also auch eine hohe $Güte_A$. Unter Hinzunahme weiterer Argumentationskriterien (v. a. K 01C) gilt dies ebenso für die auf Deutschland bezogenen ingenieur- und wirtschaftswissenschaftlichen Aussagen zur Windkraft (Z 6.2.1, Z 6.2.2). Diese Prämissen sind daher als gute $Gründe_{DN}$ zu bewerten. Die argumentative Begründung von Aussage Z 6.3 hingegen erfolgt *drittens* über die vielschichtige Argumentationspraxis des instrumentellen Arg_I. Die in Z 21.5 erwähnte und in AF 16 skizzierte $Spur_A$ von kontextualisierten $Abwägungen_I$ kann v. a. über eine Reihe an nicht-wissenschaftlichen Argumentationspraxen nachvollzogen werden (Arg_P, Arg_R, Arg_{WI}, Arg_K, vgl. Abschnitt 7.3.3). Wissenschaftliche Argumentationskriterien (v. a. K 01F) treten darin zugunsten von K 01C in den Hintergrund. Daher sollte gelten:

> **Denkanstoß B:** Aussagen wie Konklusion Z 6.3 (Klimaargument) besitzen zwar nur einen relativen Gewissheitsgrad (Stichwort: $Plastizität_I$), aber dennoch eine hohe $Güte_A$. Sie sind als gute instrumentelle $Gründe_I$ zu bewerten, wenn – wie in öffentlichen Diskursen gefordert – die unvermeidliche Subjektbezogenheit solcher $Erklärungen_I$ transparent gemacht wird (K 01B). Ungeachtet dessen wird es immer davon abweichende $Erklärungen_I$ und somit alternative $Gründe_I$ vergleichbarer $Güte_A$ geben. Wer an diesem Punkt „wissenschaftliche Exaktheit und Eindeutigkeit" fordert, missversteht sowohl das instrumentelle Arg_I als auch das Phänomen zweckrationalen Urteilens und Handelns.

Für eine Einordnung kontextbezogener instrumenteller $Einwände_A$ ist ein besseres Verständnis der Kriterien wesentlich, anhand derer die $Klugheit_P$ solcher $Einwände_A$ (Z 21.8) im Energiediskurs festgemacht werden kann.

8.3 Zur Charakteristik idiosynkratischer Abwägungen

Z21.9: Die Rede von klugen Einwänden bezieht sich im Energiediskurs in der Regel auf die Frage nach deren instrumentellen Angemessenheit$_I$ in konkreten Kontexten. Die Herausforderung besteht darin, dass diese Angemessenheit$_I$ nicht alleinig auf die regelfolgende Rationalität reduziert werden kann (K 02). Der angemessene Einsatz von Mitteln – v. a. von Technik und Kapital – verlangt zahlreiche kontextbezogene Abwägungen$_I$, über die sich letztlich auch die menschliche Handlungsfreiheit in dem Kontext$_L$ ausdrückt (Unterabschnitt 5.3.1).[924] Dabei geht es um einen „synthetischen Schluss" im konkreten Kontext$_L$ unter besonderer Berücksichtigung der lokalen Gemeinschaft (WIR$_L$) und des individuellen ICH$_A$-Bewusstseins. Solche idiosynkratischen Abwägungen$_I$ genügen idealerweise dem Kriterium *lokal-subjektiver Kohärenz$_{LS}$* (K 03). Eine pauschale, kontextunabhängige Beantwortung der sich in den Energiekonflikten ergebenden Orientierungsfragen erweist sich daher als unzureichender Ansatz (T 04). Aus argumentationsphilosophischer Perspektive besteht die Aufgabe der praktischen Klugheit$_P$ vielmehr darin, die Angemessenheit$_I$ von Mitteln im Kontext$_L$ einerseits auszutarieren und andererseits mit Blick auf das WIR$_L$ und ICH$_A$ argumentativ zu begründen. Damit stellt sich die Frage, was argumentative Angemessenheit$_A$ mit Blick auf solche Einwände$_A$ eigentlich bedeutet.

Z21.10: Die fokussierten Einwände$_A$ gegen konkrete WKA-Projekte sind meist in lokalen Subdiskursen des Energiediskurses verortet. Aus einer *technikphilosophischen Perspektive (ii)* sind hier zwei Aspekte argumentativer Orientierung$_I$ über instrumentelle Argumentationsnetze$_N$ hervorzuheben (Abschnitt 2.4.3, Abschnitt 7.3.2, Abschnitt 7.3.3): *zum einen (a)* der Einbezug kontextbezogener Expertise$_P$ und *zum anderen (b)* die auf das jeweilige ICH$_A$ bezogene Meinung. *Zu a)* Einwände$_A$ wie Bernds Beispiel zur Waldbrandgefahr (AF 9) werden von Proponenten oft aus einer technik-objektivistischen Sicht relativiert (Abschnitt 7.2.2, P2). Über objektivierende Verfahren zur Bewertung des Mitteleinsatzes (etwa über messbare Standortfaktoren) und des Brandrisikos (etwa über Eintrittswahrscheinlichkeiten) wird die Risikoeinschätzung zur Waldbrandgefahr des „Laien" geprüft und ggf. relativiert. Dahintersteht eine Priorisierung des Expertenurteils gegenüber individuellen Meinungen, die mit einer höheren Gewichtung entsubjektivierter Argumentationen$_W$ (in der Regel des Arg$_W$ und des Arg$_E$) gegenüber subjektbezogenen Argumentationen$_S$

924 Die instrumentelle Angemessenheit dient als Kriterium, um die Anwendung von Mitteln in lokalen Kontexten$_L$ im Sinne der praktischen Klugheit$_P$ einerseits auszuloten und andererseits zu beurteilen.

(Arg_A) einhergeht (Abschnitt 2.5.2). *Zu b)* Um die Eigenart idiosynkratischer Abwägungen$_I$ in Form des Arg_I verstehen zu können, muss beachtet werden, dass energiepolitische Subdiskurse nicht zwingend der wissenschaftlichen Rationalität (Superparadigma$_{HD}$) und ihrer anspruchsvollen Argumentationspraxis genügen. Im Gegenteil:

> **Denkanstoß C:** Energiepolitische Subdiskurse sind an das grundlegende Argumentationskriterium demokratischer Verfahren zurückgebunden, nach welchem die letztendliche Wahlentscheidung von einer argumentativen Rechtfertigungspflicht befreit ist (K 09). Im Schatten der wählbaren Optionen existiert ein ziemlich breites Meinungsspektrum, das die Vielfalt individueller (Lebens-)Orientierungen$_I$ zum Ausdruck bringt (so unwissenschaftlich diese auch sein mögen).

Bernds Waldbrandargument AF 9 nimmt hier eine Sonderstellung ein, da es in Anlehnung an die (damalige) Expertise$_P$ zur Feuerbekämpfung von WKAs rekonstruiert werden kann und K 04A sowie K 04B befolgt. Im Gegensatz dazu tendieren die Einwände$_A$ der Opponenten zu einem technischen Subjektivismus$_T$ (Abschnitt 7.2.2, O2): Meist werden dem eigenen lokalen Kontext$_L$ explizit die Randbedingungen zugeordnet, die die Bandbreite zweckrationaler Mittel stark limitieren (etwa um den Bau von WKAs vollständig auszuschließen). Dies ist *einerseits* fehlender Argumentationskompetenz geschuldet, da diese die Grenzen autonomer, argumentationsbasierter Einsicht$_A$ wesentlich bedingt (Abschnitt 7.3.2 und T 11). *Andererseits* – hier liegt der Kernvorwurf im NIMBY-Argument (Abschnitt 2.4.3) – stehen diese Einwände auf den ersten Blick für eine Ablehnung individueller Klimaverantwortung (vgl. Denkanstoß Z 21.8), sobald diese mit persönlicher Belastung einhergehen. Insbesondere der Rückgriff auf subjektbezogene Argumentationsfiguren zur Rechtfertigung der Einwände$_A$ (etwa das Geringfügigkeitsargument oder landschaftsästhetische Urteile) scheint den Verdacht des rhetorischen Taktierens zu bestätigen.

Z 21.11: Die große Herausforderung besteht nun darin, zwischen diesen beiden Haltungen in der Argumentationspraxis und -beurteilung zu vermitteln. *Habermas' Diskursethik (iii)* liefert dazu einen wichtigen Hinweis und hält eine Art von Diskursprozedur vor, die eine solche Vermittlung leisten soll (vgl. Kapitel 4). Im Zentrum steht eine verständigungsorientierte Diskursgrammatik, über die die Kommunikation in (fast) allen Argumentationspraxen und somit in den wesentlichen gesellschaftlichen Bereichen am Geben und Nehmen guter Gründe$_H$ ausgerichtet wird (Abschnitt 4.1). Habermas erkennt dazu zweierlei an: *Erstens*, nimmt er K 04 und K 07 ernst. Denn handlungsleitende Einsicht$_A$ (in Gründe$_G$) kann nur autonom, über den freien argumentativ-diskursiven Austausch erfolgen (A 16). Meinungen, wie bspw. subjektbezogene Einwände$_A$, besitzen durchaus das Potenzial, als Impulse und Korrekturmomente gesellschaftlicher Orientierung$_A$ zu fungieren. Dazu müssen sich jedoch die Trägerargumentationen *zweitens* als gute Gründe$_G$ erweisen, da nur solche die notwendige argumentative Überzeugungskraft besitzen (K 05). Die argumentative Angemessenheit$_A$ einer Meinung koppelt Habermas an eine konkrete Interpretation ihrer Diskursfunktionalität: Sie müssen eine gemeinsam geteilte Einsicht$_A$, einen dialogischen Konsens$_D$, ermöglichen, über welchen Einwände$_A$ konstruktiv einbezogen oder entkräftet werden. Angemessene Argumentationen$_{H1}$ „bewähren" ihre Güte$_A$ also im Diskursgeschehen – erst dann gelten sie als gute Gründe$_H$. Das damit verbundene Arg$_K$ muss nach Habermas einer anspruchsvollen Diskursgrammatik genügen, um die „Produktion" anerkennungswürdiger Konsense$_D$ abzusichern (zu den drei Regelklassen der Diskursethik vgl. Abschnitt 4.3, v. a. K 01, K 02A, K 02B, K 04, K 06, K 06D). Zugleich muss bezweifelt werden, ob über diese idealisierte Praxis des konsensualen Arg$_K$ die Kommunikation lokaler Energiekonflikte wirklich rekonstruiert werden kann (Z 21.20.4, vgl. Abschnitt 5.1.1). Insbesondere die stark subjektbezogenen Argumentationen$_S$ würden in den meisten Fällen die anspruchsvolle Einwandfreiheitsprüfung K 06 nicht erfüllen und seltenst den Status eines guten Grundes$_H$ erlangen (Abschnitt 5.1.2).

Z 21.12: Um die damit einhergehenden idiosynkratischen Abwägungen$_I$ besser verstehen zu können, wurden Toulmins Überlegungen zur Strukturierung von Argumentationen (Abschnitt 5.1.3) über eine *authentizitätstheoretische Perspektive (iv)* adaptiert (Kapitel 5, Abschnitt 5.2.2). Dem gegenwärtigen menschlichen Selbstverständnis nach werden Argumentationen$_S$ wesentlich durch die reflexive Selbstverortung des ICH$_A$ im Kontext$_L$ des Alltags und der lokalen Gemeinschaft (WIR$_L$) beeinflusst (K 06A, K 06B, K 06C, K 06E). Die dazu ausschlaggebenden metastufigen Referenzkontexte (B$_i$), auf die sich die in Rechtfertigungen vorgebrachten Schlussregeln (W) idiosynkratischer Abwägungen$_I$ beziehen, lassen sich durch akteursbezogene Analyseperspektiven herausschälen.

Denkanstoß D: Die wechselseitige Korrektur von individuell-subjektiver und kollektiv-objektiver Orientierung$_A$ geht im Energiediskurs mit einer Verschränkung unterschiedlicher Argumentationspraxen einher. Dadurch spannt sich ein mehrdimensionaler Diskursraum auf (Abschnitt 6.1), der eine starke Argumentationsdynamik aufweist, insbesondere in den konfliktbehafteten Subdiskursen. Diese Dynamik argumentativer, teils strittiger Auseinandersetzungen variiert zudem über die drei unterschiedenen Phasen des Energiediskurses (Tabelle 2). Die permanente Präsenz solcher Auseinandersetzungen um Fragen der Energiewende steht in einem Spannungsverhältnis zum anspruchsvollen Habermas'schen Diskursideal. Denn eigentlich müsste der „energiepolitische Diskurs$_{H1}$" zur konsensualen (Wieder-)Herstellung einer kommunikativen Ordnung ohne Diskursasymmetrien$_{Rh}$ führen – was bisher nicht der Fall ist (Abschnitt 6.2.1). Dies liegt wesentlich daran, dass die reale Argumentationsdynamik in einer machtgeprägten sozialen Dynamik verankert ist. D. h., dass die Anerkennung argumentativer Güte$_A$ durch soziale Anerkennungsverhältnisse zwischen den kommunizierenden Akteuren bestimmt wird (A 22).

Diese sind Gegenstand der akteursbezogenen Forschungsperspektiven (Kapitel 6), die v. a. die Spezifika politischen Argumentierens (Arg$_P$) fokussieren. In der Studie wurden zwei dieser Perspektiven an zwei Konfliktfällen untersucht:

Z21.12.1: In Abschnitt 6.3 wurde über den *Ansatz der pragma-dialektischen Rhetorik (v)* analysiert, inwiefern Energiekonflikte durch rhetorische Argumentationstaktiken beeinflusst werden (Abschnitt 6.3). Rhetorisches Argumentieren (Arg$_{RH}$) geht mit Diskursasymmetrien$_{Rh}$ einher. Diese können wiederum mit einer konkreten Verteilung von Kommunikationsmacht, v. a. mit asymmetrischen Anerkennungsverhältnissen zwischen den teilnehmenden Akteuren in Verbindung gebracht werden. Dies trifft weitgehend auch auf die untersuchten Energiekonflikte zu (T 05). An ihnen wurde die spezifisch rhetorische Interpretation der Diskursfunktionalität deutlich: Nachdem die Opponenten die Verteilung der strukturellen und situativen Kommunikationsmacht$_S$ in ihrem Kontext$_L$ erkannt hatten (Stichwort: § 35 BauGB, vgl. Abschnitt 7.2.1), fokussierten sie ihre Bemühungen darauf, über verfahrenswirksame Argumentationen eine dynamische Kommunikationsmacht$_D$ zu erlangen (K 01E). Dazu wurden meist die Gründe$_R$ instrumentalisiert, die im Bereich des rechtlichen Arg$_R$ eine hohe persuasive Überzeugungskraft$_P$ besitzen (z. B. Naturschutzgründe). In den ausgewählten Fällen lag diese Argumentationstaktik darin begründet, dass die eigentlich motivierenden Abwägungen$_I$ (Arg$_A$) meist keinen verfahrenswirksamen Einfluss auf die Diskursprozedur zur Planung und Genehmigung von WKAs hatten. Viele Opponenten schlossen daraus, dass ihre Argumentationen$_S$ (Arg$_A$) als unzureichend erachtet (Tabelle 3) und sie somit nicht als rationale Akteure in den Diskursprozeduren des Energiediskurses anerkannt werden (Stichworte: NIMBY-Vorwurf, kontexttranszendente Autoritätsargumente, Scheinbeteiligung).

Z21.12.2: Die angesprochene Reflexion beruht im Wesentlichen auf einer Differenzerfahrung zwischen der hohen Erwartung an die politische Beteiligung der WIR$_L$-Gemeinschaft und der letztlich über die Verfahren realisierten Partizipation (Tabelle 4). Eigentlich sollte mit der Energiewende eine, im Vergleich zur bisherigen Energiekultur sehr weitreichende Beteiligung der Bürger etabliert werden, die von den jeweiligen Infrastrukturprojekten betroffen sind. Nach dem Idealbild des EWN$_P$ sollte dadurch der basisdemokratische Charakter der Energiewende unterstrichen werden, um über die vorausgesetzte Akzeptanz$_P$ der gewählten Diskursprozeduren zugleich die faktische Akzeptanz$_F$ konkreter

Projekte abzusichern und dadurch die vielen Einzelmaßnahmen der Energiewende lokal zu legitimieren (Abschnitt 6.4.3, A 02). Aus *partizipationstheoretischer Perspektive (vi)* erweist sich dieser Ansatz eigentlich als sehr progressiv. Dass es dennoch viele Energiekonflikte gibt, scheint nach einer quasi-paternalistischen Interpretation entweder an einer schlechten Umsetzung der partizipativen Diskursprozeduren oder dem Beteiligungsparadox zu liegen (vgl. Abschnitt 6.4.4.1). In dieser Studie wurde stattdessen die wichtige gesellschaftspolitische Funktion solcher Konflikte betont.

> **Denkanstoß E:** Im sozio-technischen Energiediskurs orientiert sich das Arg_P in solchen kollektiven $Abwägungen_K$ vornehmlich am Kriterium der narrativen $Plausibilität_N$, welches Opponenten und Proponenten allerdings in zwei unterschiedlichen Narrativen – EWN_P und EWN_O – erfüllt sehen (T 12, siehe Z 21.18).

8.4 *Narrative Plausibilität idiosynkratischer Abwägungen*

Z21.13: Im Zuge der Studie wurde deutlich, dass das Gros der $Einwände_A$ in Energiekonflikten zur Praxis des instrumentellen Argumentierens in politischer Absicht (Arg_I, Arg_P) zu zählen ist. Aus argumentationstaktischen Motiven wird dieses jedoch häufig als wissenschaftliches Argumentieren kolportiert (Arg_W, Arg_E). Dies ist jedoch eher der strukturellen und situativen $Kommunikationsmacht_S$ im Energiediskurs geschuldet. Allerdings basieren viele $Einwände_A$ auf vielschichtigen kontext- und subjektbezogenen, also idiosynkratischen $Abwägungen_I$ (Abschnitt 5.1.1).

> **Denkanstoß F:** Die argumentationsphilosophische Analyse der Tiefeninterviews wies darauf hin, dass diese in der Regel spekulativ-synthetische Trendextrapolationen prognostischer Art enthalten (vgl. Abschnitt 7.6.1). Über diese werden unter besonderer Berücksichtigung situativer $Überzeugungen_S$ (ICH_A), des lokalen Gemeinsinns (WIR_L) und universeller Perspektiven (WIR_U) Argumentationspunkte verschiedener Argumentationspraxen (Arg_W, Arg_E, Arg_R, Arg_K, Arg_P, Arg_{WI}, Arg_I und Arg_A) derart miteinander verbunden, dass kontextbezogene plausible $Gründe_P$ für eine konkrete Haltung oder Handlung entstehen (vgl. Abb. 4). Die $Abwägungen_I$ folgen aus argumentationsphilosophischer Perspektive dem Kriterium *lokal-subjektiver* $Kohärenz_{LS}$ (K 03), welches – so das Ergebnis – ein Bedeutungsmoment narrativer $Plausibilität_N$ darstellt (zentral für die Antwort auf F 02). Das Kriterium lässt sich hinsichtlich zweier Plausibilitätsdimensionen spezifizieren: Kohärent erscheint ein Narrativ, wenn es in „horizontaler Hinsicht" *einen ordnenden* $Sinnhorizont_K$ bildet und in „vertikaler Hinsicht" eine *authentische Selbstwirksamkeit* (Autorschaft) ermöglicht (vgl. Z 21.15).

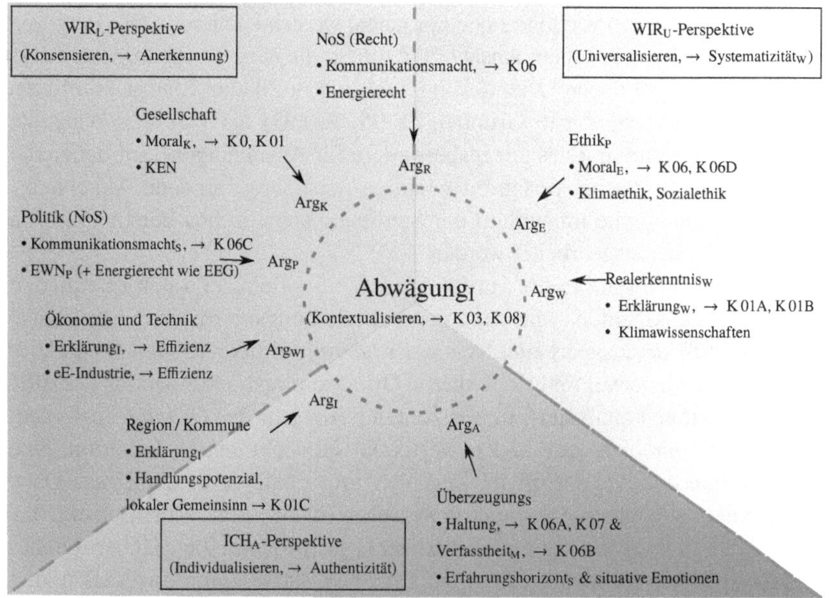

Abbildung 4: Perspektiven idiosynkratischer Abwägungen$_I$.

Z 21.14: Wie aus Abb. 4 gut ersichtlich wird, folgt der Argumentationsraum$_P$ idiosynkratischer Abwägungen$_I$ einer spezifischen Plausibilitätsmetrik, die drei Perspektiven miteinander verknüpft: die der universalisierenden WIR$_U$-Perspektive (a, vgl. Abschnitte 7.4.2 und 7.5.2), die der individualisierenden ICH$_A$-Perspektive (b, vgl. Abschnitte 7.4.4 und 7.6) und die der konsensualisierenden WIR$_L$-Perspektive (c, Abschnitt 7.4, vgl. Abschnitt 7.6). *Zu a)* Aus der ersten Perspektive stammen die Argumentationsprämissen der wissenschaftlichen Realerkenntnis$_W$ (Arg$_W$) und ethisch gerechtfertigte Normen und Werte$_K$ (Arg$_E$). Argumentationsphilosophisch betrachtet zeichnen sich solche Argumentationspunkte v. a. durch eine hohe Güte$_A$ im Sinn systematisch-argumentativer Überzeugungskraft aus (Kriterium K 01F, vgl. Z 21.8). *Zu b)* Die zweite Perspektive folgt in den Energiekonflikten eher einer an Authentizität ausgerichteten Haltung (K 06A, K 06B). Aus dieser Perspektive erwachsen oft Prämissen eines subjektassoziierten Arg$_A$, die mit Verweis auf Momente der motivationalen Verfasstheit$_M$ in einer argumentativen Spannung zu universellen Einsichten$_A$ (Gründe$_{DN}$, Gründe$_E$) stehen, so wie es am NIMBY-Phänomen diskutiert wurde (A 11). *Zu c)* Die dritte Perspektive geht von Habermas' Grundannahme aus, dass solche argumentativen Spannungen über den diskursiven Austausch argumentativer $Gründe_A$ (Arg_K) verringert oder aufgelöst werden können (A 16). Entgegen Habermas' diskursethischem Ansatz ging die Studie der Überlegung nach, dass diese wichtige politische Orientierungsfunktion in lokalen Energiekonflikten weniger konsensorientierte $Gründe_H$ (K 06, K 06D) als vielmehr plausible $Gründe_P$ übernehmen. Dies gilt insbesondere für $Abwägungen_I$, auf denen die für basisdemokratische Verfahren wichtige personengebundene $Akzeptanz_F$ aufruht. Dabei konnte im Verlauf der Studie ein spezifisches Verständnis von $Plausibilität_N$ herausgearbeitet werden.

Z21.15: In Abschnitt 7.6 wurden am EWN_O – dem zentralen Energienarrativ vieler Opponenten – die wichtigsten Bedeutungsmomente dieses Plausibilitätsbegriffs herausgearbeitet. Aus einer *narrationstheoretischen Perspektive (vii)* wurden dazu zwei unterschiedliche Orientierungsfunktionen als Plausibilitätsdimensionen analysiert: in horizontaler Hinsicht das *Ordnungspotenzial kohärenter* $Sinnhorizonte_K$ und in vertikaler Hinsicht dessen Funktion, eine *authentizitätsstiftende Selbstwirksamkeit* (Autorschaft) zu ermöglichen. Dazu wurde eine argumentative Symmetrie zwischen (landschafts-)ästhetischen Urteilen und dem narrativen Arg_N vorausgesetzt (vgl. Abschnitt 7.6.2), über welches die $Abwägungen_I$ auf lokaler Ebene des Energiediskurses ihren Ausdruck finden. Wie das ästhetische Urteil „X ist schön." X als stimmig in ein Landschaftsbild einordnet, ordnet das auf einer $Abwägung_I$ beruhende Urteil „a ist plausibel." a als stimmig in ein kontextbezogenes Narrativ ein. Einerseits stiften beide Urteilsformen der WIR_L-Gemeinschaft $Orientierung_A$ und andererseits bietet sich allen Urteilenden über das Urteilen (bzw. Abwägen) die Möglichkeit zu einer aktiven Autorschaft an der Interpretation dieser $Orientierung_A$. Damit ergibt sich folgendes Argumentationskriterium:

> K 08 (Narrative Plausibilität): Im narrativen Arg_N finden die Kriterien eine nachrangige Anwendung, die universalisierende Argumentationspraxen lenken, vor allem das Arg_W im Zuge wissenschaftlicher $Realerkenntnis_W$ (v. a. K 02, K 02A, K 01A, K 01B, K 04B2) oder das Arg_S im Zuge ethischer $Orientierung_E$ (v. a. K 02C, K 06, K 06D). Narrative $Plausibilität_N$ ist in einer anthropomorphen Auslegung der Nachvollziehbarkeitsbedingung (K 01) und des Selbstwirksamkeitsprinzips (K 06E) verankert. In ihr werden der $Erfahrungshorizont_S$ der argumentierenden Person (aus einer um Authentizität ringenden ICH_A-Perspektive, vgl. K 06A, K 06E, K 04 etc.) und die Stimmigkeit des lokalen $Sinnhorizonts_S$ (also der Gemeinsinn aus der WIR_L-Perspektive gemäß K 03, K 05, K 06C etc.) als zentrale Referenzkontexte und Quellen zur Argumentationsentwicklung und -bewertung herangezogen.[925] Plausibel erscheinen

925 Dies bezieht sich auf die Punkte 3 und 4 aus Fishers „narrative paradigm": „(3) The production and practice of good reasons are ruled by matters of history, biography, culture, and character along with the kinds of forces identified in the Frentz and Farell language-action paradigm. (4)

narrativ gerechtfertigte Gründe$_P$ vornehmlich der argumentierenden Person und dem (lokalen) Kollektiv, dessen Perspektive in der Abwägung$_I$ eine besondere Beachtung findet. Um Gründe$_P$ als „plausibel" nachvollziehen, verstehen und ggf. anerkennen zu können, muss man vom Standpunkt der abwägenden Person aus das entsprechende Narrativ entlang der jeweiligen ICH$_A$- und WIR$_L$-Perspektive erschließen und ihre Stimmigkeit in diesem Referenzkontext beurteilen. Narrative Plausibilität$_N$ zeichnet sich durch die Offenheit aus, die sich in der systematischen Anerkennung der (kreativen) Autorschaft der Argumentierenden ausdrückt. Allerdings muss dieses autorenspezifische Ausgestalten und Fortschreiben einer Erzählung entlang der zwei genannten Perspektiven auch im Rahmen universellerer Referenzkontexte stimmig nachvollziehbar sein (WIR$_U$), um nicht beliebig zu wirken.

Z21.16: Die Güte$_A$ einer Argumentation nach K 08 zu beurteilen, geht jedoch im Energiediskurs mit mindestens fünf Schwierigkeiten einher:

> **Denkanstoß G:** *Erstens*, muss narratives Arg$_N$ von anderen Argumentationspraxen unterschieden werden. Dies gilt auch für das Vorgehen, epistemische Unsicherheiten$_E$ innerhalb des Arg$_W$ über narrative Argumentationspunkte „zu überbrücken" (T 16). Die argumentative Überzeugungskraft plausibler Gründe$_P$ besitzt eher persuasiven Charakter (Überzeugungskraft$_P$) und somit einen völlig anderen Gewissheitsgrad als rein wissenschaftliche Argumentationen$_W$. Weil dieser Punkt häufig keine Beachtung findet, werden Gründe$_P$ *zweitens* in ihrer argumentativen Tragfähigkeit in der Regel überdehnt (um bspw. wissenschaftliche Gründe$_{DN}$ abzuschwächen, vgl. Fußnote 140). Damit entgrenzen Narrativ-Argumentierende die Reichweite ihrer Einsichten$_A$, die sie mitunter über eigenwillige Argumentationsnetze$_N$ gewonnen haben (T 17). *Drittens*, führt die große Offenheit des narrativen Arg$_N$ dazu, das die Argumentationsnetze$_N$ sehr frei weiterentwickelt werden können (T 18, T 19). So können innerhalb einer Narrativfamilie weiterführende Interpretationen in ein argumentatives Spannungsverhältnis geraten und sogar „plausibel" gegeneinander immunisiert werden. Mitunter hat man *viertens* den Eindruck, als besitzen narrative Referenzkontexte kein immanentes Rationalitätsmaß und somit keine „harten Kriterien" für schlüssiges Argumentieren (Arg$_S$, K 02C). *Fünftens*, wirkt sich dieser Umstand im Energiediskurs – der vornehmlich durch narrative Plausibilität$_N$ gelenkt wird – so aus, dass meist unklar bleibt, nach welcher Argumentationspraxis die einzelnen Argumentationspunkte zu beurteilen sind. Es existiert am Ende keine übergreifende Diskursgrammatik. Bisher wurde sich nicht über eine angemessene Plausibilitätsmetrik verständigt, die den Argumentationsraum$_P$ möglichst vieler Ebenen des Energiediskurses erfasst (T 20).

Rationality is determined by the nature of persons as narrative beings – their inherent awareness of narrative probability, what constitutes a coherent story, and their constant habit of testing narrative fidelity, whether or not the stories they experience ring true with the stories they know to be true in their lives." Fisher 1987, S. 64. Fisher unterstreicht in Erinnerung an Alasdair MacIntyre, dass die in 3 und 4 umschriebene narrative Argumentation aus der Position einer aktiven Autorschaft erfolgt.

8.5 Ausblick: Diskursgerechtigkeit in der Energiekultur

Z 21.17: Zunächst komme ich zur Beantwortung von F 02: Im Verlauf der Studie wurde deutlich, dass v. a. kontextualisierteEinwände$_A$ gegen konkrete WKA-Projekte nachvollziehbare gute Gründe$_G$ darstellen (wie Bernds Argumentation AF 9). Guter Grund$_G$ bedeutet hier: plausibel im betreffenden Kontext$_L$. Diese kontextualisierte Plausibilität$_N$ (K 08) kommt bei genauerer Betrachtung nicht nur den guten Einwänden zu, sondern idealerweise auch den instrumentellen Erklärungen$_I$, über die der Bau gerechtfertigt wird. D. h., selbst wenn diese unabhängig davon in ihren Prämissen über gute (wissenschaftliche) Gründe$_{DN}$ gestützt würden, basieren die darin enthaltenen spekulativ-synthetischen Trendextrapolationen prognostischer Art (Z 21.13, Z 21.3, Z 21.4) auf einem Innovationsnarrativ (etwa auf EWN$_P$, Abschnitt 7.6.1). Dieses muss für eine breitenwirksame Orientierung$_A$ eine starke, narrativ gestützte Plausibilität$_N$ und somit Überzeugungskraft$_P$ entwickeln. In einem Energiekonflikt, in denen Opponenten und Proponenten plausible Gründe$_P$ vorhalten, ermöglicht das Kriterium narrativer Plausibilität$_N$ (K 08) jedoch kein kontexttranszendentes Entscheidungsverfahren. Die Güte$_A$ plausibler Gründe$_P$ lässt sich nicht in Bezug zu einem objektiven Maßsystem graduell differenziert beurteilen. Diese müssen sich in einem konkreten Kontext$_L$ für die jeweils betroffenen Bürger – die WIR$_L$-Gemeinschaft – als „klug" erweisen. Der Vergleich zwischen zwei plausiblen Gründen$_P$ verlangt seinerseits eine Abwägung$_I$, die meist in Bezug zu grundsätzlicheren Fragen der Orientierung$_A$ erfolgen muss (K 06B). Bestenfalls wird die Spur$_A$ solcher Abwägungen$_I$ über eine breite Bürgerbeteiligung ersichtlich, indem die Vielfalt an subjektbezogenen Argumentationen$_S$ öffentlich diskutiert (K 01B) und somit zu einem Teil des lokalen Energiediskurses wird. Dadurch können sie gemeinsam, in kollektiv-diskursiver Form (nach-)vollzogen und dadurch Teil einer kollektiven Abwägung$_K$ werden, die den energiepolitischen Gemeinsinn prägt und orientiert. Vor diesem Hintergrund stellt sich die spannende ethische Frage, die in der Studie unter dem Stichwort der Diskursgerechtigkeit bereits unterschwellig thematisiert wurde (Abschnitt 7.3): Wie könnte ein gerechtes Verhältnis zwischen individuellen und kollektiven Abwägungen$_K$ im Energiediskurs aussehen? In einer Art Ausblick, der sich auf Basis der Ergebnisse eröffnet, werde ich wenige Überlegungen dazu skizzieren.

Z 21.18: In dieser Studie wurde die wichtige Orientierungsfunktion individueller und kollektiver Abwägungen$_K$ – mit Fokus auf Konfliktdiskurse – herausgearbeitet (A 04, A 05, A 06, A 07). Denn in ihnen manifestieren sich die argumentativen Spannungsverhältnisse, die sich in Orientierungsfragen zwischen der Mannigfaltigkeit an idiosynkratischen Abwägungen$_I$ bezüglich der allgegenwärtigen Energiekultur *einerseits* und der lokalen, alltagsprägenden Realisation der Energiewende *andererseits* ergeben.

> **Denkanstoß H:** Lokale Energiekonflikte sind als kontextbezogene Streiträume (Fußnote 780) geradezu die Brennpunkte eines diskursiven Ringens um die plausiblen Gründe_{P} (T 08), durch die offene Orientierungslücken überbrückt werden. Von letzteren gibt es viele. Denn die Energiewende ist aufgrund der zahlreichen Einzelmaßnahmen v. a. ein flächenverbrauchendes Infrastrukturprojekt, mit dem bereits viele Bürger aus unterschiedlichen $\text{Kontexten}_{\text{L}}$ konfrontiert wurden.

Einige von ihnen setzten sich in diesem Zuge mit der aktuell wichtigsten energieethischen Orientierungsfrage auseinander:

> F 04 (zentrale Orientierungsfrage): Wie sollen die zentralen Wertsetzungen des EWN_{P}, Klimaschutz und Versorgungssicherheit, nicht nur aus einer universalisierenden WIR_{U}-Perspektive, sondern auch aus der je persönlichen ICH_{A}-Perspektive und der lokal tradierten WIR_{L}-Perspektive miteinander abgewogen werden?

Z21.18.1: Die mit Energiekonflikten verbundenen zähen Realdiskurse spiegeln in unterschiedlichen Formationen sowohl die Unausweichlichkeit wie auch die Brisanz von F 04 wider. Aus rein klimapolitischer Perspektive kann man aufgrund der sich an vielen Orten wiederholenden argumentativen $\text{Einwände}_{\text{A}}$ gegen das Klimaargument „genervt“ sein, diese fortdauernde Beschäftigung mit F 04 sogar als hinderlich für den „Kampf gegen den Klimawandel“ erachten ($\text{Nichtigkeitsargument}_{\text{K}}$, AF 14). Der in T 06 angesprochene hohe Stellenwert, den viele Opponenten der Versorgungssicherheit in der modernen Energiekultur zuordnen, sensibilisiert hingegen für eine andere Interpretation:

> **Denkanstoß I:** Die tiefgreifenden Veränderungen, die mit Phase 3 der Energiewende einhergehen (Tabelle 2), werden von allen Bürgern eine persönliche Antwort auf F 04 im Sinn einer idiosynkratischen $\text{Abwägung}_{\text{I}}$ nicht nur anregen, sondern erzwingen. Denn dann wird es um eine alltagsrelevante Neuorientierung der energetischen Verbrauchskultur gehen (etwa in Fragen der Mobilität oder der bezahlbaren Wärmeversorung), die am Ende alle irgendwie betreffen wird. Daher wird die Anzahl an $\text{Abwägungen}_{\text{I}}$ und an konfliktbehafteten Subdiskursen enorm steigen.

In den Phasen 01 und 02 hingegen betrafen – abgesehen von den überschaubaren Belastungen durch die EEG-Umlage (Stichwort: Energiearmut, Abschnitt 6.1.4) – die größeren Veränderungen lediglich den Teil der Gesellschaft, der in der Nähe der umgesetzten Infrastrukturmaßnahmen lebt (sowohl Proponenten wie auch Opponenten). Sie nahmen eine kontextualisierte Feinjustierung der Energiewende in der Fläche vor (T 07), die sich vornehmlich im Abwägen lokaler und nationaler energiepolitischer Zielsetzungen mit Blick auf regional-authentische Landschaftsbilder und Lebensmodelle niederschlug (vgl. Abschnitt 7.6.2). Dies verlangt mehr, als F 04 aus einer alltagstranszendenten WIR_L-Perspektive ganz allgemein abzuwägen. Wenn in Sicht- und Hörweite ein Windpark gebaut wird, verändert sich das argumentative Abwägen auf grundsätzliche Weise. Es führt zu einer viel tiefgreifenderen Auseinandersetzung mit den Pro- und Contra-Argumentationen und deren narrativen Referenzkontexten. Letztlich richtet sich die $Orientierung_I$ an Argumentationen aus der „jemeinigen" ICH_A- und der „jeunsrigen" WIR_L-Perspektive aus.

Z 21.19: Insbesondere bei einer kritischen Positionierung kommt es zu einer aktiven Autorschaft am Narrativ der Energiewende, über die sich alternative Meinungen – etwa über „bessere" Partizipationsformen – ausbilden. In diesem Zuge entwickelten Opponenten und Proponenten mit dem EWN_P und dem EWN_O zwei verschiedene narrative Referenzkontexte (B_i), die in einem argumentativen Spannungsverhältnis stehen. Anhand dieser Narrative die Vorstellungen über eine gerechte Ausgestaltung der Diskurse innerhalb der neuen Energiekultur – insbesondere Diskursgerechtigkeit auf lokaler Ebene – herauszuschälen, erwies sich als ziemlich schwierig. Denn die inhaltlichen Argumentationen wurden dazu meist erst explizit, wenn einer der Akteure eine $Diskursasymmetrie_{Rh}$ zum eigenen Nachteil vermutete (Stichwort: Beteiligungsparadox). Diese Vermutung beruhte in der Regel auf irgendeiner Differenzerfahrung (Z 21.12.2). Ein wichtiger Grund dieser Erfahrung findet sich im fehlenden Wissen darüber, dass aufgrund der rechtlich bedingten Abschichtung der Entscheidungs- und Genehmigungsverfahren in jeder der Partizipationsformen nur eine spezifische Diskursgrammatik Verwendung findet. Die darin liegende diskursfunktionale Normierung argumentativ-abwägender Vernunft wird wesentlich über eine paradigmatische Diskursprozedur ausformuliert und anhand einer Bewertungsschablone mit einschlägigen $Güte_A$-Kriterien kontrolliert (vgl. Abschnitt 4.1.1, Fußnote 464). Diese Kriterien eröffnen und limitieren den $Argumentationsraum_P$ lokaler Realdiskurse. Der häufig geäußerte Eindruck, dass die Abwägungsautonomie v. a. hinsichtlich der F_W und F_I beschnitten worden wäre (Abschnitt 6.4.4.1), machten die Opponenten meist an der fehlenden Anerkennung ihrer $Abwägungen_I$ in den Diskursprozeduren fest. Den entsprechenden Argumentationen sei die $Güte_A$ teilweise pauschal abgesprochen worden (Abschnitt 6.4.2). Die Festlegung der Diskursprozedur normiert also die Argumentationspraxen und beeinflusst somit die Wahrnehmung der Diskursgerechtigkeit in zweifacher Hinsicht: a) Aus *argumentationsphilosophischer Perspektive* geht es um den Stellenwert argumentativer Abwägungsautonomie in den Diskursprozeduren lokaler Energiediskurse. b) Wenngleich dies nicht Gegenstand dieser Studie war, stellt sich aus *energieethischer Perspektive* die Frage, welche Art von Diskursprozedur die

Möglichkeit bietet, um F 04 mit Blick auf eine klimafreundliche Energiekultur zu beantworten.

Z 21.20: Zu a) Den Ausgangspunkt der argumentationsphilosophischen Analyse bildete eine von Habermas' diskursethischen Grundideen:

> **Denkanstoß J:** Um die zahlreichen argumentativen Spannungen im zukünftigen Energiediskurs dialogisch zu lösen, die sich zwischen individuellen Abwägungen$_I$ und gesellschaftlich relevanten Zielen ergeben (A 11, K 07B), bedarf es kollektiver Abwägungen$_K$ in Form von normierten Diskursprozeduren. Diese müssen einen Raum für eine autonome Einsicht$_A$ aller Diskursteilnehmenden eröffnen (K 07, K 09A), da die argumentative Rechtfertigung einer Handlungsorientierung nur über die jeweils *eigenständige Einsicht$_A$* dauerhaft anerkannt wird (Z 21.11).

Mit Blick auf die Dynamik der Kommunikationsmacht in lokalen Energiediskursen (T 07) lassen sich zu diesem Ansatz – Legitimation politischer Orientierung$_A$ diskursprozedural abzusichern – sechs Hinweise geben. Diese werde ich in Anlehnung an die abwägungsbezogenen Funktionen von Partizipationsformen (Abschnitt 6.4.3) zweifach gruppieren. Die erste Gruppe von Hinweisen bezieht sich auf die emanzipatorische Funktion von Diskursprozeduren (i), die zweite auf deren befriedende Kontrollfunktion (ii).

Z 21.20.1: Zu i) Die Ausweitung partizipativer Diskursprozeduren zielt auf eine signifikante Umverteilung politischer Macht (Abschnitt 6.4.3), indem die Individuen einerseits mehr Abwägungsautonomie und andererseits mehr politische Orientierungsverantwortung übernehmen. Aus argumentationsphilosophischer Sicht entspringt dieser Ansatz einem konstruktiven Umgang mit K 09, über das zwar in klassischen demokratischen Verfahren die autonome Wahl (F_W) anerkannt wird, aber die dorthin führende argumentative Abwägung$_I$ ausgeblendet wird: Die Wahl einer vorgegebenen Orientierungsoption bedarf keiner intersubjektiv-argumentativen Rechtfertigungspraxis. In partizipativen Verfahren wird diese Abwägungsautonomie in der Regel erweitert, indem weiterführend informiert (F_I), konsultiert (F_M) oder sogar dazu ermächtigt wird, die wählbaren Orientierungsoptionen diskursiv auszuhandeln (F_W). Zugleich erhöht sich die argumentative Verantwortung, da aufgrund der stärkeren Begründungspflicht (K 04B) – nach Habermas' Ansatz – konsenserzeugende Gründe$_H$ zur Rechtfertigung diskursiv entwickelt werden müssen (Z 21.20). Dazu finden sich in der Studie drei Hinweise:

Z 21.20.2: Erstens, idealisiert ein solches Vorgehen die Grenzen autonomer Einsicht$_A$ (T 11, vgl. Abschnitt 7.3.2). Dabei ist weniger gemeint, dass die Mehrheit der Bürger mit den komplexen wissenschaftlichen Erklärungen$_W$ des Klimawandels überfordert ist. In vielen Fällen können auch einfache wissenschaftliche Argumentationen, die in idiosynkratische Abwägungen$_I$ zur Begründung von

Sachannahmen einfließen (etwa AF 5), von vielen Akteuren auf allen Ebenen des Energiediskurses nicht autonom nachvollzogen werden (K 01, K 07). Dies liegt nicht nur an der fehlenden Argumentationskompetenz (Z 21.10), sondern an einem grundsätzlichen Vermittlungsproblem (nicht nur hinsichtlich wissenschaftlicher Expertise$_P$, sondern auch rechtlicher etc.).

> **Denkanstoß K:** Ein ernsthafter Umgang mit dem argumentativen Kompetenzgefälle im Energiediskurs (K 07B) würde sowohl eine umfassende Bildungskampagne (vgl. Abschnitt 2.5.1) wie auch größere Transparenz bezüglich kontextspezifischer Realerkenntnis$_W$ (T 13) erfordern. Ohne diese Aufklärung laufen Versuche ins Leere, den Energiediskurs im Sinn des Objektivismus$_W$ zu „verwissenschaftlichen", da die Kommunikationsempfänger ohne autonome Einsicht$_A$ über wissenschaftliche Argumentationspunkte lediglich „überredet" werden (in Form eines Autoritätsarguments).

Die mangelnde Argumentationskompetenz, aber auch die sich damit ergebenden Diskursasymmetrien$_{Rh}$ bieten also *zweitens* eine fruchtbare Grundlage für die rhetorische Überformung lokaler Energiediskurse (T 10, T 12). Rhetorische Argumentationstaktiken werden zwar in allen Argumentationspraxen eingesetzt (auch im Arg$_W$). Ohne Einsicht$_A$ in die argumentativen Begründungen von Argumentationspunkten fehlt einer Abwägung$_I$ jedoch ein immanentes Korrektiv. Dadurch besteht eine höhere Anfälligkeit, in der Meinungsbildung durch gezielte rhetorische Täuschungen$_{Rh}$ manipuliert zu werden (etwa über Ad-Hominem-Argumente). Damit steigt auch das Konfliktpotenzial und das Potenzial für einen dialogischen Konsens$_D$ verringert sich (vgl. Fallbeispiel in Abschnitt 6.3). *Drittens*, wird in demokratischen Gesellschaften dem Problem der rhetorischen Überformung über ein weitere, intersubjektiv erzeugte Korrekturinstanz entgegengewirkt: Fehlende Einsicht$_A$ kann über wissenschaftsjournalistisch aufgearbeitete Quellen insofern ausgeglichen werden, als dass die eigene gehaltvolle Überzeugung$_S$ von deren narrativer Plausibilität$_N$ abhängig gemacht wird. Die persuasive Überzeugungskraft$_P$ der narrativ konzipierten Argumentationsnetze$_N$ geht jedoch mit eigenen Schwierigkeiten einher, die in Z 21.16 (Denkanstoß G) bereits aufgezählt wurden.

Z 21.20.3: Zu ii) Die konsensorientierte Normierung von partizipativen Diskursprozeduren basiert auch auf der Überlegung, dass durch die Einhaltung einsichtfördernder Normen im Diskurs Gründe$_H$ entwickelt und über diese Handlungskonflikte beigelegt werden (A 16). Diese demokratiepraktische Seite des diskursethischen Ansatzes geht aber mit einer Reihe an Idealisierungen der Argumentationspraxis einher, die sich sowohl in Form von Argumentationsrechten (v. a. K 04) als auch Argumentationspflichten (v. a. K 04A, K 04B und K 04B2) niederschlagen. Es ist eine idealisierte Sprechsituation, in der sich die konsensorientierte Vernunft entfaltet (Muster$_K$ des Arg$_K$ finden sich bspw. im Arg$_W$ oder Arg$_E$, vgl. Abschnitt 7.3.3). In der Studie finden sich dazu drei weitere Hinweise:

Z 21.20.4: Die Vorgabe von Entfaltungsbedingungen konsensorientierter Kommunikation besitzt *viertens* einen grundlegenden paternalistischen Zug. Denn die Diskursgrammatik ermöglicht eine „normenorientierte Führung" von Diskursen, die die Abwägungsautonomie – wenn auch in der nachvollziehbaren Absicht, Konflikte durch dialogische Konsens$_D$ zu lösen – einschränken. Insbesondere der hohe Anspruch an das Argumentieren, der mit dem kategorischen Einhalten von K 06D einhergeht, bewirkt eine starke universalistische Korrektur von idiosynkratischen Abwägungen$_I$.

Denkanstoß L: Durch die Objektivierung des konsensualen Arg$_K$ wird die Güte$_A$ von Argumentationen vornehmlich aus einer diskursbezogenen WIR$_U$-Perspektive beurteilt, um eine inhaltliche Beliebigkeit in der Konsensbildung zu verhindern (bspw. mit Blick auf T 11). Dieser Ansatz steht jedoch in einer Diskrepanz zu den untersuchten Abwägungen$_I$ in lokalen Energiediskursen. Während für wissenschaftliche Argumentationen$_W$ das Einhalten von K 07A kontextunabhängig angemessen ist, wäre es in lokalen Kontexten$_L$ schlichtweg überzogen, dieses Kriterium für alle Argumentationspunkte zu fordern. Vielfach wirkt ein Argumentieren, das ausschließlich auf unpersönlich universalistische Argumente abzielt, aus der lokalen Perspektive der Abwägenden hölzern, unnahbar und oft unpassend zu den Randbedingungen im Kontext$_L$ (Abschnitt 2.4.2).

Mit Blick auf Z 21.20.3 könnte eine pauschalisierte Anwendung von AF 14 *fünftens* durchaus als ein Ad-Hominem-Argument interpretiert werden. Denn hinter der aufklärerisch-paternalistischen Haltung steckt die vorauslaufende Priorisierung einer bestimmten Argumentationspraxis (Z 21.10, vgl. Abschnitt 2.5.1). Aber die „argumentationsethische" Rechtfertigung dieser Priorisierung würde die Anerkennung von K 07A und K 07B verlangen. Denn Laien und Experten können nur darüber zu einem einsichtsfördernden Kommunikationsverhältnis kommen. Dies führt in idealen Sprechsituationen zur Einsicht$_A$ der Laien in die (wissenschaftlichen) Gründe$_{DN}$ / Gründe$_E$, die durch die Expertise$_P$ gestützt werden. In Realdiskursen hingegen werden auf Expertise$_P$ gestützte Argumentationen oft rhetorisch verwendet und wirken als (rein) belehrende Autoritätsargumente, die den Empfängern eine (uneinholbare) Unwissenheit unterstellen. *Sechstens*, zeigt AF 15 wiederum eine Haltung, welche die in diesem Punkt thematisierte Diskursasymmetrie$_{Rh}$ durch Partizipationsformen auszugleichen sucht, ohne an der strukturellen und situativen Verteilung von Kommunikationsmacht etwas zu verändern. Derartig ausgerichtete partizipative Diskursprozeduren laufen in Konfliktfällen darauf hinaus, dass sich die betroffenen Opponenten aufgrund des offensichtlichen Fokus auf F$_I$ in ihrer politischen Selbstwirksamkeit nicht anerkannt wähnen. Teils auch bedingt von einer Unkenntnis der rechtlichen Rahmenbedingungen und von der Überschätzung des Bevölkerungsanteils, der ihre Einwände$_A$ teilt, nehmen viele Opponenten selbst rechtskonform durchgeführte Partizipationsformen als „ungerecht“, als Scheinbeteiligung wahr (vgl. Abschnitt 7.2.1). Es besteht aus ihrer Sicht eine Diskrepanz zwischen der basisdemokratischen Interpretation der Energiewende im Sinn der Allparteilichkeit (vgl. Fußnote 664) und deren „Verrechtlichung“ in der entsprechenden Planungs- und Entscheidungsgesetzgebung (T 09). Diese reflexiv bedingte Ablehnung von eigentlich gut gemeinter Bürgerbeteiligung hängt sich in lokalen Energiediskursen häufig an der Privilegierung des Baus von WKAs über § 35 BauGB auf, die auf nationaler Ebene über kontexttranszendente Gründe$_R$ aus WIR$_U$-Perspektive begründet wird (vgl. Tabelle 4 und Abschnitt 7.2.1).

> **Denkanstoß M:** Die fehlende Kontextsensitivität in der Betrachtung einzelner Vorhaben kann nur durch eine, dem lokalen Gemeinsinn (WIR$_L$) angemessene Regionalplanung im Modus des Arg$_N$ ausgeglichen werden, deren Durchführung allerdings langwierig und aufwendig sowie im nationalen Energiediskurs sehr umstritten ist (T 15).[926]

Z21.21: b) Vor diesem Hintergrund lassen sich zumindest thetisch vier Eckpunkte skizzieren, die aus argumentationsphilosophischer Sicht in einer Umgestaltung des Energiediskurses Beachtung finden sollten. Darin enthalten sind Aufgaben unterschiedlicher Natur und Reichweite, die sowohl weitere Forschungstätigkeit wie auch weitreichendes Umdenken innerhalb der Energiekultur erfordern. Insofern bilden diese abschließenden Hinweise lediglich Anregungen für eine weiterführende Diskussion. Ausgehen werde ich *erstens* von These T 07: Die zentrale Orientierungsfrage der Energiewende – wie Klimaverantwortung und Versorgungssicherheit zu gewichten sind (F 04) – wird momentan „in der Fläche“, also über die Vielzahl partizipativer Diskursprozeduren beantwortet. Die Studie zeigt, dass dieser breite Diskurs mit Blick auf die Realisation der Energiewende vor- und nachteilig sein kann. Aus Sicht vieler Proponenten besteht der Vorteil darin, dass in lokalen Energiediskursen unter Berücksichtigung der Vielfalt räumlicher und sozialer Kontexte$_L$ und rechtlichen Rahmenbedingungen angepasste Projekte umgesetzt werden. In Phase 2 entstanden jedoch weniger die bürgernahen und daher „werbewirksamen“ Prosumer-Windparks, sondern vornehmlich extern finanzierte Investorenprojekte. Aus Sicht vieler Investoren

926 Vgl. dazu auch Reusswig, Braun, Heger, Ludewig, Franzke u. a. 2016. Die aktuellste Änderung, nun zugunsten der WIR$_U$-Interpretation, findet sich hier https://www.bmwsb.bund.de/SharedDocs/gesetzgebungsverfahren/Webs/BMWSB/DE/ExterneLinks/wind-an-land-gesetz.html (Stand: 18.01.2023), zur Diskussion vgl. die entsprechenden Stellungnahmen.

werden die teils langwierigen und teils konfliktbehafteten Partizipationsformen als nachteilig erachtet. Dies liegt weniger an der NIMBY-haften Haltung vieler Opponenten, als vielmehr an der Vielzahl an offenen Fragen, für deren Beantwortung die partizipativen Diskursprozeduren nicht legitimiert wurden und die zum Teil überhaupt nicht vernünftig in lokalen Energiediskursen beantwortet werden könnten. Die Analyse fallspezifischer Argumentationen weist auf eine starke rhetorische Überformung dieser Ebene hin (T 10): Jede Akteursgruppe, mitunter auch einzelne Akteure wählen meist die Argumentationspraxis aus, über die die eigene Position verfahrenswirksam mit Blick auf die Projektgenehmigung gerechtfertigt werden kann (K 01E). Dennoch sollte dieses rhetorische Taktieren nicht pauschal verurteilt werden, da es in spezifischer Form alle Ebenen des Energiediskurses prägt. Folgend plädiere ich daher für eine stärkere Differenzierung in der kriteriengestützten Analyse und Bewertung von Argumentationen und zwar in Bezug zu den Inhalten und Ebenen des Energiediskurses.

> **Denkanstoß N:** Für ein Mehr an Diskursgerechtigkeit im Energiediskurs bedarf es einer inhaltsbezogenen graduellen Abschichtung des Energiediskurses. Diese sollte sich einerseits nach der prägenden Argumentationspraxis der jeweiligen Diskursebene und andererseits nach der energiepolitischen Reichweite der dort verhandelten Orientierungsfragen sowie nach den darin tangierten Momenten der Abwägungsautonomie richten.

In Bezug zur gängigen territorial-administrativen Gliederung des Energiediskurses (vgl. Abschnitt 6.1.2) sehe ich mindestens drei Schichten.[927]

Z 21.22: Auf *nationaler Ebene* bestünde *zweitens* die vornehmliche Orientierungsaufgabe in einer konstruktiven Fortschreibung des Energiewende-Narrativs für Phase 3. Darin enthalten sind zwei Teilaufgaben: *Zum einen* müsste der in EWN_P enthaltene, im Realdiskurs aber kaum haltbare Mythos vom gesamtgesellschaftlichen „Energiewende-$Konsens_D$“ aufgearbeitet werden. Dieser besteht vornehmlich in Form einer alltagsfernen Deliberation (Stichwort: „Sonntagsrede“) [1]. Zwar liefert die WIR_U-Betrachtung klimaethischer $Gründe_E$ (Arg_E) ein starkes Motiv für diese $Überzeugung_S$ (EP 6). Doch mit zunehmender Realisation der Energiewende nähert sie sich den vielschichtigen $Abwägungen_I$ des alltäglichen Lebens an, sodass sich ihre Rechtfertigung über alle Stufen politischer $Orientierung_A$ verkompliziert. Durch die sukzessive Anreicherung mit weiteren Betrachtungsperspektiven (Arg_P, Arg_R, Arg_{WI}, Arg_W) kommt es zum Paradox schwindender $Akzeptanz_F$ (vgl. Abschnitt 7.4.3). In lokalen Energie-

927 Die folgenden Teilaspekte ähneln in Grundzügen den Handlungsempfehlungen des Forschungsprojekts, welche durchnummeriert in: ebd., S. 19–25 zu finden sind. Im Falle inhaltlicher Ähnlichkeit vermerke ich die entsprechende Nummer in eckigen Klammern „[x]“.

konflikten findet das diskursive Ringen im Zuge dieser Anreicherung einen prägnanten Ausdruck, da die konkreten Folgen des zunächst abstrakten, aber tiefgreifenden Orientierungsziels „Energiewende“ mit anderen Überzeugungen$_S$ der bisherigen Energiekultur (KEN) konfligieren (T 08). *Zum anderen* müsste daraus eigentlich folgen, diese inhaltlich-argumentativen Spannungen in einem wirklich progressiven Narrativ zukünftiger Energiekultur systematisch und transparent zu bearbeiten (Arg$_N$) [2, 4, 5]. Eine der grundlegenden Spannungen wurde in der Studie an der unterschiedlichen Priorisierung der vollumfänglichen Versorgungssicherheit durch Proponenten und Opponenten untersucht (T 06, vgl. Abschnitt 7.2.2). Während im EWN$_P$ mit Blick auf Klimaschutzeffekte der uneingeschränkte Ausbau der eE im Vordergrund steht und die – aufgrund der Volatilität der eE problematisch gewordene – Versorgungssicherheit über zusätzliche Infrastrukturmaßnahmen *auch* garantiert werden soll, wird im EWN$_O$ die ökonomisch günstigste Sicherstellung letzterer zum Fixstern energiepolitischer Orientierung$_A$, an dem sich alle anderen Zielsetzungen auszurichten haben (auch der eE-Ausbau). Energiepolitische Sprengkraft besitzt die unspezifische Ausgestaltung zukünftiger Versorgungssicherheit in beiden Erzählvarianten (T 19): Im EWN$_O$ wird die gegenwärtige Sicherstellung der Versorgungssicherheit derart überbetont, dass deren Beeinträchtigung durch zukünftige wirtschaftliche Verwerfungen systematisch ausgeblendet wird: *einerseits* die persistierenden Risiken der wirtschaftlichen Abhängigkeit von rohstoffreichen Nationen (EP 1, EP 2) sowie zunehmender Umweltbelastungen durch die Nutzung der meisten klassischen Energieträger (EP 3, EP 4) und *andererseits* die zusätzlich steigenden Folgekosten für künftige Generationen durch die Weiternutzung fossiler Energieträger (EP 6). Aber auch das Innovationsnarrativ EWN$_P$ überblendet die wesentliche Herausforderung für die Versorgungssicherheit, die vorzugsweise durch die ökokapitalistische Kopplung von Wirtschaftswachstum und eE-Nutzung entsteht (vgl. Abschnitt 1.1). Es ist ein riesiger wirtschaftlicher Aufwand und mit zunehmendem Flächenverbrauch auch ein weitgehender Eingriff in tradierte Landschaftsbilder notwendig, um die bestehende, KEN-konforme Versorgungssicherheit über eE aufrechtzuerhalten. Aus technikphilosophischer Sicht wird dieses Problem durch die Ansätze zum notwendigen Ausgleich der volatilen Residuallast verschärft, über die das 24 / 7-Ideal der Versorgungssicherheit sichergestellt werden soll. Denn weder die aktuelle Speichertechnologie, noch die in einem Großteil der Szenarienanalysen favorisierte Übergangslösung gut regulierbarer Gaskraftwerke, noch der gesamteuropäische Energiemarkt scheinen diese Funktion so zu gewährleisten, wie es die spekulativ-narrativen Argumentationsbrücken im EWN$_P$ vorhergesagt haben (vgl. Z 6.2 und Abschnitt 7.6.1).

Denkanstoß O: Eine progressive Fortschreibung der Energiewende sollte keinesfalls den Tendenzen zur einer explanatorischen und narrativen Immunisierung$_N$ des EWN$_P$ Vorschub zu leisten. Aufgrund der Dringlichkeit von EP 6 muss eine Neuinterpretation der Versorgungssicherheit erfolgen, die mit aller Deutlichkeit die bisher vernachlässigte Energiesuffizienz und die dazu notwendige Anpassung der energetischen Verbrauchskultur thematisiert [3]. Diese grundlegenden und sehr weitreichenden Abwägungen$_K$ und Pfadentscheidungen – bspw. hinsichtlich der bestehenden energiepolitischen Priorisierung von Industrie- vor Privatverbrauchern, des Verhältnisses zwischen Natur- und Klimaschutz etc. – verlangen einen breiten öffentlichen Realdiskurs [4, 5].[928]

Der geforderte breite öffentliche Diskurs sollte durchaus über die bestehenden Strukturen repräsentativer Demokratie ausgetragen werden. Aufgrund der hohen Relevanz der Entscheidungen für das Leben aller müssen die entsprechenden Diskursprozeduren sowohl Toleranz gegenüber der Mannigfaltigkeit an energiekulturellen Interessen als auch eine umfassende Transparenz hinsichtlich der Genese und Reichweite der jeweiligen Teilentscheidungen aufweisen (vgl. Tabelle 3). Eine angemessene Form der Diskursgerechtigkeit auf dieser Ebene bestünde in einem breiten politischen Kompromiss über ein stimmiges Narrativ unserer zukünftigen Energiekultur [2], das aus einer Konsultation möglichst vieler Akteursgruppen hervorgegangen und über eine weitgehend transparente Kommunikationsstrategie begleitet wird.

Z 21.23: Drittens, entwickelt der nationale Energiediskurs idealerweise einen stimmigen Sinnhorizont$_K$, der eine Selbstverortung möglichst vieler Bürger in einer weitgehend THG-neutralen Energiekultur ermöglicht [2].

Denkanstoß P: Aufgrund der zentralen Stellung der Energiekultur im modernen Leben (T 18), welches aber zugleich in westlichen Gesellschaften sehr vielseitig ausgestaltet werden kann, sollten einzelne Sektoren oder gar konkrete Technologien in den gesetzlichen Rahmenbedingungen (also in den Vorgaben der verbindlichen Zielkorridore zur THG-Reduktion sowie zur Energieerzeugung und zum Energieverbrauch) nicht mehr proaktiv bevorzugt werden [9]. Die eigentliche Konkretisierung von Technologien dieses THG-getriggerten und technologieoffenen Rahmens sollte über angepasste Förderprogramme erst auf regionaler Ebene erfolgen (wobei Regionen ggf. auch (bundes-)länderübergreifend definiert werden können) [10].

Dieses Vorgehen ist nicht zuletzt durch die geomorphologische und siedlungsbezogene Abhängigkeit der tradierten Energiekultur und der eE-Erzeugung erforderlich. Die Konkretisierung der Maßnahmen kann jedoch mit einem viel umsichtigeren Blick auf die regionalen Handlungspotenziale$_I$ und tradierten

928 Dieser Gedanke greift eine Überlegung von Arne Naess auf, vgl. Naess 1997, 184 f. Vgl. zudem https://www.tech-for-future.de/strompreisentwicklung (Stand: 24.01.2023).

Landschaftsbilder erfolgen (Arg_{WI}, Arg_{I}). Die dazu notwendigen Service- und Kompetenzzentren haben mindestens drei Aufgabenblöcke zu bearbeiten [8], die eine entsprechende rechtliche und finanzielle Ausstattung erfordern: *Energiepolitisch betrachtet (Arg_{P}, Arg_{W})* muss im Diskurs die Frage beantwortet werden, über welche technologischen Maßnahmen die Reduktionsziele und ein, zunächst am regionalen Energiebedarf orientierter eE-Ausbau erreicht werden soll (Arg_{P}). So sollte der Diskurs über Regionalpläne zu einem Ort werden, in dem nicht nur über eine harmonische Landschaftsnutzung gerungen wird (vgl. Abschnitt 7.6.2), sondern auch um den zukünftigen energiekulturellen Gemeinsinn (Arg_{N}, Arg_{WI}) [13]. Dazu wird auch eine proaktive Strategie notwendig, wie Energiekonflikte auf regionaler Ebene zu lösen sind (Arg_{K}) [11]. Durch dieses regionalspezifische Ausgestalten könnte bspw. dem in Deutschland vorhandenen Nord-Süd-Gefälle beim Nutzungspotenzial von Windkraft Rechnung getragen werden. Weiterhin kann eine Verschärfung von $Diskursasymmetrien_{Rh}$ und den damit verbundenen Gerechtigkeitsproblemen entgegengewirkt werden [7, 15]. So wurden durch den massiven Fokus auf den eE-Ausbau in ländlichen Regionen in Phase 2 das bundesweit vorhandene Reduktions- und Residuallastpotenzial von großen urbanen Regionen wie Großstädten – die im Energiesystem in der Regel als Energiesenken fungieren – im Prinzip kaum genutzt. Dies betrifft insbesondere die Sektoren Wärme, Industrie und Mobilität (vgl. Abb. 2 und Abschnitt 7.6.3) [6].[929]

> **Denkanstoß Q:** Bei verbindlichen bundesweiten Reduktionszielen würde sich hingegen der „Anpassungsdruck", also der Druck zur THG-getriggerten Reflexion der ortsspezifischen Energiekultur, auf alle Regionen verteilen. Komplexe idiosynkratische $Abwägungen_{I}$ (Arg_{A}) beträfen dann nicht nur Bürger, in deren Nähe ein Investor einen Windpark aufbauen will, sondern auch diejenigen, deren Mietwohnung energetisch saniert werden soll, deren Gemeinde einen Großteil des Budgets in ein Wärmenetz investieren will, deren Stadt große Bereiche verkehrsberuhigen und massiv in den ÖPNV investieren will etc.

Verwaltungstechnisch betrachtet müssen die Gemeinden der Region in der Genese ortsspezifischer $Realerkenntnis_{W}$ (T 13, Arg_{W}) und der Vorgabe paradigmatischer Lösungen unterstützt werden (Arg_{R}, Arg_{WI}), da deren primären Verwaltungsstrukturen wie auch die Bürger mit der Komplexität solcher Aufgaben und der damit verbundenen Koordinationsarbeit oft überfordert sind (T 11). *Kommunikationstheoretisch betrachtet* stellen sich dadurch zwei schwierige Vermittlungsaufgaben: *Zum einen* bedarf es einer Neuinterpretation der Diskursgerechtigkeit [12, 14, 17], da diese an einem „breiteren Kooperationsideal" ausgerichtet werden muss, welches neben der F_{I} und F_{M} auch Momente der F_{W}

929 Hertle u. a. 2015, 26 f.

einschließt (Arg_K). Denn die Auslotung der Angemessenheit$_I$ von Maßnahmen erfolgt aus einer WIR$_L$-Perspektive, die über das heterogene Interessengemenge der regionalen Gemeinschaft aus Bürgerschaft und energierelevanten Akteuren (wie Industrie, Energieversorger etc.) entsteht. Der zentrale Fixpunkt dieser Perspektive ist der Gemeinsinn, unter Rückgriff auf vorhandene Handlungspotenziale$_I$ eine realisierbare regionale Lösung zu finden und eigenständig umsetzen zu können (K 01C, K 06E, Arg_I). Der regionalen Ebene kommt *zum anderen* die Aufgabe zu, den Fortschritt der Maßnahmen auf kommunaler Ebene an ihrer regionalen Wirksamkeit zu beurteilen und mit Blick auf den regionalen Gemeinsinn gegenüber den Instanzen auf nationaler Ebene zu rechtfertigen.[930] Die Service- und Kompetenzzentren übernehmen somit eine Schlüsselfunktion in der rekursiv-diskursiven Fortentwicklung der Energiekultur.

Z 21.24: Im Idealfall liefert ein konsensual erarbeiteter Regionalplan in energiepolitischer Hinsicht konkrete Orientierung$_A$ darüber, welche technischen Handlungspotenziale$_I$ eine Kommune in Harmonie$_N$ mit dem energiepolitischen Gemeinsinn einer Region umsetzen kann. Das jeweilige Service- und Kompetenzzentrum bietet entsprechende Werkzeuge zur verwaltungsrechtlichen und finanziellen Unterstützung der kommunalen Vorhaben. Aus argumentationsphilosophischer Sicht ist der Energiediskurs auf lokaler, meist kommunaler Ebene *viertens* mit zwei großen Herausforderungen konfrontiert: *Zum einen* müssen die Ergebnisse der übergeordneten Diskursebenen kommuniziert werden. Im kommunalen Bereich treffen – zumindest bei energiepolitischen Themen – über die dadurch stattfindende Kommunikation von Laien und Experten sehr unterschiedliche „Argumentationskulturen" aufeinander. Aus *technikphilosophischer Perspektive* wird der nationale und auch der regionale Energiediskurs durch eine objektivierende Expertise$_P$ dominiert (Objektivismus$_W$, Objektivismus$_T$), sodass in den entsprechenden Argumentationspraxen kaum Raum für individuenbezogene oder gar idiosynkratische Abwägungen$_I$ ist. Diese objektivierte Betrachtung von allen Sach- und manchen Orientierungsfragen hat ihre Berechtigung, weil das Argumentieren (bspw. das Arg_W) *einerseits* von sprecherbezogenen Zwängen „befreit" wird (dem Handlungs- und Erfahrungsdruck aus K 04) und dies *andererseits* einen emotionsneutralen Umgang mit epistemischer Unsicherheit$_E$ (T 16) garantiert sowie eine problematische Überdehnung subjektiver Einsichten$_A$ transparent zu machen hilft (A 15, T 17). Aber dem dahinterstehenden Superparadigma$_{HD}$ zum Trotz wird die argumentative Orientierung$_I$

930 Eine pragmatistische Interpretation dieser Diskursprozedur findet sich in: Braun und Baatz 2018, S. 37. Diese zeigt eine strukturelle Ähnlichkeit mit Walter Andrew Shewharts Plan-Do-Check-Act-Zyklus zur Qualitätsverbesserung industrieller Herstellungsprozesse.

in lokalen Diskursen meist am Kriterium der Plausibilität$_N$ ausgerichtet (A 06, A 08, Arg$_N$, Arg$_A$), selbst dann wenn die resultierenden Argumentationen durch Widersprüche unterschiedlicher Art (A 11) oder Formen rhetorischer (Selbst-)Täuschung$_{Rh}$ gekennzeichnet sind (A 20). Bereits auf regionaler Ebene sind emotionale, ästhetische etc. Rechtfertigungen von Standpunkten anzutreffen, die in die ausschlaggebende (verwaltungs-)rechtliche Argumentationspraxis kaum zu übertragen sind (T 09).

> **Denkanstoß R:** Auf lokaler Ebene dominieren plausible Gründe$_P$, weil viele kommunale Entscheidungsfragen den persönlichen Nahbereich tangieren, der wesentlich durch das subjektassoziierte Arg$_A$ strukturiert wird. Will man rhetorische Dissense$_{Rh}$ vermeiden, sollten partizipative Diskursprozeduren deshalb solchen Argumentationen$_S$ genügend Raum geben und diese für kommunalpolitische Abwägungen$_K$ fruchtbar machen.

Dies heißt *zum anderen* jedoch nicht, dass lokale Energiediskurse völlig willkürlich geführt würden. Auch auf dieser Ebene kann allen Akteuren unterstellt werden, sich um eine argumentativ-diskursive, sogar konsensuale Beilegung von Meinungsverschiedenheiten und Konflikten zu bemühen (A 18 in einer alternativer Auslegung von A 16). Hier wird es nur ungleich schwerer, eine derart idealisierte Sprechsituation zu garantieren (K 04), die weitgehend sowohl von sozialen Anerkennungsverhältnissen durch bedeutende Mitmenschen (K 06C) als auch von Einschränkungen aufgrund der persönlichen Verfasstheit$_M$ entlastet ist. Letztlich wird von den meisten akzeptiert, dass diese, durchaus konfliktanfälligen Diskurse durch rhetorische Argumentationstaktiken durchwoben sind. Daher legen viele Akteure, auch die Opponenten aus den analysierten Konfliktfällen, ein großes Gewicht auf eine spezifische Interpretation der Aufrichtigkeit$_K$ (T 10, T 20, vgl. Abschnitt 6.3.5). Die Herausforderung für partizipative Diskursprozeduren besteht nun darin, die vielfältigen idiosynkratischen Abwägungen$_I$ so zu explizieren (T 14), dass diese nicht allein aufgrund ihrer Subjektbezogenheit (Vorwurf willkürlicher Meinung) abgewertet werden (Nichtigkeitsargument$_K$). Vielmehr muss es darum gehen, die dahinterstehenden Überzeugungen$_S$ als plausible Gründe$_P$ zu rekonstruieren und diese in Relation zu den Gründen der übergeordneten Diskursebenen zu setzen (K 07A).

> **Denkanstoß S:** Eine an den Energiediskurs angepasste Argumentationsethik sollte den Begriff der Diskursgerechtigkeit an ein Prinzip koppeln, das in Realdiskursen eine transparente Abwägung$_I$ zwischen dem Status personenbezogener Gründe$_P$ aus der ICH$_A$-Perspektive, der durch Kommunikationsmacht bedingten Dominanz bestimmter Akteure (inkl. der von ihnen favorisierten Argumentationspraxen) und dem Status objektivierter Gründe$_G$ aus der WIR$_U$-Perspektive erlaubt. Vor dem Hintergrund einer stärkeren Berücksichtigung der WIR$_L$-Perspektive würde dieses Prinzip inhalt-

lich mehr Gewicht auf regionale, kommunale sowie individuelle Eigenverantwortung legen (basierend auf zwei Zielsetzungen: auf der bundespolitisch legitimierten Vorgabe regional verbindlicher Zielkorridore in der Energiekultur (Denkanstoß P) und auf der Stärkung regionalspezifischer Handlungspotenziale).

Liste aller Argumentationsfiguren

Glossar

A 01 (Annahme: Energiewende als Lösung von 6 Energieproblemen) Eingeführt in Abschnitt 1.1. 10, 12, 17, 237, 298, 352, 383

A 02 (Annahme: Akzeptanzsteigerung durch Beteiligungsprozesse) Eingeführt in Abschnitt 1.2. 13, 14, 18, 106, 155, 265, 358

A 03 (Annahme: Energiewende generiert neue gesellschaftliche Strukturen) Eingeführt in Abschnitt 1.2. 13, 19, 208, 254

A 04 (Annahme: Opponenten als konstruktive Diskursteilnehmer) Eingeführt in Abschnitt 1.2. 14, 19, 362

A 05 (Annahme: Gründe und Realdiskurse) Eingeführt in Abschnitt 1.3.4. 23–25, 56, 59, 176, 350, 362

A 06 (Annahme: Mensch als Orientierungswesen) Eingeführt in Abschnitt 2.2.1. 42, 58, 106, 111, 180, 191, 362, 374

A 07 (Annahme: Orientierung über Gründe) Eingeführt in Abschnitt 2.2.1. 43, 45, 106, 107, 111, 137, 155, 174, 362

A 08 (Annahme: Argumentative Form und Begründungsfunktion plausibler Gründe) Eingeführt in Abschnitt 2.2.2. 45, 58, 85, 106, 111, 149, 175, 176, 374

A 09 (Annahme: Argumentative als logische Notwendigkeit) Eingeführt in Abschnitt 2.3.1. 48, 52, 278

A 10 (Annahme: Anerkennung individueller Begründungen) Eingeführt in Abschnitt 2.4.1. 59, 96, 122, 268, 351

A 11 (Annahme: Argumentative Spannungen) Eingeführt in Abschnitt 2.4.1. 61, 68, 143, 268, 269, 359, 365, 374

A 12 (Annahme: „state of the art"-Wissen) Eingeführt in Abschnitt 2.5.3. 54, 86, 105, 224, 277, 278, 319

A 13 (Annahme: Meisterschaftsargument) Eingeführt in Abschnitt 2.5.4. 90, 105, 187, 284, 319, 350

A 14 (Annahme: Faktum sozialer Anerkennungsverhältnisse) Eingeführt in Abschnitt 3.1. 98, 175, 213, 351

A 15 (Annahme: Begründungslast überzogener Geltungsansprüche) Eingeführt in Abschnitt 3.4. 69, 112, 269, 319, 350, 373

A 16 (Annahme: Konsensuelle Beilegung von Handlungskonflikten) Eingeführt in Abschnitt 4.1.3. 133, 142, 251, 272, 293, 355, 360, 366, 374

A 17 (Annahme: Regelhafte Erklärung kollektiver Sprechhandlungen) Eingeführt in Abschnitt 5.1.1. 161, 168, 175

A 18 (Annahme: Sensitivität von Realdiskursen gegenüber plausiblen Argumentationen) Eingeführt in Abschnitt 5.2.1. 23, 149, 176, 261, 351, 374

A 19 (Annahme: Mensch als kommunikatives Wesen) Eingeführt in Abschnitt 5.2.3. 180, 211, 351

A 20 (Annahme: Persuasive Überzeugungskraft) Eingeführt in Abschnitt 6.3. 213, 297, 374

A 21 (Annahme: Kontextuelle Geltungsansprüche plausibler Argumentationen) Eingeführt in Abschnitt 7.2.2. 62, 269, 351

A 22 (Annahme: Abbildungsbezug zwischen Argumentieren und Handeln) Eingeführt in Abschnitt 8.1. 175, 208, 349, 351, 357

Abwägung$_{I}$ (Abwägung, idiosynkratische) Eingeführt in Abschnitt 5.1.1. 15, 26, 27, 29, 31–34, 37, 46, 59–61, 68, 69, 72, 80, 89, 90, 95–98, 101, 105–107, 109, 110, 114, 123, 125, 134, 135, 141, 147, 150, 157–159, 175–178, 180–183, 185–188, 192–194, 202, 205, 210–212, 214, 225, 226, 233, 240, 254, 257, 258, 260, 268, 269, 275, 277, 282, 284, 286–288, 290, 295–297, 302, 311–313, 315, 318, 321, 329, 330, 336–338, 340, 345, 346, 350–367, 369, 372–374

Abwägung$_{K}$ (Abwägung, kollektive) Eingeführt in Fußnote 613. 227, 272, 283–288, 290, 298, 302–304, 306, 307, 309, 311, 335, 342, 350, 352, 358, 362, 365, 371, 374

Ad-Hominem-Argument (Argument, personenbezogenes (argumentum ad hominem)) Eingeführt in Fußnote 593. 31, 221, 223, 268, 270, 277, 344, 366, 367

Akteursmuster Eingeführt in Fußnote 915. 31, 60, 299, 346, 347

AKW (Atomkraftwerk) Eingeführt in Fußnote 556. 61, 206, 306

Akzeptabilität$_{TE}$ (Akzeptabilität, ethisch-ideale gemäß der Technikfolgenabschätzung) Eingeführt in Abschnitt 3.3. 105, 108, 110, 111, 267, 350, 391

Akzeptanz$_F$ (Akzeptanz, faktisch gegebene) Eingeführt in Abschnitt 3.3. 13, 61, 105–108, 110, 130, 155, 156, 209, 210, 220, 227, 237–241, 245, 265, 267, 290, 293, 294, 357, 360, 369

Akzeptanz$_P$ (Akzeptanz, prozedurale (Verfahrensakzeptanz)) Vgl. Eintrag Diskursprozedur. 240, 254, 255, 293, 357

Allparteilichkeit (Allparteilichkeit (Mediation)) Eingeführt in Fußnote 664. 241, 254, 257, 264, 368

Anerkennung Eingeführt in Abschnitt 3.1. 11, 26, 29, 34, 45, 59, 61, 80, 81, 84, 85, 95, 99, 100, 108, 111, 128, 136, 137, 143, 147, 151, 155, 156, 160, 162, 171, 175, 177, 179, 180, 184, 185, 191, 197, 203, 213, 220, 224, 228, 232, 233, 241, 243, 250, 257, 261, 262, 265, 272, 277, 279, 280, 282, 283, 287, 288, 297, 315, 319, 347, 350, 351, 357, 359, 361, 364, 367, 374

Angemessenheit$_A$ (Angemessenheit, argumentative) Eingeführt in Abschnitt 3.6. 120–124, 134, 158, 161, 162, 186, 229, 230, 232, 234, 235, 243, 244, 261, 265, 281, 284, 290, 291, 301, 312, 326, 333, 335, 340, 352, 354, 356, 367

Angemessenheit$_I$ (Angemessenheit, instrumentelle) Eingeführt in Fußnote 924. 236, 354, 373

Anwendungsdiskurs (Anwendungsdiskurs) Eingeführt in Fußnote 464. 174, 382

Argument Eingeführt in Abschnitt 2.3.1. 45, 49, 50, 52, 54–56, 63, 64, 83, 96, 107, 108, 110, 115, 116, 120, 121, 130, 132, 164, 222, 240, 263, 267, 286, 328, 367, 385

Argument aus Nichtwissen (Argument aus Nichtwissen (argumentum ad ignorantiam)) Eingeführt in Fußnote 762. 280, 319

Argumentation (Argumentation (weites Alltagsverständnis)) Eingeführt in Abschnitt 2.3.1. 15, 19, 20, 23–26, 28–30, 32–37, 39, 41, 44, 45, 47–50, 52–61, 63–73, 75, 77, 80–82, 85, 86, 90, 95, 96, 98, 100, 103, 104, 107, 111, 113, 114, 120, 121, 123, 128, 130–135, 137–139, 144, 150, 152, 153, 155, 157–161, 163, 165, 167–169, 172, 174–176, 183, 187, 190, 191, 193–195, 197, 211–213, 215, 222–225, 228, 233, 240, 245, 248, 258, 260, 262, 265–268, 270–272, 279, 282, 287–289, 291, 293, 295, 301, 309, 310, 313, 319, 323, 328, 329, 336, 340, 349, 351, 352, 356, 357, 361, 362, 364, 365, 367, 369, 374

Argumentation$_{H1}$ (Argumentation nach Habermas (enge Bedeutung)) Eingeführt in Abschnitt 4.1.3. 135–137, 146, 149, 150, 153, 162, 168–170, 174, 212, 215, 217, 227, 279, 289, 356

Argumentation$_{H2}$ (Argumentation nach Habermas (weite Bedeutung)) Eingeführt in Abschnitt 4.1.3. 135, 137, 139

Argumentation$_K$ (Argumentation, komplexe) Eingeführt in Abschnitt 3.5. 114, 115, 123, 137, 138, 233, 246, 284, 286, 297, 329

Argumentation$_P$ (Argumentation, praktische (mit normativem Anspruch)) Eingeführt in Abschnitt 3.1. 54, 96, 97, 100, 103, 105, 106, 108, 109, 112–114, 118–120, 122–126, 139, 147, 155, 156, 165, 173, 175–181, 183, 186, 188, 189, 193, 202, 203, 269, 270, 286, 340, 350, 353, 381

Argumentation$_{Rh}$ (Argumentation, rhetorische) Eingeführt in Abschnitt 6.3. 54, 65, 214–216, 219, 221, 227, 232, 247, 248, 253, 258, 275, 381

Argumentation$_S$ (Argumentation, subjektassoziierte) Eingeführt in Abschnitt 3.3. 31, 107, 177, 193, 296, 297, 345, 346, 351, 354, 356, 357, 362, 374, 381

Argumentationsfigur Eingeführt in Abschnitt 2.3.1. 15, 35, 36, 41, 46, 48–52, 55, 56, 59, 61–63, 68, 70, 71, 73, 80, 82, 83, 87, 88, 101, 103, 108, 109, 117, 123, 127, 157, 161, 165, 166, 217, 221–224, 245, 246, 265, 277, 280, 286, 290, 296, 300, 306, 314, 317, 323, 324, 330, 334, 336, 345, 349, 350, 355

Argumentationsfigur cleverer Skepsis (Argumentationsfigur cleverer Skepsis) Eingeführt in Abschnitt 7.3.3. 280, 301, 304, 315

Argumentationskette Eingeführt in Fußnote 271. 78, 115, 116, 119, 274, 286, 290, 303, 316, 317

Argumentationskompetenz Eingeführt in Fußnote 350. 68, 108, 141, 213, 229, 250, 253, 258, 274, 281, 291, 319, 323, 331, 355, 366

Argumentationsnetz$_N$ (Argumentationsnetz, narrative) Eingeführt in Fußnote 268. 114–116, 265, 266, 278, 284, 286, 287, 296, 297, 301–303, 306, 309–311, 316, 319, 321, 325, 326, 328, 329, 332, 334, 343, 349, 354, 361, 366

Argumentationspraxis Eingeführt in Fußnote 46. 23, 24, 33, 49, 64–66, 69, 71, 73, 74, 80–82, 87, 96, 97, 100, 107, 108, 111–114, 119–123, 125–127, 129, 131–133, 136, 138–146, 148–150, 152–155, 159–161, 164, 165, 167–176, 183, 186, 189–191, 193, 194, 202, 211–216, 222, 223, 228–231, 240–242, 244, 248, 250, 260–265, 267, 272, 275–279, 281–283, 286–289, 302, 303, 311, 314, 315, 319, 324, 325, 328, 330, 335, 341–343, 350, 352, 353, 355, 356, 358, 360, 361, 364, 366, 367, 369, 373, 374, 381

Argumentationspunkt Eingeführt in Fußnote 808. 104, 114–116, 288, 292, 301, 303, 304, 306–312, 315–321, 324–326, 328, 336, 337, 343, 349, 352, 358, 359, 361, 366, 367

Argumentationsraum$_P$ (Argumentationsraum, plausibilitätsbezogener) Eingeführt in Abschnitt 7.4.1. 26, 97, 112, 129, 213, 288, 289, 302–304, 330, 337, 349, 359, 361, 364, 389

Argumentationstaktik Eingeführt in Fußnote 144. 23, 69, 72, 80, 194, 215, 216, 219, 222, 232, 233, 251, 262, 263, 277, 280, 283, 304, 309, 310, 312, 315, 320, 322, 337, 342, 344, 355, 357, 366, 369, 374

Argumentationstheorie Eingeführt in Fußnote 281. 41, 47, 52, 66, 72, 80, 119–121, 158, 176

Argumentation$_W$ (Argumentation, wissenschaftliche) Eingeführt in Abschnitt 2.4.2. 48, 63–66, 68, 69, 73, 79–86, 102, 104, 113, 187, 214, 215, 221, 223, 224, 227, 233, 274, 277–280, 283, 297, 309–312, 314, 315, 319, 329, 338, 340, 350, 354, 361, 367

Arg$_A$ (Argumentieren, assoziatives (subjektbezogen)) Siehe Eintrag Argumentationspraxis und Argumentation$_S$. 23, 34, 107, 145, 158, 173, 193, 211, 351, 352, 355, 357–359, 372, 374

Arg$_E$ (Argumentieren, ethisches) Siehe Eintrag Argumentationspraxis, Ethik und Argumentation$_P$. 23, 33, 74, 112, 114, 118, 120, 127, 145, 175, 177, 352–354, 358, 359, 367, 369

Arg$_I$ (Argumentieren, instrumentelles (i. S. einer Erklärung$_I$)) Siehe Eintrag Argumentationspraxis und Erklärung$_I$. 23, 34, 187, 243, 247, 285, 302, 303, 306–308, 324, 350–353, 355, 358, 359, 372, 373

Arg$_K$ (Argumentieren, konsensorientiertes) Siehe Eintrag Argumentationspraxis. 23, 33, 142, 144–146, 148–155, 158–162, 167, 190, 202, 212, 215, 233, 243, 247, 285, 302, 303, 306, 351, 353, 356, 358-360, 367, 372, 373

Arg$_N$ (Argumentieren, narratives) Eingeführt in Abschnitt 7.5.1. 34, 287, 296, 297, 299, 301–303, 320–323, 325–330, 333, 335–337, 340, 342, 343, 346, 351, 360, 361, 368, 370, 372, 374

Arg$_P$ (Argumentieren, politisches) Siehe Eintrag Argumentationspraxis und Argumentation$_{Rh}$. 23, 34, 133, 145, 153, 183, 187, 190, 214, 229, 243, 247, 248, 282, 284, 285, 302, 303, 306–308, 311, 324, 330, 351–353, 357–359, 369, 372

Arg$_R$ (Argumentieren, rechtliches) Siehe Eintrag Argumentationspraxis. 23, 34, 133, 139, 141, 145, 150, 153, 164, 243, 244, 261–264, 281, 284, 285, 302, 303, 306, 311, 335, 342, 353, 357–359, 369, 372

Arg$_{RH}$ (Argumentieren, rhetorisches) Siehe Eintrag Argumentationspraxis und Argumentation$_{Rh}$. 23, 34, 214, 215, 219, 221, 275, 282, 351, 357

Arg$_S$ (Argumentieren, schlussfolgerndes) Siehe Eintrag Argumentationspraxis, Folgerichtigkeit, Logik$_F$ und Herleitung$_D$. 23, 46, 47, 50, 53, 64, 72, 113, 114, 149, 152, 163, 276, 277, 297, 350, 360, 361

Arg$_{WI}$ (Argumentieren, wirtschaftliches) Siehe Eintrag Argumentationspraxis. 23, 145, 284, 285, 302, 303, 311, 324, 353, 358, 359, 369, 372

Arg$_W$ (Argumentieren, wissenschaftliches (Erklärung$_W$ im Sinn von glssuperparadigmahd)) Siehe Eintrag Argumentationspraxis sowie Fußnote 183 sowie Fußnote 93. 23, 33, 37, 49, 56, 62–65, 72, 74, 102, 118, 144, 153, 158, 169, 187, 191, 214, 215, 243, 274, 277, 280–285, 302, 303, 306, 307, 309, 310, 312–316, 318, 319, 324, 351–354, 358-361, 366, 367, 369, 372, 373

Argumentschema Eingeführt in Abschnitt 2.3.1. 48–52, 54, 63, 68, 87, 92, 115, 117, 119–122, 161, 164–166, 168, 173–175, 177, 185, 233, 290

Aufrichtigkeit$_K$ (Aufrichtigkeit, kantische Interpretation) Eingeführt in Abschnitt 6.3.5. 229–231, 235, 244, 248, 250, 252, 258, 270, 281, 282, 330, 374

Aussage Eingeführt in Abschnitt 2.3.3. 23, 24, 39, 40, 45, 46, 49, 50, 52–55, 64, 65, 73, 75, 79, 81–84, 86, 92, 95, 97, 98, 100, 102–104, 107, 108, 113, 115, 116, 118, 119, 125, 135, 143, 159, 160, 162, 163, 165, 166, 169, 170, 172, 173, 184–186, 212, 221, 222, 225, 228, 246, 263, 280, 293,

303, 304, 306, 310, 316, 319, 320, 322, 328, 329, 352, 353

Aussageform$_{NW}$ (Aussageformen, naturwissenschaftliche) Eingeführt in Fußnote 455. 170

Aussagennetz Eingeführt in Fußnote 270. 114, 115, 121, 125, 170

Authentizität Eingeführt in Abschnitt 5.2.2. 80, 145, 152, 177, 179–183, 185, 188, 205, 229, 255, 257, 267, 269, 296–298, 300, 312, 313, 338, 356, 359, 360

Abwägungsautonomie Eingeführt in Fußnote 368. 61, 66, 80, 95, 97, 98, 110, 113, 147–149, 151, 175, 177, 186, 187, 204, 210, 214, 226, 227, 231, 233, 234, 236, 240, 241, 243, 245, 251, 254, 255, 260, 265, 269, 300, 335, 345, 351, 352, 355, 364, 365, 367, 369

Autoritätsargument (Autoritätsargument) Eingeführt in Abschnitt 3.2. 104, 105, 110, 129, 221, 278, 282, 312, 357, 366, 367

Autorschaft (nil) Vgl. Selbstwirksamkeit. 205, 260, 299, 330, 337, 338, 340, 342, 345, 347, 358, 360, 361, 364

Begriff$_{S}$ (Begriff, schillernder) Eingeführt in Fußnote 360. 144, 198, 266, 327

Partizipationsform Eingeführt in Abschnitt 6.4.2. 13, 15, 90, 91, 128, 129, 219, 230, 231, 233–240, 242–251, 253, 257–262, 264, 265, 281, 288, 294, 303, 357, 362, 364, 365, 367–369

Beteiligungsparadox Eingeführt in Abschnitt 6.4.4.1. 247, 249, 251, 252, 254, 292, 358, 364

Beweis$_{M}$ (Beweis, mathematischer) Eingeführt in Fußnote 193. 48, 85, 115, 309, 310, 315, 318

Bewertungsschablone (Bewertungsschablone) Siehe Anwendungsdiskurs. 175, 364

Begründung Eingeführt in Abschnitt 2.2.2. 26, 27, 30, 45, 46, 65, 67, 78, 79, 85, 97, 107, 111, 113, 120, 125, 138, 139, 160, 162, 214, 215, 222, 224, 245, 274, 280, 283, 286, 290, 303, 318, 329, 350, 352, 353, 365, 366, 389

BMBF (Bundesministerium für Bildung und Forschung) 12

Bürgerenergie Eingeführt in Fußnote 652. 207, 238, 239, 245, 260

Diskurs Eingeführt in Abschnitt 1.3.3. 10, 15, 21, 23–25, 46, 49, 56, 57, 59–61, 63, 65, 69, 80, 84, 92, 94, 98, 124, 126–129, 132, 137, 138, 141, 148, 154, 159, 166, 167, 170, 177, 189–192, 195, 200, 202, 212, 215, 224, 228, 232, 233, 237, 254, 278, 289, 291, 307, 341, 349, 352, 353, 364, 367, 368, 371, 372, 374

Diskurs$_{A}$ (Diskurs als Gesamtheit argumentativer Kommunikation) Eingeführt in Abschnitt 5.3.2. 191

Diskursasymmetrie$_{Rh}$ (Diskursasymmetrie, rhetorische) Eingeführt in Fußnote 587. 214, 219, 220, 222, 225, 231–234, 246, 247, 251, 261, 262, 265, 266, 269, 270, 283, 288, 330, 344, 356, 357, 364, 366, 367, 372

Diskursethik (Diskursethik, nach Habermas) Eingeführt in Fußnote 358. 33, 142, 144, 146, 147, 152, 158, 160, 161, 170, 171, 174, 226, 228, 240, 249, 262, 265, 289, 293, 296, 355, 356, 360

Diskursfunktionalität (Diskursfunktionalität (nach Habermas)) Vgl. Eintrag Grund$_{H}$. 150, 151, 190, 356, 357

Diskursgerechtigkeit (im Energiediskurs) Eingeführt in Abschnitt 8.5. 146, 235, 241, 244, 246, 249, 251, 252, 255, 257, 259, 264, 271, 272, 283, 287, 320, 342, 362, 364, 369, 371, 372, 374

Diskursgrammatik (Diskursgrammatik (argumentativ-rationale Diskursen)) Eingeführt in Abschnitt 4.1.1. 23, 66, 129, 131, 137, 145, 146, 154, 160, 161, 171, 201, 202, 215, 219, 220, 222, 223, 225, 227–233, 262, 281, 287–289, 294, 330, 349, 352, 355, 356, 361, 364, 367

Diskurs$_{H1}$ (Diskurs, erste Bedeutung nach Habermas) Eingeführt in Abschnitt 4.1.1. 44, 127, 128, 131, 132, 134, 142–151, 153–155, 160–162, 168, 173, 179, 202, 212, 221, 222, 226, 227, 234, 239, 250, 257, 262, 277, 356

Diskurs$_{H2}$ (Diskurs, zweite Bedeutung nach Habermas) Eingeführt in Abschnitt 4.1.3. 133, 137–139, 148

Diskursprozedur (Diskursprozedur (als professionalisierte Kommunikation)) Eingeführt in Abschnitt 6.4.3. 14, 34, 36, 128, 132, 194, 234, 240–244, 247, 249, 250, 252–255, 257, 258, 264–267, 270, 272, 273, 275, 287, 292–295, 343, 355, 357, 358, 364–369, 371, 373, 374, 380

Diskursraum Eingeführt in Fußnote 302. 24, 47, 127, 193, 195–197, 199–202, 239, 242, 248, 272, 288, 289, 298, 315, 356

Dissens Eingeführt in Abschnitt 6.3.5. 162, 226, 382, 383

Dissens$_{D}$ (Dissens, dialogischer) Vgl. Eintrag Dissens. 227, 228, 264

Dissens$_{Rh}$ (Dissens, rhetorischer) Vgl. Eintrag Dissens. 227–229, 264, 271, 292, 293, 328, 374

DN-Modell Eingeführt in Abschnitt 2.3.1. 48, 49, 82, 84, 118, 164

Dunkelflaute (Dunkelflaute, (kalte)) Eingeführt in Abschnitt 7.5.2. 304–308, 310, 328

EP 1 (Energieproblem: Endlichkeit fossiler Energieressourcen) Siehe A 01. 10, 206, 326, 352, 370

EP 2 (Energieproblem: wirtschaftlichen Abhängigkeit) Siehe A 01. 10, 206, 217, 230, 237, 246, 268, 326, 370

EP 3 (Energieproblem: starke Umweltbelastung) Siehe A 01. 10, 206, 237, 326, 370

EP 4 (Energieproblem: unkontrollierbare Technikfolgen) Siehe A 01. 10, 206, 237, 268, 326, 370

EP 5 (Energieproblem: intransparente Energiepolitik) Siehe A 01. 10, 207, 237

EP 6 (Energieproblem: anthropogener Klimawandel) Siehe A 01. 11, 12, 16, 59, 60, 68, 187, 206, 217, 230, 237, 246, 252, 268, 284, 329, 352, 369–371

eE (erneuerbare Energien) Eingeführt in Fußnote 6. 10–12, 25, 26, 76, 88, 90, 93, 98, 187, 198, 206, 207, 209, 210, 233, 235, 237–239, 253, 259, 282, 294, 304–306, 319, 321, 324, 327, 328, 330, 335, 338, 345–348, 359, 370–372, 387

EEG (Erneuerbare-Energien-Gesetz) Eingeführt in Fußnote 556. 11, 187, 196, 206–208, 217, 218, 230, 239, 245, 257, 280, 359, 363

EEWG (Erneuerbare-Energien-Wärmegesetz) Eingeführt in Fußnote 556. 11, 206

Einsicht$_A$ (Einsicht, argumentative) Eingeführt in Abschnitt 7.3.1. 26, 45, 46, 61, 62, 113, 115, 130, 137, 148–152, 175, 205, 215, 227, 246, 248, 260, 264–267, 271–274, 278, 282, 283, 290, 291, 293, 298, 311, 314, 319, 320, 323, 325, 328, 343, 345, 351, 353, 355, 356, 359, 361, 365–367, 373

Einwand$_A$ (Einwand, argumentativer (breites Alltagsverständnis von)) Eingeführt in Fußnote 56. 14, 15, 20, 28, 29, 31, 32, 34, 62, 102, 153, 155, 159, 166, 172, 174, 175, 225, 226, 228, 245, 246, 257, 263, 264, 283, 296, 301, 302, 304–306, 309–311, 313, 314, 318, 320–322, 324, 329, 331, 335, 338, 339, 341, 343, 344, 351–356, 358, 362, 363, 368

Endenergie Eingeführt in Fußnote 25. 17, 347

Energiearmut Eingeführt in Fußnote 542. 201, 244, 363

Energiediskurs Eingeführt in Fußnote 2. 9, 10, 15, 17, 18, 20, 21, 23, 25–27, 30–33, 35, 36, 39–41, 43, 56, 58, 61, 67, 74, 76, 77, 80, 86, 87, 90, 91, 95, 98, 100, 107, 125, 127, 128, 157–159, 162, 183, 187, 188, 192–205, 208, 210, 211, 225, 229, 231, 232, 237, 238, 241, 244, 245, 249, 252, 253, 257, 260, 265, 267, 268, 270–273, 276, 280, 288–291, 293–308, 311–313, 320, 327, 328, 330, 331, 333, 337, 343, 349–354, 356–358, 360–362, 364–369, 371, 373, 374

Energiekonflikt Eingeführt in Abschnitt 6.2.4. 9, 11, 18, 22, 35, 36, 67, 82, 90, 129, 157, 188, 192, 193, 195, 197–200, 210, 211, 220, 223, 227, 232–234, 247, 254, 257, 261, 271, 278, 287–289, 292, 302, 329–331, 337, 341, 349–351, 354, 356–360, 362, 363, 369, 372

Energiekultur Eingeführt in Abschnitt 1.1. 9, 10, 14, 21, 22, 25, 42, 57, 101, 102, 178, 207–209, 211, 235, 236, 238, 241, 246, 259, 267, 278, 284, 285, 294, 298, 305, 306, 312, 320–323, 325–327, 330, 342, 343, 345, 347, 349, 352, 353, 357, 363–365, 368, 370–373, 375

Energiesuffizienz Eingeführt in Fußnote 860. 252, 326, 327, 339, 371

Energiewende (Energiewende) Eingeführt in Abschnitt 1.1. 9–19, 29, 32, 34, 36, 40, 43, 57, 68, 90, 91, 93, 95, 112, 166, 177, 188, 191, 198, 201, 203, 204, 206, 208, 210, 211, 215, 217, 229, 231, 235–239, 242, 244–246, 248, 250–254, 257, 259, 260, 263, 267, 273–275, 277, 281, 286, 290, 291, 293–296, 299, 301, 302, 304–306, 311–315, 318–322, 324, 331, 332, 337, 342, 343, 346, 347, 349, 350, 352, 356–358, 363, 364, 368–371

Entanthropomorphisierung Eingeführt in Fußnote 168. 75, 76, 85

Enthymem Eingeführt in Fußnote 108. 33, 36, 37, 54, 64, 65, 68, 87, 101, 103, 108, 109, 114, 158, 165, 175, 217, 221, 223, 280, 286, 304, 324

Epicheirem Eingeführt in Fußnote 768. 286, 293

Erfahrungshorizont$_S$ (Erfahrungshorizont, subjektiver) Eingeführt in Fußnote 328. 28, 29, 115, 134, 145, 186, 188, 195, 213, 263, 274, 276, 288, 290, 292, 298, 312, 313, 315, 323, 331, 333, 337, 340, 345, 346, 359, 360

Erkenntnisform Eingeführt in Fußnote 449. 40, 74, 152, 169, 170, 186, 214, 279, 318, 352

Gewissheitsgrad Eingeführt in Fußnote 181. 27, 39–42, 69, 72, 81, 82, 84–86, 89, 143, 166, 170–173, 222, 275, 278, 280, 284, 316, 317, 353, 361

Grammatik$_{W}$ (Grammatik wissenschaftlicher Erkenntnis) Eingeführt in Fußnote 222. 27, 62, 63, 97, 103, 134, 202, 351, 384

Grammatik$_{E}$ (Grammatik ethischen oder moralischen Orientierens) Eingeführt in Fußnote 260. 98, 100, 112–114, 122–127, 129, 144, 151, 327

Grund$_{A}$ Eingeführt in Abschnitt 1.3.5. 23, 25–28, 39, 41, 43, 44, 46, 59, 68, 72, 80, 105, 111, 119, 130, 134, 174, 197, 211, 212, 225, 258, 295, 296, 349, 353, 360, 374, 385

Grund$_{DN}$ (Grund, nach dem Schema des DN-Modells wissenschaftlicher Erklärung$_{W}$) Eingeführt in Fußnote 93. 49, 56, 59, 82, 84, 311–315, 320, 350, 353, 359, 361, 362, 367

Grund$_{E}$ (Grund, gut im ethischen Sinn) Siehe Eintrag Grund$_{A}$ und Orientierung$_{E}$. 28, 30, 33, 41, 59, 61, 73, 100, 101, 106, 108, 111, 112, 120, 149, 267, 353, 359, 367, 369

Grund$_{G}$ (Grund, guter (priorisierende Bedeutung)) Eingeführt in Abschnitt 2.5.2. 12, 23, 26, 29–32, 81, 111, 113, 128–130, 132, 134, 147, 233, 272, 278, 350, 355, 356, 362, 374

Grund$_{H}$ (Grund, nach Habermas (konsensorientiert)) Eingeführt in Abschnitt 4.3.4. 135, 150–152, 163, 167, 168, 355, 356, 360, 365, 366, 382

Grund$_{I}$ (Grund, instrumenteller) Eingeführt in Abschnitt 2.3.3. 53, 86, 89, 91–93, 284, 288, 353

Grund$_{M}$ (Grund, gut im moralischen Sinn) Siehe Eintrag Grund$_{A}$. 62, 175

Grundmodell$_{A}$ (Grundmodell, argumentationsphilosophisches) Eingeführt in Abschnitt 2.4.1. 58, 95, 212, 296, 349

Grund$_{P}$ (Grund, plausibler) Eingeführt in Abschnitt 2.2.2. 26–34, 45–47, 56, 58, 59, 61–63, 67, 79, 81, 84, 85, 95, 107, 122, 135, 149, 158, 168, 175–178, 185, 186, 203, 205, 226, 227, 235, 252, 253, 271, 286, 287, 289, 290, 295, 296, 319, 321, 329, 330, 351, 358, 360–363, 374

Grund$_{R}$ (Grund, handlungsrechtfertigender) Eingeführt in Abschnitt 2.3.3. 53, 59, 61, 68, 73, 95, 98, 100, 124, 127–129, 134, 147, 157, 159, 174, 183, 264, 272, 357, 368, 389

Grund$_{W}$ (Grund, nach Wingert (Passierscheinmetapher)) Eingeführt in Abschnitt 1.3.5. 26, 27, 212

Gruppenegoismus (Gruppenegoismus (NIOBY)) Siehe NIOBY. 347

gültig$_{F}$ (gültig, formallogisch) Siehe Argument. 32, 45, 50, 55, 56, 84, 92, 103, 115, 116, 118–121, 130, 223, 328, 329

Güte$_{A}$ (Güte, argumentative) Eingeführt in Fußnote 923. 30, 32, 114, 213, 240, 352, 353, 356, 357, 359, 361, 362, 364, 367

Haltung Eingeführt in Abschnitt 7.2.2. 14, 25, 31, 41, 60, 61, 66, 67, 69, 73, 90, 91, 99, 100, 106, 107, 111, 122, 130, 132–136, 138, 157, 169, 200, 213, 219, 229, 238, 241, 245, 250–252, 255, 258, 266, 267, 269, 271, 273–275, 283, 290, 295, 296, 300, 314, 320, 323, 325, 331, 337, 338, 341, 346, 355, 358, 359, 367, 369

Handlung Eingeführt in Abschnitt 2.4.1. 25, 43, 53, 56, 57, 62, 66, 69, 70, 79, 91, 92, 94, 95, 97, 99–101, 106, 108, 113, 117, 129, 134–136, 142, 144, 147, 150, 161, 171, 180, 186, 187, 191, 195, 204, 212, 216, 220, 228, 229, 231, 236, 242, 263, 264, 273, 279, 281, 298, 299, 302, 313, 338, 349, 358

Handlungspotenzial$_{I}$ (Handlungspotenzial, instrumentelles) Eingeführt in Fußnote 894. 11, 17, 205, 207, 232, 250, 252, 338, 339, 371, 373

Harmonie$_{N}$ (Harmonie, narrative) Siehe Eintrag stimmig. 179, 313, 320, 328, 332, 334, 336, 337, 372, 373

Herleitung$_{D}$ (Herleitung als deduktive Argumentationkette) Eingeführt in Abschnitt 3.5. 78, 107, 113–120, 123, 167, 277, 280, 283, 290, 311, 313, 324, 329, 350, 381

Hirtenargument (Orientierungs- und Führungsanspruch aufgrund höherer Einsicht) Eingeführt in Fußnote 679. 246, 248, 281

ICH$_{A}$ (ICH, Authentizitätsperspektive) Siehe K 06B. 99, 145, 157, 176, 181, 183–188, 205, 220, 242, 251, 253, 260, 269, 295, 297, 300, 313, 314, 331, 339, 340, 345, 346, 354, 356, 358–361, 363, 364, 374

Identität$_{T}$ (Identität, Taylors Ansatz) Eingeführt in Abschnitt 7.5.1. 300

IEKP (IEKP (Integriertes Energie- und Klimaprogramm der Bundesregierung)) Eingeführt in Fußnote 14. 12

Immunisierung$_{N}$ (Immunisierung, narrative) Eingeführt in Fußnote 843. 322, 323, 328, 361, 371

Individualismus$_{R}$ (Individualismus, reiner) Eingeführt in Fußnote 782. 229, 295

Innovationsnarrativ (Innovationsnarrativ) Eingeführt in Fußnote 854. 325–328, 362, 370

jemeinig (Jemeinigkeit (in Anlehnung an Heidegger)) Eingeführt in Fußnote 468. 177–179, 181, 205, 300, 364

K 0 (Kriterium: Anerkennungsbedingung) Eingeführt in Abschnitt 6.3.5. 228, 233, 272, 275, 319, 329, 341, 359
K 01 (Kriterium: Nachvollziehbarkeitsbedingung) Eingeführt in Abschnitt 4.2.1. 45, 46, 85, 137, 143, 160, 169, 174, 178, 205, 251, 265, 273, 282, 315, 316, 318, 341, 356, 359, 360, 366
K 01A (Kriterium: Experimentelle Prüfbarkeit) Eingeführt in Abschnitt 2.5.3. 85, 86, 89, 97, 102, 193, 274, 282, 310, 315, 316, 318, 353, 359, 360
K 01B (Kriterium: Transparenz der Subjektbezogenheit) Eingeführt in Abschnitt 2.5.4. 92, 193, 274, 275, 284, 340, 353, 359, 360, 362
K 01C (Kriterium: Praktikabilität) Eingeführt in Abschnitt 2.5.4. 94, 97, 187, 218, 284, 314, 324, 327, 328, 338, 350, 353, 359, 373
K 01D (Kriterium: Akzeptabilität) Eingeführt in Abschnitt 3.3. 108, 110, 267, 350
K 01E (Kriterium: Verfahrenswirksamkeit (Prinzip rhetorischer Diskursfunktionalität)) Eingeführt in Abschnitt 6.3.4. 225, 249, 258, 263, 270, 335, 336, 343, 357, 369
K 01F (Kriterium: Wissenschaftliche Systematizität) Eingeführt in Abschnitt 7.3.3. 279, 282, 310, 313, 315, 316, 318, 353, 359
K 01M1 (Kriterium: Rekonstruktions- und Prüfpflicht) Eingeführt in Abschnitt 2.1. 41, 71, 73, 86
K 02 (Kriterium: Folgerichtigkeit) Eingeführt in Abschnitt 2.4.2. 64, 159, 160, 278, 287, 315, 316, 318, 352, 354, 360
K 02A (Kriterium: Formallogische Konsistenz) Eingeführt in Abschnitt 4.2.2. 139, 140, 147, 153, 155, 159, 160, 193, 274, 310, 341, 356, 360
K 02B (Kriterium: Sprachliche Konsistenz) Eingeführt in Abschnitt 4.2.3. 54, 140, 141, 147, 153, 159, 160, 310, 341, 356
K 02C (Kriterium: Schlüssigkeit) Eingeführt in Abschnitt 7.6.1. 328, 352, 360, 361
K 02CM1 (Kriterium: Prämissenerweiterung) Eingeführt in Abschnitt 3.2. 64, 103, 121, 163, 350
K 02CM2 (Kriterium: Projektionsproblem von Logiken$_F$) Eingeführt in Abschnitt 3.6. 121, 163, 350
K 02M1 (Kriterium: Rekonstruktion fachwissenschaftlicher Realerkenntnis) Eingeführt in Abschnitt 2.5.3. 86
K 02M2 (Kriterium: Hypothetisch-deduktive Rekonstruktion natürlichsprachlicher Argumentationen) Eingeführt in Abschnitt 2.4.2. 64, 83, 103, 121, 158, 161
K 02M3 (Kriterium: Explikation der Referenzkontexte) Eingeführt in Abschnitt 2.4.2. 67, 68, 121, 125, 157, 158
K 03 (Kriterium: Lokale Kohärenz) Eingeführt in Abschnitt 3.6. 125, 163, 175, 193, 228, 292, 350, 354, 358–360
K 04 (Kriterium: Argumentative Freiheit) Eingeführt in Abschnitt 4.3.3. 146–148, 151, 159, 160, 227, 250, 271–273, 341, 355, 356, 360, 366, 373, 374
K 04A (Kriterium: Pflicht zur Darlegung von Alternativen) Eingeführt in Abschnitt 2.5.2. 80, 81, 147, 150, 274, 355, 366
K 04B (Kriterium: Begründungspflicht) Eingeführt in Abschnitt 3.4. 23, 60, 111, 150, 224, 272, 274, 319, 355, 365, 366
K 04B2 (Kriterium: Begründungslast (burden of proof)) Eingeführt in Abschnitt 6.3.4. 60, 224, 274, 280, 319, 360, 366
K 05 (Kriterium: Überzeugungskraft von Gründen) Eingeführt in Abschnitt 4.3.4. 25, 150, 152, 159, 160, 175, 227, 272, 356, 360
K 06 (Kriterium: Einwandfreiheitsprüfung normativer Argumentationen) Eingeführt in Abschnitt 4.3.5. 154, 155, 159, 160, 174, 175, 184, 193, 293, 356, 359, 360
K 06A (Kriterium: Prinzip der Selbstbezüglichkeit) Eingeführt in Abschnitt 3.1. 96–98, 130, 175, 176, 178, 181, 193, 356, 359, 360
K 06B (Kriterium: Unvertretbarkeitsprinzip) Eingeführt in Abschnitt 5.2.3. 181, 188, 193, 205, 296, 336, 356, 359, 362, 385
K 06C (Kriterium: Doppelreflexivitätsprinzip) Eingeführt in Abschnitt 5.2.3. 143, 183, 193, 202, 210, 220, 292, 297, 300, 311, 335, 340, 356, 359, 360, 374, 392
K 06D (Kriterium: Unparteilichkeitsprinzip) Eingeführt in Abschnitt 5.2.3. 143, 184, 193, 267, 293, 313, 353, 356, 359, 360, 367, 392

K 06E (Kriterium: Selbstwirksamkeitsprinzip) Eingeführt in Abschnitt 6.2.2. 177, 205, 337, 338, 356, 360, 373

K 07 (Kriterium: Autonome Einsicht) Eingeführt in Abschnitt 4.1.1. 130, 147, 149, 175, 177, 187, 214, 224, 227, 233, 248, 271, 272, 276, 278, 281, 282, 311, 313, 319, 336, 351, 355, 359, 365, 366

K 07A (Kriterium: Akteursbezogener Anspruch wissenschaftlichen Argumentierens) Eingeführt in Abschnitt 6.3. 214, 227, 233, 310, 313, 367, 374

K 07B (Kriterium: Anerkennung des erkenntnisbezogenen Kompetenzgefälles) Eingeführt in Abschnitt 7.3.3. 283, 315, 365–367

K 08 (Kriterium: Narrative Plausibilität) Eingeführt in Abschnitt 8.4. 45, 46, 337, 340, 359–362

K 09 (Kriterium: Befreiung von argumentativer Rechtfertigungspflicht (demokratische Wahl)) Eingeführt in Abschnitt 3.4. 107, 110, 355, 365

K 09A (Kriterium: Diskursprozedurale Legitimation) Eingeführt in Abschnitt 7.3.1. 265, 272, 365

KEN (Klassisches Energie-Narrativ) Eingeführt in Abschnitt 1.3.1. 17, 19, 22, 43, 235, 237, 322, 323, 328, 330, 343, 347, 359, 370

Klimaargument (Notwendigkeit$_I$ des eE-Ausbaus mit Blick auf die Klimaverantwortung (Fokus: Windkraft)) Eingeführt in Abschnitt 2.5.4. 22, 27, 29, 31, 40, 68, 70, 87, 101, 169, 217, 238, 245, 246, 252, 253, 258, 259, 265, 267–269, 273, 283, 284, 293, 311, 316, 321, 323, 345, 346, 352, 353, 363

Klugheit$_P$ (Klugheit, praktische) Eingeführt in Abschnitt 5.2.2. 141, 174–176, 178, 180, 186, 187, 193, 225, 229, 230, 288–290, 297, 340, 351–354, 387

Kohärenz$_L$ (Kohärenz, lokale) Eingeführt in Abschnitt 3.6. 125, 175, 222, 228, 288, 301, 328, 350

Kohärenz$_{LS}$ (Kohärenz, lokal-subjekte) Siehe Eintrag Klugheit$_P$ 109, 186–188, 312–314, 340, 354, 358

Kommunikation Eingeführt in Abschnitt 2.2.1. 23, 26, 44, 49, 58, 59, 64, 67, 73, 80, 95, 122, 124–129, 131, 133–139, 141–143, 145, 148, 154, 159–161, 164, 169, 176, 180, 190, 191, 195, 201, 202, 211, 212, 214–216, 223, 226–233, 240, 241, 246, 262, 272, 288, 289, 292, 296, 300, 316, 319, 330, 341, 345, 350, 355, 356, 367, 373

Kommunikationsmacht Eingeführt in Abschnitt 6.4.1. 220, 231–234, 241, 244–246, 250, 251, 262, 270, 287, 288, 320, 336, 357, 359, 365, 367, 374, 387

Kommunikationsmacht$_D$ (Kommunikationsmacht, dynamische) Siehe Eintrag Kommunikationsmacht. 232–234, 250, 263, 270, 271, 283, 357

Kommunikationsmacht$_S$ (Kommunikationsmacht, situative) Siehe Eintrag Kommunikationsmacht. 76, 232–234, 247, 249, 250, 257, 262, 279, 341, 357–359

Kompromiss Eingeführt in Abschnitt 6.3.5. 227, 228, 371

Konfliktmediation Eingeführt in Fußnote 573. 215, 221, 230, 231, 248, 257, 258, 282, 287

Konflikt$_N$ (Konflikt, narrativer) Eingeführt in Fußnote 865. 330

Konsens Eingeführt in Abschnitt 6.3.5. 25, 97, 136, 162, 168, 173, 227, 272, 281, 293–295, 387

Konsens$_D$ (Konsens, dialogischer) Vgl. Eintrag Konsens. 100, 149, 226–228, 230, 231, 251, 264, 271, 278, 293, 294, 321, 356, 366, 367, 369

Konsens$_{Rh}$ (Konsens, rhetorischer) Vgl. Eintrag Konsens. 226

Kontext$_L$ (Kontext, lokaler) Eingeführt in Abschnitt 5.1.4. 31, 105, 109, 127, 129, 157, 166, 167, 171–174, 176, 177, 185–188, 199, 200, 212, 222, 228, 230, 237, 244, 253, 258, 263, 272, 279–281, 283, 284, 286, 288, 290, 291, 294, 297, 313, 314, 321, 329, 330, 338–341, 345–347, 350, 354–357, 362, 363, 367, 368

Kontextualismus$_N$ (Kontextualismus, narrativer) Eingeführt in Abschnitt 7.6.3. 330, 338

Landschaftsbild (Landschaftsbild, Veränderung im Zuge des WKA-Ausbaus) Eingeführt in Abschnitt 7.6.2. 221, 332–335, 338, 344, 360, 363, 370, 372

Legitimation Eingeführt in Abschnitt 7.3.1. 33, 110, 242–244, 250, 253, 263, 265, 271, 358, 365

Leistung$_W$ (Leistung, tatsächliche elektrische Leistung von Windkraftanlagen) Eingeführt in Fußnote 185. 82–84, 170, 224, 304–308, 317, 388

Logik$_F$ (Logik, formales Verständnis) Eingeführt in Fußnote 280. 48, 52, 98, 113, 119–123, 132, 139–142, 158, 161, 191, 329, 381, 386

Meinung Eingeführt in Abschnitt 2.5.3. 15, 40, 74, 85, 86, 107, 169, 265, 274, 275, 278, 345, 354–356, 364, 374

Meisterschaftsargument (höhere Tragfähigkeit von Expertenwissen) Eingeführt in Abschnitt 2.5.4. 70, 105, 319

Moral Eingeführt in Fußnote 232. 97, 101, 177, 388

Moral$_E$ (Moral, ethische (NoS)) Siehe Eintrag Moral. 61, 100, 108, 109, 112, 114, 115, 145, 359

Moral$_K$ (Moral, kulturbedingte (NoS)) Siehe Eintrag Moral. 42, 100, 108, 109, 111, 112, 114, 115, 123, 145, 223, 263, 359

Narrativ Eingeführt in Abschnitt 1.3.3. 11, 16, 18–23, 35, 43, 114, 115, 135, 194, 197, 200, 219, 251, 260, 267, 272, 281, 284, 285, 297–299, 301–303, 312–314, 318, 320–323, 330, 336–340, 342–345, 347, 358, 360, 361, 364, 369–371

Nennleistung$_{WKA}$ (Nennleistung einer WKA, elektrische) Vgl. Eintrag Leistung$_W$. 82, 83, 224, 285, 302, 305

Netzstabilität (Netzstabilität (Stromnetz)) Vgl. Eintrag Versorgungssicherheit. 304, 307, 308

Nichtigkeitsargument$_K$ (argumentative Nichtigkeit aller Einwände gegenüber der klimaethischen Rechtfertigung) Eingeführt in AF 14. 238, 245, 262, 265, 268, 363, 374

NIMBY (not in my backyard) Eingeführt in Fußnote 57. 15, 31, 60, 61, 66–69, 71, 73–75, 80, 81, 96, 104, 108, 109, 122, 123, 134, 178, 188, 189, 199, 207, 245, 246, 265, 269, 279, 291, 296, 299, 344, 345, 347, 357, 359, 369

NIMBY-Argument (keine (zusätzlichen) Belastungen im privaten Umfeld) Eingeführt in Fußnote 57. 31, 36, 61, 270, 347, 355

NIOBY (not in our backyard) Eingeführt in Fußnote 920. 347, 385

Norm Eingeführt in Fußnote 233. 23, 33, 42, 55, 61, 95, 96, 100–102, 105, 116–119, 121–127, 129, 132, 142, 144, 147, 153, 156, 162, 169, 175, 177, 180–184, 188, 202, 222, 223, 227–229, 231, 235, 263, 264, 266, 267, 272, 279, 282, 283, 289, 319, 323, 325, 326, 328, 329, 350, 352, 359, 366

NoS (Normensystem) Eingeführt in Fußnote 225. 16, 42, 59, 60, 62, 97, 98, 100, 101, 106, 108, 109, 111, 112, 114–116, 129, 131, 174, 179, 263, 287, 359, 388

Notwendigkeit$_I$ (Notwendigkeit, instrumentelle) Eingeführt in Abschnitt 2.5.4. 53, 89, 90, 92, 113, 268–270, 284–286, 294, 302, 313, 315, 327, 350, 387, 389, 391

Notwendigkeit$_L$ (Notwendigkeit, logische) Eingeführt in Abschnitt 2.3.1. 46, 48, 49, 51, 52, 54, 65, 79, 81, 82, 84, 85, 113, 115, 129, 163, 278, 350

Notwendigkeit$_P$ (Notwendigkeit, praktische) Eingeführt in Abschnitt 3.4. 61, 79, 81, 101, 113, 114, 118–120, 122, 129, 130, 152, 165

Objektivismus$_E$ (Objektivismus, ethischer) Eingeführt in Abschnitt 3.4. 112–115, 158, 267

Objektivismus$_T$ (Objektivismus, technischer) Eingeführt in Abschnitt 7.2.2. 90, 267–269, 286, 350, 354, 373, 391

Objektivismus$_W$ (Objektivismus, wissenschaftlicher) Eingeführt in Fußnote 160. 75, 76, 111, 113, 202, 215, 222, 240, 267, 277, 315, 318, 335, 366, 373

Operation$_L$ (Operation, logische) Eingeführt in Fußnote 103. 52, 53, 113, 115, 117, 119, 161, 175, 191, 290

Opponenten Eingeführt in Fußnote 19. 13, 14, 18, 19, 34, 39, 67, 93, 132, 166, 187, 189, 195, 203, 207, 220–223, 225, 226, 229–231, 238, 241, 245–253, 255, 257–263, 265, 266, 269–272, 274–276, 278–283, 286, 296, 299, 300, 310, 313, 315, 320–326, 328–330, 333, 335, 338, 339, 341–346, 351, 355, 357, 358, 360, 362–364, 367–370, 374

Orientierung$_A$ (Orientierung im allgemeinen Sprachgebrauch) Eingeführt in Abschnitt 2.2.1. 15, 17, 22–24, 26, 33, 39–43, 45, 53, 56–60, 62, 67, 73, 74, 79, 86, 89, 95–97, 105–107, 110, 119, 122, 124, 126, 127, 133, 136, 145, 161, 174, 175, 177, 178, 186, 189, 201, 203–205, 216, 228, 233, 237, 242, 244, 254, 295, 297, 300, 301, 312, 326, 328–330, 349, 350, 353, 356, 360, 362, 365, 369, 370, 373

Orientierung$_E$ (Orientierung, ethische) Eingeführt in Abschnitt 3.2. 82, 95–97, 100, 102, 105–112, 114–116, 119, 120, 122–124, 127, 145, 161, 162, 167, 173, 175, 182, 184, 189, 191, 202, 291, 350, 360, 385

Orientierung$_I$ (Orientierung, individuelle) Eingeführt in Abschnitt 5.2.3. 61, 178, 180–182, 185, 188, 189, 191, 193, 204, 228, 236, 251, 269, 273, 295–301, 313, 334, 336–338, 340, 352, 354, 355, 364, 373

Orientierungsdiskurs Eingeführt in Fußnote 541. 45, 109, 200, 258, 287, 306, 311

Muster$_{K}$ (Muster, Kuhns zweites Verständnis von Paradigma) Eingeführt in Fußnote 82. 16, 33, 45, 47–49, 51, 52, 61, 63–65, 67, 69, 72, 75, 82, 87, 90, 102, 108, 113–115, 119–121, 125, 126, 133, 138, 145, 154, 158, 160, 162, 174, 185, 188, 205, 227, 279, 282, 289, 291, 313, 328, 332, 338, 367

Paradigma$_{G}$ (Paradigma, globales (Kuhns Hauptverständnis)) Eingeführt in Fußnote 91. 49, 62, 63, 67, 191

Paternalismus Eingeführt in AF 14. 90, 245, 246, 248, 265, 281

Pflicht (Pflicht, moralethisches Verständnis) Eingeführt in Fußnote 121. 60–62, 69, 80, 98, 100, 112, 148, 162, 229, 272, 353, 386, 391

Plastizität$_{I}$ (Plastizität instrumenteller Erklärungen) Siehe Notwendigkeit$_{I}$. 34, 89, 230, 284, 287, 290, 294, 299, 313, 326, 342, 345, 350, 353

Plausibilität$_{N}$ (Plausibilität, narrative) Eingeführt in Abschnitt 8.4. 23, 31, 32, 34, 37, 46, 93, 94, 106, 115, 124, 143, 153, 155, 163, 168–172, 212, 245, 259, 260, 271, 276, 284, 287–290, 301, 303, 304, 312, 320–322, 328, 336, 337, 350, 358, 360–362, 366, 374, 389

Plausibilitätsmetrik (nil) Vgl. Eintrag Argumentationsraum$_{P}$ und Plausibilität$_{N}$. 289, 290, 292, 297, 302, 303, 320, 330, 333, 337, 359, 361

Prämissenerweiterung Eingeführt in Abschnitt 3.2. 64, 103, 104, 106, 116, 121, 163

Problem$_{T}$ (Problem, tückisches (wicked problem)) Eingeführt in Fußnote 23. 15, 16, 40, 69, 127, 246, 254, 319, 326, 329, 344, 352

Proponenten Eingeführt in Fußnote 29. 11, 13, 15, 18, 69, 76, 77, 106, 108, 112, 132, 203, 204, 207, 220, 222, 225, 226, 229–231, 237, 241, 245, 247, 250, 259, 261, 266–271, 274, 281, 296, 304, 306, 311, 312, 314, 315, 320, 323, 325, 328–330, 335, 342–345, 350, 351, 354, 358, 362–364, 368, 370

Prosumer Eingeführt in Fußnote 653. 13, 19, 195, 204, 207, 238, 239, 245, 260, 299, 346, 368

Prosumer$_{T}$ (Prosumer nach Toffler) Eingeführt in Fußnote 653. 238

Prüfverfahren$_{F}$ (Prüfverfahren, gemäß dem Prinzip der Folgerichtigkeit) Siehe Eintrag Begründung. 40, 45, 46, 54, 64, 78, 79, 84, 85, 96, 97, 100, 109, 121, 130, 131, 134, 143, 150, 155–157, 177, 281, 290, 295, 328, 329, 333

PV (Photovoltaik (Anlagen)) 206, 238, 285, 346

Realbild Eingeführt in Fußnote 163. 66, 75, 76, 109, 144, 173, 310, 314, 320

Realdiskurs Eingeführt in Abschnitt 1.3.4. 23–25, 28, 32–34, 45, 56, 57, 59, 63, 65, 67, 68, 71, 73, 74, 80, 81, 96, 108, 110, 114, 133, 140, 141, 144, 149, 150, 152, 153, 156, 159, 161, 164, 165, 167, 174–176, 179, 180, 189, 196, 201, 208, 212–214, 216, 218–220, 222, 225, 227, 228, 231–233, 240–244, 247, 249, 250, 253, 254, 257, 263, 266, 268, 270–273, 279, 282, 283, 286–291, 293, 294, 299, 314, 323, 330, 341, 342, 349, 363, 364, 367, 369, 371, 374

Realdiskurs$_{E}$ (Realdiskurs, entfesselter) Eingeführt in Fußnote 602. 223, 227, 228, 231, 233, 240, 248, 261, 282, 329

Realdiskurs$_{Rh}$ (Realdiskurs, rhetorischer) Eingeführt in Fußnote 568. 24, 25, 56, 65, 190, 214, 216, 220, 222, 223, 228, 229, 231, 261, 264, 283, 324

Realerkenntnis$_{W}$ (Realerkenntnis, wissenschaftliche) Eingeführt in Fußnote 162. 40, 74–82, 84–86, 89, 104, 110, 114, 115, 118, 133, 145, 169–171, 173, 187, 191, 200, 222, 233, 252, 258, 268, 272–274, 277–279, 282, 283, 287, 306, 307, 309–311, 315, 316, 318, 319, 323, 324, 328, 329, 343, 350, 353, 359, 360, 366, 372

Realismus$_{E}$ (Realismus, ethischer) Eingeführt in Fußnote 252. 109

Rechtfertigung (Rechtfertigung, argumentative) Siehe Eintrag Grund$_{R}$. 26–29, 33, 45, 46, 53, 62, 73, 79, 95, 97–101, 104–108, 110, 111, 113–115, 118, 120, 123–129, 132, 135, 153, 158, 164, 167, 178, 179, 182–186, 188, 222, 245, 252, 253, 258, 262, 267, 269, 272, 295, 300, 315, 316, 320, 324, 330, 340, 350–353, 355, 356, 365, 367, 369, 374

Rechtmäßigkeit Eingeführt in Fußnote 720. 225, 263, 264, 271

Referenzkontext (Referenzkontext, argumentativer) Eingeführt in Abschnitt 2.4.2. 37, 66, 67, 71, 73, 82, 103, 104, 109, 125, 128, 158, 162, 165–169, 171–174, 180, 182, 184, 186, 188, 191, 195, 202, 227, 233, 268, 276, 278, 280, 281, 284, 286, 288–290, 311, 313, 320, 326, 328–330, 338, 340–342, 356, 360, 361, 364

Rekonstruktion (Rekonstruktion natürlichsprachlicher Argumentationen) Eingeführt in

Abschnitt 2.4.2. 29, 35, 55, 56, 64, 71, 73, 98, 101, 103, 104, 107, 120, 121, 158, 165, 166, 172, 193, 328

Relativismus$_{A}$ (Relativismus, alethischer) Eingeführt in Fußnote 424. 114, 162, 269, 278, 283, 318

Relativismus$_{E}$ (Relativismus, ethischer) Eingeführt in Fußnote 266. 73, 114, 118, 124, 158, 162, 167, 168, 202, 228, 229, 269, 293, 329

Residuallast (Residuallast (eE)) Eingeführt in Fußnote 810. 304–306, 308, 314, 324, 326, 328, 370, 372

Scheinbeteiligung Eingeführt in Fußnote 670. 205, 244, 246, 261, 266, 357, 368

schlüssig (schlüssig) Eingeführt in Abschnitt 7.6.1. 15, 32, 36, 50, 55, 56, 67, 84, 86, 92, 103–107, 109, 118, 120, 128, 143, 175, 223, 312, 328, 329, 350, 352, 361

Schluss$_{D}$ (Schluss, deduktiv-logischer) Eingeführt in Abschnitt 2.3.2. 52, 55, 102

Schluss$_{P}$ (Schluss, praktischer) Eingeführt in Abschnitt 2.3.3. 53–55, 68–70, 86, 89, 95–98, 103, 105, 113, 116–118, 124, 125, 131, 147, 157, 169, 177, 283, 284, 290, 313, 351, 352

Selbstwirksamkeit Eingeführt in Abschnitt 6.2.2. 177, 205, 259, 367, 382

Sichtweise$_{TW}$ (Sichtweise, technowirtschaftliche) Eingeführt in Fußnote 547. 203, 327

Sinnhorizont$_{K}$ (Sinnhorizont, kollektivsubjektiver) Eingeführt in Fußnote 825. 313, 314, 320–322, 326, 328–330, 334, 337, 338, 358, 360, 371

Spur$_{A}$ (Spur, argumentative (von Abwägungen)) Eingeführt in Abschnitt 7.3.3. 286, 290, 301, 303, 311, 351–353, 362

Standortgüte Eingeführt in Fußnote 583. 217, 218, 223, 225, 280, 282, 317

stimmig (stimmig) Eingeführt in Abschnitt 7.6.3. 50, 67, 125, 313, 329, 332–334, 339–343, 346, 360, 361, 371, 385

Subdiskurs Eingeführt in Abschnitt 6.1.4. 31, 196, 200–202, 218, 223, 241, 242, 244, 277, 278, 283, 293, 294, 298, 299, 354–356, 363

Subjektivismus$_{T}$ (Subjektivismus, technischer) Eingeführt in Abschnitt 7.2.2. 269, 270, 286, 295, 320, 355

Superparadigma$_{HD}$ (Superparadigma, hypothetisch-deduktives) Eingeführt in Abschnitt 2.4.2. 16, 33, 49, 60, 62–67, 70, 74, 75, 82, 83, 89, 112, 113, 117, 119, 158, 161, 167, 277, 278, 291, 309, 314–316, 338, 350, 355, 373

Systematizität$_{W}$ (Systematizität, wissenschaftliche) Eingeführt in Abschnitt 7.3.3. 69, 73, 79, 80, 84, 85, 88, 90, 97, 100, 115, 135, 146, 168, 208, 233, 274, 278–280, 283, 336, 359

T 01 (These: Meta-Erzählung) Eingeführt in Abschnitt 1.3.3. 21, 43

T 02 (These: Kontextualität von Argumentationen) Eingeführt in Abschnitt 1.3.6. 30, 254, 318, 344

T 03 (These: Potenzialität individueller Begründungen) Eingeführt in Abschnitt 1.3.6. 30, 68, 157, 254, 351

T 04 (These: Korrekturmomente gesellschaftlicher Orientierung) Eingeführt in Abschnitt 5.3.1. 188, 354

T 05 (These: Energiekonflikte aufgrund asymmetrischer Anerkennungsstruktur) Eingeführt in Abschnitt 6.3.2. 220, 235, 344, 357

T 06 (These: Versorgungssicherheit und Handlungsfreiheit) Eingeführt in Abschnitt 6.4.2. 236, 244, 323, 363, 370

T 07 (These: Partizipation und soziale Gerechtigkeit) Eingeführt in Abschnitt 6.4.2. 237, 244, 254, 264, 363, 365, 368

T 08 (These: Verfahrenskritische Funktion lokaler Konfliktdiskurse) Eingeführt in Abschnitt 6.4.4.2. 254, 293, 294, 363, 370

T 09 (These: Grenzen in der Verrechtlichung von Diskursverfahren) Eingeführt in Abschnitt 7.2.1. 264, 342, 368, 374

T 10 (These: Problem rhetorischer Überformung) Eingeführt in Abschnitt 7.2.2. 270, 366, 369, 374

T 11 (These: Grenzen autonomer Einsicht) Eingeführt in Abschnitt 7.3.2. 274, 275, 319, 355, 365, 367, 372

T 12 (These: Persuasive Überzeugungskraft narrativer Argumentationsnetze) Eingeführt in Abschnitt 7.3.2. 278, 358, 366

T 13 (These: Pflicht zur Bereitstellung von wissenschaftlicher Realerkenntnis) Eingeführt in Abschnitt 7.3.3. 282, 344, 366, 372

T 14 (These: Explikation idiosynkratischer Abwägungen) Eingeführt in Abschnitt 7.4.1. 288, 374

T 15 (These: missverstandene Doppelreflexivität der Realdiskurse) Eingeführt in Abschnitt 7.4.3. 294, 368

T 16 (These: Umgang mit epistemischer Unsicherheit) Eingeführt in Abschnitt 7.5.3. 275, 318, 319, 361, 373

T 17 (These: Entgrenzung autonomer Einsicht) Eingeführt in Abschnitt 7.5.3. 319, 343, 361, 373

T 18 (These: KEN als Basis aller Rede über Energiekultur) Eingeführt in Abschnitt 7.6.1. 323, 361, 371

T 19 (These: Paradoxie narrativen Argumentierens) Eingeführt in Abschnitt 7.6.1. 328, 336, 346, 361, 370

T 20 (These: Unklarheit über die übergreifende Diskursgrammatik des Energiediskurses) Eingeführt in Abschnitt 7.6.1. 329, 336, 361, 374

T 21 (These: Fortschreibung des Energiewende-Narrativs (Phase 3)) Eingeführt in Abschnitt 7.6.3. 346

Täuschung$_{Rh}$ (Täuschung in rhetorischer Absicht (Scheinargument)) Eingeführt in Fußnote 601. 69, 103, 146, 152, 159, 223–227, 229, 232, 238, 246, 253, 257, 258, 261, 270, 277, 282, 283, 287, 311, 328, 366, 374

Technikdeterminismus (Technikdeterminismus) Siehe Objektivismus$_T$. 90, 91, 268, 270, 286

Technikfolgenabschätzung (technikphilosophischer und -ethischer Ansatz (TA)) Vgl. Eintrag Akzeptabilität$_{TE}$. 71, 108, 267

Modell$_W$ (Modell, wissenschaftliches) Eingeführt in Fußnote 136. 64, 66, 67, 73, 82, 115, 119, 121, 124, 274, 280, 284, 285, 288, 291, 292, 310, 315, 316, 318

THG (Treibhausgase) Eingeführt in Fußnote 234. 11–13, 26, 60, 86, 87, 102, 162, 206, 252, 284, 285, 294, 304, 306, 326, 346, 347, 371, 372

Trägerhandlung Eingeführt in Fußnote 381. 87, 150, 153, 154

Universalisierungsgrundsatz (U) (Universalisierungsgrundsatz (Habermas)) Eingeführt in Abschnitt 4.3.5. 159, 174

Überreden (Überreden (rhetorische Persuation)) Eingeführt in Abschnitt 6.3. 187, 190, 215, 219, 226, 227, 366

Überschusskapazität Eingeführt in Fußnote 809. 304, 306, 307

Überzeugen (Überzeugen, aufrichtiges) Eingeführt in Abschnitt 6.3. 26, 47, 92, 168, 227

Überzeugung$_S$ (Überzeugung, situative) Eingeführt in Fußnote 501. 47, 73, 85, 99, 105, 113, 127, 150–152, 155–157, 162, 163, 169, 186–188, 213, 214, 216, 218–223, 226, 229, 274, 275, 280, 289, 291, 313, 340, 347, 358, 359, 366, 369, 370, 374

Überzeugungskraft (Überzeugungskraft, argumentative) Eingeführt in Abschnitt 4.1.1. 27, 29, 30, 41, 81, 130–134, 152, 153, 155, 168, 171, 175, 193, 213, 222, 253, 270–273, 279, 350, 351, 356, 359, 361

Überzeugungskraft$_P$ (Überzeugungskraft, persuasive) Eingeführt in Abschnitt 6.3. 131, 212, 213, 263, 268, 278, 281, 283, 287, 297, 312, 342, 343, 351, 357, 361, 362, 366

Universalismus Eingeführt in Abschnitt 7.4.2. 100, 101, 109, 111, 116–118, 125, 140, 141, 145, 146, 154, 159, 172–174, 177, 184, 191, 228, 290, 291, 293, 329

Unrechtsempfinden Eingeführt in Fußnote 717. 262–264

Unsicherheit$_E$ (Unsicherheit, epistemische) Eingeführt in Abschnitt 7.5.3. 68, 95, 228, 275, 316–319, 324, 361, 373

Unsicherheitskaskade$_A$ (Unsicherheitskaskade, argumentative) Eingeführt in Fußnote 833. 316–318

Unterbestimmheit$_I$ (Unterbestimmheit, instrumentelle) Vgl. Eintrag Notwendigkeit$_I$. 89, 290, 337, 350

Verantwortung (Verantwortung (Fokus: Klimawandel)) Siehe Pflicht. 9, 61, 62, 87, 352, 355, 368, 375

Verfasstheit$_M$ (Verfasstheit, motivationale) Eingeführt in Fußnote 411. 92, 157, 158, 177, 186, 213, 267, 290, 291, 295, 298, 299, 333, 337, 338, 345, 351, 352, 359, 374

Vernunftkraft Eingeführt in Fußnote 10. 12, 207, 221, 246, 277, 312, 334

Versorgungssicherheit Eingeführt in Abschnitt 6.4.2. 9–11, 204, 206, 207, 235–237, 244, 304–306, 308, 311, 319, 321, 323, 324, 326–328, 330, 338, 343, 363, 368, 370, 371, 388

Volllaststunden Eingeführt in Fußnote 605. 223, 225, 230, 280

Weltanschauung$_S$ (Weltanschauung, subjektiv-individuell) Eingeführt in Fußnote 269. 75, 115, 295, 312, 313, 326, 328

Wert$_K$ (Wert, kollektiv) Eingeführt in Fußnote 277. 16, 23, 42, 61, 71, 96, 97, 99–101, 103, 109, 110, 116–118, 122, 124, 126, 127, 129, 143, 144, 175, 177, 182–184, 188, 190, 202, 223, 227–229, 231, 235, 237, 244, 250, 263, 266, 267, 272, 282, 283, 289, 321, 325, 326, 328, 329, 347, 350, 352, 359, 363

Widerspruch$_P$ (Widerspruch, performativer (nach Habermas)) Eingeführt in Fußnote 354. 61, 143, 161, 162, 221, 269, 329

Windhöffigkeit Eingeführt in Fußnote 60. 39, 225, 302

Windsystem Eingeführt in Fußnote 817. 307, 317, 318

WIR$_L$ (WIR, Perspektive lokalen Gemeinsinns) Siehe K 06C. 143, 147–149, 183–186, 188, 189, 217, 219–221, 227, 228, 239, 242, 251, 253, 258, 260, 273, 295, 297, 300, 301, 313, 331, 337–340, 345–347, 354, 356–364, 368, 373, 374

WIR$_U$ (WIR, Perspektive universellen Gemeinsinns) Siehe K 06D. 143, 184, 188, 189, 193, 238, 239, 251, 253, 267, 291, 293, 295, 297, 345, 347, 358, 359, 361, 363, 367–369, 374

Wissenschaftspraxis Eingeführt in Fußnote 159. 32, 62, 74–77, 79, 84, 97, 143, 278–280, 316, 318, 319, 329

WKA (Windkraftanlage) 31, 51, 55, 67, 68, 70, 82, 83, 85, 123, 165, 166, 177, 195, 206, 209, 210, 215, 217, 218, 221, 223–225, 230, 235, 244, 247–249, 251, 259, 265, 268, 269, 281, 291, 294–296, 301, 304–308, 310, 315, 317, 331, 332, 334, 335, 338, 343, 346, 348, 352, 354, 355, 357, 362, 368, 388

Literatur

Abels, Heinz (2020): *Soziale Interaktion.* Wiesbaden: Springer VS.

Adam, Mathias (2002): *Theoriebeladenheit und Objektivität: Zur Rolle der Beobachtung in den Naturwissenschaften.* Deutsche Hochschulschriften; 2. Frankfurt am Main: Hänsel-Hohenhausen.

AfD (2018): *Programm für Deutschland. Das Grundsatzprogramm der Alternative für Deutschland.Parteiprogramm der AfD.* Hrsg. von Prof. Dr. Jörg Meuthen und Dr. Alexander Gauland. URL: www.afd.de/grundsatzprogramm (besucht am 11. 02. 2020).

Agora Energiewende (2013): *12 Thesen zur Energiewende.* Forschungsber. Agora Energiewende. URL: https://static.agora-energiewende.de/fileadmin/Projekte/2012/12-Thesen/Agora_12_Thesen_Langfassung_2.Auflage_web.pdf (besucht am 17. 06. 2021).

Agora Energiewende (2021): *Die Energiewende im Corona-Jahr: Stand der Dinge 2020.* Forschungsber. Agora Energiewende. URL: https://static.agora-energiewende.de/fileadmin/Projekte/2021/2020_01_Jahresauswertung_2020/200_A-EW_Jahresauswertung_2020_WEB.pdf (besucht am 17. 10. 2021).

Alexy, Robert (1978): *Eine Theorie des praktischen Diskurses.* In: *Materialien zur Normendiskussion.* Bd. 2: *Normenbegründung – Normendurchsetzung.* Hrsg. von Willi Oelmüller. Paderborn: Schöningh, S. 22–58.

Angelis, Gabriele De (1999): „Die Vernunft der Kommunikation und das Problem einer diskursiven Ethik. Überlegungen über Vernunft, Kommunikation und Ethik in kritischem Anschluß an die Diskursethik von Jürgen Habermas“. Diss. Ruprecht-Karls-Universität Heidelberg. URL: http://archiv.ub.uni-heidelberg.de/volltextserver/1813/1/tesiWR.PDF (besucht am 08. 12. 2020).

Aristoteles (1831): *Topica.* In: *Aristotelis Opera I. Ex recensione Immanuelis Bekkeri, editit Academia Regia Borussica. Editio Altera quam curavit Olof Gigon. Volumen primum.* Hrsg. von Immanuel Bekkeri. Berlin: de Gruyter (1960), 100a–164b.

Aristoteles (1989): *Metaphysik Bücher I – VI, Altgriechisch-Deutsch. Neubearbeitung der Übersetzung von Hermann Bonitz.* 3. Aufl. Hamburg: Meiner.

Arnstein, Sherry R. (1969): *The Ladder of Citizen Participation.* In: Journal of the American Planning Association, 35:4, S. 216–224.

Aubenque, Pierre (2007): *Der Begriff der Klugheit bei Aristoteles.* Hamburg: Meiner.

Ausfelder, Florian u. a. (2017): *»Sektorkopplung« – Untersuchungen und Überlegungen zur Entwicklung eines integrierten Energiesystems.* Forschungsber. Nationale

Akademie der Wissenschaften Leopoldina, acatech – Deutsche Akademie der Technikwissenschaften, Union der deutschen Akademien der Wissenschaften.

Ballestrem, Karl Graf (2001): *Adam Smith.* C. H. Beck.

Baranek, Elke, Corinna Fischer und Heike Walk (2005): *Partizipation und Nachhaltigkeit. Reflektionen über Zusammenhänge und Vereinbarkeiten.* Forschungsber. 15/05. Zentrum für Technik und Gesellschaft (TU Berlin).

Bartels, Andreas (2021): *Wissenschaft.* De Gruyter. DOI: doi:10.1515/9783110651607.

Bauer, Katharina (2018): *Praktische Notwendigkeit.* In: Information Philosophie, 4, S. 42–48.

Bayer, Klaus (2007): *Argument und Argumentation. Logische Grundlagen der Argumentationsanalyse.* Göttingen: Vandenhoeck & Ruprecht.

Becker, Sören, Andrea Bues und Matthias Naumann (2016): *Zur Analyse lokaler energiepolitischer Konflikte. Skizze eines Analysewerkzeugs.* In: Raumforschung und Raumordnung, 74, S. 39–49.

Becker, Sören und Matthias Naumann (2016): *Energiekonflikte nutzen. Wie die Energiewende vor Ort gelingen kann.* Forschungsber. Leibniz-Institut für Raumbezogene Sozialforschung (IRS).

Beckermann, Ansgar (1972): *Die realistischen Voraussetzungen der Konsenstheorie von J. Habermas.* In: Zeitschrift für allgemeine Wissenschaftstheorie, III (1), S. 64–80.

Beisbart, Claus (2007): *Handeln begründen. Motivation, Rationalität, Normativität.* Berlin: Lit-Verlag.

Belz, Janina u. a. (2022): *Umweltbewusstsein in Deutschland 2020. Ergebnisse einer repräsentativen Bevölkerungsumfrage.* Forschungsber. Bundesministerium für Umwelt, Naturschutz und nukleare Sicherheit (BMU).

Berlo, Kurt und Oliver Wagner (2018): *Energiewende als Untersuchungsobjekt der Transitionsforschung: Eine Analyse der örtlichen Verteilnetzebene für Strom und Gas.* In: *Handbuch Energiewende und Partizipation.* Hrsg. von Lars Holstenkamp und Jörg Radtke. Wiesbaden: Springer Fachmedien Wiesbaden, S. 545–561.

Betz, Gregor (2016): *Fehlschlüsse beim Argumentieren mit Szenarien.* In: *Die Energiewende und ihre Modelle: Was uns Energieszenarien sagen können – und was nicht.* Hrsg. von Christian Dieckhoff und Anna Leuschner. transcript Verlag, S. 117–136. DOI: doi:10.1515/9783839431719.

Betz, Gregor und David Lanius (2019): *Philosophy of science for science communication in twenty-two questions.* In: *Science Communication.* Hrsg. von Annette Leßmöllmann, Marcelo Dascal und Thomas Gloning. Boston, Berlin: De Gruyter Mouton, S. 3–28. DOI: doi:10.1515/9783110255522.

Birke, Marcus und Redaktion (2010): *Meinung/Glaube*. In: *Enzyklopädie Philosophie. I–P*. Hrsg. von Hans Jörg Sandkühler. Hamburg: Meiner, S. 1522–1526.

Birnbacher, Dieter (2013): *Analytische Einführung in die Ethik*. Berlin/Boston: De Gruyter.

Bleisch, Barbara und Markus Huppenbauer (2014): *Ethische Entscheidungsfindung. Ein Handbuch für die Praxis*. Zürich: Versus Verlag.

Blumenberg, Hans (1962): *Die Vorbereitung der Neuzeit*. In: Philosophische Rundschau, 9:2/3, S. 81–131.

Blumenberg, Hans (1965): *Die kopernikanische Wende*. Frankfurt a. M.: Suhrkamp.

Blumenberg, Hans (1975): *Die Genesis der kopernikanischen Welt*. Frankfurt a. M.: Suhrkamp (1985).

BMWi (2015): *Die Energiewende gemeinsam zum Erfolg führen. Auf dem Weg zu einer sicheren, sauberen und bezahlbaren Energieversorgung*. Techn. Ber. Bundesministerium für Wirtschaft und Energie (BMWi).

Bock, Stephanie u. a. (2017): *Beteiligungsverfahren bei umweltrelevanten Vorhaben*. Forschungsber. Deutsches Institut für Urbanistik (Berlin), im Auftrag des Umweltbundesamtes.

Bofinger, Stefan u. a. (2012): *Potenzial der Windenergienutzung an Land. Kurzfassung*. Forschungsber. Bundesverband WindEnergie e.V.

Bogumil, Jörg (2001): „Neue Formen der Bürgerbeteiligung an kommunalen Entscheidungsprozessen – Kooperative Demokratie auf dem Vormarsch!? Vortrag auf der Fachkonferenz „Stadt und Bürger“ des Deutschen Städtetages am 1.3.01 in Kassel“.

Böhler, Dietrich (1972): *Paradigmawechsel in analytischer Wissenschaftstheorie? Wissenschaftsgeschichtliche und Wissenschaftstheoretische Aufgaben der Philosophie*. In: Zeitschrift für allgemeine Wissenschaftstheorie / Journal for General Philosophy of Science, 3:2, S. 219–242. URL: http://www.jstor.org/stable/25170250.

Bönisch, Bettina und Frank Sondershaus (2017): *Ergebnisse der anwendungsorientierten Sozialforschung zu Windenergie und Beteiligung. Auswertung von ausgewählten Forschungsvorhaben der FONA 2-Reihe*. Forschungsber. Fachagentur Windenergie an Land.

Bons, Marian u. a. (2022): *Analyse der Flächenverfügbarkeit für Windenergie an Land post-2030. Ermittlung eines Verteilungsschlüssels für das 2-%-Flächenziel auf Basis einer Untersuchung der Flächenpotenziale der Bundesländer*. Forschungsber. Guidehouse Germany GmbH.

Born, Max (1922): *Die Relativitätstheorie Einsteins und ihre physikalischen Grundlagen*. Berlin: Springer.

Bornemann, Basil und Thomas Saretzki (2018): *Konfliktfeldanalyse – das Beispiel „Fracking" in Deutschland.* In: *Handbuch Energiewende und Partizipation.* Hrsg. von Lars Holstenkamp und Jörg Radtke. Wiesbaden: Springer Fachmedien Wiesbaden, S. 563–581.

Borrmann, Rasmus, Knud Rehfeldt und Dennis Kruse (2020): *Volllaststunden von Windenergieanlagen an Land.* Forschungsber. Deutsche Windguard. URL: https://www.windguard.de/veroeffentlichungen.html?file=files/cto_layout/img/unternehmen/veroeffentlichungen/2020/Volllaststunden%20von%20Windenergieanlagen%20an%20Land%202020.pdf (besucht am 10. 02. 2022).

Bosch, Stephan und Gerd Peyke (2011): *Gegenwind für die Erneuerbaren – Räumliche Neuorientierung der Wind-, Solar- und Bioenergie vor dem Hintergrund einer verringerten Akzeptanz sowie zunehmender Flächennutzungskonflikte im ländlichen Raum.* In: Raumforschung und Raumordnung, 69:4, S. 105–118. DOI: 10.1007/s13147-011-0082-6.

Bovet, Jana und Nele Lienhoop (2017): *Trägt die wirtschaftliche Teilhabe an Flächen für die Windkraftnutzung zur Akzeptanz bei? Zum Gesetzesentwurf eines Bürger- und Gemeindebeteiligungsgesetzes unter Berücksichtigung von empirischen Befragungen.* In: *Die Energiewende verstehen – orientieren – gestalten: Erkenntnisse aus der Helmholtz-Allianz ENERGY-TRANS.* Hrsg. von Jens Schippl, Armin Grunwald und Ortwin Renn. 1. Auflage. Baden-Baden: Nomos, S. 569–592.

Braun, Florian (2010): *Technik als Kulturform und Hegels Motiv der Naturhaftigkeit geistiger Strukturen.* Hrsg. von Researchgate. URL: http://dx.doi.org/10.13140/RG.2.1.3270.4885 (besucht am 10. 11. 2018).

Braun, Florian (2014): „Wissenschaft als Selbstzweck. Eine wissenschaftsphilosophische Untersuchung zu Aristoteles' und Hegels Ideal der selbstgenügsamen Erkenntnis". Diss. TU Dormtund. URL: http://hdl.handle.net/2003/33620.

Braun, Florian (2015): *Naturerkenntnis und Freiheitsinteresse. Eine Studie zum Freiheitsbegriff in Galileis Wissenschaftskonzeption.* In: Krise der Wissenschaften, 21, S. 42–75. URL: https://philoklesonline.wordpress.com/tag/aktuelles-heft/ (besucht am 30. 05. 2017).

Braun, Florian (2016): *Struktur und Grenzen der Kompensationsgerechtigkeit (im Rahmen der Energiewende).* DOI: 10.5281/zenodo.6405429.

Braun, Florian (2017): *Naturwert und Praxis. Zur Begründungsfunktion der Praxiserfahrung in Bryan Nortons umweltethischem Pragmatismus.* In: *Jahrbuch Praktische Philosophie in globaler Perspektive. Schwerpunkt: Pragmatistische Impulse.* Hrsg. von Michael Reder u. a., S. 162–196.

Braun, Florian (2018): *Natur als normative Grundlage der Umweltpolitik. Zum Verhältnis von Wissenschaft und Umweltpolitik.* In: Loccumer Protokolle: Natürlich Natur! – Aber was ist Natur? Interdisziplinäre Deutungsversuche und Handlungsoptionen, 81/17. DOI: 10.5281/zenodo.6413936.

Braun, Florian und Christian Baatz (2017): *Klimaverantwortung*. In: Wiesbaden: Springer Fachmedien Wiesbaden, S. 855–886. DOI: 10.1007/978-3-658-06110-4_41.

Braun, Florian und Christian Baatz (2018): *Klimaverantwortung und Energiekonflikte. Eine klimaethische Betrachtung von Protesten gegen Energiewende-Projekte*. In: *Reflexive Responsibilisierung. Verantwortung für nachhaltige Entwicklung*. Hrsg. von Nikolaus Buschmann u. a. Bielefeld: Transcript, S. 31–48.

Braun, Florian, Christoph Scherer u. a. (26. 04. 2016): *Arbeitspapier: Steckbriefkatalog der Fallbeispiele (BMBF-Projekt Energiekonflikte)*. Techn. Ber. CAU Kiel, Institut Raum und Energie.

Brinkmann, Cordula und Sascha Schulz (2011): *Die Energie.Genossenschaft. Ein kooperatives Beteiligungsmodell*. URL: https://www.energiegenossenschaften-gruenden.de/fileadmin/user_upload/downloads/Artikel/Die_Energiegenossenschaften._Ein_kooperatives_Beteiligungsmodell_01.pdf (besucht am 12. 09. 2018).

Brischke, Lars-Arvid und Laura Spengler (2011): *Spannungsgeladen. Die Zukunft der Energieversorgung*. In: Politische Ökologie, 29, S. 86–93.

Bruce, Michael und Steven Barbone, Hrsg. (2013): *Die 100 wichtigsten philosophischen Argumente*. Darmstadt: Wissenschaftliche Buchgesellschaft.

Brüggemann, Michael u. a. (2018): *Klimawandel in den Medien*. In: *Hamburger Klimabericht – Wissen über Klima, Klimawandel und Auswirkungen in Hamburg und Norddeutschland*. Hrsg. von Hans von Storch, Insa Meinke und Martin Claußen. Berlin, Heidelberg: Springer Berlin Heidelberg, S. 243–254. DOI: 10.1007/978-3-662-55379-4_12. URL: https://doi.org/10.1007/978-3-662-55379-4_12.

Brunkhorst, Hauke, Regina Kreide und Cristina Lafont, Hrsg. (2015): *Habermas Handbuch*. Stuttgart, Weimar: Metzler.

Brunnengräber, Achim (2018): *Klimaskeptiker im Aufwind*. In: *Bausteine der Energiewende*. Hrsg. von Olaf Kühne und Florian Weber. Wiesbaden: Springer Fachmedien Wiesbaden, S. 271–292. DOI: 10.1007/978-3-658-19509-0.

Brunner, Reinhard (2000): *Praxis und Diskurs*. In: *Diskurs. Begriff und Realisierung*. Hrsg. von Heinz-Ulrich Nennen. Würzburg: Königshausen & Neumann, S. 141–159.

Bublitz, Hannelore (2020): *Macht*. In: *Foucault-Handbuch: Leben – Werk – Wirkung*. Hrsg. von Clemens Kammler, Rolf Parr und Ulrich Johannes Schneider. Berlin: J. B. Metzler, S. 316–319.

Bücker, Jörg (2004): *SASI 1: Argumentationstheorie und interaktionale Linguistik*. Forschungsber. Westfälische Wilhelms-Universität Münster.

Bundesregierung, Hrsg. (2022): *Entwurf eines Gesetzes zu Sofortmaßnahmen für einen beschleunigten Ausbau der erneuerbaren Energien und weiteren Maßnahmen im Stromsektor.* URL: https://www.bmwi.de/Redaktion/DE/Downloads/Energie/0406_ueberblickspapier_osterpaket.html (besucht am 13. 04. 2022).

Burri, Alex (2011): *Notwendigkeit.* In: *Neues Handbuch philosophischer Grundbegriffe.* Bd. 2. Hrsg. von Petra Kolmer und Armin G. Wildfeuer. Freiburg, München: Karl Alber, S. 1639–1650.

Carrier, Martin (2005): *Die Rettung der Phänomene: Zu den Wandlungen eines antiken Forschungsprinzips.* In: *Homo Sapiens und Homo Faber. Epistemische und technische Rationalität in Antike und Gegenwart. Festschrift für Jürgen Mittelstraß.* Hrsg. von Gereon Wolters und Martin Carrier. De Gruyter (2012), S. 25–38. DOI: doi:10.1515/9783110923940.

Carrier, Martin (2017): *Wissenschaftstheorie zur Einführung.* 4., überarbeitete Auflage. Bd. 353. Zur Einführung. Hamburg (2006): Junius.

CFR/DPA (19. 02. 2020): *Deutsche Autofahrer stellen PS-Rekord bei Neuzulassungen auf.* In: Spiegel, URL: https://www.spiegel.de/auto/deutsche-autofahrer-stellen-ps-rekord-bei-neuzulassungen-auf-a-742a5bf1-30c5-4eca-8a96-9918b23ccf57 (besucht am 22. 02. 2020).

Chemnitz, Christine (2018): *Der Mythos vom Energiewendekonsens. Ein Erklärungsansatz zu den bisherigen Koordinations- und Steuerungsproblemen bei der Umsetzung der Energiewende im Föderalismus.* In: *Energiewende. Politikwissenschaftliche Perspektiven.* Hrsg. von Jörg Radtke und Norbert Kersting. Wiesbaden: Springer VS, S. 155–203.

Dahm, Klaus-Peter (2016): *Vom Klimawandel zur Energiewende: Eine umfassende Prüfung der zugrundeliegenden Annahmen.* 1. Auflage. Berlin: Verlag Dr. Köster.

Dahms, Hans-Joachim (1994): *Positivismusstreit. Die Auseinandersetzungen der Frankfurter Schule mit dem logischen Positivismus, dem amerikanischen Pragmatismus und dem kritischen Rationalismus.* Frankfurt am Main: Suhrkamp.

David, Martin und Sophia Schönborn (2016): *Die Energiewende als Bottom-Up-Innovation. Wie Pionierprojekte das Energiesystem verändern.* München: oekom.

Deutsche Umwelthilfe (2021): *Versorgungssicherheit mit 100% Erneuerbaren Energien.* Techn. Ber. Deutsche Umwelthilfe.

Deutsche Umweltstiftung, Hrsg. (2015): *Kursbuch Bürgerbeteiligung.* Berlin: Deutsche Umweltstiftung.

Dieckhoff, Christian und Anna Leuschner, Hrsg. (2016): *Die Energiewende und ihre Modelle: Was uns Energieszenarien sagen können – und was nicht.* transcript Verlag. DOI: doi:10.1515/9783839431719.

Dietrich, Julia (2006): *Zur Methode ethischer Urteilsbildung in der Umweltethik.* In: *Umweltkonflikte verstehen und bewerten. Ethische Urteilsbildung im Natur- und Umweltschutz.* Hrsg. von Uta Eser und Albrecht Müller. München: oekom, S. 177–193.

Donat, Ulrike (2015): *Bürgerbeteiligung und Konfliktmanagement.* In: *Kursbuch Bürgerbeteiligung.* Hrsg. von Deutsche Umweltstiftung. Bd. 2. Berlin: Deutsche Umweltstiftung, S. 25–38.

Douven, Igor (2021): *Abduction.* In: *The Stanford Encyclopedia of Philosophy.* Hrsg. von Edward N. Zalta. Summer 2021. Metaphysics Research Lab, Stanford University. URL: https://plato.stanford.edu/archives/sum2021/entries/abduction/.

Düwell, Marcus (2011): *Anerkennung.* In: *Neues Handbuch philosophischer Grundbegriffe.* Bd. 1. Hrsg. von Petra Kolmer und Armin G. Wildfeuer. Freiburg, München: Karl Alber, S. 124–135.

Düwell, Marcus, Christoph Hübenthal und Micha H. Werner, Hrsg. (2011): *Handbuch Ethik.* Stuttgart, Weimar: Metzler.

Dworkin, Gerald (2020): *Paternalism.* In: *The Stanford Encyclopedia of Philosophy.* Hrsg. von Edward N. Zalta. Fall 2020. Metaphysics Research Lab, Stanford University. URL: https://plato.stanford.edu/archives/fall2020/entries/paternalism/.

Eemeren, Frans H. van (2018): *Argumentation Theory: A Pragma-Dialectical Perspective.* Springer.

Eemeren, Frans H. van, Bart Garssen u. a. (2014a): *Handbook of Argumentation Theory.* Dordrecht: Springer Reference.

Eemeren, Frans H. van, Bart Garssen u. a. (2014b): „The Pragma-Dialectical Theory of Argumentation“. In: *Handbook of Argumentation Theory.* Dordrecht: Springer Reference, S. 517–614.

Eemeren, Frans H. van und Rob Grootendorst (1984): *Speech Acts in Argumentative Discussions.* De Gruyter Mouton. DOI: doi:10.1515/9783110846089.

Eemeren, Frans H. van, Rob Grootendorst und Ralph H. Johnson (2004): *A Systematic Theory of Argumentation. The pragma-dialectical approach.* Cambridge University Press.

Eemeren, Frans H. van, Rob Grootendorst, Ralph H. Johnson u. a. (1996): *Fundamentals of argumentation theory: A handbook of historical backgrounds and contemporary developments.* Routledge.

Eemeren, Frans H. van, Rob Grootendorst und Tjark Kruiger (1987): *Handbook of Argumentation Theory: A Critical Survey of Classical Backgrounds and Modern Studies.* Dordrecht: De Gruyter Mouton (2019). DOI: doi:10.1515/9783110846096.

Ehemann, Eva-Maria Isabell (2020): *Umweltgerechtigkeit.* Mohr Siebeck. URL: https://doi.org/9783161577420.

Eichenauer, Eva (2016): *Im Gegenwind. Lokaler Widerstand gegen den Bau von Windkraftanlagen in Brandenburg. Ergebnisse einer Onlinebefragung.* URL: http://dx.doi.org/10.13140/RG.2.2.29464.39685.

Eichenauer, Eva (2018): *Energiekonflikte – Proteste gegen Windkraftanlagen als Spiegel demokratischer Defizite.* In: *Energiewende. Politikwissenschaftliche Perspektiven.* Hrsg. von Jörg Radtke und Norbert Kersting. Wiesbaden: Springer VS, S. 315–341.

Eichenauer, Eva, Lutz Meyer-Ohlendorf und Fritz Reusswig (2017): *Lebensstile in der Energiewende.* Meilensteinreport. Potsdam-Institut für Klimafolgenforschung. DOI: 10.13140/RG.2.2.26633.75365. (Besucht am 11. 09. 2018).

Eichenauer, Eva, Fritz Reusswig u. a. (2018): *Bürgerinitiativen gegen Windkraftanlagen und der Aufschwung rechtspopulistischer Bewegungen.* In: *Bausteine der Energiewende.* Hrsg. von Olaf Kühne und Florian Weber. Wiesbaden: Springer Fachmedien Wiesbaden, S. 633–652. DOI: 10.1007/978-3-658-19509-0.

Elsner, Peter u. a. (2015): *Flexibilitätskonzepte für die Stromversorgung 2050. Stabilität im Zeitalter der erneuerbaren Energien.* Forschungsber. Nationale Akademie der Wissenschaften Leopoldina, acatech – Deutsche Akademie der Technikwissenschaften, Union der deutschen Akademien der Wissenschaften.

Elster, Jon, Lars Walløe und Dagfinn Føllesdal (1988): *Rationale Argumentation. Ein Grundkurs in Argumentations- und Wissenschaftstheorie.* Berlin, New York: De Gruyter (2010). DOI: doi:10.1515/9783110861372.

Elstner, Yvonne (2017): *Energiewende und Öffentlichkeitsbeteiligung – Argumentationsstrategien im Energiediskurs.* In: *Energiediskurs: Perspektiven auf Sprache und Kommunikation im Kontext der Energiewende.* Hrsg. von Nicole Rosenberger und Ulla Kleinberger. Bern: Peter Lang GmbH, S. 149–173.

Engler, Steven, Julia Janik und Matthias Wolf, Hrsg. (2020): *Energiewende und Megatrends. Wechselwirkungen von globaler Gesellschaftsentwicklung und Nachhaltigkeit.* Bielefeld: transcript.

Ernst, Gerhard (2011): *Erkenntnis.* In: *Neues Handbuch philosophischer Grundbegriffe.* Bd. 1. Hrsg. von Petra Kolmer und Armin G. Wildfeuer. Freiburg, München: Karl Alber, S. 688–709.

Ernst, Gerhard (2016): *Einführung in die Erkenntnistheorie.* Darmstadt: Wissenschaftliche Buchgesellschaft.

Esfeld, Michael (2017): *Wissenschaft, Erkenntnis und ihre Grenzen.* In: Spektrum der Wissenschaft, 8, S. 12–18.

Estrada-González, Luis (2013): *Der logische Monismus.* In: *Die 100 wichtigsten philosophischen Argumente.* Hrsg. von Michael Bruce und Steven Barbone. Darmstadt: Wissenschaftliche Buchgesellschaft, S. 108–112.

ESYS (2022): *Wie kann der Ausbau von Photovoltaik und Windenergie beschleunigt werden?* Forschungsber. Nationale Akademie der Wissenschaften Leopoldina, acatech – Deutsche Akademie der Technikwissenschaften, Union der deutschen Akademien der Wissenschaften. DOI: 10.48669/esys_2022-4.

Ethik-Kommission (2011): *Deutschlands Energiewende – Ein Gemeinschaftswerk für die Zukunft.* Forschungsber. Ethik-Kommission Sichere Energieversorgung (Bundeskanzleramt). URL: https://www.nachhaltigkeitsrat.de/wp-content/uploads/migration/documents/2011-05-30-abschlussbericht-ethikkommission_property_publicationFile.pdf (besucht am 02. 01. 2022).

Feldman, Simon und Derek Turner (2010): *Why Not NIMBY?* In: Ethics, Place & Environment, 13:3, S. 251–266. DOI: 10.1080/1366879X.2010.516493.

Fischedick, Manfred (2014): *Phasen der Energiesystemtransformation.* In: *Themen 2014: Forschung für die Energiewende – Phasenübergänge aktiv gestalten.* Hrsg. von FVEE, S. 12–18.

Fisher, Walter R. (1987): *Human Communication As Narration: Toward a Philosophy of Reason, Value, and Action.* Columbia: University of South Carolina Press.

FONA (2009): *Forschung für nachhaltige Entwicklungen. Rahmenprogramm des BMBF, entwickelt von: Zukünftige Technologien Consulting, VDI Technologiezentrum GmbH.* report. Bundesministerium für Bildung und Forschung (BMBF), Referat 721 – Grundsatzfragen Kultur, Nachhaltigkeit, Umweltrecht.

Förster, Hannah u. a. (2018): *Komponentenzerlegung energiebedingter Treibhausgasemissionen mit Fokus auf dem Ausbau erneuerbarer Energien. Teilbericht 3: Dekomposition der energiebedingten THG-Emissionen Deutschlands.* Forschungsber. Öko-Institut (Berlin) und ifeu (Heidelberg) für UBA.

Foucault, Michel (1991): *Die Ordnung des Diskurses.* Frankfurt am Main: Fischer Taschenbuch.

Frankfurt, Harry G. (2006): *Bullshit.* Frankfurt am Main: Suhrkamp Verlag.

Fraune, Cornelia und Michèle Knodt (2019): *Politische Partizipation in der Mehrebenengovernance der Energiewende als institutionelles Beteiligungsparadox.* In: *Akzeptanz und politische Partizipation in der Energietransformation. Gesellschaftliche Herausforderungen jenseits von Technik und Ressourcenausstattung.* Hrsg. von Cornelia Fraune u. a. Wiesbaden: Springer VS, S. 159–182.

Fraune, Cornelia, Michèle Knodt, Sebastian Gölz u. a., Hrsg. (2019a): *Akzeptanz und politische Partizipation in der Energietransformation. Gesellschaftliche Herausfor-*

derungen jenseits von Technik und Ressourcenausstattung. Wiesbaden: Springer VS.

Fraune, Cornelia, Michèle Knodt, Sebastian Gölz u. a. (2019b): *Einleitung: Akzeptanz und politische Partizipation – Herausforderungen und Chancen für die Energiewende*. In: *Akzeptanz und politische Partizipation in der Energietransformation. Gesellschaftliche Herausforderungen jenseits von Technik und Ressourcenausstattung*. Hrsg. von Cornelia Fraune u. a. Wiesbaden: Springer VS, S. 1–26.

Freundlieb, Dieter (1975): *Zur Problematik einer Diskurstheorie der Wahrheit*. In: Zeitschrift für allgemeine Wissenschaftstheorie, 6:1, S. 82–107. DOI: 10.1007/bf01801103.

Friedauer, Denise (2018): *Gefühl und Empfindung*. In: *Bildung und Emotion*. Hrsg. von Matthias Huber und Sabine Krause. Wiesbaden: Springer Fachmedien Wiesbaden, S. 59–74. DOI: 10.1007/978-3-658-18589-3_4.

Fromme, Jörg (2018): *Transformation des Stromversorgungssystems zwischen Planung und Steuerung*. In: *Bausteine der Energiewende*. Hrsg. von Olaf Kühne und Florian Weber. Wiesbaden: Springer Fachmedien Wiesbaden, S. 293–314. DOI: 10.1007/978-3-658-19509-0.

Frondel, Manuel, Gerhard Kussel u. a. (2019): *Local Cost for Global Benefit: The Case of Wind Turbines*. Techn. Ber. Essen: RWI – Leibniz-Institut für Wirtschaftsforschung.

Frondel, Manuel, Nolan Ritter und Christoph M. Schmidt (2008): *Photovoltaik: Wo viel Licht ist, ist auch viel Schatten*. In: List Forum für Wirtschafts- und Finanzpolitik, 34:1, S. 28–44. DOI: 10.1007/BF03373283. URL: https://doi.org/10.1007/BF03373283.

Fuchs, Michael u. a. (2010): *Forschungsethik. Eine Einführung*. J. B. Metzler.

FVEE, Hrsg. (2014): *Themen 2014: Forschung für die Energiewende – Phasenübergänge aktiv gestalten*.

Gadamer, Hans-Georg (1999): *Gesammelte Werke*. Bd. 1: *Hermeneutik I*. Tübingen: UTB (Mohr Siebeck).

Gawel, Erik u. a. (2017): *Die Zukunft der Energiewende in Deutschland*. In: *Die Energiewende verstehen – orientieren – gestalten: Erkenntnisse aus der Helmholtz-Allianz ENERGY-TRANS*. Hrsg. von Jens Schippl, Armin Grunwald und Ortwin Renn. 1. Auflage. Baden-Baden: Nomos, S. 425–446.

Gerhardt, Volker (2000): *Individualität. Das Element der Welt*. München: C. H. Beck.

Germer, Sonja und Axel Kleidon (02/2019): *Have wind turbines in Germany generated electricity as would be expected from the prevailing wind conditions in 2000-2014?* In: PLOS ONE, 14:2, S. 1–16. DOI: 10.1371/journal.pone.0211028.

Geyer, Carl-Friedrich (2005): *Einführung in die Philosophie der Kultur*. Darmstadt: Wissenschaftliche Buchgesellschaft.

Gil, Thomas (2012): *Argumentieren. Argumente und ihr konkreter Gebrauch.* Berlin: Universitätsverlag der TU Berlin.

Glässer, Ulla und Markus Troja (2018): *Lösungen finden. Mediation im Spannungsfeld Naturschutz und Energiewende.* In: *Jahrbuch für naturverträgliche Energiewende, 2018. K 18 – Konflikte in der Energiewende.* Hrsg. von KNE, S. 23–33.

Gölz, Sebastian u. a. (2019): *Akzeptanz und Konflikte als Zustände regionaler sozialer Prozesse. Anwendung eines transdisziplinären Analyserahmens.* In: *Akzeptanz und politische Partizipation in der Energietransformation. Gesellschaftliche Herausforderungen jenseits von Technik und Ressourcenausstattung.* Hrsg. von Cornelia Fraune u. a. Wiesbaden: Springer VS, S. 85–108.

Gonzalez, Wenceslao J., Hrsg. (2014): *Bas van Fraassen's Approach to Representation and Models in Science.* Dordrecht: Springer Netherlands.

Gortsas, Theodore V. u. a. (2017): *Numerical modelling of micro-seismic and infrasound noise radiated by a wind turbine.* In: Soil Dynamics and Earthquake Engineering, 99: S. 108–123. DOI: 10.1016/j.soildyn.2017.05.001.

Gosepath, Stefan (2010): *Gerechtigkeit.* In: *Enzyklopädie Philosophie. A–H.* Hrsg. von Hans Jörg Sandkühler. Hamburg: Meiner.

Gottschalk, Manuela u. a. (2016): *Regionale Wertschöpfung in der Windindustrie am Beispiel Nordhessen.* Forschungsber. Institut dezentrale Energietechnologien und Universität Kassel.

Gottschalk-Mazouz, Niels (1999): „Diskursethik. Begründungs- und Anwendungsfragen". Diss. Universität Stuttgart. URL: http://elib.uni-stuttgart.de/opus/volltexte/2002/1076/pdf/de.pdf (besucht am 19. 08. 2020).

Gottschalk-Mazouz, Niels (2000a): *Diskursethik. Theorien, Entwicklungen, Perspektiven.* Berlin: Akademie Verlag.

Gottschalk-Mazouz, Niels (2000b): *Welche Diskurse brauchen wir? Zum Verhältnis von Habermas' Diskurstheorie und einer „diskursiven Technikbewertung" in organisierten Verfahren.* In: *Diskurs. Begriff und Realisierung.* Hrsg. von Heinz-Ulrich Nennen. Würzburg: Königshausen & Neumann, S. 237–270.

Goy, Ina und Otfried Höffe (2021): *Aufrichtigkeit.* In: *Kant-Lexikon.* Bd. 1. Hrsg. von Marcus Willaschek u. a. De Gruyter, S. 193. DOI: doi:10.1515/9783110762532.

Gril, Peter (1997): *Alexys Version einer transzendentalpragmatischen Begründung der Diskursregeln im Unterschied zu Habermas.* In: ARSP: Archiv für Rechts- und Sozialphilosophie / Archives for Philosophy of Law and Social Philosophy, 83:2, S. 206–216. URL: http://www.jstor.org/stable/23681278.

Gross, Patrick Leon (2015): *Bürgerbeteiligung für Nachhaltigkeit – Warum wir die repräsentative Demokratie in Deutschland reformieren müssen.* In: *Kursbuch Bürgerbeteili-*

gung. Hrsg. von Deutsche Umweltstiftung. Bd. 2. Berlin: Deutsche Umweltstiftung, S. 297–314.

Grossmann, Katrin, André Schaffrin und Christian Smigiel, Hrsg. (2016): *Energie und soziale Ungleichheit. Zur gesellschaftlichen Dimension der Energiewende in Deutschland und Europa*. Wiesbaden: Springer VS.

Grunwald, Armin (2005): *Zur Rolle von Akzeptanz und Akzeptabilität von Technik bei der Bewältigung von Technikkonflikten*. In: Technikfolgenabschätzung – Theorie und Praxis, 14. Ser. 3.

Grunwald, Armin (2012): *Technikzukünfte als Medium von Zukunftsdebatten und Technikgestaltung*. Karlsruhe: Karlsruher Institut für Technologie, KIT Scientific Publishing.

Grunwald, Armin (01. 07. 2014): *Warum uns die Energiewende so schwerfällt*. In: Zeit Online, URL: https://www.zeit.de/wirtschaft/2014-06/energiewende-schwierigkeiten-transformation/komplettansicht?print (besucht am 13. 02. 2020).

Grunwald, Armin (o. D.): *Das Reden über Natur im Lichte technischen Denkens*. In: S. 25–56.

Grunwald, Armin und Christian J. Langenbach (1999): *Die Prognose von Technikfolgen*. In: *Rationale Technikfolgenbeurteilung: Konzepte und methodische Grundlagen*. Hrsg. von Armin Grunwald. Bd. 1. Wissenschaftsethik und Technikfolgenbeurteilung 1. Berlin: Springer, S. 93–131.

Grünwald, Reinhard u. a. (2012): *Regenerative Energieträger zur Sicherung der Grundlast in der Stromversorgung. Endbericht zum Monitoring (Arbeitsbericht Nr. 147)*. Forschungsber. Büro für Technikfolgen-Abschätzung beim Deutschen Bundestag (TAB).

Günther, Klaus (2015): *Diskurs*. In: *Habermas Handbuch*. Hrsg. von Hauke Brunkhorst, Regina Kreide und Cristina Lafont. Stuttgart, Weimar: Metzler, S. 303–306.

Günzel, Stephan (2017): *Raum. Eine kulturwissenschaftliche Einführung*. Bielefeld: transcript.

Haas, Tobias (2016): *Energiearmut als neues Konfliktfeld in der Stromwende*. In: *Energie und soziale Ungleichheit. Zur gesellschaftlichen Dimension der Energiewende in Deutschland und Europa*. Hrsg. von Katrin Grossmann, André Schaffrin und Christian Smigiel. Wiesbaden: Springer VS, S. 377–402.

Habermas, Jürgen (1971): *Vorbereitende Bemerkungen zu einer Theorie der kommunikativen Kompetenz*. In: *Theorie der Gesellschaft oder Sozialtechnologie – Was leistet die Systemforschung?* Hrsg. von Jürgen Habermas und Niklas Luhmann. Frankfurt am Main: Suhrkamp, S. 101–141.

Habermas, Jürgen (1972): *Wahrheitstheorien.* In: *Vorstudien und Ergänzungen zur Theorie des kommunikativen Handelns.* Hrsg. von Jürgen Habermas. Frankfurt am Main: Suhrkamp (1984), S. 127–183.

Habermas, Jürgen (1976a): *Legitimationsprobleme im modernen Staat.* In: *Philosophische Arbeitsbücher 1. Diskurs: Politik.* Hrsg. von Willi Oelmüller, Ruth Dölle und Rainer Piepmeier. 2. Aufl. Paderborn: Schöningh, S. 266–282.

Habermas, Jürgen (1976b): *Was heißt Universalpragmatik?* In: *Vorstudien und Ergänzungen zur Theorie des kommunikativen Handelns.* Hrsg. von Jürgen Habermas. Frankfurt am Main: Suhrkamp (1984), S. 353–440.

Habermas, Jürgen (1981): *Theorie des kommunikativen Handelns. Band 1.* Frankfurt am Main: Suhrkamp.

Habermas, Jürgen (1983a): *Die Philosophie als Platzhalter und Interpret.* In: *Moralbewußtsein und kommunikatives Handeln.* Hrsg. von Jürgen Habermas. Frankfurt am Main: Suhrkamp, S. 9–28.

Habermas, Jürgen (1983b): *Diskursethik – Notizen zu einem Begründungsprogramm.* In: *Moralbewußtsein und kommunikatives Handeln.* Hrsg. von Jürgen Habermas. Frankfurt am Main: Suhrkamp, S. 53–125.

Habermas, Jürgen (1983c): *Moralbewußtsein und kommunikatives Handeln.* In: *Moralbewußtsein und kommunikatives Handeln.* Hrsg. von Jürgen Habermas. Frankfurt am Main: Suhrkamp, S. 127–153.

Habermas, Jürgen, Hrsg. (1983d): *Moralbewußtsein und kommunikatives Handeln.* Frankfurt am Main: Suhrkamp.

Habermas, Jürgen, Hrsg. (1984): *Vorstudien und Ergänzungen zur Theorie des kommunikativen Handelns.* Frankfurt am Main: Suhrkamp (1984).

Habermas, Jürgen (1985): *Moral und Sittlichkeit. Hegels Kantkritik im Lichte der Diskursethik.* In: Merkur, 442, S. 1041–1048.

Habermas, Jürgen (1992a): *Erläuterungen zur Diskursethik.* In: *Erläuterungen zur Diskursethik.* Hrsg. von Jürgen Habermas. Frankfurt am Main: Suhrkamp, S. 119–226.

Habermas, Jürgen, Hrsg. (1992b): *Erläuterungen zur Diskursethik.* Frankfurt am Main: Suhrkamp.

Habermas, Jürgen (1992c): *Vom pragmatischen, ethischen und moralischen Gebrauch der praktischen Vernunft (Vortrrag 1988).* In: *Erläuterungen zur Diskursethik.* Hrsg. von Jürgen Habermas. Frankfurt am Main: Suhrkamp, S. 100–118.

Habermas, Jürgen (2009a): *Einleitung.* In: *Sprachtheoretische Grundlegung der Soziologie. Band 1: Sprachtheoretische Grundlegungen der Soziologie.* Hrsg. von Jürgen Habermas. Frankfurt am Main: Suhrkamp, S. 9–28.

Habermas, Jürgen, Hrsg. (2009b): *Sprachtheoretische Grundlegung der Soziologie. Band 1: Sprachtheoretische Grundlegungen der Soziologie*. Frankfurt am Main: Suhrkamp.

Habermas, Jürgen (2009c): *V. Vorlesung: Wahrheit und Gesellschaft. Die diskursive Einlösung faktischer Geltungsansprüche*. In: *Sprachtheoretische Grundlegung der Soziologie. Band 1: Sprachtheoretische Grundlegungen der Soziologie*. Hrsg. von Jürgen Habermas. Frankfurt am Main: Suhrkamp, S. 131–156.

Habermas, Jürgen (2020): *Moralischer Universalismus in Zeiten politischer Regression. Jürgen Habermas im Gespräch über die Gegenwart und sein Lebenswerk*. In: Leviathan, 48:1, S. 7–28. DOI: 10.5771/0340-0425-2020-1-7.

Häckel, Hans (2022): *Meteorologie*. Stuttgart, Deutschland.

Hacking, Ian (1983): *Representing and Intervening. Introductory Topics in the Philosophy of Natural Science*. Cambridge: Cambridge University Press.

Haggett, Claire (2010): *A Call for Clarity and a Review of the Empirical Evidence: Comment on Felman and Turner's 'Why Not NIMBY?'* In: Ethics, Policy and Environment, 13:3, S. 313–316. DOI: 10.1080/1366879X.2010.528625.

Hannken-Illjes, Kati (2018): *Argumentation. Einführung in die Theorie und Analyse der Argumentation*. Tübingen: Narr Francke Attempto Verlag.

Hau, Erich (2014): *Windkraftanlagen : Grundlagen, Technik, Einsatz, Wirtschaftlichkeit*. 5. Aufl. Berlin [u.a.]: Springer Vieweg.

Häussler, Thomas (2019): *Patterns of polarization: Transnational dynamics in climate change online networks in the US and Switzerland*. In: The Information Society, 35:4, S. 184–197. DOI: 10.1080/01972243.2019.1614707.

Hegel, Georg Wilhelm Friedrich (1806): „Die Phänomenologie des Geistes". In: *Gesamtwerk (TW). Auf Grundlage der „Werke" neu editierte Ausgabe unter Redaktion von Eva Moldenhauer und Karl Markus Michel*. Bd. 3. Frankfurt a. M.: Suhrkamp.

Hegemann, Jan-Erik, Hrsg. (2015): *Feuerwehr-Magazin. Sonderheft: Erneuerbare Energien* 1/2015.

Heidbrink, Ludger, Claus Langbehn und Janina Sombetzki (2017): *Handbuch Verantwortung*. Wiesbaden: Springer Fachmedien Wiesbaden.

Heidegger, Martin (1927): *Sein und Zeit*. 18. Tübingen: Max Niemeyer (2001).

Heidemann, Dietmar H. (2007): *Der Begriff des Skeptizismus*. Berlin: De Gruyter.

Heindl, Peter, Rudolf Schüßler und Andreas Löschel (2014): *Ist die Energiewende sozial gerecht?* In: Wirtschaftsdienst, 94:7, S. 508–514. DOI: 10.1007/s10273-014-1705-7.

Hellige, Hans Dieter (2012): *Transformationen und Transformationsblockaden im deutschen Energiesystem. Eine strukturgenetische Betrachtung der aktuellen Energiewende (artec-paper Nr. 185)*. Forschungsber. artec – Forschungszentrum Nachhaltigkeit.

Hennig, Boris (2012): *Das Segeltuchmodell.* In: *Sinnkritisches Philosophieren.* Hrsg. von Sebastian Rödl und Henning Tegtmeyer. Berlin: De Gruyter, S. 213–229. DOI: doi:10.1515/9783110296679.101.

Henning, Hans-Martin und Andreas Palzer (2012): *100 % ERNEUERBARE ENERGIEN FÜR STROM UND WÄRME IN DEUTSCHLAND.* Techn. Ber. Fraunhofer-Institut für Solare Energiesysteme ISE.

Herder, Johann Gottfried (1778): *Übers Erkennen und Empfinden in der menschlichen Seele.* In: *Sturm und Drang. Weltanschauliche und ästhetische Schriften. Band 1.* Hrsg. von Peter Müller. Berlin, Weimar: Aufbau-Verlag, S. 399–422.

Hertle, Hans u. a. (2015): *Wärmewende in Kommunen Leitfaden für den klimafreundlichen Umbau der Wärmeversorgung.* Techn. Ber. ifeu – Institut für Energie- und Umweltforschung Heidelberg.

Hessen (2011): *Abschlussbericht des Hessischen Energiegipfels vom 10. November 2011.* Techn. Ber. Bundesland Hessen. URL: https://www.energieland.hessen.de/pdf/abschlussbericht_energiegipfel_2011.pdf (besucht am 22. 07. 2022).

Hessen (2015): *Windenergie in Hessen. Von den Beschlüssen des Energiegipfels zur konkreten Umsetzung vor Ort. Informationen & Erfahrungen.* Forschungsber. Hessen Agentur GmbH im Auftrag des Hessischen Ministeriums für Wirtschaft, Energie, Verkehr und Landesentwicklung.

Hessen (2017): *Faktenpapier Windenergie in Hessen: Landschaftsbild und Tourismus.* Forschungsber. Hessen Agentur GmbH im Auftrag des Hessischen Ministeriums für Wirtschaft, Energie, Verkehr und Landesentwicklung.

Hillerbrand, Rafaela (2012): *Risiko, Unsicherheit und Unwissenheit in den Geowissenschaften als Herausforderung für die Philosophie.* In: Risiko: Erkundungen an den Grenzen des Wissens,

Hoeft, Christoph, Sören Messinger-Zimmer und Julia Zilles, Hrsg. (2017): *Bürgerproteste in Zeiten der Energiewende. Lokale Konflikte um Windkraft, Stromtrassen und Fracking.* Bielefeld: transcript.

Höffe, Otfried (1976): *Kritische Überlegungen zur Konsensustheorie der Wahrheit (Habermas).* In: Philosophisches Jahrbuch, 83, S. 313–332.

Höffe, Otfried (2006): *Aristoteles.* 3. Aufl. Beck'sche Reihe Denker. München: C. H. Beck.

Höffe, Ottfried (2015): *Kritik der Freiheit. Das Grundproblem der Moderne.* München: C. H. Beck.

Holstenkamp, Lars (2018): *Forschung zu Energiewende und Partizipation: Ein Überblick über die Forschungslandschaft.* In: *Handbuch Energiewende und Partizipation.* Hrsg. von Lars Holstenkamp und Jörg Radtke. Wiesbaden: Springer Fachmedien Wiesbaden, S. 817–828.

Holstenkamp, Lars und Jörg Radtke (2015): *Finanzielle Bürgerbeteiligung in der Energiewende.* In: *Kursbuch Bürgerbeteiligung.* Hrsg. von Deutsche Umweltstiftung. Bd. 2. Berlin: Deutsche Umweltstiftung, S. 454–468.

Holstenkamp, Lars und Jörg Radtke, Hrsg. (2018): *Handbuch Energiewende und Partizipation.* Wiesbaden: Springer Fachmedien Wiesbaden.

Honnefelder, Ludger (2011): *Ethos.* In: *Neues Handbuch philosophischer Grundbegriffe.* Bd. 1. Hrsg. von Petra Kolmer und Armin G. Wildfeuer. Freiburg, München: Karl Alber, S. 508–513.

Honneth, Axel (2008): *Von der Begierde zur Anerkennung. Hegels Begründung von Selbstbewusstsein.* In: *Hegels Phänomenologie des Geistes. Ein kooperativer Kommentar zu einem Schlüsselwerk der Moderne.* Hrsg. von Klaus Vieweg und Wolfgang Welsch. Frankfurt a. M.: Suhrkamp, S. 187–204.

Honneth, Axel (2010): *Kampf um Anerkennung. Zur moralischen Grammatik sozialer Konflikte.* 6. Aufl. Frankfurt am Main: Suhrkamp.

Horkheimer, Max und Theodor W. Adorno (1969): *Dialektik der Aufklärung.* 12. Aufl. Frankfurt a. M.: Fischer Taschenbuch (2000).

Hoyningen-Huene, Paul (2020): *The Heart of Science: Systematicity.* In: *Competing Knowledges – Wissen im Widerstreit.* Hrsg. von Anna Margaretha Horatschek. De Gruyter, S. 85–102.

Hubig, Christoph (2002): *Mittel.* Bielefeld: Transcript.

Hübner, Gundula (2013): *Akzeptanz großer Infrastrukturprojekte – Determinanten und flankierende Prozesse.* In: *Energiewende zwischen Klimaschutz und Atomausstieg. Lösungen in die Umsetzung tragen.* Hrsg. von Fritz Brickwedde und Dirk Schötz. Berlin: Erich Schmidt Verlag, S. 111–117.

Hübner, Gundula (2020): *Was Sie schon immer über Emotionen wissen wollten.* In: *Jahrbuch für naturverträgliche Energiewende 2020: K 20 – Energiewende vor Ort,* S. 53–71.

Hübner, Gundula u. a. (2019): *Naturverträgliche Energiewende. Akzeptanz und Erfahrungen vor Ort.* Forschungsber. Martin-Luther-Universität Halle-Wittenberg (MLU),

Huneke, Fabian, Carlos Perez Linkenheil und Marie-Louise Niggemeier (2017): *Kalte Dunkelflaute. Robustheit des Stromsystems bei Extremwetter.* Techn. Ber. Energy Brainpool GmbH & Co. KG, Berlin (Greenpeace Energy eG).

Iranzo, Valeriano (2014): *Models and Phenomena: Bas van Fraassen's Empiricist Structuralism.* In: *Bas van Fraassen's Approach to Representation and Models in Science.* Hrsg. von Wenceslao J. Gonzalez. Dordrecht: Springer Netherlands, S. 63–76.

Irlenborn, Bernd (2016): *Relativismus.* De Gruyter. DOI: doi:10.1515/9783110463545.

Jahnke, Benedikt, Ulf Liebe und Geesche Dobers (2015): *Energiewende in Deutschland: Not-In-My-Backyard oder eine Frage der Gerechtigkeit? : eine Gegenüberstellung von Experten- und Bevölkerungsmeinung.* In: Zeitschrift für Umweltpolitik & Umweltrecht : ZfU ; Beiträge zur rechts-, wirtschafts- und sozialwissenschaftlichen Umweltforschung, 38:4, S. 367–384.

Jänicke, Martin u. a. (1987): *Alternative Energiepolitik in der DDR und in West-Berlin. Möglichkeiten einer exemplarischen Kooperation in Mitteleuropa.* Forschungsber. IÖW.

Kaeser, Eduard (2003): *Der Zugang zum artfremden Subjekt.* In: Philosophia Naturalis, 40:1, S. 1–42.

Kahla, Franziska u. a. (2017): *Entwicklung und Stand von Bürgerenergiegesellschaften und Energiegenossenschaften in Deutschland.* Forschungsber. URL: https://www.buendnis-buergerenergie.de/fileadmin/user_upload/wpbl27_BEG-Stand_Entwicklungen.pdf (besucht am 26. 04. 2022).

Kaltschmitt, Martin, Wolfgang Streicher und Andreas Wiese, Hrsg. (2020): *Erneuerbare Energien : Systemtechnik, Wirtschaftlichkeit, Umweltaspekte.* 6. Aufl. Berlin: Springer Vieweg.

Kambartel, Friedrich (2005): *Begründung.* In: *Enzyklopädie Philosophie und Wissenschaftstheorie.* Bd. 1: *A–B.* Hrsg. von Jürgen Mittelstraß. Metzler Verlag, S. 392–394.

Kamlage, Jan-Hendrik, Patrizia Nanz und Ina Richter (2015): *Ein Grenzgang – Informelle, dialogorientierte Bürgerbeteiligung im Netzausbau der Energiewende.* In: *Kursbuch Bürgerbeteiligung.* Hrsg. von Deutsche Umweltstiftung. Bd. 2. Berlin: Deutsche Umweltstiftung, S. 56–77.

Kanschik, Philipp (2016): *Der Begriff der Energiearmut.* In: *Umweltgerechtigkeit. Von den sozialen Herausforderungen der großen ökologischen Transformation.* Hrsg. von Bernhard Emunds und Isabell Merkle. Marburg: Metropolis-Verlag, S. 215–241.

Kant, Immanuel (1786a): „Kritik der praktischen Vernunft. Grundlegung zur Metaphysik der Sitten". In: *Werkausgabe (WA). Herausgegeben von Wilhelm Weischedel.* Bd. VII. Frankfurt a. M. (1964 ff.): Suhrkamp.

Kant, Immanuel (1786b): „Was heißt: Sich im Denken orientieren?" In: *Werkausgabe (WA). Herausgegeben von Wilhelm Weischedel.* Bd. V. Frankfurt a. M. (1964 ff.): Suhrkamp, S. 265–284.

Kant, Immanuel (1787): „Kritik der reinen Vernunft (B-Auflage)". In: *Werkausgabe (WA). Herausgegeben von Wilhelm Weischedel.* Bd. III, IV. Frankfurt a. M. (1964 ff.): Suhrkamp.

Kant, Immanuel (1790): „Kritik der Urteilskraft". In: *Akademieausgabe (AA); unveränderter photomechanischer Abdruck des Textes der von der Preussischen Akademie der*

Wissenschaften 1902 begonnenen Ausgabe von Kants gesammelten Schriften. Bd. V. Berlin: De Gruyter. URL: https://korpora.zim.uni-duisburg-essen.de/kant/aa05/Inhalt5.html (besucht am 20. 04. 2017).

Kant, Immanuel (o. D.): *Werkausgabe (WA). Herausgegeben von Wilhelm Weischedel*. Frankfurt a. M. (1964 ff.): Suhrkamp.

Kaspar, F. u. a. (2019): *A climatological assessment of balancing effects and shortfall risks of photovoltaics and wind energy in Germany and Europe*. In: Advances in Science and Research, 16: S. 119–128. DOI: 10.5194/asr-16-119-2019.

Keil, Gerd (2012): *Die Energiewende ist schon gescheitert*. Jena: TvR Medienverlag.

Kemfert, Claudia (2013): *Kampf um Strom: Mythen, Macht und Monopole*. 1 Aufl. Hamburg: Murmann Verlag.

Kietzmann, Christian (2011): „Handlungsgründe und praktische Schlüsse". In: *XXII. Deutscher Kongress für Philosophie*. URL: http://nbn-resolving.de/urn/resolver.pl?urn=nbn:de:bvb:19-epub-12432-3 (besucht am 11. 03. 2021).

Kietzmann, Christian (2019): *Handeln aus Gründen als praktisches Schließen*. Freiburg, München: Verlag Karl Alber.

Kingston, Ewan und Walter Sinnott-Armstrong (2018): *What's Wrong with Joyguzzling?* In: Ethic Theory and Moral Practice, 21, S. 169–186.

Kleimann, Bernd (2000): *Konfliktbearbeitung durch Verständigung. Überlegungen zu Begriff und Funktion des Diskurses*. In: *Diskurs. Begriff und Realisierung*. Hrsg. von Heinz-Ulrich Nennen. Würzburg: Königshausen & Neumann, S. 127–139.

Klein, Christian und Matías Martínez (2009): *Wirklichkeitserzählungen. Felder, Formen und Funktionen nicht-literarischen Erzählens*. In: *Wirklichkeitserzählungen: Felder, Formen und Funktionen nicht-literarischen Erzählens*. Hrsg. von Christian Klein und Matías Martínez. Metzler, S. 1–13.

Klein, J. (1994): „Epicheirem". In: *Historisches Wörterbuch der Rhetorik*. Bd. 2 (Bie–Eul). Berlin: De Gruyter, S. 1251–1258. DOI: 10.1515/9783110962178.

Kleinknecht, Konrad (2015): *Risiko Energiewende. Wege aus der Sackgasse*. Berlin Heidelberg: Springer Spektrum.

Knieling, Jörg (2003): *Kooperative Regionalplanung und Regional Governance: Praxisbeispiele, Theoriebezüge und Perspektiven*. In: Informationen zur Raumentwicklung, 8/9, S. 463–478.

Knieling, Jörg und Walter Leal Filho (2013): *Conceptualising Climate Change Governance*. In: *Climate Change Governance*. Hrsg. von Jörg Knieling und Walter Leal Filho, S. 9–26.

Köchy, Christian (2019): *Dogmatisierende Träumerei? Zum Anspruch und Wirkung der romantischen Naturphilosophie.* In: *Romantik Erkennen – Modelle Finden.* Hrsg. von Sandra Kerschbaumer und Stefan Matuschek. Boston: BRILL, S. 59–86.

Kolmer, Lothar und Carmen Rob-Santer (2008): *Studienbuch Rhetorik.* 1. Aufl. Paderborn [u.a.]: Schöningh.

Kolmer, Petra, Lothar Schäfer und Rudolf Lüthe (2011): *Wissen.* In: *Neues Handbuch philosophischer Grundbegriffe.* Bd. 3. Hrsg. von Petra Kolmer und Armin G. Wildfeuer. Freiburg, München: Karl Alber, S. 2554–2587.

Kolmer, Petra und Armin G. Wildfeuer, Hrsg. (2011): *Neues Handbuch philosophischer Grundbegriffe.* Freiburg, München: Karl Alber.

Köppel, Johann (2016): *Energiewende. Pfadbruch oder Manifestierung des Ausgangspfads.* In: *Innovationsgesellschaft heute. Perspektiven, Felder und Fälle.* Hrsg. von Werner Rammert u. a. Wiesbaden: Springer VS, S. 301–321.

Kopperschmidt, Josef (1989): *Methodik der Argumentationsanalyse.* Problemata 119. Stuttgart-Bad Cannstatt: Frommann-Holzboog.

Kopperschmidt, Josef (2000): *Argumentationstheorie zur Einführung.* Hamburg: Junius.

Kornmesser, Stephan und Gerhard Schurz (2014): *Die multiparadigmatische Struktur der Wissenschaften.* In: *Die multiparadigmatische Struktur der Wissenschaften.* Hrsg. von Stephan Kornmesser und Gerhard Schurz. Wiesbaden: Springer VS, S. 12–46.

Kornwachs, Klaus (1999): *Versuch einer ethischer Bewertung der Szenarien zur klimaverträglichen Energieversorgung in Baden-Württemberg.* In: *Energie und Ethik. Leitbilder im philosophischen Diskurs.* Hrsg. von Heinz-Ulrich Nennen und Georg Hörning. Frankfurt am Main, New York: Campus Verlag, S. 123–186.

Korsgaard, Christine (1999): *Skeptizismus bezüglich praktischer Vernunft (engl. Orig. 1986).* In: *Motive, Gründe, Zwecke.* Hrsg. von Stefan Gosepath. Frankfurt am Main: Fischer Taschenbuch Verlag, S. 121–145.

Krause, Florentin, Hartmut Bossel und Karl-Friedrich Müller-Reißmann (1980): *Energie-Wende. Wachstum und Wohlstand ohne Erdöl und Uran (ein Alternativ-Bericht des Öko-Instituts Freiburg).* Frankfurt a. M.: Fischer.

Krebber, Felix (2015): *Lokale Akzeptanzdiskurse.* In: *Akzeptanz in der Medien- und Protestgesellschaft. Zur Debatte um Legitimation, öffentliches Vertrauen, Transparenz und Partizipation.* Hrsg. von Günter Bentele u. a. Wiesbaden: Springer VS, S. 113–126.

Kreß, Angelika (2000): *Repräsentation – Partizipation – Diskurs.* In: *Diskurs. Begriff und Realisierung.* Hrsg. von Heinz-Ulrich Nennen. Würzburg: Königshausen & Neumann, S. 197–236.

Kripke, Saul (2014): *Wittgenstein über Regeln und Privatsprache.* 2. Aufl. Frankfurt am Main: Suhrkamp.

Krüger, Timmo (2020): *Gemeinwohlkonflikte in der Energiewende. Eine radikaldemokratische Perspektive auf Energiekonflikte und die Grenzen der Deliberation.* Forschungsber. SP III 2020–602. Wissenschaftszentrum Berlin für Sozialforschung gGmbH.

Krüger, Timmo (2021): *Energiekonflikte und Demokratiekrise. Eine radikaldemokratische Perspektive auf das Ringen um Gemeinwohlziele der Energiewende.* In: Zeitschrift für Politikwissenschaft, 31:4, S. 539–563. DOI: 10.1007/s41358-021-00289-w.

Küchler, Swantje und Rupert Wronski (2017): *Was Strom wirklich kostet.* Techn. Ber. Forum ökologisch-soziale Marktwirtschaft (FÖS), Greenpeace.

Kühne, Olaf (2018): *‚Neue Landschaftskonflikte' – Überlegungen zu den physischen Manifestationen der Energiewende auf der Grundlage der Konflikttheorie Ralf Dahrendorfs.* In: *Bausteine der Energiewende.* Hrsg. von Olaf Kühne und Florian Weber. Wiesbaden: Springer Fachmedien Wiesbaden, S. 163–186. DOI: 10.1007/978-3-658-19509-0.

Kühne, Olaf und Florian Weber, Hrsg. (2018): *Bausteine der Energiewende.* Wiesbaden: Springer Fachmedien Wiesbaden. DOI: 10.1007/978-3-658-19509-0.

Kurbacher, Frauke (2006): *Was ist Haltung? Philosophische Verortung von Gefühlen als kritische Sondierung des Subjektbegriffs.* In: Magazin für Theologie und Ästhetik, 43. URL: https://www.theomag.de/43/fk6.htm (besucht am 26. 01. 2020).

Landweer, Hilge (2011): *Der Sinn für Angemessenheit.* In: *Gefühle als Atmosphären. Neue Phänomenologie und philosophische Emotionstheorie.* Hrsg. von Kerstin Andermann und Undine Eberlein. Akademie Verlag, S. 57–78.

Latif, Mojib (2009): *Klimawandel und Klimadynamik.* Bd. 3178. Stuttgart: Verlag Eugen Ulmer, UTB.

Leggewie, Claus und Patrizia Nanz (2013): *Neue Formen der demokratischen Teilhabe – am Beispiel der Zukunftsräte.* In: Transit – Europäische Revue, 44, S. 72–85.

Lenzen-Schulte, Martina und Maren Schenk (08. 02. 2019): *Windenergieanlagen und Infraschall. Der Schall, den man nicht hört.* In: Deutsches Ärzteblatt, 116:6.

Leprich, Uwe und Holger Rogall (2014): *Die Energiewende als gesellschaftlicher Transformationsprozess.* In: *4. Jahrbuch Nachhaltige Ökonomie. Im Brennpunkt: Die Energiewende als gesellschaftlicher Transformationsprozess.* Hrsg. von Holger Rogall, Hans-Christoph Binswanger und Felix Ekardt. Marburg: Metropolis, S. 15–30.

Létourneau, Alain (2006): *A Discussion Of Habermas' Reading And Use Of Toulmin's Model Of Argumentation (ISSA Proceedings 2006).* In: Rozenberg Quarterly, URL: https://rozenbergquarterly.com/issa-proceedings-2006-a-discussion-of-habermas-reading-and-use-of-toulmins-model-of-argumentation/ (besucht am 12. 08. 2021).

Lietzmann, Hans J., Saskia Dankwart-Kammoun und Anna Nora Freier (2015): *Das partizipative Reallabor. Gestalten Bürger ihre Energiewende?* In: *Kursbuch Bürgerbeteiligung*. Hrsg. von Deutsche Umweltstiftung. Bd. 2. Berlin: Deutsche Umweltstiftung, S. 487–505.

Limburg, Michael und Fred F. Mueller (2015): *Strom ist nicht gleich Strom. Warum die Energiewende nicht gelingen kann.* Jena: TvR Medienverlag.

Linke, Simone (2018): *Ästhetik der neuen Energielandschaften – oder: „Was Schönheit ist, das weiß ich nicht“.* In: *Bausteine der Energiewende.* Hrsg. von Olaf Kühne und Florian Weber. Wiesbaden: Springer Fachmedien Wiesbaden, S. 409–429. DOI: 10.1007/978-3-658-19509-0.

Lovins, Amery Bloch (1977): *Soft Energy Paths: Toward a Durable Peace.* San Francisco: Friends of the Earth International.

Löwen, John-Wesley (2015): *Die dezentrale Stromwirtschaft. Industrie, Kommunen und Staat in der westdeutschen Elektrizitätswirtschaft 1927–1957.* Berlin, Boston: Walter de Gruyter.

Lueken, Geert-Lueke (1995): *Konsens, Widerstreit und Entscheidung. Überlegungen anläßlich ‚Lyotards Herausforderung der Argumentationstheorie‘.* In: *Wege der Argumentationsforschung.* Hrsg. von Harald Wohlrapp. Stuttgart, Bad Cannstatt: frommann-holzboog, S. 358–391.

Lueken, Geert-Lueke (1996): *Über die Orientierungsleistung philosophischen Argumentierens.* In: *Sich im Denken orientieren: Für Herbert Schnädelbach.* Hrsg. von Simone Dietz u. a. Frankfurt am Main: Suhrkamp, S. 52–70.

Lueken, Geert-Lueke (2012): *Tatsachen, Werte und Praktische Argumentation: Was ist verkehrt am „naturalistischen Fehlschluss“?* In: *Sinnkritisches Philosophieren.* Hrsg. von Sebastian Rödl und Henning Tegtmeyer. Berlin: De Gruyter, S. 101–128. DOI: doi:10.1515/9783110296679.101.

Lumer, Christoph (2007): *Überreden ist gut, überzeugen ist besser! Argumentativer Ethos in der Rhetorik.* In: *Persuasion und Wissenschaft: Aktuelle Fragestellungen von Rhetorik und Argumentationstheorie.* Hrsg. von G. Kreuzbauer, N. Gratzl und E. Hiebl. Wien: Lit-Verlag, S. 7–33.

Lumer, Christoph (2011): *Argument, Argumentation.* In: *Neues Handbuch philosophischer Grundbegriffe.* Bd. 1: *Absicht – Gemeinwohl.* Hrsg. von Petra Kolmer und Armin G. Wildfeuer. Freiburg, München: Karl Alber, S. 227–240.

Luschei, Frank u. a. (2016): *Energiearmut als neues soziales Risiko? Eine empirische Analyse als Basis für existenzsichernde Sozialpolitik.* Techn. Ber. Universität Siegen (Hans-Böckler-Stiftung).

Lyotard, Jean-François (1979): *Das postmoderne Wissen. Ein Bericht.* Wien: Passagen Verlag (2019).

Macagno, Fabrizio, Douglas Walton und Chris Reed (2018): *Argumentation Schemes*. In: *Handbook of Formal Argumentation*. Hrsg. von P. Baroni u. a. College Publications, S. 519–576.

Maleyka, Laura (2018): „Kommunikationsmacht in den privatisierten Diskursräumen der (digitalen) Öffentlichkeit". Diss., S. 58. DOI: 10.25528/004.

Marcus, Sandra L. und Lance J.Rips (1979): *Conditional Reasoning*. In: Journal of Verbal Learning and Verbal Behavior, 18: (2). DOI: 10.1016/S0022-5371(79)90127-0.

Mast, Claudia und Helena Stehle (2016): *Energieprojekte im öffentlichen Diskurs. Erwartungen und Themeninteressen der Bevölkerung*. Wiesbaden: Springer VS.

Matthes, Felix Chr. u. a. (2014): *Vorschlag für eine Reform der Umlagemechanismen im Erneuerbare Energien Gesetz (EEG)*. Studie des Öko-Institut e. V, Agora Energiewende.

Maubach, Klaus-Dieter (2014): *Energiewende. Wege zu einer bezahlbaren Energieversorgung*. Wiesbaden: Springer Fachmedien Wiesbaden. DOI: 10.1007/978-3-658-054 74-8_1.

Mausfeld, Rainer (2015): *Warum schweigen die Lämmer? Demokratie, Psychologie und Techniken des Meinungs- und Empörungsmanagement*. Hrsg. von Free21. URL: http://www.free21.org/?p=14770 (besucht am 04. 08. 2015).

Mautz, Rüdiger und Andreas Byzio (2005): *Die soziale Dynamik der regenerativen Energien – am Beispiel der Fotovoltaik, der Biogasverstromung und der Windenergie*. Forschungsber. SOFI Göttingen.

Mautz, Rüdiger, Andreas Byzio und Wolf Rosenbaum (2008): *Auf dem Weg zur Energiewende. Die Entwicklung der Stromproduktion aus erneuerbaren Energien in Deutschland*. Göttingen: Universitätsverlag Göttingen.

Megerle, Heidi (2014): *Neue Landschaft(sbilder): Chancen und Risiken für Tourismus und Naherholung*. In: *Energielandschaften – Kulturlandschaften der Zukunft?* Hrsg. von Bernd Demuth u. a. BfN Skripten. Bd. 364. Bundesamt für Naturschutz, S. 102–117.

Meier, Johannes (2012): *Nett sein reicht in der Energiewende nicht mehr*. In: 51° (Stiftung Mercator), 3, S. 5.

MEIL-MV (2016): *Wem gehört der Wind? Informationen zum Bürger- und Gemeindenbeteiligungsgesetz*. Forschungsber. Ministerium für Energie, Infrastruktur und Landesentwicklung Mecklenburg-Vorpommern. URL: https://www.regierung-mv.de/Landesregierung/em/Energie/Wind/B%C3%BCrger-und-Gemeindebeteiligungsgesetz (besucht am 01. 04. 2022).

Mertens, Karl (2011): *Grund / Begründung*. In: *Neues Handbuch philosophischer Grundbegriffe*. Bd. 2. Hrsg. von Petra Kolmer und Armin G. Wildfeuer. Freiburg, München: Karl Alber, S. 1115–1132.

Meyer, Thomas (2019): *Zur ethischen Relevanz von Akzeptanz und Akzeptabilität für eine nachhaltige Energiewende.* In: *Akzeptanz und politische Partizipation in der Energietransformation. Gesellschaftliche Herausforderungen jenseits von Technik und Ressourcenausstattung.* Hrsg. von Cornelia Fraune u. a. Wiesbaden: Springer VS, S. 45–60.

Mieth, Corinna (2021): *Ehrlichkeit.* In: *Kant-Lexikon.* Bd. 1. Hrsg. von Marcus Willaschek u. a. De Gruyter, S. 453. DOI: doi:10.1515/9783110762532.

Mieth, Corinna und Christoph Bambauer (2017): *Verantwortung und Pflichten.* In: Wiesbaden: Springer Fachmedien Wiesbaden, S. 239–250.

Mischinger, Stefan u. a. (2017): *dena-INNOVATIONSREPORT. Systemdienstleistungen. Aktueller Handlungsbedarf und Roadmap für einen stabilen Betrieb des Stromsystems bis 2030.* Techn. Ber. Deutsche Energie-Agentur GmbH (dena).

Mitchell, Timothy D. und Mike Hulme (1999): *Predicting regional climate change: living with uncertainty.* In: Progress in Physical Geography: Earth and Environment, 23:1, S. 57–78. DOI: 10.1177/030913339902300103.

Mittelstraß, Jürgen (1998): *Hat Wissenschaft eine Orientierungsfunktion?* In: *Wissen und Grenzen.* Frankfurt a. M.: Suhrkamp (2001), S. 13–32.

Mittelstraß, Jürgen (2001): *Für und wider einer Wissenschaftsethik.* In: *Wissen und Grenzen.* Frankfurt a. M.: Suhrkamp (2001), S. 68–88.

Moldaschl, Helmut (2014): *Energiewende. Der teure Traum vom Ökostrom.* Salzburg: Edition Riedenburg.

Mono, René (2018): *Zukunft der Bürgerenergie.* In: *Handbuch Energiewende und Partizipation.* Hrsg. von Lars Holstenkamp und Jörg Radtke. Wiesbaden: Springer Fachmedien Wiesbaden, S. 1135–1145.

Mouffe, Chantal (2007): *Über das Politische. Wider die kosmopolitische Illusion.* Frankfurt am Main: Suhrkamp.

Naess, Arne (1997): *Die tiefenökologische Bewegung. Einige philosophische Aspekte.* In: *Naturethik: Grundtexte der gegenwärtigen tier- und ökoethischen Diskussion.* Hrsg. von Angelika Krebs. Frankfurt am Main: Suhrkamp, S. 182–210.

Nennen, Heinz Ulrich (2000): *Zur Revision des Bacon Projektes. Technikbewertung als öffentliche Angelegenheit.* In: *Diskurs. Begriff und Realisierung.* Hrsg. von Heinz-Ulrich Nennen. Würzburg: Königshausen & Neumann, S. 305–362.

Nennen, Heinz-Ulrich, Hrsg. (2000): *Diskurs. Begriff und Realisierung.* Würzburg: Königshausen & Neumann.

Nennen, Heinz-Ulrich und Georg Hörning, Hrsg. (1999): *Energie und Ethik. Leitbilder im philosophischen Diskurs.* Frankfurt am Main, New York: Campus Verlag.

Nestle, Uwe (2011): *Das Energie- und Klimaquiz*. Bad Homburg: VAS-Verlag.

Neubauer, John (1997): *Das Verständnis der Naturwissenschaften bei Novalis und Goethe*. In: *Novalis und die Wissenschaften*. Hrsg. von Herbert Uerlings. Tübingen (2010): Max Niemeyer Verlag, S. 49–63. DOI: doi:10.1515/9783110928037.

Neurath, Otto (1932): *Protokollsätze*. In: Erkenntnis, 2/3, S. 204–214.

Newig, Jens (2011): *Partizipation und neue Formen der Governance*. In: *Handbuch Umweltsoziologie*. Hrsg. von M. Groß, S. 485–502.

Nida-Rümelin, Julian und Johann Schulenburg (2013): *Risiko*. In: *Handbuch Technikethik*. Hrsg. von Armin Grunwald. Weimar: Metzler, S. 18–22.

Niederhausen, Herbert und Andreas Burkert (2014): *Elektrischer Strom. Gestehung, Übertragung, Verteilung, Speicherung und Nutzung elektrischer Energie im Kontext der Energiewende*. Wiesbaden: Springer Vieweg.

Nohl, Werner (2009): *Landschaftsästhetische Auswirkungen von Windkraftanlagen (Referat auf der 58. Fachtagung „Energielandschaften", veranstaltet vom Bayerischen Landesverein für Heimatpflege e.V.)* URL: https://www.wanderforschung.de/files/nohl-windkraft1375881239.pdf (besucht am 28. 09. 2022).

Norton, Bryan G. (2005): *Sustainability. A philosophy of Adaptive Ecosystem Management*. Chicago, London: University of Chicago Press.

Norton, Bryan G. (2015): *Sustainable Values, Sustainable Change. A Guide to Environmental Decision Making*. Chicago, London: University of Chicago Press.

Nullmeier, Frank (2015): *Spätkapitalismus und Legitimation*. In: *Habermas Handbuch*. Hrsg. von Hauke Brunkhorst, Regina Kreide und Cristina Lafont. Stuttgart, Weimar: Metzler, S. 188–199.

Nussbaum, Martha (1982): *Saving Aristotle's appearances*. In: *Language and logos. Studies in ancient Greek philosophy. Presented to G. E. L. Owen*. Hrsg. von Malcolm Schofield, Gwilym E. L. Owen und Martha Craven Nussbaum. Cambridge [u.a.]: Cambridge Univ. Pr., S. 267–291.

Ohlhorst, Dörte (2017): *Akteursvielfalt und Bürgerbeteiligung im Kontext der Energiewende in Deutschland: das EEG und seine Reform*. In: *Die Energiewende verstehen – orientieren – gestalten: Erkenntnisse aus der Helmholtz-Allianz ENERGY-TRANS*. Hrsg. von Jens Schippl, Armin Grunwald und Ortwin Renn. 1. Auflage. Baden-Baden: Nomos, S. 161–188.

Oppermann, Bettina und Ortwin Renn (2019): *Partizipation und Kommunikation in der Energiewende*. Forschungsber. Energiesysteme der Zukunft.

Oschlies, Andreas (2018): *Bewertung von Modellqualität und Unsicherheiten in der Klimamodellierung*. In: *Unsicherheit als Herausforderung für die Wissenschaft. Re-*

flexionen aus Natur-, Sozial- und Geisteswissenschaften. Hrsg. von Nina Janich und Lisa Rhein. Berlin: Peter Lang, S. 15–30.

Ostheimer, Jochen und Markus Vogt, Hrsg. (2014): *Die Moral der Energiewende. Risikowahrnehmung im Wandel am Beispiel der Atomenergie.* Stuttgart: Kohlhammer.

Ott, Konrad (1998): *Ethik und Wahrscheinlichkeit: Zum Problem der Verantwortbarkeit von Risiken unter Bedingungen wissenschaftlicher Ungewißheit.* In: *Gaterslebener Begegnung: Vom Einfachen zur Ganzheitlichkeit. Das Problem der Komplexität auf organismischer und soziokultureller Ebene.* Halle: Deutsche Akademie der Naturforscher Leopoldirui e. V., S. 111–128.

Ott, Konrad (1999): *Argumente und Kriterien. Für eine rationale Wahl zwischen den Szenarien ‚B', ‚C' und ‚D'.* In: *Energie und Ethik. Leitbilder im philosophischen Diskurs.* Hrsg. von Heinz-Ulrich Nennen und Georg Hörning. Frankfurt am Main, New York: Campus Verlag, S. 187–251.

Ott, Konrad (2000): *Zum Verhältnis von Diskursethik und diskursiver Technikfolgenabschätzung.* In: *Diskurs. Begriff und Realisierung.* Hrsg. von Heinz-Ulrich Nennen. Würzburg: Königshausen & Neumann, S. 271–302.

Ott, Konrad (2003): *Überlegungen zum Spannungsverhältnis zwischen Ethik und Politik in Anbetracht der Probleme des heutigen Umweltschutzes.* In: *Loccumer Protokoll (10/02). Ökologische Politik und die Kunst des guten Kompromisses.* Hrsg. von Evangelische Akademie Loccum. Rehburg-Loccum, S. 33–45.

Ott, Konrad (2010): *Umweltethik zur Einführung.* Hamburg: Junius.

Ott, Konrad (2016): *Zum Selbst der Orientierung.* In: *Zur Philosophie der Orientierung.* Hrsg. von Andrea Bertino u. a. Berlin: De Gruyter, S. 115–126.

Ott, Konrad (2018): *Moralbegründungen zur Einführung.* 3. Aufl. Hamburg: Junius.

Piaget, Jean (1974): *Biologie und Erkenntnis. Über die Beziehungen zwischen organischen Regulationen und kognitiven Prozessen. Übersetzt von Angelika Geyer.* Frankfurt am Main: Fischer Verlag (1983).

Piorkowski, Christoph David (10. 12. 2018): *Gekapertes Wissen. „Fake News" in der Wissenschaft.* In: Tagesspiegel, S. 21. URL: https://www.tagesspiegel.de/wissen/fake-news-in-der-wissenschaft-gekapertes-wissen/23738134.html (besucht am 10. 12. 2018).

Pissarskoi, Eugen (2016): *Die Bürde des Möglichen: Zum verantwortlichen Umgang mit Unsicherheiten in Energieszenarien.* In: *Die Energiewende und ihre Modelle: Was uns Energieszenarien sagen können – und was nicht.* Hrsg. von Christian Dieckhoff und Anna Leuschner. transcript Verlag, S. 89–116. DOI: doi:10.1515/9783839431719.

Platon (2005a): „Gorgias". In: *Werke in 8 Bänden (Platon Werke); Altgriechisch-Deutsch.* Bd. 2. Hrsg. von Gunther Eigler. 5. Aufl. Darmstadt (1973): WBG, S. 270–503.

Platon (2005b): „Phaidros". In: *Werke in 8 Bänden (Platon Werke); Altgriechisch-Deutsch.* Bd. 5. Hrsg. von Gunther Eigler. 5. Aufl. Darmstadt (1973): WBG, S. 1–193.

Platon (2005c): „Philebos". In: *Werke in 8 Bänden (Platon Werke); Altgriechisch-Deutsch.* Bd. 7. Hrsg. von Gunther Eigler. 5. Aufl. Darmstadt (1973): WBG, S. 256–443.

Platon (2005d): *Werke in 8 Bänden (Platon Werke); Altgriechisch-Deutsch.* Hrsg. von Gunther Eigler. 5. Aufl. Darmstadt (1973): WBG.

Plümacher, Martina (2011): *Wirklichkeit/Realität.* In: *Neues Handbuch philosophischer Grundbegriffe.* Bd. 3. Hrsg. von Petra Kolmer und Armin G. Wildfeuer. Freiburg, München: Karl Alber, S. 2540–2553.

Popper, Karl (1935): *Logik der Forschung. Zur Erkenntnistheorie der modernen Naturwissenschaft.* Wien: Springer-Verlag.

Pritchard, Michael S. (2012): *Moral Machines?* In: Science and Engineering Ethics, 18:2, S. 411–417. DOI: 10.1007/s11948-012-9363-x.

Psillos, Stathis (2014): *The View from Within and the View from Above. Looking at van Fraassen's Perrin.* In: *Bas van Fraassen's Approach to Representation and Models in Science.* Hrsg. von Wenceslao J. Gonzalez. Dordrecht: Springer Netherlands, S. 143–166.

Purkus, Alexandra, Erik Gawel und Deissenroth, Marc et al. (2017): *Der Beitrag der Marktprämie zur Marktintegration erneuerbarer Energien – Erfahrungen aus dem EEG 2012 und Perspektiven der verpflichtenden Direktvermarktung.* In: *Die Energiewende verstehen – orientieren – gestalten: Erkenntnisse aus der Helmholtz-Allianz ENERGY-TRANS.* Hrsg. von Jens Schippl, Armin Grunwald und Ortwin Renn. 1. Auflage. Baden-Baden: Nomos, S. 465–486.

Quante, Michael (2009): *‚Der reine Begriff des Anerkennens'. Überlegungen zur Grammatik der Anerkennungsrelation in Hegels Phänomenologie des Geistes.* In: *Anerkennung.* Hrsg. von Hans-Christoph Schmidt am Busch und Christopher F. Zurn. Berlin: Akademie-Verlag, S. 91–106.

Quante, Michael (2017): *Einführung in die Allgemeine Ethik.* 6. Aufl. Darmstadt: Wissenschaftliche Buchgesellschaft.

Quentin, Jürgen und Noelle Cremer (2021): *Ausbausituation der Windenergie an Land im Jahr 2020. Auswertung windenergiespezifischer Daten im Marktstammdatenregister für den Zeitraum Januar bis Dezember 2020.* Forschungsber. Fachagentur Windenergie an Land.

Radtke, Jörg (2016): *Bürgerenergie in Deutschland: Partizipation zwischen Gemeinwohl und Rendite.* Wiesbaden: Springer Fachmedien Wiesbaden. DOI: 10.1007/978-3-658-14626-9_1.

Radtke, Jörg, Weert Canzler u. a. (2018): *Die Energiewende in Deutschland – zwischen Partizipationschancen und Verflechtungsfalle*. In: *Energiewende. Politikwissenschaftliche Perspektiven*. Hrsg. von Jörg Radtke und Norbert Kersting. Wiesbaden: Springer VS, S. 17–43.

Radtke, Jörg und Norbert Kersting, Hrsg. (2018): *Energiewende. Politikwissenschaftliche Perspektiven*. Wiesbaden: Springer VS.

Rafi, Anusheh (2015): *Bürgerbeteiligung und Mediation. Überschneidungen und Unterschiede*. In: *Kursbuch Bürgerbeteiligung*. Hrsg. von Deutsche Umweltstiftung. Berlin: Deutsche Umweltstiftung, S. 95–102.

Ragwitz, Mario u. a. (2021): *Empfehlungen zum Gelingen der Energiewende*. Forschungsber. Fraunhofer CINES. URL: https://www.isi.fraunhofer.de/content/dam/isi/dokumente/ccx/2021/Fraunhofer_CINES_7-Empfehlungen-zum-Gelingen-der-Energiewende.pdf (besucht am 01. 02. 2022).

Raters, Marie-Luise (2011): *Überzeugung*. In: *Neues Handbuch philosophischer Grundbegriffe*. Bd. 3. Hrsg. von Petra Kolmer und Armin G. Wildfeuer. Freiburg, München: Karl Alber, S. 2269–2283.

Rebhan, Eckhard, Hrsg. (2002a): *Energiehandbuch. Gewinnung, Wandlung und Nutzung von Energie*. Berlin, Heidelberg: Springer.

Rebhan, Eckhard (2002b): *Prinzipielles zur Energie, zu ihren Formen, ihrer Umformung und Nutzung*. In: *Energiehandbuch. Gewinnung, Wandlung und Nutzung von Energie*. Hrsg. von Eckhard Rebhan. Berlin, Heidelberg: Springer, S. 1–66.

Rechercheteam Europaeische-Energiewende-Community (2020): *Behauptungen zur Windkraft – Landschaftsbild*. Hrsg. von Europäische Energiewende. URL: https://energiewende.eu/windkraft-landschaftsbild/ (besucht am 21. 10. 2020).

Reese-Schäfer, Walter (1988): *Lyotard zur Einführung*. Hamburg: Junius.

Reichertz, Jo (2013): *Grundzüge des Kommunikativen Konstruktivismus*. In: *Kommunikativer Konstruktivismus. Theoretische und empirische Arbeiten zu einem neuen wissenssoziologischen Ansatz*. Hrsg. von Reiner Keller und Hubert Knoblauch Jo Reichertz. Berlin: Springer, S. 49–68.

Reiff, Jacob Moritz (2019): „Empirische Untersuchung der Auswirkungen von Windkraftanlagen auf die Landschaftsbildbewertung von Personen aus dem Nordostdeutschen Tiefland (Bachelorarbeit)". Forschungsber. Hochschule für nachhaltige Entwicklung Eberswalde. URL: https://www.hnee.de/_obj/59F0F5F5-DA3E-4178-922F-673FC7A739BD/outline/REIFF.J-Bachelorarbeit-WKA.pdf (besucht am 26. 09. 2022).

Renn, Ortwin (1999): *Ethische Anforderungen an den Diskurs*. In: *Ethik in der Technikgestaltung. Praktische Relevanz und Legitimation*. Hrsg. von Armin Grunwald und Stephan Saupe. Berlin: Springer, S. 63–94.

Renn, Ortwin (07. 11. 2012): *Woran die Energiewende scheitern könnte.* In: GEO, URL: https://www.geo.de/natur/oekologie/3199-rtkl-umweltpolitik-woran-die-energiewende-scheitern-koennte (besucht am 06. 03. 2020).

Renn, Ortwin (2014): *Gesellschaftliche Akzeptanz für die bevorstehenden Phasen der Energiewende.* In: *Themen 2014: Forschung für die Energiewende – Phasenübergänge aktiv gestalten.* Hrsg. von FVEE, S. 75–78.

Renn, Ortwin und Marion Dreyer (2013): *Risiken der Energiewende: Möglichkeiten der Risikosteuerung mithilfe eines Risk-Governance-Ansatzes.* In: DIW-Vierteljahrshefte zur Wirtschaftsforschung, 82, S. 29–44.

Renn, Ortwin, Andreas Ernst u. a. (2015): *Aspekte der Energiewende aus sozialwissenschaftlicher Perspektive.* Forschungsber. München: acatech – Deutsche Akademie der Technikwissenschaften e. V.

Renn, Ortwin, Wolfgang Köck und Schweizer, Pia-Johanna et al. (2017): *Öffentlichkeitsbeteiligung bei Planungsvorhaben der Energiewende.* In: *Die Energiewende verstehen – orientieren – gestalten: Erkenntnisse aus der Helmholtz-Allianz ENERGY-TRANS.* Hrsg. von Jens Schippl, Armin Grunwald und Ortwin Renn. 1. Auflage. Baden-Baden: Nomos, S. 547–568.

Reusswig, Fritz, Florian Braun, Ines Heger, Thomas Ludewig, Eva Eichenauer u. a. (2016): *Against the wind: Local opposition to the German 'Energiewende'.* In: Utilities Policy, 41, S. 214–227.

Reusswig, Fritz, Florian Braun, Ines Heger, Thomas Ludewig, Jochen Franzke u. a. (2016): *Energiekonflikte. Kernergebnisse und Handlungsempfehlungen eines interdisziplinären Forschungsprojekts.* Forschungsber. Potsdamer Institut für Klimafolgenforschung (PIK).

Reusswig, Fritz, Wiebke Lass und Seraja Bock (2020): *Abschied vom NIMBY. Transformationen des Energiewende-Protests und populistischer Diskurs.* In: Forschungsjournal Soziale Bewegungen, 33:1, S. 140–160.

Ricken, Friedo (2011): *Pflicht.* In: *Neues Handbuch philosophischer Grundbegriffe.* Bd. 2. Hrsg. von Petra Kolmer und Armin G. Wildfeuer. Freiburg, München: Karl Alber, S. 1738–1753.

Riedl, Ulrich u. a. (2020): *Szenarien für den Ausbau der erneuerbaren Energien aus Naturschutzsicht.* Forschungsber. Bundesamt für Naturschutz.

Rittel, Horst W. J. und MELVIN M. Weber (1973): *Dilemmas in a General Theory of Planning.* In: Policy Sciences, 4, S. 155–169.

Rödl, Sebastian und Henning Tegtmeyer, Hrsg. (2012): *Sinnkritisches Philosophieren.* Berlin: De Gruyter. DOI: doi:10.1515/9783110296679.101.

Römer, Inga (2012): *Narrativität als philosophischer Begriff. Zu Funktionen und Grenzen eines Paradigmas.* In: *Narrativität als Begriff: Analysen und Anwendungsbeispiele zwischen philologischer und anthropologischer Orientierung.* Bd. 31. Narratologia 31. Online-Ressource (336 p.) Berlin: de Gruyter, S. 233–258.

Rose, Christina (2007): „Das Anwendungsproblem der Diskursethik im Hinblick auf interkulturelle Normen- und Wertkonflikte". Diss. Eberhardt Karls Universität Tübingen. URL: http://hdl.handle.net/10900/46317 (besucht am 07. 09. 2020).

Rose, Uwe (12. 07. 2004): „Thomas S. Kuhn: Verständnis und Mißverständnis. Zur Geschichte seiner Rezeption". Diss. Georg-August-Universität Göttingen. URL: http://hdl.handle.net/11858/00-1735-0000-0006-AEF0-8 (besucht am 22. 01. 2021).

Rosenkranz, Gerd, Michael Schäfer und Patrick Graichen (01. 11. 2020): *Sofortprogramm Windenergie an Land: Was jetzt zu tun ist, um die Blockaden zu überwinden.* Forschungsber. Agora Energiewende. URL: https://www.agora-energiewende.de/veroeffentlichungen/sofortprogramm-windenergie-an-land/ (besucht am 16. 06. 2021).

Roser, Dominic und Christian Seidel (2013): *Ethik des Klimawandels.* Darmstadt: Wissenschaftliche Buchgesellschaft.

Roßnagel, Alexander u. a. (2014): *Mit Interessengegensätzen fair umgehen–zum Einbezug der Öffentlichkeit in Entscheidungsprozesse zu dezentralen Energieanlagen.* In: Zeitschrift für Neues Energierecht (ZNER), 4.

Rubik, Frieder u. a. (2019): *Umweltbewusstsein in Deutschland 2018. Ergebnisse einer repräsentativen Bevölkerungsumfrage.* Forschungsber. Bundesministerium für Umwelt, Naturschutz und nukleare Sicherheit (BMU).

Ruhnau, Oliver und Staffan Qvist (2022): *Storage requirements in a 100% renewable electricity system: extreme events and inter-annual variability.* In: Environmental Research Letters, 17:4. DOI: 10.1088/1748-9326/ac4dc8.

Runggaldier, Edmund (2011): *Handlung.* In: *Neues Handbuch philosophischer Grundbegriffe.* Bd. 2. Hrsg. von Petra Kolmer und Armin G. Wildfeuer. Freiburg, München: Karl Alber, S. 1145–1159.

Sandberg, Joakim (2010): *„My Emissions Make No Difference": Climate Change and the Argument from Inconsequentialism.* In: Journal of Agricultural and Environmental Ethics, 23, S. 167–83.

Saretzki, Thomas (2010): *Umwelt- und Technikkonflikte: Theorien, Fragestellungen, Forschungsperspektiven.* In: *Umwelt- und Technikkonflikte.* Hrsg. von Peter H. Feindt und Thomas Saretzki. Wiesbaden: VS Verlag für Sozialwissenschaften, S. 33–53. DOI: 10.1007/978-3-531-92354-3_2.

Scheer, Dirk u. a. (2014): *Energiepolitik unter Strom: Alternativen der Stromerzeugung im Akzeptanztest.* München: oekom.

Scheer, Hermann (1998): *Windiger Protest. Das Zukunftspotenzial der Windenergie gegen egoistische und traditionalistische Verweigerungmotive*. In: *Windiger Protest: Konflikte um das Zukunftspotential der Windkraft*. Orig.-Ausg. Bochum: Ponte-Press, S. 11–32.

Scheer, Hermann (2010): *Der energethische Imperativ: 100 Prozent jetzt: wie der vollständige Wechsel zu erneuerbaren Energien zu realisieren ist*. München: Kunstmann.

Scheit, Herbert (2000): *Diskurse etwas anders betrachtet*. In: *Diskurs. Begriff und Realisierung*. Hrsg. von Heinz-Ulrich Nennen. Würzburg: Königshausen & Neumann, S. 183–193.

Schildknecht, Christiane (2005): *Der Dualismus und die Rettung der Phänomene*. In: *Homo Sapiens und Homo Faber. Epistemische und technische Rationalität in Antike und Gegenwart. Festschrift für Jürgen Mittelstraß*. Hrsg. von Gereon Wolters und Martin Carrier. De Gruyter (2012), S. 225–238. DOI: doi:10.1515/9783110923940.

Schippl, Jens, Armin Grunwald und Ortwin Renn, Hrsg. (2017a): *Die Energiewende verstehen – orientieren – gestalten: Erkenntnisse aus der Helmholtz-Allianz ENERGY-TRANS*. 1. Auflage. Baden-Baden: Nomos.

Schippl, Jens, Armin Grunwald und Ortwin Renn (2017b): *Die Energiewende verstehen – orientieren – gestalten. Einsichten aus fünf Jahren integrativer Forschung*. In: *Die Energiewende verstehen – orientieren – gestalten: Erkenntnisse aus der Helmholtz-Allianz ENERGY-TRANS*. Hrsg. von Jens Schippl, Armin Grunwald und Ortwin Renn. 1. Auflage. Baden-Baden: Nomos, S. 9–36.

Schleer, Christoph und Fritz Reusswig (2018): *Naturbewusstsein 2017. Bevölkerungsumfrage zu Natur und biologischer Vielfalt*. Umfrage. Bundesministerium für Umwelt, Naturschutz und nukleare Sicherheit (BMU), Bundesamt für Naturschutz (BfN). URL: https://www.bmu.de/PU496 (besucht am 11. 09. 2018).

Schleichert, Hubert (1997): *Wie man mit Fundamentalisten diskutiert, ohne den Verstand zu verlieren. Anleitung zum subversiven Denken*. München: C. H. Beck.

Schmidt, C. u. a. (2018a): *Landschaftsbild & Energiewende. Band 1: Grundlagen*. Forschungsber. Bundesamt für Naturschutzs.

Schmidt, C. u. a. (2018b): *Landschaftsbild & Energiewende. Band 2: Handlungsempfehlungen*. Forschungsber. Bundesamt für Naturschutzs.

Schmidt am Busch, Hans-Christoph und Christopher F. Zurn, Hrsg. (2009): *Anerkennung*. Berlin: Akademie-Verlag.

Schneidewind, Uwe (2014): *Urbane Reallabore: ein Blick in die aktuelle Forschungswerkstatt*. In: Planung neu denken online, 3. URL: http://nbn-resolving.de/urn:nbn:de:bsz:wup4-opus-57068.

Schöbel-Rutschmann, Sören (2012): *Windenergie und Landschaftsästhetik. Zur landschaftsgerechten Anordnung von Windenergieanlagen.* Berlin: Jovis Verlag.

Scholz, Oliver R. (2015): *Wissenschaft, Systematizität und Methoden. Anmerkungen zu Paul Hoyningen-Huenes Systematicity. The Nature of Science.* In: Zeitschrift für philosophische Forschung, 69:2, S. 235–242.

Schröder, Friedrich (2014): *Energiewende. Schwarzbuch.* Springe: unibuch Verlag (zu Klampen).

Schultz, Stefan (07. 03. 2019): *Ökonomen warnen vor Ökostrom-Lücke.* In: Spiegel, URL: https://www.spiegel.de/wirtschaft/soziales/energiewende-oekonomen-warnen-vor-gefaehrlicher-stromluecke-a-1256617.html (besucht am 24. 02. 2020).

Schurz, Gerhard (2009): *Wissenschaftliche Erklärung.* In: *Wissenschaftstheorie. Ein Studienbuch.* Hrsg. von Andreas Bartels und Manfred Stöckler. 2. Aufl. Paderborn: Mentis, S. 69–88.

Schüßler, Rudolf (2014): *Energiewende und soziale Gerechtigkeit.* In: *Neuausrichtung der deutschen Energieversorgung – Zwischenbilanz der Energiewende. Tagungsband der Fünften Bayreuther Energierechtstage 2014.* Hrsg. von Jörg Gundel und Knut Werner Lange. Tübingen: Mohr Siebeck.

Schüssler, Rudolf (2014): *Moralisierung des Rechts, Verrechtlichung der Moral. Geben wir das Erbe der Aufklärung auf?* In: Spektrum (Universität Bayreuth), 10, S. 14–17.

Schweiger, Stefan und Steven Engler (2016): *Erzählungen der Energiewende.* URL: http://blog.klimadiskurs-nrw.de/erzaehlungen-der-energiewende/#more-468 (besucht am 19. 07. 2016).

Schweiger, Stefan, Jenny Zorn u. a. (2021): *Der Kampf gegen Windmühlen. Erzählungen und Argumentationsstrategien von Windenergiegegnern und -gegnerinnen auf Twitter und Facebook im April und Mai 2021.* Techn. Ber. Fachagentur Windenergie an Land e. V.

Schweizer, Pia-Johanna (2017): *Partizipation bei der Energiewende und beim Ausbau der Stromnetze: Philosophische Fundierung.* In: *Die Energiewende verstehen – orientieren – gestalten: Erkenntnisse aus der Helmholtz-Allianz ENERGY-TRANS.* Hrsg. von Jens Schippl, Armin Grunwald und Ortwin Renn. 1. Auflage. Baden-Baden: Nomos, S. 341–350.

Seidel, Markus (2014): *Hoyningen-Huene, Paul: Systematicity. The Nature of Science.* In: Zeitschrift für philosophische Literatur, 2:4, S. 33–38.

Selle, Klaus (2007): *Stadtentwicklung und Bürgerbeteiligung – Auf dem Weg zu einer kommunikativen Planungskultur? Alltägliche Probleme, neue Herausforderungen.* In: Informationen zur Raumentwicklung, 1, S. 63–71.

Setton, Daniela u. a. (01. 02. 2019): *Soziales Nachhaltigkeitsbarometer der Energiewende 2018*. Techn. Ber. IASS.

Siep, Ludwig (1979): *Anerkennung als Prinzip der praktischen Philosophie. Untersuchungen zu Hegels Jenaer Philosophie des Geistes*. Freiburg: Verlag Karl Alber.

Simon, Karl-Heinz (2013): *Energiewende – nichts Neues?! Aber was bleibt auf der Strecke?* In: *Energie und Demokratie*. Hrsg. von Dieter Gawora und Kristina Bayer, S. 125–139.

Sinnott-Armstrong, Walter (2005): *It's Not My Fault: Global Warming and Individual Moral Obligations*. In: *Perspectives on Climate Change: Science, Economics, Politics, Ethics*. Hrsg. von Walter Sinnott-Armstrong und Richard B. Howarth. Burlington: Emerald Group Publishing, S. 294–315.

Sippel, Hanns-Jorg (2015): *Auf dem Weg zu einer (neuen) politischen Kultur der Beteiligung*. In: *Kursbuch Bürgerbeteiligung*. Hrsg. von Deutsche Umweltstiftung. Bd. 1. Berlin: Deutsche Umweltstiftung, S. 22–47.

Smith, Robin (2020): *Aristotle's Logic*. In: *The Stanford Encyclopedia of Philosophy*. Hrsg. von Edward N. Zalta. Fall 2020. Metaphysics Research Lab, Stanford University. URL: https://plato.stanford.edu/archives/fall2020/entries/aristotle-logic/ (besucht am 09. 03. 2021).

Soentgen, Jens und Helena Bilandzic (2014): *The Structure of Climate Skeptical Arguments. Conspiracy Theory as a Critique of Science*. In: GAIA - Ecological Perspectives for Science and Society, 23:1, S. 40–47. DOI: doi:10.14512/gaia.23.1.10.

Sommer, Jörg (2015): *Die vier Dimensionen gelingender Bürgerbeteiligung*. In: *Kursbuch Bürgerbeteiligung*. Hrsg. von Deutsche Umweltstiftung. Bd. 1. Berlin: Deutsche Umweltstiftung, S. 11–21.

Sommer, Moritz u. a. (2019): *Fridays for Future. Profil, Entstehung und Perspektiven der Protestbewegung in Deutschland (ipb working paper series, 2/2019)*. Forschungsber. Berlin: Institut für Protest- und Bewegungsforschung (ipb).

Sonnberger, Marco u. a. (2016): *Stuttgarter Beiträge zur Risiko und Nachhaltigkeitsforschung. Die gesellschaftliche Wahrnehmung der Energiewende*. Forschungsber. 34. ZIRIUS. Zentrum für interdisziplinäre Risiko- und Innovationsforschung der Universität Stuttgart.

Sovacool, Benjamin K. und Michael H. Dworkin (2014): *Global Energy Justice. Problem, Principles, and Practices*. Cambridge: Cambridge University Press.

Spoerhase, Carlos, Dirk Werle und Markus Wild, Hrsg. (2009): *Unsicheres Wissen*. Berlin, New York: De Gruyter. DOI: doi:10.1515/9783110214765.

Sprute, Jürgen (1975): *Topos und Enthymem in der Aristotelischen Rhetorik*. In: Hermes, 103:1, S. 68–90. URL: http://www.jstor.org/stable/4475895 (besucht am 22. 03. 2021).

SRU (2011): *Wege zur 100 % erneuerbaren Stromversorgung. Sondergutachten.* Forschungsber. Sachverständigenrat für Umweltfragen (SRU).

Stegmaier, Werner (2011): *Orientierung.* In: *Neues Handbuch philosophischer Grundbegriffe.* Bd. 2. Hrsg. von Petra Kolmer und Armin G. Wildfeuer. Freiburg, München: Karl Alber, S. 1702–1713.

Stegmüller, Wolfgang (1969): *Das ABC der modernen Logik und Semantik. Der Begriff der Erklärung und seine Spielarten.* Berlin, Heidelberg, New York: Springer-Verlag.

Steinmetz, Horst (2014): *Energiepolitik aus dem Tollhaus: Energiewende versus Nachhaltigkeit. Eine deutsche Fata Morgana.* 1. Aufl. Berlin: epubli GmbH.

Stekeler-Weithofer, Pirmin (1986): *Grundprobleme der Logik. Elemente einer Kritik der formalen Vernunft.* Berlin: Walter de Gruyter.

Stekeler-Weithofer, Pirmin (1987): *Handlung, Sprache und Bewusstsein Zum „Szientismus" in Sprach- und Erkenntnistheorien.* In: Dialectica, 41:4, S. 255–272. URL: http://www.jstor.org/stable/42970582.

Stekeler-Weithofer, Pirmin (2021): *Zweckorientiertes Handeln. Hegels Ortsbestimmung des zweckorientierten Handelns und der praktische Schluß als Formbedingung freier Entscheidung.* URL: https://hegel-system.de/de/zweckorientertes_handeln.pdf (besucht am 11. 06. 2021).

Stöckler, Manfred (2011): *Raum.* In: *Neues Handbuch philosophischer Grundbegriffe.* Bd. 3. Hrsg. von Petra Kolmer und Armin G. Wildfeuer. Freiburg, München: Karl Alber, S. 1817–1829.

Stratmann, Klaus (08. 10. 2019): *Deutschlands Rechnung zur Energiewende geht nicht auf.* In: Handelsblatt, URL: https://www.handelsblatt.com/25092194.html (besucht am 24. 02. 2020).

Streffer, Christian u. a. (2005): *Ethische Probleme einer langfristigen globalen Energieversorgung.* Berlin: Walter de Gruyter.

Stücheli-Herlach, Peter, Maureen Ehrensberger-Dow und Philipp Dreesen (2018): *Energiediskurse in der Schweiz. Anwendungsorientierte Erforschung eines mehrsprachigen Kommunikationsfelds mittels digitaler Daten.* Forschungsber. ZHAW Angewandte Linguistik.

Sturm, Thomas (2021): *Wahrhaftigkeit.* In: *Kant-Lexikon.* Bd. 3. Hrsg. von Marcus Willaschek u. a. De Gruyter, S. 2583–2584. DOI: doi:10.1515/9783110762532.

Sukalla, Freya (2018): *Narrative Persuasion und Einstellungsdissonanz. Ein konservativer Test der zentralen Wirkungszusammenhänge.* Wiesbaden: Springer VS. DOI: 10.1007/978-3-658-20445-7.

Taylor, Charles (1991): *The Ethics of Authenticity.* Cambridge University Press.

Taylor, Charles (1996): *Quellen des Selbst: Die Entstehung der neuzeitlichen Identität.* 10. Aufl. Frankfurt am Main: Suhrkamp.

Taylor, James E. (2013): *David Hume und das Induktionsproblem.* In: *Die 100 wichtigsten philosophischen Argumente.* Hrsg. von Michael Bruce und Steven Barbone. Darmstadt: Wissenschaftliche Buchgesellschaft, S. 176–182.

Tetens, Holm (2004): *Philosophisches Argumentieren. Eine Einführung.* München: C. H. Beck.

Tews, Kerstin (2017): *Die Europäisierung der Energie- und Klimapolitik im Spannungsfeld konkurrierender Konzepte zur Koordination der Transformation der Energiesysteme.* In: *Die Energiewende verstehen – orientieren – gestalten: Erkenntnisse aus der Helmholtz-Allianz ENERGY-TRANS.* Hrsg. von Jens Schippl, Armin Grunwald und Ortwin Renn. 1. Auflage. Baden-Baden: Nomos, S. 371–400.

Thielmann, Axel u. a. (2015): *Technologie-Roadmap stationäre Energiespeicher 2030.* Forschungsber. Fraunhofer-Institut für Systemund Innovationsforschung ISI.

Toffler, Alvin (1980): *The Third Wave.* New York et al.: Bantam Books.

Toulmin, Stephen (1958): *The Uses of Argument (2003).* Cambridge: Cambridge University Press.

Toulmin, Stephen (1978): *Kritik der kollektiven Vernunft.* Frankfurt am Main: Suhrkamp.

Toulmin, Stephen, Richard D. Rieke und Allan Janik (1984): *An introduction to reasoning.* 2. Aufl. New York: Macmillan [u.a.]

Trost, Esther, Alexandra Büttgen und Lisa Geringhoff (2018): *Es gibt mehr als eine Energiewende in NRW. Eine Untersuchung von Deutungsmustern der Energiewende auf lokaler Ebene.* In: *Mentalitäten und Verhaltensmuster im Kontext der Energiewende in NRW.* Hrsg. von Karin Schürmann und Diana Schumann. Energie und Umwelt / Energy and Environment 433. Jülich: Foschungszentrum Jülich, S. 133–159.

Turowski, Jan und Benjamin Mikfeld (2013): *Gesellschaftlicher Wandel und politische Diskurse. Überlegungen für eine strategieorientierte Diskursanalyse. Werkbericht Nr. 3.* Techn. Ber. Hans Böckler Stiftung.

UBA (01. 09. 2020): *Lärmwirkungen von Infraschallimmissionen.* Techn. Ber. TEXTE 163/2020. Umweltbundesamt.

Uekötter, Frank (2014): *Die neue Dolchstoßlegende. Fukushima und die Mythen der atomaren Geschichte.* In: *Die Moral der Energiewende. Riskowahrnehmung im Wandel am Beispiel der Atomenergie.* Hrsg. von Jochen Ostheimer und Markus Vogt. Stuttgart: Kohlhammer, S. 244–258.

Vandamme, Ralf (2000): „Basisdemokratie als zivile Intervention. Der Partizipationsanspruch der Neuen sozialen Bewegungen“. Magisterarb. Opladen.

Viehöver, Willy (2011): *Diskurse als Narrationen.* In: *Handbuch sozialwissenschaftliche Diskursanalyse : Theorien und Methoden.* Hrsg. von Reiner Keller u. a. 3., erweiterte Auflage. Bd. Band 1. Handbuch sozialwissenschaftliche Diskursanalyse ; Band 1. Literaturangaben. Wiesbaden: VS Verlag, S. 193–224.

Wagner, Bernd (2003): „Prolegomena zu einer Ethik des Risikos. Grundlagen, Probleme, Kritik". Diss. Heinrich-Heine-Universität Düsseldorf. URL: http://nbn-resolving.de/urn/resolver.pl?urn=urn:nbn:de:hbz:061-20040318-000777-4 (besucht am 31. 03. 2021).

Walsh, Elizabeth und Barbara Brown Wilson (2021): *Learning from Arnstein, Meadows, Boggs and Lorde. Propositions on Building Collective Power for Climate Justice and Resilience.* In: Hrsg. von Mickey Lauria und Carissa Schively Slotterback. New York, London: Routledge, Taylor & Francis Group, S. 169–188.

Walton, Douglas N. (1998): *Ad Hominem Arguments.* Tuscaloosa: University of Alabama Press.

WD (12. 08. 2019): *Infraschall. Studien zu Wirkungen auf Mensch und Tier.* Techn. Ber. WD 8 - 3000 - 099/19. Wissenschaftlichen Dienste des Deutschen Bundestages.

Weber, Florian (2018): *Konflikte um die Energiewende. Vom Diskurs zur Praxis.* Wiesbaden: Springer VS.

Weimer-Jehle, Wolfgang, Sigird Prehofer und Vögele, Stefan et al. (2017): *Kontextszenarien. Ein Konzept zur Behandlung von Kontextunsicherheit und Kontextkomplexität bei der Entwicklung von Energieszenarien und seine Anwendung in der Helmholtz-Allianz ENERGY-TRANS.* In: *Die Energiewende verstehen – orientieren – gestalten: Erkenntnisse aus der Helmholtz-Allianz ENERGY-TRANS.* Hrsg. von Jens Schippl, Armin Grunwald und Ortwin Renn. 1. Auflage. Baden-Baden: Nomos, S. 257–294.

Weixler, Antonius (2017): *Bausteine des Erzählens.* In: *Erzählen. Ein interdisziplinäres Handbuch.* Hrsg. von Matías Martínez. Stuttgart: Metzler'sche Verlagsbuchhandlung, S. 7–21.

Welsh, Ian (1993): *The NIMBY Syndrome: Its Significance in the History of the Nuclear Debate in Britain.* In: The British Journal for the History of Science, 26:1, S. 15–32.

Wendt, Alexander (2014): *Der grüne Blackout. Warum die Energiewende nicht funktionieren kann.* München: edition blueprint.

Wenninger, Gerd, Hrsg. (2000): *Lexikon der Psychologie: Werthaltung.* Spektrum Akademischer Verlag. URL: https://www.spektrum.de/lexikon/psychologie/werthaltung/16786# (besucht am 21. 01. 2021).

Werner, Micha (2003): *Diskursethik als Maximenethik. Von der Prinzipienbegründung zur Handlungsorientierung.* Würzburg: Königshausen & Neumann.

Werner, Micha (2011): *Diskursethik.* In: *Handbuch Ethik.* Hrsg. von Marcus Düwell, Christoph Hübenthal und Micha H. Werner. Stuttgart, Weimar: Metzler, S. 140–151.

Wetzel, Manfred (2001): *Prinzip Subjektivität. Allgemeine Theorie.* Würzburg: Königshausen & Neumann.

Wildfeuer, Armin G. (2011): *Wert.* In: *Neues Handbuch philosophischer Grundbegriffe.* Bd. 3. Hrsg. von Petra Kolmer und Armin G. Wildfeuer. Freiburg, München: Karl Alber, S. 2484–2504.

Willard, Charles A. (1992): *Field Theory: A Cartesian Meditation.* In: *Readings in Argumentation.* Hrsg. von William L. Benoit und Dale Hample. Berlin, Boston: De Gruyter Mouton, S. 437–468. DOI: 10.1515/9783110885651.437.

Willaschek, Marcus u. a., Hrsg. (2021): *Kant-Lexikon.* De Gruyter. DOI: doi:10.1515/9783110762532.

Williams, Bernard (1978): „Interne und externe Gründe“. In: *Moralischer Zufall. Philosophische Aufsätze 1973–1980.* Hrsg. von André Linden. Königstein/Ts.: Hain, S. 112–124.

Williams, Bernard (1985): *Ethics and the Limits of Philosophy.* London und New York: Routledge Classics (2011).

Wingert, Lutz (1993): *Gemeinsinn und Moral. Grundzüge einer intersubjektivistischen Moralkonzeption.* Frankfurt am Main: Suhrkamp.

Wingert, Lutz (2012): *Was geschieht eigentlich im Raum der Gründe?* In: *Vernunft und Freiheit: Zur praktischen Philosophie von Julian Nida-Rümelin.* Hrsg. von Dieter Sturma und Alexandra Spaeth. Berlin: De Gruyter, S. 179–198.

Wohlrapp, Harald (2008): *Der Begriff des Arguments: über die Beziehungen zwischen Wissen, Forschen, Glauben, Subjektivität und Vernunft.* Königshausen & Neumann.

Wohlrapp, Harald (2021): *Der Begriff des Arguments. Eine philosophische Grundlegung.* Wissenschaftliche Buchgesellschaft.

Wohlrapp, Harald und Raphael van Riel (2011): *Schluss.* In: *Neues Handbuch philosophischer Grundbegriffe.* Bd. 3. Hrsg. von Petra Kolmer und Armin G. Wildfeuer. Freiburg, München: Karl Alber, S. 1919–1934.

Wohlrapp, Harald R. (2014): *The concept of argument. A philosophical foundation.* Bd. 4. Dordrecht: Springer.

Wolf, Susan (1990): *Freedom Within Reason.* New York: Oxford University Press.

Wolsink, Maarten (2000): *Wind power and the NIMBY-myth: institutional capacity and the limited significance of public support.* In: Renewable energy : an international journal ; incorporating Solar and wind technology, 21:1, S. 49–64.

Wolters, Gereon und Martin Carrier, Hrsg. (2005): *Homo Sapiens und Homo Faber. Epistemische und technische Rationalität in Antike und Gegenwart. Festschrift für Jürgen Mittelstraß*. De Gruyter (2012). DOI: doi:10.1515/9783110923940.

Wuchterl, Kurt (2011): *Sprache*. In: *Neues Handbuch philosophischer Grundbegriffe*. Bd. 3. Hrsg. von Petra Kolmer und Armin G. Wildfeuer. Freiburg, München: Karl Alber, S. 2075–2089.

Wüschner, Philipp (2017): *Eine aristotelische Theorie der Haltung: Hexis und Euexia in der Antike*. ger. Unverändertes eBook der 1. Aufl. von 2017. Paradeigmata 35. 1 Online-Ressource (348 S.) Hamburg: Meiner.

Yan, Jie u. a. (2022): *Uncovering wind power forecasting uncertainty sources and their propagation through the whole modelling chain*. In: Renewable and Sustainable Energy Reviews, 165: S. 112519. DOI: 10.1016/j.rser.2022.112519.

Zechner, Johannes (2016): *Der deutsche Wald: eine Ideengeschichte zwischen Poesie und Ideologie 1800–1945*. Darmstadt: Philipp von Zabern.

Zeh, Julie (2016): *Unterleuten*. München: Luchterhand.

Zichy, Michael u. a. (2014): *Energie aus Biomasse – ein ethisches Diskussionsmodell*. 2., aktualisierte Aufl. SpringerLink : Bücher. Wiesbaden: Springer Vieweg.

Zuber, Fabian und Alexandra Krumm (2020): *Akzeptanz und lokale Teilhabe in der Energiewende. Handlungsempfehlungen für eine umfassende Akzeptanzpolitik*. Forschungsber. Agora Energiewende.

Zeitfracht Medien GmbH
Ferdinand-Jühlke-Straße 7
99095 Erfurt, Deutschland
produktsicherheit@kolibri360.de